JN446635

최신 수리통계학

MATHEMATICAL STATISTICS

안승철 · 이재원 · 최원 지음

제2판

KM 경문사

머리말_PREFACE

"사람의 눈에는 아무리 무질서한 것처럼 보이는 현상일지라도
그곳에는 반드시 어떤 법칙성이 존재한다."

모든 일상사가 일정한 규칙을 갖는 식으로만 표시된다면 모든 일을 한눈에 쉽게 알 수 있으므로 더없이 편리할 것이지만 일상생활에는 식으로 표현할 수 없는 현상들이 너무도 많다. 그러나 사람의 눈에는 아무리 무질서한 것처럼 보이는 현상일지라도 그곳에는 반드시 어떤 법칙성이 존재한다. 통계학의 목적은 겉보기에는 무질서하고 우연으로만 보이는 것들 속에서 질서를 밝혀내는 것이라 말할 수 있다. 우리 생활의 상당 부분은 이미 통계와 관련된 환경에 둘러싸여 있다. 이 과정에서 주어진 자료의 형태에 의미를 부여하기 위해 다양한 방법으로 자료를 분석하고, 이를 통해 자료가 추출된 모집단을 규명할 수 있어야 한다. 통계는 어떤 사실 또는 주장에 대하여 객관적 근거를 제시하는 방식으로 그것을 정당화하려고 할 때 사용한다. 여기서 객관적 근거란 자료와 그에 대한 분석결과 그리고 그에 대한 적절한 해석이다.

수학에서의 확률과 통계 영역은 학교수학의 다른 영역과는 매우 다른 독특한 특징을 나타낸다. 수학이 전체로는 연역적인 추론을 특히 강조하는 데 비해 확률과 통계는 귀납적 추론을 더 강조한다. 또 실용적 측면과 관련해서는 수학이 전체적으로 주어진 정보의 확실성을 전제로 하는 상황에서 논의가 시작되는 데 반해 확률과 통계는 주어진 정보가 부족하거나 불확실한 상황을 전제로 하여 출발한다. 그리고 가치 측면에서는 수학이 지식의 절대적 불변성을 강조하는 데 비해 확률과 통계는 지식의 유용성과 상대성을 강조한다. 그 결과 수학이 전체적으로는 엄밀성과 규칙성 등의 미적 추구를 한다면 통계는 근사적인 조화와 통일성의 미적 추구를 한다고 할 수 있다. 즉 수학이 밝은 태양 같은 아폴로적인 아름다움이라면 통계는 모호한 달과 같은 디오니소스적 아름다움을 상대적으로 더 추구한다고 할 수 있을 것이다.

통계의 목표는 한 마디로 '현재의 기술과 추정' 그리고 이를 토대로 한 '미래의 예측과 계획'에 있다고 말할 수 있다. 다만 통계학 자체는 '현재의 기술과 추정'만 제공해줄 뿐이며, 이를 토대로 한 '미래의 예측과 계획'은 어디까지나 인간적 결정의 몫이다.

이에 따라 통계학 중에서도 현재 상태의 '기술과 이론'에 중점을 두는 분야를 '기술통계학(descriptive statistics)', '추론'에 중점을 두는 분야를 '통계적추론(statistical Inference)'이라고 부른다. 어쨌거나 이와 같은 통계의 필요성은 날마다의 삶에서 꾸준히 제기되므로 그 역사 또한 사실상 인류의 역사와 궤를 같이한다고 하겠다. 통계학이 statistics로 명명된 데

에도 '국가의 학문' 또는 '국가학', 더 직접적으로 말해서 '국가통제주의자(ststist)'들의 '학문(−ics)'이라는 사실이 반영되어 있다.

통계를 배울 때 잘 의식하지 않지만, 명확히 해두고자 하는 특징 중 하나는 우리가 수학에서 수없이 대하는 보통 함수들은 주로 "독립변수 → 종속변수"(또는 "변수 → 함수")라고 부르는 2단 구조로 되어 있는 데 반해서 통계에서는 여기에 한 단계가 더해져서 "변수 → 분포 → 주통계함수"라는 3단 구조가 된다. 예를 들어 어느 반 학생들의 성적에 대한 통계를 낸다고 하자. 그러면 '성적'이란 것이 '변수'이며 그 정의역은 대개 0부터 100까지의 정수 집합이다. 그리고 각 성적을 얻은 '학생수'는 각 변수들에 결부된 값으로 보통의 경우 이것이 바로 함수이다. x축에 성적, y축에 학생수를 나타내면 하나의 그래프가 그려진다는 점이 이를 말해준다. 그런데 통계에서는 '변수'와 '변수들에 결부된 값'을 종합해서 '분포'라 부르고, 이 '분포'를 독립변수로 삼아 이른바 '평균', '분산', '표준편차' 등의 '통계함수'들을 계산한다. 다시 말해서 통계함수는 보통의 함수보다 한 단계 더 나아간 함수이다.

이에 더하여 **수리통계학(mathematical statistics)이란** 어떤 정해진 개념으로 통일되어 모아진 집단이나 분포의 개념과 특성을 수학적인 방법으로 분석하여 집단의 성질이나 분포의 특징을 살피는 학문을 의미하며 이 책은 수리통계학의 폭넓은 지식이 필요한 전공자들을 위해 방법론적인 면과 이론적인 면 그리고 수리통계학의 기본적인 수리계산까지 모든 이론을 체계적으로 정리하였다. 또한 학생들이 스스로 통계적인 사고방식을 함양하고 실생활에서 제기되는 문제를 통계적인 방법으로 처리하고 이해할 수 있도록 다양하고 알맞은 내용의 예제를 실었으며 연습문제도 쉬운 것에서 어려운 것까지 고르게 배치하였다.

이러한 노력에도 불구하고 여러 가지로 미비한 점이 많으리라 생각되지만, 이 책이 학생 여러분의 통계적인 개념과 사고를 향상하는 데 조금이라도 도움이 된다면 저자로서는 그 이상의 보람이 없을 것이다. 마지막으로 이 책의 출간에 많은 조언을 해주신 주위의 여러 선생님과 어려운 여건에서도 이 책의 출간에 수고를 아끼지 않으신 경문사의 여러분들에게 심심한 감사의 말씀을 전한다.

2021. 8.
저자 일동

차례_CONTENTS

CHAPTER 03 기댓값

CHAPTER 04 특수한 확률분포들

CHAPTER 05 극한분포

CHAPTER 06 표본분포

CHAPTER 07 추 정

CHAPTER 08 가설검정

CHAPTER 00

알아두기

SECTION 01 집합과 사건
SECTION 02 경우의 수
SECTION 03 미적분학의 사전지식

MATHEMATICAL STATISTICS

이 장에서는 수리통계학을 학습하는 데 필요한 수학적인 기본 내용인 집합론, 간단한 경우의 수 계산법과 수리통계학을 이해하는 데 필요한 미적분학의 내용을 먼저 소개하기로 한다. 특히 표본공간(sample space)과 사건(event)으로 표현되는 확률의 정의구역으로서 집합의 의미는 확률과 통계를 학습하는 데 매우 중요하므로 수리통계학을 학습하기 전에 반드시 학습하여야 할 것이다.

SECTION

01 집합과 사건

어떤 현상의 결과를 미리 확실하게 알지 못할 때 그 결과를 얻기 위한 과정을 실험(experiment)이라고 한다. 예를 들면 한 개의 동전을 10번 던져 앞면을 적어도 5번 얻을 확률을 구하고자 할 때의 동전을 10번 던지는 과정, 또는 어떤 장소에서 기온을 100일 동안 매일 정오에 관측하여 이 기간 동안 평균기온이 어떤 특정한 값보다 적을 확률을 구하고자 할 때 기온을 관측하는 과정 등이 모두 실험의 예가 된다.

한 실험의 모든 가능한 결과들의 모임을 그 실험의 **표본공간**(sample space)이라고 한다. 다시 말하면 표본공간은 가능한 결과들의 집합(set)으로 생각할 수 있고 각각의 결과는 표본공간에 있는 한 원소(element)로 생각할 수 있다. 또한 표본공간의 임의의 부분집합을 사건(event)이라고 한다. 한 실험에서 어떤 사건이 일어났다(an event occurs)라고 하는 것은 그 실험의 결과가 그 사건을 특정시키는 어떤 조건들을 만족했다는 것을 의미한다. 다시 말하면 표본공간에 있는 어떤 결과들은 그 사건이 일어난 것을 나타내고 나머지 결과들은 그 사건이 일어나지 않은 것을 나타낸다.

예제 0-1

동전을 2회 던지는 실험을 시행할 때 동전의 앞면을 H, 뒷면을 T로 표시하면 표본공간 S는

$$S=\{HH,\ TH,\ HT,\ TT\}$$

이다. 이때 적어도 1회의 앞면이 나오는 사건 A는 $\{HH,\ TH,\ HT\}$이고 S의 부분집합이며, 앞면이 한 번도 나오지 않는 사건 B는 $\{TT\}$이고 S의 부분집합이다.

예제 0-2

한 개의 동전을 앞면이 나올 때까지 던지는 실험을 생각하자. 이때 표본공간 S는

$$S=\{H, TH, TTH, TTTH, \cdots\}$$

이다. 이 경우 표본공간 S는 무한집합이다. 이 실험에서 3회째 앞면이 나오는 사건 A는 S의 부분집합 $A=\{TTH\}$이다.

예제 0-3

어떤 기계의 수명시간에 대한 측정을 하는 실험을 생각하자. 이때 가능한 관찰값은 음이 아닌 실수이며 표본공간 S는

$$S=\{x \mid 0 \le x < \infty\}$$

이다. 이 실험에서 20시간 이상 기계가 작동하는 사건 A는 S의 부분집합 $A=\{x \mid x \ge 20\}$이다.

지금까지 보았듯이 집합이론의 기본적인 언어와 개념은 확률이론의 발전을 위한 자연적인 배경을 제공하여 준다. 이제 집합이론의 기본적인 개념과 표기법에 대하여 알아보자.

포함관계와 공사건

만일 사건 A를 정의하는 모든 결과들이 사건 B를 정의하는 부분집합에 속한다면 사건 A는 다른 사건 B에 **포함된다고** 하며 $A \subset B$로 표시한다. 이 경우 A는 B의 한 **부분집합**이라고 한다.

또한 어떤 사건들은 가능한 경우가 발생하지 않을 수도 있다. 예를 들어 예제 3의 경우 음수가 나온다는 것은 불가능하며 따라서 음수를 얻을 사건은 어떤 결과도 포함하지 않는 S의 부분집합으로 정의된다. S의 이러한 부분집합을 **공사건**(null event)이라고 하며 $\varnothing$로 표시한다. 포함관계와 공집합에 대하여 다음 성질들이 성립한다.

$$\varnothing \subset A \subset S$$

$$A \subset B,\ B \subset A \Leftrightarrow A = B$$

$$A \subset B,\ B \subset C \Rightarrow A \subset C$$

합사건과 교사건

두 사건 A와 B의 어느 한 집합에는 반드시 속하는 모든 결과들을 포함하는 사건을 **합사건**(union)이라고 하고 $A \cup B$로 표시한다. n개의 사건 A_1, A_2, $\cdots$ A_n의 합은 이러한 n개의 사건들 중의 적어도 하나에 속하는 모든 결과들을 포함하는 사건으로 정의하며, $A_1 \cup A_2 \cup \cdots \cup A_n$ 또는 $\bigcup_{i=1}^{n} A_i$로 표시한다.

이와 유사하게 무한 사건열 A_1, A_2, $\cdots$, A_n, $\cdots$의 합에 대한 표기는 $\bigcup_{i=1}^{\infty} A_i$ 이다. 예를 들어 무한 집합열이

$$A_n = \left\{x : \frac{1}{n+1} \le x \le 1\right\},\ n = 1, 2, \cdots$$

일 때 0은 집합 $A_1, A_2, \cdots$들 중의 어느 하나에도 속하지 않으므로

$$\bigcup_{i=1}^{\infty} A_i = \{x : 0 < x \le 1\}$$

이다.

한편, 두 사건 A와 B에 대하여 A와 B에 동시에 속하는 모든 결과들을 포함하는 사건을 A와 B의 **교사건**(intersection)이라 하고, $A \cap B$로 표시한다. n개의 사건 A_1, A_2, $\cdots$ A_n의 교집합은 이러한 n개의 사건들에 공통인 결과들을 포함하는 사건으로 정의하며, $A_1 \cap A_2 \cap \cdots \cap A_n$ 또는 $\bigcap_{i=1}^{n} A_i$로 표시한다. 이와 유사하게 무한 사건열 A_1, A_2, $\cdots$, A_n, $\cdots$의 곱에 대한 표기는 $\bigcap_{i=1}^{\infty} A_i$이다. 예를 들어 $n = 1,\ 2,\ \cdots$에 대해 $A_n = \left\{x : 0 < x < \frac{1}{n}\right\}$이면 $\bigcap_{i=1}^{\infty} A_i = \varnothing$ 이다.

임의의 사건 A, B, C에 대하여 합사건과 교사건에 대하여 다음과 같은 성질들이 성립한다.

$$A \cup B = B \cup A,\quad A \cup A = A,\quad A \cup \varnothing = A,\quad A \cup S = S$$
$$A \cap B = B \cap A,\quad A \cap A = A,\quad A \cap \varnothing = \varnothing,\quad A \cap S = A$$
$$A \cup B \cup C = (A \cup B) \cup C = A \cup (B \cup C)$$
$$A \cap B \cap C = (A \cap B) \cap C = A \cap (B \cap C)$$

여사건과 배반사건

사건 A에 대하여 A에 속하지 않고 S에 있는 모든 결과들을 포함하는 사건을 A의 **여사건**(complement)이라고 하고 A^c로 표시한다. 또한 두 사건 A와 B가 공통으로 결과를 가지고 있지 않으면 A와 B는 **배반 사건**(disjoint event)이라고 한다. 다시 말하면 A와 B가 배반 사건이기 위한 필요충분조건은 $A \cap B = \varnothing$ 이다. 임의의 사건들의 집합에 있는 어느 두 사건도 공통으로 어떤 결과를 가지고 있지 않으면 그 집합에 있는 사건들은 서로 배반이라고 한다. 특히 n개의 사건 A_1, A_2, $\cdots$, A_n이 두 조건

$$(1)\ i \neq j\text{에 대해 } A_i \cap A_j = \varnothing, \quad (2)\ \bigcup_{i=1}^{n} A_i = S$$

을 만족하면 n개의 사건 A_1, A_2, $\cdots$, A_n을 S의 **분할**(partition)이라고 한다.

여사건에 대하여 다음과 같은 성질들이 성립한다.

$$(A^c)^c = A, \quad \varnothing^c = S, \quad S^c = \varnothing, \quad A \cup A^c = S, \quad A \cap A^c = \varnothing$$

예제 0-4

주사위를 1회 던져서 나오는 눈의 수를 관찰하는 실험을 생각하자. 이 경우 표본공간 S는

$$S = \{1, 2, 3, 4, 5, 6\}$$

이다. 사건 A를 짝수의 눈이 나오는 경우, 사건 B를 홀수의 눈이 나오는 경우, 사건 C를 3의 배수가 나오는 경우라고 하면

$$A = \{2, 4, 6\} \quad B = \{1, 3, 5\} \quad C = \{3, 6\}$$

으로 표현된다. 이 경우

$$A \cup B = S, \quad A \cap B = \varnothing, \quad A \cap C \subset A$$
$$A \cap C \subset C, \quad A^c = B, \quad (A \cup C)^c = \{1, 5\}$$

가 성립한다.

SECTION 01 연/습/문/제

01 임의의 두 사건 A와 B에 대하여

$$(A \cup B)^c = A^c \cap B^c \text{ 그리고 } (A \cap B)^c = A^c \cup B^c$$

임을 보여라.

02 임의 두 사건 A와 B에 대하여 $A \subset B$이면 $B^c \subset A^c$이 성립함을 보여라.

03 전체집합 S와 S의 부분집합 A가 다음과 같을 때 A의 여집합 A^c를 구하여라.

(1) $S = \{x : 0 < x < 1\}$, $A = \left\{x : \frac{5}{8} \le x < 1\right\}$

(2) $S = \{(x, y) : |x| + |y| \le 2\}$, $A = \{(x, y) : x^2 + y^2 < 2\}$

04 1부터 10까지 숫자가 적힌 10장의 빨간 카드와 10장의 파란 카드로 구성된 카드 한 벌로부터 1장의 카드를 뽑는다고 하자. A를 짝수가 적힌 카드를 뽑는 사건, B를 파란 카드를 뽑는 사건, C를 5보다 작은 숫자가 적힌 카드를 뽑는 사건이라고 하자. 이때 표본공간 S를 기술하고 다음의 사건을 S의 부분집합으로 기술하여라.

(1) $A \cap B \cap C$ (2) $B \cap C^c$ (3) $A \cup B \cup C$ (4) $A \cap (B \cup C)$ (5) $A^c \cap B^c \cap C^c$

05 집합열 $A_1, A_2, A_3, \cdots$이 $A_n \subset A_{n+1}$을 만족하면 **증가열**(increasing sequence)이라고 하고, $A_n \supset A_{n+1}$을 만족하면 **감소열**(decreasing sequence)이라고 한다. 집합열이 증가열이면 $\lim_{n \to \infty} A_n = A_1 \cup A_2 \cup A_3 \cup \cdots$이고, 감소열인 경우에는 $\lim_{n \to \infty} A_n = A_1 \cap A_2 \cap A_3 \cap \cdots$이 성립한다. 다음 각 경우의 집합열에 대하여 $\lim_{n \to \infty} A_n$을 구하여라.

(1) $A_n = \left\{x : \frac{1}{n} \le x \le 3 - \frac{1}{n}\right\}$, $n = 1, 2, 3, \cdots$

(2) $A_n = \left\{x : 2 < x \le 2 + \frac{1}{n}\right\}$, $n = 1, 2, 3, \cdots$

(3) $A_n = \left\{(x, y) : 0 \le x^2 + y^2 \le \frac{1}{n}\right\}$, $n = 1, 2, 3, \cdots$

SECTION 02 경우의 수

우리는 표본공간 S에서 하나의 사건 A의 확률을 S에 있는 결과들의 총수에 대한 A에 있는 결과들의 수의 비로 계산하려고 한다. 많은 실험에서 S에 있는 결과들은 그 수가 너무 많기 때문에 그것들을 전부 나열하는 것은 시간과 비용이 너무 많이 들어 유익하지 못하다. 그와 같은 실험에서는 표본공간 S와 S의 여러 가지 사건에 포함되어 있는 결과들의 총수를 모두 나열하지 않고 결정하는 방법을 아는 것이 편리하다. 이러한 이유로 앞으로 확률계산에 도움이 되는 경우의 수를 계산하는 방법을 간략하게 다루기로 한다.

곱의 법칙

사건 A가 일어나는 방법이 m가지이고, 그 각각에 대하여 사건 B가 일어나는 방법이 n가지이면 사건 A와 B가 동시에 일어나는 방법은 $m \times n$가지이다. 이것을 **곱의 법칙**(multiplication rule)이라고 한다. 예를 들면 두 개의 주사위를 굴릴 때 각 주사위에는 여섯 개의 가능한 결과가 있고 따라서 그 실험의 가능한 결과의 수는 $6 \times 6 = 36$이다.

순열

서로 다른 n개의 원소 중에서 r개를 선택하여 순서 있게 늘어놓는 것을 n개에서 r개 택한 **순열**(permutation)이라 하고 늘어놓는 경우의 수를 ${}_nP_r$로 표시한다. 곱의 법칙에 의해

$$ {}_nP_r = n(n-1)(n-2)\cdots(n-r+1) = \frac{n!}{(n-r)!} $$

로 계산된다. 특히 $r=n$일 때 ${}_nP_n = n!$이다.

예를 들어, 25명의 회원으로 구성된 한 클럽에서 회장과 서기를 각각 한 명씩 뽑을 때 처음 25명 중에 어느 한 명을 회장으로, 그리고 나머지 24명 중 한 명을 서기로 뽑을 수 있

으므로 두 자리를 채울 수 있는 총 가짓수는 ${}_{25}P_2 = 600$이다.

조합

서로 다른 n개의 원소 중에서 순서에 관계없이 r개를 선택할 때 이 r개로 이루어진 각각의 집합을 n개에서 r개를 택한 **조합**(combination)이라고 하고 선택하는 조합의 수를 $\binom{n}{r}$ 또는 ${}_nC_r$로 표시한다. 주어진 정수 n과 r에 대한 조합의 수치적인 값을 유도하여 보자. 한 번에 r개를 뽑는 n개의 원소들의 순열의 수는 ${}_nP_r$이다. 이 ${}_nP_r$ 순열의 한 목록은 다음과 같이 구성될 수 있다. 먼저 r개의 원소들의 한 특별한 조합을 뽑는다. 이러한 r개의 원소들로 구성된 순열의 수는 $r!$이므로 이 특별한 조합은 그 목록 위에 $r!$개의 순열을 얻는다. r개의 원소들의 또 다른 조합을 뽑을 때도 $r!$개의 다른 순열을 그 목록에 얻게 된다. r개의 원소들의 각 조합은 그 목록에 $r!$개의 순열을 얻기 때문에 그 목록에 있는 순열의 총수는 $r!\binom{n}{r}$임에 틀림이 없다. 그러므로 ${}_nP_r = r!\binom{n}{r}$이고

$$\binom{n}{r} = \frac{{}_nP_r}{r!} = \frac{n!}{r!(n-r)!}$$

이 성립한다.

예를 들어 20명으로 구성된 한 집단에서 8명의 위원을 선출한다고 했을 때, 그 위원들로부터 구성된 다른 조합의 수는 $\binom{20}{8} = \frac{20!}{8!12!}$이다.

이항전개

임의의 두 수 a, b와 양의 정수 n에 대하여

$$(a+b)^n = \sum_{k=0}^{n} \binom{n}{k} a^k b^{n-k}$$

을 이항 전개식이라고 하고, 이때 계수 $\binom{n}{k}$를 **이항계수**(binomial coefficient)라고 한다.

이항 전개식에서 $a = b = 1$로 놓으면

$$\sum_{k=0}^{n}\binom{n}{k} = 2^n$$

이 성립함을 알 수 있다.

지금 n개의 서로 다른 원소들을 $j(j=1,\ \cdots,\ k)$번째 그룹이 정확히 n_j개의 원소들을 포함하는 $k(k \geq 2)$개의 그룹으로 분리한다고 가정하자. 이 경우 $n_1 + n_2 + \cdots + n_k = n$이다. 이 n개의 원소들을 k개의 그룹으로 분리할 수 있는 다른 방법의 총수는

$$\binom{n}{n_1}\binom{n-n_1}{n_2}\binom{n-n_1-n_2}{n_3}\cdots\binom{n_{k-1}+n_k}{n_{k-1}} = \frac{n!}{n_1!n_2!\cdots n_k!}$$

이다. 임의의 수 $a_1, a_2, \cdots a_k$와 양의 정수 n에 대하여 다음의 다항전개식

$$(a_1 + a_2 + \cdots + a_k)^n = \sum_{n_1+n_2+\cdots+n_k=n} \frac{n!}{n_1!n_2!\cdots n_k!} a_1^{n_1} a_2^{n_2} \cdots a_k^{n_k}$$

이 성립하므로 $\dfrac{n!}{n_1!n_2!\cdots n_k!}$을 **다항계수**(multinomial coefficient)라고 한다.

예를 들면, 20명의 회원으로 구성된 한 단체를 A와 B는 각각 8명, C는 4명의 위원으로 구성되는 세 위원회로 나눈다고 하자. 이 회원들이 세 위원회에 할당될 수 있는 다른 방법의 수는 $n=20,\ k=3,\ n_1=n_2=8,\ n_3=4$에 대한 다항계수와 같게 되고, 따라서 총 가짓수는 $\dfrac{20!}{(8!)^2 4!}$이다.

SECTION 02 연/습/문/제

01 어떤 주머니에 하얀 공이 5개, 검은 공이 10개 들어 있다. 이 주머니에서 3개의 공을 무작위로 추출하였을 때 하얀 공이 2개, 검은 공이 1개 뽑힐 확률을 다음의 경우로 나누어서 계산하여라.

(1) 복원추출
(2) 비복원추출

02 하나의 동전을 10번 던지는 실험에 대하여 다음 확률을 구하여라.

(1) 앞면이 정확히 세 번 나올 확률
(2) 앞면이 세 번 이하로 나올 확률

03 잘 섞인 52장의 카드 한 벌을 4명의 선수에게 13장씩 분배한다고 가정할 때 각 선수가 한 장의 에이스를 받을 확률을 구하여라.

04 x에 관한 2차 방정식 $x^2+ax+b=0$에서 계수는 2개의 서로 다른 주사위 A, B를 동시에 던져서 A, B에서 나온 수를 각각 a, b로 정한 것이라고 하자. 주사위를 여러 번 던져서 모든 종류의 방정식이 전부 만들어졌다고 할 때

(1) 만들어진 방정식 중에서 서로 다른 것은 몇 개인가?
(2) 허근을 갖는 것은 몇 개인가?

05 30개의 정거장이 있는 철도회사에서는 몇 가지의 차표를 준비해야 하는가?

06 여학생 3명, 남학생 4명이 일렬로 설 때 여학생끼리 이웃하게 서는 경우는 모두 몇 가지인가?

07 triangle의 모든 문자를 사용하여 만든 순열에서 t와 a 사이에 두 개의 문자가 들어있는 것은 전부 몇 가지인가?

08 12개의 주사위를 던질 때 6개의 각각 다른 수들이 두 번 나올 확률을 구하여라.

09 mathematical이라는 12문자 전부로 이루어지는 순열의 수는 몇 가지인가?

10 정육면체의 여섯 면에 1에서 6까지의 숫자를 하나씩 써서 주사위를 만들고자 할 때 몇 가지 종류를 만들 수 있는가?

11 13장의 하트가 포함된 52장의 카드 한 벌을 4명의 선수 A, B, C, D에게 13장씩 무작위로 분배한다고 가정하자. 선수 A는 6장의 하트, 선수 B는 4장의 하트, 선수 C는 2장의 하트, 선수 D는 1장의 하트를 받을 확률을 구하여라.

12 어떤 학교의 야구선수 9사람, 농구선수 5사람 중에서 3사람의 위원을 뽑기로 하였다. 야구선수와 농구선수 중에서 각각 적어도 한 사람의 위원이 뽑힐 방법은 모두 몇 가지인가?

13 평면 위에 10개의 점이 있다. 이 가운데에서 4개의 점만은 동일 직선 위에 있고 나머지는 어느 세 점도 동일 직선 위에는 없다고 한다. 이들 점을 이어서 만들 수 있는 직선의 수와 이들 점을 꼭짓점으로 하는 삼각형의 수를 구하여라.

14 10명의 학생에게 실험지도를 하는데 기구가 부족한 관계로 3명, 3명, 4명의 3조로 나누기로 한다. 10명 중 2명은 여학생이며 이 2명은 반드시 같은 조에 넣기로 할 때 10명을 3개조로 나누는 방법은 몇 가지인가?

15 임의의 양의 정수 n과 $k(n \geq k)$에 대하여

$$\binom{n}{k} + \binom{n}{k-1} = \binom{n+1}{k}$$

임을 증명하여라.

16 다음을 증명하여라.

(1) $\binom{n}{0} + \binom{n}{1} + \binom{n}{2} + \cdots + \binom{n}{n} = 2^n$

(2) $\binom{n}{0} - \binom{n}{1} + \binom{n}{2} - \binom{n}{3} + \cdots + (-1)^n \binom{n}{n} = 0$

(3) $\binom{n}{1} + 2\binom{n}{2} + 3\binom{n}{3} + \cdots + n\binom{n}{n} = n2^{n-1}$

SECTION 03 미적분학의 사전지식

이 절에서는 미분과 적분 계산의 기본적인 이론을 증명 없이 소개하기로 한다.

로피탈의 법칙

●정리 1

두 함수 $f(x)$와 $g(x)$가 $x=a$를 포함하는 폐구간에서 미분가능하고, 항상 $g'(x)\neq 0$이라 하자. 만일

(1) $\lim\limits_{x\to a}f(x)=0$, $\lim\limits_{x\to a}g(x)=0$이고, $\lim\limits_{x\to a}\dfrac{f'(x)}{g'(x)}$가 존재하면

$$\lim_{x\to a}\frac{f(x)}{g(x)}=\lim_{x\to a}\frac{f'(x)}{g'(x)}.$$

(2) $\lim\limits_{x\to a}f(x)=\infty$, $\lim\limits_{x\to a}g(x)=\infty$이고, $\lim\limits_{x\to a}\dfrac{f'(x)}{g'(x)}$가 존재하면

$$\lim_{x\to a}\frac{f(x)}{g(x)}=\lim_{x\to a}\frac{f'(x)}{g'(x)}.$$

함수의 증감

함수 $y=f(x)$가 $x=a$를 포함하는 구간에서 정의되고 이 구간 안의 임의의 두 점 x_1, x_2에 대하여

(1) $x_1<a<x_2$일 때, $f(x_1)<f(a)<f(x_2)$이면, $y=f(x)$는 $x=a$에서 증가 상태에 있다.

(2) $x_1<a<x_2$일 때, $f(x_1)>f(a)>f(x_2)$이면, $y=f(x)$는 $x=a$에서 감소 상태에 있다.

● 정리 2

함수 $f(x)$가 $x=a$에서 미분가능하고
(1) $f'(a)>0$이면 $f(x)$는 $x=a$에서 증가 상태에 있고,
(2) $f'(a)<0$이면 $f(x)$는 $x=a$에서 감소 상태에 있고,
(3) $f(a)$가 넓은 의미의 극값이면 $f'(a)=0$ 이다.

특히 (3)에서와 같이 $f'(a)=0$ 이거나 $f'(a)$가 존재하지 않는 점 $(a, f(a))$를 임계점 (critical point)이라 한다.

● 정리 3 **1계 도함수에 의한 극값 판정법**

$f(x)$가 점 $x=a$를 포함하는 구간에서 연속이고, a 이외의 점에서 미분가능하며 점 a가 $f(x)$의 임계점이라고 하자. 이때 점 a를 중심으로
(1) $f'(x)$의 부호가 양에서 음으로 변하면 $f(a)$는 극댓값,
(2) $f'(x)$의 부호가 음에서 양으로 변하면 $f(a)$는 극솟값이다.

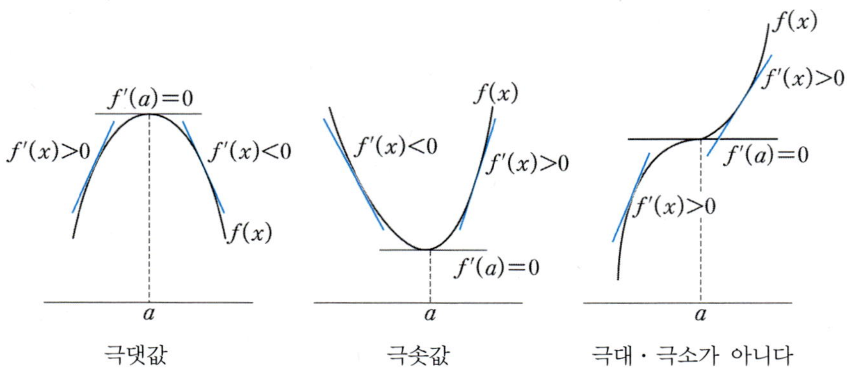

| 그림 0.1 | 극값 판정법

예제 0-5

함수 $f(x)=\dfrac{1}{\pi(1+x^2)}$ 의 극값을 구하기 위해 1계 도함수를 구하면 $f'(x)=\dfrac{-2x}{\pi(1+x^2)^2}$ 이므로 $f'(x)=0$ 을 만족하는 x 는 $x=0$ 이다. 따라서 $x=0$ 에서 임계값 $f(0)=\dfrac{1}{\pi}$ 을 갖는다.

한편 $x<0$ 이면 $f'(x)>0$ 이고, $x>0$ 이면 $f'(x)<0$ 이므로 극댓값을 가지며, 극댓값은 $f(0)=\dfrac{1}{\pi}$ 이다.

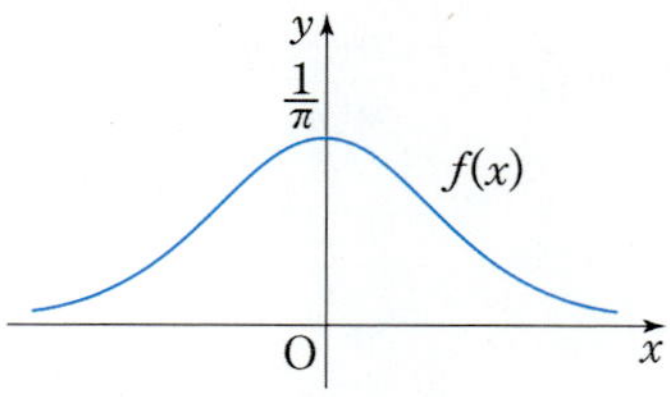

| 그림 0.2 | $f(x)=\dfrac{1}{\pi(1+x^2)}$ 의 그래프

● 정리 4 **2계 도함수에 의한 극값 판정법**

$f(x)$ 가 점 a 를 포함하는 구간에서 미분가능하고, $f'(a)=0$ 이라 할 때

(1) $f''(a)<0$ 이면 $f(a)$ 는 극댓값이고,

(2) $f''(a)>0$ 이면 $f(a)$ 는 극솟값이다.

만일 $f''(a)=0$ 이면 이 판정법은 적용할 수 없다.

변수변환

● 정리 5

함수 $x=g(t)$ 가 구간 $[\alpha,\ \beta]$ 에서 단조증가(또는 단조감소)하고, $g'(t)$ 가 연속이라고 하자. 또 $a=g(\alpha)$, $b=g(\beta)$ 이고 $f(x)$ 가 $[a,\ b]$ 에서 연속이면

$$\int_a^b f(x)\,dx=\int_\alpha^\beta f[g(t)]\,g'(t)\,dt$$

가 성립한다.

● 정리 6

uv평면의 영역 G에서 $x=f(u,v)$, $y=g(u,v)$에 의해 xy평면의 영역 R로 일대일변환 T가 연속인 1계 편도함수를 가지고 야코비 행렬식이 0이 아니라고 하자. 그러면

$$\iint_R \phi(x,\,y)\,dx\,dy = \iint_G \phi[f(u,\,v),\,g(u,\,v)]\left|\frac{\partial(x,\,y)}{\partial(u,\,v)}\right| du dv$$

이 성립한다.

여기서 변환의 야코비 행렬식은 $\dfrac{\partial(x,\,y)}{\partial(u,\,v)} = \begin{vmatrix} \dfrac{\partial x}{\partial u} & \dfrac{\partial x}{\partial v} \\ \dfrac{\partial y}{\partial u} & \dfrac{\partial y}{\partial v} \end{vmatrix} = J\left(\dfrac{x,\,y}{u,\,v}\right)$이다.

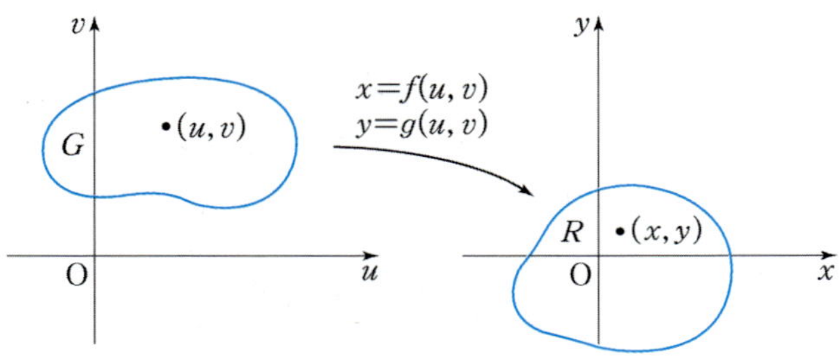

| 그림 0.3 | 변수변환

예제 0-6

극좌표에 의한 중적분은 $x=r\cos\theta$, $y=r\sin\theta$라고 하면

$$\frac{\partial(x,\,y)}{\partial(u,\,v)} = \begin{vmatrix} \cos\theta & -r\sin\theta \\ \sin\theta & r\cos\theta \end{vmatrix} = r(\cos^2\theta + \sin^2\theta) = r$$

이므로

$$\iint_R \phi(x,\,y)\,dx\,dy = \iint_G \phi(r\cos\theta,\,r\sin\theta)\,r\,dr\,d\theta$$

이다.

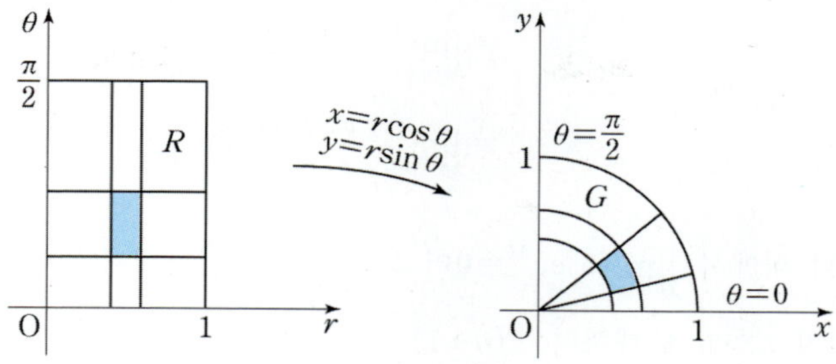

| 그림 0.4 | $x = r\cos\theta,\ y = r\sin\theta$의 변수변환

감마 함수

이상적분(improper integral) 중 임의의 $n>0$에 대하여 다음 적분으로 정의되는 감마함수 $\Gamma(n)$에 대하여 알아보자.

$$\Gamma(n) = \int_0^\infty t^{n-1}e^{-t}dt \qquad \cdots ①$$

그러면 감마함수 $\Gamma(n)$은 $n>0$일 때 수렴하며, $n \le 0$이면 발산한다. 따라서 이 함수가 수렴하는 경우에 대하여 몇 가지 기본적인 성질을 알 수 있다.

● 정리 7

$n>0$ 이면 $\Gamma(n+1) = n\Gamma(n)$이다.

증명

앞쪽 식 ①의 적분에 다음과 같이 부분적분법을 적용한다.

$$\begin{aligned}\Gamma(n+1) &= \int_0^\infty t^n e^{-t}dt \\ &= \lim_{M\to\infty}\int_0^M t^n e^{-t}dt \\ &= \lim_{M\to\infty}\left\{\left[-t^n e^{-t}\right]_0^M - \int_0^M nt^{n-1}(-e^{-t})dt\right\}\end{aligned}$$

$$= \lim_{M \to \infty} \left\{ -M^n e^{-M} + n \int_0^M t^{n-1} e^{-t} dt \right\}$$
$$= \lim_{M \to \infty} (-M^n e^{-M}) + n \int_0^\infty t^{n-1} e^{-t} dt$$

특히 마지막 식에서 $\lim_{M \to \infty} M^n e^{-M} = 0$이고, 감마함수의 정의에 의하여 $\Gamma(n) = \int_0^\infty t^{n-1} e^{-t} dt$ 이므로, 임의의 $n > 0$에 대하여 $\Gamma(n+1) = n\Gamma(n)$이 성립함을 알 수 있다. ◀◀

특히 $\Gamma(1) = 1$이고 따라서 임의의 양의 정수 n에 대하여

$$\Gamma(n+1) = n \cdot (n-1) \cdots 2 \cdot 1 = n!$$

이다. 한편 많은 통계적 응용에서 양수 n이 양의 정수이거나 양의 정수 k에 대하여 $n = k + \frac{1}{2}$인 경우가 나타난다. 그러면 정리 7에 의하여

$$\Gamma\left(n + \frac{1}{2}\right) = \left(n - \frac{1}{2}\right)\left(n - \frac{3}{2}\right) \cdots \left(\frac{1}{2}\right) \Gamma\left(\frac{1}{2}\right)$$

이고 따라서 $\Gamma(1/2)$을 계산할 필요가 있다.

● 정리 8

$$\Gamma(1/2) = \sqrt{\pi}$$

증명

우선 $\int_0^\infty e^{-x^2} dx$를 먼저 구한다. $x = u/\sqrt{2}$라 하면 $dx = du/\sqrt{2}$이고, 따라서

$$\int_0^\infty e^{-x^2} dx = \frac{1}{\sqrt{2}} \int_0^\infty e^{-u^2/2} du$$

이다. 또한 미적분학에서

$$\int_0^\infty e^{-u^2/2} du = \sqrt{\frac{\pi}{2}}$$

임을 이미 알고 있으므로, 위의 두 식으로부터

$$\int_0^\infty e^{-x^2} dx = \frac{1}{\sqrt{2}} \sqrt{\frac{\pi}{2}} = \frac{\sqrt{\pi}}{2}$$

를 얻는다. 한편 감마함수의 정의로부터

$$\Gamma(1/2) = \int_0^{\infty} t^{-1/2} e^{-t} dt$$

이므로 $t = x^2$ 이라 하면 $dt = 2x dx$ 이고, 따라서 $\Gamma(1/2)$ 은 다음과 같다.

$$\Gamma(1/2) = 2\int_0^{\infty} e^{-x^2} dx = 2 \cdot \frac{\sqrt{\pi}}{2} = \sqrt{\pi}$$ ◀◀

베타 함수

양수 α, β 에 대하여 적분

$$\int_0^1 x^{\alpha-1}(1-x)^{\beta-1} dx$$

는 수렴한다. 이 적분을 **베타(Beta) 함수**라 하고, $B(\alpha, \beta)$로 나타낸다.
즉, $B(\alpha, \beta)$는

$$B(\alpha, \beta) = \int_0^1 x^{\alpha-1}(1-x)^{\beta-1} dx$$

로 정의한다. 베타 함수는 다음과 같은 성질이 성립한다.

● 정리 9

i) $B(\alpha, \beta) = B(\beta, \alpha)$

ii) $B(\alpha, \beta) = 2\int_0^{\frac{\pi}{2}} \sin^{2\alpha-1}\theta \cos^{2\beta-1}\theta \, d\theta$

iii) $B(\alpha, \beta) = \dfrac{\Gamma(\alpha)\Gamma(\beta)}{\Gamma(\alpha+\beta)}$

SECTION 03 연/습/문/제

01 G가 세 꼭짓점 (0, 0), (1, 0), (0, 1)을 갖는 uv평면상의 삼각형이라고 하고,

$$x = 2u - 3v, \quad y = 5u + 7v$$

라고 하자. R이 G의 상이라고 할 때 적분 $\iint_R x\,dxdy$를 구하여라.

02 $R = \left\{(x,y) \,\middle|\, \frac{x^2}{a^2} + \frac{y^2}{b^2} \le 1\right\}$일 때 적분 $\iint_R (x^2 + y^2)dxdy$를 구하여라.

03 R이 xy평면에서 (1, 0), (0, 1), (−1, 0), (0, −1)을 정점으로 하는 정사각형일 때 적분 $\iint_R (x+y)^2 e^{x-y} dxdy$를 구하여라.

04 감마함수를 이용하여 적분 $\int_0^\infty x^{\frac{5}{2}} e^{-x} dx$를 구하여라.

05 정리 9를 증명하여라.

CHAPTER 01

확률의 소개

확률의 역사는 곧 도박의 역사로 르네상스 시대부터 시작되었다. 당시 지중해 연안의 도시에는 일확천금을 꿈꾸는 상인들이 많이 모여들었는데 이들은 날씨가 나빠 출항하지 못할 때 심심함을 달래기 위하여 도박을 하곤 했다. 이때 사람들이 그 승률의 대소를 미리 알기 위해 수학자와 함께 연구하기 시작하면서 확률의 사상은 싹텄다. 수학자 카르다노(Cardano)가 도박에 수학을 적용하여 이론적으로 연구하기 시작하였으며 17세기에는 페르마(Fermat)와 파스칼(Pascal)이 본격적으로 연구하기 시작하였다. 드메르(De Mere)라는 파스칼의 친구가 파스칼에게 도박에 관한 문제를 물었고 이 문제에 대해 파스칼과 페르마가 편지를 교환하면서 문제해결을 하고자 하였는데 여기에서 확률의 역사가 시작되었다. 한편 수학적으로 정의된 공리론적 확률은 콜모고로프(Kolmogorov)가 20세기 중반에 제시하였다. 이 공리론적 확률은 확률을 측도론(measure theory)적인 개념, 즉 확률측도(probability measure)로 생각한다는 이론이며 이는 현재 확률을 연구하는 학자들이 사용하는 개념이다. 확률은 통계를 학습하기 위해 반드시 필요한 도구인데, 이 장에서는 확률의 공리론적 정의를 이용하여 확률의 다양한 성질에 대하여 학습한다.

SECTION 01 확률의 배경과 해석

19세기에 뉴턴의 물리학은 절대적인 진리로 받아들여졌다. 뉴턴의 자연관에 의하면 인간을 포함한 만물을 지배하는 어떤 인과법칙이 존재하는데 이 법칙은 수량적, 결정론적으로 도출된다는 것이었다. 그러나 뉴턴 물리학의 시간관, 공간관의 개념으로는 수많은 자연현상을 설명할 수 없었다. 이후 1905년 아인슈타인의 새로운 시간관, 공간관의 등장과 양자역학 등이 등장하면서 뉴턴 역학의 결정론은 부정되었고, '우연의 법칙'이 새로운 의미를 갖게 되었다. 따라서 결정론의 범주를 벗어나는 세계가 과학 분야 속에서 중요한 역할을 하고 있음이 밝혀진 것이다.

미래를 예측하는 것은 기계적으로 확정되는 것이 아니고 통계적 법칙이 작용하므로 확률적 예측이 더 현실적일 것이다. 확률은 미래의 일을 알아내는 수단의 하나로 출발하였다. 일반적으로 확률의 수학적 이론은 프랑스의 수학자 파스칼에 의하여 시작되었다고 한다. 파스칼은 1654년 이후 페르마와 몇 통의 서신을 주고받았는데 그의 친구 드 메레가 문의한 도박과 관련된 문제에서부터 확률론이 시작되었다고 한다. 그들이 해결했던 문제들은 거의 300년 동안 타의 추종을 불허하였다.

모든 일상사가 방정식으로만 표시된다면 모든 일을 한눈에 쉽게 알 수 있으므로 더없이 편리할 것이다. 그러나 일상생활에는 방정식으로 표현할 수 없는 현상들이 너무도 많다. 가령 태어나는 아이의 성을 예측한다고 할 때 그 결과는 방정식으로 나타낼 수 없는 것과 같은 것이다. 그러나 사람의 눈에는 아무리 무질서한 것처럼 보이는 현상일지라도 그곳에는 반드시 어떤 법칙성이 존재한다. 확률이론의 목적은 겉보기에는 무질서하고 우연으로만 보이는 것들 속에서 질서를 밝혀내는 것이라 말할 수 있다.

확률이론은 17세기 이후로 끊임없이 발전되어 왔으며 다른 분야에도 널리 응용되고 있다. 오늘날 확률이론은 공학, 자연과학, 그리고 경영학 등의 모든 분야에서 가장 중요한 도구 중의 하나이다. 확률의 새로운 응용 분야인 의학, 우주제어공학, 시장매매 등에서 학자들이 활동적으로 종사하고 있다.

확률의 개념은 경험에 의한 극히 평범하고 자연적인 부분이라는 사실에도 불구하고 이 분야에 종사하는 모든 통계학자, 과학자 그리고 그 이외 관계자들은 확률이라는 용어의 유일하고 과학적인 해석을 받아들이지 않는다. 확률의 진실된 의미는 아직까지 논쟁할 만한 주제이다. 여기에서 확률의 세 가지 다른 해석을 소개할 것이다. 각각의 해석은 확률이론을 실제 문제에 적용하는 데 매우 유용하게 사용될 수 있다.

확률의 빈도적 해석

한 과정에서 어떤 특정한 결과를 얻게 될 확률은, 그 과정이 유사한 조건하에 수없이 반복되었다고 할 때 얻게 되는 결과를 가지고 상대도수(relative frequency)의 의미로 해석할 수가 있다. 예를 들어 하나의 동전을 던질 때 앞면이 나올 확률은 1/2로 간주될 수 있다. 왜냐하면 그 동전을 유사한 조건하에 수없이 던질 때 앞면이 얻어지는 횟수의 비는 거의 1/2로 가정되기 때문이다.

이러한 해석법의 결점은 첫째, 동전을 수없이 던진다는 표현에서 충분히 크다고 간주될 실제적인 수의 한정된 지시가 없다는 점이고, 둘째, 그 동전을 유사한 조건하에 매번 던진다는 표현에서는 이러한 조건이 정밀하게 묘사되지 않는다는 점이다. 마지막으로는 그것이 어떤 한 과정의 다수의 유사한 반복이 있을 수 있는 한 문제에 단지 적용한다는 것이다.

확률의 고전적 해석

이 해석은 거의 같은 결과(equally likely outcomes)의 개념에 기초를 두고 있다. 예를 들면 한 개의 동전을 던질 때 앞면 또는 뒷면의 두 가지 가능한 결과가 있다. 만일 이러한 결과가 거의 같이 일어난다면 그때 그들은 같은 확률을 가진다. 그 확률은 합이 1이므로 앞면과 뒷면이 일어날 확률은 각각 1/2임에 틀림이 없다.

고전적인 해석의 결점은 거의 같은 것으로 가정되지 않은 결과에 확률을 부여하는 어떤 체계적인 방법이 없다는 것이다. 1개의 동전을 던질 때, 또는 1개의 주사위를 굴릴 때 다른 가능한 결과들은 그 과정의 본질 때문에 거의 같은 것으로 간주될 수 있다. 그러나 아는 사람이 결혼할 것인지 또는 한 연구계획이 성공할 것인지를 추측하는 문제 등에서는 그 가능한 결과들은 전형적으로 거의 같게 간주되지 않을 것이다.

확률의 주관적 해석

주관적 해석은 한 사람이 어떤 과정의 한 결과를 얻을 가능성에 대한 그 자신의 확신과 정보에 기초를 두고 그 결과에 확률을 부여하는 것을 말한다. 다른 확신과 다른 정보를 가질지 모르는 또 다른 사람은 같은 결과에 다른 확률을 부여할지도 모른다. 예를 들어 한 개의 동전을 던지는데 그 동전 또는 그것을 던진 방법에 관한 특별한 정보가 없는 사람은 앞면과 뒷면을 거의 같이 일어나는 결과로 간주할 것이다. 그러나 실제로 그 동전을 던지는 사람은 앞면을 뒷면보다 더 많이 얻게 될 것으로 느낄지도 모른다. 이 사람이 그 결과에 주관적 확률을 부여할 수 있도록 하기 위하여 그는 그의 확신을 수치적인 항으로 표현해야만 한다. 예를 들어 그는 앞면을 얻을 가능성을 4개의 빨간 공과 1개의 파란 공이 들어 있는 상자에서 1개의 공을 뽑을 때 빨간 공을 뽑을 가능성과 같은 것으로 간주한다고 하자. 그러면 그는 동전을 던질 때 앞면을 얻을 가능성에 확률 4/5를 부여할 것이다.

이러한 해석법의 결점은 첫째 무한개 사건들의 상대적인 가능성에 대한 한 사람의 견해가 완전히 일치되고 모순이 없어야 한다는 점이고, 둘째 두 명 이상의 과학자들이 공통 관심사인 어떤 과학적인 분야에서 학문의 어떤 상태를 공동으로 평가하기 위하여 함께 연구하는 객관적인 기초를 제공하여 주지 않는다는 점이다.

SECTION 02

확률의 정의

어떤 주어진 실험에서 표본공간 S의 각 사건 A에 대하여 A가 일어날 확률을 나타내는 하나의 수 $P(A)$를 부여하는 것이 필요하다. 확률이론의 발전 초기에는 표본공간이 유한인 경우 또는 도형과 관련된 경우에 대한 확률의 계산이 주된 관심의 대상이었다. 고전적 확률의 정의에 의하면 어떤 사건 A가 일어날 확률은

$$P(A)=\frac{|A|}{|S|}$$

로 정의하였다. 여기서 $|A|$는 유한표본공간의 경우에는 사건 A에 속하는 원소의 개수를 의미하고, A가 어떤 영역이면 $|A|$는 영역 A의 길이, 넓이, 부피 등과 같이 잘 정의된 개념이다. 이러한 식으로 확률이 정의되는 실험의 확률모형을 **균등확률모형**(uniform probability model)이라고 한다. 균등확률모형에 대하여 다음이 성립함은 당연하다.

(1) 임의의 사건 A에 대하여 $P(A)\geq 0$

(2) $P(S)=1$

(3) A와 B가 서로 배반이면 $P(A\cup B)=P(A)+P(B)$

예제 1-1

하나의 주사위를 두 번 던져서 나타나는 주사위의 눈의 수를 관찰하는 실험에 대한 표본공간을 구성하고, 두 주사위의 눈의 수의 합이 7이 되는 사건 A가 일어날 확률을 구하여보자.

첫 번째 던진 주사위의 눈의 수를 x, 두 번째 던진 주사위의 눈의 수를 y라고 하면 표본공간 S는

$$S=\{(x,y)\mid x=1,2,\cdots,6\quad y=1,2,\cdots,6\}$$

이 되고, 사건 A는

$$A=\{(1,6),(2,5),(3,4),(4,3),(5,2),(6,1)\}$$

이므로 구하고자 하는 확률은

$$P(A) = \frac{|A|}{|S|} = \frac{6}{36} = \frac{1}{6}$$

이다.

예제 1-2

두 사람이 12시부터 1시까지의 한 시간 사이에 어느 지점에서 만나기로 하였다. 누가 먼저 그 지점에 도착하든지 20분 이상은 기다리지 않기로 하였다. 두 사람이 만날 확률을 구하여 보자.

두 사람이 약속 장소에 도착하는 시각을 각각 12시 x분과 y분이라고 하면 두 사람은 $|x-y|<20$일 때 만나게 된다.

그러므로 표본공간은

$$S = \{(x, y) \mid 0 \le x \le 60,\ 0 \le y \le 60\}$$

이고, 두 사람이 만나는 사건 A는

$$A = \{(x, y) \mid |x-y| < 20\}$$

이다.

그러므로 구하려는 확률은

$$P(A) = \frac{|A|}{|S|} = \frac{60^2 - 40^2}{60^2} = \frac{5}{9}$$

이다.

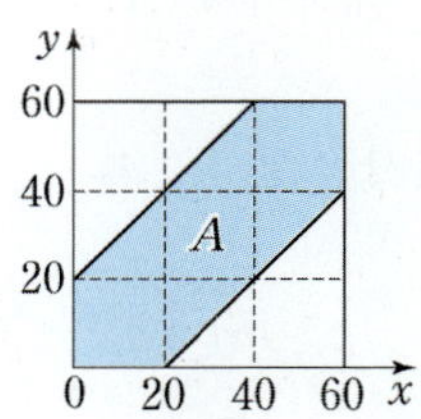

| 그림 1.1 | $|x-y|<20$ 의 영역

균등확률의 개념으로부터 정의된 고전적 확률로는 해결될 수 없는 문제가 많음은 확률론의 발달초기부터 인식되었다. 따라서 많은 학자들이 일상적인 용어로서의 확률이라는 단

어의 의미를 논리적으로 정의하려고 노력하였다. 과학적 실험이나 자연 현상에 대한 오랜 관측을 통하여 동일한 조건 아래서 같은 실험을 n번 반복할 때 특정한 사건 A가 일어난 횟수를 $N_n(A)$라고 하면 실험횟수 n이 충분히 큰 경우에 사건 A에 대한 상대도수 $N_n(A)/n$이 어떤 일정한 상수에 접근한다는 사실이 경험적으로 인식되었다. 이러한 상대도수의 수렴성은 많은 실험을 통하여 입증되었으며, 이를 기초로 상대도수의 극한이 존재한다는 가정 아래서 사건 A의 확률 $P(A)$를

$$P(A) = \lim_{n \to \infty} \frac{N_n(A)}{n}$$

로 정의하였다. 상대도수의 극한개념으로 확률을 정의하면 앞의 (1), (2), (3)을 만족하게 된다는 사실은 쉽게 보일 수 있다. 통계적 확률이라고 부르는 위의 정의는 서술적인 것으로 논리적으로 완전하지는 못하다. 그러나 어떠한 정의든 확률을 상대도수의 개념으로 해석할 수 있게 정의한다면 (1), (2), (3)은 만족하여야 할 것이다. 다시 말하면 (1), (2), (3)은 확률이 지녀야 할 기본적인 성질들이 된다. 그러나 (3)은 유한개의 합사건에 대한 확률의 계산은 가능하지만 무한개로 이론이 확장되면 계산할 수가 없다. 따라서 (3)을 무한으로 확장하여 세 가지 성질을 확률의 공리로 하여 다음과 같이 확률을 정의한다.

정의 1

표본공간 S 안의 각 사건 A에 수 $P(A)$를 대응하는 집합 함수(set function) P가 다음의 공리를 만족하면 P를 **확률**(probability)이라고 하고 함숫값 $P(A)$를 **사건 A의 확률**(probability of the event A)이라고 한다.

공리 1 임의의 사건 A에 대하여 $P(A) \geq 0$

공리 2 $P(S) = 1$

공리 3 임의의 무한 배반사건열 $A_1, A_2, \cdots$에 대하여

$$P\left(\bigcup_{i=1}^{\infty} A_i\right) = \sum_{i=1}^{\infty} P(A_i)$$

위 공리를 이용하여 다음의 성질을 증명할 수 있다.

정리 1

(1) $P(\varnothing)=0$

(2) 임의의 유한 배반사건열 $A_1, A_2, \cdots, A_n$에 대하여 $P(\bigcup_{i=1}^{n} A_i)=\sum_{i=1}^{n} P(A_i)$

증명

(1) 사건 $A_i=\varnothing$, $i=1, 2, \cdots$들은 서로 배반이므로 공리 3에 의하여

$$P(\varnothing)=P(\bigcup_{i=1}^{\infty} A_i)=\sum_{i=1}^{\infty} P(A_i)=\sum_{i=1}^{\infty} P(\varnothing)$$

이 성립한다. 그러므로 $P(\varnothing)=0$이다.

(2) $i>n$에 대하여 $A_i=\varnothing$인 무한사건열 $A_1, A_2, \cdots$를 생각하자. 이 무한사건열은 서로 배반이고 $\bigcup_{i=1}^{\infty} A_i=\bigcup_{i=1}^{n} A_i$이 성립한다. 그러므로 공리 3에 의하여

$$P(\bigcup_{i=1}^{n} A_i)=P(\bigcup_{i=1}^{\infty} A_i)=\sum_{i=1}^{n} P(A_i)+\sum_{i=n+1}^{\infty} P(A_i)=\sum_{i=1}^{n} P(A_i)$$

이 성립한다.

예제 1-3

길이가 1미터, 2미터, 3미터, 4미터 그리고 5미터인 다섯 조각의 천 중에서 어느 길이의 천이 제일 먼저 끊어지는가를 알아내는 실험이 있다. 여기서 천이 먼저 끊어질 확률은 천의 길이에 비례한다고 가정하고 첫 번째 끊어지는 천의 길이가 3미터보다 길지 않을 확률을 계산해 보기로 하자.

이 예에서 s_i를 그 길이가 i미터인 천이 첫 번째 끊어지는 결과라고 하자. 그때 $S=\{s_1, \cdots, s_5\}$이고, i번째 천이 끊어질 확률 p_i는 αi, $(i=1, \cdots, 5)$이고 α는 하나의 비례 상수이다. $p_1+\cdots+p_5=1$이므로 $\alpha=\frac{1}{15}$이다. 만일 사건 A가 첫 번째 끊어지는 천의 길이가 3미터보다 길지 않은 사건이라고 하면 $A=\{s_1, s_2, s_3\}$이므로

$$P(A)=p_1+p_2+p_3=\frac{1}{15}+\frac{2}{15}+\frac{3}{15}=\frac{2}{5}.$$

확률의 성질

이제 주어진 공리와 정리로부터 확률에 대한 서로 다른 일반적인 성질을 알아보자. 진술한 성질들은 각각 쉽게 증명된다.

● 정리 2

임의의 사건 A에 대하여

$$P(A^c) = 1 - P(A)$$

증명

A와 A^c는 서로 배반이고 $A \cup A^c = S$이므로

$$1 = P(S) = P(A) + P(A^c)$$

가 성립한다. 그러므로 $P(A^c) = 1 - P(A)$이다. ◀◀

● 정리 3

만일 $A \subset B$이면 $P(A) \le P(B)$가 성립한다.

증명

$B = A \cup (B \cap A^c)$이고 A와 $B \cap A^c$은 서로 배반이므로

$$P(B) = P(A) + P(B \cap A^c)$$

가 성립한다. $P(B \cap A^c) \ge 0$이므로 $P(A) \le P(B)$이다. ◀◀

● 정리 4

임의의 두 사건 A와 B에 대하여

$$P(A \cup B) = P(A) + P(B) - P(A \cap B)$$

증명

$A \cup B = (A \cap B^c) \cup (A \cap B) \cup (A^c \cap B)$이고 이 식의 우변에 있는 세 사건은 서로 배반이므로

$$P(A \cup B) = P(A \cap B^c) + P(A \cap B) + P(A^c \cap B)$$

이 성립한다. 또한

$$P(A) = P(A \cap B^c) + P(A \cap B)$$
$$P(B) = P(A^c \cap B) + P(A \cap B)$$

이므로 3개의 관계식에 의해 결과가 성립한다. ◀◀

정리 4에 의하여

$$P(A \cup B) \leq P(A) + P(B)$$

가 성립함을 알 수 있다. 또한 정리 4를 임의의 사건 A, B, C에 적용하면

$$\begin{aligned} P(A \cup B \cup C) = P[(A \cup B) \cup C] &= P(A) + P(B) + P(C) \\ &- P(A \cap B) - P(A \cap C) - P(B \cap C) + P(A \cap B \cap C) \end{aligned}$$

임을 알 수 있다. 이 식은 임의의 유한개의 사건에 적용하면 다음과 같이 일반화된 식으로 표현할 수 있다.

$$\begin{aligned} P(\bigcup_{i=1}^{n} A_i) = \sum_{i=1}^{n} P(A_i) - \sum_{i<j} P(A_i \cap A_j) + \sum_{i<j<k} P(A_i \cap A_j \cap A_k) \\ - \sum_{i<j<k<l} P(A_i \cap A_j \cap A_k \cap A_l) + \cdots + (-1)^{n+1} P(A_1 \cap A_2 \cap \cdots \cap A_n) \end{aligned}$$

이 식에 의하면 $P(\bigcup_{i=1}^{n} A_i)$를 계산하는 과정은 다음과 같음을 알 수 있다. 첫 번째로 n개의 사건의 확률을 각각 더한 후 둘째로 모든 가능한 두 사건의 교집합의 확률을 뺀다. 이 단계에는 n개에서 2개를 선택하는 조합의 가짓수만큼의 다른 쌍들이 있다. 셋째로 모든 가능한 세 사건의 교집합의 확률을 더한다. 이러한 형태에는 n개에서 3개를 선택하는 조합의 가짓수만큼의 다른 쌍들이 있다. 넷째, 모든 가능한 네 사건의 교집합의 확률을 뺀다. 이러한 형태에는 n개에서 4개를 선택하는 조합의 가짓수만큼의 다른 쌍들이 있게 된다. 마지막으로 n이 홀수 또는 짝수인가에 따라서, 모든 n개의 사건의 교집합의 확률을 더하거나 뺄 수 있을 때까지 이러한 과정을 계속한다.

예제 1-4

1부터 20까지의 숫자가 적힌 카드 20장이 있다. 이 중에서 1장의 카드를 꺼낼 때 그 카드에 적힌 숫자가 2의 배수이거나 3의 배수일 확률을 구하여보자.
k의 배수의 카드가 나올 사건을 A_k라고 하면

$$P(A_2)=\frac{10}{20},\quad P(A_3)=\frac{6}{20},\quad P(A_2\cap A_3)=P(A_6)=\frac{3}{20}$$

이므로

$$P(A_2\cup A_3)=P(A_2)+P(A_3)-P(A_2\cap A_3)=\frac{13}{20}$$

● 정리 5

임의의 사건열 $A_1,\ A_2,\ \cdots,\ A_n$에 대하여

$$P\left(\bigcup_{i=1}^{n}A_i\right)\le\sum_{i=1}^{n}P(A_i)$$

증명

연습문제로 남긴다.

● 정리 6 **본페로니 부등식(Bonferroni's Inequality)**

임의의 사건 $A_1,\ A_2,\ \cdots,\ A_k$에 대하여

$$P\left(\bigcap_{i=1}^{k}A_i\right)\ge 1-\sum_{i=1}^{k}P(A_i^c)$$

증명

연습문제로 남긴다.

● 정리 7

무한개의 사건열 $A_n (n=1, 2, 3, \cdots)$에 대하여

(1) 만일 A_n이 증가열이고 $A=\bigcup_{n=1}^{\infty} A_n$이면

$$\lim_{n\to\infty} P(A_n)=P(A)$$

이 성립한다.

(2) 만일 A_n이 감소열이고 $A=\bigcap_{n=1}^{\infty} A_n$이면

$$\lim_{n\to\infty} P(A_n)=P(A)$$

이 성립한다.

증명

(1) $B_1=A_1$이고 $n\ge 2$에 대해 $B_n=A_n\cap A_{n-1}^c$인 집합 B_n을 생각하자. 이때 B_n은 배반집합이고

$$A_n=\bigcup_{i=1}^{n} B_i, \quad A=\bigcup_{i=1}^{\infty} B_i$$

이다. 그러므로

$$P(A_n)=\sum_{i=1}^{n} P(B_i), \quad P(A)=\sum_{i=1}^{\infty} P(B_i)$$

이 성립하고, 따라서

$$\lim_{n\to\infty} P(A_n)=\lim_{n\to\infty}\sum_{i=1}^{n} P(B_i)=\sum_{i=1}^{\infty} P(B_i)=P(A)$$

이다.

(2) $A_1\supset A_2\supset A_3\supset\cdots$이고 $A=\bigcap_{n=1}^{\infty} A_n$이므로

$$A_1^c\subset A_2^c\subset A_3^c\subset\cdots \text{이고 } A^c=\bigcup_{n=1}^{\infty} A_n^c$$

이 성립한다. 그러므로 (1)에 의해

$$\lim_{n\to\infty} P(A_n^c) = P(A^c)$$

이 성립하고, 따라서

$$\lim_{n\to\infty} P(A_n) = \lim_{n\to\infty}[1 - P(A_n^c)] = 1 - P(A^c) = P(A)$$

이다. ◀◀

SECTION 02 연 / 습 / 문 / 제

01 표본공간이 $S = A \cup B$이고 $P(A) = 0.8$, $P(B) = 0.5$라고 하자. $P(A \cap B)$를 구하여라.

02 빨간 공, 하얀 공, 파란 공, 노란 공, 검은 공이 들어 있는 상자에서 하나의 공을 뽑는다고 가정하자. 만일 빨간 공이 뽑힐 확률이 $\frac{1}{5}$, 하얀 공이 뽑힐 확률이 $\frac{2}{5}$이면 파란 공, 노란 공, 또는 검은 공이 뽑힐 확률은 얼마인가?

03 $P(A) = \frac{1}{3}$, $P(B) = \frac{1}{2}$인 두 사건 A와 B를 생각하자. 다음 각 조건에 대하여 $P(B \cap A^c)$를 구하여라.

(1) A와 B는 배반사건이다.

(2) $A \subset B$

(3) $P(AB) = \frac{1}{8}$

04 6개 문항이 있는 O, X문제에서 각 문항마다 임의로 O, X를 선택한다면 3개 이상 맞을 확률은 얼마인가?

05 10장의 당첨복권을 포함하여 모두 백만 장의 복권이 발매되었다고 하자. 3장의 복권을 구입한 사람이 적어도 한 장의 당첨복권을 구입하였을 확률과 그 확률의 상한을 구하여라.

06 한 사람이 자신의 생일 파티에 n명의 친구들을 집으로 초대하였다. 그런데 파티가 끝나 집으로 돌아가려 할 때 친구들이 쓰고 온 모자가 모두 뒤섞여 있어서, 친구들은 임의로 하나의 모자를 집어서 쓰고 집으로 돌아가기로 하였다. 모든 친구들이 다른 사람의 모자를 쓰고가게 될 확률을 구하여라.

07 표본공간 S가 $S=\{s : 0<s<\infty\}$이고 표본공간의 부분집합 A와 A_n은 $A=\{s : 4<s<\infty\}$, $A_n=\left\{s : 2-\frac{1}{n}<s\le 3\right\}$이라고 하자.
또한 $P(A)=\int_A e^{-x}dx$라고 하자. 이때 다음을 구하여라.

(1) $P(A)$, $P(A^c)$, $P(A\cup A^c)$

(2) $P(A_n)$, $\lim_{n\to\infty}P(A_n)$

08 A와 B가 표본공간 S의 부분집합이라고 할 때

$$P(A\cap B)\le P(A)\le P(A\cup B)\le P(A)+P(B)$$

임을 보여라.

09 A, B, C가 표본공간 S의 서로 배반인 사건이라고 할 때 $P[(A\cup B)\cap C]$와 $P(A^c\cup B^c)$을 구하여라.

10 표본공간이 $S=\{s : -\infty<s<\infty\}$이고 S의 임의의 부분집합 A에 대하여 $P(A)=\int_A e^{-|x|}dx$라고 하자. 이때 P는 확률인지를 확인하고, 확률이 아니라면 적절한 상수를 곱하여 확률이 되도록 하여라.

11 $S=\{(x, y) : 0\le x\le 1,\ 0\le y\le 1\}$에서 한 점 (x,y)를 뽑는다고 가정하고 뽑힌 점이 S의 어떤 부분집합에 속할 확률은 그 부분집합의 넓이와 같다고 하자. 이때 다음 부분집합의 확률을 구하여라.

(1) $\left(x-\frac{1}{2}\right)^2+\left(y-\frac{1}{2}\right)^2\ge\frac{1}{4}$인 점들의 집합

(2) $\frac{1}{2}<x+y<\frac{3}{2}$인 점들의 집합

(3) $y\le 1-x^2$인 점들의 집합

(4) $x=y$인 점들의 집합

12 길이가 a인 선분 AB가 있다. 이 위에 임의로 선택한 두 점 P, Q에 의하여 나누어지는 세 선분 AP, PQ, QB 또는 AQ, QP, PB가 삼각형의 세 변이 될 수 있는 확률은 얼마인가? 단, 세 선분의 길이의 합은 a이다.

13 이차 방정식 $x^2+2ax+b=0$의 계수 a, b를 두 사람이 각각 두 개의 주사위를 던져서 나오는 눈의 수로 정하기로 할 때, 이 방정식이 허근을 가질 확률 및 실근을 가질 확률을 구하여라.

14 정리 5를 증명하여라.

15 정리 6을 증명하여라.

SECTION

03 조건부 확률

표본공간이 S인 한 실험이 시행되고 또한 S에 있는 모든 사건에 대한 확률이 주어졌다고 하자. 확률이론의 응용에서는 어떤 사건 B가 일어났을 때 사건 A가 일어날 확률을 구해야 되는 문제가 자주 등장한다. 예를 들면, 5개의 불량품이 들어 있는 100개의 전구 중에서 차례로 하나씩 전구를 꺼낼 때 두 번째까지 꺼낸 전구가 모두 불량품이었다면 세 번째 꺼낸 전구가 불량품일 확률을 구하는 문제 등이 이에 해당된다고 할 수 있다.

이러한 문제 등에 대해서는 사건 B가 일어났기 때문에 관찰 가능한 실험결과들이 표본공간 S의 부분집합 B의 원소들뿐이고 따라서 모든 가능한 실험결과들의 집합이 사실상 B로 제한된다. 이러한 경우에 모든 가능한 실험결과들의 집합이 B임을 분명하게 하기 위하여 이를 사건 B가 일어난 것에 대한 사건 A의 **조건부 확률**(conditional probability)이라고 하고 $P(A|B)$로 표시한다. 만일 사건 B가 일어난 것을 안다면 그 실험의 결과는 B에 포함된 결과 중의 하나일 것이다. 그러므로 A가 일어날 확률을 계산하기 위하여, 우리들은 A가 일어나는 것을 초래하는 B에 있는 집합들을 고려하여야 할 것이고, 분명히 그러한 집합은 $P(A \cap B)$이다. 그러므로 조건부 확률은 $P(A \cap B)$에 의하여 나타나는 총 확률 $P(B)$의 비로 정의한다.

만일 A와 B가 $P(B) > 0$인 임의의 두 사건이면

$$P(A|B) = \frac{P(A \cap B)}{P(B)}$$

이다. $P(B) = 0$이면 조건부 확률 $P(A|B)$는 정의되지 않는다.

다시 말하면, 조건부 확률은 표본공간이 S인 원래의 실험으로부터 S의 부분집합인 한 사건 B를 새로운 표본공간으로 축소한 실험에서의 사건에 대한 확률을 의미한다.

예제 1-5

두 개의 주사위를 던지는 실험에서 두 주사위의 눈의 합을 X라고 하자. X가 홀수라고 할 때 X가 8보다 적을 확률을 구하여보자.

A가 $X < 8$인 사건이고 B는 X가 홀수인 사건이라고 하면 $P(A|B)$가 우리가 구하

려는 확률이다. $A \cap B$는 X가 3, 5, 7인 사건이고 표본공간은 36가지이므로

$$P(A \cap B) = \frac{2}{36} + \frac{4}{36} + \frac{6}{36} = \frac{1}{3}$$

$$P(B) = \frac{2}{36} + \frac{4}{36} + \frac{6}{36} + \frac{4}{36} + \frac{2}{36} = \frac{1}{2}$$

이다. 그러므로

$$P(A|B) = \frac{P(A \cap B)}{P(B)} = \frac{2}{3}$$

조건부 확률은 확률의 세 가지 공리를 만족한다. $P(B) > 0$이면

i) $P(A|B) \geq 0$

ii) $P(S|B) = P(B|B) = 1$

iii) 서로 배반인 두 사건 A_1, A_2에 대하여

$$P(A_1 \cup A_2 | B) = \frac{P[(A_1 \cup A_2) \cap B]}{P(B)} = \frac{P(A_1 \cap B) + P(A_2 \cap B)}{P(B)} = P(A_1|B) + P(A_2|B)$$

이 성립하며 이는 세 개 이상의 사건의 경우에도 확장된다.

그리고 2절에서와 같이 다음 확률의 성질이 성립함을 알 수 있다.

$$P(A^c|B) = 1 - P(A|B), \quad P(\varnothing|B) = 0$$

$$A_1 \subset A_2\text{이면 } P(A_1|B) \leq P(A_2|B)$$

$$P(A_1 \cup A_2|B) = P(A_1|B) + P(A_2|B) - P(A_1 \cap A_2|B)$$

조건부 확률에 관한 곱의 법칙

일반적으로 두 사건 A와 B가 동시에 일어나려면 먼저 사건 B가 일어난 후에 사건 A가 일어나거나, 사건 A가 일어난 후에 사건 B가 일어나야만 한다. 그러므로 $P(A \cap B)$는 사건 B가 일어날 확률 $P(B)$와 B가 일어났다는 조건 아래서 사건 A가 일어날 확률 $P(A|B)$의 곱과 같다. 동일한 개념으로 순서를 바꾸어 생각하면 $P(A)$와 $P(B|A)$의 곱과도 같아야 한다. 그러므로

$$P(A \cap B) = P(A)P(B|A) = P(B)P(A|B)$$

이 성립하는데 이 식은 조건부 확률의 정의에 의해 명백하게 성립한다.

예제 1-6

주머니에 w개의 하얀 공과 b개의 검은 공이 들어 있다. 하나의 공을 꺼내 그 색깔을 확인한 다음 같은 색깔의 공 a개를 주머니에 더 넣는다고 하고 이러한 과정을 n회 계속한다고 하자. 이제 W_i와 B_i는 각각 $i(i=1, 2, \cdots, n)$번째 꺼낸 공이 하얀 공일 사건과 검은 공일 사건이라고 하자. 분명히 W_i와 B_i는 서로 배반이며, k번째 공을 꺼낼 때 주머니 속에 있는 공의 수는 $w+b+(k-1)a$이다. 그리고

$$P(W_1) = \frac{w}{b+w}, \quad P(W_2|W_1) = \frac{w+a}{b+w+a}$$

이므로

$$P(W_1 \cap W_2) = P(W_1)P(W_2|W_1) = \frac{w}{b+w} \cdot \frac{w+a}{b+w+a}$$

이다. 마찬가지 방법으로

$$P(B_1 \cap W_2) = \frac{b}{b+w} \cdot \frac{w}{b+w+a}$$

이므로

$$\begin{aligned} P(W_2) &= P(W_1 \cap W_2) + P(B_1 \cap W_2) \\ &= \frac{w}{b+w} \cdot \frac{w+a}{b+w+a} + \frac{b}{b+w} \cdot \frac{w}{b+w+a} \\ &= \frac{w}{b+w} \end{aligned}$$

이다. 그러므로 $P(W_1) = P(W_2)$가 되며 마찬가지 방법으로 계산하면 $P(B_1) = P(B_2)$가 성립한다.

두 사건에 관한 곱의 규칙은 유한개의 사건으로 확장될 수 있다.

정리 8

$A_1, A_2, \cdots, A_n$이 $P(A_1) > 0,\ P(A_1 \cap A_2) > 0,\ \cdots,\ P(A_1 \cap A_2 \cap \cdots \cap A_{n-1}) > 0$을 만족하는 임의의 사건이라고 하자. 그러면

$$P(A_1 \cap A_2 \cap \cdots \cap A_n) \\ = P(A_1)P(A_2|A_1)P(A_3|A_1 \cap A_2) \cdots P(A_n|A_1 \cap A_2 \cap \cdots \cap A_{n-1}).$$

증명

식의 우변에 있는 확률의 곱은 다음과 같다.

$$P(A_1) \cdot \frac{P(A_1 \cap A_2)}{P(A_1)} \cdot \frac{P(A_1 \cap A_2 \cap A_3)}{P(A_1 \cap A_2)} \cdots \frac{P(A_1 \cap A_2 \cap \cdots \cap A_n)}{P(A_1 \cap A_2 \cap \cdots \cap A_{n-1})}$$

이 곱을 계산하면 결과를 얻는다.

예제 1-7

3개의 붉은 공과 5개의 푸른 공이 들어 있는 주머니로부터 3개의 공을 비복원추출한다고 할 때 3개의 공 모두가 푸른색일 확률을 구하여보자.

A_i를 $i(i=1, 2, 3)$번째 꺼낸 공이 푸른색일 사건이라고 하면

$$P(A_1) = \frac{5}{8},\quad P(A_2|A_1) = \frac{4}{7},\quad P(A_3|A_1 \cap A_2) = \frac{3}{6}$$

이다. 그러므로 세 개의 공이 모두 푸른색일 사건 $A_1 \cap A_2 \cap A_3$에 대한 확률은

$$P(A_1 \cap A_2 \cap A_3) = P(A_1)P(A_2|A_1)P(A_3|A_1 \cap A_2) = \left(\frac{5}{8}\right)\left(\frac{4}{7}\right)\left(\frac{3}{6}\right) = \frac{5}{28}$$

이다.

베이스(Bayes) 정리

S가 한 실험의 표본공간이고 S 안의 n개의 사건 $A_1, A_2, \cdots, A_n$이 S의 한 분할을 형성한다고 하자. 만일 사건 B가 S에 있는 임의의 사건이라고 하면 사건 $A_1 \cap B, A_2 \cap B, \cdots, A_n \cap B$는 B의 한 분할을 형성할 것이다. 그러므로

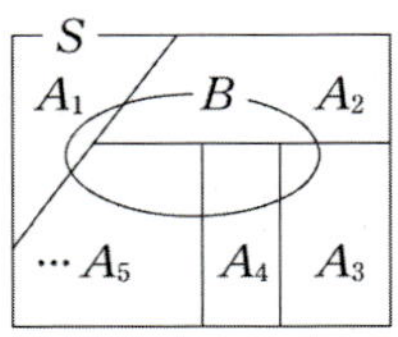

| 그림 1.2 | 분할

$$B = (A_1 \cap B) \cup (A_2 \cap B) \cup \cdots \cup (A_n \cap B)$$

이고 확률의 성질에 의해

$$P(B) = P(A_1 \cap B) + P(A_2 \cap B) + \cdots + P(A_n \cap B) = \sum_{k=1}^{n} P(A_k \cap B)$$

이 성립한다. 만일 $k = 1, 2, \cdots, n$에 대하여 $P(A_k) > 0$이면 $P(A_k \cap B) = P(A_k)P(B|A_k)$이므로 다음 공식을 얻을 수 있다.

● 정리 9 전확률공식(total probability formula)

> 사건 $A_1, A_2, \cdots, A_n$이 표본공간 S의 분할이고 $P(A_k) > 0$, $(k = 1, 2, \cdots, n)$이면 임의의 사건 B의 확률은 다음과 같이 구할 수 있다.
>
> $$P(B) = \sum_{k=1}^{n} P(A_k)P(B|A_k)$$

예제 1-8

2개의 상자에 긴 볼트와 짧은 볼트가 들어 있다. 한 상자에는 60개의 긴 볼트와 40개의 짧은 볼트가 들어 있고 다른 상자에는 10개의 긴 볼트와 20개의 짧은 볼트가 들어 있다고 하자. 하나의 상자를 무작위로 선택하고 그 상자로부터 한 개의 볼트를 무작위로 뽑는다고 가정하자. 뽑힌 볼트가 긴 볼트일 확률을 구하여보자.

A_1이 첫 번째 상자를 뽑는 사건, A_2는 두 번째 상자를 뽑는 사건, 그리고 B를 긴 볼트를 뽑는 사건이라고 하자. 하나의 상자를 무작위로 뽑기 때문에 $P(A_1)=P(A_2)=\frac{1}{2}$이고, 첫 번째와 두 번째 상자로부터 긴 볼트를 뽑을 확률은 각각

$$P(B|A_1)=\frac{60}{100}=\frac{3}{5},\quad P(B|A_2)=\frac{10}{30}=\frac{1}{3}$$

이다. 그러므로

$$P(B)=P(A_1)P(B|A_1)+P(A_2)P(B|A_2)=\frac{1}{2}\cdot\frac{3}{5}+\frac{1}{2}\cdot\frac{1}{3}=\frac{7}{15}$$

이다.

예제 1-9

어떤 사람이 그의 점수가 50개의 수 1, 2, $\cdots$, 50 중의 하나인 게임을 한다고 하고, 이러한 50개의 수 각각이 그의 점수가 될 확률은 같다고 가정하자. 그가 처음 그 게임을 했을 때 그의 점수는 X이다. 그리고 그는 $Y\geq X$가 되는 점수 Y를 얻을 때까지 그 게임을 계속한다. 이때 Y가 50이 될 확률을 구하여보자.

X의 어떤 주어진 값 x에 대하여 Y의 값은 수 $x, x+1, \cdots, 50$ 중의 하나와 같아야 한다. Y에 관한 이러한 $50-(x-1)=51-x$개의 가능한 값 각각이 일어날 확률은 같기 때문에

$$P(Y=50|X=x)=\frac{1}{51-x}$$

이다. X의 50개의 값 각각의 확률은 $\frac{1}{50}$이므로

$$P(Y=50)=\sum_{x=1}^{50}\frac{1}{50}\cdot\frac{1}{51-x}=\frac{1}{50}\left(1+\frac{1}{2}+\cdots+\frac{1}{50}\right)$$

이다.

일반적으로 어떤 사건 B의 가능한 원인이 여러 가지인 경우에 원인 A_i에 대한 확률은 조건부 확률의 정의와 전확률공식으로 구할 수 있는데 이것에 관한 내용이 다음의 베이스 정리이다.

● 정리 10　베이스 정리(Bayes Theorem)

사건 $A_1, A_2, \cdots, A_n$가 표본공간 S의 한 분할을 형성하고 $P(A_k) > 0$ $(k = 1, 2, \cdots, n)$이라고 하자. 그리고 B를 $P(B) > 0$인 임의의 사건이라고 하자. 그때

$$P(A_i|B) = \frac{P(A_i)P(B|A_i)}{\sum_{k=1}^{n} P(A_k)P(B|A_k)}, \quad i = 1, 2, \cdots, n$$

이 성립한다.

증명

조건부 확률의 정의에 의해

$$P(A_i|B) = \frac{P(A_i \cap B)}{P(B)}$$

이므로 전확률공식과 조건부 확률의 곱의 규칙에 의하여 성립한다. ◀◀

조건부 확률 $P(B|A)$를 원인이 A일 때 사건 B가 발생할 확률로 생각하면 $P(A_i|B)$는 사건 B의 발생 후에 평가되는 사건 B의 원인 A_i에 대한 신뢰도로 생각할 수 있기 때문에 $P(A_i|B)$를 **사후확률**(posterior probability)이라고 부른다. 한편 $P(A_i)$는 원인의 가능성을 나타내는 사건 B의 발생 이전에 평가되는 사건 A_i의 신뢰도를 나타내므로 $P(A_i)$를 **사전확률**(prior probability)이라고 부른다.

예제 1-10

어느 공장에서 세 대의 기계 M_1, M_2, M_3를 이용하여 각각 전 제품의 20%, 30%, 50%를 생산하고, 각 기계로부터 생산되는 제품의 불량률은 각각 1%, 2%, 3%라고 하자. 이 공장에서 생산된 제품들 중에서 무작위로 뽑은 하나의 제품이 불량품이었다면 이 불량품이 기계 M_2에 의하여 생산되었을 확률을 구하여보자.

이 공장에서 생산되는 전 제품의 집합을 표본공간 S라고 하고, 제품이 기계 $M_i\,(i=1, 2, 3)$에 의하여 생산된 사건을 A_i라고 하자. 그리고 B를 그 제품이 불량품일 사건이라고 하자. 무작위로 추출된 제품이 기계 $M_i\,(i=1, 2, 3)$에 의하여 생산되었을 확률은

$$P(A_1)=0.2, \quad P(A_2)=0.3, \quad P(A_3)=0.5$$

이고, 기계 M_i에 의하여 생산된 한 제품이 불량품일 확률은

$$P(B|A_1)=0.01, \quad P(B|A_2)=0.02, \quad P(B|A_3)=0.03$$

이다. 그러므로 베이스 정리에 의하여 구하고자 하는 확률은

$$\begin{aligned} P(A_2|B) &= \frac{P(A_2)P(B|A_2)}{\sum_{k=1}^{3} P(A_k)P(B|A_k)} \\ &= \frac{(0.3)(0.02)}{(0.2)(0.01)+(0.3)(0.02)+(0.5)(0.03)} = 0.26 \end{aligned}$$

이다.

예제 1-10에서 $P(A_2)$는 제품이 추출되기 전 그리고 추출된 제품이 불량품인지 또는 양품인지 알려지기 전의 확률이기 때문에 사전확률이고 $P(A_2|B)$는 추출된 제품이 불량품으로 알려진 후에 기계 M_2에 의하여 생산되었을 확률이므로 사후확률이다.

예제 1-11

각각 1, 2, 3으로 번호가 붙은 3개의 주머니가 있는데 그 안에 5개의 공이 들어 있다. 그런데 주머니 $i(i=1, 2, 3)$에는 i개의 하얀 공과 $5-i$개의 검은 공이 들어 있다. 이제 주머니 하나를 무작위로 선택하고, 선택한 주머니 안에서 한 개의 공을 꺼내는 실험을 한다고 하자. 이때 하얀 공이 추출될 확률을 구하고 또 하얀 공이 추출되었다는 조건하에서 추출된 하얀 공이 3번 주머니에서 나왔을 확률을 구하여보자. $A_i\,(i=1, 2, 3)$는 주머니 i를 선택하는 사건, B는 하얀 공을 추출하는 사건이라고 하면 전확률공식에 의해

$$P(B)=\sum_{i=1}^{3} P(A_i)P(B|A_i)=\sum_{i=1}^{3}\left(\frac{1}{3}\right)\left(\frac{i}{5}\right)=\frac{6}{15}$$

이다. 또한 베이스 정리에 의해

$$P(A_3|B) = \frac{P(A_3)P(B|A_3)}{\sum_{i=1}^{3} P(A_i)P(B|A_i)} = \frac{1}{2}$$

이다.

확률나무를 활용한 확률의 계산

어느 회사 입사시험에서 1차 시험에 합격할 확률은 0.5이고 1차 시험에 합격한 후 2차 시험에 합격할 확률은 0.8이다. 어떤 사람이 두 가지 시험에 모두 합격할 확률은 어떻게 될까?

이러한 유형의 문제는 수형도를 이용하면 일목요연해진다. 이것을 더 자세히 표현하기 위해 확률나무그림을 이용할 수 있다.

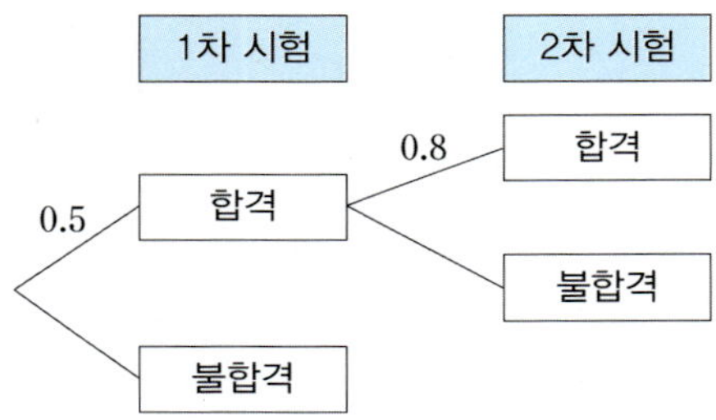

2차 시험에서 합격한다는 것은 1차 시험에서 합격한다는 조건이 딸려 있는 것이다. 수형도를 그려보면 그 전후관계가 명확하다. 이는 조건부 확률이다. 두 가지 시험에서 합격한다는 것은 '그리고' 사건이다. 연이은 가지의 확률을 곱하는 것이 바로 '그리고' 사건의 확률이다. 그러므로 확률의 곱셈정리를 이용하면 다음과 같이 해결할 수 있다.

$$\begin{aligned} &P(\text{1차 시험에서 합격} \cap \text{2차 시험에서 합격}) \\ &= P(\text{1차 시험에서 합격}) \\ &\quad \times P(\text{2차 시험에서 합격} \mid \text{1차 시험에서 합격}) \end{aligned}$$

위의 공식을 적용하는 것보다 의사결정나무로 분석을 분별 있게 할 수 있다. 어느 가지에 딸려 있는 가지는 바로 조건이 딸린 가지이다. 연이어 있는 가지들은 '그리고' 사건이다. 그러므로 사건들 중에서 어느 사건이 어느 사건의 조건인지 도식적으로 표현해준다. 풀이는 공식을 이해하고 적용하는 것보다 그림을 이해하고 계산하는 편이 훨씬 정확하고 쉽다. 사건을 분석하는 수형도만 제대로 그리고 가지마다 확률을 잘 적기만 하면 풀이는 더 정확하고 쉬워진다.

아래 그림을 보자. 이 그림 하나로 조건부 확률, 확률의 곱셈정리 등을 전체 사건 안에서 볼 수 있다. 무엇보다 중요한 것은 그림으로 사건을 일목요연하게 분석하는 능력이 구체적으로 길러진다는 것이다.

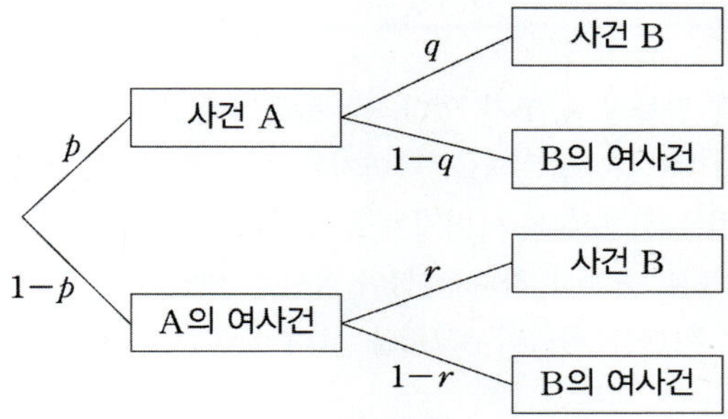

예제 1-12

어느 나라의 운전면허시험은 3단계를 순서대로 거친다고 한다. 갑이 운전면허시험에 응시할 때 1차, 2차, 3차 시험에서 합격할 확률이 각각 2/3, 3/4, 7/12이라고 하자. 갑이 이 시험에서 불합격했을 때 그것이 2차 시험이었을 확률을 확률나무그림을 이용하여 풀어보자. (단, 한 단계에서 불합격하면 다음 단계에 응시할 수 없다.)
불합격한 가지들의 확률을 더한다. 그 합에 대하여 2차 시험에서 불합격한 확률의 비율을 구하면 된다. 그림을 보면서 곧바로 계산식을 적을 수 있다.

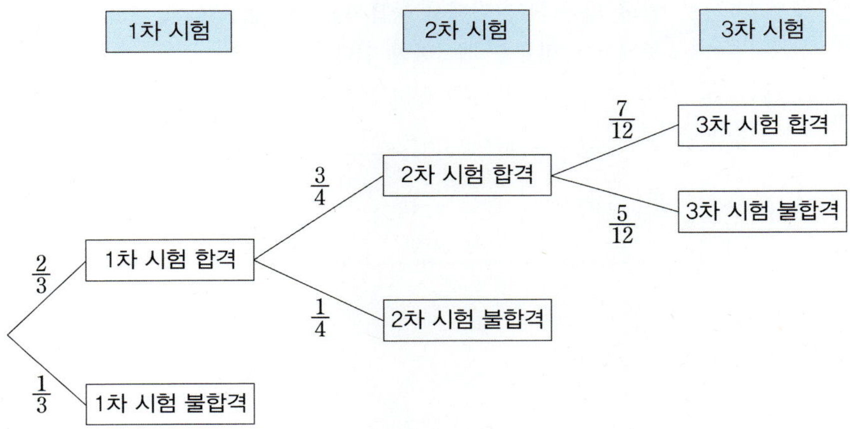

$$\frac{\frac{2}{3}\times\frac{1}{4}}{\frac{1}{3}+\frac{2}{3}\times\frac{1}{4}+\frac{2}{3}\times\frac{3}{4}\times\frac{5}{12}}$$

예제 1-13

어떤 광물질 A, B가 있다. 각 광물질에 X선을 쏘았을 때 A물질은 100번의 실험 중에서 88번은 붉은색을, 나머지는 푸른색을 나타냈다. B물질은 100번의 실험 중에서 92번은 붉은색을, 나머지는 푸른색을 나타냈다. 광물질 A, B가 같은 비율로 섞여 있는 표본 중에서 하나를 뽑아 X선을 쏘았더니 붉은색을 나타냈을 때 꺼낸 광물질이 A일 확률을 확률나무그림을 그려서 풀면 다음과 같다.

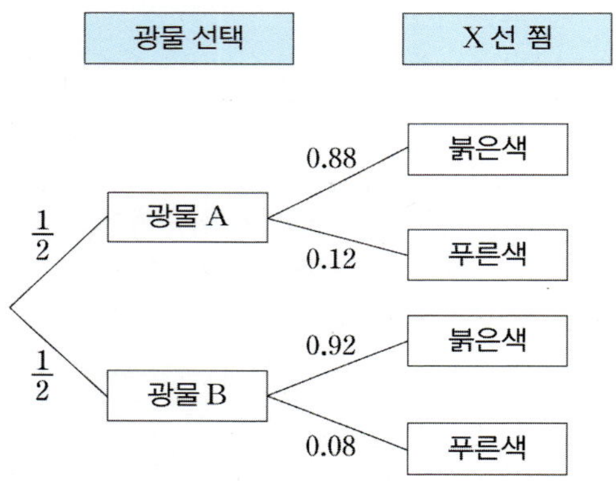

앞의 확률나무그림에서 붉은색을 나타낸 광물의 비율을 구해서 그중에서 광물 A가 차지하는 비율을 계산하면 된다.

$$\frac{\frac{1}{2}\times 0.88}{\frac{1}{2}\times 0.88+\frac{1}{2}\times 0.92}$$

예제 1-14

의사는 김 씨가 질병 X를 가지고 있다고 70% 확신하고 있다. 그래서 검사 A를 하라고 했다. 검사 A는 환자가 질병 X를 가지고 있으면 양성반응이 나온다. 건강한 사람에게는 양성반응이 나오지 않는다. 검사결과는 양성이었고, 그때 김 씨가 자신은 당뇨병을 앓고 있다고 처음으로 의사에게 알려주었다. 환자가 당뇨병을 앓고 있다는 정보가 질병 X를 가지고 있다는 70%의 확신에 영향을 미친 것은 아니었지만 검사 A의 해석에는 분명히 영향을 미쳤다. 검사 A는 건강한 사람에는 절대로 양성반응을 보이지 않지만 당뇨병이 있는 사람에게는 20%만큼 양성반응을 보인다. 이렇게 검사 A에서 양성반응을 보였을 때 김 씨가 질병 X를 가지고 있다고 의사는 어느 정도 확신할 수 있는가를 확률나무그림을 이용하면 다음과 같다.

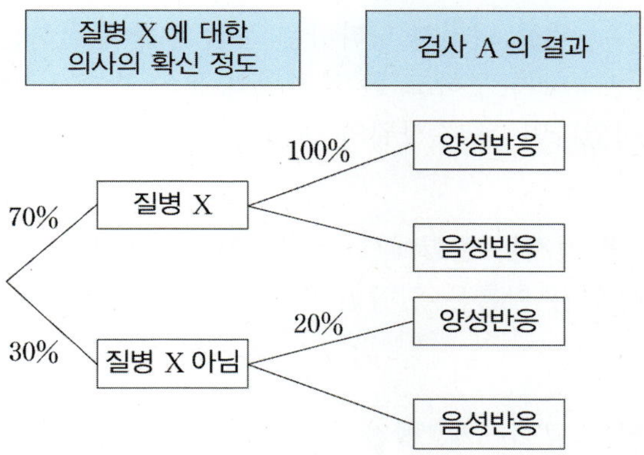

그러므로 $\dfrac{0.7}{0.7+0.3\times 0.2}$.

SECTION 03 연 / 습 / 문 / 제

01 만일 두 사건 A와 B가 서로 배반이고 $P(B) > 0$이면 $P(A|B)$의 값은 무엇인가?

02 S가 한 실험의 표본공간이고 A가 그 공간 안의 임의의 사건이면 $P(A|S)$의 값은 무엇인가?

03 두 개의 주사위를 반복해서 굴려 그때마다 나타나는 눈의 수의 합 T를 관측한다고 하자. 이때 $T = 8$이 관측되기 전에 $T = 7$이 관측될 확률을 구하여라.

04 흰 주사위와 노란 주사위를 던져서 나타나는 눈의 수를 관찰하는 실험에서 두 주사위의 눈의 수를 정확히 관측하지 못하고 흰 주사위의 눈의 수가 노란 주사위의 눈의 수보다 크다는 것을 관찰하였다면 두 주사위의 눈의 수의 합이 10 이상일 확률을 구하여라.

05 하나의 동전을 두 번 던지는 실험에서 두 번 중에서 적어도 한 번 동전의 앞면이 나왔다면 두 번 모두 앞면일 확률은 얼마인가?

06 검은 공이 10개, 하얀 공이 5개, 빨간 공이 3개 들어 있는 상자가 있다고 하자. 이때

(1) 추출된 하나의 공이 검은색이 아닐 때, 그 공이 빨간색일 확률을 구하여라.

(2) 5개의 공을 동시에 추출하였을 때, 5개 중에서 한 개가 빨간 공이라면 나머지 4개 중에서 2개가 하얀 공일 확률을 구하여라.

07 붉은 공이 3개, 푸른 공이 5개 들어 있는 주머니에서 3개의 공을 비복원추출한다고 할 때 3개의 공이 모두 푸른색일 확률은 얼마인가?

08 어떤 상자에 100장의 복권이 들어 있다고 하자. 이 중 십만 원짜리 복권이 1장, 만 원짜리 복권이 2장, 천 원짜리 복권이 5장, 오백 원짜리 복권이 10장, 그리고 나머지는 상금이 없는 복권이라고 하자. 이 상자에서 한 장의 복권을 꺼낸다고 할 때

(1) 상금을 받을 수 있는 확률은 얼마인가?

(2) 적어도 천 원을 받을 수 있는 확률은 얼마인가?

만약 이 상자에서 2장의 복권을 비복원추출할 때

(3) 첫 번째 시행에서 상금이 없는 복권, 두 번째 시행에서 십만 원짜리가 뽑힐 확률은 얼마인가?

(4) 천 원짜리와 500원짜리가 뽑힐 확률은 얼마인가?

09 어떤 회사는 제1공장, 제2공장, 제3공장에서 제품을 전부 생산한다고 하자. 전체 생산량 중 제1공장은 제2공장과 제3공장의 2배를 생산하고 제2공장과 제3공장은 생산량이 같다고 하자. 제1공장과 제2공장의 제품은 2%가 불량품이고 제3공장의 제품은 4%가 불량품이다. 무작위로 추출한 제품 하나가 불량품이었다면 이 제품이 제1공장의 제품일 확률은 얼마인가?

10 어떤 질병에 대하여 양성과 음성을 나타내는 검색방법이 있다고 하자. 질병이 있는 경우 양성반응을 나타낼 확률이 0.95이며, 질병이 없는 경우 양성반응을 나타낼 확률은 0.10이라고 하자. 그리고 한 집단에서 무작위로 추출한 사람이 질병을 가지고 있을 확률은 0.01이라고 하자. 이때 한 사람이 검색반응에서 양성을 나타냈을 때 그 사람이 실제로 질병을 가졌을 확률은 얼마인가?

11 어떤 나라의 시민을 대상으로 설문조사를 하였는데 시민의 30%는 A정당, 50%는 B정당, 20%는 C정당을 지지한다는 결과를 얻었다. 한 선거에서 A정당을 지지하는 사람의 65%, B정당을 지지하는 사람의 82%, C정당을 지지하는 사람의 50%가 투표했다는 기록이 있다. 만일 그 도시에서 무작위로 뽑은 한 사람이 그 선거에서 투표를 하지 않았다면 그가 C정당을 지지하는 사람일 확률은 얼마인가?

12 n개의 사건 $A_1, A_2, \cdots, A_n$이 표본공간 S의 한 분할을 형성한다. $i=1, 2, \cdots, n$에 대하여 $P(A_i)$를 A_i의 사전확률이라고 하자. 또한 $P(B)>0$인 어떤 사건 B에 대하여 $P(A_i|B)$는 사건 B가 일어난 것에 대한 A_i의 사후확률이라고 하자. 만일 $P(A_1|B)<P(A_1)$이면, 적어도 하나의 $i(i=1, 2, \cdots, n)$에 대하여 $P(A_i|B)>P(A_i)$임을 증명하여라.

SECTION 04 독립 사건

일반적으로 사건 B가 주어진 경우에 사건 A가 일어날 조건부 확률 $P(A|B)$는 사건 A가 일어날 확률 $P(A)$와 같지 않다. 그러나 어떤 사건 A가 일어났다는 사실이 사건 B가 일어날 확률에 영향을 미치지 않거나, 또는 반대로 사건 B가 일어났다는 사실이 사건 A가 일어날 확률에 영향을 미치지 않는 경우를 생각할 수 있다. 이를 수식으로 표현하면

$$P(A|B) = P(A), \quad P(B|A) = P(B)$$

이고 이 식은 조건부 확률의 정의에 의해 다음과 같이 표현할 수 있다.

정의 2

두 사건 A와 B가

$$P(A \cap B) = P(A) \cdot P(B)$$

를 만족하면 A와 B는 서로 **독립**(independent)이라고 한다.

독립사건과 배반사건 사이에는 다음과 같은 관계가 있다. 두 사건 A와 B가 서로 배반사건이면서 동시에 서로 독립인 사건이 되기 위해서는 $0 = P(A \cap B) = P(A)P(B)$이 성립하여야 하므로 A와 B 중 적어도 한 사건에 대한 확률은 0이어야 한다. 그러므로 $P(A) > 0$, $P(B) > 0$일 때 A와 B가 서로 독립사건이면 배반사건이 될 수 없고, 배반사건이면 독립인 사건이 될 수 없다.

예제 1-15

어떤 회로가 몇 개의 부품으로 이루어져 있는 문제를 생각하자. 예를 들어 두 개의 독립부품이 고장이 없을 사건을 각각 A와 B라 하고 각 부품이 고장이 없을 확률은 $P(A) = p_1$과 $P(B) = p_2$라고 하자.

이제 두 부품이 직렬로 연결되어 있을 때 이 회로가 제대로 작동할 확률은 각 부품이 고장이 없을 확률의 곱인

$$P(A \cap B) = P(A)P(B) = p_1 p_2$$

으로 주어진다.

한편 두 부품이 병렬로 연결되어 있을 때에는 두 부품 중 하나만 작동하여도 되므로 이 회로가 제대로 작동할 확률은

$$P(A \cup B) = P(A) + P(B) - P(A \cap B) = p_1 + p_2 - p_1 p_2$$

으로 주어진다.

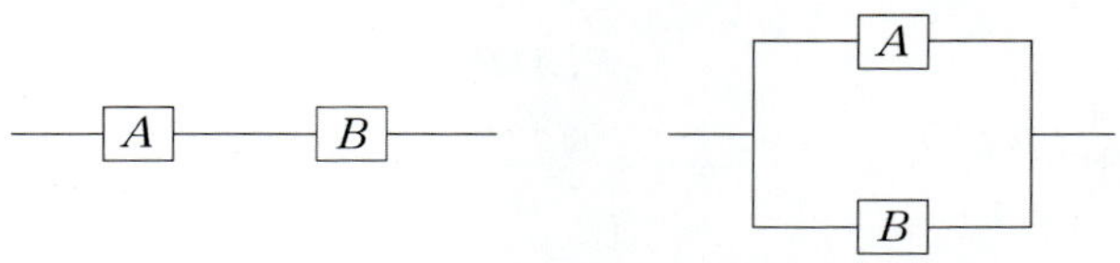

| 그림 1.3 | 직렬과 병렬

예제 1-16

한 개의 주사위를 던진다고 가정하고 A를 짝수를 얻는 사건, B를 1, 2, 3, 4 중의 하나를 얻는 사건이라고 하자. 사건 A와 B가 독립인지를 조사하여보자.

$P(A) = \frac{1}{2}$, $P(B) = \frac{2}{3}$이고 $A \cap B$는 2 또는 4를 얻는 사건이므로 $P(A \cap B) = \frac{1}{3}$이다. 그러므로 $P(A \cap B) = P(A)P(B)$가 성립하고, 따라서 A와 B는 독립이다.

예제 1-16은 두 사건이 같은 주사위에 의존해서 발생하는 경우, 다시 말하면 물질적으로 관련이 있는 경우임에도 불구하고 독립성의 정의를 만족함을 보여준다.

독립사건은 한 사건의 발생 여부가 다른 사건의 발생 여부에 관계가 없음을 의미한다. 그러므로 A와 B가 독립인 사건이라면 A와 B^c, A^c와 B, 그리고 A^c와 B^c도 독립사건임이 틀림없다.

정리 11

두 사건 A와 B가 독립이면, A와 B^c도 독립이다.

증명

$A=(A\cap B)\cup(A\cap B^c)$이고 $(A\cap B)$와 $(A\cap B^c)$는 배반사건이므로

$$P(A\cap B^c)=P(A)-P(A\cap B)$$

이 성립하고 $P(A\cap B)=P(A)P(B)$이므로

$$\begin{aligned}P(A\cap B^c)&=P(A)-P(A)P(B)=P(A)[1-P(B)]\\&=P(A)P(B^c)\end{aligned}$$

이 성립한다. ◀◀

여러 사건의 독립성

예제 1-17

표본공간 S가 $S=\{1, 2, 3, 4\}$이고 각 결과가 나올 확률은 $\frac{1}{4}$이라고 가정하자. 세 사건 A, B, C가 각각

$$A=\{1, 2\},\quad B=\{1, 3\},\quad C=\{1, 4\}$$

라고 가정하면 $A\cap B=A\cap C=B\cap C=\{1\}$이다. 그러므로

$$P(A\cap B)=P(A)P(B),\ P(A\cap C)=P(A)P(C),\ P(B\cap C)=P(B)P(C)$$

가 성립하고, 따라서 A와 B, A와 C, B와 C는 각각 서로 독립이다.

예제 1-17과 같이 세 사건 A, B, C 중에서 임의의 두 사건이 서로 독립이면 세 사건 A, B, C는 **쌍으로 독립**(pairwise independent)이라고 한다. 그러나 예제 1-17에서

$$P(C|A\cap B)=\frac{P(A\cap B\cap C)}{P(A\cap B)}=1$$

이고, 이 확률은 $P(C)$와 같지 않으므로 사건 $A\cap B$와 C는 서로 독립이라고 할 수 없고,

따라서 세 사건 A, B, C는 진정한 의미에서 서로 독립이라고 할 수 없다. $A\cap B$와 C가 서로 독립이기 위해서는

$$P(A\cap B\cap C)=P(A\cap B)P(C)=P(A)P(B)P(C)$$

을 만족하여야 한다. 즉, 세 사건 A, B, C가 쌍으로 독립이라고 하여도 세 사건이 서로 독립이라고 할 수 없음을 알 수 있다. 그러므로 세 사건 A, B, C가 쌍으로 독립이고

$$P(A\cap B\cap C)=P(A)P(B)P(C)$$

을 만족할 때 A, B, C는 서로 독립이라고 한다.

정의 3

n개의 사건 $A_1, A_2, \cdots, A_n$의 모든 k개의 부분집합 $A_{i_1}, A_{i_2}, \cdots, A_{i_k}(k=2, 3, \cdots, n)$에 대하여

$$P(A_{i_1}\cap A_{i_2}\cap\cdots\cap A_{i_k})=P(A_{i_1})P(A_{i_2})\cdots P(A_{i_k})$$

이 성립하면 n개의 사건은 **서로 독립**(mutually independent)이라고 한다.

예제 1-18

한 기계가 불량률 $p(0<p<1)$, 양호율 $q=1-p$로써 한 품목을 생산한다고 가정하자. 6개의 품목을 무작위로 뽑아 검사하고 또한 이들에 관한 결과가 서로 독립이라고 가정하자. 6개의 품목 중에 정확히 2개가 불량품일 확률을 구해보기로 하자.
표본공간 S는 각각이 불량품 또는 양호품인 6개의 품목의 모든 가능한 배열을 포함한다고 할 수 있다. $i=1, \cdots, 6$에 대하여 i번째 품목이 불량품인 사건을 A_i, 양호품인 사건을 B_i라고 하자. 이 6개의 품목에 대한 결과는 서로 독립이므로 불량품과 양호품의 어떤 특별한 배열을 얻는 확률은 단순히 그 품목에 관한 각 확률의 곱이 될 것이다. 예를 들면,

$$\begin{aligned}P(B_1\cap A_2\cap B_3\cap A_4\cap B_5\cap B_6)&=P(B_1)P(A_2)P(B_3)P(A_4)P(B_5)P(B_6)\\&=qpqpqq=p^2q^4\end{aligned}$$

이다. 2개의 불량품과 4개의 양호품을 포함하는 S의 어떤 다른 특별한 배열의 확률도 역시 p^2q^4이 됨을 알 수 있다. 그러므로 6개의 품목의 표본 중에서 정확히 2개의 불량품이 있을 확률은 2개의 불량품을 포함하는 어떤 특별한 배열의 확률 p^2q^4에 그

런 배열들의 수를 곱함으로써 얻을 수 있다. 2개의 불량품과 4개의 양호품을 포함하는 다른 배열의 수는 $\binom{6}{2}$이므로 정확히 2개의 불량품을 얻을 확률은 $\binom{6}{2}p^2q^4$이다.

예제 1-19

불량률 $p(0<p<1)$, 양호율 $q=1-p$로써 한 품목을 생산하는 기계를 다시 고려해 보자. 그 기계에서 생산된 품목을 무작위로 뽑고 정확히 5개의 불량품을 얻을 때까지 한 번에 하나씩 검사한다고 가정하자. 또한 이들에 대한 결과는 서로 독립이라고 하자. 이때 5개의 불량품을 얻기 위하여 정확히 $n(n \geq 5)$개의 품목을 뽑을 확률 p_n을 결정하여 보기로 하자.

다섯 번째의 불량품이 n번째 검사에 나올 필요충분조건은 처음 $n-1$개의 품목 중에 정확히 4개의 불량품이 있고, n번째 품목이 불량품인 것이다. 예제 4와 유사한 논리로, 처음 $n-1$개의 품목 중에 정확히 4개의 불량품과 $n-5$개의 양호품을 얻을 확률은 $\binom{n-1}{4}p^4q^{n-5}$임을 알 수 있다. 또한 n번째 품목이 불량품이 될 확률은 p이다. 첫 번째 사건은 단지 처음 $n-1$개의 품목에 관한 결과에 관련되어 있고 두 번째 사건은 단지 n번째 품목에 관한 결과에 관련되어 있으므로 이러한 두 사건은 독립이다. 그러므로 이러한 사건이 모두 일어날 확률은 그들의 확률의 곱과 같다. 즉, 우리가 구하고자 하는 확률은

$$p_n = \binom{n-1}{4}p^4q^{n-5} \cdot p = \binom{n-1}{4}p^5q^{n-5}$$

이다.

SECTION 04 연 / 습 / 문 / 제

01 하나의 동전을 앞면이 처음으로 나올 때까지 계속 던지는 실험을 생각하자. 모든 시행이 독립일 경우 정확히 n번 던질 확률은 얼마인가? 또, 뒷면을 영원히 얻지 못할 확률은 얼마인가?

02 A와 B가 독립인 사건이라고 할 때 사건 A^c와 B^c도 독립임을 증명하여라.

03 $P(A)=0.8$, $P(B)=0.5$, $P(A\cup B)=0.9$이면 사건 A와 B는 독립인가?

04 두 개의 주사위를 던졌을 때 눈의 합이 7인 사건을 A라고 하자.
(1) 첫 번째 주사위가 4인 사건과 사건 A는 서로 독립인가?
(2) 두 번째 주사위가 3인 사건과 사건 A는 서로 독립인가?

05 어느 제품의 회로는 4개의 부품이 병렬로 연결되어 있어서, 4개의 부품이 모두 고장인 경우에만 이 제품은 작동하지 않는다고 한다. 각 부품이 고장 날 확률은 각각 0.1, 0.2, 0.3, 0.4이며 고장 날 사건은 서로 독립이라고 하자. 이제 이 제품이 작동할 확률은 얼마인가?

06 A가 $P(A)=0$인 사건이고 B는 A와는 다른 사건이라고 하자. A와 B가 독립임을 증명하여라.

07 두 학생 A와 B가 어떤 과목을 동시에 수강한다. 만일 학생 A는 총 기간의 80%, 학생 B는 총 기간의 60%를 출석하고 두 학생의 결석이 서로 독립이라고 하자.
(1) 두 학생 중 적어도 한 명이 수업이 있는 어느 날에 출석할 확률은 얼마인가?
(2) 두 학생 중 적어도 한 명이 수업이 있는 어느 날에 출석할 때 A가 그날 수업에 출석할 확률은 얼마인가?

08 한 개의 동전을 처음 앞면을 얻을 때까지 던지는 실험을 생각하자. 만일 이 실험을 세 번 실행한다면, 각 실험에 대하여 정확히 같은 횟수를 던질 확률은 얼마인가?

09 방사성 물질에 의하여 방출되는 한 입자가 어떤 벽을 통과할 확률이 0.01이라고 하자. 만일 10개의 입자가 방출되면, 그 입자 중에 정확히 하나가 벽을 통과할 확률은 얼마인가?

10 위 문제 9에서, 적어도 하나의 입자가 벽을 통과할 확률이 적어도 0.8이 되기 위해서는 몇 개의 입자가 방출되어야 하는가?

11 두 소년 A와 B가 표적에 공을 던진다. 그 표적을 맞힐 확률은 소년 A가 1/3, 소년 B가 1/4이라고 하자. 또한 소년 A가 먼저 던지고 나서 서로 번갈아 던진다고 가정하자. 소년 A가 세 번째 던졌을 때 처음으로 그 표적을 맞힐 확률을 구하여라.

12 20개의 빨간 공, 30개의 흰 공, 50개의 파란 공이 들어 있는 상자에서 10개의 공을 무작위로 복원추출한다고 가정하자. 복원추출된 10개의 공 중에서 적어도 한 색깔이 빠질 확률은 얼마인가?

13 만일 두 사건 A와 B가 독립이고 $P(B) < 1$일 때 $P(A^c | B^c)$의 값을 구하여라.

CHAPTER 02

확률변수와 분포

MATHEMATICAL STATISTICS

한 실험에서 표본공간에 속하는 원소들을 확률의 정의구역으로 그대로 사용하기보다는 원소들을 수학적인 함수로 변환하여 변환된 함수의 함숫값을 다루는 것이 의미가 있다. 예를 들어 표본공간 내의 원소들이 수리통계학 수업을 수강하는 학생들이라면 관련된 함숫값으로 수업의 성적, 연령, 지능지수 등과 같은 숫자들이 관심사일 수 있다. 이와 같이 표본공간 내의 각 원소에 대하여 관심 있는 함숫값을 대응시킬 수 있는 수학적인 함수가 필요한데 이를 확률변수라고 하며 이 장에서는 확률변수의 의미와 성질, 그리고 표본공간에 정의된 확률을 이용하여 확률변수의 값 또는 영역에 대한 확률을 표현함으로써 확률 분포의 개념까지 폭넓고 다양한 이론을 학습한다.

SECTION 01 확률변수와 이산형 분포

한 실험에서 표본공간에 속하는 원소들과 관련된 여러 가지 특성들을 수치로 표현할 수 있는데, 실제로 실험의 주된 관심사는 그 원소보다도 수치로 측정되는 특성치인 경우가 많다고 하겠다. 예를 들어 표본공간 내의 원소들이 사람들이라면 사람과 관련된 특성치로 체중, 신장, 연령, 지능지수, 또는 연간소득 등과 같은 수치들이 관심사일 수 있다. 그러므로 표본공간 내의 각 원소에 대하여 관심 있는 특성치를 대응시킬 수 있는 방법이 필요하다.

정의 1

어떤 실험의 표본공간 S 위에서 정의된 하나의 실수값 함수를 **확률변수**(random variable)라고 한다. 바꾸어 말하면 한 특별한 실험에서 확률변수 X는 각 가능한 결과 $s \in S$에 하나의 실수 $X(s)$를 부여하는 어떤 함수이다. 특히 실수의 집합 $\mathscr{A} = \{x : X(s) = x,\ s \in S\}$을 확률변수 X의 **치역**(range)이라고 한다.

예제 2-1

하나의 동전을 두 번 던지는 실험을 생각하자.
이 경우 표본공간 S는

$$S = \{HH, HT, TH, TT\}$$

이다. 여기서 관찰되는 앞면 H의 수가 관심사라고 하면 확률변수 X는

$$X(s) = s \text{ 에서의 } H\text{의 개수}$$

로 정의할 수 있다. 그러므로 확률변수 X가 취할 수 있는 값들은

$$X(HH) = 2,\quad X(HT) = 1,\quad X(TH) = 1,\quad X(TT) = 0$$

이므로 X의 치역은 $\mathscr{A} = \{0, 1, 2\}$이다.

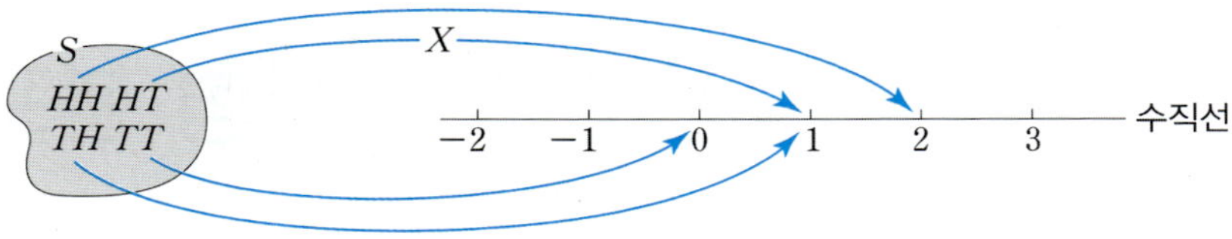

| 그림 2.1 | 확률변수

또한 Y가 같은 표본공간에서 두 면이 같으면 1, 다르면 0으로 대응하는 확률변수라고 하면

$$Y(HH) = Y(TT) = 1, \quad Y(HT) = Y(TH) = 0$$

이므로 Y의 치역은 $\mathscr{A} = \{0, 1\}$이다.

예제 2-2

하나의 동전을 독립적으로 계속해서 던지는 실험을 생각하자.
이 경우 확률변수 X를 처음으로 앞면이 관측될 때까지 시행한 횟수라고 하자. 예를 들어 $s = TTH$이면 $X(s) = 3$이 된다. 다시 말하면 $X = x$, $x = 1, 2, 3, \cdots$라는 것은 처음 $x-1$번의 뒷면이 나오고 x번째에 앞면이 나오는 경우를 의미한다고 하겠다. 분명히 확률변수 X의 치역은 $\mathscr{A} = \{1, 2, 3, 4, \cdots\}$이다.

예제 2-3

직사각형 $S = \left\{(x, y) \ : \ 0 \le x \le 2, \ 0 \le y \le \frac{1}{2}\right\}$로부터 한 점 (x, y)를 무작위로 뽑는 한 실험에서 확률변수 X를 뽑은 점의 x좌표라고 하자. 예를 들어 $s = \left(1, \frac{1}{4}\right)$이면 $X(s) = 1$일 것이다. 그러므로 확률변수 X의 치역은 $\mathscr{A} = \{0 \le X \le 2\}$이다. 마찬가지로 뽑은 점의 y좌표도 하나의 확률변수가 될 수 있으며, 또한 원점에서 뽑은 점까지의 거리도 하나의 확률변수가 될 수 있다.

확률변수의 분포

표본공간 S의 임의의 부분집합 A를 사건 A라고 부르듯이 $\mathscr{A}$의 부분집합 C에 대하여도 사건 C라는 용어를 사용할 수 있다. 우리는 사건 C의 확률을 정의하고자 하는데, 이 확률을 $\mathrm{P}(X \in C)$로 표시하도록 하자. $\mathscr{A}$의 부분집합 C에 대응된 S의 부분집합 A는

$$A = \{s \in S \ : \ X(s) \in C\}$$

로 표현할 수 있는데 여기서 확률변수 X의 값이 C에 속하는 모든 실험결과들은 A의 원소임을 알 수 있다. 그러므로 사건 C의 확률 $\mathrm{P}(X \in C)$와 $P(A)$는 일치하여야 한다. 그런데 $\mathrm{P}(X \in C)$는 치역 $\mathscr{A}$의 부분집합인 C에 대한 확률의 연산인데, 이것은 확률 P와 확률변수 X에 의하여 결정되므로 X에 의하여 표현되는 사건 C의 확률을 $P_X(C)$라고 하면

$$\mathrm{P}(X \in C) = P_X(C) = P(A)$$

로 표현할 수 있다. 그러므로 확률변수 X는 표본공간 S에서의 확률을 실수공간 $\mathscr{A}$ 위에서의 확률로 바꾸기 위한 함수임을 알 수 있다. 이러한 이유로 확률 $P_X(C)$를 확률변수 X에 의하여 유도된 확률(induced probability)이라고 부른다.

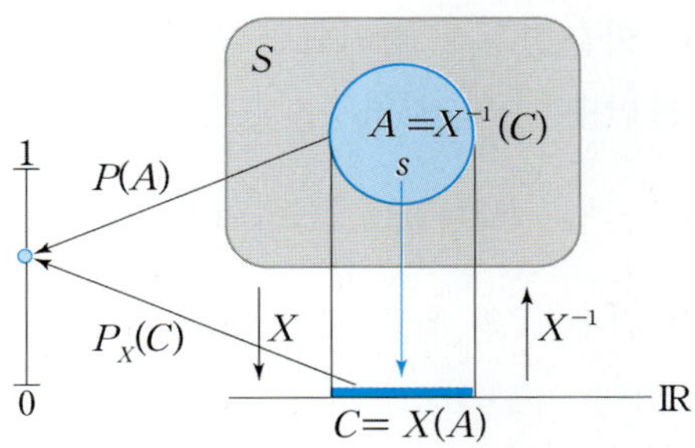

| 그림 2.2 | 확률 P와 X에 의해 유도된 확률 P_X

X에 의해 유도된 확률 $P_X(\cdot)$는 하나의 확률이므로, 확률의 세 가지 공리를 만족한다. 즉, 임의의 사건 C에 대응되는 적당한 $A = \{s \in S \ : \ X(s) \in C\}$이 존재하여

$$P_X(C) = P(A) \geq 0$$

이 성립하고, 또한 $S = \{s \ : \ X(s) \in \mathscr{A}\}$이므로

$$P_X(\mathscr{A}) = P(S) = 1$$

이 성립한다. 그러므로 공리 1, 2를 만족한다. 한편 서로 배반인 두 사건 C_1, C_2에 대하여

$$A_1 = \{s \in S \ : \ X(s) \in C_1\} \text{과 } A_2 = \{s \in S \ : \ X(s) \in C_2\}$$

라고 하자.

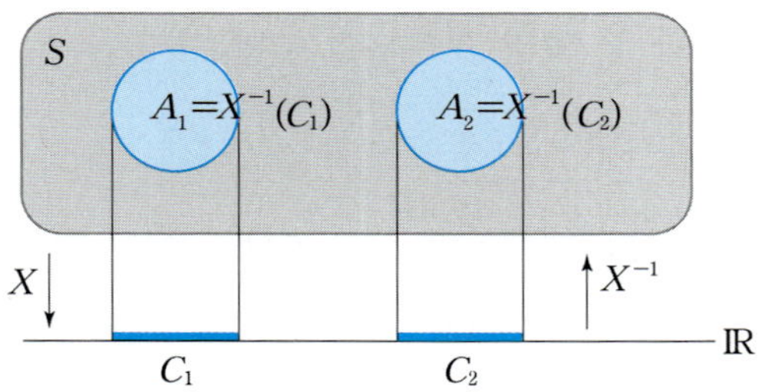

| 그림 2.3 | P_X의 확률 공리 3에 대한 설명

그림 2.3에서 보는 것처럼 $X(s) \in C_1 \cup C_2$일 필요충분조건은 $s \in A_1 \cup A_2$을 의미한다. $P_X(C_1) = P(A_1)$, $P_X(C_2) = P(A_2)$이고 $A_1 \cap A_2 = \varnothing$이므로

$$P_X(C_1 \cup C_2) = P(A_1 \cup A_2) = P(A_1) + P(A_2) = P_X(C_1) + P_X(C_2)$$

이 성립하고 서로 배반인 사건에 대한 공리 3을 만족한다.

표본공간 S에서의 확률과 확률변수가 정의되면 확률변수 X와 관련된 모든 확률을 계산할 수 있다. 일반적으로 확률변수 X의 치역 $\mathscr{A}$의 부분집합 C에 확률

$$P_X(C) = \mathrm{P}(X \in C)$$

을 대응시키는 관계식을 확률변수 X의 **확률분포**(probability distribution) 또는 간단히 **분포**라고 한다.

$P(\cdot)$와 $P_X(\cdot)$는 모두 확률이지만 $P(\cdot)$는 S의 부분집합들에 대하여 정의되었고 $P_X(\cdot)$는 $\mathscr{A}$의 부분집합들에 대하여 정의되었으므로 동일한 확률은 아니다. 그러나 둘은 서로 밀접한 관련이 있으며 혼동의 여지가 없으므로 앞으로 $P_X(\cdot)$의 첨자 X를 생략하여 사용하기로 하며, $P(X \in C)$로 표시하도록 한다.

예제 2-4

예제 2-1의 실험을 생각하자.
$\mathscr{A}$의 부분집합 $C=\{X=1\}$에 대하여 S의 부분집합 A를

$$A=\{s\in S:\ X(s)\in C\}$$

라고 하면 $A=\{HT,\ TH\}$이다. 그러므로

$$P_X(C)=P(X\in C)=P(X=1)=P(A)=\frac{1}{4}+\frac{1}{4}=\frac{1}{2}$$

이다. 마찬가지로 $P(X=0)=\frac{1}{4},\quad P(X=2)=\frac{1}{4}$이 되고, 이것을 다음과 같은 표로 표현할 수 있다.

x	0	1	2
$P(X=x)$	$\frac{1}{4}$	$\frac{1}{2}$	$\frac{1}{4}$

이 표는 확률변수 X의 치역 $\mathscr{A}$에 속하는 원소들에 대한 확률의 분포를 나타내고 있는 데 이 분포를 더 간단하게

$$P(X=x)=\binom{2}{x}\left(\frac{1}{2}\right)^2,\quad x\in\mathscr{A}$$

로 표현할 수도 있다.
분포의 표와 식를 이용하여 $\mathscr{A}$의 임의의 부분집합 C에 대한 확률

$$P_X(C)=P(X\in C)$$

을 구할 수 있다.

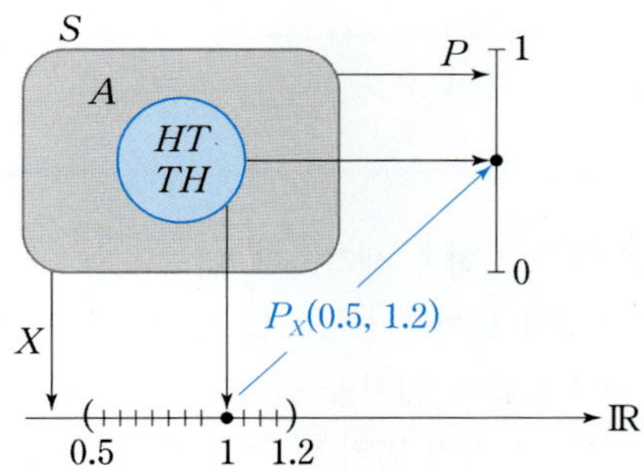

| 그림 2.4 | 확률 P와 X에 의해 유도된 확률 P_X의 예시

그림 2.4는 확률변수 X에 의해 유도된 확률 P_X를 설명해준다. 예를 들어

$$P(X \in (0.5,\ 1.2)) = P_X(0.5,\ 1.2) = P(\{s \in S \mid X(s) \in (0.5,\ 1.2)\})$$
$$= P(\{HT,\ TH\}) = 1/2$$

가 성립한다는 사실을 알 수 있다. 만일 확률변수 Y를

$$Y(s) = s \text{ 에서 } T \text{의 개수}$$

로 정의하면 Y의 확률분포는 X와 같지만, X와 Y는 서로 다른 확률변수이다.

예제 2-5

예제 2-2의 실험을 생각하자.
$s = H$이면 $X(s) = 1$이므로

$$P(X = 1) = \frac{1}{2}$$

이 성립한다. 마찬가지로 $s = TH$이면 $X(s) = 2$이므로

$$P(X = 2) = \left(\frac{1}{2}\right)\left(\frac{1}{2}\right) = \frac{1}{4}$$

이다. 일반적으로 $X = x,\ x = 1,\ 2,\ 3,\ \cdots$라는 것은 처음 $x-1$번까지는 뒷면이 나오고 x번째에 앞면이 나오는 경우를 의미하므로

$$P(X = x) = \left(\frac{1}{2}\right)^{x-1}\left(\frac{1}{2}\right) = \left(\frac{1}{2}\right)^{x}, \qquad x = 1,\ 2,\ 3,\ \cdots$$

이 성립한다.

예제 2-6

예제 2-3의 실험을 생각하자.
표본공간 S의 넓이는 1이고 뽑은 점이 S의 어떤 주어진 부분집합에 놓여 있을 확률은 그 부분집합의 넓이와 같다고 하자. 만일 확률변수 X가 뽑은 점의 x좌표이면, $0 \le x_1 \le x_2 \le 2$인 임의의 수 x_1과 x_2에 대하여 $P(x_1 \le X \le x_2)$는 그림에서의 색칠한 부분의 넓이일 것이다.

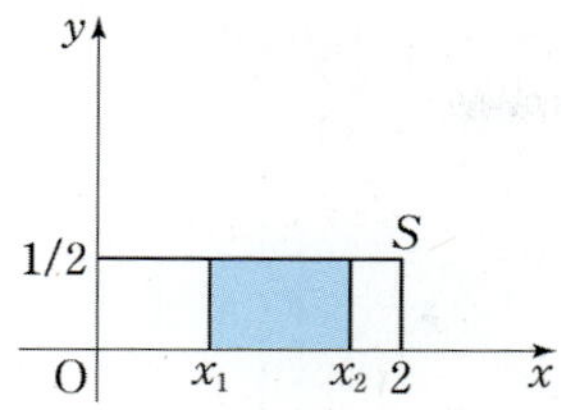

| 그림 2.5 | $x_1 \le X \le x_2$의 영역

그러므로

$$P(x_1 \le X \le x_2) = \frac{1}{2}(x_2 - x_1)$$

이 성립한다.

이산형 분포

확률변수 X가 단지 유한개의 값 $x_1, x_2, \cdots, x_k$ 또는 무한개의 열 $x_1, x_2, \cdots$을 취하면 확률변수 X는 **이산형 분포**(discrete distribution)를 가진다고 한다. 즉, 이산형 분포란 확률변수의 치역이 가산집합일 경우를 의미한다. 확률변수 X가 이산형 분포를 가지면 X의 **확률함수**(probability function)는 임의의 실수 x에 대하여

$$f(x) = P(X = x)$$

와 같은 함수로 정의된다.

X의 가능한 값이 아닌 어떤 점 x에 대하여 명백하게 $f(x) = 0$이다. 또한 $x_1, x_2, \cdots$가 X의 모든 가능한 값이면 $\sum_{i=1}^{\infty} f(x_i) = 1$이다. 그림 2.6은 하나의 확률함수를 그린 것인데 이 그림에서 수직 선분은 가능한 값 x에 일치하는 $f(x)$의 값을 표시하며, 수직선분의 높이의 합은 1이다. 그러므로 함수 f가 이산형 분포의 확률함수이면 f는 다음의 성질을 만족하여야 한다.

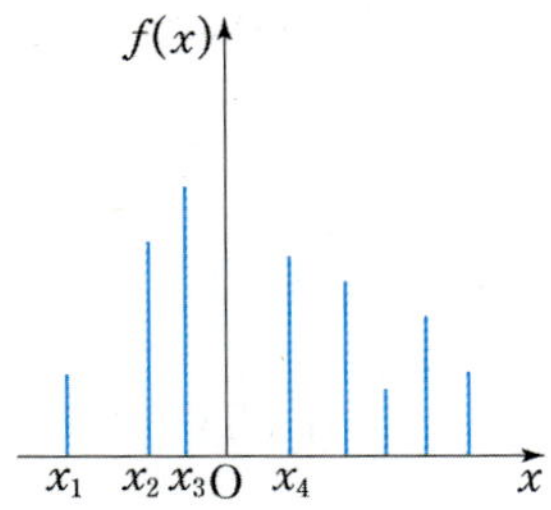

| 그림 2.6 | 확률함수

$$(1)\ f(x) \geq 0, \quad x \in \mathscr{A} \qquad (2)\ \sum_{x \in \mathscr{A}} f(x) = 1$$

또한 X가 이산형 분포를 가지면 실수의 부분집합 A의 확률은

$$P_X(A) = P(X \in A) = \sum_{x_i \in A} f(x_i)$$

로부터 구할 수 있다.

예제 2-7

한 확률변수 X의 값이 k개의 정수 $1, 2, \cdots, k$ 중의 어느 하나이며, 각 값의 확률이 거의 같다고 하자. 이때 X의 확률함수는

$$f(x) = \begin{cases} \frac{1}{k}, & x = 1, 2, \cdots, k \\ 0, & \text{기타} \end{cases}$$

이다. 이러한 이산형 분포를 정수 $1, 2, \cdots, k$상의 **균등분포**(uniform distribution)라고 한다. 이러한 균등분포는 무한열에는 부여될 수 없지만 유한열에는 부여될 수 있다.

예제 2-8

확률변수 X의 확률함수가 다음과 같다고 하자.

$$f(x) = \begin{cases} 2^{-x}, & x = 1, 2, 3, \cdots \\ 0 \quad, & \text{기타} \end{cases}$$

분명히 $f(x) \geq 0$이고

$$\sum_{x=1}^{\infty} 2^{-x} = \frac{\frac{1}{2}}{1-\frac{1}{2}} = 1$$

이므로 $f(x)$는 하나의 확률함수이다.
한편 $A = \{1, 3, 5, \cdots\}$라고 하면

$$P(X \in A) = \sum_{x \in A} f(x) = \frac{\frac{1}{2}}{1-\frac{1}{2^2}} = \frac{2}{3}$$

이다.

예제 2-9

성공할 확률이 p인 n번의 독립시행에서 성공의 횟수를 확률변수 X라고 할 때 X의 확률함수를 구하여 보자.
확률변수 X를

$$X(s) = s \text{ 에서 성공의 횟수}$$

라고 하면 X의 치역은 $\mathscr{A} = \{0, 1, 2, \cdots, n\}$이다. 정확히 x번의 성공과 $n-x$번의 실패를 포함하는 n번의 시행의 어떤 특별한 배열을 얻을 확률은 $p^x(1-p)^{n-x}$이다. 이러한 형태에 관한 $\binom{n}{x}$개의 다른 배열이 있으므로 X의 확률함수 $f(x)$는 다음과 같다.

$$f(x) = P(X = x) = \begin{cases} \binom{n}{x} p^x (1-p)^{n-x}, & x = 0, 1, 2, \cdots, n, \\ 0 & , \text{ 기타} \end{cases}$$

이러한 확률함수를 가지는 이산형 분포를 모수(parameter)가 n, p인 이항분포(binomial distribution)라고 한다. 이 분포는 통계학에서 매우 중요한 분포이므로 4장에서 자세하게 다룰 것이다.

SECTION 01 연 / 습 / 문 / 제

01 다음 함수 $f(x)$는 확률변수 X의 확률함수임을 보이고 $A=\{0,\ 1\}$의 확률을 구하여라.

$$f(x)=\begin{cases}\binom{4}{x}\left(\frac{1}{2}\right)^4, & x=0, 1,\ 2,\ 3,\ 4\\ 0 & ,\ 기타\end{cases}$$

02 어떤 제조공정의 감독관에게 남, 여 각각 3명씩 6명의 기능공이 배치되었다. 이 감독관이 무작위로 2명을 선택하여 특수공정에 배치하려고 한다. 선발된 2명 중에 포함된 여자의 수를 확률변수 X라고 할 때 X의 확률함수를 구하여라.

03 확률변수 X가 다음과 같은 확률함수를 가지는 이산형분포를 따른다고 하자.

$$f(x)=\begin{cases}cx\ , & x=1,2,3,4,5\\ 0 & ,\ 기타\end{cases}$$

상수 c의 값을 결정하여라.

04 한 상자 속에 7개의 빨간 공과 3개의 파란 공이 들어있다고 가정하자. 만일 5개의 공을 무작위로 비복원추출한다면 이때 얻는 빨간 공의 수의 확률함수를 구하여라.

05 확률변수 X가 다음과 같은 확률함수를 가지는 이산형분포를 따른다고 하자.

$$f(x)=\begin{cases}c\left(\frac{2}{3}\right)^x, & x=1,\ 2,\ 3,\ \cdots\\ 0 & ,\ 기타\end{cases}$$

상수 c의 값을 결정하여라.

06 확률변수 X가 다음과 같은 확률함수를 가지는 이산형분포를 따른다고 하자.

$$f(x) = \begin{cases} \dfrac{x}{15}, & x = 1,\ 2,\ 3,\ 4, 5 \\ 0, & \text{기타} \end{cases}$$

이때 $P(X=1$ 또는 $X=2)$, $P\left(\dfrac{1}{2} < X < \dfrac{5}{2}\right)$, $P(1 \leq X \leq 2)$의 값을 구하여라.

07 확률변수 X가 다음과 같은 확률함수를 가지는 이산형분포를 따른다고 하자.

$$f(x) = \begin{cases} \dfrac{c}{x^2}, & x = 1,\ 2,\ \cdots \\ 0, & \text{기타} \end{cases}$$

이때 상수 c의 값을 구하여라.

08 다음과 같은 함수가 하나의 확률함수가 되기 위한 어떤 수 c도 존재하지 않음을 보여라.

$$f(x) = \begin{cases} \dfrac{c}{x}, & x = 1,\ 2,\ \cdots \\ 0, & \text{기타} \end{cases}$$

09 두 개의 주사위를 던지는 실험을 생각하자. 던진 두 주사위가 다른 눈이 나오면 큰 수를 확률변수 X로 하고, 같은 눈이 나오면 그 수를 확률변수 X로 한다. 이때 X의 확률함수를 구하여라.

SECTION 02

연속형 분포

1절에서 우리는 확률변수가 취할 수 있는 값이 유한개이거나 가산 무한개인 이산형 분포에 대하여 알아보았다. 그러나 확률변수가 취할 수 있는 값이 셀 수 없는 경우도 존재한다. 예를 들면, 기차가 어떤 역에 도달하는 시각, 백열전구의 수명 시간 등과 같이 어떤 범위 내의 모든 값을 생각하여야 하는 경우가 있다. 그러한 확률변수를 연속형 분포를 가지는 확률변수라고 하는데 이 절에서는 연속형 분포에 대하여 알아보기로 한다.

정의 2

임의의 구간 A에 대하여

$$P(X \in A) = \int_A f(x)dx$$

이 성립하며, 실수에서 정의된 음 아닌 함수 f가 존재하면 확률변수 X는 **연속형 분포**(continuous distribution)를 가진다고 하고 함수 f를 X의 **확률밀도함수**(probability density function)라고 한다.

확률변수 X가 연속형분포를 가지면 X가 실수 전체의 어떤 부분집합에 속할 확률은 그 부분집합상에서 X의 확률밀도함수를 적분함으로써 구할 수 있다. 그리고 모든 확률밀도함수는 이산형분포의 확률함수와 마찬가지로 다음의 두 조건을 만족하여야 한다.

$$(1)\ f(x) \geq 0 \qquad (2)\ \int_{-\infty}^{\infty} f(x)dx = 1$$

그림 2.7은 하나의 확률밀도함수를 그린 것인데 이 그림에서 곡선 아래의 총넓이는 1이고 $P(a \leq X \leq b)$의 값은 색칠한 부분의 넓이와 같다.

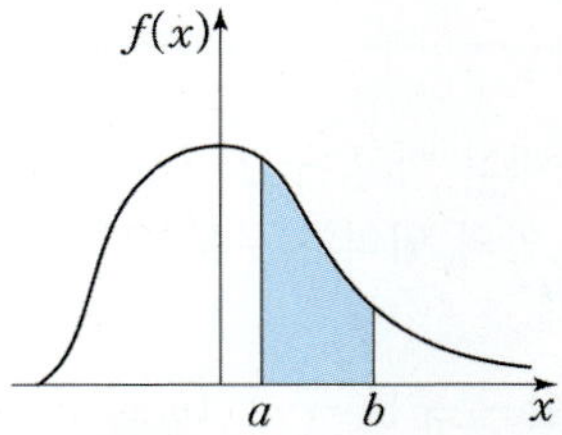

| 그림 2.7 | 확률밀도함수와 $a \le X \le b$의 영역

만일 확률변수 X가 연속형 분포를 가진다면 한 점 x에 대하여 $P(X=x)=0$이고, 따라서

$$P(X<a)=P(X\le a)=\int_{-\infty}^{a} f(x)dx$$

이 성립한다. 이러한 이유 때문에, 유한개 또는 무한개의 점에서 확률밀도함수의 값은 임의로 변화될 수 있다. 즉, X의 확률밀도함수의 값은 X의 확률분포에 영향을 미치지 않고 임의로 변화될 수 있다. 그러므로 확률변수의 확률밀도함수는 유일하지 않음을 알 수 있다.

예제 2-10

확률변수 X의 확률밀도함수가 다음과 같다고 하자.

$$f(x)=\begin{cases} c(4x-2x^2), & 0<x<2 \\ 0 & , \text{기타} \end{cases}$$

여기서 c는 상수이다. 모든 확률밀도함수는 $\int_{-\infty}^{\infty} f(x)dx=1$이므로

$$\int_0^2 f(x)dx=\int_0^2 c(4x-2x^2)dx=\frac{8}{3}c=1$$

이다, 그러므로 $c=\frac{3}{8}$이다. 그리고

$$P(X\ge 1)=\int_1^{\infty} f(x)dx=\frac{3}{8}\int_1^2 (4x-2x^2)dx=\frac{1}{2}.$$

예제 2-11

a와 $b(a<b)$를 실수라고 하고 구간 $S=\{x\ :\ a \le x \le b\}$에서 한 점 X를 뽑는 실험에서 X가 구간 S 안의 임의의 부분구간에 속할 확률은 그 부분구간의 길이에 비례한다고 하자.

확률변수 X의 이러한 분포를 구간 (a, b)상의 **균등분포**(uniform distribution)라고 한다. 여기서 X는 한 점을 그 구간 (a, b)로부터 무작위로 뽑는다고 말함으로써 종종 기술되는 한 실험의 결과를 의미한다. 이 책에서 무작위라는 표현은 한 점을 그 구간의 어떤 주어진 부분으로부터 뽑을 확률이 어떤 다른 부분으로부터 뽑는 것과 거의 같다는 것을 의미한다. X가 구간 S에 속하므로 X의 확률밀도함수 $f(x)$는 S의 바깥에서는 0이다. 더구나, 한 주어진 길이를 가지고 있는 S의 각 부분구간은 같은 길이를 가지고 있는 다른 어떤 부분구간과 마찬가지로 X를 포함하고 있으므로 S에 있는 이러한 부분구간의 위치에 관계없이 $f(x)$는 S를 통하여 상수임에 틀림없다. 또한

$$\int_S f(x)dx = \int_a^b f(x)dx = 1$$

이므로 S를 통하여 $f(x)$의 상수값은 $\frac{1}{b-a}$이고, X의 확률밀도함수는 다음과 같다.

$$f(x) = \begin{cases} \frac{1}{b-a}, & a \le x \le b \\ 0 & , \text{기타} \end{cases}$$

주어진 구간에서 균등분포를 나타내는 확률밀도함수는 그 구간 위에서 상수이고 그 상수의 값은 그 구간 길이의 역수임을 알 수 있다. 구간 $x \ge a$상에서 균등분포를 정의하는 것은 가능하지 않다. 왜냐하면 이 구간의 길이는 무한이기 때문이다. 또한 끝점 a 또는 b를 뽑을 확률은 0이므로 폐구간 $a \le x \le b$, 개구간 $a < x < b$, 또는 반개구간 $a \le x < b$, $a < x \le b$에 상관없이 그 분포는 같다.

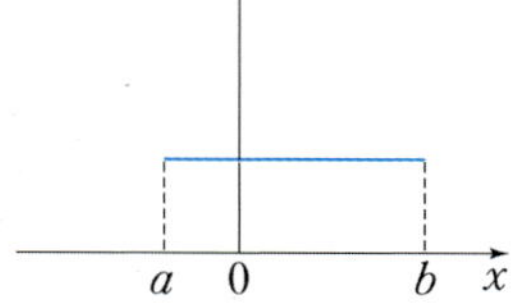

| 그림 2.8 | 균등분포의 확률밀도함수

예제 2-12

어떤 라디오 진공관의 수명시간을 확률변수 X라고 할 때 X의 확률밀도함수는

$$f(x) = \begin{cases} 100\dfrac{1}{x^2}, & x \geq 100 \\ 0, & \text{기타} \end{cases}$$

라고 한다. 한 라디오에 장착된 같은 종류의 독립적인 5개 진공관 중에서 정확히 2개가 150시간 이내에 고장 나서 교체될 확률을 구하여 보자.
먼저 i번째 제품이 150시간 이내에 고장 나서 교체되는 사건을 $A_i(i=1, 2, 3, 4, 5)$라고 하면

$$P(A_i) = \int_{100}^{150} 100\frac{1}{x^2}dx = \frac{1}{3}$$

이다. 사건 A_i는 독립이므로 구하는 확률은

$$\binom{5}{2}\left(\frac{1}{3}\right)^2\left(\frac{2}{3}\right)^3 = \frac{80}{243}$$

이다.

어떤 전기회로에서 전압 X의 확률밀도함수가 다음과 같다고 하자.

$$f(x) = \begin{cases} \dfrac{1}{(1+x)^2} & , x > 0 \\ 0 & , x \leq 0 \end{cases}$$

이 경우 확률변수 X는 연속형분포이고 유계가 아니다. 실제 현상에서는 전압 X는 유계이지만, 위 확률밀도함수는 전 구간에서 X의 분포에 대하여 좋은 접근법이다. 예를 들어 X의 가능한 최댓값이 1000이고 이 경우 $P(X > 1000) = 0$이라고 하자. 이 경우 위의 확률밀도함수를 사용하면 $P(X > 1000) = 0.001$이다.

실제적으로 우리가 접하는 대부분의 분포는 이산형이거나 연속형분포이다. 그러나 때때로 이산형과 연속형의 혼합된 분포를 생각해야 하는 경우도 있다. 예를 들어 전압 X의 확률밀도함수 $f(x) = \dfrac{1}{(1+x)^2}$, $x > 0$를 생각하자. 전압 X는 전압계에 의해 측정되는데 이 전압계는 $X \leq 3$이면 X의 실제 값을 기록하고 $X > 3$이면 단순히 3으로 기록된다고 하자. Y를 전압계에 의해 기록된 값이라 하고 Y의 분포를 구해보자.

우선 $P(Y=3)=P(X \geq 3)=\frac{1}{4}$이다. $Y=3$의 확률은 $\frac{1}{4}$이므로 $P(0<Y<3)=\frac{3}{4}$이다. $0<X<3$에 대해 $Y=X$이므로 Y에 대한 이 확률 $\frac{3}{4}$은 X와 마찬가지로 구간 $0<Y<3$상에서 분포된다. 그러므로 Y의 분포는 구간 $0<Y<3$상에서는 X의 확률밀도함수를 따르고 점 $Y=3$에서는 양의 확률을 갖는 혼합된 형태의 분포이다.

SECTION 02 연/습/문/제

01 확률변수 X의 확률밀도함수가 다음과 같다고 하자.

$$f(x)=\begin{cases}\dfrac{1}{x^2}, & 1<x<\infty \\ 0, & \text{기타}\end{cases}$$

$A=\{x \ : \ 1<x<2\}$, $B=\{x \ : \ 4<x<5\}$라고 할 때 $P(A\cup B)$와 $P(A\cap B)$를 구하여라.

02 다음 함수가 확률밀도함수가 되도록 상수 c를 결정하여라.

$$f(x)=\begin{cases}cxe^{-x}, & 0<x<\infty \\ 0, & \text{기타}\end{cases}$$

03 확률변수 X의 확률밀도함수가 다음과 같다고 하자.

$$f(x)=\begin{cases}\dfrac{1}{36}(9-x^2), & -3\le x\le 3 \\ 0, & \text{기타}\end{cases}$$

확률밀도함수의 그래프를 그리고 다음 확률을 계산하여라.

(1) $P(X<0)$ (2) $P(-1\le X\le 1)$ (3) $P(X>2)$

04 확률변수 X의 확률밀도함수가 다음과 같다고 하자.

$$f(x)=\begin{cases}\dfrac{1}{8}x, & 0\le x\le 4 \\ 0, & \text{기타}\end{cases}$$

(1) $P(X\le t)=\dfrac{1}{4}$인 t의 값을 구하여라.

(2) $P(X\ge t)=\dfrac{1}{2}$인 t의 값을 구하여라.

05 확률변수 X가 구간 $(-2,\ 8)$상에서 균등분포를 따른다고 가정하자. 이때 X의 확률밀도함수를 구하고 $P(0 < X < 7)$을 계산하여라.

06 다음 함수 $f(x)$가 확률밀도함수가 되기 위한 어떤 수 c도 존재하지 않음을 보여라.

$$f(x) = \begin{cases} \dfrac{c}{1+x}, & x > 0 \\ 0, & \text{기타} \end{cases}$$

07 다음 함수 $f(x)$가 확률밀도함수가 되기 위한 어떤 수 c도 존재하지 않음을 보여라.

$$f(x) = \begin{cases} \dfrac{c}{x}, & 0 < x < 1 \\ 0, & \text{기타} \end{cases}$$

SECTION 03 분포함수

표본 공간 S에서 정의된 확률변수 X와 X의 치역 $\mathscr{A}$의 임의의 부분집합에 대한 확률측도를 P_X라고 하면 사건 $C \subset \mathscr{A}$에 대한 확률은

$$P_X(C) = P(s \in S : X(s) \in C)$$

의 식을 이용하여 구할 수 있음을 1절에서 공부하였다. 그러나 집합 C가 매우 큰 경우에는 계산이 간단하지 않다. 이러한 문제점을 해결하면서 확률분포를 명백하게 알 수 있도록 P_X를 정하는 것이 필요하다.

정의 3

실수 x에 대하여

$$F(x) = P(X \le x) = P(s \in S : X(s) \le x)$$

와 같이 정의된 함수 F를 확률변수 X의 **누적분포함수**(cumulative distribution function) 또는 간단히 **분포함수**라고 한다.

분포함수는 확률변수의 분포를 정할 수 있고, 또한 하나의 확률변수 X에 대하여 분포함수는 유일하게 존재하며 X의 분포에 의하여 완전하게 정해진다. 그러므로 X의 식으로 표현되는 모든 사상들의 확률을 분포함수를 이용하여 구할 수 있으며, 한 실험에 대한 확률분포의 모형의 건설도 분포함수를 이용하여 할 수 있다.

예제 2-13

동전 두 개를 던지는 실험에서 나타나는 앞면의 개수를 확률변수 X로 정의하면 X의 분포함수는

$$F(x) = P(X \leq x) = \begin{cases} 0 \ , & x < 0 \\ \dfrac{1}{4} \ , & 0 \leq x < 1 \\ \dfrac{3}{4} \ , & 1 \leq x < 2 \\ 1 \ , & x \geq 2 \end{cases}$$

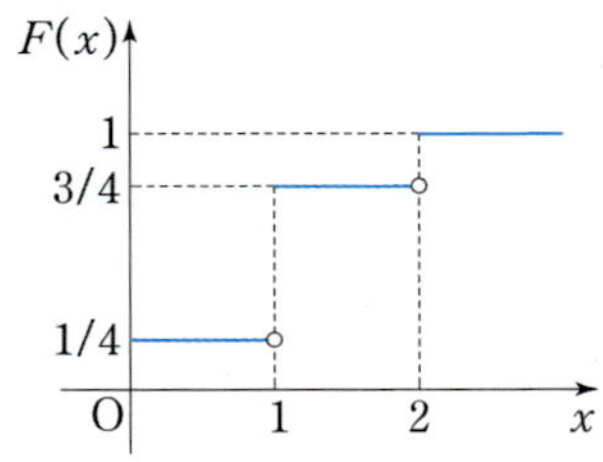

| 그림 2.9 | 예제의 분포함수

이다.

동일한 실험에서 나타나는 뒷면의 개수를 확률변수 Y로 정의하면 Y의 분포함수도 X의 분포함수와 같다.

확률변수 X가 연속형 분포를 갖는 경우에 확률밀도함수 f에 대해, X의 분포함수는

$$F(x) = P(X \leq x) = \int_{-\infty}^{x} f(t)dt$$

로 표현된다. 양변을 x에 대하여 미분하면 다음과 같은 분포함수와 확률밀도함수 사이의 관계식을 얻을 수 있다.

$$\frac{dF(x)}{dx} = f(x)$$

예제 2-14

원점을 중심으로 하고 반지름이 1인 원 S의 내부에서 한 점을 뽑는 실험을 생각하자. 이 경우 S 안의 어떤 집합 A 안의 점이 뽑힐 확률은 A의 넓이에 비례한다고 하자. 즉

$$P(A)=\frac{A\text{의 넓이}}{\pi}$$

분명히 $P(S)=1$이고 A_1이 사분원이면 $P(A_1)=(\pi/4)/\pi=\frac{1}{4}$이다. 또한 S 안의 한 점, 직선, 곡선 등의 확률은 분명히 0일 것이다. 이제 확률변수 X를 원점에서 뽑힌 점까지의 거리라고 하면 X의 치역은 $\mathscr{A}=\{0\le X<1\}$이다. $X=x$는 한 점이 반지름 x인 원에서 뽑히는 사건을 의미하므로 $P(X=x)=0$이다. X의 분포함수는

$$\begin{aligned}F(x)=P(X\le x)&=\frac{\text{반지름 }x\text{인 원의 넓이}}{\pi}\\&=\frac{\pi x^2}{\pi}=x^2,\quad 0\le x<1\end{aligned}$$

이고 $x<0$이면 $F(x)=0$, $x>1$이면 $F(x)=1$이다. 그러므로 분포함수 $F(x)$는

$$F(x)=\begin{cases}0 & ,\ x<0\\ x^2 & ,\ 0\le x<1\\ 1 & ,\ 1\le x\end{cases}$$

로 표시할 수 있다. X의 확률밀도함수 $f(x)$는

$$f(x)=\frac{dF(x)}{dx}=\begin{cases}2x & ,\ 0\le x<1\\ 0 & ,\ \text{기타}\end{cases}$$

이다.

분포함수는 실수 전체에서 정의된 함수이며 임의의 점 x에서 $F(x)$의 값은 구간 $0\le F(x)\le 1$에 있는 한 수임에 틀림없다. 또한 임의의 확률변수 X의 분포함수는 다음과 같은 세 가지 성질을 갖는다.

● 정리 1　　분포함수의 성질

(1) 함수 $F(x)$는 비감소함수(nondecreasing function)이다.
즉 $x_1 < x_2$이면, $F(x_1) \le F(x_2)$이다.

(2) $F(-\infty) = \lim_{x \to -\infty} F(x) = 0, \quad F(\infty) = \lim_{x \to \infty} F(x) = 1$

(3) 분포함수는 항상 우측 연속이다. 즉, 모든 점 x에 대하여
$F(x) = \lim_{y \to x,\ y > x} F(y) = F(x^+)$이 성립한다.

증명

(1) $x_1 < x_2$이면 $\{X \le x_1\} \subset \{X \le x_2\}$이므로

$$F(x_1) = P(X \le x_1) \le P(X \le x_2) = F(x_2)$$

이 성립한다.

(2) $A_n = \{s : X(s) \le n\}$이라고 하자.

$$\cdots \subseteq A_{-2} \subseteq A_{-1} \subseteq A_0 \subseteq A_1 \subseteq A_2 \subseteq \cdots$$

이고 $\bigcap_{n=0}^{-\infty} A_n = \varnothing$, $\bigcup_{n=0}^{+\infty} A_n = S$가 성립한다. 1장 2절 정리 7에 의해 $\lim_{n \to -\infty} P(A_n) = P(\varnothing) = 0$ 이고 $\lim_{n \to +\infty} P(A_n) = P(S) = 1$이 성립한다.

$F(n) = P(A_n)$이므로 (2)가 성립한다.

(3) $y_1 > y_2 > \cdots$를 $\lim_{n \to \infty} y_n = x$이 성립하는 하나의 감소수열이라고 하자. 이때 사건 $\{X \le x\}$는 $n = 1, 2, \cdots$에 대하여 모든 사건 $\{X \le y_n\}$의 교집합이다. 그러므로 1장 2절의 정리 7에 의해

$$F(x) = P(X \le x) = \lim_{n \to \infty} P(X \le y_n) = F(x^+)$$

이 성립한다. ◀◀

일반적으로 정리 1의 세 가지 성질을 만족하는 함수 F는 어떤 확률변수 X의 분포함수가 된다.

예제 2-13은 이산형분포이고 정리 1의 (3)에 의하여 $F(0) = \frac{1}{4}$, $F(1) = \frac{3}{4}$, $F(2) = 1$ 임을 알 수 있다. 또한 예제 2-14는 연속형분포이고 이 경우 분포함수는 모든 점에서 연속함수이다.

분포함수를 이용한 확률의 계산

하나의 확률변수 X의 분포함수를 알고, 그때 X가 어떤 특정한 구간에 속할 확률은 그 분포함수를 이용하여 결정할 수 있다.

● 정리 2　분포함수를 이용한 확률의 계산

(1) $P(X > x) = 1 - F(x)$

(2) $x_1 < x_2$와 같은 어떤 주어진 값 x_1, x_2에 대하여

$$P(x_1 < X \le x_2) = F(x_2) - F(x_1)$$

(3) $P(X < x) = \lim_{y \to x,\ y < x} F(y) = F(x^-)$

(4) 어떤 주어진 값 x에 대하여

$$P(X = x) = F(x^+) - F(x^-)$$

증명

(1) $P(X > x) = 1 - P(X \le x)$이므로 결과가 성립한다.

(2) $P(x_1 < X \le x_2) = P(X \le x_2) - P(X \le x_1)$이므로 결과가 성립한다.

(3) $y_1 < y_2 < \cdots$을 $\lim_{n \to \infty} y_n = x$이 성립하는 하나의 증가수열이라고 하자. 이때 사건 $\{X < x\}$는 $n = 1, 2 \cdots$에 대하여 모든 사건 $\{X \le y_n\}$의 합집합이다. 그러므로 1장 2절 정리 7에 의해

$$P(X < x) = \lim_{n \to \infty} P(X \le y_n) = \lim_{n \to \infty} F(y_n) = F(x^-)$$

이 성립한다.

(4) $P(X = x) = P(X \le x) - P(X < x)$이 성립하므로 정리 1의 (3)과 정리 2의 (3)에 의하여 결과가 성립한다. ◀◀

정리 2에 의하면 모든 관계식에서 등호가 있는 경우와 없는 경우를 주의 깊게 구별하는 것은 매우 중요하다. 만일 주어진 어떤 값 x에서 $F(x)$에 도약이 있다면 $P(X \le x) \ne P(X < x)$이다. 그러나 연속형분포에 대하여 분포함수는 항상 연속함수이므로 등호는 큰 문제가 되지 않는다. 특히 정리 2의 (4)는 이산형 분포의 경우에는 $P(X = x)$의 값이 도약의 높이를 의미하는데 연속형 분포처럼 도약이 없는 경우에는 $P(X = x) = 0$이 되어 이 식

이 연속형 분포를 특징지을 수 있는 중요한 식이 된다.

예제 2-15

확률변수 X의 분포함수가 다음 그림과 같다고 하자.

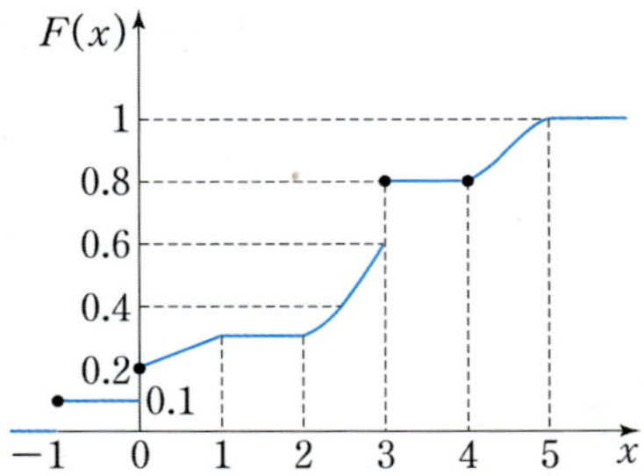

| 그림 2.10 | 분포함수의 예시

이때

$$P(X=0)=F(0^+)-F(0^-)=0.2-0.1=0.1$$
$$P(X<0)=F(0^-)=0.1,\quad P(X\leq 0)=F(0)=F(0^+)=0.2$$
$$P(0<X\leq 3)=F(3)-F(0)=0.8-0.2=0.6$$
$$P(0<X<3)=F(3^-)-F(0)=0.6-0.2=0.4$$
$$P(X=1)=F(1^+)-F(1^-)=0,\quad P(X>5)=1-F(5)=1-1=0$$

정리 1에서의 세 가지 성질을 만족하는 어떤 함수 F는 어떤 확률변수의 분포함수가 된다. 우리는 하나의 확률변수를 포함하는 어떤 확률이 그 변수의 분포함수로써 결정될 수 있다는 사실을 알았다. 그러므로 한 실험과 표본공간 S 그리고 그 표본공간 S상의 한 함수로써 X를 명백하게 언급할 필요 없이 하나의 확률변수 X의 분포함수를 특정시키고, 이러한 분포함수를 고려함으로써 확률변수 X의 행동을 연구할 것이다.

SECTION 03 연/습/문/제

01 한 개의 동전을 앞면을 처음으로 얻을 때까지 계속하여 던진다고 가정하고 확률변수 X를 그때까지 던진 횟수라고 가정하자. X의 분포함수를 구하고 그래프를 그려라.

02 어떤 전기 시스템에서 전압 X에 대한 분포함수가 다음과 같다고 하자.

$$F(x)=\begin{cases} 0 & , \quad x<0 \\ \dfrac{x}{1+x} & , \quad x \ge 0 \end{cases}$$

X의 확률밀도함수를 구하여라.

03 하나의 주사위를 던지는 실험에서 관찰되는 주사위의 눈의 수를 확률변수 X라고 할 때 X의 분포함수의 그래프를 그리고 분포함수를 이용하여 $P(X=3)$의 값을 구하여라.

04 확률변수 X의 분포함수가 다음과 같다고 하자.

$$F(x)=\begin{cases} 0 & , \quad x<-1 \\ \dfrac{x+2}{4} & , \quad -1 \le x < 1 \\ 1 & , \quad x \ge 1 \end{cases}$$

$F(x)$의 그래프를 그리고 다음을 계산하여라.

(1) $P\left(-\dfrac{1}{2}<X\le\dfrac{1}{2}\right)$　　(2) $P(X=0)$

(3) $P(X=1)$　　(4) $P(2<X\le 3)$

05 확률변수 X가 $(0, 1)$상의 균등분포를 한다고 가정하자. $Y=\sqrt{X}$의 분포함수와 확률밀도 함수를 구하여라.

06 X의 확률함수가 다음과 같다고 하자.

$$f(x) = \begin{cases} \dfrac{x}{6}, & x = 1, 2, 3 \\ 0, & \text{기타} \end{cases}$$

$Y = X^2$의 분포함수를 구하여라.

07 확률변수 X의 분포함수가 다음과 같다고 하자.

$$F(x) = \begin{cases} 0, & x < 0 \\ 1 - e^{-x}, & x \geq 0 \end{cases}$$

다음의 확률을 계산하여라.

(1) $P(X \leq -2)$
(2) $P(X > -1)$
(3) $P(X = 0)$
(4) $P(X > 0)$
(5) $P(X \leq 1)$
(6) $P(-1 \leq X \leq 1)$
(7) $P(X = 2)$
(8) $P(X > 2)$
(9) $P(X \geq 2)$
(10) $P(2 < X \leq 3)$
(11) $P(2 \leq X \leq 3)$
(12) $P(2 \leq X < 3)$

SECTION

04 다변량분포

많은 확률실험에서는 관심 있는 사건이 둘 이상의 확률변수들에 의하여 표현되는데, 두 개 이상의 확률변수의 결합 확률분포를 **다변량분포**(multivariate distribution)라고 한다. 특히 두 확률변수의 결합확률분포를 **이변량분포**(bivariate distribution)라고 한다. 이 절에서는 먼저 이변량 분포에 대하여 공부하고 후반부에 이변량 분포를 확장한 다변량 분포를 다룰 것이다.

S가 어떤 확률실험의 표본공간이라고 하자. 두 개의 확률변수 X과 Y는 S의 각 원 s에 수 $X(s)=x$, $Y(s)=y$의 유일한 순서쌍을 대응시킨다고 하자. 이 경우 X과 Y의 치역은 순서쌍의 집합 $\mathscr{A}=\{(x,y) : x=X(s),\ y=Y(s),\ s\in S\}$이다.

이변량분포도 이산형 분포와 연속형 분포로 나눌 수 있는 데 이 절에서는 이에 대하여 다룰 것이다.

이변량 이산형 결합분포

어떤 확률실험이 각각 이산형분포를 가지는 두 확률변수 X와 Y를 포함한다고 하자. 예를 들면 동전과 주사위를 동시에 던지는 실험에서 확률변수 X는 동전의 앞면의 수이고, 확률변수 Y는 주사위의 눈의 수라고 할 수 있다. 만일 X와 Y가 둘 다 유한개의 가능한 값들을 가지는 이산형 분포를 한다면 그때 쌍 (X,Y)에 관한 단지 유한개의 다른 가능한 값 (x,y)가 있을 것이다. 또한 X와 Y가 무한개의 가능한 값들을 가지는 이산형 분포를 한다면 그때는 또한 쌍 (X,Y)에 관한 무한개의 가능한 값들이 있을 것이다. 이러한 모든 경우를 X와 Y는 하나의 **이산형 결합분포**(discrete joint distribution)를 가진다고 한다.

xy평면에 있는 임의의 점 (x,y)에 대하여 함수

$$f(x,\ y)=P(X=x,\ Y=y)$$

을 X와 Y의 **결합확률함수**(joint probability function)라고 한다. 만일 (x,y)가 확률변수 (X,Y)의 쌍에 관한 가능한 값들 중에 하나가 아니면 $f(x,y)=0$임에 틀림없다.

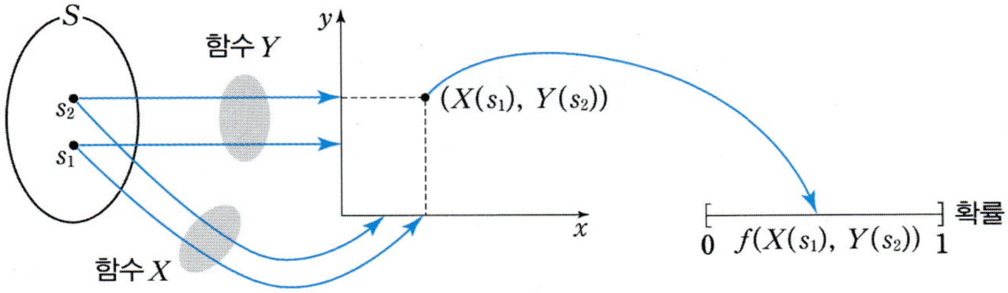

| 그림 2.11 | 결합분포

결합확률함수는 하나의 확률변수인 경우와 유사하게 다음과 같은 성질을 만족하여야 한다.

(1) 모든 $(x,\ y)$에 대하여 $f(x,\ y) \geq 0$ (2) $\sum_x \sum_y f(x,\ y) = 1$

또한 xy평면의 임의의 부분집합 A에 대하여

$$P[(X,\ Y) \in A] = \sum_{(x,y) \in A} \sum f(x,\ y)$$

이 성립한다.

예제 2-16

하나의 동전을 세 번 던지는 실험을 생각하자. 이 실험에서 동전을 처음 두 번 던졌을 때까지 관찰된 앞면의 개수를 확률변수 X, 세 번 모두 던졌을 때 관찰되는 앞면의 개수를 확률변수 Y라고 하면 X는 0, 1, 2의 값을 취하고 Y는 0, 1, 2, 3의 값을 취하게 된다. 그러므로 $(X,\ Y)$는 표본공간 S를 정의역으로 하고, 이차원 공간상의 순서쌍들의 집합

$$\mathscr{A} = \{(x,\ y)\ :\ x = 0,\ 1,\ 2,\quad y = 0,\ 1,\ 2,\ 3\}$$

을 치역으로 하는 실숫값 함수이다. 이제 표본공간 S 안의 8가지 가능한 결과에 같은 확률이 부여된다고 하자. 예를 들어, $s = HTH$ 또는 $s = THH$이면 $(X(s),\ Y(s)) = (1,\ 2)$이고, 이 경우

$$P[(X,\ Y) = (1,\ 2)] = P\{THH,\ HTH\} = \frac{2}{8}$$

이다.

유사한 방법으로 X와 Y의 결합확률함수를 구하면 다음 표와 같다.

X \ Y	0	1	2	3
0	$\frac{1}{8}$	$\frac{1}{8}$	0	0
1	0	$\frac{2}{8}$	$\frac{2}{8}$	0
2	0	0	$\frac{1}{8}$	$\frac{1}{8}$

이 결합확률함수가 그림 2.12에 그려져 있다. 이제 $P(X \geq 1, Y \geq 1)$와 $P(X=2)$의 값을 구해보기로 하자.

$x \geq 1, y \geq 1$을 만족하는 모든 값에 대하여

$$P(X \geq 1,\ Y \geq 1) = f(1,\ 1) + f(1,\ 2) + f(1,\ 3) + f(2,\ 1) + f(2,\ 2) + f(2,\ 3)$$
$$= \frac{3}{4}$$

와 같이 $f(x, y)$를 합함으로써 값을 구할 수 있다. 또한

$$P(X=2) = \sum_{y=0}^{3} f(2,\ y) = \frac{1}{4}$$

이다.

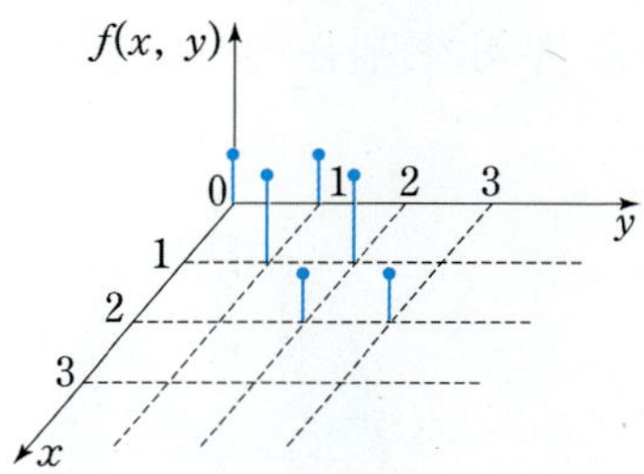

| 그림 2.12 | 결합확률함수

이변량 연속형 결합분포

xy평면상의 임의의 부분집합 A에 대하여

$$P[(X,\ Y)\in A]=\iint_A f(x,\ y)dxdy$$

와 같이 평면상에서 정의된 음이 아닌 함수 f가 존재하면 확률변수 X와 Y는 **연속형 결합분포**(continuous joint distribution)를 가진다고 한다. 이 경우 함수 f를 X와 Y의 **결합확률밀도함수**(joint probability density function)라고 한다.

결합확률밀도함수는 다음의 두 가지 성질을 만족하여야 한다.

$$(1)\ \ f(x,y)\geq 0 \qquad (2)\ \ \int_{-\infty}^{\infty}\int_{-\infty}^{\infty}f(x,y)dxdy=1$$

또한 X와 Y가 연속형 결합분포를 가지면 xy평면의 유한 또는 무한 점들과 직선은 확률 0을 갖게 된다.

그림 2.13은 결합확률밀도함수의 한 예이다. 그림에서 $z=f(x,\ y)$ 아래와 xy평면 위의 총 부피는 1이고 (X, Y)가 A에 속할 확률은 밑면 A를 갖고 높이가 $z=f(x,y)$에 의해 형성된 입체의 부피와 같게 된다. 즉 일변량 연속형 확률분포에서 확률의 값은 넓이이고 이변량 결합확률분포에서 확률은 부피가 됨을 알 수 있다.

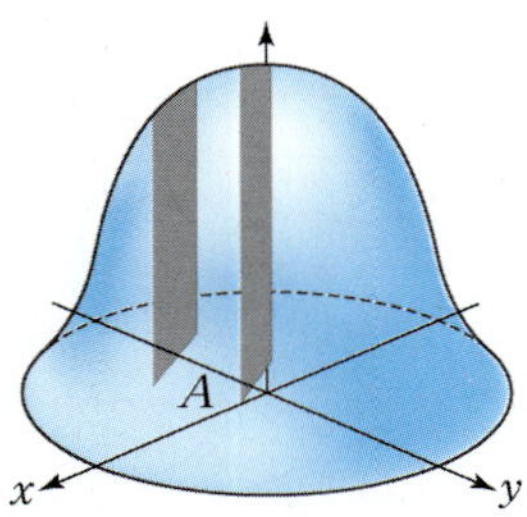

| 그림 2.13 | 결합확률밀도함수

예제 2-17

한 점 $(X,\ Y)$를 원 $x^2+y^2\leq 1$의 내부 S로부터 무작위로 뽑는다고 하자.
점 $(X,\ Y)$를 S로부터 무작위로 뽑는다는 말은 X와 Y의 결합확률밀도함수가 S상에서는 상수이고 S의 외부에서는 0임을 의미한다. 그러므로

$$f(x, y) = \begin{cases} c, & (x, y) \in S \\ 0, & \text{기타} \end{cases}$$

이고

$$\iint_S f(x, y)dxdy = c \times (S\text{의 면적}) = 1$$

이다. S의 면적은 π이므로 상수 c의 값은 $1/\pi$이고 결합확률밀도함수는

$$f(x, y) = \begin{cases} 1/\pi, & (x, y) \in S \\ 0, & \text{기타} \end{cases}$$

이다.

예제 2-18

X와 Y의 결합확률밀도함수가 다음과 같다고 하자.

$$f(x, y) = \begin{cases} cx^2y, & x^2 \le y \le 1 \\ 0, & \text{기타} \end{cases}$$

상수 c의 값을 구하고 $P(X \ge Y)$를 구해보자.
$f(x, y) > 0$인 점 (x, y)의 집합을 S라고 하면

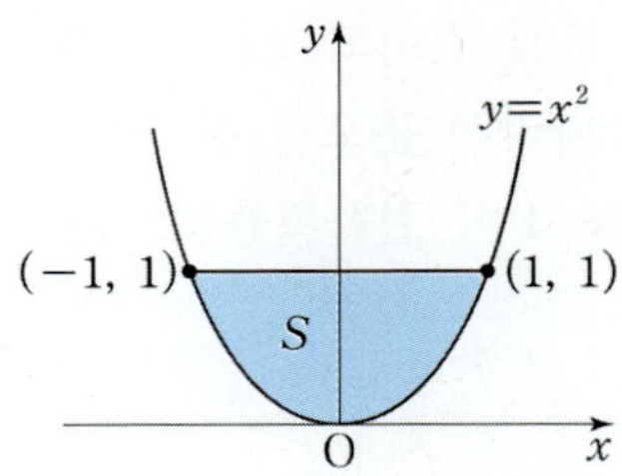

| 그림 2.14 | (x, y)의 영역

$$\iint_S f(x, y)dxdy = \int_{-1}^{1}\int_{x^2}^{1} cx^2ydydx = \frac{4}{21}c = 1$$

이므로 상수 c의 값은 $\frac{21}{4}$이다. 한편 $x \ge y$를 만족하는 S의 부분집합을 A라고 하면

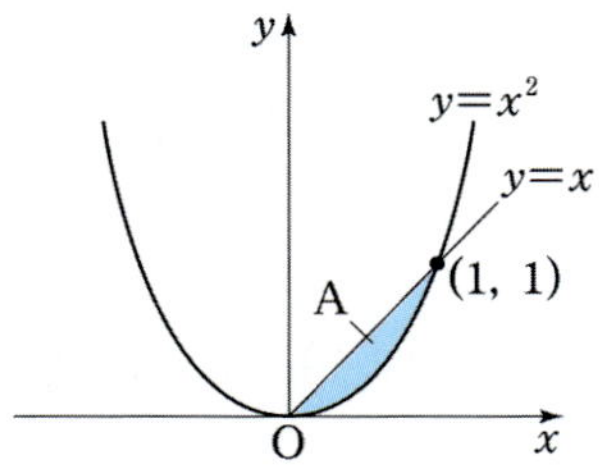

| 그림 2.15 | $x \geq y$의 영역

$$P(X \geq Y) = \iint_A f(x, y)dxdy = \int_0^1 \int_{x^2}^{x} \frac{21}{4}x^2 ydydx = \frac{3}{20}$$

이다. 또한 X와 Y는 연속형 결합분포이므로

$$P(X = Y) = 0$$

이다.

이변량 분포에서도 일변량 분포와 유사하게 이산형과 연속형의 혼합된 분포를 접할 수 있다. 예를 들어 어떤 전기회로에서 X와 Y는 두 개의 부품이 고장 나는 시간이라고 하자. 그리고 두 개의 부품이 동시에 고장 나는 확률은 $p(0 < p < 1)$이고, 다른 시간에 고장 나는 확률은 $1-p$라고 하자. 두 부품이 동시에 고장 난다면 고장이 난 같은 시간 x는 어떤 확률 밀도함수 $f(x)$에 따라서 분포될 것이고, 다른 시간 x, y에 고장이 나면 이들 시간은 어떤 결합확률밀도함수 $g(x,y)$에 따라서 분포될 것이다. 분명히 (X, Y)가 선 $x=y$에 놓일 확률은 0이 아니고 p이므로 X와 Y의 결합확률분포는 연속형이 아니다.

이변량 분포함수

표본 공간 S 위에서 정의된 두 확률변수 (X, Y)의 치역이 이차원 평면상의 부분집합 $\mathscr{A}$라고 할 때 모든 실수 x와 y에 대하여 다음과 같은 함수 F를 두 확률변수 X와 Y의 결합분포함수(joint distribution function)라고 한다.

$$F(x, y) = P(X \leq x, Y \leq y)$$

X와 Y의 결합분포함수는 이차원 평면상의 부분집합 $\mathscr{A}$를 정의역, 구간 $[0, 1]$을 치역으로 하는 실숫값 함수이다. 결합분포함수는 다음과 같은 성질을 갖는다.

결합분포함수의 성질

(1) 모든 실수 x, y에 대하여

$$F(-\infty, y) = \lim_{x \to -\infty} F(x, y) = 0$$
$$F(x, -\infty) = \lim_{y \to -\infty} F(x, y) = 0$$
$$F(\infty, \infty) = \lim_{x, y \to \infty} F(x, y) = 1.$$

(2) 결합분포함수는 각각의 변수들에서 비감소이고 우측연속이다.

(3) 어떤 주어진 상수 $a < b$와 $c < d$에 대하여

$$P(a < X \le b, c < Y \le d) = F(b, d) - F(a, d) - F(b, c) + F(a, c) \ge 0$$

성질 (3)은 다음과 같이 보일 수 있다.

$$\begin{aligned} 0 \le P(a < X \le b, c < Y \le d) &= P(a < X \le b, Y \le d) - P(a < X \le b, Y \le c) \\ &= [P(X \le b, Y \le d) - P(X \le a, Y \le d)] \\ &\quad - [P(X \le b, Y \le c) - P(X \le a, Y \le c)] \\ &= F(b, d) - F(a, d) - F(b, c) + F(a, c). \end{aligned}$$

그러므로 그림 2.16에 그려진 직사각형 A의 확률은 성질 (3)에 의하여 계산할 수가 있다. 직사각형의 두 변은 집합 A에 포함되어 있고 다른 두 변은 포함되어 있지 않다. 그러므로 만일 A의 경계점 위에 양의 확률을 가지는 점들이 있다면 성질 (3)에서 부등호 $\le$와 $<$을 구별하는 것이 중요하다.

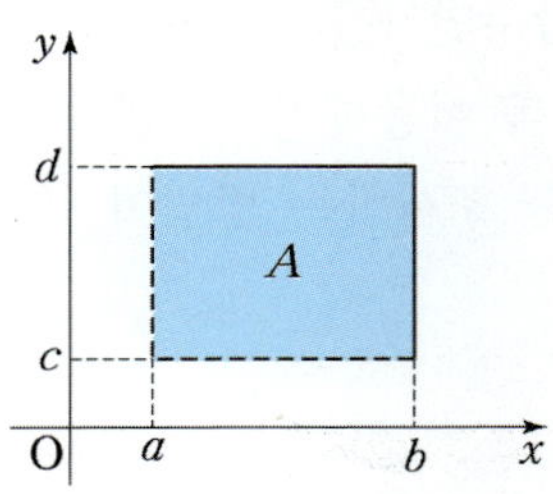

| 그림 2.16 | 영역 A

일반적으로 성질 (1), (2), (3)을 만족하는 이변수 함수 F는 어떤 두 확률변수의 결합분포함수가 된다.

예제 2-19

이변수 함수 F가 다음과 같이 정의되었다고 하자.

$$F(x,y)=\begin{cases}0, & x<0 \text{ 또는 } x+y<1 \text{ 또는 } y<0\\ 1, & \text{기타}\end{cases}$$

이때 F는 성질 (1), (2)를 만족한다. 그러나

$$P\left(\frac{1}{3}<X\le 1,\ \frac{1}{3}<Y\le 1\right)=F(1,1)-F\left(1,\frac{1}{3}\right)-F\left(\frac{1}{3},1\right)+F\left(\frac{1}{3},\frac{1}{3}\right)$$
$$=1-1-1+0=-1\le 0$$

이고, 성질 (3)을 만족하지 않으므로 F는 결합분포함수가 아니다.

한편 X와 Y가 결합확률밀도함수를 갖는 연속형 분포를 한다면, 임의의 값 x,y에 대하여 결합분포함수는

$$F(x,\ y)=\int_{-\infty}^{y}\int_{-\infty}^{x}f(s,\ t)dsdt$$

이다. 그러므로 결합확률밀도함수는 2차 도함수가 존재하는 모든 점 $(x,\ y)$에 대하여

$$f(x,\ y)=\frac{\partial^2 F(x,\ y)}{\partial x\partial y}$$

을 이용하여 구할 수 있다.

연속인 어떤 함수가 결합분포함수인가를 판단하는 것은 간단하지 않다. 이 경우 주어진 함수를 결합분포함수라고 하고 이를 이용하여 결합확률밀도함수 f를 구한 후, f가 결합확률밀도함수의 조건을 만족하는가를 조사하는 방법이 주로 이용된다.

예제 2-20

이변수 함수 F가 다음과 같이 정의되었다고 하자.

$$F(x, y) = 1 - e^{-x-y}, \quad x > 0, \; y > 0$$

F가 결합분포함수임을 보이기 위해 결합확률밀도함수를 구하여 보자.

$$f(x, y) = \frac{\partial^2 F(x, y)}{\partial x \partial y} = -e^{-x-y}$$

인데 $x > 0, \; y > 0$일 때 $f(x, y) < 0$이므로 f는 결합확률밀도함수가 될 수 없다. 그러므로 F는 결합분포함수가 아니다.

결합분포함수 F에 의하여 확률변수 X만의 분포함수 F_1을 다음과 같이 유도할 수 있다.

$$F_1(x) = P(X \le x) = \lim_{y \to \infty} P(X \le x, \; Y \le y) = \lim_{y \to \infty} F(x, y), \; -\infty < x < \infty$$

유사하게, 만일 F_2가 Y의 분포함수이면

$$F_2(y) = \lim_{x \to \infty} F(x, y), \quad -\infty < y < \infty$$

이다. 분포함수 F_1, F_2를 각각 X와 Y의 **주변분포함수**(marginal distribution function)라고 한다.

예제 2-21

X와 Y가 구간 $0 \le X \le 2, \; 0 \le Y \le 2$에서 값을 취하는 확률변수라고 하고 X와 Y의 결합분포함수가 다음과 같다고 하자.

$$F(x, y) = \frac{1}{16} xy(x+y), \; 0 \le x \le 2, \; 0 \le y \le 2.$$

이때 X의 주변 분포함수 F_1은

$$F_1(x) = \begin{cases} 0, & x < 0 \\ \frac{1}{8} x(x+2), & 0 \le x \le 2 \\ 1, & x > 2 \end{cases}$$

이다. 또한 $0 < x < 2, \; 0 < y < 2$에 대하여

$$\frac{\partial^2 F(x,y)}{\partial x \partial y} = \frac{1}{8}(x+y)$$

이므로 X와 Y의 결합확률밀도함수는

$$f(x,y) = \begin{cases} \frac{1}{8}(x+y), & 0<x<2,\ 0<y<2 \\ 0 \quad\quad , & \text{기타} \end{cases}$$

이다.

다변량 분포

n개의 확률변수 $X_1, X_2, \cdots, X_n$의 **결합분포함수**는 n차 공간 $\mathbb{R}^n$에 있는 점 $(x_1, x_2, \cdots, x_n)$에 대하여

$$F(x_1, x_2, \cdots, x_n) = P(X_1 \le x_1, X_2 \le x_2, \cdots, X_n \le x_n)$$

로 정의된다. 모든 다변량 분포함수는 이변량 분포함수에 대하여 성립했던 대부분의 성질을 만족한다.

표현상의 편의를 위하여 벡터기호

$$\boldsymbol{X} = (X_1, X_2, \cdots, X_n), \quad \boldsymbol{x} = (x_1, x_2, \cdots, x_n)$$

을 사용하는 것이 편리하다. 이 경우 결합분포함수는

$$F(\boldsymbol{x}) = P(\boldsymbol{X} \le \boldsymbol{x})$$

로 표기한다.

만일 확률벡터 $(X_1, X_2, \cdots, X_n)$이 $\mathbb{R}^n$에 있는 유한개 또는 무한열의 다른 가능한 값 $(x_1, x_2, \cdots, x_n)$을 가진다면 n개의 확률변수 $X_1, X_2, \cdots, X_n$은 하나의 **이산형 결합분포**(discrete joint distribution)을 가진다고 한다. 이 경우 $\boldsymbol{x} = (x_1, x_2, \cdots, x_n) \in \mathbb{R}^n$에 대하여 함수

$$f(\boldsymbol{x}) = f(x_1, x_2, \cdots, x_n) = P(X_1 = x_1, X_2 = x_2, \cdots, X_n = x_n) = P(\boldsymbol{X} = \boldsymbol{x})$$

을 $X_1, X_2, \cdots, X_n$의 **결합확률함수**(joint probability function)라고 한다.

마찬가지로, 임의의 부분집합 $A \subset \mathbb{R}^n$에 대하여

$$P(\boldsymbol{X}\in A)=P[(X_1,X_2,\cdots,X_n)\in A]$$
$$=\iint\cdots\int_A f(x_1,\ x_2,\ \cdots,\ x_n)dx_1dx_2\cdots dx_n=\int_{\boldsymbol{A}} f(\boldsymbol{x})d\boldsymbol{x}$$

을 만족하는 $\mathbb{R}^n$상에 정의된 음 아닌 함수 f가 존재하면 n개의 확률변수 $X_1,\ X_2,\ \cdots,\ X_n$은 하나의 연속형 결합분포를 가진다고 한다. 이 경우 함수 f를 $X_1,\ X_2,\ \cdots,\ X_n$의 **결합확률밀도함수**(joint probability density function)라고 부른다.

만일 $X_1,\ X_2,\ \cdots,\ X_n$의 결합분포가 연속형이면 결합확률밀도함수 f는 도함수가 존재하는 모든 점 $(x_1,\ x_2,\ \cdots,\ x_n)$에서 관계식

$$f(x_1,\ x_2,\ \cdots,\ x_n)=\frac{\partial^n F(x_1,\ x_2,\ \cdots,\ x_n)}{\partial x_1\partial x_2\cdots\partial x_n}$$

을 사용하여 결합 분포함수로부터 유도할 수 있다.

예제 2-22

세 개의 확률변수 $X_1,\ X_2,\ X_3$의 결합확률밀도함수가 다음과 같다고 하자.

$$f(x_1,\ x_2,\ x_3)=\begin{cases} ce^{-\lambda(x_1+x_2+x_3)}, & x_1>0,\ x_2>0,\ x_3>0,\ \lambda>0 \\ 0 & ,\ \text{기타} \end{cases}$$

이 경우 상수 c값을 구하고 $P(X_1<X_2<X_3)$의 값을 구해보자.

$$\int_0^\infty\int_0^\infty\int_0^\infty ce^{-\lambda(x_1+x_2+x_3)}dx_1dx_2dx_3=\frac{c}{\lambda^3}=1$$

이므로 $c=\lambda^3$이다. 그리고

$$P(X_1<X_2<X_3)=\int\int\int_{X_1<X_2<X_3} f(x_1,x_2,x_3)dx_1dx_2dx_3$$
$$=\int_0^\infty\int_{x_1}^\infty\int_{x_2}^\infty \lambda^3 e^{-\lambda(x_1+x_2+x_3)}dx_3dx_2dx_1=\frac{1}{6}$$

SECTION 04 연 / 습 / 문 / 제

01 확률변수 X와 Y의 결합확률함수가 다음과 같다고 하자.

Y \ X	1	2	3	4
1	0.1	0	0.1	0
2	0.3	0	0.1	0.2
3	0	0.2	0	0

$P(X \geq 2,\ Y \geq 2)$, $P(X=1)$의 값을 구하여라.

02 확률변수 X와 Y의 결합확률함수가 다음과 같다고 하자.

$$f(x,\ y)=\begin{cases} c|x+y|\ , & x=-2,\ -1,\ 0,\ 1,\ 2,\ y=-2,\ -1,\ 0,\ 1,\ 2 \\ 0 & ,\ \text{기타} \end{cases}$$

이때 다음을 구하여라.

(1) 상수 c의 값

(2) $P(X=0,\ Y=-2)$

(3) $P(X=1)$

(4) $P(|X-Y| \leq 1)$

03 확률변수 X와 Y의 결합확률밀도함수가 다음과 같다고 하자.

$$f(x,\ y)=\begin{cases} c(x^2+y)\ , & 0 \leq y \leq 1-x^2 \\ 0 & ,\ \text{기타} \end{cases}$$

이때 다음을 구하여라.

(1) 상수 c의 값

(2) $P\left(0 \leq X \leq \dfrac{1}{2}\right)$

(3) $P(Y \leq X+1)$

(4) $P(Y=X^2)$

04 $0 \le x \le 1,\ 0 \le y \le 1$인 사각형 S에서 한 점 $(X,\ Y)$를 뽑는 실험을 생각하자. 뽑힌 점이 $(0,\ 0)$일 확률은 0.1, $(1,\ 0)$일 확률은 0.2, $(0,\ 1)$일 확률은 0.4, $(1,\ 1)$일 확률은 0.1이라고 하자. 또한 뽑힌 점이 네 모퉁이점 중의 하나가 아니면 사각형 S의 내부의 점이고 그 사각형의 내부점 위에서 상수인 확률밀도함수에 따라서 그 점을 뽑는다고 가정하자. 이때 다음을 구하여라.

(1) $P\left(X \le \dfrac{1}{4}\right)$

(2) $P(X+Y \le 1)$

05 다음 함수가 X와 Y의 결합분포함수가 되는지를 조사하여라.

$$F(x,\ y) = \begin{cases} x\ , & 0 \le x \le 1\ ,\ y \ge 1 \\ 1\ , & x \ge 1,\ 0 \le y \le 1 \\ 1\ , & x \ge 1,\ y \ge 1 \end{cases}$$

06 확률변수 X와 Y의 결합확률밀도함수가 다음과 같다고 하자.

$$f(x,\ y) = \begin{cases} 1\ , & 0 < x < 1,\ 0 < y < 1 \\ 0\ , & \text{기타} \end{cases}$$

이때 다음을 구하여라.

(1) $F\left(\dfrac{1}{2},\ \dfrac{1}{3}\right)$

(2) $P\left(X \ge \dfrac{5}{6},\ \dfrac{1}{3} \le Y \le \dfrac{5}{6}\right)$

07 집합 $S = \{(x,\ y) : 0 \le x \le 1, 0 \le y \le 1\}$에서 한 점 $(X,\ Y)$를 뽑는 실험에서 뽑힌 점이 S 안의 임의의 부분집합에 속할 확률은 그 부분집합의 넓이에 비례한다고 하자.

(1) X와 Y의 결합확률밀도함수를 구하여라.

(2) $Z = X+Y$의 확률밀도함수를 구하여라.

08 확률변수 X와 Y의 결합분포함수가

$$F(x,\ y) = xy,\ 0 < x < 1,\ 0 < y < 1$$

로 주어졌을 때 X와 Y의 결합확률밀도함수를 구하고 $P(X^2 < Y)$를 구하여라.

SECTION 05 주변분포

4절에서 X와 Y의 주변분포함수를 정의한 것과 마찬가지로 주변확률함수와 주변확률밀도함수도 정의할 수 있다.

X와 Y가 결합확률함수가 f인 이산형 결합분포를 가진다고 하자. 이때 X의 함수

$$f_1(x) = P(X = x) = \sum_y P(X = x,\ Y = y) = \sum_y f(x,\ y)$$

을 X의 **주변확률함수**(marginal probability function)라고 한다. 즉 f_1은 고정된 x에서 모든 y에 대한 결합확률함수의 합으로 구할 수 있기 때문에 f_1을 xy평면에서 고정된 x 주변의 모든 y에 대한 확률의 합으로 생각할 수 있다.

유사하게 Y의 함수

$$f_2(y) = \sum_y f(x,\ y)$$

을 Y의 **주변 확률함수**라고 한다.

예제 2-23

X와 Y가 4절의 예 2 - 16의 결합확률함수를 가진다고 하자.
이 경우 X의 주변확률함수는 표의 각 열에 있는 값을 더함으로써 얻을 수 있다. 즉,

$$f_1(0) = \sum_{y=0}^{3} f(0,\ y) = \frac{1}{4},\quad f_1(1) = \sum_{y=0}^{3} f(1,\ y) = \frac{1}{2},\quad f_1(2) = \sum_{y=0}^{3} f(2,\ y) = \frac{1}{4}$$

이다. 이를 표로 나타내면

x	0	1	2
$f_1(x)$	$\frac{1}{4}$	$\frac{1}{2}$	$\frac{1}{4}$

이다. 마찬가지로 Y의 주변확률함수 f_2는

y	0	1	2	3
$f_2(y)$	$\frac{1}{8}$	$\frac{3}{8}$	$\frac{3}{8}$	$\frac{1}{8}$

X와 Y가 결합확률밀도함수가 f인 연속형 결합분포를 가진다고 하자. 이때 X의 함수

$$f_1(x) = \int_{-\infty}^{\infty} f(x, y)dy, \quad -\infty < x < \infty$$

을 X의 **주변확률밀도함수**(marginal probability density function)라고 한다. 즉 $f_1(x)$의 값은 X의 어떤 주어진 값 x에 대하여 $f(x, y)$를 Y의 모든 가능한 값 y상에서 적분함으로 얻어진다.

유사하게 Y의 함수

$$f_2(y) = \int_{-\infty}^{\infty} f(x, y)dx, \quad -\infty < y < \infty$$

을 Y의 **주변확률밀도함수**라고 한다.

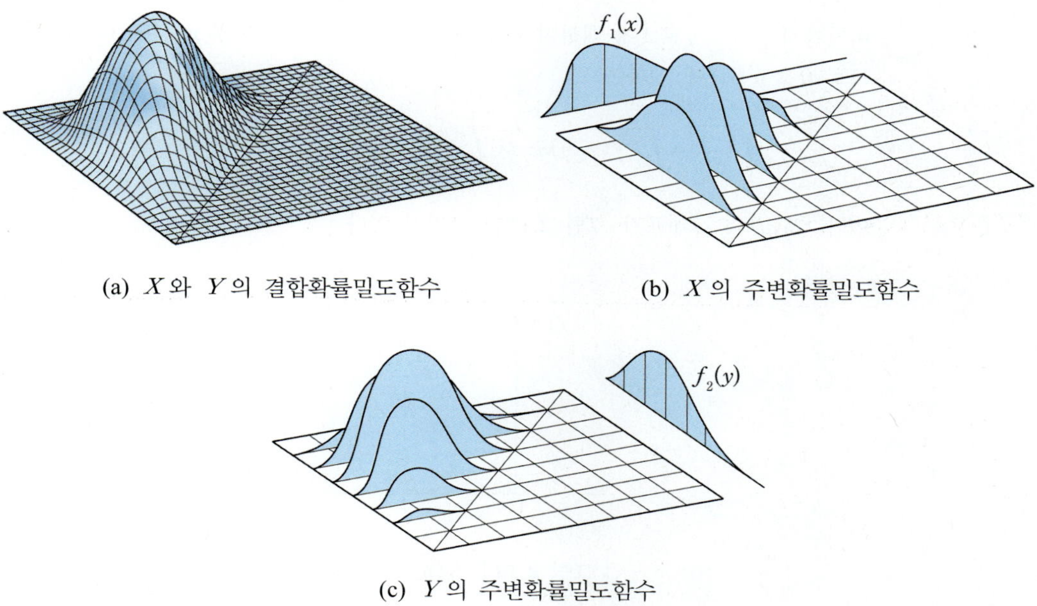

(a) X와 Y의 결합확률밀도함수

(b) X의 주변확률밀도함수

(c) Y의 주변확률밀도함수

| 그림 2.17 | 주변확률밀도함수

예제 2-24

X와 Y의 결합확률밀도함수가 4절의 예 2-18과 같다고 하자.

분명히 $-1 \le x \le 1$에 대하여 $x^2 \le y \le 1$이 아니면 $f(x, y) = 0$이다. 그러므로 $-1 \le x \le 1$에 대하여

$$f_1(x) = \int_{-\infty}^{\infty} f(x, y)dy = \int_{x^2}^{1} \frac{21}{4} x^2 y dy = \frac{21}{8} x^2 (1 - x^4)$$

이다. $f_1(x)$의 그래프가 그림 2.18에 그려져 있다.

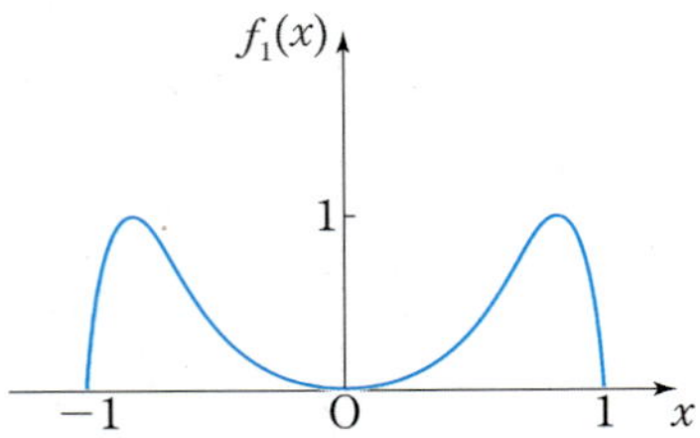

| 그림 2.18 | $f_1(x)$의 그래프

마찬가지로 $0 \le y \le 1$에 대하여 $-\sqrt{y} \le x \le \sqrt{y}$가 아니면 $f(x, y) = 0$이다. 그러므로 $0 \le y \le 1$에 대하여

$$f_2(y) = \int_{-\infty}^{\infty} f(x, y)dx = \int_{-\sqrt{y}}^{\sqrt{y}} \frac{21}{4} x^2 y dx = \frac{7}{2} y^{5/2}$$

이다. $f_2(y)$의 그래프가 그림 2.19에 그려져 있다.

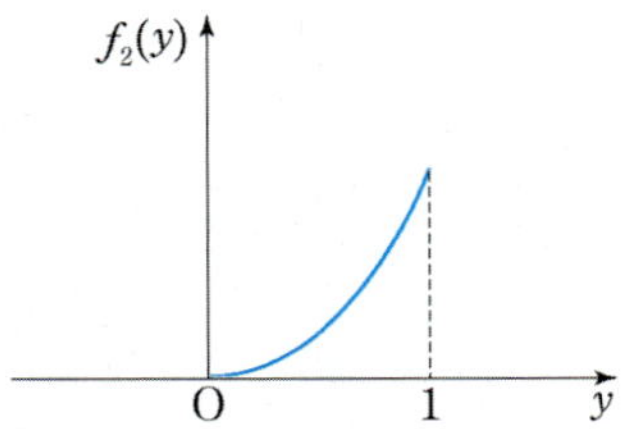

| 그림 2.19 | $f_2(y)$의 그래프

만일 n개의 확률변수 $X_1, X_2, \cdots, X_n$의 결합분포를 안다면 그때 어느 하나의 확률변수 X_i의 주변분포는 이 결합분포로부터 유도할 수 있다. 예를 들어, f가 $X_1, X_2, \cdots, X_n$의 결합확률밀도함수이면 X_1의 주변확률밀도함수 f_1은 어떤 값 x_1에 대하여 관계식

$$f_1(x_1) = \int_{-\infty}^{\infty}\int_{-\infty}^{\infty}\cdots\int_{-\infty}^{\infty} f(x_1, x_2, \cdots, x_n)dx_2dx_3\cdots dx_n$$

에 의하여 구할 수 있다.

X_1의 주변분포함수도 유사한 방법으로 관계식

$$F_1(x_1) = \lim_{\substack{i=2,3,\cdots n \\ x_i \to \infty}} F(x_1, x_2, \cdots, x_n)$$

을 이용하여 얻어진다.

더 일반적으로 n개의 확률변수 $X_1, X_2, \cdots, X_n$ 중에서 어떤 k개의 주변 결합확률밀도함수는 다른 $n-k$개의 확률변수의 모든 가능한 값 위에서 그 결합확률밀도함수를 적분함으로써 구할 수 있다. 예를 들어, 만일 f가 4개의 확률변수 X_1, X_2, X_3, X_4의 결합확률밀도함수이면 X_2와 X_4의 주변 이변량 확률밀도함수 f_{24}는

$$f_{24}(x_2, x_4) = \int_{-\infty}^{\infty}\int_{-\infty}^{\infty} f(x_1, x_2, x_3, x_4)dx_1dx_3$$

에 의하여 구할 수 있다.

또한 X_2와 X_4의 주변 이변량 분포함수 F_{24}는 관계식

$$F_{24}(x_2, x_4) = \lim_{x_1, x_3 \to \infty} F(x_1, x_2, x_3, x_4)$$

을 이용하여 얻어진다.

이산형인 경우에도 유사한 방법으로 구할 수 있는데 이 경우 관계식의 적분은 모두 합으로 대치된다.

예제 2-25

X_1, X_2, X_3의 결합확률밀도함수가 4절의 예제 2-22와 같다고 하자. 이 경우 X_1, X_2의 주변 이변량 결합확률밀도함수 f_{12}는

$$f_{12}(x_1, x_2) = \int_{-\infty}^{\infty} f(x_1, x_2, x_3)dx_3 = \int_{0}^{\infty} \lambda^3 e^{-\lambda(x_1+x_2+x_3)}dx_3$$
$$= \lambda^2 e^{-\lambda(x_1+x_2)} \qquad x_1 > 0,\ x_2 > 0$$

이다.

주변분포가 그들의 결합분포로부터 유도될 수 있다 하더라도, 부가적인 정보 없이 주변분포로부터 그들의 결합분포를 다시 구성하는 것은 가능하지 않다. 예를 들면, 예제 2-24에서의 그림에서 그려진 주변 확률밀도함수들은 X와 Y 각각의 분포만을 특징지을 뿐, 둘 사이의 관계에 관한 정보를 알려주지는 않는다. 그러나 어떤 조건 아래에서는 주변분포를 이용하여 결합분포를 구성할 수 있다. 이 조건이 다음부터 논의하게 될 확률변수의 독립성이다.

독립인 확률변수

X와 Y가 확률변수이고 각 확률변수의 치역을 $\mathscr{A}_X$, $\mathscr{A}_Y$라고 하면 $A \subset \mathscr{A}_X$, $B \subset \mathscr{A}_Y$에 대하여 두 개의 서로 다른 사건

$$E = \{X \in A\}, \quad F = \{Y \in B\}$$

을 정의할 수 있다. 1장 4절에서 두 사건의 독립성의 정의를 이용하면 사건 E와 F가 독립이라는 것은

$$P(E \cap F) = P(X \in A, Y \in B) = P(X \in A)P(Y \in B) \qquad \cdots ①$$

가 성립하는 것이다. 특히 관계식 ①이 성립할 때 두 확률변수 X와 Y는 **독립**(independent)이라고 한다. 이것은 확률변수 X에 의하여 표현되는 임의의 사건과 확률변수 Y로 표현되는 임의의 사건이 서로 독립임을 의미한다. 바꾸어 말하면 A를 그 발생 여부가 단지 X의 값에 의존하는 어떤 사건, B를 그 발생 여부가 단지 Y의 값에 의존하는 어떤 사건이라고 하면 두 확률변수 X와 Y가 독립이기 위한 필요충분조건은 모든 그런 사건 A와 B에 대하

여 A와 B가 독립인 것이다.

관계식 ①에서 $A=\{X \le x\}$, $B=\{Y \le y\}$라고 하면 식 ①은 다음과 같이 바뀐다.

$$P(X \le x, Y \le y) = P(X \le x)P(Y \le y)$$

이 식을 분포함수를 이용하여 표현하면

$$F(x,y) = F_1(x)F_2(y) \qquad \cdots ②$$

가 된다.

이 논의는 확률함수 또는 확률밀도함수를 이용하여도 식 ②와 유사한 다음의 식으로 독립성을 표현할 수 있다.

● 정리 3

확률변수 X와 Y의 결합확률함수 또는 결합확률밀도함수를 $f(x, y)$, 각각의 주변확률함수 또는 주변확률밀도함수를 $f_1(x)$, $f_2(y)$라고 하면 X와 Y가 독립이기 위한 필요충분조건은

$$f(x, y) = f_1(x)f_2(y)$$

인 것이다. 또한 X와 Y의 결합분포함수를 $F(x, y)$, 각각의 주변분포함수를 $F_1(x)$, $F_2(y)$라고 하면 X와 Y가 독립이기 위한 필요충분조건은

$$F(x, y) = F_1(x)F_2(y)$$

인 것이다.

정리 3에서 양인 두 함수의 곱 $f_1(x)f_2(y)$은 순서쌍 (x, y)의 공간상에서 양인 함수임을 의미한다. 그리고

$$f(x, y) \ne f_1(x)f_2(y)$$

인 점들이 있을 수 있는데, 이러한 점들의 집합을 A라고 하면

$$P[(X, Y) \in A] = 0$$

이어야 한다.

예제 2-26

두 독립인 확률변수 X와 Y가 어떤 장소에서 일 년 동안의 강우량을 나타낸다고 하자. 또한 각 확률변수의 확률밀도함수 g가 다음과 같다고 하자.

$$g(x) = \begin{cases} 2x, & 0 \le x \le 1 \\ 0, & \text{기타} \end{cases}$$

$P(X+Y \le 1)$의 값을 구해보자.

X와 Y가 독립이고 각각은 확률밀도함수 g를 가지므로 X와 Y의 결합확률밀도함수 $f(x, y)$는 관계식 $f(x,y) = g(x)g(y)$에 의하여 구할 수 있다. 그러므로

$$f(x,y) = \begin{cases} 4xy, & 0 \le x \le 1,\ 0 \le y \le 1 \\ 0\ , & \text{기타} \end{cases}$$

이고 구하고자 하는 확률은

$$P(X+Y \le 1) = \int_0^1 \int_0^{1-x} 4xydydx = \frac{1}{6}$$

이다.

예제 2-27

예제 2-16에서 주어진 실험을 생각하자. 이 경우 X와 Y의 독립성을 조사해 보기로 하자.

분명히 $f(0, 0) = \frac{1}{8}$이고 예제 2-23에서 이미 계산하여 본 것과 같이

$$f_1(0) = \frac{1}{4},\ f_2(0) = \frac{1}{8}$$

이다. 그러므로 $f(0, 0) \ne f_1(0)f_2(0)$이고 따라서 X와 Y는 독립이 아니다.

예제 2-28

X와 Y의 결합확률밀도함수가 다음과 같다고 하자.

$$f(x, y) = \begin{cases} e^{-(x+y)}, & x \ge 0,\ y \ge 0 \\ 0, & \text{기타} \end{cases}$$

X와 Y의 독립성을 조사해 보기로 하자.

X와 Y의 주변확률밀도함수 f_1과 f_2를 구하여 보면

$$f_1(x) = \int_{-\infty}^{\infty} f(x, y)dy = \int_0^{\infty} e^{-(x+y)}dy = e^{-x}$$

$$f_2(y) = \int_{-\infty}^{\infty} f(x, y)dx = \int_0^{\infty} e^{-(x+y)}dx = e^{-y}$$

가 된다. 그러므로 $f(x, y) = f_1(x)f_2(y)$가 성립하고, 따라서 X와 Y는 서로 독립이다.

결합확률밀도함수가 f인 연속형 결합분포를 가지는 두 확률변수를 X와 Y라고 하자. 그때 다음 정리에 의하여 주변확률밀도함수를 구하지 않고도 두 확률변수의 독립성을 판정할 수 있다.

● 정리 4

확률변수 X와 Y가 독립이기 위한 필요충분조건은 $-\infty < x < \infty$, $-\infty < y < \infty$에 대하여 결합확률밀도함수 f가 다음과 같은 형태로 표현될 수 있는 것이다.

$$f(x,y) = g_1(x)g_2(y) \qquad \cdots ③$$

여기서 g_1은 x만의 음이 아닌 함수이고 g_2는 y만의 음이 아닌 함수이다.

증명

X와 Y가 독립이면 정리 3에 의하여 $f(x, y) = f_1(x)f_2(y)$이고 f_1과 f_2는 각각 x와 y의 함수이므로 관계식 ③이 성립한다.

역으로, $f(x, y) = g_1(x)g_2(y)$이 성립한다고 하자. 그때 X와 Y의 주변확률밀도함수는

$$f_1(x) = \int_{-\infty}^{\infty} g_1(x)g_2(y)dy = g_1(x)\int_{-\infty}^{\infty} g_2(y)dy = c_1g_1(x)$$

$$f_2(y) = \int_{-\infty}^{\infty} g_1(x)g_2(y)dx = g_2(y)\int_{-\infty}^{\infty} g_1(x)dx = c_2g_2(y)$$

이다. 여기서 c_1, c_2는 X, Y의 함수가 아닌 상수이다. 또한

$$1 = \int_{-\infty}^{\infty}\int_{-\infty}^{\infty} g_1(x)g_2(y)dxdy = [\int_{-\infty}^{\infty} g_1(x)dx][\int_{-\infty}^{\infty} g_2(y)dy] = c_1c_2$$

이므로 $c_1c_2 = 1$이다. 그러므로

$$f(x,y) = g_1(x)g_2(y) = c_1g_1(x)c_2g_2(y) = f_1(x)f_2(y)$$

이 성립하고 정리 3에 의하여 X, Y는 독립이다. ◀◀

정리 4의 식 ③은 x와 y의 모든 값에 대하여 x의 한 임의의 음이 아닌 함수와 y의 한 임의의 음이 아닌 함수의 곱으로 f가 분해된다는 것이다. 그러나 식 ③의 분해는 x와 y의 모든 값에 대하여 만족되어야 한다. 어떤 중요하고 특별한 경우에 있어서, x와 y의 모든 값에 대하여 식 ③을 검산하는 것은 사실상 불필요하다. 만일 x축과 y축에 평행한 면을 가지는 직사각형의 외부에 있는 x와 y의 모든 값에 대하여 $f(x, y)=0$이면, 그때 X와 Y가 독립인 것을 증명하기 위하여, 식 ③이 그 직사각형의 내부에 있는 x와 y의 모든 값에 대하여 만족되는 것을 증명하는 것으로 충분하다. 특별히, a, b, c, d를 $-\infty \le a < b \le \infty$, $-\infty \le c < d \le \infty$와 같은 주어진 값들이라 하고, S를 xy평면에서 다음과 같은 직사각형이라고 하자.

$$S=\{(x,y) : a \le x \le b,\ c \le y \le d\}$$

끝점 a, b, c, d들이 무한 값일 수 있다는 것에 유의하여야 한다. S의 외부에 있는 모든 점 (x, y)에 대하여 $f(x, y)=0$라고 가정하자. 그때 X와 Y가 독립이기 위한 필요충분조건은 S 안의 모든 점에서 f가 식 ③처럼 분해될 수 있다는 것이다.

예제 2-29

X와 Y의 결합확률밀도함수가 예제 2-28과 같다고 가정하자. 이 경우 앞의 논의에서 표현한 S의 특정된 형태를 가지고 $a=0, b=\infty, c=0, d=\infty$인 직사각형 S의 외부에서 $f(x, y)=0$이다. 더구나, S의 내부에 있는 어떤 점에서 $g_1(x)=e^{-x}$, $g_2(y)=e^{-y}$로 놓음으로써 f를 식 ③처럼 분해할 수 있다. 그러므로 주변확률밀도함수를 구할 필요 없이 X와 Y는 독립이다.

예제 2-30

X와 Y의 결합확률밀도함수가 다음과 같다고 하자.

$$f(x,y)=\begin{cases} kx^2y^2, & x^2+y^2 \le 1 \\ 0 & , \text{기타} \end{cases}$$

X와 Y가 독립이 아님을 조사하여 보자.

분명히 원 $x^2+y^2 \le 1$의 내부에 있는 임의의 점에서 $f(x, y)$가 식 ③과 같이 분해될 수 있다. 우리는 이 같은 분해가 이 원의 외부에 있는 모든 점에서 만족될 수 없다는 것을 보일 것이다. 좌표가 $x=\frac{3}{4}$, $y=\frac{1}{4}$인 점은 그 원의 내부에 놓여 있으므로

$$f\left(\frac{3}{4}, \frac{1}{4}\right)=g_1\left(\frac{3}{4}\right)g_2\left(\frac{1}{4}\right)>0$$

이다. 그러므로 $g_1\left(\frac{3}{4}\right)>0$이다. 유사하게 좌표 $x=\frac{1}{4}$, $y=\frac{3}{4}$인 점은 또한 그 원의 내부에 놓여 있으므로

$$f\left(\frac{1}{4}, \frac{3}{4}\right)=g_1\left(\frac{1}{4}\right)g_2\left(\frac{3}{4}\right)>0$$

이다. 그러므로 또한 $g_2\left(\frac{3}{4}\right)>0$이다. 그러나 좌표 $x=\frac{3}{4}$, $y=\frac{3}{4}$인 점은 원의 외부에 있으므로 $f\left(\frac{3}{4}, \frac{3}{4}\right)=0$이다. 그러나 $g_1\left(\frac{3}{4}\right)>0$, $g_2\left(\frac{3}{4}\right)>0$이므로 식 ③에서 주어진 분해는 이 점에서 만족되지 않는다. 따라서 xy평면상의 모든 점에서 만족될 수 없기 때문에 확률변수 X와 Y는 독립이 아니다.

예제 2-30에서 Y의 어떤 주어진 값 y에 대하여 X의 가능한 값은 y에 의존한다. 예를 들어 만일 $Y=0$이면 그때 X는 $X^2 \le 1$인 어떤 값도 취할 수 있다. 그러나 만일 $Y=\frac{1}{2}$이면 그때 X는 $X^2 \le \frac{3}{4}$인 한 값만을 취해야만 한다.

만일 n개의 실수의 집합 $A_1, A_2, \cdots, A_n$에 대하여

$$P(X_1 \in A_1, X_2 \in A_2, \cdots, X_n \in A_n) = P(X_1 \in A_1)P(X_2 \in A_2)\cdots P(X_n \in A_n)$$

이 성립하면 n개의 확률변수 $X_1, X_2, \cdots, X_n$은 **독립**(independent)이라고 한다. 또한 F를 $X_1, X_2, \cdots, X_n$의 결합분포함수라 하고, $F_i(i=1, 2, \cdots, n)$를 X_i의 주변분포함수라고 하면 확률변수 $X_1, X_2, \cdots, X_n$이 독립이기 위한 필요충분조건은 모든 점 $(x_1, x_2, \cdots, x_n) \in \mathbb{R}^n$에 대하여 다음 관계식이 성립하는 것이다.

$$F(x_1, x_2, \cdots, x_n) = F_1(x_1)F_2(x_2)\cdots F_n(x_n)$$

한편 f가 $X_1, X_2, \cdots, X_n$의 결합확률함수 또는 결합확률밀도함수라고 하고, $f_i(i=1,$

2, $\cdots$, n)가 X_i의 주변확률함수 또는 주변확률밀도함수라고 하면, X_1, X_2, $\cdots$, X_n이 독립이기 위한 필요충분조건은 모든 점 $(x_1, x_2, \cdots, x_n) \in \mathbb{R}^n$에 대하여 관계식

$$f(x_1, x_2, \cdots, x_n) = f_1(x_1) f_2(x_2) \cdots f_n(x_n)$$

이 성립하는 것이다.

특히 n개의 확률변수 X_1, X_2, $\cdots$, X_n이 독립이고 그들 각각의 주변확률함수 또는 주변확률밀도함수가 f로 동일하면 이러한 변수들은 하나의 **무작위표본**(random sample) 또는 **확률표본**을 형성한다고 한다. 다시 말하면, 확률변수 X_1, X_2, $\cdots$, X_n의 결합확률함수 또는 결합확률밀도함수가 모든 점 $(x_1, x_2, \cdots, x_n) \in \mathbb{R}^n$에 대하여 관계식

$$g(x_1, x_2, \cdots, x_n) = f(x_1) f(x_2) \cdots f(x_n)$$

와 같이 표현되면, 그 확률변수들은 f에 의하여 나타난 분포로부터 한 무작위표본을 형성한다. 이 경우 무작위표본의 변수들은 **독립이고 동일한 분포를 한다**(independent, identically distribute)고 말하며, 이 표현을 간략하게 i.i.d로 표현한다.

예제 2-31

세 개의 확률변수 X_1, X_2, X_3의 치역이

$$R = \{(x_1, x_2, x_3) : (1,0,0), (0,1,0), (0,0,1), (1,1,1)\}$$

이고, 그들의 결합확률함수가

$$f(x_1, x_2, x_3) = \frac{1}{4}, \quad (x_1, x_2, x_3) \in R$$

이라고 하자. 이 경우 X_i와 $X_j (i \neq j)$의 결합확률함수는

$$f_{ij}(x_i, x_j) = \begin{cases} \frac{1}{4}, & (x_i, x_j) \in \{(0,0), (1,0), (0,1), (1,1)\} \\ 0, & \text{기타} \end{cases}$$

이고, X_i의 주변확률함수는

$$f_i(x_i) = \begin{cases} \frac{1}{2}, & x_i = 0, 1 \\ 0, & \text{기타} \end{cases}$$

이다. 그러므로 $i \neq j$일 때

$$f_{ij}(x_i, x_j) = f_i(x_i) f_j(x_j)$$

이므로 X_i와 X_j는 서로 독립이지만

$$f(x_1, x_2, x_3) \neq f_1(x_1)f_2(x_2)f_3(x_3)$$

이므로 X_1, X_2, X_3는 서로 독립이 아니다.

예제 2-31에서 보듯이, X_1, X_2, $\cdots$, X_n이 서로 독립이면 임의의 두 확률변수 X_i와 $X_j(i \neq j)$는 서로 독립이지만 그 역은 성립하지 않는다.

SECTION 05 연/습/문/제

01 2.4절의 연습문제 1에서, 확률변수 X와 Y는 독립인지를 결정하여라.

02 X와 Y의 결합확률함수가 다음과 같다고 하자.

$$f(x,y)=\begin{cases}\dfrac{1}{16}, & x=1,2,3,4,\ y=1,2,3,4 \\ 0, & \text{기타}\end{cases}$$

(1) X와 Y의 주변확률함수를 구하여라.
(2) X와 Y는 독립인가?

03 X와 Y의 결합확률밀도함수가 다음과 같다고 하자.

$$f(x,y)=\begin{cases}\dfrac{3}{2}y^2, & 0\le x\le 2,\ 0\le y\le 1 \\ 0, & \text{기타}\end{cases}$$

(1) X와 Y의 주변확률밀도함수를 구하여라.
(2) X와 Y는 독립인가?
(3) 사건 $\{X<1\}$과 사건 $\left\{Y\ge \dfrac{1}{2}\right\}$은 독립인가?

04 어느 지역에 3대의 공중전화기가 설치되어 있다고 하자. $i=0,\ 1,\ 2,\ 3$에 대하여 정확히 i번째 전화기가 어떤 월요일 오후 8시에 사용되는 확률을 p_i라고 하고

$$p_0=0.1,\ p_1=0.2,\ p_2=0.4,\ p_3=0.3$$

이라고 가정하자. 또한 독립적인 두 월요일 오후 8시에 사용될 전화기의 수를 각각 확률변수 X와 Y라고 하자

(1) X와 Y의 결합확률함수를 구하여라.
(2) $P(X=Y)$를 구하여라.
(3) $P(X>Y)$를 구하여라.

05 X와 Y의 결합확률밀도함수가 다음과 같다고 하자.

$$f(x,y)=\begin{cases}2xe^{-y}, & 0\le x\le 1,\ 0<y<\infty \\ 0, & \text{기타}\end{cases}$$

X와 Y는 독립인가?

06 한 점 (X, Y)를 $S=\{(x,y) : 0\le x\le 2,\ 1\le y\le 4\}$로부터 무작위로 뽑는다고 가정하자.

(1) X와 Y의 주변확률밀도함수를 구하여라.
(2) X와 Y는 독립인가?

07 두 사람이 어떤 장소에서 오후 5시와 6시 사이에 만나기로 약속하고 서로가 도착 후 10분 이상 기다리지 않기로 하였다. 만일 그들이 오후 5시와 6시 사이의 임의의 시간에 서로 독립적으로 도착하였다면, 그들이 만날 확률은 얼마인가?

08 X, Y가 서로 독립인 확률변수이고 임의의 수 a, b, c, d에 대하여

$$P(a<X<b)=\frac{2}{3},\ P(c<Y<d)=\frac{5}{8}$$

라고 하자. $A=\{a<X<b,\ -\infty<Y<\infty\}$, $B=\{-\infty<X<\infty,\ c<Y<d\}$라고 할 때 $P(A\cup B)$를 구하여라.

SECTION 06 조건부분포

이산형 조건부분포

f가 X와 Y의 결합확률함수라고 하고, f_1과 f_2를 X와 Y의 주변확률함수라고 하자. 1장 3절에서 정의한 바와 같이, 확률변수 Y의 값 y가 측정된 후에 확률변수 X가 어떤 특별한 값 x를 취할 확률은 다음과 같이 정의할 수 있다.

$$g_1(x|y) = P(X=x|\,Y=y) = \frac{P(X=x,\, Y=y)}{P(Y=y)} = \frac{f(x,y)}{f_2(y)}, \quad f_2(y) > 0$$

다시 말하면, $Y=y$가 주어지면 그때 X의 분포는 확률이 위 식과 같이 특징되는 하나의 이산형 분포가 된다. 이 분포를 $Y=y$에 대한 X의 **조건부분포**(conditional distribution)라고 하며, 이때 함수 g_1을 $Y=y$에 대한 X의 **조건부 확률함수**(conditional probability function)라고 부른다. 분명히 $g_1(x|y) \geq 0$이고

$$\sum_x g_1(x|y) = \frac{1}{f_2(y)} \sum_x f(x,\, y) = 1$$

이므로 고정된 값 y에 대하여, X의 모든 가능한 값 위에서 함수 $g_1(x|y)$는 하나의 확률함수이다.

유사하게, $X=x$에 대한 Y의 조건부 확률함수도 다음과 같이 정의할 수 있다.

$$g_2(y|x) = \frac{f(x,\, y)}{f_1(x)}, \quad f_1(x) > 0$$

예제 2-32

X와 Y가 예제 2-16의 결합확률함수를 가진다고 하자. $X=1$에 대한 Y의 조건부

확률함수를 구하여 보자.

$f_1(1)=\frac{1}{2}$이므로 Y가 어떤 특별한 값 y를 가질 조건부 확률 $g_2(y|1)$는

$$g_2(y|1)=\frac{f(1,\,y)}{1/2}$$

이다. 모든 가능한 값 y에 대하여 조건부 확률 $g_2(y|1)$은 결합확률함수 $f(1,\,y)$에 비례한다는 것을 유의해야 한다. 그러므로 다음과 같다.

y	0	1	2	3
$g_2(y\|1)$	0	$\frac{1}{2}$	$\frac{1}{2}$	0

연속형 조건부분포

f가 X와 Y의 결합확률밀도함수라고 하고, f_1과 f_2를 X와 Y의 주변확률밀도함수라고 하자. 이때 함수

$$g_1(x\,|\,y)=\frac{f(x,\,y)}{f_2(y)},\quad f_2(y)>0$$

를 $Y=y$에 대한 X의 **조건부 확률밀도함수**(conditional probability density function)라고 부른다. 분명히 $g_1(x\,|\,y)\geq 0$이고

$$\int_{-\infty}^{\infty}g_1(x\,|\,y)dx=\frac{1}{f_2(y)}\int_{-\infty}^{\infty}f(x,\,y)dx=1$$

이므로 고정된 값 y에 대하여, X의 모든 가능한 값 위에서 $g_1(x\,|\,y)$는 하나의 확률밀도함수이다.

유사하게 $X=x$에 대한 Y의 조건부 확률밀도함수도 다음과 같이 정의할 수 있다.

$$g_2(y\,|\,x)=\frac{f(x,y)}{f_1(x)},\quad f_1(x)>0$$

이산형 조건부 확률함수는 조건부 확률로서 유도되었고, 반면에 연속형 조건부 확률밀도함수는 조건부 확률밀도함수의 값이 되는 것으로 정의되었다.

조건부 확률밀도함수의 기하학적인 해석은 다음과 같다.

$Y=y_0$가 알려지면 점 (x, y)는 xy평면의 직선 $y=y_0$상에 놓여있고 이 선상에 있는 임의의 점 (x, y_0)에서의 결합확률밀도함수의 함수 값은 $f(x, y_0)$이다. 그러므로 X의 조건부 확률밀도함수 $g_1(x|y_0)$는 $f(x,y_0)$에 당연히 비례할 것이다. 다시 말하면, $g_1(x|y_0)$는 본질적으로 $f(x, y_0)$와 같지만 이것은 조건부 확률밀도함수의 적분값이 X의 모든 값 위에서 1이 되기 위한 상수요소 $1/f_2(y_0)$을 포함한다.

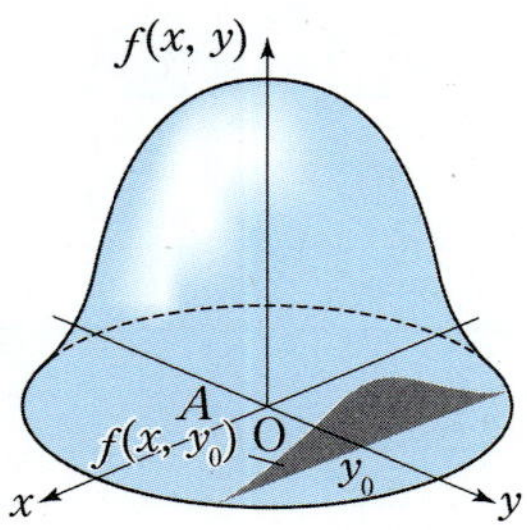

| 그림 2.20 | $f(x, y)$와 $f(x, y_0)$

한편 $Y=y$로 주어진 경우에 사건 $\{a \le X \le b\}$에 대한 조건부 확률은

$$P(a \le X \le b|Y=y) = \int_a^b g_1(x|y)dx = \frac{\int_a^b f(x, y)dx}{\int_{-\infty}^{\infty} f(x, y)dx}$$

로 구할 수 있다. 즉 $Y=y$일 때 결합확률밀도함수 곡선 아래의 전체 넓이가 위 식의 분모이고, 분자는 $a \le X \le b$에서의 넓이를 나타낸다.

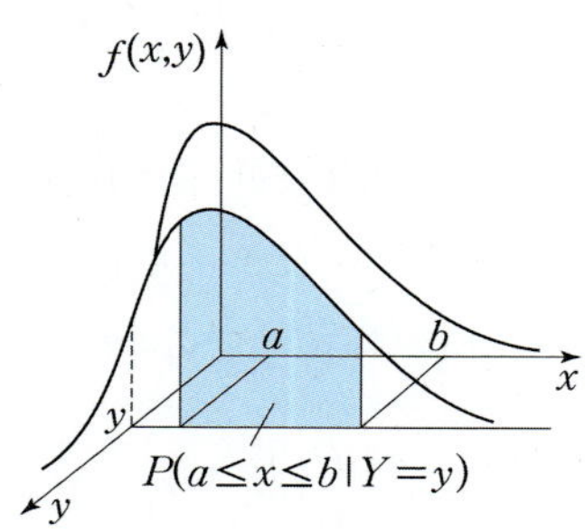

| 그림 2.21 | $P(a \le x \le b|\, Y=y)$

$g_1(x|y)$는 확률밀도함수이므로 $P(X \le x|\, Y=y)$는 $f_2(y)>0$에 대해

$$P(X \le x \mid Y = y) = \int_{-\infty}^{x} g_1(u \mid y)du$$

가 되는데 이 경우 조건부 확률

$$P(X \le x \mid Y = y) = F_{X|Y}(x \mid y)$$

은 고정된 y에서 x만의 함수로서, 이 함수 $F_{X|Y}$를 $Y=y$에 대한 X의 **조건부 분포함수**(conditional distribution function)라고 한다. 결합확률밀도함수 $f(x, y)$가 (x, y)에서 연속이고 $f_2(y)$가 y에서 연속이며 $f_2(y) > 0$일 때 관계식

$$\frac{d}{dx}F_{X|Y}(x \mid y) = \frac{d}{dx}\int_{-\infty}^{x} \frac{f(u, y)}{f_2(y)}du = \frac{f(x, y)}{f_2(y)} = g_1(x \mid y)$$

가 성립한다.

$F_{Y|X}$도 유사하게 정의할 수 있다.

예제 2-33

X와 Y의 결합확률밀도함수가 다음과 같다고 하자.

$$f(x, y) = \begin{cases} \frac{21}{4}x^2y, & x^2 \le y \le 1 \\ 0 & , \text{기타} \end{cases}$$

먼저 $X=x$에 대한 Y의 조건부 확률밀도함수를 결정하고, $X=\frac{1}{2}$에 대하여 Y에 관한 어떤 확률을 계산하여 보기로 하자.

$-1 < x < 1(x \ne 0)$에 대하여 $f_1(x) > 0$이고 따라서 $-1 < x < 1(x \ne 0)$인 어떤 주어진 값 x에 대하여 Y의 조건부 확률밀도함수 $g_2(y|x)$는 다음과 같다.

$$g_2(y|x) = \begin{cases} \frac{2y}{1-x^4}, & x^2 \le y \le 1 \\ 0 & , \text{기타} \end{cases}$$

만일 $X=\frac{1}{2}$인 경우, $P\left(Y \ge \frac{1}{4} \,\middle|\, X = \frac{1}{2}\right) = 1$이고

$$P\left(Y \ge \frac{3}{4} \,\middle|\, X = \frac{1}{2}\right) = \int_{3/4}^{1} g_2\left(y \,\middle|\, \frac{1}{2}\right)dy = \frac{7}{15}$$

이다.

예제 2-34

X와 Y의 결합확률밀도함수가 다음과 같다고 하자.

$$f(x,\, y) = \begin{cases} x+y\,, & 0<x<1,\, 0<y<1 \\ 0 & , \text{ 기타} \end{cases}$$

$X=x$에 대한 Y의 조건부 확률밀도함수 $g_2(y|x)$와 조건부 분포함수 $F_{Y|X}(y|x)$를 구하여 보자.

$$f_1(x) = \int_0^1 (x+y)dy = x + \frac{1}{2}$$

이므로 $0<x<1$에 대하여

$$g_2(y|x) = \begin{cases} \dfrac{2(x+y)}{2x+1} & , \; 0<y<1 \\ 0 & , \text{ 기타} \end{cases}$$

이다. 한편 조건부 분포함수 $F_{Y|X}$는

$$\begin{aligned} F_{Y|X}(y|x) &= \int_{-\infty}^{y} g_2(u|x)du = \int_0^y \frac{2(x+u)}{2x+1}du \\ &= \frac{2}{2x+1}\left[xu + \frac{1}{2}u^2\right]_0^y = \frac{2xy+y^2}{2x+1}, \qquad 0<y<1 \end{aligned}$$

이다. 분명히

$$\frac{d}{dy}F_{Y|X}(y|x) = g_2(y|x)$$

임을 확인할 수 있다.

결합분포의 구성

조건부분포의 정의에 의해 모든 값 x와 y에 대하여

$$f(x,\, y) = f_1(x)g_2(y|x) = f_2(y)g_1(x|y)$$

이 성립한다. 만일 어떤 값 x 또는 y에 대하여 $f_1(x)=0$이거나 $f_2(y)=0$이면, 일반성을 잃지 않고 $f(x,\, y)=0$이다.

예제 2-35

한 점 X를 구간 $(0,\ 1)$상의 균등분포로부터 뽑는다고 가정하자. 또한, 값 $X=x(0<x<1)$가 측정된 후에, 한점 Y를 구간 $(x, 1)$상의 균등분포로부터 뽑는다고 하자. 이 경우 Y의 주변확률밀도함수를 구해보자.
X가 균등분포를 따르므로 X의 주변 확률밀도함수는 다음과 같다.

$$f_1(x)=\begin{cases}1, & 0<x<1\\ 0, & \text{기타}\end{cases}$$

또한 어떤 주어진 값 $X=x(0<x<1)$에 대하여 Y의 조건부분포는 구간 $(x, 1)$상의 균등분포이므로

$$g_2(y|x)=\begin{cases}\dfrac{1}{1-x}, & x<y<1\\ 0, & \text{기타}\end{cases}$$

이 성립한다. 그러므로 X와 Y의 결합확률밀도함수는

$$f(x,\ y)=f_1(x)g_2(y|x)=\begin{cases}\dfrac{1}{1-x}, & 0<x<y<1\\ 0, & \text{기타}\end{cases}$$

이다. $0<y<1$에 대하여 Y의 주변확률밀도함수 $f_2(y)$는

$$f_2(y)=\int_{-\infty}^{\infty}f(x,\ y)dx=\int_0^y\frac{1}{1-x}dx=-\ln(1-y)$$

이다.

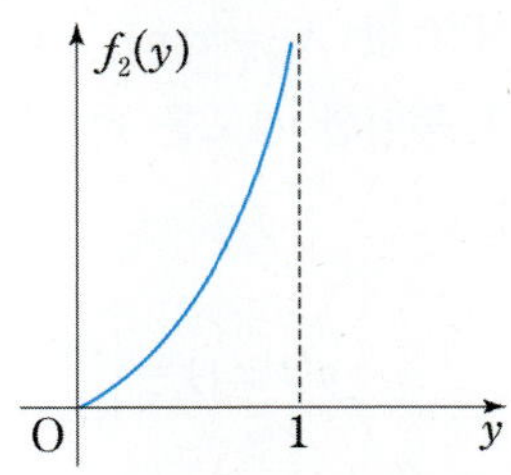

| 그림 2.22 | $f_2(y)$의 그래프

이제 n개의 확률변수 $X_1,\ X_2,\ \cdots,\ X_n$이 그 결합확률함수 또는 결합확률밀도함수가 f인 결합분포를 가지고, f_0가 $n-1$개의 변수 $X_2,\ X_3,\ \cdots,\ X_n$의 주변 결합확률함수 또는 확률밀도함수를 표시한다고 가정하자. 그때 $f_0(x_2,\ x_3,\ \cdots,\ x_n)>0$인 어떤 값 $x_2,\ x_3,\ \cdots,\ x_n$에 대하여, $X_2=x_2,\ X_3=x_3,\ \cdots,\ X_n=x_n$에 대한 X_1의 조건부 확률함수 또는 조건부 확률밀

도함수는 다음과 같이 정의된다.

$$g_1(x_1|x_2, x_3, \cdots, x_n) = \frac{f(x_1, x_2, \cdots, x_n)}{f_0(x_2, x_3, \cdots, x_n)}$$

이를 벡터로 표현하기 위하여 확률벡터 $\boldsymbol{X}=(X_1, X_2, \cdots, X_n)$이 두 개의 부분벡터 $\boldsymbol{Y}$와 $\boldsymbol{Z}$으로 나누어진다고 가정하자. 여기서 $\boldsymbol{Y}$는 $\boldsymbol{X}$에 있는 n개의 확률변수들 중에 k개를 포함하는 k차 확률벡터이고, $\boldsymbol{Z}$는 $\boldsymbol{X}$에 있는 나머지 $n-k$개의 확률변수를 포함하는 $n-k$차 확률벡터이다. 또한 $(\boldsymbol{Y}, \boldsymbol{Z})$의 n차 결합확률함수 또는 결합확률밀도함수는 f이고 $\boldsymbol{Z}$의 주변 결합 $n-k$차 확률함수 또는 확률밀도함수는 f_2라고 하자. 그때 $f_2(\boldsymbol{z})>0$인 어떤 주어진 점 $\boldsymbol{z}\in \mathbb{R}^{n-k}$에 대하여 $\boldsymbol{Z}=\boldsymbol{z}$일 때 $\boldsymbol{Y}$의 조건부 k차 확률함수 또는 확률밀도함수 g_1은 다음과 같이 정의된다.

$$g_1(\boldsymbol{y}|\boldsymbol{z}) = \frac{f(\boldsymbol{y}, \boldsymbol{z})}{f_2(\boldsymbol{z})}, \quad \boldsymbol{y}\in \mathbb{R}^k$$

예제 2-36

X_1의 확률밀도함수 f_1이 다음과 같다고 하자.

$$f_1(x) = \begin{cases} e^{-x}, & x>0 \\ 0, & \text{기타} \end{cases}$$

또한 어떤 주어진 값 $X_1 = x_1 (x_1>0)$에 대하여 두 개의 서로 다를 확률변수 X_2와 X_3는 독립이고 동일한 분포를 하며 각각의 조건부 확률밀도함수는 다음과 같다고 하자.

$$g(t|x_1) = \begin{cases} x_1 e^{-x_1 t}, & t>0 \\ 0, & \text{기타} \end{cases}$$

X_2와 X_3는 X_1의 어떤 주어진 값에 대하여 i.i.d.이므로 $X_1 = x_1(x_1>0)$일 때 그들의 조건부 결합확률밀도함수는

$$g_{23}(x_2, x_3|x_1) = \begin{cases} x_1^2 e^{-x_1(x_2+x_3)}, & x_2>0,\ x_3>0 \\ 0, & \text{기타} \end{cases}$$

이다.

X_1, X_2, X_3의 결합확률밀도함수 f는 $x_1>0, x_2>0, x_3>0$인 점 (x_1, x_2, x_3)에서만

양의 값을 가질 것이다. 그러므로

$$f(x_1,\ x_2,\ x_3) = f_1(x_1)g_{23}(x_2,\ x_3|x_1) = x_1^2 e^{-x_1(1+x_2+x_3)}$$

이 성립한다.

두 확률변수 X와 Y가 독립이기 위한 필요충분조건은

$$f(x,\ y) = f_1(x)f_2(y)$$

인 것이었다. 이 식을 조건부분포에 적용하면, X와 Y가 독립이기 위한 필요충분조건은

$$g_1(x|y) = f_1(x)$$

또는

$$g_2(y|x) = f_2(y)$$

인 것이다. 다시 말하면 X와 Y가 독립이기 위한 필요충분조건은 조건부 확률함수 또는 확률밀도함수가 주변 확률함수 또는 확률밀도함수와 같다는 것이다.

SECTION 06 연 / 습 / 문 / 제

01 하나의 동전을 세 번 던지는 실험에서 관찰되는 앞면의 개수를 확률변수 X, 첫 번째 앞면이 관찰되기 전까지 관찰되는 뒷면의 개수를 확률변수 Y로 정의하자. 이때

(1) $Y=y$에 대한 X의 조건부 확률함수를 구하여라.

(2) $P(X \geq 2 | Y=0)$, $P(X+Y \geq 2 | Y=1)$를 구하여라.

(3) $Y=0$에 대한 X의 조건부 분포함수를 구하여라.

02 X와 Y의 결합확률밀도함수가 다음과 같다.

$$f(x,y)=\begin{cases} 2\ , & 0<x \leq y<1 \\ 0\ , & \text{기타} \end{cases}$$

(1) $Y=y$에 대한 X의 조건부 확률밀도함수를 구하여라.

(2) $P\left(0<X<\frac{1}{2} | Y=\frac{3}{4}\right)$을 구하여라.

03 확률변수 X와 Y의 결합확률밀도함수가 다음과 같다.

$$f(x,y)=\begin{cases} 1\ , & 0<x<1,\ x<y<x+1 \\ 0\ , & \text{기타} \end{cases}$$

이때 $Y=y$에 대한 X의 조건부 확률밀도함수를 구하여라.

04 어떤 농작물의 경작지가 그림과 같이 밑면이 2km, 높이가 1km인 직각삼각형 모양을 하고 있다고 하자. 비행기로 종자를 파종할 때 파종된 종자의 위치가 관심대상이라고 할 때, 경작지의 경계 내에 파종된 종자의 좌표 X와 Y는 삼각형 위에 균일하게 분포된다고 가정할 수 있다. 즉, X와 Y의 결합확률밀도함수는 직각삼각형 내부의 점들에 대하여 상수 c이고 그 밖의 점들에 대하여는 0으로 가정할 수 있다.

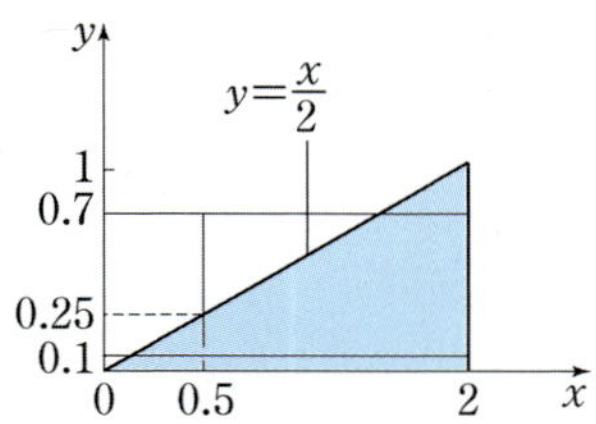

| 그림 2.23 |

(1) 상수 c값을 결정하고 X와 Y의 주변확률밀도함수를 구하여라.

(2) $X=0.5$로 관찰되었을 때 Y가 구간 $[0.1,\ 0.7]$에 속할 확률을 구하여라.

05 확률변수 X의 확률밀도함수와 분포함수를 각각 $f(x)$와 $F(x)$라고 하자. 고정된 수 x_0에 대하여 $X>x_0$에 대한 X의 조건부 확률밀도함수는 $f(x|X>x_0)=f(x)/[1-F(x_0)]$로 정의된다.

(1) $f(x|X>x_0)$는 확률밀도함수임을 보여라.

(2) $f(x)=e^{-x},\ 0<x<\infty$라고 할 때 $P(X>2|X>1)$을 구하여라.

06 확률변수 X와 Y의 결합확률밀도함수가 다음과 같다.

$$f(x,\ y)=\begin{cases}\dfrac{3}{16}(4-2x-y)\ , & x>0,\ y>0,\ 2x+y<4\\ 0 & ,\ \text{기타}\end{cases}$$

(1) $X=x$에 대한 Y의 조건부 확률밀도함수를 구하여라.

(2) $P\left(Y\geq 2|X=\dfrac{1}{2}\right)$을 구하여라.

07 두 개의 도구가 어느 값을 측정하기 위하여 사용된다고 가정하자. 첫 번째 도구는 그 확률 밀도함수 h_1이

$$h_1(x)=\begin{cases}2x\ , & 0<x<1\\ 0 & ,\ \text{기타}\end{cases}$$

인 값을 측정하고, 두 번째 도구는 그 확률밀도함수 h_2가

$$h_2(x)=\begin{cases}3x^2\ , & 0<x<1\\ 0 & ,\ \text{기타}\end{cases}$$

인 값을 측정한다. 두 도구 중에 하나를 무작위로 뽑고 그것으로 하나의 값 X를 만든다고 하자.

(1) X의 주변확률밀도함수를 구하여라.

(2) 만일 그 값이 $X=\dfrac{1}{4}$이면, 첫 번째 도구가 사용되었을 확률은 얼마인가?

SECTION 07

확률변수의 함수

이산형 분포

f가 하나의 확률변수 X의 확률함수이고 X의 함수로서 $Y=r(X)$가 정의되었다고 하자. 이때 Y의 어떤 가능한 값 y에 대하여 Y의 확률함수 g는

$$g(y)=P(Y=y)=P(r(X)=y)=\sum_{x\,:\,r(x)=y} f(x)$$

이다.

예제 2-37

X의 확률함수 f가 다음과 같다고 하자.

x	-1	0	1
$f(x)$	0.3	0.4	0.3

이때 $Y=X^2$의 확률함수를 구하여 보자.

$Y=X^2$이므로 $X=-1, 1$일 때 $Y=1$이고, $X=0$일 때 $Y=0$이다. 그러므로 Y의 확률함수 g는

$$g(0)=P(Y=0)=P(X=0)=0.4$$
$$g(1)=P(Y=1)=P(X=-1)+P(X=1)=0.6$$

이다.

연속형 분포

f가 하나의 확률변수 X의 확률밀도함수이고 X의 함수로서 $Y=r(X)$가 정의되었다고 하자. 이때 임의의 실수 y에 대하여 Y의 분포함수 $G(y)$는 다음과 같이 유도될 수 있다.

$$G(y)=P(Y\le y)=P(r(X)\le y)=\int_{x\ :\ r(x)\le y} f(x)dx$$

또한 확률변수 Y가 하나의 연속형분포를 가지면 미분가능한 점 y에 대하여 Y의 확률밀도함수 g는

$$g(y)=\frac{dG(y)}{dy}$$

로부터 얻을 수 있다.

예제 2-38

X가 구간 $(-1,\ 1)$상에서 확률밀도함수가

$$f(x)=\begin{cases}\dfrac{1}{2}, & -1<x<1\\ 0\ , & \text{기타}\end{cases}$$

인 균등분포를 따른다고 하자. 확률변수 $Y=X^2$의 확률밀도함수를 구해보자.

$Y=X^2$이므로 Y는 구간 $0\le Y<1$에 속해야 한다. 그러므로 $0<y<1$인 Y의 임의의 값 y에 대하여 Y의 분포함수 $G(y)$는

$$\begin{aligned}G(y)&=P(Y\le y)=P(X^2\le y)=P(-\sqrt{y}\le X\le\sqrt{y})\\&=\int_{-\sqrt{y}}^{\sqrt{y}} f(x)dx=\sqrt{y}\end{aligned}$$

이고 $0<y<1$에 대하여 Y의 확률밀도함수 $g(y)$는

$$g(y)=\frac{dG(y)}{dy}=\frac{1}{2\sqrt{y}}$$

이다. 비록 Y가 균등분포를 따르는 확률변수의 제곱으로 단순하게 정의된다 하더라도 Y의 확률밀도함수는 $y=0$의 근방에서 유계되지 않는다는 사실에 유의하여야 한다.

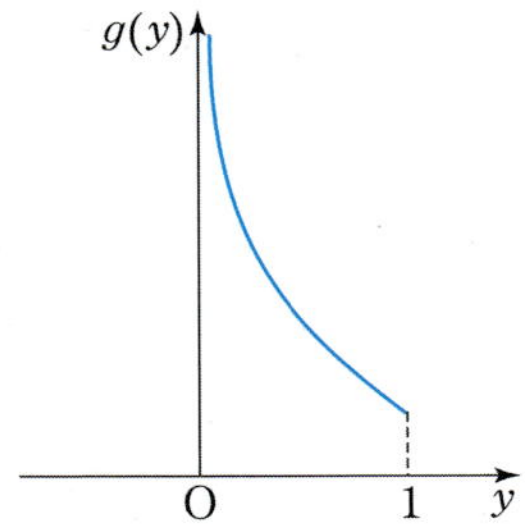

| 그림 2.24 | $g(y)$의 그래프

예제 2-38은 다음과 같이 일반화될 수 있다. X의 분포함수를 F라고 하면, $Y=X^2$의 분포함수 G는

$$G(y)=P(Y\le y)=P(X^2\le y)=P(-\sqrt{y}\le X\le \sqrt{y})$$
$$=F(\sqrt{y})-F(-\sqrt{y})$$

이다. X의 확률밀도함수를 f라고 하면, $Y=X^2$의 확률밀도함수 g는

$$g(y)=\frac{dG(y)}{dy}=\frac{d}{dy}[F(\sqrt{y})-F(-\sqrt{y})]$$
$$=\frac{1}{2\sqrt{y}}[f(\sqrt{y})+f(-\sqrt{y})]$$

이다.

예제 2-39

X의 확률밀도함수가 다음과 같다고 하자.

$$f(x)=\begin{cases}2e^{-2x} &, x>0\\ 0 &, \text{기타}\end{cases}$$

이때 $Y=e^X$의 확률밀도함수를 구해보자.

$Y=e^X$이므로 Y는 구간 $Y>1$에 속해야 한다. 그러므로 $y>1$인 Y의 임의의 값 y에 대하여 Y의 분포함수 $G(y)$는

$$G(y)=P(Y\le y)=P(e^X\le y)=P(X\le \ln y)$$
$$=\int_0^{\ln y}2e^{-2x}dx=1-y^{-2}$$

이고 $y>1$에 대하여 Y의 확률밀도함수 $g(y)$는

$$g(y)=\frac{dG(y)}{dy}=2y^{-3}$$

이다.

만일 하나의 확률변수 X가 연속형분포를 가진다고 해서 반드시 $Y=r(X)$도 연속형분포를 가지는 것은 아니다. 예를 들어, 어떤 구간 $a\le x\le b$에 있는 x의 모든 값에 대하여 $r(x)=c$(상수)이고 $P(a\le X\le b)>0$이라고 가정하면, $P(Y=c)>0$이다. Y의 분포가 상수 c에 양의 확률을 부여하기 때문에 이 분포는 연속형분포가 아니다.

그러나 어떤 함수 r에 대하여 Y의 분포가 연속일 때 Y의 분포함수를 먼저 유도하지 않고 Y의 확률밀도함수를 직접 유도하는 것이 가능하다.

● 정리 5

X를 확률밀도함수가 f이고 $P(a<X<b)=1$인 확률변수라고 하자. $Y=r(X)$라고 하고 $r(x)$는 $a<x<b$에 대하여 연속이고 강증가 또는 강감소함수라고 하자. 또한 영역 $a<X<b$에 대한 Y의 영역은 $\alpha<Y<\beta$이고 $X=s(Y)$를 $\alpha<Y<\beta$에 대하여 r의 역함수라고 하자. 그때 Y의 확률밀도함수 g는 관계식

$$g(y)=\begin{cases} f[s(y)]\left|\dfrac{ds(y)}{dy}\right|, & \alpha<y<\beta \\ 0, & \text{기타} \end{cases}$$

에 의하여 구할 수 있다.

증명

함수 r이 (a,b)에서 연속이고 강증가함수라고 하자. 그때 역함수 s도 또한 구간 (α,β)에서 연속이고 강증가함수가 된다. X의 분포함수를 F라고 하면 $\alpha<y<\beta$인 임의의 값 y에 대하여 Y의 분포함수 G는

$$G(y)=P(Y\le y)=P[r(X)\le y]=P[X\le s(y)]=F[s(y)]$$

이다. s가 구간 (α,β)상에서 미분가능한 함수이면 Y의 분포는 연속이고 확률밀도함수 g는

$$g(y)=\frac{dG(y)}{dy}=\frac{dF[s(y)]}{dy}=f[s(y)]\frac{ds(y)}{dy}$$

가 된다. 즉, Y의 확률밀도함수 g는 $f(x)$로부터 x를 y항으로 바꾸고 dx/dy를 곱함으로써 직접 얻을 수 있다.

유사하게 r이 연속이고 강감소함수이면 역함수 s도 연속이고 강감소함수가 될 것이다. 그러므로 $\alpha < y < \beta$인 임의의 값 y에 대하여 Y의 분포함수 G는

$$G(y) = P(Y \le y) = P[r(X) \le y] = P[X \ge s(y)] = 1 - F[s(y)]$$

이다. s가 구간 (α, β)상에서 미분가능한 함수이면 Y의 분포는 연속이고 확률밀도함수 g는

$$g(y) = \frac{dG(y)}{dy} = -f[s(y)]\frac{ds(y)}{dy}$$

가 된다. s가 강감소 함수이므로 $ds(y)/dy < 0$이고 $g(y)$는

$$g(y) = f[s(y)]\left|\frac{ds(y)}{dy}\right|$$

로 나타낼 수 있다.

예제 2-40

X의 확률밀도함수가 다음과 같다고 하자.

$$f(x) = \begin{cases} 2x, & 0 < x < 1 \\ 0, & \text{기타} \end{cases}$$

이때 $Y = 8X^3$의 확률밀도함수를 구해보자.

$y = r(x) = 8x^3$은 구간 $0 < x < 1$에서 구간 $0 < y < 8$로의 연속이며 강증가함수이다.

$0 < y < 8$에 대하여 그 역함수는 $x = s(y) = \left(\frac{y}{8}\right)^{1/3}$이므로

$$\frac{ds(y)}{dy} = \frac{1}{24}\left(\frac{y}{8}\right)^{-2/3}$$

이다. 그러므로 정리 5에 의해 $0 < y < 8$에 대하여 Y의 확률밀도함수 g는

$$g(y) = 2\left(\frac{y}{8}\right)^{1/3}\frac{1}{24}\left(\frac{y}{8}\right)^{-2/3} = \frac{1}{6}y^{-1/3}$$

이다. 구간 $0 < y < 8$의 외부에 있는 임의의 값 y에 대하여 $g(y) = 0$이다.

예제 2-41

X가 (0, 1)상의 균등분포를 따를 때 $Y=-2\ln X$의 확률밀도함수를 구해보자.
$y=r(x)=-2\ln x$는 구간 $0<x<1$에서 구간 $0<y<\infty$로의 일대일 함수이다. $0<y<\infty$에 대하여 그 역함수는 $x=s(y)=e^{-y/2}$이므로

$$\frac{ds(y)}{dy}=-\frac{1}{2}e^{-y/2}$$

이다. 그러므로 정리 5에 의해 $0<y<\infty$에 대하여 Y의 확률밀도함수 g는

$$g(y)=f(e^{-y/2})\left|\frac{ds(y)}{dy}\right|=\frac{1}{2}e^{-y/2}$$

이다. 구간 $0<y<\infty$의 외부에 있는 임의의 값 y에 대하여 $g(y)=0$이다.

예제 2-42

X의 확률밀도함수가 다음과 같다고 하자.

$$f(x)=\frac{1}{\sqrt{2\pi}}e^{-\frac{x^2}{2}}, \quad -\infty<x<\infty$$

이때 $Y=X^2$의 확률밀도함수를 구해보자.
$f(x)>0$가 되는 x의 집합은 두 개의 서로 배반인 집합

$$R_1=\{x : -\infty<x<0\}, \quad R_2=\{x : 0\le x<\infty\}$$

의 합집합이다. 그리고 $y=r(x)=x^2$은 R_1과 R_2의 각각을 y의 집합 $\{y : 0\le y<\infty\}$ 안에 사상하는 일대일 함수이다. $y=x^2$의 두 개의 역함수는 각각 $x=s_1(y)=-\sqrt{y}$와 $x=s_2(y)=\sqrt{y}$이므로 $0<y<\infty$에 대하여

$$\frac{ds_1(y)}{dy}=-\frac{1}{2\sqrt{y}}, \quad \frac{ds_2(y)}{dy}=\frac{1}{2\sqrt{y}}$$

이다. 그러므로 $0<y<\infty$에 대하여 Y의 확률밀도함수 g는

$$g(y)=f[s_1(y)]\left|\frac{ds_1(y)}{dy}\right|+f[s_2(y)]\left|\frac{ds_2(y)}{dy}\right|$$
$$=\frac{1}{\sqrt{2\pi}}e^{-\frac{y}{2}}\left|-\frac{1}{2\sqrt{y}}\right|+\frac{1}{\sqrt{2\pi}}e^{-\frac{y}{2}}\left|\frac{1}{2\sqrt{y}}\right|$$

$$= \frac{1}{\sqrt{2\pi}} y^{-\frac{1}{2}} e^{-\frac{y}{2}}$$

이다.

예제 2-43

X의 확률밀도함수가 다음과 같다고 하자.

$$f(x) = \begin{cases} \lambda e^{-\lambda x}, & x > 0,\ \lambda > 0 \\ 0 &, \text{기타} \end{cases}$$

X의 분포함수를 F라고 할 때 $Y = F(X)$의 확률밀도함수를 구해보자.

분명히, $y = F(x) = 1 - e^{-\lambda x}$이며 F는 구간 $(0, \infty)$에서 연속이며 강증가함수이다.

이때 $0 < y < 1$에 대하여 그 역함수는 $x = F^{-1}(y) = -\frac{1}{\lambda}\ln(1-y)$이므로

$$\frac{dF^{-1}(y)}{dy} = \frac{1}{\lambda}\frac{1}{1-y}$$

이다. 그러므로 정리 5에 의해 $0 < y < 1$에 대하여 $Y = F(X)$의 확률밀도함수 g는

$$g(y) = f\left[-\frac{1}{\lambda}\ln(1-y)\right]\left|\frac{dF^{-1}(y)}{dy}\right|$$

$$= \lambda e^{-\lambda(-\frac{1}{\lambda})\ln(1-y)} \frac{1}{\lambda}\frac{1}{1-y} = 1$$

이고 구간 $0 < y < 1$의 외부에 있는 임의의 값 y에 대하여 $g(y) = 0$이다. 그러므로 $Y = F(X)$는 균등분포를 따름을 알 수 있다.

예제 2-43에서 X로부터 Y로의 변환 $Y = F(X)$를 **확률적분변환**(probability integral transformation)이라고 부른다.

● 정리 6 **확률적분변환**

하나의 확률변수 X가 연속형 분포함수 F를 가진다고 가정하고 $Y = F(X)$라고 하자. 이때 Y의 확률분포는 구간 $(0,\ 1)$상의 균등분포이다. 또한 역으로 Y의 분포가 $(0,\ 1)$상의 균등분포이면 $X = F^{-1}(Y)$의 분포함수는 F이다.

증명

F는 분포함수이므로 $-\infty < x < \infty$에 대하여 $0 \le F(x) \le 1$이다. 그러므로 $P(Y<0) = P(Y>1) = 0$이다. 다음에 구간 $0<y<1$에 있는 어떤 주어진 값 y에 대하여 x_0를 $F(x_0)=y$인 한 수라고 하자. 만일 F가 강증가이면 $F(x_0)=y$인 하나의 유일한 수 x_0가 있을 것이다. 그러나, 만일 값 x의 전체구간상에서 $F(x)=y$이면, 이때 x_0는 이 구간으로부터 임의로 선택될 수 있다. G가 Y의 분포함수라고 하면

$$G(y) = P(Y \le y) = P[F(X) \le y] = P(X \le x_0) = F(x_0) = y$$

이다. 그러므로 $0<y<1$에 대하여 $G(y)=y$이고 이 함수는 구간 (0, 1)상에서 균등분포의 분포함수이므로, Y의 분포는 (0, 1)상의 균등분포이다.

역으로, Y의 분포가 (0, 1)상의 균등분포이면, $X=F^{-1}(Y)$의 분포함수는

$$P(X \le x) = P[F^{-1}(Y) \le x] = P[Y \le F(x)] = G[F(x)] = F(x)$$

이다. ◀◀

정리 6에 의해, 예제 2-43에서 확률변수 Y의 분포가 (0, 1)상의 균등분포일 때, 분포

$$f(x) = \begin{cases} \lambda e^{-\lambda x}, & x>0,\ \lambda>0 \\ 0, & \text{기타} \end{cases}$$

을 따르는 확률변수는

$$X = F^{-1}(Y) = -\frac{1}{\lambda}\ln(1-Y)$$

임을 알 수 있다.

SECTION 07 연 / 습 / 문 / 제

01 확률변수 X의 확률함수가 다음과 같다고 하자.

$$f(x)=\begin{cases}\left(\dfrac{1}{2}\right)^x, & x=1,2,3,\cdots \\ 0, & \text{기타}\end{cases}$$

$Y=X^3$의 확률함수를 구하여라.

02 확률변수 X의 확률밀도함수가 다음과 같다고 하자.

$$f(x)=\begin{cases}\dfrac{1}{2}x, & 0<x<2 \\ 0, & \text{기타}\end{cases}$$

$Y=X(2-X)$의 분포함수와 확률밀도함수를 구하여라.

03 확률변수 X가 (0, 1)상에서 균등분포를 가진다고 가정하자. 이때 다음을 구하여라.

(1) X^2의 확률밀도함수

(2) $-X^3$의 확률밀도함수

(3) $X^{\frac{1}{2}}$의 확률밀도함수

04 f는 확률변수 X의 확률밀도함수이고, $Y=aX+b(a\neq 0)$이라고 하자. 이때 Y의 확률밀도함수는 다음과 같음을 보여라.

$$g(y)=\frac{1}{|a|}f\left(\frac{y-b}{a}\right),\quad -\infty<y<\infty$$

05 하루에 최대 일 톤의 순 설탕을 정제해 낼 수 있는 설탕정제 공장에서 생산되는 순 설탕의 실제 생산량은 기계 고장이나 그 밖의 이유로 인하여 밀도함수가

$$f(x) = \begin{cases} 2x\ , & 0 < x < 1 \\ 0\ , & \text{기타} \end{cases}$$

인 확률변수 X로 나타낼 수 있다고 한다. 그런데 이 공장에서 하루 동안 정제 시설을 가동하는 데는 생산량과 관계없이 십만 원의 비용이 소요된다고 하며 톤당 오십만 원의 요금을 받고 사탕수수 원액을 정제해서 순 설탕으로 만들어 준다고 한다. 이 공장의 일당 매출이익을 확률변수 Y라고 할 때 Y의 확률밀도함수를 구하여라.

06 확률변수 X의 확률밀도함수가 다음과 같다고 하자.

$$f(x) = \begin{cases} \dfrac{1}{4}\ , & -1 < x < 3 \\ 0\ , & \text{기타} \end{cases}$$

$Y = X^2$의 확률밀도함수를 구하여라.

07 지면에서의 각이 X인 방향으로 포탄을 발사할 때 탄착지점까지의 거리를 Y라고 하면 $Y = g^{-1}v^2\sin 2X$가 된다. 여기서 g는 중력상수, v는 포탄의 발사속도를 나타낸다. X의 분포가 $\left(\dfrac{y-b}{a}\right)$일 때 Y의 확률밀도함수를 구하여라.

08 확률변수 X가 구간 (0, 1)상에서 균등분포를 한다고 가정하자. 이때, 확률밀도함수가

$$g(y) = \begin{cases} \dfrac{3}{8}y^2\ , & 0 < y < 2 \\ 0\ , & \text{기타} \end{cases}$$

인 확률변수 $Y = r(X)$를 구성하여라.

SECTION 08

두 개 이상 확률변수의 함수

이산형분포

f가 n개의 확률변수 $X_1, X_2, \cdots, X_n$의 결합확률함수이다. m개의 함수 $Y_1, Y_2, \cdots, Y_m$을 다음과 같이 정의하자.

$$Y_1 = r_1(X_1, X_2, \cdots, X_n),\ Y_2 = r_2(X_1, X_2, \cdots, X_n),\ \cdots,\ Y_m = r_m(X_1, X_2, \cdots, X_n)$$

m개의 확률변수 $Y_1, Y_2, \cdots, Y_m$의 임의의 주어진 값 $y_1, y_2, \cdots, y_m$에 대하여

$$y_1 = r_1(x_1, x_2, \cdots, x_n),\ y_2 = r_2(x_1, x_2, \cdots, x_n),\ \cdots,\ y_m = r_m(x_1, x_2, \cdots, x_n)$$

을 만족하는 점 $(x_1, x_2, \cdots, x_n)$의 집합을 R이라고 하자. 그때 $Y_1, Y_2, \cdots, Y_m$의 결합확률함수 g는

$$g(y_1, y_2, \cdots, y_m) = \sum_{(x_1, x_2, \cdots, x_n) \in R} f(x_1, x_2, \cdots, x_n)$$

이다.

예제 2-44

X_1, X_2의 결합확률함수가 다음과 같다고 하자.

$$f(x_1, x_2) = \begin{cases} (2/3)^{x_1+x_2}(1/3)^{2-x_1-x_2} & , (x_1, x_2) = (0, 0), (0, 1), (1, 0), (1, 1) \\ 0 & , \text{기타} \end{cases}$$

$Y_1 = X_1 - X_2$와 $Y_2 = X_1 + X_2$의 결합확률함수를 구해보자.

$f(x_1, x_2) > 0$인 (x_1, x_2)에 대응하는 (y_1, y_2)의 집합은

$$A = \{(y_1, y_2) : (y_1, y_2) = (0, 0), (-1, 1), (1, 1), (0, 2)\}$$

이다. $X_1 = \frac{1}{2}(Y_1 + Y_2)$, $X_2 = \frac{1}{2}(Y_2 - Y_1)$이므로 A 안의 집합 (y_1, y_2)에 대하여, Y_1과 Y_2의 결합확률함수는

$$g(y_1, y_2) = f\left[\frac{1}{2}(y_1 + y_2), \frac{1}{2}(y_2 - y_1)\right] = \left(\frac{2}{3}\right)^{y_2}\left(\frac{1}{3}\right)^{2-y_2}$$

이다.

연속형 분포

f가 n개의 확률변수 $X_1, X_2, \cdots, X_n$의 결합확률밀도함수이고, $Y = r(X_1, X_2, \cdots, X_n)$이라고 하면 Y의 분포함수 G는

$$\begin{aligned} G(y) &= P(Y \le y) = P[r(X_1, X_2, \cdots, X_n) \le y] \\ &= \iint \cdots \int_{r(x_1, x_2, \cdots, x_n) \le y} f(x_1, x_2, \cdots, x_n) dx_1 dx_2 \cdots dx_n \end{aligned}$$

이다. Y의 분포가 연속형이면, Y의 확률밀도함수는 분포함수 G를 미분함으로써 얻을 수 있다.

예제 2-45

X_1과 X_2가 (0, 1)상의 균등분포로부터의 무작위 표본이라고 하자. 그때 $Y = \frac{X_1}{X_2}$의 확률밀도함수를 구해보자.

X_1과 X_2의 결합확률밀도함수는

$$f(x_1, x_2) = \begin{cases} 1, & 0 < x_1 < 1,\ 0 < x_2 < 1 \\ 0, & \text{기타} \end{cases}$$

이고 Y의 분포함수는 G는

$$G(y) = P(Y \le y) = P\left(\frac{X_1}{X_2} \le y\right)$$

을 이용하여 구할 수 있다.

우선 $0 < y \le 1$인 경우 분포함수 G는

$$G(y) = P(Y \le y) = P\left(\frac{X_1}{X_2} \le y\right) = \int_0^y \int_{\frac{x_1}{y}}^1 1dx_2dx_1 = \frac{y}{2}$$

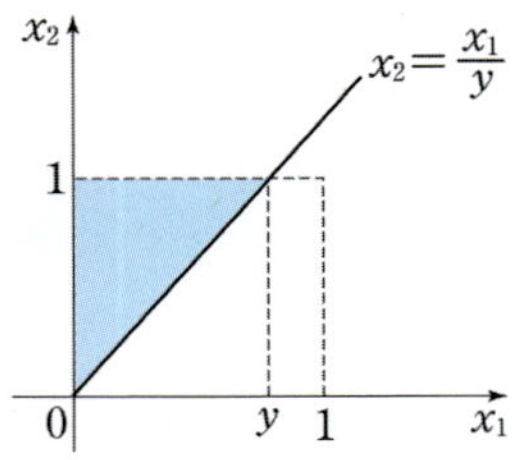

| 그림 2.25 | $0 < y \le 1$의 경우

이므로 Y의 확률밀도함수 g는

$$g(y) = \frac{dG(y)}{dy} = \frac{1}{2}$$

이다.

다음으로 $1 < y < \infty$인 경우 분포함수 G는

$$G(y) = P(Y \le y) = P\left(\frac{X_1}{X_2} \le y\right) = 1 - \int_0^1 \int_0^{\frac{x_1}{y}} 1dx_2dx_1 = 1 - \frac{1}{2y}$$

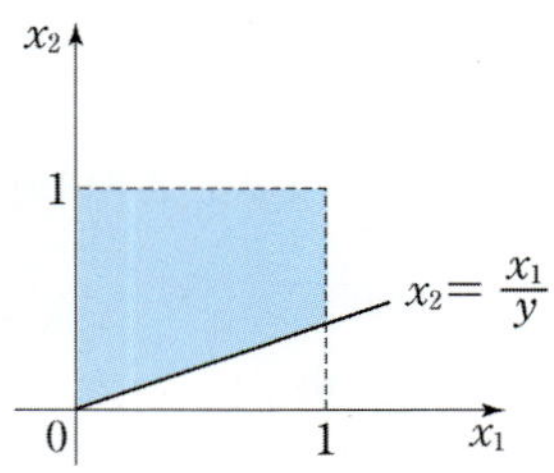

| 그림 2.26 | $1 < y < \infty$의 경우

이므로 Y의 확률밀도함수 g는

$$g(y) = \frac{dG(y)}{dy} = \frac{1}{2y^2}$$

이다.

그러므로 Y의 확률밀도함수 g는

$$g(y) = \begin{cases} \frac{1}{2} & , \quad 0 < y \le 1 \\ \frac{1}{2y^2} & , \quad 1 < y < \infty \\ 0 & , \quad \text{기타} \end{cases}$$

이다.

이제, f가 n개의 확률변수 $X_1, X_2, \cdots, X_n$의 결합확률밀도함수이고, n개의 함수 $Y_1, Y_2, \cdots, Y_n$을 다음과 같이 정의하자.

$$Y_1 = r_1(X_1, X_2, \cdots, X_n),\ \ Y_2 = r_2(X_1, X_2, \cdots, X_n),\ \cdots,\ Y_n = r_n(X_1, X_2, \cdots, X_n)$$

R이 $P[(X_1, X_2, \cdots, X_n) \in R] = 1$인 R^n의 한 부분집합이라고 하고, A를 n개의 함수 $r_1, r_2, \cdots, r_n$에 의한 R의 상(image)이라고 하자. 다시 말하면, $(X_1, X_2, \cdots, X_n)$의 값이 집합 R 위에서 변함에 따라 $(Y_1, Y_2, \cdots, Y_n)$의 값은 집합 A 위에서 변한다. 그리고 R에서 A로의 변환이 일대일변환이라는 것을 가정한다. 즉, 집합 A에 있는 $(Y_1, Y_2, \cdots, Y_n)$의 각 값에 대응하는, n개의 함수 $r_1, r_2, \cdots, r_n$의 식을 만족하는 $(X_1, X_2, \cdots, X_n)$의 유일한 값들이 집합 R 위에 있게 된다. 그러므로 $(y_1, y_2, \cdots, y_n) \in A$에 대하여 다음과 같이 n개의 함수 $r_1, r_2, \cdots, r_n$의 역함수를 얻을 수 있다.

$$x_1 = s_1(y_1, y_2, \cdots, y_n),\ \ x_2 = s_2(y_1, y_2, \cdots, y_n),\ \cdots,\ x_n = s_n(y_1, y_2, \cdots, y_n)$$

고등 미적분학의 복합적인 치환적분법을 사용하면 관계식

$$\begin{aligned} &\iint \cdots \int_R f(x_1, x_2, \cdots, x_n)dx_1dx_2 \cdots dx_n \\ &= \iint \cdots \int_A f(s_1, s_2, \cdots, s_n)|J|dy_1dy_2 \cdots dy_n \end{aligned}$$

이 성립함을 알 수 있다. 여기서 J는 변환에 대한 야코비 행렬식

$$J=\begin{vmatrix} \frac{\partial s_1}{\partial y_1} & \frac{\partial s_1}{\partial y_2} \cdots & \frac{\partial s_1}{\partial y_n} \\ & \cdots & \\ \frac{\partial s_n}{\partial y_1} & \frac{\partial s_n}{\partial y_2} \cdots & \frac{\partial s_n}{\partial y_n} \end{vmatrix}$$

인데, 모든 일차 편미분 계수들이 존재하며 J는 0이 아니라고 가정한다. 그러므로 R^n의 임의의 부분집합 A에 대하여

$$P[(Y_1,\ Y_2,\ \cdots,\ Y_n)\in A]=\iint\cdots\int_A f(s_1,\ s_2,\ \cdots,\ s_n)|J|dy_1dy_2\cdots dy_n$$

이므로 $Y_1,\ Y_2,\ \cdots,\ Y_n$의 결합확률밀도함수 g는 다음과 같다.

$$g(y_1,\ y_2,\ \cdots,\ y_n)=\begin{cases} f(s_1,\ s_2,\ \cdots,\ s_n)\ |J|\ , & (y_1,\ y_2,\ \cdots,\ y_n)\in A \\ 0 & ,\ \text{기타} \end{cases}$$

그러므로 $Y_1,\ Y_2,\ \cdots,\ Y_n$의 결합확률밀도함수 $g(y_1,\ y_2,\ \cdots,\ y_n)$은 $X_1,\ X_2,\ \cdots,\ X_n$의 결합확률밀도함수 $f(x_1,\ x_2,\ \cdots,\ x_n)$에서의 각 값 $x_i(i=1,\ 2,\ \cdots,\ n)$를 $s_i(y_1,\ y_2,\ \cdots,\ y_n)$으로 대치하고 야코비 행렬식의 절댓값 $|J|$를 곱함으로써 얻어진다.

예제 2-46

X_1과 X_2의 결합확률밀도함수가 다음과 같다고 하자.

$$f(x_1,\ x_2)=\begin{cases} e^{-(x_1+x_2)} & ,\ x_1>0,\ x_2>0 \\ 0 & ,\ \text{기타} \end{cases}$$

$Y_1=X_1+X_2,\ Y_2=\dfrac{X_1}{X_1+X_2}$라고 할 때 Y_1과 Y_2의 독립성을 조사하여 보자.

$X_1,\ X_2$의 영역은 $R=\{(x_1,\ x_2)\ :\ 0<x_1<\infty,\ 0<x_2<\infty\}$이고

$y_1=x_1+x_2,\ y_2=\dfrac{x_1}{x_1+x_2}$의 역함수는

$$x_1=y_1y_2,\quad x_2=y_1(1-y_2)$$

이다. 그러므로 변환에 의한 Y_1, Y_2의 영역 A는

$A=\{(y_1, y_2) : 0<y_1<\infty,\ 0<y_2<1\}$이고 야코비 행렬식은

$$J=\begin{vmatrix} \dfrac{\partial x_1}{\partial y_1} & \dfrac{\partial x_1}{\partial y_2} \\ \dfrac{\partial x_2}{\partial y_1} & \dfrac{\partial x_2}{\partial y_2} \end{vmatrix}=\begin{vmatrix} y_2 & y_1 \\ 1-y_2 & -y_1 \end{vmatrix}=-y_1$$

이다. 따라서 Y_1과 Y_2의 결합확률밀도함수 g는

$$\begin{aligned} g(y_1, y_2) &= f[y_1y_2,\ y_1(1-y_2)]\ |J| \\ &= y_1e^{-y_1}, \qquad (y_1, y_2)\in A \end{aligned}$$

이다.

한편 $y_1>0$에 대하여 Y_1의 주변확률밀도함수 g_1은

$$g_1(y_1)=\int_{-\infty}^{\infty} g(y_1, y_2)dy_2=\int_0^1 y_1e^{-y_1}dy_2=y_1e^{-y_1}$$

이고 $0<y_2<1$에 대해 Y_2의 주변확률밀도함수 g_2는

$$g_2(y_2)=\int_{-\infty}^{\infty} g(y_1, y_2)dy_1=\int_0^{\infty} y_1e^{-y_1}dy_1=1$$

이다. 모든 y_1과 y_2에 대하여 $g(y_1, y_2)=g_1(y_1)g_2(y_2)$이 성립하므로 Y_1과 Y_2는 독립이다.

예제 2-47

X_1과 X_2가 (0, 1)상의 균등분포로부터의 무작위 표본이라고 하자. 그때 $Y_1=X_1+X_2$와 $Y_2=X_1-X_2$의 주변확률밀도함수를 구해보자.

X_1과 X_2의 결합확률밀도함수는

$$f(x_1, x_2)=\begin{cases} 1\ , & 0<x_1<1,\ 0<x_2<1 \\ 0\ , & \text{기타} \end{cases}$$

이다. 한편 X_1, X_2의 영역은 $R=\{(x_1, x_2) : 0<x_1<1,\ 0<x_2<1\}$이고

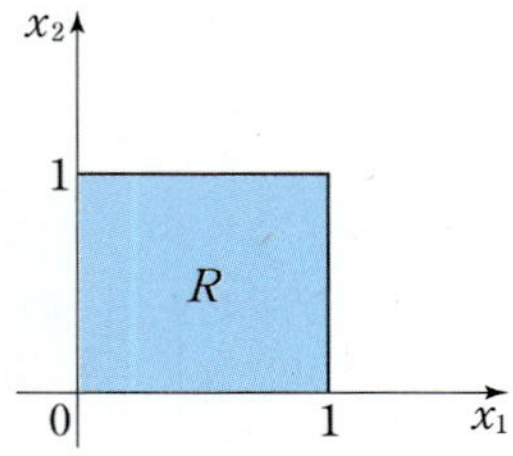

| 그림 2.27 | (x_1, x_2)의 영역

$y_1=x_1+x_2,\ y_2=x_1-x_2$의 역함수는

$$x_1=\frac{1}{2}(y_1+y_2),\quad x_2=\frac{1}{2}(y_1-y_2)$$

이다. 그러므로 변환에 의한 $Y_1,\ Y_2$의 영역 A는 그림 2.28과 같으며 야코비 행렬식은

$$J=\begin{vmatrix}\frac{\partial x_1}{\partial y_1} & \frac{\partial x_1}{\partial y_2}\\ \frac{\partial x_2}{\partial y_1} & \frac{\partial x_2}{\partial y_2}\end{vmatrix}=\begin{vmatrix}\frac{1}{2} & \frac{1}{2}\\ \frac{1}{2} & -\frac{1}{2}\end{vmatrix}=-\frac{1}{2}$$

이다.

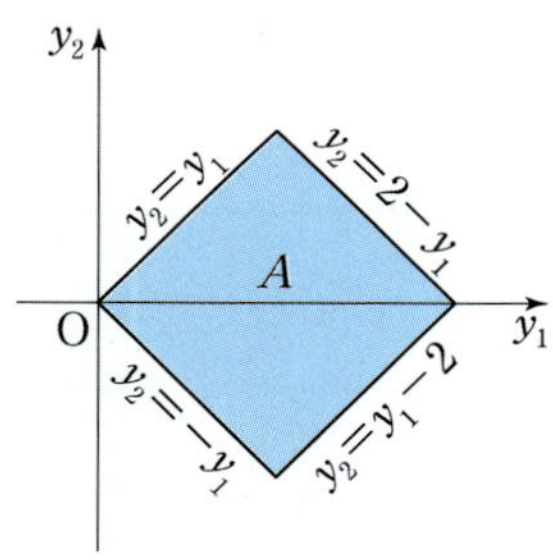

| 그림 2.28 | (y_1, y_2)의 영역

따라서 Y_1과 Y_2의 결합확률밀도함수 g는

$$\begin{aligned}g(y_1, y_2)&=f\left[\frac{1}{2}(y_1+y_2),\ \frac{1}{2}(y_1-y_2)\right]|J|\\&=\frac{1}{2},\qquad (y_1, y_2)\in A\end{aligned}$$

이다.

한편 Y_1의 주변확률밀도함수 g_1은

$$g_1(y_1)=\int_{-\infty}^{\infty}g(y_1, y_2)dy_2$$

이므로 $0<y_1\le 1$인 경우에

$$g_1(y_1)=\int_{-\infty}^{\infty}g(y_1,\ y_2)dy_2=\int_{-y_1}^{y_1}\frac{1}{2}dy_2=y_1$$

이고 $1<y_1<2$인 경우에는

$$g_1(y_1)=\int_{-\infty}^{\infty}g(y_1,\ y_2)dy_2=\int_{y_1-2}^{2-y_1}\frac{1}{2}dy_2=2-y_1$$

이다. 마찬가지로 Y_2의 주변확률밀도함수 g_2는

$$\begin{aligned}g_2(y_2)&=\int_{-\infty}^{\infty}g(y_1,\ y_2)dy_1\\&=\int_{-y_2}^{y_2+2}\frac{1}{2}dy_1=1+y_2, \qquad -1<y_2\le 0\\&=\int_{y_2}^{2-y_2}\frac{1}{2}dy_1=1-y_2, \qquad 0<y_2<1\end{aligned}$$

이다.

두 확률변수의 합, 차, 곱, 몫의 분포

f가 두 확률변수 X_1과 X_2의 결합확률밀도함수라고 하고, 두 확률변수의 합 X_1+X_2의 확률밀도함수를 구하는 공식을 유도하여 보자. 다시 말하면 $Y_1=X_1+X_2$, $Y_2=X_2$라고 하고 Y_1의 확률밀도함수를 구해보자.

X_1과 X_2에서 Y_1과 Y_2로의 변환은 일대일 변환이므로 그 역변환은

$$X_1=Y_1-Y_2, \quad X_2=Y_2$$

이다. 또한 이 역변환에 대한 야코비 행렬식은 $|J|=1$이다. 그러므로 어떤 주어진 점 $(y_1,\ y_2)$에서 Y_1과 Y_2의 결합확률밀도함수 g는

$$g(y_1,\ y_2)=f(y_1-y_2,\ y_2)$$

이고, Y_1의 주변확률밀도함수 g_1은

$$g_1(y_1) = \int_{-\infty}^{\infty} f(y_1 - y_2, y_2)dy_2, \quad -\infty < y_1 < \infty$$

이다.

만일 X_1과 X_2가 주변확률밀도함수 f_1과 f_2를 가지는 독립인 확률변수이면 Y_1의 주변확률밀도함수는 다음과 같다.

$$g_1(y_1) = \int_{-\infty}^{\infty} f_1(y_1 - y_2)f_2(y_2)dy_2, \quad -\infty < y_1 < \infty$$

유사한 방법으로 두 확률변수의 차와 곱 그리고 몫에 대하여 다음의 정리를 얻을 수 있다.

● 정리 7

X_1과 X_2의 결합확률밀도함수가 $f(x_1, x_2)$라고 하자. 이때

(1) $Y = X_1 + X_2$의 확률밀도함수는 다음과 같다.

$$g(y) = \int_{-\infty}^{\infty} f(y - x_2, x_2)dx_2$$

(2) $Y = X_1 - X_2$의 확률밀도함수는 다음과 같다.

$$g(y) = \int_{-\infty}^{\infty} f(y + x_2, x_2)dx_2$$

(3) $Y = X_1X_2$의 확률밀도함수는 다음과 같다.

$$g(y) = \int_{-\infty}^{\infty} f\left(\frac{y}{x_2}, x_2\right) \left|\frac{1}{x_2}\right| dx_2$$

(4) $Y = \dfrac{X_1}{X_2}$의 확률밀도함수는 다음과 같다.

$$g(y) = \int_{-\infty}^{\infty} f(yx_2, x_2)\ |x_2| dx_2$$

만일 X_1과 X_2가 독립이면 정리 7에서 피적분함수 f는 주변확률밀도함수 f_1과 f_2의 곱으로 표현된다.

예제 2-48

X_1과 X_2가 다음과 같은 분포로부터 무작위 표본을 형성한다고 하자.

$$f(x) = \begin{cases} \lambda e^{-\lambda x} & , \ x \geq 0, \ \lambda > 0 \\ 0 & , \ \text{기타} \end{cases}$$

$Y = X_1 + X_2$의 확률밀도함수를 구해보자.

X_1과 X_2가 음이 아닌 확률변수이므로 $y < 0$인 y에 대하여 $g(y) = 0$이다. 그러므로 정리 7의 (1)에 의해 Y의 확률밀도함수 g는 $y \geq 0$에 대하여

$$g(y) = \int_o^y \lambda e^{-\lambda(y - x_2)} \lambda e^{-\lambda x_2} dx_2 = \lambda^2 e^{-\lambda y} \int_0^y dx_2 = \lambda^2 y e^{-\lambda y}$$

이다. 만일 $Z = X_2$라고 하면 Z의 확률밀도함수 h는

$$h(z) = \lambda^2 \int_z^\infty e^{-\lambda y} dy = \lambda e^{-\lambda z}$$

이므로 Y와 Z는 독립이 아니다.

예제 2-49

X_1과 X_2의 결합확률밀도가 다음과 같다고 하자.

$$f(x_1, x_2) = \begin{cases} 2(1 - x_1) \ , & 0 < x_1 < 1, 0 < x_2 < 1 \\ 0 & , \ \text{기타} \end{cases}$$

$Y = X_1 X_2$의 확률밀도함수를 구하여보자.

$0 < x_1 < 1, \ 0 < x_2 < 1$이고 $y = x_1 x_2$이므로 $0 < y < 1$이고 $0 < x_2 = \dfrac{y}{x_1} < 1$이므로 $0 < y < x_1 < 1$이다. 그러므로 정리 7의 (3)에 의하여 Y의 확률밀도함수 g는 $0 < y < 1$에 대하여

$$g(y) = \int_{-\infty}^\infty f\left(x_1, \frac{y}{x_1}\right) \left| \frac{1}{x_1} \right| dx_1 = \int_y^1 2(1 - x_1) \frac{1}{x_1} dx_1 = 2(y - \ln y - 1)$$

이다.

SECTION 08 연 / 습 / 문 / 제

01 X_1과 X_2의 결합확률함수가 다음과 같다.

$$f(x_1,x_2)=\begin{cases}\dfrac{x_1x_2}{36}, & x_1=1,2,3,\ x_2=1,2,3\\ 0, & \text{기타}\end{cases}$$

이때 $Y_1=X_1X_2$, $Y_2=X_2$의 결합확률함수를 구하고, Y_1의 주변확률함수를 구하여라.

02 X_1과 X_2는 확률밀도함수가 다음과 같은 분포로부터의 독립인 확률변수라고 하자.

$$f(x)=\begin{cases}\dfrac{1}{2}e^{-\frac{x}{2}}, & 0<x<\infty\\ 0, & \text{기타}\end{cases}$$

$Y=\dfrac{X_1-X_2}{2}$의 확률밀도함수를 구하여라.

03 X_1과 X_2는 독립인 확률변수이면 $Y_1=r_1(X_1)$과 $Y_2=r_2(X_2)$도 독립인 확률변수임을 보여라.

04 X_1, X_2, X_3가 확률밀도함수가 다음과 같은 분포로부터의 독립인 확률변수라고 하자.

$$f(x)=\begin{cases}e^{-x}, & 0<x<\infty\\ 0, & \text{기타}\end{cases}$$

$Y_1=\dfrac{X_1}{X_1+X_2}$, $Y_2=\dfrac{X_1+X_2}{X_1+X_2+X_3}$, $Y_3=X_1+X_2+X_3$가 서로 독립임을 보여라.

05 확률변수 X_1, X_2의 결합확률밀도함수가 다음과 같다.

$$f(x_1, x_2) = \begin{cases} 8x_1x_2 \ , & 0 < x_1 < 1, \ 0 < x_2 < x_1 \\ 0 \ , & \text{기타} \end{cases}$$

$Y = X_1 + X_2$의 확률밀도함수를 구하여라.

06 X_1, X_2가 서로 독립인 확률변수이고, 각각의 확률밀도함수가

$$f(x) = \frac{1}{\sqrt{2\pi}} e^{-\frac{x^2}{2}}, \quad -\infty < x < \infty$$

라고 하자. 이때 $Y_1 = X_1^2 + X_2^2$의 확률밀도함수를 구하여라.

07 X_1과 X_2가 독립인 확률변수이고 각각이 구간 (0, 1)상에서 균등분포를 따른다고 하자. $Y = X_1 + X_2$의 확률밀도함수를 구하여라.

08 확률변수 X_1, X_2의 결합확률밀도함수가 다음과 같다.

$$f(x_1, x_2) = \begin{cases} 4x_1x_2 \ , & 0 < x_1 < 1, \ 0 < x_2 < 1 \\ 0 \ , & \text{기타} \end{cases}$$

$Y_1 = \dfrac{X_1}{X_2}$, $Y_2 = X_1X_2$의 결합확률밀도함수를 구하여라.

09 확률변수 X_1, X_2의 결합확률밀도함수가 다음과 같다.

$$f(x_1, x_2) = \begin{cases} x_1 + x_2 \ , & 0 < x_1 < 1, \ 0 < x_2 < 1 \\ 0 \ , & \text{기타} \end{cases}$$

$Y = \dfrac{X_1}{X_2}$의 확률밀도함수를 구하여라.

SECTION 09 순서통계량의 분포

확률변수 $X_1, X_2, \cdots, X_n$이 확률밀도함수가 f이고 분포함수가 F인 분포로부터 크기 n의 한 무작위표본을 형성한다고 하자. 이러한 n개의 확률변수 중에서 제일 작은 것을 확률변수 Y_1, 그다음 것을 확률변수 Y_2, … 이러한 식으로 하여 제일 큰 것을 Y_n이라고 하자. 다시 말하면 $X_1, X_2, \cdots, X_n$을 크기순으로 늘어놓아 $Y_1 < Y_2 < \cdots < Y_n$이 되었다고 하자. 이때 확률변수 Y_i $(i = 1, 2, \cdots, n)$를 무작위표본 $X_1, X_2, \cdots, X_n$의 n차 **순서통계량**(n-th order statistics)이라고 한다. 특히 Y_1과 Y_n은

$$Y_1 = \min\{X_1, X_2, \cdots, X_n\}, \quad Y_n = \max\{X_1, X_2, \cdots, X_n\}$$

로 표현하기로 한다. 우선 $n = 3$인 경우 순서통계량의 결합확률밀도함수를 구해보자.

3개의 무작위 표본은 구간 (a, b)상에서 확률밀도함수가 항상 양이라고 가정하자. 이때 X_1, X_2, X_3의 결합확률밀도함수는 $f_1(x_1)f_2(x_2)f_3(x_3)$이고, $f_1(x_1)f_2(x_2)f_3(x_3) > 0$인 (x_1, x_2, x_3)의 집합은 서로 배반인 다음과 같은 6개의 집합으로 분할된다.

$$R_1 = \{(x_1, x_2, x_3) : a < x_1 < x_2 < x_3 < b\}, \ R_2 = \{(x_1, x_2, x_3) : a < x_2 < x_1 < x_3 < b\}$$
$$R_3 = \{(x_1, x_2, x_3) : a < x_1 < x_3 < x_2 < b\}, \ R_4 = \{(x_1, x_2, x_3) : a < x_2 < x_3 < x_1 < b\}$$
$$R_5 = \{(x_1, x_2, x_3) : a < x_3 < x_1 < x_2 < b\}, \ R_6 = \{(x_1, x_2, x_3) : a < x_3 < x_2 < x_1 < b\}$$

R_1상에서 함수 $Y_1 = X_1$, $Y_2 = X_2$, $Y_3 = X_3$로 정의하면 역함수는 $X_1 = Y_1$, $X_2 = Y_2$, $X_3 = Y_3$이므로 야코비 행렬식은

$$J_1 = \begin{vmatrix} 1 & 0 & 0 \\ 0 & 1 & 0 \\ 0 & 0 & 1 \end{vmatrix} = 1$$

이다. 나머지 집합에 대하여도 유사한 방법을 이용하면 야코비 행렬식 $J_2, \cdots, J_6$의 절댓값이 1이 됨을 알 수 있다. 그러므로 3개의 순서통계량 $Y_1 = (X_1, X_2, X_3$의 최솟값), $Y_2 = (X_1, X_2, X_3$의 중가값), $Y_3 = (X_1, X_2, X_3$의 최댓값)의 결합확률밀도함수 g는 $a < y_1 < y_2 < y_3$

$< b$에 대하여

$$\begin{aligned} g(y_1,\, y_2,\, y_3) &= f(y_1)f(y_2)f(y_3)|J_1| + f(y_2)f(y_1)f(y_3)|J_2| + \cdots + f(y_3)f(y_2)f(y_1)|J_6| \\ &= 3!f(y_1)f(y_2)f(y_3) \end{aligned}$$

이다.

일반적으로 $Y_1, Y_2, \cdots, Y_n$의 결합확률밀도함수는

$$g(y_1, y_2, \cdots, y_n) = \begin{cases} n!f(y_1)f(y_2)\cdots f(y_n)\,, & a < y_1 < y_2 < \cdots < y_n < b \\ 0 & ,\ \text{기타} \end{cases}$$

이다.

예제 2-50

X_1과 X_2가 다음과 같은 확률밀도함수를 갖는 분포로부터의 무작위표본이라고 하자.

$$f(x) = \begin{cases} 1\,, & 0 < x < 1 \\ 0\,, & \text{기타} \end{cases}$$

Y_1과 Y_2의 결합확률밀도함수는

$$g(y_1, y_2) = 2!f(y_1)f(y_2), \quad 0 < y_1 < y_2 < 1$$

이다. 그러므로 주변확률밀도함수는

$$g_1(y_1) = \int_{-\infty}^{\infty} g(y_1, y_2)dy_2 = \int_{y_1}^{1} 2dy_2 = 2(1 - y_1), \quad 0 < y_1 < 1$$

$$g_2(y_2) = \int_{-\infty}^{\infty} g(y_1, y_2)dy_1 = \int_{0}^{y_2} 2dy_1 = 2y_2, \quad 0 < y_2 < 1$$

이다. $g(y_1, y_2) \neq g_1(y_1)g_2(y_2)$이므로 Y_1과 Y_2는 독립이 아니다. 그러나 가정에서 X_1과 X_2는 독립임을 유의하여라.

이제 순서통계량에서 Y_1과 Y_n의 분포에 대하여 자세히 조사하여 보자.

먼저, $Y_n = \max\{X_1,\, X_2,\, \cdots,\, X_n\}$이므로 Y_n은 그 무작위 표본에서 가장 큰 값이다. 우리는 Y_n의 분포함수 G_n과 확률밀도함수 g_n을 구할 것이다.

임의의 주어진 값 y에 대하여,

$$
\begin{aligned}
G_n(y) &= P(Y_n \le y) = P(X_1 \le y,\ X_2 \le y,\ \cdots,\ X_n \le y) \\
&= P(X_1 \le y)P(X_2 \le y)\cdots P(X_n \le y) \\
&= F(y)F(y)\cdots F(y) = [F(y)]^n
\end{aligned}
$$

이므로 Y_n의 확률밀도함수 g_n은

$$
g_n(y) = \frac{dG_n(y)}{dy} = n[F(y)]^{n-1}f(y), \quad -\infty < y < \infty
$$

이다.

다음으로, $Y_1 = \min\{X_1, X_2, \cdots, X_n\}$을 생각하자. 이 경우 Y_1은 그 무작위 표본에서 가장 작은 값이다. 우리는 Y_1의 분포함수 G_1과 확률밀도함수 g_1을 구할 것이다.

임의의 주어진 값 y에 대하여,

$$
\begin{aligned}
G_1(y) &= P(Y_1 \le y) = 1 - P(Y_1 > y) \\
&= 1 - P(X_1 > y,\ X_2 > y,\ \cdots,\ X_n > y) \\
&= 1 - P(X_1 > y)P(X_2 > y)\cdots P(X_n > y) \\
&= 1 - [1-F(y)][1-F(y)]\cdots[1-F(y)] = 1 - [1-F(y)]^n
\end{aligned}
$$

이므로 Y_1의 확률밀도함수 g_1은

$$
g_1(y) = \frac{dG_1(y)}{dy} = n[1-F(y)]^{n-1}f(y), \quad -\infty < y < \infty
$$

이다.

마지막으로, Y_1과 Y_n의 결합분포를 유도함으로써 $X_1, X_2, \cdots, X_n$의 두 개 이상 함수의 결합분포를 결정하는 데 이용할 것이다. G_{1n}이 Y_1과 Y_n의 이변량 결합분포함수를 나타낸다고 하자. 그때 어떤 주어진 값 y_1과 $y_n\,(-\infty < y_1 < y_n < \infty)$에 대하여

$$
\begin{aligned}
G_{1n}(y_1, y_n) &= P(Y_1 \le y_1,\ Y_n \le y_n) \\
&= P(Y_n \le y_n) - P(Y_n \le y_n,\ Y_1 > y_1) \\
&= P(Y_n \le y_n) - P(y_1 < X_1 \le y_n,\ y_1 < X_2 \le y_n,\ \cdots,\ y_1 < X_n \le y_n) \\
&= G_n(y_n) - \prod_{i=1}^{n} P(y_1 < X_i \le y_n) \\
&= [F(y_n)]^n - [F(y_n) - F(y_1)]^n
\end{aligned}
$$

이므로 Y_1과 Y_n의 이변량 결합확률밀도함수 g_{1n}는 $-\infty < y_1 < y_n < \infty$에 대하여

$$g_{1n}(y_1, y_n) = \frac{\partial^2 G(y_1, y_n)}{\partial y_1 \partial y_n} = n(n-1)[F(y_n) - F(y_1)]^{n-2} f(y_1) f(y_n)$$

이다.

순서통계량의 함수

순서통계량 $Y_1, Y_2, \cdots, Y_n$의 어떤 함수는 중요한 의미를 지닌다. 특히

(1) $Y_n - Y_1$: 범위　(2) $\frac{Y_1 + Y_n}{2}$: 중간 범위　(3) $Y_{\frac{n+1}{2}}$: 중앙값

등의 분포는 앞으로 많이 이용된다.

예제 2-51

Y_1, Y_2, Y_3가 (0, 1)상의 균등분포로부터 크기 3의 무작위표본의 순서통계량이라고 하자. 이 표본의 범위의 확률밀도함수를 구해보자.

Y_1, Y_2, Y_3의 결합확률밀도함수 g는

$$g(y_1, y_2, y_3) = 3!, \quad 0 < y_1 < y_2 < y_3 < 1$$

이고, Y_1과 Y_3의 결합확률밀도함수 g_{13}는

$$\begin{aligned} g_{13}(y_1, y_3) &= 3(3-1)[F(y_3) - F(y_1)]^{3-2} f(y_1) f(y_3) \\ &= 6(y_3 - y_1), \quad 0 < y_1 < y_3 < 1 \end{aligned}$$

이다.

$W = Y_3 - Y_1$이라고 하고 $Z = Y_3$라고 하자. 그리고 함수 $w = y_3 - y_1$, $z = y_3$와 이들의 역함수 $y_1 = z - w$, $y_3 = z$을 생각하자. 그때 야코비 행렬식은

$$J = \begin{vmatrix} -1 & 1 \\ 0 & 1 \end{vmatrix} = -1$$

이므로 W와 Z의 결합확률밀도함수 h는 $0 < w < z < 1$에 대하여

$$h(w, z) = g_{13}(z - w, z)|J| = 6w$$

이다. 그러므로 범위 W의 확률밀도함수 h_1은 $0<w<1$에 대하여

$$h_1(w)=\int_{-\infty}^{\infty}h(w,\ z)dz=\int_{w}^{1}6wdz=6w(1-w)$$

이다.

예제 2-51은 다음과 같이 일반화될 수 있다. n개의 순서통계량 $Y_1,\ Y_2,\ \cdots,\ Y_n$에 대하여 범위 $W=Y_n-Y_1$의 확률밀도함수를 구하기 위해 $Z=Y_n$이라고 하자($Z=Y_1$이라고 해도 결과는 같다). 그러면 $Y_1=Z-W,\ \ Y_n=Z$이고 이 변환에 대하여 $|J|=1$이다. 그러므로 W와 Z의 결합확률밀도함수 h는 $-\infty<w<z<\infty$에 대해

$$\begin{aligned}h(w,\ z)&=g_{1n}(z-w,\ z)\ |J|\\&=n(n-1)[F(z)-F(z-w)]^{n-2}f(z)f(z-w)\end{aligned}$$

이고 범위 W의 주변확률밀도함수 h_1은 $-\infty<z<\infty$에 대해

$$h_1(w)=\int_{-\infty}^{\infty}h(w,z)dz$$

을 이용하여 구할 수 있다.

예제 2-52

예제 2-51에서 중간범위의 확률밀도함수를 구해보자.

$W=\dfrac{Y_1+Y_3}{2}$이라고 하고 $Z=Y_3$라고 하자. 그리고 함수 $w=\dfrac{y_1+y_3}{2},\ z=y_3$와 이들의 역함수 $y_1=2w-z,\ y_3=z$을 생각하자. 이때 야코비 행렬식은

$$J=\begin{vmatrix}2&-1\\0&1\end{vmatrix}=2$$

이므로 W와 Z의 결합확률밀도함수 h는 $0<w<z<1$에 대하여

$$h(w,\ z)=g_{13}(2w-z,\ z)|J|=24(z-w)$$

이다. $g_{13}(y_1,\ y_3)$에서 $(y_1,\ y_3)$의 범위는 $0<y_1<y_3<1$이다.

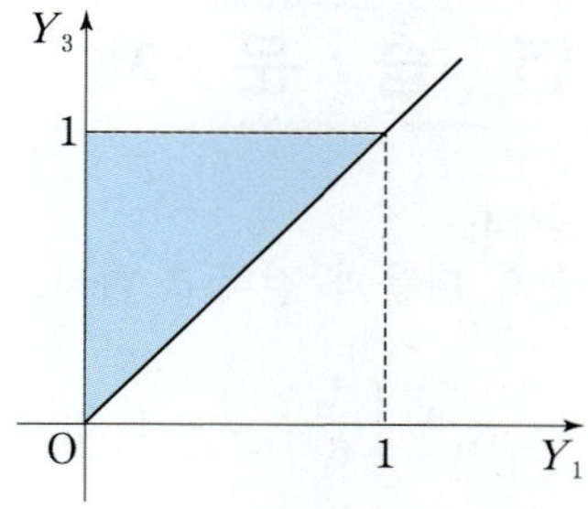

| 그림 2.29 | $(Y_1,\ Y_3)$의 영역

$w = \dfrac{y_1 + y_2}{2}$, $Z = y_3$이므로

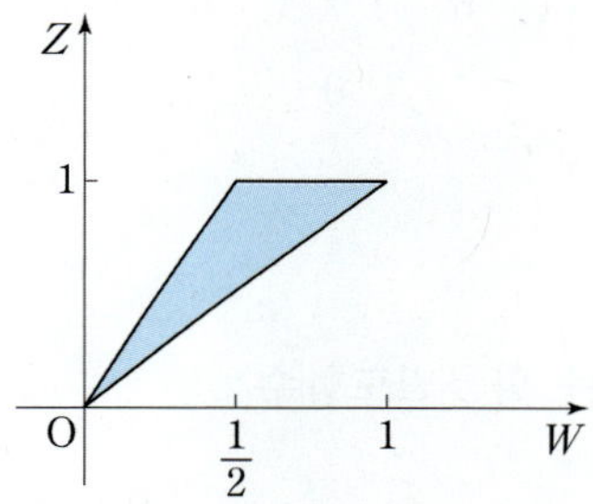

| 그림 2.30 | $(W,\ Z)$의 영역

$$h_1(w) = \begin{cases} \displaystyle\int_w^{2w} h(w,z)dz = \int_w^{2w} 24(z-w)dz = 12w^2, & 0 < w \le \dfrac{1}{2} \\ \displaystyle\int_w^{1} h(w,z)dz = 12(w-1)^2, & \dfrac{1}{2} < w < 1 \end{cases}$$

이다.

SECTION 09 연/습/문/제

01 확률변수 X의 확률함수가 다음과 같다고 하자.

$$f(x)=\begin{cases}\dfrac{1}{6}, & x=1,\,2,\,3,\,4,\,5,\,6\\ 0, & \text{기타}\end{cases}$$

이 분포로부터 크기 5의 무작위표본의 가장 작은 항목의 확률함수는

$$g_1(y_1)=\begin{cases}\left(\dfrac{7-y_1}{6}\right)^5-\left(\dfrac{6-y_1}{6}\right)^5, & y_1=1,\,2,\,3,\,4,\,5,\,6\\ 0, & \text{기타}\end{cases}$$

임을 보여라.

02 $Y_1 < Y_2 < Y_3 < Y_4$를 확률밀도함수

$$f(x)=\begin{cases}e^{-x}, & 0<x<\infty\\ 0, & \text{기타}\end{cases}$$

를 갖는 분포로부터 크기 4의 무작위표본의 순서통계량이라고 하자. $P(3 \le Y_4)$을 구하여라.

03 n개의 확률변수 $X_1,\ X_2,\ \cdots,\ X_n$이 구간 $(0,\ 1)$상에서의 균등분포로부터 한 무작위 표본을 형성한다고 하자. $P(Y_1 \le 0.1,\ Y_n \le 0.8)$의 값을 구하여라.

04 구간 $(-3,\ 5)$상에서의 균등분포로부터 크기 n인 한 무작위 표본의 범위의 확률밀도함수를 구하여라.

05 $Y_1 < Y_2 < Y_3 < Y_4 < Y_5$를 확률밀도함수

$$f(x) = \begin{cases} e^{-x} & , \ 0 < x < \infty \\ 0 & , \ \text{기타} \end{cases}$$

를 갖는 분포로부터 크기 5의 무작위표본의 순서통계량이라고 하자. 중앙값 Y_3의 확률밀도함수를 구하여라.

06 (0, 1)상의 균등분포로부터 크기 4인 무작위표본의 범위가 1/2보다 작을 확률을 구하여라.

07 $Y_1 < Y_2 < Y_3$를 확률밀도함수

$$f(x) = \begin{cases} 2x & , \ 0 < x < 1 \\ 0 & , \ \text{기타} \end{cases}$$

를 갖는 분포로부터 크기 3의 무작위표본의 순서통계량이라고 하자.
$Z_1 = \dfrac{Y_1}{Y_2}$, $Z_2 = \dfrac{Y_2}{Y_3}$, $Z_3 = Y_3$가 서로 독립임을 보여라.

08 $Y_1 < Y_2 < Y_3$를 확률밀도함수

$$f(x) = \begin{cases} e^{-(x-\theta)} & , \ 0 < x < \infty \\ 0 & , \ \text{기타} \end{cases}$$

를 갖는 분포로부터 크기 4의 확률표본의 순서통계량이라고 하자. 여기서 θ는 $-\infty < \theta < \infty$인 상수이다. $P[\theta < Y_1 < c(\theta)] = 0.95$가 되도록 θ의 함수 $c(\theta)$를 결정하여라.

CHAPTER 03

MATHEMATICAL STATISTICS

기댓값

이 장에서는 하나의 숫자로 분포의 특징을 파악할 수 있는 분포의 특성값들과 그 성질에 대하여 자세하게 학습한다. 분포에서 다루는 제일 주요한 특성값은 무게중심으로서 의미를 가지는 평균(mean), 산포도(dispersion)로서 의미를 가지는 분산(variance)과 표준편차(standard devistion)를 생각할 수 있다. 또한 분포의 중심 위치를 의미하는 중앙값(median)과 빈도수가 가장 많은 경우를 의미하는 최빈값(mode) 및 두 확률변수의 관련성을 측정하는 공분산(covariance)과 상관계수(correlation coefficient)에 대하여 학습한다.

SECTION 01 확률변수의 기댓값

어느 도시에서의 연평균 강수량, 6월의 평균기온, 공장 근로자의 평균임금등과 같이 평균은 우리 생활의 일부분임을 알 수 있다. 일상생활에서 자주 이용되는 평균은 통계학에서는 기댓값 또는 수학적 기댓값으로 불리는데, 이는 확률변수 X를 정의하고 X의 확률분포를 가정할 때 가정한 확률분포의 중심위치를 나타내는 분포의 한 특성값이다.

이산형분포의 기댓값

확률변수 X의 치역이 R이고, 확률함수가 f인 이산형 분포를 가진다고 가정하자. 그때

$$\sum_{x \in R} |x| f(x) < \infty \qquad \cdots ①$$

이면 확률변수 X는 기댓값이 존재한다고 하며, 이 경우 값

$$E(X) = \sum_{x \in R} x f(x) \qquad \cdots ②$$

을 X의 **기댓값**(expectation)이라고 한다. 한편 $\sum_{x \in R} |x| f(x) = \infty$ 이면 X는 기댓값이 존재하지 않는다고 하며, 이 경우 $E(X)$는 정의되지 않는다.

기댓값이라는 용어는 노름에서 그 어원을 찾을 수 있다. 예를 들어 한 사람이 숫자 1, 2, 2가 각각 적힌 3개의 공이 들어있는 상자에서 하나의 공을 꺼낸다고 가정하자. 꺼낸 공에 적힌 숫자가 1일 때는 30원을 받고, 숫자가 2일 때는 3원을 받는다고 하자. 그러면 30원에 대하여는 '$\frac{1}{3}$의 청구권'이 부여되고 3원에 대하여는 '$\frac{2}{3}$의 청구권'이 있다고 보는 것이 타당할 것이다. 그러므로 그 사람이 받을 수 있는 기대금액은

$$30\left(\frac{1}{3}\right) + 3\left(\frac{2}{3}\right) = 12(\text{원})$$

이 될 것이다.

기댓값과 평균(mean)이라는 용어는 같이 사용될 수 있다. 즉 $E(X)$는 X의 분포의 기댓값 또는 평균이라고 부른다. 확률변수의 기댓값 또는 그 분포의 평균은 분포의 무게중심의 의미로 생각할 수 있다. 예를 들어 아래 그림의 확률함수를 생각해 보자.

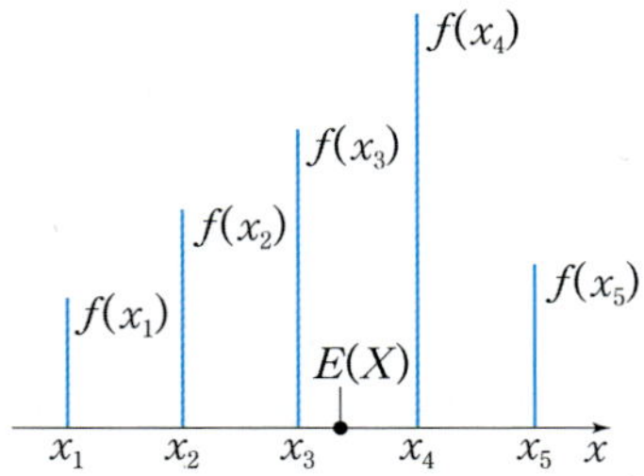

| 그림 3.1 | 기댓값의 의미

x축은 추가 달린 무게 없는 긴 막대로 생각할 수 있다. 만일 각 점 x_i에 무게 $f(x_i)$인 추가 막대에 달렸다면, 그 막대는 점 $E(X)$에 지지될 경우 균형이 유지될 것이다. 그러나 x값이 클 경우 여기에 부여된 확률값이 조금만 변하더라도 분포의 평균은 크게 영향을 받게 된다. 예를 들어 작은 양의 확률을 갖는 점 x_i 중의 하나를 원점에서 충분히 먼 점으로 이동시키면, 비록 원점에서 먼 점이라고 할지라도 분포의 평균을 그 점으로 이동시킬 수 있다.

예제 3-1

하나의 동전을 세 번 던지는 실험에서, 앞면의 횟수를 확률변수 X라고 할 때 X의 기댓값을 구하여 보자.

확률변수 X가 취할 수 있는 값은 0, 1, 2, 3이고 이 값에 대한 확률함수는 $P(X=0)=\frac{1}{8}$, $P(X=1)=\frac{3}{8}$, $P(X=2)=\frac{3}{8}$, $P(X=3)=\frac{1}{8}$이므로 X의 기댓값 $E(X)$는

$$E(X)=0\left(\frac{1}{8}\right)+1\left(\frac{3}{8}\right)+2\left(\frac{3}{8}\right)+3\left(\frac{1}{8}\right)=\frac{3}{2}$$

이다.

예제 3-1에서의 기댓값 1.5는 확률변수 X의 관찰 가능한 값은 아니다. 기댓값 1.5의 의

미는 동일한 조건하에서 동전을 세 번 던지는 실험을 무한히 반복하였을 때 관찰되는 X의 값들의 산술평균이 1.5에 한없이 접근해 갈 것으로 기대할 수 있다는 의미로, X의 확률분포에 대한 중심위치를 가리키는 값이 1.5라는 것이다.

예제 3-2

확률변수 X가 $x_n = (-1)^{n+1}\dfrac{3^n}{n}$ $(n=1, 2, \cdots)$의 값을 취하고, X의 확률함수가 다음과 같다고 하자.

$$f(x_n) = P(X = x_n) = \begin{cases} \dfrac{2}{3^n}, & x_n = (-1)^{n+1}\dfrac{3^n}{n},\ n = 1, 2, \cdots \\ 0, & \text{기타} \end{cases}$$

이때 X의 기댓값이 존재하는지를 조사하여 보자.
분명히

$$E(X) = \sum_{n=1}^{\infty} x_n f(x_n) = \sum_{n=1}^{\infty} (-1)^{n+1}\frac{2}{n}$$

은 수렴한다. 그러나 급수

$$\sum_{n=1}^{\infty} |x_n| f(x_n) = \sum_{n=1}^{\infty} \frac{2}{n}$$

은 발산하므로 이 경우 $E(X) < \infty$라 할지라도, X의 기댓값은 존재하지 않는다.

예제 3-2에 의해 다음과 같은 중요한 사실을 알 수 있다.

관계식 ①이 만족되면 X의 기댓값은 존재하며 그 값은 식 ②에 의하여 주어진다. 만일 관계식 ①이 만족되지 않으면 식 ②의 값이 존재할지라도 X의 기댓값은 존재하지 않는다.

연속형분포의 기댓값

확률변수 X가 확률밀도함수가 f인 연속형분포를 가진다면, X의 기댓값 $E(X)$는 다음과 같다.

$$E(X)=\int_{-\infty}^{\infty} xf(x)dx \qquad \cdots ③$$

이산형 분포와 마찬가지로 연속형 분포에서도 적분

$$\int_{-\infty}^{\infty}|x|f(x)dx$$

이 존재하는 경우 X의 기댓값은 존재한다고 하며, 이 경우 X의 기댓값은 식 ③에 의하여 구할 수 있다.

예제 3-3

확률변수 X의 확률밀도함수 f가

$$f(x)=\begin{cases}\dfrac{1}{2x^2}, & |x|>1 \\ 0, & \text{기타}\end{cases}$$

라고 할 때, X의 기댓값이 존재하는지를 조사하여 보자.

$$\int_{-\infty}^{\infty}|x|f(x)dx=\int_{|x|>1}|x|\frac{1}{2x^2}dx=\int_{|x|>1}(2|x|)^{-1}dx$$

는 무한대로 발산하므로 $E(X)$는 존재하지 않는다.

X가 유계(bounded)인 확률변수이면 X의 기댓값은 항상 존재한다.

예제 3-4

확률변수 X의 확률밀도함수 f가

$$f(x)=\begin{cases}2x, & 0<x<1 \\ 0, & \text{기타}\end{cases}$$

라고 할 때, X의 기댓값은

$$E(X)=\int_{-\infty}^{\infty}xf(x)dx=\int_{0}^{1}2x^2dx=\frac{2}{3}$$

이다.

기댓값 또는 평균은 분포의 무게중심의 의미이므로 확률함수 또는 확률밀도함수가 한 점 x_0에 관하여 대칭이면 분명히 $E(X)=x_0$일 것이다. 그러나 우리는 $E(X)=x_0$라고 결론을 내리기 전에 반드시 기댓값이 존재하는지부터 확인하여야 한다.

예제 3-5

확률변수 X의 확률밀도함수 f가 다음과 같다고 하자.

$$f(x)=\frac{1}{\pi(1+x^2)}, \qquad -\infty<x<\infty$$

이 분포를 우리는 **코시(Cauchy) 분포**라고 부른다.
그림에서 보듯이 이 확률밀도함수는 점 $x=0$에서 대칭이다. 그러므로 이 분포의 평균이 존재한다면 그 값은 0일 것이다. 그러나

$$\int_{-\infty}^{\infty}|x|f(x)dx=\frac{2}{\pi}\int_{0}^{\infty}\frac{x}{1+x^2}dx=\infty$$

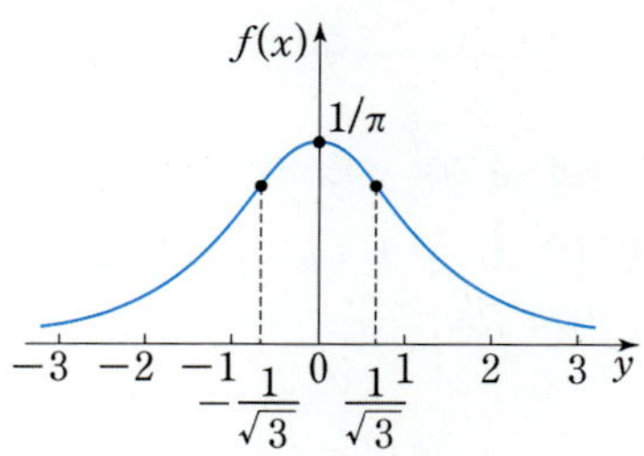

| 그림 3.2 | $f(x)=\dfrac{1}{\pi(1+x^2)}$의 그래프

이므로 평균은 존재하지 않는다.
확률밀도함수 $f(x)$는 그림에서 보듯이 곡선의 끝부분이 총넓이가 1이 되도록 충분히 빠르게 x축에 접근한다.

그러나, $y = xf(x)$는 곡선의 끝부분이 x축에 너무 느리게 접근하므로 그 총넓이는 무한대가 된다.

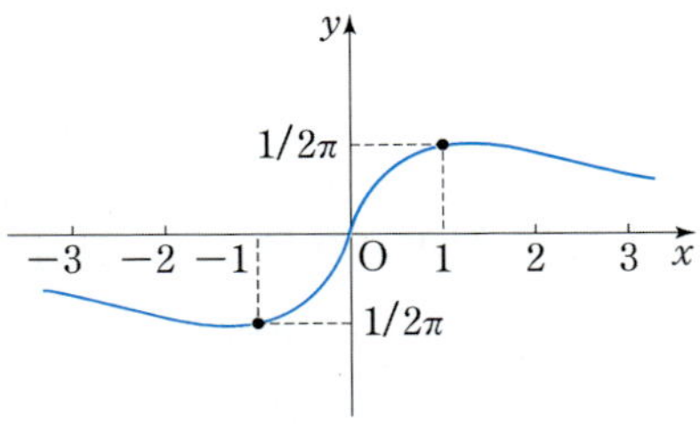

| 그림 3.3 | $xf(x)$의 그래프

확률변수의 함수의 기댓값

만일 X가 확률밀도함수가 f인 확률변수라고 하고 $Y = r(X)$라고 하자. 또한 g가 Y의 확률밀도함수라고 하면 Y의 기댓값은 다음과 같다.

$$E(Y) = E[r(X)] = \int_{-\infty}^{\infty} yg(y)dy$$

예제 3-6

X가 (0, 1)상의 균등분포를 따른다고 할 때 $Y = e^X$의 기댓값을 구하여보자.

$Y = e^X$의 치역은 $\{y : 1 < y < e\}$이므로 2장 7절 정리 5에 의해, $1 < y < e$에서 Y의 확률밀도함수 g는

$$g(y) = f(\ln y)\left|\frac{d\ln y}{dy}\right| = \frac{1}{y}$$

이다. 그러므로 $Y = e^X$의 기댓값은

$$E(Y) = E(e^X) = \int_{-\infty}^{\infty} yg(y)dy = \int_1^e y\frac{1}{y}dy = e - 1$$

이다.

예제 3-6에서와 같은 방법으로 언제나 확률변수 X의 함수 $r(X)$의 기댓값을 구할 수 있으나, $r(X)$의 확률밀도함수를 구하지 않고도 $r(X)$의 기댓값을 구할 수 있다.

● 정리 1

확률변수 X의 확률함수 또는 확률밀도함수가 f라고 하고 $Y=r(X)$라고 하자. 또한 이산형인 경우 $\sum_x |r(x)|f(x) < \infty$이 성립하고 연속형인 경우 $\int_{-\infty}^{\infty} |r(x)|f(x)dx < \infty$이 성립한다고 하자. 이 경우 확률변수 $Y=r(X)$의 기댓값은

$$E[r(X)] = \begin{cases} \sum_x r(x)f(x) &, \quad \text{이산형 분포} \\ \int_{-\infty}^{\infty} r(x)f(x)dx, & \quad \text{연속형 분포} \end{cases}$$

이다.

증명

$Y=r(X)$의 확률함수 또는 확률밀도함수를 g라고 하자. 우선 X가 이산형 분포를 갖는다고 하면 Y도 이산형 분포를 갖는다. 이 경우

$$\begin{aligned} E(Y) &= \sum_y yg(y) = \sum_y yP[r(X)=y] = \sum_y y \sum_{x\,:\,r(x)=y} f(x) \\ &= \sum_y \sum_{x\,:\,r(x)=y} r(x)f(x) = \sum_x r(x)f(x) \end{aligned}$$

이므로 결과가 성립한다.

한편 X가 연속형 분포를 갖는 경우에는 치환적분법을 이용하여 $y=r(x)$로 변수변환하고 s가 r의 역함수라고 하면

$$\int_{-\infty}^{\infty} r(x)f(x)dx = \int_{-\infty}^{\infty} yf[s(y)]\left|\frac{ds(y)}{dy}\right|dy = \int_{-\infty}^{\infty} yg(y)dy$$

이므로 결과가 성립한다. ◀◀

예제 3-6을 정리 1에 의하여 구하면

$$E(e^X) = \int_{-\infty}^{\infty} e^x f(x)dx = \int_0^1 e^x \cdot 1dx = e-1$$

이므로 예제 3-6의 결과와 같게 된다.

정리 1은 n개의 확률변수로 일반화할 수 있다. 확률변수 $X_1, X_2, \cdots, X_n$의 결합확률밀도함수가 f이고 $Y = r(X_1, X_2, \cdots, X_n)$이라고 하자. 이때 Y의 기댓값은

$$E(Y) = E[r(X_1, X_2, \cdots, X_n)] = \iint \cdots \int_{R^n} r(x_1, x_2, \cdots, x_n) f(x_1, x_2, \cdots, x_n) dx_1 dx_2 \cdots dx_n$$

이다. 이 경우에도 $E(Y)$를 구하기 위하여 Y의 분포를 구하는 것은 필요하지 않다.

이산형 분포인 경우에는 위 식의 적분은 합으로 대치된다.

예제 3-7

확률변수 X_1과 X_2의 결합확률밀도함수가 다음과 같다고 하자.

$$f(x_1, x_2) = \begin{cases} x_1 + x_2, & 0 < x_1 < 1, 0 < x_2 < 1 \\ 0 & , \text{기타} \end{cases}$$

$E(X_1)$, $E(X_2)$, $E(X_1 X_2^2)$을 구해보자.

$$E(X_1) = \int_0^1 \int_0^1 x_1 f(x_1, x_2) dx_1 dx_2 = \int_0^1 \int_0^1 x_1 (x_1 + x_2) dx_1 dx_2 = \frac{7}{12}$$

이고 마찬가지 방법으로

$$E(X_2) = \int_0^1 \int_0^1 x_2 (x_1 + x_2) dx_1 dx_2 = \frac{7}{12}$$

이다. 특히 X_1과 X_2의 주변확률밀도함수 f_1과 f_2에 대해

$$E(X_1) = \int_0^1 x_1 f_1(x_1) dx_1, \quad E(X_2) = \int_0^1 x_2 f_2(x_2) dx_2$$

임에 유의하여라.

한편

$$E(X_1 X_2^2) = \int_0^1 \int_0^1 x_1 x_2^2 (x_1 + x_2) dx_1 dx_2 = \frac{17}{72}$$

이다. 그런데

$$E(X_2^2) = \int_0^1 \int_0^1 x_2^2 (x_1 + x_2) dx_1 dx_2 = \frac{5}{12}$$

이므로 $E(X_1 X_2^2) \neq E(X_1) E(X_2^2)$이다.

SECTION 01 연/습/문/제

01 50명의 학생으로 구성된 한 반에서 나이 i인 학생의 수 n_i는 다음과 같다.

나이	학생 수
18	20
19	22
20	4
21	3
25	1

이 반에서 한 학생을 무작위로 추출했을 때, 그의 나이의 기댓값은 얼마인가?

02 문장 THE GIRL PUT ON HER BEAUTIFUL RED HAT으로부터 한 단어를 무작위로 추출한다고 가정하자. 만일 X가 추출된 단어의 문자의 개수를 나타낸다면 $E(X)$의 값은 얼마인가?

03 1부터 6까지 적힌 공이 들어 있는 상자에서 2개의 공을 무작위로 비복원추출한다고 하자. 이때 꺼낸 2개의 수에 대한 차이의 절댓값의 기댓값은 얼마인가?

04 확률변수 X가 구간 $(0, 1)$상에서 균등분포를 따른다고 가정하자. 이때 $1/X$의 기댓값이 존재하지 않음을 보여라.

05 단위길이가 1인 막대에서 한 점을 무작위로 선택하고 이 점을 기준으로 막대를 잘랐다고 가정하자. 긴 부분의 막대의 길이에 대한 기댓값을 구하여라.

06 xy평면상의 원점에서 한 입자가 출발하여 $x>0$인 반 평면으로 움직인다고 가정하자. 이 입자는 직선으로 움직이며 x축의 양의 부분과 이 직선과의 사잇각을 α라고 한다. 여기서 α는 양일 수도 음일 수도 있다. 이 입자가 직선 $x=1$과 만나는 점의 y좌표를 Y라고 하고, 각 α는 $\left(-\frac{\pi}{2}, \frac{\pi}{2}\right)$상에서 균등분포를 가진다고 가정하자. Y의 기댓값이 존재하지 않음을 보여라.

07 확률변수 $X_1, X_2, \cdots, X_n$이 구간 (0, 1)상의 균등분포로부터의 무작위표본이라고 가정하자. $Y_1 = \min(X_1, X_2, \cdots, X_n)$, $Y_n = \max(X_1, X_2, \cdots, X_n)$이라고 할 때 $E(Y_1)$과 $E(Y_n)$을 구하여라.

08 X_1과 X_2의 결합확률함수가 다음과 같다고 하자.

$$f(x_1, x_2) = \begin{cases} \frac{1}{3}, & (x_1, x_2) = (0,0),\ (0,1),\ (1,1) \\ 0, & \text{기타} \end{cases}$$

이때 $E\left[\left(X_1 - \frac{1}{3}\right)\left(X_2 - \frac{2}{3}\right)\right]$를 구하여라.

09 X_1과 X_2의 결합확률밀도함수가 다음과 같다고 하자.

$$f(x_1, x_2) = \begin{cases} 2, & 0 < x_1 < x_2,\ 0 < x_2 < 1 \\ 0, & \text{기타} \end{cases}$$

$E(X_1)E(X_2) = E(X_1X_2)$이 성립하는지를 조사하여라.

10 임의의 실수 a에 대하여 기댓값 $E[(X-a)^2]$이 0인 이산형 분포의 예를 들어라.

SECTION 02 기댓값의 성질

지금부터 X를 기댓값 $E(X)$가 존재하는 확률변수라고 하자.

● 정리 2

$Y = aX + b(a,\ b$: 상수$)$이면

$$E(Y) = aE(X) + b$$

증명

X가 확률밀도함수가 f인 연속형분포를 갖는다고 가정하자. 그러면

$$\begin{aligned} E(Y) = E(aX+b) &= \int_{-\infty}^{\infty}(ax+b)f(x)dx \\ &= a\int_{-\infty}^{\infty}xf(x)dx + b\int_{-\infty}^{\infty}f(x)dx \\ &= aE(X)+b \end{aligned}$$

이다. 이산형분포에 대해서도 유사한 방법으로 증명된다. ◀◀

정리 2를 수학적으로 표현하면 "확률변수 X의 기댓값은 선형성이 보존된다"는 것을 의미한다. 정리 2를 이용하면 $E(X) = 3$이고 $Y = 2X + 5$일 경우 $E(Y) = 2E(X) + 5 = 11$이 된다는 사실을 알 수 있다.

● 정리 3

$P(X \geq a) = 1$을 만족하는 상수 a가 존재하면 $E(X) \geq a$이고, $P(X \leq b) = 1$을 만족하는 상수 b가 존재하면 $E(X) \leq b$이다.

증명

X가 확률밀도함수가 f인 연속형분포를 갖는다고 가정하자. 그러면

$$E(X)=\int_{-\infty}^{\infty} xf(x)dx=\int_{a}^{\infty} xf(x)dx$$
$$\geq \int_{a}^{\infty} af(x)dx=aP(X\geq a)=a$$

이다. $P(X\leq b)=1$인 경우와 이산형분포의 경우에도 유사하게 증명된다. ◀◀

● 정리 4

n개의 확률변수 $X_1, X_2, \cdots, X_n$을 각각의 기댓값 $E(X_i)(i=1,2,\cdots,n)$가 존재하는 확률변수라고 하면

$$E(X_1+X_2+\cdots+X_n)=E(X_1)+E(X_2)+\cdots+E(X_n)$$

이 성립한다.

증명

편의상 $n=2$인 경우를 증명하기로 한다. X_1과 X_2는 결합확률밀도함수가 f인 연속형 결합분포를 가진다고 하자. 그러면

$$E(X_1+X_2)=\int_{-\infty}^{\infty}\int_{-\infty}^{\infty}(x_1+x_2)f(x_1,x_2)dx_1dx_2$$
$$=\int_{-\infty}^{\infty}\int_{-\infty}^{\infty}x_1f(x_1,x_2)dx_1dx_2+\int_{-\infty}^{\infty}\int_{-\infty}^{\infty}x_2f(x_1,x_2)dx_1dx_2$$
$$=E(X_1)+E(X_2)$$

이 성립한다. 이산형 분포에 대해서도 유사하게 증명된다. 특히 귀납법에 의하여 임의의 양의 정수 n에 대하여 성립될 수 있다. ◀◀

정리 4에서 각각의 기댓값이 존재하여야 한다는 사실은 매우 중요한 조건이다. 예를 들어, 두 개의 확률변수 X_1, X_2에 대하여 X_1은 코시 분포를 따르고 $X_2=-X_1$이라고 하자. 1절의 예제 3-5에서 보였듯이 X_1의 기댓값 $E(X_1)$은 존재하지 않는다. 그러나

$$E(X_1+X_2)=E(0)=0$$

이므로 $E(X_1+X_2)\neq E(X_1)+E(X_2)$이다.

정리 4에서 확률변수들의 합의 기댓값은 확률변수들의 독립성 여부에 상관없이 항상 각각의 기댓값의 합과 같다는 사실을 유의하여야 한다.

정리 4는 다음과 같이 일반화할 수 있다.
임의의 상수 $a_1, a_2, \cdots, a_n$과 b에 대하여

$$E(a_1X_1 + a_2X_2 + \cdots + a_nX_n + b) = a_1E(X_1) + a_2E(X_2) + \cdots + a_nE(X_n) + b$$

가 성립한다.

예제 3-8

빨간 공과 파란 공이 들어 있는 상자에서 빨간 공의 비율이 $p(0 \leq p \leq 1)$라고 하자. 이 상자에서 n개의 공을 무작위로 복원추출(with replacement)한다고 가정하고, 확률변수 X를 추출된 빨간 공의 개수라고 하자. 이때 X의 기댓값을 구해보자.
이 분포는 2장 예제 2-9에서 이야기한 바 있는 이항분포의 한 예이다. 먼저 n개의 확률변수 $X_1, X_2, \cdots, X_n$을 다음과 같이 정의하자.

$$X_i = \begin{cases} 1, \text{ 추출된 } i\text{번째 공이 빨간색} \\ 0, \text{ 추출된 } i\text{번째 공이 파란색} \end{cases} \quad (i = 1, 2, \cdots, n)$$

n개의 공이 복원으로 추출되기 때문에 확률변수 $X_1, X_2, \cdots, X_n$은 독립이다. 모든 공이 무작위의 순서에 의해 상자 속에 배열되어 있으며 이러한 배열에서 n개의 공이 추출된다고 생각할 수 있다. 그러므로 $i = 1, 2, \cdots, n$에 대하여

$$P(X_i = 1) = p, \quad P(X_i = 0) = 1 - p$$

이고, 따라서 $E(X_i) = 1 \cdot p + 0 \cdot (1-p) = p$이다.
$X_1, X_2, \cdots, X_n$의 정의에 의해 $X_1 + X_2 + \cdots + X_n$은 추출된 빨간 공의 총 개수이므로

$$X = X_1 + X_2 + \cdots + X_n$$

이며, 정리 4에 의해

$$E(X) = E(X_1) + E(X_2) + \cdots + E(X_n) = np$$

이다.
따라서 모수 n과 p인 이항분포의 평균은 np이다. 만일 추출방법을 복원이 아닌 비복원추출로 하여도 빨간 공의 개수의 기댓값은 np가 됨을 알 수 있다.

예제 3-9

한 사람이 n개의 편지를 쓰고 봉투에 주소들을 써서 봉투마다 각각의 편지를 무작위로 넣는다고 하자. 봉투 속에 제대로 들어간 편지의 수의 기댓값을 결정해보자.
$i=1, 2, \cdots, n$에 대하여 i번째 편지가 정확한 봉투 속에 들어가면 $X_i=1$, 그렇지 않으면 $X_i=0$라고 하자. 그러면 $i=1, 2, \cdots, n$에 대하여

$$P(X_i=1)=\frac{1}{n}, \quad P(X_i=0)=1-\frac{1}{n}$$

이므로 $E(X_i)=\frac{1}{n}\,(i=1, 2, \cdots, n)$이다.
$X=X_1+X_2+\cdots+X_n$는 봉투 속에 제대로 들어간 편지의 수이므로

$$E(X)=E(X_1)+E(X_2)+\cdots+E(X_n)=\frac{1}{n}+\frac{1}{n}+\cdots+\frac{1}{n}=1$$

이다. 따라서 편지와 봉투들의 정확한 짝짓기의 횟수의 기댓값은 n의 값에 관계없이 1이다.
이러한 문제를 부합의 문제(matching problem)라고 한다.

정리 5

n개의 확률변수 $X_1, X_2, \cdots, X_n$을 각각의 기댓값 $E(X_i)(i=1, 2, \cdots, n)$가 존재하는 독립인 확률변수라고 하면

$$E\left(\prod_{i=1}^{n}X_i\right)=\prod_{i=1}^{n}E(X_i)$$

이 성립한다.

증명

$X_1, X_2, \cdots, X_n$이 결합확률밀도함수가 f인 연속형 결합분포를 가진다고 가정하고 f_i는 X_i의 주변확률밀도함수라고 하자. 확률변수 $X_1, X_2, \cdots, X_n$이 독립이므로

$$f(x_1, x_2, \cdots, x_n)=f_1(x_1)f_2(x_2)\cdots f_n(x_n)$$

이 성립한다. 그러므로

$$E\left(\prod_{i=1}^{n}X_i\right)=\int_{-\infty}^{\infty}\int_{-\infty}^{\infty}\cdots\int_{-\infty}^{\infty}\left(\prod_{i=1}^{n}x_i\right)f(x_1,\ x_2,\ \cdots,\ x_n)dx_1dx_2\cdots dx_n$$
$$=\int_{-\infty}^{\infty}\int_{-\infty}^{\infty}\cdots\int_{-\infty}^{\infty}\left[\prod_{i=1}^{n}x_if_i(x_i)\right]dx_1dx_2\cdots dx_n$$
$$=\prod_{i=1}^{n}\int_{-\infty}^{\infty}x_if_i(x_i)dx_i=\prod_{i=1}^{n}E(X_i)$$

이다. 이산형 분포에 대해서도 유사하게 증명된다. ◀◀

만일 각각의 기댓값이 존재한다면 정리 4에 의해 확률변수들의 합의 기댓값은 항상 그들 각각의 기댓값의 합과 같게 된다. 그러나 곱의 기댓값은 항상 각각의 기댓값의 곱과 같지는 않다. 그들은 독립인 경우에만 항상 같게 된다.

한편 정리 5의 역은 성립하지 않는다. 즉, 확률변수들의 곱의 기댓값이 그들 각각의 기댓값의 곱과 같다고 해서 그들 확률변수들이 항상 독립인 것은 아니다.

예제 3-10

X_1과 X_2의 결합확률함수가 다음과 같다고 하자.

$$f(x_1,\ x_2)=\begin{cases}\dfrac{1}{4}\ , & (x_1,\ x_2)=(1,0),\ (0,1),\ (-1,0),\ (0,-1)\\ 0\ , & \text{기타}\end{cases}$$

이때 $E(X_1)=E(X_2)=0$이고 $X_1X_2=0$이므로 $E(X_1X_2)=0$이다. 그러므로

$$E(X_1X_2)=E(X_1)E(X_2)$$

이 성립한다. 그러나

$$0=P(X_1=0,\ X_2=0)\neq P(X_1=0)P(X_2=0)=\left(\frac{1}{2}\right)\left(\frac{1}{2}\right)$$

이므로 X_1과 X_2는 독립이 아니다.

$X_1,\ X_2,\ \cdots,\ X_n$이 독립인 확률변수들이면 $X_1,\ X_2,\ \cdots,\ X_n$ 각각의 함수들 $r_1(X_1)$, $r_2(X_2),\ \cdots,\ r_n(X_n)$도 독립이다. 그러므로 $X_1,\ X_2,\ \cdots,\ X_n$이 독립이면

$$E\left[\prod_{i=1}^{n}r_i(X_i)\right]=\prod_{i=1}^{n}E[r_i(X_i)]$$

이 성립한다.

예제 3-11

3개의 확률변수 X_1, X_2, X_3이 독립이고 $i=1, 2, 3$에 대하여

$$E(X_i)=0, \quad E(X_i^2)=1$$

이라고 하자. 이때 $E[X_1^2(X_2-4X_3)^2]$의 값을 구해보자.

X_1, X_2, X_3은 독립이므로 그들의 함수 X_1^2과 $(X_2-4X_3)^2$도 또한 독립이다. 그러므로

$$\begin{aligned} E[X_1^2(X_2-4X_3)^2] &= E(X_1^2)E[(X_2-4X_3)^2] \\ &= 1 \cdot E(X_2^2-8X_2X_3+16X_3^2) \\ &= E(X_2^2)-8E(X_2)E(X_3)+16E(X_3^2) \\ &= 17 \end{aligned}$$

● 정리 6

X가 0 이상의 정숫값을 취하는 확률변수이면

$$E(X)=\sum_{n=1}^{\infty} nP(X=n)=\sum_{n=1}^{\infty} P(X \geq n)$$

이 성립한다.

증명

다음과 같은 확률에 대한 삼각배열(triangular array)을 생각하자.

$$\begin{matrix} P(X=1) & P(X=2) & P(X=3) & \cdots \\ & P(X=2) & P(X=3) & \cdots \\ & & P(X=3) & \cdots \end{matrix}$$

두 가지의 방법으로 이 배열에서의 모든 원소들의 합을 계산할 수 있다. 첫째, 배열의 각 열의 원소들을 더한 후 이러한 열의 합들을 더한다. 이 경우 전체 합은 $\sum_{n=1}^{\infty} nP(X=n)$이 된다. 둘째, 이 배열의 각 행의 원소들을 더한 후 이러한 행의 합들을 더한다. 이 경우 전체 합은 $\sum_{n=1}^{\infty} P(X \geq n)$이 된다. 어느 경우든 전체 합은 같아야 하므로

$$E(X)=\sum_{n=1}^{\infty} nP(X=n)=\sum_{n=1}^{\infty} P(X \geq n)$$

이 성립하게 된다. ◀◀

예제 3-12

한 사람이 어떤 작업이 성공할 때까지 그 작업을 계속 시행한다고 하자. 이 시행에서 성공의 확률은 $p(0<p<1)$이고 실패의 확률은 $1-p$이며, 모든 시행은 독립이라고 하자. 확률변수 X가 처음으로 성공했을 때까지의 시행횟수라고 하고, X의 기댓값을 구해보자.

X가 취할 수 있는 값은 $1, 2, 3, \cdots$이며 성공하는 데 최소한 n회의 시행이 요구될 필요충분조건은 최초의 $n-1$회의 시행의 결과가 모두 실패인 것이다. 그러므로

$$P(X \geq n) = (1-p)^{n-1}$$

이고, 정리 6에 의해

$$E(X) = \sum_{n=1}^{\infty} P(X \geq n) = 1 + (1-p) + (1-p)^2 + \cdots = \frac{1}{p}$$

이다. 즉 처음 성공할 때까지의 기대횟수는 성공의 확률의 역수이다.

SECTION 02 연/습/문/제

01 X의 확률밀도함수가 다음과 같다고 하자.

$$f(x)=\begin{cases}2(1-x)\ , & 0<x<1 \\ 0 & ,\ \text{기타}\end{cases}$$

이때 $E(6X+3X^2)$을 구하여라.

02 빨간 공 A개와 파란 공 B개가 들어 있는 상자에서 n개의 공을 무작위로 비복원추출한다고 가정하고, 확률변수 X를 추출된 빨간 공의 개수라고 하자. 이때 X의 기댓값은 얼마인가?

03 확률변수 X_1, X_2, X_3는 구간 (0, 1)상에서 균등분포로부터의 무작위 표본을 형성한다고 하자. $E[(X_1-2X_2+X_3)^2]$의 값을 구하여라.

04 확률변수 X_1, X_2, $\cdots$, X_n이 확률밀도함수가 f인 실직선상에서 주어진 연속형 분포로부터 크기 n인 무작위 표본을 형성한다고 하자. 이 표본 중에서 어떤 특정구간 $a \le x \le b$에 속하는 관측치의 개수들의 기댓값을 구하여라.

05 한 공장에서 생산되는 제품 중 불량품의 비율이 p이고 그 공장에서 n개의 무작위 표본이 추출되었다고 가정하자. X는 그 표본에서 불량품의 개수를 나타내고, Y는 양호품의 개수를 나타낸다고 하자. $X-Y$의 기댓값을 구하여라.

06 하나의 동전을 정확히 k번의 앞면이 얻어질 때까지 계속 던진다고 하자. 이때 요구되는 동전 던지기의 기대 횟수를 구하여라.

07 X가 모든 실수 b에 대해 기댓값 $E[(X-b)^2]$이 존재하는 확률변수라고 하자. $E[(X-b)^2]$이 최소가 되는 b의 값을 구하여라.

08 $0 < x < b < \infty$에서 양이며 그 밖에서는 0인 확률밀도함수를 갖는 연속형분포의 확률변수를 X라고 하자. $F(x)$가 X의 분포함수라고 할 때

$$E(X) = \int_0^b [1 - F(x)]dx$$

임을 보여라.

SECTION

03 분산

확률변수 X의 기댓값으로는 단지 분포의 중심위치에 대한 정보만을 얻을 수 있으며, 분포의 흩어진 정도를 판별할 수는 없다. 실제로 평균, 즉 분포의 중심위치는 같으면서도 분포의 모습이 서로 다른 경우들이 많이 있기 때문에 확률분포가 중심위치 주변에 어느 정도로 밀집되어 있는가를 파악할 수 있는 적절한 측도가 필요하다. 따라서 우리는 확률분포의 산포도(dispersion)에 대하여 알아보기로 한다.

우선 산포도로 X에서 분포의 중심위치 $E(X)$까지의 편차 $X-E(X)$의 기댓값을 생각할 수 있다. 그러나 이 값은 0이므로 $E[X-E(X)]$는 산포도로는 적절하지 않다. 이 값이 항상 0이 되는 이유는 $X-E(X)$가 떨어져 있는 크기와 방향을 함께 나타내고 있기 때문이다. 그러나 산포도에서 방향은 문제가 되지 않으므로 방향을 제거한 $|X-E(X)|$의 기댓값 $E[|X-E(X)|]$을 산포도로 생각할 수 있는데 이러한 특성치를 평균편차라고 부른다. 평균편차는 절대편차에 대한 평균인 데 절댓값에 대한 기댓값을 계산하기가 어려우므로 이것도 사용하지 않는다. 세 번째로, 편차의 제곱을 생각할 수 있는데, 일반적으로 편차의 제곱에 대한 평균

$$E[(X-E(X))^2]$$

을 분포의 산포도를 대표하는 특성치로 이용한다.

정의 1

X를 평균 $\mu=E(X)$을 갖는 확률변수라고 하자. 이때 $(X-\mu)^2$의 기댓값

$$E[(X-\mu)^2]$$

이 존재하면 이 값을 X의 **분산**(variance)이라고 하고 $Var(X)$ 또는 σ^2으로 표시한다. 또한 분산의 음이 아닌 제곱근을 확률변수의 **표준편차**(standard deviation)라고 부르고 σ로 표시한다.

$Var(X)$는 $(X-\mu)^2$의 기댓값이므로 $Var(X) \geq 0$이다. 또한 $Var(X)$는 유한할 수도 있고 그렇지 않을 수도 있는데, 유한하지 않을 경우 $Var(X)$는 존재하지 않는다고 한다. 그러나 확률변수 X의 가능한 값들이 유계이면 $Var(X)$는 반드시 존재한다.

한 분포의 분산은 그 분포의 평균 주위에서 분포의 흩어진 정도를 나타낸다. 작은 분산값은 확률분포가 평균 주위에 집중적으로 분포되어 있음을 나타내며, 큰 분산값은 확률분포가 평균 주위에 넓게 퍼져있음을 나타낸다.

예제 3-13

확률변수 X가 $(-a, a)$상의 균등분포를 따르고, 또 다른 확률변수 Y는 $(-2a, 2a)$상의 균등분포를 따른다고 할 때 X와 Y의 분산을 구해보자.

X의 평균 μ_X는

$$\mu_X = E(X) = \int_{-a}^{a} x \frac{1}{2a} dx = 0$$

이므로

$$Var(X) = E[(X-\mu_X)^2] = \int_{-a}^{a} x^2 \frac{1}{2a} = \frac{a^2}{3}$$

이다. 한편 Y의 평균 μ_Y도

$$\mu_Y = E(Y) = \int_{-2a}^{2a} y \frac{1}{4a} dy = 0$$

이므로

$$Var(Y) = E[(Y-\mu_Y)^2] = \int_{-2a}^{2a} y^2 \frac{1}{4a} dy = \frac{4a^2}{3}$$

이다. 그러므로 Y의 확률분포가 X의 확률분포에 비하여 평균 0을 중심으로 더 넓게 퍼져있음을 의미한다.

지금부터는 모든 확률변수의 분산이 존재한다고 가정한다.

● 정리 7

$Var(X)=0$이기 위한 필요충분조건은 $P(X=c)=1$을 만족하는 상수 c가 존재하는 것이다.

증명

먼저 $P(X=c)=1$인 상수 c가 존재한다고 하자. 그러면 $E(X)=c$이고 $P[(X-c)^2=0]=1$이다. 그러므로 $Var(X)=0$이다.

역으로 $Var(X)=0$이면 $E[(X-\mu)^2]=0$이고, 따라서 $P[(X-\mu)^2=0]=1$이다. 그러므로

$$P(X=\mu)=1$$

이 성립한다.

● 정리 8

임의의 상수 a, b에 대하여

$$Var(aX+b)=a^2\,Var(X)$$

이 성립한다.

증명

만일 $E(X)=\mu$라고 하면 $E(aX+b)=a\mu+b$이고 따라서

$$\begin{aligned}Var(aX+b)&=E[(aX+b-a\mu-b)^2]=E[(aX-a\mu)^2]\\&=a^2E[(X-\mu)^2]=a^2\,Var(X)\end{aligned}$$

이 성립한다.

정리 8은 X의 기댓값과는 달리 "확률변수 X의 분산은 선형성이 보존되지 않는다"는 것을 의미한다. 정리 8을 이용하면 $Var(X)=2$일 때 $Var(2X+3)=4\,Var(X)=8$이 된다는 사실을 알 수 있다.

X의 분포를 실직선상을 따라서 b만큼 이동하면 b만큼 분포의 평균은 변하지만, 그 평균주위에서의 분포의 산포에는 영향을 미치지 않으므로 분산은 변화가 없을 것이다. 또한 실직선상의 원점에 관하여 X의 분포를 대칭이동하면 원래 분포의 거울상인 분포가 생길 것이며 이 분포는 평균은 변하겠지만 평균주위의 산포 정도는 변하지 않을 것이다.

● 따름정리

(1) $Var(X+b) = Var(X)$

(2) $Var(-X) = Var(X)$

● 정리 9

$$Var(X) = E(X^2) - [E(X)]^2$$

증명

$E(X) = \mu$라고 하면

$$\begin{aligned} Var(X) &= E[(X-\mu)^2] = E(X^2 - 2\mu X + \mu^2) \\ &= E(X^2) - 2\mu E(X) + \mu^2 = E(X^2) - \mu^2. \end{aligned}$$

◀◀

$Var(X) \geq 0$이므로 정리 3에 의해 $E(X^2) \geq [E(X)]^2$이고 $Var(X) \leq E(X^2)$이다.

● 정리 10

n개의 확률변수 $X_1, X_2, \cdots, X_n$이 독립이면

$$Var(X_1 + X_2 + \cdots + X_n) = Var(X_1) + Var(X_2) + \cdots + Var(X_n)$$

이 성립한다.

증명

$n=2$인 경우를 증명하기 위하여 $E(X_1) = \mu_1$, $E(X_2) = \mu_2$라고 하면

$$E(X_1 + X_2) = \mu_1 + \mu_2$$

이다. 그러므로

$$\begin{aligned} Var(X_1 + X_2) &= E[(X_1 + X_2 - \mu_1 - \mu_2)^2] \\ &= E[(X_1 - \mu_1)^2 + (X_2 - \mu_2)^2 + 2(X_1 - \mu_1)(X_2 - \mu_2)] \\ &= Var(X_1) + Var(X_2) + 2E[(X_1 - \mu_1)(X_2 - \mu_2)] \end{aligned}$$

이고 X_1과 X_2는 독립이므로

$$E[(X_1-\mu_1)(X_2-\mu_2)] = E(X_1-\mu_1)E(X_2-\mu_2) = 0$$

이다. 그러므로

$$Var(X_1+X_2) = Var(X_1) + Var(X_2)$$

이 성립한다. 귀납법을 이용하면 임의의 양의 정수 n에 대하여 확장할 수 있다. ◀◀

2절에서 기댓값이 존재하는 경우에, 확률변수들의 합에 대한 기댓값이 각각의 기댓값의 합과 항상 같음을 보았다. 그러나 기댓값에서와 유사한 성질이 분산에 대하여 성립하기 위하여서는 독립이라는 조건이 있어야 함을 알 수 있다. 독립이 아닌 확률변수들의 합의 분산은 후에 논의할 것이다. 정리 10은 다음과 같이 일반화될 수 있다.

만일 n개의 확률변수 $X_1, X_2, \cdots, X_n$이 독립이면 임의의 상수 $a_1, a_2, \cdots, a_n$과 b에 대하여

$$Var(a_1X_1 + a_2X_2 + \cdots + a_nX_n + b) = a_1^2 Var(X_1) + a_2^2 Var(X_2) + \cdots + a_n^2 Var(X_n)$$

이 성립한다.

예제 3-14

예제 3-8에서 확률변수 X의 분산을 구해보자.
앞에서와 마찬가지로 n개의 확률변수 $X_1, X_2, \cdots, X_n$을 다음과 같이 정의하자.

$$X_i = \begin{cases} 1, & \text{추출된 } i\text{번째 공이 빨간색} \\ 0, & \text{추출된 } i\text{번째 공이 파란색} \end{cases} \qquad (i=1, 2, \cdots, n)$$

n개의 공이 복원으로 추출되기 때문에 확률변수 $X_1, X_2, \cdots, X_n$은 독립이다. 마찬가지로 $i=1, 2, \cdots, n$에 대하여

$$P(X_i=1)=p, \quad P(X_i=0)=1-p$$

이고, 따라서

$$E(X_i) = 1\cdot p + 0\cdot(1-p) = p, \quad E(X_i^2) = 1^2\cdot p + 0^2\cdot(1-p) = p$$

이다. 그러므로 정리 9에 의하여

$$Var(X_i) = E(X_i^2) - [E(X_i)]^2 = p(1-p)$$

이다. $X_1, X_2, \cdots, X_n$의 정의에 의해 $X_1+X_2+\cdots+X_n$은 추출된 빨간 공의 총 개수이므로

$$X = X_1 + X_2 + \cdots + X_n$$

이고 $X_1, X_2, \cdots, X_n$은 독립이므로 정리 10에 의하여

$$Var(X) = Var(X_1) + Var(X_2) + \cdots + Var(X_n) = np(1-p)$$

이다.

SECTION 03 연/습/문/제

01 두 주사위를 던지는 실험에서 두 주사위의 눈의 합을 확률변수 X라고 할 때 X의 분산은 얼마인가?

02 확률변수 X와 Y의 확률밀도함수 $f(x)$와 $g(y)$가 다음과 같다고 하자.

$$f(x) = \begin{cases} \dfrac{1}{\pi}, & 0 < x < \pi \\ 0, & \text{기타} \end{cases}, \qquad g(y) = \begin{cases} \dfrac{1}{2}\sin y, & 0 < y < \pi \\ 0, & \text{기타} \end{cases}$$

X와 Y 각각의 분산을 구하고 두 분산을 비교하여라.

03 확률변수 X와 Y의 결합확률밀도함수가 다음과 같다고 하자.

$$f(x, y) = \begin{cases} 3e^{-3x}e^{-y}, & 0 < x < \infty,\ 0 < y < \infty \\ 0, & \text{기타} \end{cases}$$

X와 Y는 독립인가? $3X + Y$의 분산을 구하여라.

04 임의의 $c \neq E(X)$에 대하여 $Var(X) < E[(X-c)^2]$임을 보여라.

05 X와 Y가 $Var(X) = Var(Y) = 3$인 독립인 확률변수라고 하자.
$Var(X - Y)$와 $Var(2X - 3Y + 1)$을 구하여라.

06 $E(X) = \mu$, $Var(X) = \sigma^2$이라고 할 때 $E[X(X-1)] = \mu(\mu - 1) + \sigma^2$임을 보여라.

07 X와 Y가 $E(X) = E(Y)$인 독립인 확률변수라고 가정하자.
이때 $E[(X - Y)^2] = Var(X) + Var(Y)$임을 보여라.

08 평균은 존재하지만 분산은 존재하지 않는 분포의 예를 들어라.

SECTION 04 적률

임의의 확률변수 X와 양의 정수 k에 대하여 $E(|X|^k) < \infty$인 경우 X의 k차 적률은 존재한다고 하며, 이 경우 기댓값 $E(X^k)$를 X의 **k차 적률**(kth moment)이라고 부른다. 또한 $E(X) = \mu$라고 할 때 $(X-\mu)^k$의 기댓값 $E[(X-\mu)^k]$를 X의 k차 중심적률(kth central moment) 또는 **평균 주위의 X의 k차 적률**이라고 부른다.

분명히 X의 1차 적률은 평균이고, 2차 중심적률은 분산이다. 만일 확률변수 X가 유계되어 있으면 X의 모든 적률은 존재한다. 그러나 비록 X가 유계되어 있지 않더라도 X의 모든 적률은 존재할 수 있다.

한편 임의의 분포에 대하여 $E(X-\mu) = 0$이므로 1차 중심적률은 반드시 0이다. 만일 X의 분포가 평균 μ에 대하여 대칭이고 홀수 k에 대하여 중심적률 $E[(X-\mu)^k]$가 존재한다면, 이러한 기댓값의 양의 부분과 음의 부분이 상쇄될 것이므로 $E[(X-\mu)^k]$의 값은 0이 될 것이다. 그러므로 삼차 중심적률은 분포의 대칭성에 대한 측도를 구하는 데 이용된다. X의 표준편차를 σ라고 할 때

$$\frac{E[(X-\mu)^3]}{\sigma^3}$$

을 **왜도**(skewness) 또는 **비대칭도**라고 한다. 분포의 모양이 완전한 좌우대칭으로 어느 쪽으로도 치우치지 않는 경우에는 왜도의 값이 0이다. 그러나 분포의 모양이 오른쪽으로 치우친 즉, 왼쪽으로 긴 꼬리를 갖는 경우에는 왜도의 값은 음이 되며, 그 반대인 경우에는 왜도의 값이 양이 된다.

평균에 대한 4차 적률은 때때로 분포의 중심위치 근처에서의 분포의 솟아오른 정도를 알고자 할 때 이용된다.

$$\frac{E[(X-\mu)^4]}{\sigma^4}$$

을 **첨도**(kurtosis)라고 부르는데 이 값은 분포의 모양이 얼마나 편편한가 또는 뾰족한가를 알려주는 특성치이다. 첨도의 값이 클수록 뾰족한 모양을 나타내고, 적을수록 납작한 모양을

나타내게 된다.

예제 3-15

확률변수 X가 $(-1,\ 1)$상의 균등분포를 따를 때 X의 k차 적률과 왜도를 구해보자. X의 k차 적률은

$$E(X^k) = \int_{-1}^{1} x^k \frac{1}{2} dx = \frac{1}{2}\left[\frac{x^{k+1}}{k+1}\right]_{-1}^{1}$$

인데, k가 홀수인 경우에는 이 값이 0이 되고 k가 짝수인 경우에는 이 값이 $\dfrac{1}{k+1}$이 된다. 그러므로

$$E(X^k) = \begin{cases} 0 & ,\ k\text{가 홀수} \\ \dfrac{1}{k+1} & ,\ k\text{가 짝수} \end{cases}$$

이다. 한편 X의 기댓값은 0이므로

$$E[(X-\mu)^3] = E(X^3) = 0$$

이다 그러므로 왜도의 값은 0이고, 이 분포는 완전한 좌우대칭의 모양을 갖게 된다.

다음 정리는 X의 k차 적률이 존재하면 더 낮은 차수의 적률은 반드시 존재한다는 사실을 보여준다.

● 정리 11

임의의 양의 정수 k에 대하여 X의 k차 적률이 존재한다면, $j < k$인 양의 정수 j에 대하여 X의 j차 적률도 존재한다.

증명

X가 연속형 분포를 갖고 확률밀도함수가 f라고 하자. 그러면

$$\begin{aligned} E(|X|^j) &= \int_{-\infty}^{\infty} |x|^j f(x)dx \\ &= \int_{|x| \le 1} |x|^j f(x)dx + \int_{|x|>1} |x|^j f(x)dx \end{aligned}$$

$$\le \int_{|x| \le 1} 1 \cdot f(x)dx + \int_{|x|>1} |x|^k f(x)dx$$
$$\le P(|X| \le 1) + E(|X|^k) < \infty$$

이므로 X의 j차 적률은 존재한다. 이산형분포에 대해서도 유사하게 증명된다. ◀◀

만일 두 확률변수 X와 Y의 k차 적률이 존재한다면, 두 확률변수의 합 $X+Y$의 k차 적률도 존재한다.

적률생성함수

정의 2

임의의 확률변수 X와 실수 t에 대하여 e^{tX}의 기댓값 $E(e^{tX})$을 X의 **적률생성함수**(moment generating function)라고 부르고 $M_X(t)$로 표시한다.

만일 확률변수 X가 유계이면 X의 적률생성함수는 모든 t값에 대하여 존재한다. 반면에 X가 유계되어 있지 않으면 적률생성함수는 어떤 t값에 대하여 존재할 수도 있고, 다른 t값에 대해서는 존재하지 않을 수도 있다. 그러나 적률생성함수는 점 $t=0$에서 반드시 존재하며 이 점에서 적률생성함수의 값은 $M_X(0)=E(1)=1$이다.

적률의 정의가 아닌 적률생성함수를 이용하여 모든 차수의 적률을 구할 수 있다. 확률변수 X의 적률생성함수가 점 $t=0$ 주위의 모든 t값에 대하여 존재한다고 가정하자. 그러면 $t=0$에서 적률생성함수는 미분가능하므로

$$M_X{}'(0) = \left[\frac{d}{dt}E(e^{tX})\right]_{t=0} = \left[E(Xe^{tX})\right]_{t=0} = E(X)$$

이 성립한다. 즉

$$M_X{}'(0) = E(X)$$

이므로 $t=0$에서 적률생성함수의 미분계수는 확률변수 X의 평균이다.

더 일반적으로 $n=1, 2, \cdots$에 대하여 $t=0$에서 적률생성함수의 n계 미분계수 $M_X^{(n)}(0)$

는 관계식

$$M_X^{(n)}(0) = \left[\frac{d^n}{dt^n}E(e^{tX})\right]_{t=0} = \left[E(X^n e^{tX})\right]_{t=0} = E(X^n)$$

을 만족한다. 즉

$$M_X{}'(0) = E(X), \quad M_X{}''(0) = E(X^2), \quad M_X{}'''(0) = E(X^3), \; \cdots$$

이 성립하며, 이 경우

$$Var(X) = E(X^2) - [E(X)]^2 = M_X{}''(0) - [M_X{}'(0)]^2$$

이다.

예제 3-16

확률변수 X의 확률밀도함수가 다음과 같다고 하자.

$$f(x) = \begin{cases} \lambda e^{-\lambda x} & , \; x > 0 \\ 0 & , \; \text{기타} \end{cases}$$

X의 적률생성함수와 $E(X)$, $Var(X)$를 구해보자.
임의의 실수 t에 대하여

$$M_X(t) = E(e^{tX}) = \int_0^\infty e^{tx}\lambda e^{-\lambda x}dx = \int_0^\infty \lambda e^{-(\lambda - t)x}dx$$

이고, 이 적분이 존재하기 위한 필요충분조건은 $t < \lambda$인 것이다. 그러므로 $t < \lambda$인 실수 t에 대하여

$$M_X(t) = \frac{\lambda}{\lambda - t}$$

이다. 점 $t=0$ 주위의 모든 t값에 대하여 $M_X(t)$는 유한하므로 X의 모든 적률은 존재한다. 적률생성함수 $M_X(t)$를 미분하면

$$M_X{}'(t) = \frac{\lambda}{(\lambda - t)^2}, \quad M_X{}''(t) = \frac{2\lambda}{(\lambda - t)^3}$$

이므로 $E(X) = M_X{}'(0) = \dfrac{1}{\lambda}$ 이고

$$Var(X) = M_X'(0) - [M_X''(0)]^2 = \frac{2}{\lambda^2} - \frac{1}{\lambda^2} = \frac{1}{\lambda^2}$$

이다.

예제 3-17

다음과 같은 급수

$$1 + \frac{1}{2^2} + \frac{1}{3^2} + \frac{1}{4^2} + \cdots$$

은 $\frac{\pi^2}{6}$으로 수렴함을 알고 있다. 그러므로 함수

$$f(x) = \begin{cases} \frac{6}{\pi^2}\frac{1}{x^2} & , \ x = 1, 2, 3, \cdots \\ 0 & , \ \text{기타} \end{cases}$$

은 확률변수 X의 확률함수가 될 수 있다. 이 경우 X의 적률생성함수를 구해보자.
임의의 실수 t에 대하여 X의 적률생성함수는

$$M_X(t) = E(e^{tX}) = \sum_{x=1}^{\infty} e^{tx} \frac{6}{\pi^2} \frac{1}{x^2}$$

인데, 비판정법에 의해 $t > 0$인 경우 이 급수는 발산한다. 그러므로 X의 적률생성함수는 존재하지 않는다.

적률생성함수는 $t=0$에서 미분가능하므로 $t=0$에서 테일러 급수 전개가 가능하다.

예제 3-18

임의의 실수 t에 대하여 확률변수 X의 적률생성함수가 다음과 같다고 하자.

$$M_X(t) = \exp\left(\frac{t^2}{2}\right)$$

이때 X의 k차 적률을 구해보자.

함수 $e^{\frac{t^2}{2}}$은 $t=0$에서 테일러 급수 전개가 가능하며

$$e^{\frac{t^2}{2}} = 1 + \frac{1}{1!}\left(\frac{t^2}{2}\right) + \frac{1}{2!}\left(\frac{t^2}{2}\right)^2 + \cdots + \frac{1}{n!}\left(\frac{t^2}{2}\right)^n + \cdots$$

으로 표현된다. 마찬가지로 적률생성함수 $M_X(t)$도 $t=0$에서 테일러 급수 전개가 가능하며

$$M_X(t) = M_X(0) + \frac{M_X{}'(0)}{1!}t + \frac{M_X{}''(0)}{2!}t^2 + \cdots + \frac{M_X^{(k)}(0)}{k!}t^k + \cdots$$

으로 표현된다. 그러므로

$$\sum_{k=0}^{\infty} \frac{E(X^k)}{k!}t^k = \sum_{n=0}^{\infty} \frac{1}{n!2^n}t^{2n}$$

이 성립하여야 하며, 따라서 X의 k차 적률은

$$E(X^k) = \begin{cases} \dfrac{(2n)!}{n!2^n}, & k=2n \\ 0, & k=2n-1 \end{cases} \qquad (k=1,\ 2,\ 3,\ \cdots)$$

이다.

● 정리 12

확률변수 X의 적률생성함수가 M_X이고, 임의의 상수 a, b에 대하여 $Y=aX+b$라고 하고 Y의 적률생성함수를 M_Y라고 하자. 그러면 $M_X(at)$가 존재하는 임의의 실수 t에 대하여

$$M_Y(t) = e^{bt}M_X(at)$$

이다.

증명

적률생성함수의 정의에 의해

$$M_Y(t) = E(e^{tY}) = E\left[e^{t(aX+b)}\right] = e^{bt}E\left(e^{atX}\right) = e^{bt}M_X(at)$$

이다. ◀◀

다음은 독립인 확률변수들의 합에 대한 적률생성함수를 구하는 데 매우 중요한 정리이다.

● 정리 13

n개의 확률변수 $X_1, X_2, \cdots, X_n$이 독립이고, $i=1, 2, \cdots, n$에 대하여 M_{X_i}는 X_i의 적률생성함수라고 하자. $Y=X_1+X_2+\cdots+X_n$이라고 하고, Y의 적률생성함수는 M_Y라고 하자. 이때 $i=1, 2, \cdots, n$에 대하여 M_{X_i}가 존재하는 실수 t에 대하여 Y의 적률생성함수는

$$M_Y(t)=\prod_{i=1}^{n} M_{X_i}(t)$$

이다.

증명

적률생성함수의 정의에 의하여 Y의 적률생성함수는

$$M_Y(t)=E(e^{tY})=E[e^{t(X_1+X_2+\cdots+X_n)}]=E(\prod_{i=1}^{n} e^{tX_i})$$

이고 n개의 확률변수 $X_1, X_2, \cdots, X_n$은 독립이므로

$$E(\prod_{i=1}^{n} e^{tX_i})=\prod_{i=1}^{n} E(e^{tX_i})$$

이 성립한다. 그러므로

$$M_Y(t)=\prod_{i=1}^{n} M_{X_i}(t)$$

이 성립한다. ◀◀

예제 3-19

예제 3-8을 다시 생각하자. 다시 n개의 확률변수 $X_1, X_2, \cdots, X_n$을 다음과 같이 정의하자.

$$X_i = \begin{cases} 1, & \text{추출된 } i \text{ 번째 공이 빨간색} \\ 0, & \text{추출된 } i \text{ 번째 공이 파란색} \end{cases} \qquad (i = 1, 2, \cdots, n)$$

n개의 공이 복원으로 추출되기 때문에 확률변수 $X_1, X_2, \cdots, X_n$은 독립이다. $i = 1, 2, \cdots, n$에 대하여 X_i의 분포는

$$P(X_i = 1) = p, \quad P(X_i = 0) = 1 - p$$

이고, $X_1, X_2, \cdots, X_n$의 정의에 의해 $X_1 + X_2 + \cdots + X_n$은 추출된 빨간 공의 총 개수이므로

$$X = X_1 + X_2 + \cdots + X_n$$

이다. 각각의 확률변수들은 동일한 분포를 가지므로 각각의 적률생성함수도 동일하다. $i = 1, 2, \cdots, n$에 대하여 X_i의 적률생성함수는

$$\begin{aligned} M_{X_i}(t) &= E(e^{tX_i}) = e^t P(X_i = 1) + 1P(X_i = 0) \\ &= pe^t + 1 - p \end{aligned}$$

이다. 정리 13에 의해 Y의 적률생성함수는

$$M_X(t) = \prod_{i=1}^{n} M_{X_i}(t) = (pe^t + 1 - p)^n$$

이며, 이것은 이항분포의 적률생성함수가 된다.

다음 정리는 적률생성함수의 성질 중 가장 중요한 성질이다. 증명은 이 책의 범위를 벗어나므로 생략한다.

● 정리 14　적률생성함수의 유일성

만일 두 확률변수 X_1과 X_2의 적률생성함수들이 점 $t = 0$ 주위의 모든 t값에 대하여 동일하다면, X_1과 X_2의 확률분포는 반드시 같은 분포이다.

정리 14에 의하면 확률변수 X의 적률생성함수는 X의 분포를 유일하게 결정함을 알 수 있다.

예제 3-20

임의의 실수 t에 대하여 이산형 확률변수 X의 적률생성함수가 다음과 같다고 하자.

$$M_X(t) = \frac{1}{5}e^t + \frac{2}{5}e^{4t} + \frac{2}{5}e^{8t}$$

이때 X의 확률분포를 결정해보기로 하자.
X의 확률함수를 f라고 하고 X의 치역에 속하는 이산형 점들을 $x_1, x_2, x_3, \cdots$라고 하면 적률생성함수의 정의에 의해

$$\begin{aligned} M_X(t) &= \sum_x e^{tx} f(x) = \frac{1}{5}e^t + \frac{2}{5}e^{4t} + \frac{2}{5}e^{8t} \\ &= f(x_1)e^{tx_1} + f(x_2)e^{tx_2} + f(x_3)e^{tx_3} + \cdots \end{aligned}$$

이다. 그런데 모든 실수 t에 대하여 위의 등식이 성립하기 위해서는

$$f(x_1)e^{tx_1} = \frac{1}{5}e^t,\ f(x_2)e^{tx_2} = \frac{2}{5}e^{4t},\ f(x_3)e^{tx_3} = \frac{2}{5}e^{8t}$$

이고, $n \ge 4$에 대하여서는 $f(x_n)e^{tx_n} = 0$이어야 한다.
그러므로 X의 확률함수 f는

$$f(1) = \frac{1}{5},\ f(4) = \frac{2}{5},\ f(8) = \frac{2}{5}$$

이며 그 밖의 점에서는 0이다.

연속형 분포에 대해서는 계산이 쉽지는 않다. 예를 들어 연속확률변수 X의 적률생성함수가

$$M_X(t) = (1-t)^{-2}, \quad t < 1$$

라고 하면 적률생성함수의 정의에 의해

$$M_X(t) = \int_{-\infty}^{\infty} e^{tx} f(x)dx = (1-t)^{-2}$$

가 만족되어야 한다. 이 식에서 확률밀도함수 f를 유도하는 것은 쉽지는 않으나, 확률밀도함수 f가

$$f(x) = \begin{cases} xe^{-x} & , \ x > 0 \\ 0 & , \ 기타 \end{cases}$$

인 분포의 적률생성함수는

$$M_X(t) = (1-t)^{-2}, \quad t < 1$$

라는 사실은 간단하게 보일 수 있다. 그러므로 확률변수 X의 확률밀도함수는

$$f(x) = \begin{cases} xe^{-x} & , \ x > 0 \\ 0 & , \ 기타 \end{cases}$$

이어야 한다.

예제 3-21

확률변수 X_1은 모수 n_1과 p인 이항분포, X_2는 모수 n_2와 p인 이항분포를 따른다고 가정하고, X_1과 X_2는 독립이라고 하자. 이때 $X = X_1 + X_2$의 분포를 결정해보자. 예제 3-19에 의해 X_1과 X_2의 적률생성함수는 각각

$$M_{X_1}(t) = (pe^t + 1 - p)^{n_1}, \quad M_{X_2}(t) = (pe^t + 1 - p)^{n_2}$$

이다. 그러므로 정리 14에 의해 Y의 적률생성함수 M_Y는

$$M_X(t) = (pe^t + 1 - p)^{n_1}(pe^t + 1 - p)^{n_2} = (pe^t + 1 - p)^{n_1 + n_2}$$

이며, 이 함수는 모수 $n_1 + n_2$와 p인 이항분포의 적률생성함수이다. 그러므로 정리 14에 의해 $X_1 + X_2$의 분포는 모수 $n_1 + n_2$와 p을 갖는 이항분포이다.

SECTION 04 연/습/문/제

01 X의 확률밀도함수가 다음과 같다고 하자.

$$f(x) = ce^{-(x-3)^2},\quad -\infty < x < \infty$$

X의 평균과 모든 홀수차의 중심적률을 구하여라.

02 X의 확률밀도함수가 다음과 같다고 하자.

$$f(x) = \begin{cases} 3(1-x^2)/4, & -1 < x < 1 \\ 0, & \text{기타} \end{cases}$$

X의 첨도를 구하여라.

03 X가 구간 (a, b)상에서 균등분포를 한다면 X의 5차 중심적률의 값은 얼마인가?

04 X는 평균 μ와 분산 σ^2을 갖는 확률변수이고 4차 적률이 존재한다고 가정하자. 이때 $E[(X-\mu)^4] \geq \sigma^4$임을 보여라.

05 X는 적률생성함수가 다음과 같은 확률변수라고 가정하자.

$$M_X(t) = \frac{1}{4}(3e^t + e^{-t}),\quad -\infty < t < \infty$$

X의 평균과 분산을 구하여라.

06 X를 평균 μ와 분산 σ^2을 갖는 확률변수라고 하고 $M_X(t)$는 X의 적률생성함수를 나타낸다고 하자. 임의의 양수 c에 대하여 확률변수 Y의 적률생성함수는

$$M_Y(t) = e^{c[M_X(t)-1]},\quad -\infty < t < \infty$$

라고 하자. X의 평균과 분산의 항으로 Y의 평균과 분산을 표시하여라.

07 X의 적률생성함수가 다음과 같다고 하자.

$$M_X(t) = \frac{1}{6}(4 + e^t + e^{-t}), \quad -\infty < t < \infty$$

X의 확률분포를 구하여라.

08 X_1과 X_2의 결합확률밀도함수가 다음과 같다고 하자.

$$f(x_1, x_2) = \begin{cases} e^{-x_1 - x_2}, & 0 < x_1 < \infty, \; 0 < x_2 < \infty \\ 0 & , \text{기타} \end{cases}$$

X_1과 X_2는 독립임을 보이고 이를 이용하여 $X_1 + X_2$의 적률생성함수를 구하여라.

09 X의 적률이 다음과 같다고 하자.

$$E(X^k) = 0.8, \quad k = 1, 2, 3, \cdots$$

테일러 정리를 이용하여 X의 적률생성함수를 구하고 X의 확률분포를 결정하여라.

10 임의의 실수 t에 대해 함수

$$\psi_X(t) = E(e^{itX}) = E(\cos tX) + iE(\sin tX), \quad i = \sqrt{-1}$$

을 확률변수 X의 **특성함수**(characteristic function)라고 한다. 만일 임의의 양의 정수 k에 대하여 $E(|X|^k) < \infty$이면

$$\left. \frac{d^k \psi_X(t)}{dt^k} \right|_{t=0} = i^k E(X^k)$$

임을 보여라. 그리고 X가 모수 n, p인 이항분포를 따를 때 X의 특성함수를 구하고 이를 이용하여 평균과 분산을 구하여라.

SECTION 05 중앙값과 최빈값

중앙값

평균을 분포의 중심으로 공부하였다. 그러나 분포의 중심으로 간주할 수 있는 또 다른 특성치가 존재한다. 이것은 전체 확률을 두 동일한 부분으로 나누는 점으로 생각할 수 있는데 이 점을 분포의 중앙값이라고 부른다. 그러나 분포에 따라서는 전체 확률을 정확하게 이등분하는 점이 없을 수도 있고, 또는 그러한 점이 하나 이상 있을 수도 있다. 그러므로 중앙값의 공식적인 정의는 이러한 가능성을 모두 포함하는 충분히 일반적인 것이어야 할 것이다.

정의 3

임의의 확률변수 X에 대하여

$$P(X \leq m) \geq \frac{1}{2}, \quad P(X \geq m) \geq \frac{1}{2}$$

을 만족하는 점 m을 X의 **중앙값**(median)이라고 부른다.

모든 분포는 최소한 하나의 중앙값을 가지며, 어떤 분포에 대해서는 구간 내의 모든 점이 중앙값일 수 있다. 그리고 $P(X < m) = P(X > m)$인 점 m이 존재하면, 즉 점 m이 실질적으로 전체 확률을 동일한 두 부분으로 나눈다면 m은 당연히 X의 중앙값이 될 것이다.

예제 3-22

X가 다음과 같은 이산형 분포를 가진다고 하자.

$$P(X=1)=0.1,\ P(X=2)=0.2,\ P(X=3)=0.3,\ P(X=4)=0.4$$

이 경우

$$P(X\le 3)=0.6>\frac{1}{2},\quad P(X\ge 3)=0.7>\frac{1}{2}$$

이므로 값 3은 이 분포의 유일한 중앙값이다.

예제 3-23

X가 다음과 같은 이산형 분포를 가진다고 하자.

$$P(X=1)=0.1,\ P(X=2)=0.4,\ P(X=3)=0.3,\ P(X=4)=0.2$$

이 경우

$$P(X\le 2)=\frac{1}{2},\quad P(X\ge 3)=\frac{1}{2}$$

이므로 $2\le m\le 3$ 안의 모든 값 m은 이 분포의 중앙값이 될 것이다.

예제 3-24

X는 확률밀도함수가 다음과 같은 연속형분포를 가진다고 가정하자.

$$f(x)=\begin{cases}3x^2 & ,\ 0<x<1\\ 0 & ,\ \text{기타}\end{cases}$$

이 분포의 유일한 중앙값은

$$\int_0^m 3x^2dx=\int_m^1 3x^2dx=\frac{1}{2}$$

인 수 m이 될 것이다. 이 수는 $m=\sqrt[3]{\frac{1}{2}}$ 이다.

예제 3-25

X는 확률밀도함수가 다음과 같은 연속형분포를 가진다고 가정하자.

$$f(x) = \begin{cases} \frac{1}{2}, & 0 \le x \le 1 \\ 1, & 2.5 \le x \le 3 \\ 0, & \text{기타} \end{cases}$$

이 경우 $1 \le m \le 2.5$ 내의 임의의 값 m에 대하여

$$P(X \le m) = P(X > m) = \frac{1}{2}$$

이다. 그러므로 $1 \le m \le 2.5$ 내의 모든 값 m이 이 분포의 중앙값이 된다.

앞에서 언급한 바와 같이 어떤 분포에서, 비록 작지만 양의 확률을 그 분포의 어느 부분으로부터 제거하여 충분히 큰 값에 이 확률을 할당함으로써 평균을 매우 크게 만들 수 있다. 그러나 중앙값은 확률의 유사한 변화에 의해 크게 영향을 받지 않는다. 만일 임의의 양의 확률이 중앙값보다 더 큰 값으로부터 제거되어 임의의 큰 값에 할당되어도 새로운 분포의 중앙값은 원래의 분포의 중앙값과 같을 것이다.

예를 들어 어떤 지역의 가구당 연 평균수입이 2,000만 원이라고 가정하자. 이 경우 평균이 2,000이라는 것은 그 지역 내의 불과 몇 가구만이 실제로 2,000만 원 정도의 수입을 갖고, 극히 일부 가구는 2,000만 원이 훨씬 넘는 수입을 가지고 있을 수도 있다. 그러나 그 지역의 가구당 수입의 중앙값이 2,000만 원이라면 적어도 그 가구의 반은 2,000만 원 또는 그 이상의 수입을 가지고 있음에 틀림없다.

최빈값

통계에서의 자료를 분석할 때 수집된 자료 중 가장 여러 번 측정된 값이나 항목, 즉 가장 빈도수가 많은 수치나 범위에 관심을 가질 수 있다. 예를 들어 서울시 지하철 공사에서 아르바이트 검표원을 효율적으로 배치하기 위하여 하루 중에서 어느 시간대에 승객이 가장 많은가를 조사하여 본 결과 대략 오전 8시 전후와 오후 7시 전후로 나타났다면 이 두 값이 가장 많은 빈도수를 갖는 값이 될 것이다. 이를 이용하여 다음과 같은 정의를 할 수 있다.

정의 4

확률변수 X의 확률함수 또는 확률밀도함수 $f(x)$가 최댓값을 갖는 점 x를 그 분포의 **최빈값**(mode)이라고 한다.

예제 3-26

X의 확률함수가 다음과 같다고 하자.

$$f(x)=\begin{cases}\left(\frac{1}{2}\right)^x, & x=1,2,3,\cdots\\ 0, & \text{기타}\end{cases}$$

이 경우

$$f(1)>f(2)>\cdots>f(n)>\cdots$$

이므로 $x=1$이 이 분포의 유일한 최빈값이다.

예제 3-27

X의 확률밀도함수가 다음과 같다고 하자.

$$f(x)=\begin{cases}12x^2(1-x), & 0<x<1\\ 0, & \text{기타}\end{cases}$$

이 경우 $f(x)$가 최대가 되는 점을 구하기 위해

$$f'(x)=24x-36x^2=12x(2-3x)=0$$

로 하면 $x=\frac{2}{3}$에서 $f(x)$는 최대가 됨을 알 수 있다. 그러므로 $x=\frac{2}{3}$이 이 분포의 유일한 최빈값이 된다.

SECTION 05 연/습/문/제

01 다음과 같은 확률함수 또는 확률밀도함수를 갖는 분포의 중앙값을 구하여라.

(1) $f(x) = \begin{cases} \binom{4}{x}\left(\frac{1}{4}\right)^x\left(\frac{3}{4}\right)^{4-x} & , x = 0, 1, 2, 3, 4 \\ 0 & , 기타 \end{cases}$

(2) $f(x) = \begin{cases} e^{-x} & , x > 0 \\ 0 & , 기타 \end{cases}$

(3) $f(x) = \dfrac{1}{\pi(1+x^2)}, \quad -\infty < x < \infty$

02 다음과 같은 확률밀도함수를 갖는 분포의 최빈값을 구하여라.

$$f(x) = \begin{cases} \frac{1}{2}x^2 e^{-x} & , 0 < x < \infty \\ 0 & , 기타 \end{cases}$$

03 관측값 X는 확률밀도함수가 f 또는 g인 연속형 분포로부터 동등하게 추출된다고 가정하자. $0 < x < 1$에 대하여 $f(x) > 0$이고 그 밖에서는 $f(x) = 0$, 또한 $2 < x < 4$에 대하여 $g(x) > 0$이고 그 밖에서는 $g(x) = 0$이라고 가정하자. 이때

(1) X의 분포의 평균을 결정하여라.

(2) X의 분포의 중앙값을 결정하여라.

04 $0 < p < 1$일 때 $P(X \le \xi_p) \ge p$, $P(X \ge \xi_p) \le 1-p$를 만족하는 수 ξ_p을 확률분포의 제p분위수($100p$ 퍼센트)라고 한다. 다음과 같은 확률밀도함수를 갖는 분포의 20%값을 구하여라.

$$f(x) = \begin{cases} 4x^3 & , 0 < x < 1 \\ 0 & , 기타 \end{cases}$$

05 X가 확률밀도함수 $f(x)$를 갖는 연속형분포의 확률변수라고 하고, m이 이 분포의 유일한 중앙값이라고 하자. 이때 임의의 실수 a에 대해

$$E(|X-a|) = E(|X-m|) + 2\int_{m}^{a}(a-x)f(x)dx$$

임을 증명하여라. 또한 $E(|X-a|)$가 최소가 되는 a의 값을 구하여라.

SECTION
06 조건부 기댓값

X와 Y가 연속형 결합분포를 가지는 확률변수라고 가정하자. f는 결합확률밀도함수, f_1은 X의 주변확률밀도함수를 나타내고, $f_1(x)>0$인 임의의 x에 대해 $g_2(y|x)$는 $X=x$가 주어졌을 때 Y의 조건부 확률밀도함수를 나타낸다고 하자. 이때 확률변수 X의 함수

$$E(Y|X=x)=\int_{-\infty}^{\infty} yg_2(y|x)dy$$

을 $X=x$에 대한 Y의 **조건부 기댓값**(conditional expectation)이라고 한다. 다시 말하면 $E(Y|X=x)$는 $X=x$가 주어졌을 때 Y의 조건부 분포의 평균이다. $E(Y|X=x)$의 값은 $f_1(x)=0$인 x에 대해서는 정의되지 않는다.

X와 Y가 이산형 결합분포를 갖는 경우에도 $X=x$에 대한 Y의 조건부 기댓값은

$$E(Y|X=x)=\sum_y yg_2(y|x)$$

인 X의 함수로 정의된다. 유사하게 $E(X|Y=y)$도 정의할 수 있다.

일반적으로 X와 Y가 연속형 결합분포를 가지며 $r(X, Y)$는 X와 Y에 관한 임의의 함수라고 하자. 이때 확률변수 X의 함수

$$E[r(X, Y)|X=x]=\int_{-\infty}^{\infty} r(x, y)g_2(y|x)dy$$

을 $X=x$에 대한 $r(X, Y)$의 조건부 기댓값이라고 한다. 유사하게 이산형 분포에 대해서도 정의할 수 있으며, $E[r(X, Y)|Y=y]$도 정의할 수 있다.

예제 3-28

X와 Y의 결합확률밀도함수가 다음과 같다고 하자.

$$f(x, y)=\begin{cases}1, & 0<x<2, 0<y<\dfrac{x}{2}\\ 0, & \text{기타}\end{cases}$$

이때 $E(Y|X=x)$와 $E(Y^2|X=x)$을 구해보자.
X의 주변확률밀도함수 f_1은

$$f_1(x)=\int_0^{\frac{x}{2}} 1dy=\frac{x}{2},\quad 0<x<2$$

이므로, $X=x$에 대한 Y의 조건부 확률밀도함수 g_2는

$$g_2(y|x)=\frac{f(x,y)}{f_1(x)}=\frac{2}{x},\ 0<y<\frac{x}{2},\ 0<x<2$$

이다. 그러므로 $X=x$에 대한 Y의 조건부 기댓값은

$$E(Y|X=x)=\int_0^{\frac{x}{2}} y\frac{2}{x}dy=\frac{x}{4},\quad 0<x<2$$

이다. 한편 $X=x$에 대한 Y^2의 조건부 기댓값은

$$E(Y^2|X=x)=\int_0^{\frac{x}{2}} y^2\frac{2}{x}dy=\frac{x^2}{12},\quad 0<x<2$$

이다.

$E(Y|X=x)$는 확률변수 X의 함수이므로 그 자신이 확률분포를 가지는 하나의 확률변수이다. 그러므로 다음 정리에 의해 $E(Y|X=x)$의 기댓값을 구할 수 있다.

● 정리 15

임의의 확률변수 X와 Y에 대하여

$$E[E(Y|X=x)]=E(Y)$$

가 성립한다.

증명

X와 Y가 연속형 결합분포를 가진다고 가정하자. 그때

$$E[E(Y|X=x)]=\int_{-\infty}^{\infty} E(Y|X=x)f_1(x)dx$$

$$= \int_{-\infty}^{\infty}\int_{-\infty}^{\infty} y g_2(y|x) f_1(x) dydx$$

$$= \int_{-\infty}^{\infty}\int_{-\infty}^{\infty} y \ \frac{f(x, y)}{f_1(x)} f_1(x) dydx$$

$$= \int_{-\infty}^{\infty}\int_{-\infty}^{\infty} y f(x, y) dydx = E(Y)$$

이 성립한다. 이산형 분포의 경우에 대한 증명도 유사하다. ◂◂

정리 15와 유사하게, X와 Y의 함수 r에 대하여 관계식

$$E\{E[r(X, Y)|X=x]\} = E[r(X, Y)]$$

이 성립한다.

예제 3-29

한 점 X가 구간 (0, 1)상의 균등분포에 따라 추출된다고 하자. 또한 값 $X=x$ $(0<x<1)$가 관측된 후에, 한 점 Y가 구간 $(x, 1)$상의 균등분포에 따라 추출된다고 가정하자. 이때 $E(Y)$의 값을 구해보자.

임의의 값 $x(0<x<1)$에 대하여, $E(Y|X=x)$는 구간 $(x, 1)$의 중앙점 $\frac{1}{2}(x+1)$과 같을 것이다. 그러므로 $E(Y|X=x) = \frac{1}{2}(X+1)$이고, 따라서 정리 15에 의해

$$E(Y) = E[E(Y|X=x)] = \frac{1}{2}[E(X+1)] = \frac{1}{2}\left(\frac{1}{2}+1\right) = \frac{3}{4}$$

이다.

조건부 평균과 마찬가지로 조건부 분산도 정의할 수 있다. 다음과 같은 조건부 기댓값

$$E\{[Y - E(Y|X=x)]^2 | X=x\}$$

을 $X=x$에 대한 Y의 **조건부 분산**(conditional variance)이라고 부르며, $Var(Y|X=x)$로 표시한다. 조건부 분산은 다음의 정리를 이용하여 계산하면 편리하다.

● 정리 16

$$Var(Y|X=x) = E(Y^2|X=x) - [E(Y|X=x)]^2$$

증명

X와 Y가 연속형 결합분포를 가진다고 가정하자. 그때

$$\begin{aligned} Var(Y|X=x) &= \int_{-\infty}^{\infty} [y - E(Y|X=x)]^2 g_2(y|x)dy \\ &= \int_{-\infty}^{\infty} y^2 g_2(y|x)dy - 2E(Y|X=x)\int_{-\infty}^{\infty} y g_2(y|x)dy + [E(Y|X=x)]^2 \\ &= E(Y^2|X=x) - [E(Y|X=x)]^2 \end{aligned}$$

이 성립한다. 이산형 분포의 경우에 대한 증명도 유사하다.

예제 3-30

예제 3-28에서 $Var(Y|X=x)$을 구해보자.

$E(Y|X=x) = \frac{x}{4}$이고 $E(Y^2|X=x) = \frac{x^2}{12}$이므로 조건부 분산은

$$\begin{aligned} Var(Y|X=x) &= E(Y^2|X=x) - [E(Y|X=x)]^2 \\ &= \frac{x^2}{12} - \left(\frac{x}{4}\right)^2 = \frac{x^2}{48}, \quad 0 < x < 2 \end{aligned}$$

이다.

● 정리 17

$$Var(Y) = E[Var(Y|X=x)] + Var[E(Y|X=x)]$$

증명

$$\begin{aligned} E[Var(Y|X=x)] &= E[E(Y^2|X=x) - \{E(Y|X=x)\}^2] \\ &= E[E(Y^2|X=x)] - E[\{E(Y|X=x)\}^2] \\ &= E(Y^2) - [E(Y)]^2 + [E(Y)]^2 - E[\{E(Y|X=x)\}^2] \\ &= Var(Y) - [E\{(E(Y|X=x))^2\} - \{E(E(Y|X=x))\}^2] \\ &= Var(Y) - Var[E(Y|X=x)] \end{aligned}$$

SECTION 06 연/습/문/제

01 X와 Y의 결합확률밀도함수가 다음과 같다고 하자.

$$f(x,y)=\begin{cases}2\ , & 0<x\le y<1\\ 0\ , & \text{기타}\end{cases}$$

$E(X|Y=y)$와 $Var(X|Y=y)$를 구하여라.

02 $0<Var(X)<\infty$, $0<Var(Y)<\infty$라고 하자. 만일 $E(X|Y=y)$가 모든 y에 대하여 상수이면 $E(X)=E(X|Y)$임을 보여라.

03 임의의 상수 a와 b에 대하여 $E(Y|X=x)=ax+b$라고 가정하자. $E(X)$와 $E(X^2)$의 항으로 $E(XY)$를 표시하여라.

04 한 점 X_1이 구간 (0, 1)상의 균등분포로부터 추출된다고 가정하자. 또한 값 $X_1=x_1$이 관측된 후에 점 X_2가 구간 $(x_1,1)$상의 균등분포로부터 추출된다고 하고, 추가적인 변수들 X_3, X_4, $\cdots$도 동일한 방법으로 만들어진다고 가정하자. 즉, 일반적으로 $k=1$, 2, $\cdots$에 대하여 값 $X_k=x_k$가 관측된 후에 X_{k+1}은 구간 $(x_k,\ 1)$상의 균등분포로부터 추출된다. 이때 $E(X_n)$의 값을 구하여라.

05 연습문제 1에서 $Var(Y)$, $E[Var(Y|X=x)]$와 $Var[E(Y|X=x)]$을 각각 구하여 정리 17이 성립하는지를 확인하여라.

06 X와 Y의 결합확률함수가 다음과 같다고 하자.

$$f(x,\ y)=\begin{cases}(x+2y)/18\ , & (x,\ y)=(1,1),\ (1,2),\ (2,1),\ (2,2)\\ 0 & ,\ \text{기타}\end{cases}$$

$x=1$ 또는 2일 때 $X=x$에 대한 Y의 조건부 평균과 분산을 구하여라.

07 $Y_1 < Y_2 < Y_3$가

$$f(x) = \begin{cases} 2x \ , & 0 < x < 1 \\ 0 \ , & \text{기타} \end{cases}$$

을 갖는 분포로부터 크기 3인 무작위 표본의 순서통계량이라고 하자.
$E(Y_1 Y_2 | Y_3 = y_3)$의 값을 구하여라.

SECTION 07 공분산과 상관계수

확률변수들의 평균, 중앙값, 분산 등은 분포에 대한 유용한 정보를 제공하여 주기는 하지만 두 변수 간의 관계에 대한 어떤 정보도 제공하여 주지는 못한다. 예를 들면, 평균이 각각 μ_X와 μ_Y인 두 확률변수 X와 Y에서, 만일 X값이 μ_X보다 커지면 Y값도 μ_Y보다 커지고, X값이 μ_X보다 작아질 때는 Y값도 μ_Y보다 작아지는 경향이 있다면 $(X-\mu_X)(Y-\mu_Y)$는 양의 큰 값으로 나타날 것이며, X값이 증가함에 따라서 Y값이 감소하는 경향을 보인다면 $(X-\mu_X)(Y-\mu_Y)$는 음의 큰 값으로 나타날 것으로 예상된다. 그러므로 $(X-\mu_X)(Y-\mu_Y)$에 대한 기댓값은 확률변수 X의 증감에 따른 확률변수 Y의 증감에 대한 경향을 파악할 수 있는 특성치로 사용할 수 있다.

X와 Y가 지정된 결합분포를 가지는 확률변수라고 하고,

$$E(X)=\mu_X,\ E(Y)=\mu_Y,\ Var(X)=\sigma_X^2,\ Var(Y)=\sigma_Y^2$$

이라고 하자. 이때

$$E[(X-\mu_X)(Y-\mu_Y)]$$

을 X와 Y의 **공분산**(covariance)이라고 하고 $Cov(X,\ Y)$로 표시한다. $Cov(X,\ Y)$의 값은 양, 음 또는 0일 수 있다.

한편 $0<\sigma_X^2<\infty,\ 0<\sigma_Y^2<\infty$인 경우, 값

$$\frac{Cov(X,Y)}{\sigma_X\sigma_Y}$$

을 X와 Y의 **상관계수**(correlation coefficient)라고 하며 $\rho(X,\ Y)$로 표시한다.

정의에 의해 공분산과 상관계수는 반드시 같은 부호를 가진다는 것을 알 수 있다.

한편 상관계수의 범위를 알아보기 위해 다음과 같이 임의의 실수 t에 대한 이차함수를 정의하자.

$$g(t) = E\{[(X-\mu_X)+t(Y-\mu_Y)]^2\}$$

분명히 $g(t) \geq 0$이므로

$$g(t) = t^2 E(Y-\mu_Y)^2 + 2tE[(X-\mu_X)(Y-\mu_Y)] + E[(X-\mu_X)^2] \geq 0$$

이다. t에 관한 이차함수의 판별식은 0보다 작거나 같아야 하므로

$$\frac{D}{4} = \{E[(X-\mu_X)(Y-\mu_Y)]\}^2 - E[(X-\mu_X)^2]E[(Y-\mu_Y)^2] \leq 0$$

이며, 따라서 다음의 부등식이 성립한다.

$$|E[(X-\mu_X)(Y-\mu_Y)]| \leq \sqrt{E[(X-\mu_X)^2]}\sqrt{E[(Y-\mu_Y)^2]}$$

이 부등식에 의해, $\sigma_X^2 < \infty$, $\sigma_Y^2 < \infty$이면 $Cov(X, Y)$는 유한임을 알 수 있다. 위 부등식을 다시 표현하면

$$[Cov(X, Y)]^2 \leq \sigma_X^2 \sigma_Y^2$$

이므로 $[\rho(X, Y)]^2 \leq 1$ 또는 동등하게 $-1 \leq \rho(X, Y) \leq 1$이 성립한다.

만일 $\rho(X, Y) > 0$이면 X와 Y는 **양(positive)의 상관관계**가 있다고 하고, $\rho(X, Y) < 0$이면 **음(negative)의 상관관계**가 있다고 하며 $\rho(X, Y) = 0$이면 **상관관계가 없다**고 한다.

● 정리 18

$\sigma_X^2 < \infty$, $\sigma_Y^2 < \infty$인 임의의 확률변수 X와 Y에 대하여

$$Cov(X, Y) = E(XY) - E(X)E(Y)$$

증명

$$\begin{aligned} Cov(X, Y) &= E(XY - \mu_X Y - \mu_Y X + \mu_X \mu_Y) \\ &= E(XY) - \mu_X E(Y) - \mu_Y E(X) + \mu_X \mu_Y \\ &= E(XY) - \mu_X \mu_Y \end{aligned}$$

◀◀

예제 3-31

다음 X, Y의 결합확률분포표를 이용하여 X, Y의 상관계수를 구하여보자.

X \ Y	0	1	2	$f_1(x)$
0	3/28	9/28	3/28	15/28
1	3/14	3/14	0	6/14
2	1/28	0	0	1/28
$f_2(y)$	10/28	15/28	3/28	1

먼저 X와 Y의 분산을 구해보자.

$E(X)=1/2$, $E(X^2)=4/7$ 이므로 $Var(X)=\dfrac{9}{28}$ 이다.

$E(Y)=3/4$, $E(Y^2)=27/28$ 이므로 $Var(Y)=\dfrac{45}{112}$ 이다.

한편 $Cov(X, Y)=E(XY)-E(X)E(Y)=-9/56$ 이므로

$$\rho(X, Y)=\frac{-9/56}{\sqrt{\frac{9}{28}}\sqrt{\frac{45}{112}}}=-\frac{\sqrt{5}}{5}$$

이다.

$X=x$에 대한 Y의 조건부 기댓값이

$$E(Y|X=x)=ax+b$$

와 같이 x의 일차선형식으로 표현될 때 상수 a와 b를 결정해 보기로 하자.
편의상 X와 Y가 연속형 결합분포를 가지는 확률변수라고 가정하자. f는 결합확률밀도함수, f_1은 X의 주변확률밀도함수를 나타내고, $f_1(x)>0$인 임의의 x에 대해 $g_2(y|x)$는 $X=x$가 주어졌을 때 Y의 조건부 확률밀도함수를 나타낸다고 하자.

$$E(Y|X=x)=\int_{-\infty}^{\infty} y g_2(y|x)dy=ax+b$$

이므로

$$\int_{-\infty}^{\infty} y f(x, y) dy = (ax+b) f_1(x) \qquad \cdots ①$$

이다. ①의 양변을 x에 대하여 적분하면

$$\mu_Y = a\mu_X + b$$

이며, ①의 양변에 x를 곱한 후 다시 x에 관해 적분하면 $E(XY) = aE(X^2) + bE(X)$ 또는

$$\rho\sigma_X\sigma_Y + \mu_X\mu_Y = a(\sigma_X^2 + \mu_X^2) + b\mu_X \qquad \cdots ②$$

이다. ①과 ②를 상수 a와 b에 대하여 연립하여 풀면

$$a = \rho\frac{\sigma_Y}{\sigma_X}, \qquad b = \mu_Y - \rho\frac{\sigma_Y}{\sigma_X}\mu_X$$

이 되므로

$$E(Y|X=x) = \mu_Y + \rho\frac{\sigma_Y}{\sigma_X}(x - \mu_X)$$

이 성립한다.

더 나아가서 이 조건부 분포의 분산을 구해보자. 정리 17에 의해

$$\begin{aligned} E[Var(Y|X=x)] &= Var(Y) - Var[E(Y|X=x)] \\ &= \sigma_Y^2 - Var\left[\mu_Y + \rho\frac{\sigma_Y}{\sigma_X}(X - \mu_X)\right] \\ &= \sigma_Y^2 - \left(\rho\frac{\sigma_Y}{\sigma_X}\right)^2 Var(X) = \sigma_Y^2(1-\rho^2) \end{aligned}$$

이 성립한다. 만일 조건부 분산이 주어진 x와 무관한 상수라면

$$Var(Y|X=x) = E[Var(Y|X=x)] = \sigma_Y^2(1-\rho^2)$$

이 성립한다. 그러므로 $\rho = \pm 1$이면 $Var(Y|X=x) = 0$이므로 $P(Y = aX + b) = 1$이 되고, 특히 $\rho \to 1$이면 $Var(Y|X=x) \to 0$이므로 X와 Y에 대한 확률분포는 xy평면상의 직선

$$y = \mu_Y + \frac{\sigma_Y}{\sigma_X}(x - \mu_X)$$

을 중심으로 하나의 띠를 형성하며 집중되어 있을 것이다. 그러므로 상관계수 또는 공분산은 두 확률변수 X, Y의 일차종속에 대한 측도로 사용할 수 있다. 다시 말하면 상관계수의 값은 두 확률변수 X와 Y가 선형으로 관련된 정도에 대한 척도를 제공한다. 만일 X와 Y의 결합분포가 xy평면상에서 양의 기울기를 가지는 직선 주위에 상대적으로 집중되어 있으면 $\rho(X, Y)$는 전형적으로 1에 가까울 것이다. 만일 그 결합 분포가 음의 기울기를 가지는 직선 주위에 상대적으로 집중되어 있으면 $\rho(X, Y)$는 전형적으로 -1에 가까울 것이다.

예제 3-32

두 확률변수 X와 Y에 대하여

$$E(Y|X=x) = 4x+3, \quad E(X|Y=y) = \frac{1}{16}y - 3$$

이라고 하자. μ_X, μ_Y, ρ와 $\dfrac{\sigma_Y^2}{\sigma_X^2}$을 구하여 보자.

$$\mu_X = E[E(X|Y=y)] = \frac{1}{16}\mu_Y - 3, \quad \mu_Y = E[E(Y|X=x)] = 4\mu_X + 3$$

이므로 두 식을 μ_X와 μ_Y에 대하여 연립하여 풀면 $\mu_X = -\dfrac{15}{4}$, $\mu_Y = -12$가 된다. 한편 $E(Y|X=x)$와 $E(X|Y=y)$가 각각 x와 y의 일차식이면 x의 계수와 y의 계수로부터 ρ와 $\dfrac{\sigma_Y^2}{\sigma_X^2}$을 구할 수 있다. 즉,

$$(x\text{의 계수}) \times (y\text{의 계수}) = \rho\frac{\sigma_Y}{\sigma_X} \times \rho\frac{\sigma_X}{\sigma_Y} = \rho^2 = 4 \cdot \frac{1}{16} = \frac{1}{4}$$

이 된다. ρ의 부호는 x 또는 y의 계수의 부호와 일치하므로 $\rho = \dfrac{1}{2}$이고

$$\frac{\sigma_Y^2}{\sigma_X^2} = \frac{x\text{의 계수}}{y\text{의 계수}} = \rho\frac{\sigma_Y}{\sigma_X} \times \left(\rho\frac{\sigma_X}{\sigma_Y}\right)^{-1} = 64$$

이다.

다음은 공분산을 계산할 때 자주 사용되는 성질이다. 증명은 연습문제로 남긴다.

● 정리 19

(1) 임의의 상수 a, b, c, d와 확률변수 X, Y에 대하여

$$Cov(aX+b, cY+d) = acCov(X, Y)$$

(2) m개의 확률변수 $X_i (i=1, 2, \cdots, m)$와 n개의 확률변수 $Y_j (j=1, 2, \cdots, n)$에 대하여

$$Cov\left(\sum_{i=1}^{m} X_i, \sum_{j=1}^{n} Y_j\right) = \sum_{i=1}^{m}\sum_{j=1}^{n} Cov(X_i, Y_j)$$

다음 결과는 독립인 확률변수들의 상관관계에 대한 정보를 제시한다.

● 정리 20

X와 Y가 $0 < \sigma_X^2 < \infty$이고 $0 < \sigma_Y^2 < \infty$인 독립인 확률변수이면

$$Cov(X, Y) = \rho(X, Y) = 0$$

가 성립한다.

증명

확률변수 X와 Y가 독립이면 $E(XY) = E(X)E(Y)$이므로 정리 19에 의해

$$Cov(X, Y) = \rho(X, Y) = 0$$

가 성립한다. ◀◀

정리 20의 역은 일반적으로 참이 아니다. 즉, 독립이 아닌 두 개의 확률변수들은 상관관계가 없을 수도 있다. 이에 대한 반례는 이미 예제 3-10에서 공부하였다.

이제 반드시 독립은 아닌 확률변수들의 합에 대한 분산을 구할 것이다.

● 정리 21

X와 Y가 $Var(X) < \infty$ 그리고 $Var(Y) < \infty$인 확률변수들이라면

$$Var(X+Y) = Var(X) + Var(Y) + 2Cov(X, Y)$$

이 성립한다.

증명

$E(X+Y) = \mu_X + \mu_Y$이므로

$$\begin{aligned} Var(X+Y) &= E[(X+Y-\mu_X-\mu_Y)^2] \\ &= E[(X-\mu_X)^2 + (Y-\mu_Y)^2 + 2(X-\mu_X)(Y-\mu_Y)] \\ &= Var(X) + Var(Y) + 2Cov(X, Y) \end{aligned}$$

이 성립한다. ◀◀

정리 19와 정리 21을 이용하면

$$Var(aX+bY+c) = a^2 Var(X) + b^2 Var(Y) + 2ab\,Cov(X, Y)$$
$$Var(X-Y) = Var(X) + Var(Y) - 2Cov(X, Y)$$

이 성립함을 알 수 있다.

정리 21은 다음과 같이 n개의 확률변수들의 합에 대한 분산으로 확장할 수 있다.

● 정리 22

$X_1, X_2, \cdots, X_n$이 $Var(X_i) < \infty$ $(i = 1, 2, \cdots, n)$인 n개의 확률변수라고 하면,

$$Var\left(\sum_{i=1}^{n} X_i\right) = \sum_{i=1}^{n} Var(X_i) + 2\sum\sum_{i<j} Cov(X_i, X_j)$$

이 성립한다.

증명

정리 19에 의해

$$Var\left(\sum_{i=1}^{n} X_i\right) = Cov\left(\sum_{i=1}^{n} X_i, \sum_{j=1}^{n} X_j\right) = \sum_{i=1}^{n}\sum_{j=1}^{n} Cov(X_i, X_j)$$

이 성립한다. 합 $\sum_{i=1}^{n}\sum_{j=1}^{n} Cov(X_i, X_j)$은 $i=j$인 항들의 합과 $i \neq j$인 항들의 합으로 분리될 수 있다. $Cov(X_i, X_j) = Cov(X_j, X_i)$이므로 관계식

$$\begin{aligned} Var\left(\sum_{i=1}^{n} X_i\right) &= \sum_{i=1}^{n} Var(X_i) + \sum_{i \neq j}\sum Cov(X_i, X_j) \\ &= \sum_{i=1}^{n} Var(X_i) + 2\sum_{i < j}\sum Cov(X_i, X_j) \end{aligned}$$

이 성립한다. ◂◂

정리 10에서, 만일 n개의 확률변수 $X_1, X_2, \cdots, X_n$이 독립이면

$$Var\left(\sum_{i=1}^{n} X_i\right) = \sum_{i=1}^{n} Var(X_i)$$

이 성립함을 보았다. 정리 22를 이용하면 이 식은 다음과 같이 확장될 수 있다.

● 따름정리 1

만일 $X_1, X_2, \cdots, X_n$이 상관관계가 없는 확률변수들이면(즉, 모든 $i \neq j$에 대하여 $Cov(X_i, X_j) = 0$이면)

$$Var\left(\sum_{i=1}^{n} X_i\right) = \sum_{i=1}^{n} Var(X_i)$$

이 성립한다.

예제 3-33

X_1과 X_2가 독립인 확률변수이고 X_1의 확률밀도함수 f_1과 X_2의 확률밀도함수 f_2가 다음과 같다고 하자.

$$f_1(x_1) = \begin{cases} \frac{1}{2}, & -1 < x_1 < 1 \\ 0, & \text{기타} \end{cases}, \quad f_2(x_2) = \begin{cases} 10, & 0 < x_2 < \frac{1}{10} \\ 0, & \text{기타} \end{cases}$$

$Y = X_1^2 + X_2$라고 할 때, X_1과 Y의 상관계수를 구해보자.

$E(X_1) = E(X_1^3) = 0$이고 X_1과 X_2는 독립이므로

$$E(X_1X_2) = E(X_1)E(X_2) = 0$$

이다. 그러므로 X_1과 Y의 공분산은

$$Cov(X_1, Y) = E[X_1(X_1^2 + X_2)] - E(X_1)E(X_1^2 + X_2) = 0$$

이고, 따라서 X_1과 Y의 상관계수도 0이다.

그러나 $X_1 = x_1$일 때 Y의 조건부 확률밀도함수 g_2는

$$g_2(y|x_1) = 10, \; x_1^2 < y < x_1^2 + \frac{1}{10}, \; -1 < x_1 < 1$$

이고 X_1과 Y의 결합확률밀도함수 f는

$$f(x_1, y) = 5, \; -1 < x_1 < 1, \; x_1^2 < y < x_1^2 + \frac{1}{10}$$

이다. 그림 3.4는 X_1과 Y의 영역을 표시한 것이다. 여기서 $X_1 = x_1$일 때 Y의 조건부 분포를 보면, X_1과 Y 사이에 강한 연관관계가 있지만 그 관계가 선형관계는 아니다. 즉 (X_1, Y)의 가능한 값들이 직선이 아닌 포물선 주위에 밀집되어 있다.

상관계수는 이러한 비선형 관계를 측정하는 것이 아니며, 실제로 이 예제에서 상관계수가 0임을 알 수 있다.

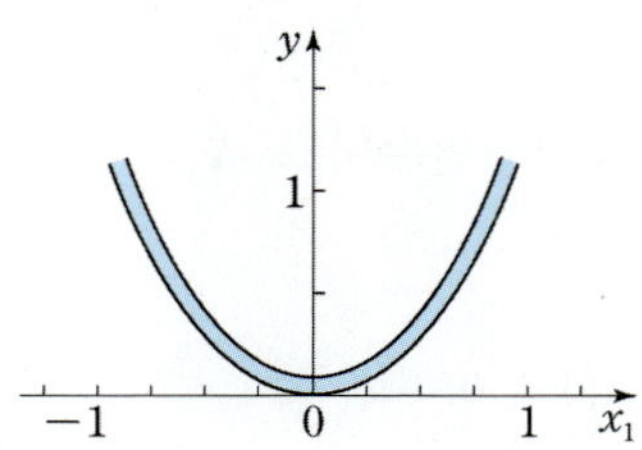

| 그림 3.4 |

SECTION 07 연/습/문/제

01 X가 구간 $(-2, 2)$상에서 균등분포를 따르며 $Y = X^6$이라고 하자. 이때 X와 Y는 상관관계가 없음을 보여라.

02 정리 19를 증명하여라.

03 확률변수 X의 분포가 점 $x = 0$에 관하여 대칭이고 $0 < E(X^4) < \infty$이며 $Y = X^2$이라고 가정하자. X와 Y는 상관관계가 없음을 보여라.

04 반드시 독립은 아닌 두 확률변수 X와 Y에 대하여 $Var(X) = Var(Y)$라고 가정하자. $0 < Var(X+Y) < \infty$, $0 < Var(X-Y) < \infty$라고 할 때 확률변수 $X+Y$와 $X-Y$는 상관관계가 없음을 보여라.

05 $Var(X) = 9$, $Var(Y) = 4$ 그리고 $\rho(X, Y) = -\frac{1}{6}$이라고 할 때 $Var(X - 3Y + 4)$의 값을 구하여라.

06 $X_1, X_2, \cdots, X_n$은 $i = 1, 2, \cdots, n$에 대해 $Var(X_i) = 1$이고 $i \neq j$에 대해 $\rho(X_i, X_j) = \frac{1}{4}$인 확률변수라고 하자. $Var(X_1 + X_2 + \cdots + X_n)$의 값을 구하여라.

07 X는 $0 < Var(X) < \infty$인 확률변수이고, 임의의 상수 a와 b에 대하여 $Y = aX + b$라고 가정하자. 이때 $\rho(X, Y) = \pm 1$임을 증명하여라.

08 X_1과 X_2가 독립인 확률변수이고 X_1의 확률밀도함수 f_1과 X_2의 확률밀도함수 f_2가 다음과 같다고 하자.

$$f_1(x_1) = \begin{cases} 1 \ , & 0 < x_1 < 1 \\ 0 \ , & \text{기타} \end{cases}, \qquad f_2(x_2) = \begin{cases} 10 \ , & 0 < x_2 < \frac{1}{10} \\ 0 \ , & \text{기타} \end{cases}$$

$Y = X_1 + X_2$라고 할 때, X_1과 Y의 상관계수를 구하여라.

09 두 확률변수 X와 Y는 다음의 성질을 가지는 것이 가능한지를 조사하여라.

$$E(X)=3,\ E(Y)=2,\ E(X^2)=10,\ E(Y^2)=29,\ E(XY)=0$$

SECTION 08 여러 가지 부등식과 표본평균

우리는 마르코프(Markov) 부등식과 체비쇼프(Chebyshev) 부등식에 대하여 공부할 것이다. 이 부등식들은 확률의 하한 또는 상한을 구하는 데 유용하게 이용되고 있는데, 이 한계값들은 정확한 확률에 가까운 값이라고 할 수는 없으나 이론적인 측면에서 유용하게 이용되고 있다.

• 마르코프 부등식

확률변수 X의 함수 $r(X)$에 대하여 $r(X) \geq 0$이고 $E[r(X)]$가 존재하면 임의의 수 $t > 0$에 대하여

$$P[r(X) \geq t] \leq \frac{E[r(X)]}{t}$$

이 성립한다.

증명

편의상 X는 확률밀도함수가 f인 연속형 분포를 가진다고 가정하고

$$A = \{x : r(x) \geq t\}$$

라고 하면

$$\begin{aligned} E[r(X)] &= \int_{-\infty}^{\infty} r(x) f(x) dx \\ &= \int_A r(x) f(x) dx + \int_{A^c} r(x) f(x) dx \end{aligned}$$

이 성립한다. $r(x) \geq 0$이고 집합 A상에서 $r(x) \geq t$이므로

$$E[r(X)] \geq \int_A r(x) f(x) dx \geq \int_A t f(x) dx = tP[r(X) \geq t]$$

이 성립한다. 이산형분포의 경우에도 증명은 유사하다. ◀◀

평균이 1인 음이 아닌 확률변수 X에 대하여 $P(X \geq 100)$의 가능한 최댓값이 0.01이라는 사실은 마르코프 부등식으로부터 알 수 있다.

● 체비쇼프 부등식

X를 분산이 존재하는 확률변수라고 하자. 그러면 임의의 주어진 수 $t > 0$에 대하여

$$P(|X - E(X)| \geq t) \leq \frac{Var(X)}{t^2}$$

이 성립한다.

증명

마르코프 부등식에서 $r(X) = [X - E(X)]^2$이라고 하자.
그러면 $r(X) \geq 0$이고 $E[r(X)] = Var(X)$이다. 그러므로 마르코프 부등식에 의해

$$P(|X - E(X)| \geq t) = P(r(X) \geq t^2) \leq \frac{Var(X)}{t^2}$$

이 성립한다. ◂◂

체비쇼프 부등식은 마르코프 부등식의 특수한 경우이다. 마르코프 부등식과 체비쇼프 부등식은 응용 면에서 매우 중요하다. 예를 들어 $Var(X) = \sigma^2$ 그리고 $t = k\sigma$라고 하면 체비쇼프 부등식은

$$P(|X - E(X)| \geq k\sigma) \leq \frac{1}{k^2}$$

로 된다. 이 결과는 임의의 주어진 확률변수가 평균으로부터 표준편차의 k배 이상 떨어져 있을 확률은 $\frac{1}{k}$을 초과할 수 없음을 의미한다. 이 책에서 논의될 많은 확률변수와 분포들에 대하여 이 확률은 실제로 $\frac{1}{k}$보다는 훨씬 더 작을 것이다. 체비쇼프 부등식은 이 확률이 모든 분포에 대하여 틀림없이 $\frac{1}{k}$이든가 또는 더 작다는 사실 때문에 매우 유용하다.

예제 3-34

확률변수 X의 확률밀도함수가 다음과 같다고 하자.

$$f(x)=\begin{cases}\dfrac{1}{2\sqrt{3}} & , \ -\sqrt{3}<x<\sqrt{3} \\ 0 & , \ \text{기타}\end{cases}$$

이때 $E(X)=0$, $Var(X)=1$이고 $k=\dfrac{3}{2}$인 경우

$$P(|X-E(X)|\geq k\sigma)=P\left(|X|\geq\frac{3}{2}\right)=1-\int_{3/2}^{-3/2}\frac{1}{2\sqrt{3}}dx=1-\frac{\sqrt{3}}{2}$$

이다. 체비쇼프 부등식에 의하면 구하는 확률의 상한값은 $\dfrac{1}{k^2}=\dfrac{4}{9}$가 되어

$$P\left(|X|)\geq\frac{3}{2}\right)=1-\frac{\sqrt{3}}{2}<\frac{4}{9}$$

이 성립한다.

예제 3-35

어떤 가게에서의 하루당 고객 수 X는 오랜 동안의 조사에 의하여 평균이 20명이고 표준편차가 2명인 분포를 따른다고 한다. 어느 날의 고객 수가 16명 이상 24명 이하일 확률은 적어도 얼마 이상인가를 구해보자.

구하고자 하는 확률은 $P(16\leq X\leq 24)$이고 체비쇼프 부등식으로부터

$$P(|X-E(X)|\leq k\sigma)\geq 1-\frac{1}{k^2}$$

이 성립하는데 $E(X)=20$, $\sigma=2$이므로 $k=2$일 때 $E(X)-k\sigma=16$, $E(X)+k\sigma=24$이다. 그러므로

$$P(16\leq X\leq 24)\geq 1-\left(\frac{1}{2}\right)^2=\frac{3}{4}$$

이다.

표본평균

n개의 확률변수 $X_1, X_2, \cdots, X_n$이 평균이 μ이고 분산이 σ^2인 어떤 분포로부터 크기 n인 한 무작위 표본을 형성한다고 하자. 즉, 확률변수 $X_1, X_2, \cdots, X_n$은 독립이며 동일하게 분포되어 있고 각각은 평균 μ와 분산 σ^2을 가진다고 가정하자. 이러한 표본에서 n개의 관측치들의 산술평균을 $\overline{X}_n$라고 하자. 즉,

$$\overline{X}_n = \frac{1}{n}(X_1 + X_2 + \cdots + X_n)$$

인데, 이 확률변수 $\overline{X}_n$을 **표본평균**(sample mean)이라고 부르며, 간단히 $\overline{X}$로도 표현한다.

$\overline{X}_n$의 평균과 분산은 쉽게 계산될 수 있다. $\overline{X}_n$의 평균은 $\overline{X}_n$의 정의로부터

$$E(\overline{X}_n) = \frac{1}{n}\sum_{i=1}^{n} E(X_i) = \frac{1}{n} n\mu = \mu$$

이다. 또한 $X_1, X_2, \cdots, X_n$은 독립이므로

$$Var(\overline{X}_n) = \frac{1}{n^2} Var\left(\sum_{i=1}^{n} X_i\right) = \frac{1}{n^2}\sum_{i=1}^{n} Var(X_i) = \frac{1}{n^2} n\sigma^2 = \frac{\sigma^2}{n}$$

이 성립한다. 즉, $\overline{X}_n$의 평균은 추출된 무작위 표본의 평균과 동일하지만 $\overline{X}_n$의 분산은 무작위 표본의 분포의 $\frac{1}{n}$이다. 그러므로 $\overline{X}_n$의 확률분포는 원래의 분포보다 평균 μ 주위에 더욱 집중되어 있다는 것을 알 수 있다. 다시 말하면, 표본평균 $\overline{X}_n$은 주어진 분포로부터의 단 하나의 관측치 X_i의 값보다 평균 μ에 더 가깝다고 할 수 있다. 이러한 사실은 체비쇼프 부등식을 $\overline{X}_n$에 적용함으로써 더욱 정확히 알 수 있다. 체비쇼프 부등식에 의하면 임의의 주어진 수 $t > 0$에 대하여

$$P(|\overline{X}_n - \mu| \geq t) \leq \frac{\sigma^2}{nt^2}$$

이 성립함을 알 수 있다.

예제 3-36

평균 μ의 값은 알지 못하지만 표준편차 σ는 2로 알려져 있는 분포로부터 한 무작위 표본을 추출한다고 가정하자. 이때 $|\overline{X}_n - \mu|$가 1보다 작아지는 확률이 적어도 0.99가 되기 위해서는 얼마나 큰 표본을 추출해야 하는지를 조사해보자.

$\sigma^2 = 4$이므로 체비쇼프 부등식에 의해

$$P(|\overline{X}_n - \mu| \geq 1) \leq \frac{4}{n}$$

이 성립한다. n은

$$P(|\overline{X}_n - \mu| < 1) \geq 0.99$$

가 되도록 선택하여야 하므로 $\frac{4}{n} \leq 0.01$이 성립하여야 한다. 그러므로 $n \geq 400$이어야 한다.

예제 3-36에서 체비쇼프 부등식은 표본이 추출되는 분포의 특수한 형태에 상관없이 $n = 400$인 표본은 특정한 확률 요구조건에 부합하기에 충분히 클 것이다는 사실을 보증하여 준다. 만일 이 분포에 관한 유용한 정보가 더 있다면, 더 작은 n의 값으로도 충분할 것이다.

SECTION 08 연 / 습 / 문 / 제

01 확률변수 X의 평균을 μ라고 하고, $E[(X-\mu)^{2k}]$가 존재한다고 하자. $a>0$에 대해 $P(|X-\mu| \geq a) \leq \dfrac{E[(X-\mu)^{2k}]}{a^{2k}}$임을 보여라.

02 확률변수 X의 평균을 μ라고 하고, $P(X \leq 0)=0$이라고 가정하자. $P(X \geq 2\mu) \leq \dfrac{1}{2}$임을 보여라.

03 X가 $E(X)=3$, $E(X^2)=13$인 확률변수라고 하자. 이때 $P(-2<X<8)$의 하한을 구하여라.

04 X가 적률생성함수 $M_X(t)$, $-h<t<h$를 갖는 확률변수라고 하자. 임의의 수 a에 대해

$$P(X \geq a) \leq e^{-at}M_X(t), \quad 0<t<h$$
$$P(X \leq a) \leq e^{-at}M_X(t), \quad -h<t<0$$

임을 증명하여라.

05 확률변수 X의 적률생성함수가 모든 실수 t에 대해 존재하고

$$M_X(t)=\frac{e^t-e^{-t}}{2t} \quad (t \neq 0), \quad M_X(0)=1$$

라고 하자. 이때 $P(X \geq 1)=0$이고 $P(X \leq -1)=0$임을 보여라.

06 X가 $E(X)=10$, $P(X \leq 7)=0.2$, $P(X \geq 13)=0.3$인 확률변수라고 가정하자. $Var(X) \geq \dfrac{9}{2}$임을 보여라.

07 표본평균이 그 분포의 평균으로부터 2배의 표준편차 이내에 들어갈 확률이 적어도 0.99가 되기 위해서는 주어진 분포로부터 얼마나 큰 무작위 표본을 추출해야 하는가?

08 하나의 동전을 n번 던진다고 가정하자. $i=1,\ 2,\ \cdots,\ n$에 대하여 i번째 던질 때 앞면이 나오면 $X_i=1$, 뒷면이 나오면 $X_i=0$라고 가정하자. $P(0.4 \le \overline{X_n} \le 0.6) \ge 0.7$이 되기 위해 던져야 되는 횟수를 다음의 두 가지 방법으로 구하여라.

(1) 체비쇼프 부등식 이용

(2) 이항분포를 이용

CHAPTER 04

특수한 확률분포들

MATHEMATICAL STATISTICS

2장에서 확률변수 X가 결정되면 그 확률변수에 대한 확률함수 $f(x)$가 결정되고, 따라서 X의 확률분포가 결정된다는 사실을 다루었다. 이제 이 장에서는 확률론이나 통계학에서 널리 사용되는 여러 가지 확률분포를 다루고자 한다.

확률변수 X의 성질에 따라서 X가 이산확률변수이면 그의 분포를 이산확률분포라 하고, 연속확률변수 X의 분포를 연속확률분포라 한다. 한편, 확률변수의 수에 따라서, 확률변수 X의 분포를 일변량 이산(또는 연속)확률분포라 하고 확률벡터 $\boldsymbol{X}=(X_1,\ X_2)$의 분포를 이변량 이산(또는 연속)확률분포 또는 2차원 이산(또는 연속)확률분포라 한다. 그리고 확률벡터 $\boldsymbol{X}=(X_1,\ \cdots,X_n)$의 분포를 다변량 이산(또는 연속)확률분포 또는 n차원 확률분포라 한다. 대표적인 일변량 이산확률분포로는 이항분포, 초기하분포, 푸아송분포, 기하분포, 음이항분포 등이 있으며, 연속확률분포에는 특히 중요한 정규분포를 비롯하여 균등분포, 지수분포, 코시 분포, 감마분포, 베타분포 등이 있다.

한편 이산확률벡터와 연속확률벡터에 대한 분포로 각각 다항분포와 이변량 정규분포 등이 있다. 또한 카이제곱분포, T 분포 그리고 F 분포 등은 표본들에 대한 분포로서 이들은 6장 표본분포에서 다룰 것이다. 4장과 6장에서 학습할 다양한 분포들은 그 자신들이 지니는 고유한 성질도 매우 중요하지만 다른 분포들과의 관련성도 매우 중요하므로 이러한 부분들에 대하여 학습할 것이다. 다양한 분포들의 관련성에 대한 요약본은 부록에 첨부하였다.

SECTION 01 베르누이 및 이항분포

두 가지 실험결과만을 가지는 통계실험을 생각하자. 예를 들어, 동전을 던지는 경우의 앞면과 뒷면, 어떤 회사에서 생산된 제품의 양호품과 불량품 또는 어떤 통계적 실험의 성공과 실패 등등이 있다. 이때 앞면이나 불량품 또는 성공의 가능성을 $p\,(0 \le p \le 1)$라 하고, 확률변수 X를 실험결과가 '성공'이면 $X=1$, 그리고 '실패'이면 $X=0$이라 할 때, 성공과 실패의 확률은 각각

$$P(X=1)=p, \quad P(X=0)=1-p$$

이다. 따라서 $q=1-p$라 하면 확률변수 X의 확률함수는

$$f(x:p)=\begin{cases} 1-p & , x=0\text{일 때} \\ p & , x=1\text{일 때} \end{cases}$$

또는

$$f(x:p)=\begin{cases} p^x q^{1-x} & , x=0,1\text{일 때} \\ 0 & , \text{다른 곳에서} \end{cases}$$

으로 표현이 가능하다. 이와 같은 확률변수 X를 모수 p인 **베르누이 분포**(Bernoulli distribution)를 따른다고 하고 $X \sim B(1,p)$로 나타낸다. 이때 확률변수 X가 모수 p인 베르누이 확률분포 $B(1,p)$를 따르는 경우에 X의 기댓값과 $x=0$에 관한 2차 적률은 각각 다음과 같다.

$$E(X)=0 \cdot P(X=0)+1 \cdot P(X=1)=p,$$

$$E(X^2)=0^2 \cdot P(X=0)+1^2 \cdot P(X=1)=p$$

따라서 $X \sim B(1,p)$인 확률변수의 분산은

$$Var(X)=E(X^2)-[E(X)]^2=p-p^2=pq$$

이고, X의 적률생성함수는 $-\infty<t<\infty$에 대하여

$$M_X(t)=E[e^{tX}]=e^0\cdot P[X=0]+e^t\cdot P[X=1]$$
$$=1-p+pe^t$$

이다.

한편 확률변수들 $X_1, \cdots, X_n$이 무작위표본이고 각각의 $X_i\ (i=1, \cdots, n)$가 $B(1, p)$를 따를 경우에 확률변수들 $X_1, \cdots, X_n$은 모수 p인 n개의 **베르누이 시행**(Bernoulli trial)을 따른다 하고, 확률변수열 $X_1, X_2, \cdots$이 무작위표본이고 각각의 $X_i\ (i=1, 2, \cdots)$가 $B(1, p)$를 따를 경우에 확률변수열 $X_1, X_2, \cdots$은 모수 p인 **베르누이 시행열**(sequence of Bernoulli trials)을 따른다고 한다. 예를 들어 1개의 공정한 동전을 반복해서 던진다고 가정하자. 만일 i번째 던질 때 앞면이 얻어지면 $X_i=1$ 그리고 뒷면이 얻어지면 $X_i=0$라고 하자. 그러면 확률변수들 $X_1, X_2, \cdots$는 모수 $p=\dfrac{1}{2}$인 베르누이 시행의 한 무한수열을 형성한다.

예제 4-1

앞면이 나올 가능성이 1/3인 찌그러진 동전을 반복해서 세 번 던질 때, 확률변수 X를 앞면이 나온 횟수라 하자. 이때 확률변수 X의 확률분포를 구하여 보자.
동전을 반복해서 세 번 던지는 경우의 표본공간과 확률변수가 취하는 값, 그리고 각 경우의 확률을 다음 표와 같이 살펴볼 수 있다.

표본공간	(TTT)	$(HTT)(THT)(TTH)$	$(HHT)(THH)(HTH)$	(HHH)
X의 값	0	1	2	3
각 표본점의 확률	$\left(\frac{2}{3}\right)^3$	$\left(\frac{2}{3}\right)^2\left(\frac{1}{3}\right)$	$\left(\frac{2}{3}\right)\left(\frac{1}{3}\right)^2$	$\left(\frac{1}{3}\right)^3$
$P(X=x)$	$\left(\frac{2}{3}\right)^3$	$3\left(\frac{2}{3}\right)\left(\frac{1}{3}\right)^2$	$3\left(\frac{2}{3}\right)^2\left(\frac{1}{3}\right)$	$\left(\frac{1}{3}\right)^3$

따라서 확률변수 X의 확률분포는 다음과 같은 확률함수를 갖는다.

$$f(x)=\begin{cases}\dfrac{8}{27} & ,\ x=0\\ \dfrac{2}{9} & ,\ x=1\\ \dfrac{4}{9} & ,\ x=2\\ \dfrac{1}{27} & ,\ x=3\\ 0 & ,\ \text{다른 곳에서}\end{cases}$$

예제 4.1에서 구한 확률 $P(X=x)$를 조합의 수

$$\binom{3}{0}=1, \quad \binom{3}{1}=3, \quad \binom{3}{2}=3, \quad \binom{3}{3}=1$$

을 이용하면 다음과 같이 간단히 나타낼 수 있다.

$$P(X=x)=\binom{3}{x}\left(\frac{1}{3}\right)^{x}\left(\frac{2}{3}\right)^{3-x}, \qquad x=0,1,2,3$$

확률 $P(X=x)$는 매 시행에서 성공률이 1/3인 베르누이 시행을 3번 독립적으로 반복할 때, x번 성공할 확률을 나타낸다. 이와 같이 매 시행에서 성공률이 p $(0<p<1)$인 베르누이 시행을 n번 독립적으로 반복시행할 때 성공한 횟수를 확률변수 X라 하면, X가 취할 수 있는 값은 $0, 1, \cdots, n$이고 x번 성공할 확률은

$$f(x:n,p)=P(X=x)=\binom{n}{x}p^{x}q^{n-x}, \quad q=1-p, \; x=0,1,\cdots,n$$

와 같이 유도할 수 있으며 이 함수 $f(x:n,p)$는 확률함수의 조건을 만족한다. 그리고 이와 같은 확률함수를 가지는 경우에 확률변수 X는 모수가 n, p인 **이항분포**(binomial distribution)를 따른다고 하고 $X \sim B(n,p)$로 나타낸다. 한편 함수 $f(x:n,p)$는 확률함수의 조건을 만족한다는 사실은 이항정리 또는 다음의 수형도에 의하여 쉽게 알아볼 수 있다. 즉 $p+q=1$, $0<p<1$인 양수 p, q와 임의의 양의 정수 n에 대하여

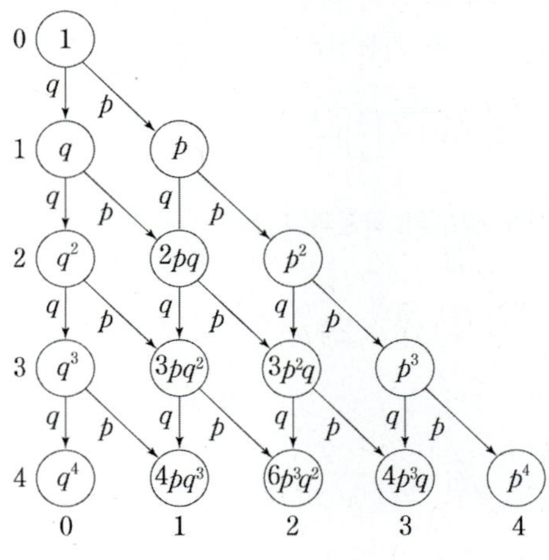

| 그림 4.1 | 이항계수에 대한 수형도

$$\sum_{x=0}^{n} f(x:n,\, p) = \sum_{x=0}^{n}\binom{n}{x}p^x q^{n-x} = (p+q)^n = 1$$

가 성립한다. 따라서 $x=0,\, 1,\, \cdots,\, n$에 대하여 $f(x:n,\, p)=\binom{n}{x}p^x q^{n-x}$라 하면 $f(x:n,\, p) > 0$이고 $\sum_{x=0}^{n} f(x:n,\, p)=1$이므로, 함수 $f(x:n,\, p)$는 확률함수의 조건을 만족하고 이러한 확률함수를 **이항확률함수**(binomial probability function)라 한다.

이제 모수 p인 n개의 베르누이 시행열에 대하여 i번째 베르누이 시행이 성공이면 $X_i=1$, 실패이면 $X_i=0$이라 하고 새로운 확률변수 X를

$$X = \sum_{i=1}^{n} X_i$$

라 하자. 그러면 X는 n번의 베르누이 시행에서 성공한 횟수를 나타내고, 확률변수 X는 n번 모두 실패하는 경우인 $X=0$에서부터 n번 모두 성공하는 경우인 $X=n$까지의 정수를 취할 수 있다. 이와 같이 독립적으로 반복되는 n번의 베르누이 시행에서 성공한 횟수 X에 관한 확률분포를 생각할 수 있으며, X는 이항분포를 따른다.

예제 4-2

1개의 공정한 주사위를 4번 던질 때 1의 눈이 나타날 확률분포를 구하여 보자.
1의 눈이 나온 횟수를 X라 하면, X가 취할 수 있는 값은 0, 1, 2, 3, 4이고 매 시행에서 1의 눈이 나올 가능성은 1/6이므로 확률변수 X의 확률함수는

$$f(x:4,\, 1/6)=\binom{4}{x}\left(\frac{1}{6}\right)^x\left(\frac{5}{6}\right)^{4-x}, \qquad x=0,\, 1,\, 2,\, 3,\, 4$$

이다. 따라서 각 경우의 확률과 확률분포는 다음과 같다.

$X=0$인 경우 : $f(0:4,\, 1/6)=\binom{4}{0}\left(\frac{1}{6}\right)^0\left(\frac{5}{6}\right)^4=0.482,$

$X=1$인 경우 : $f(1:4,\, 1/6)=\binom{4}{1}\left(\frac{1}{6}\right)^1\left(\frac{5}{6}\right)^3=0.386,$

$X=2$인 경우 : $f(2:4,\, 1/6)=\binom{4}{2}\left(\frac{1}{6}\right)^2\left(\frac{5}{6}\right)^2=0.116,$

$X=3$인 경우 : $f(3:4,\, 1/6)=\binom{4}{3}\left(\frac{1}{6}\right)^3\left(\frac{5}{6}\right)^1=0.015,$

$X=4$인 경우 : $f(4:4,\, 1/6)=\binom{4}{4}\left(\frac{1}{6}\right)^4\left(\frac{5}{6}\right)^0=0.001$

X의 값	0	1	2	3	4	합 계
확 률	0.482	0.386	0.116	0.015	0.001	1.000

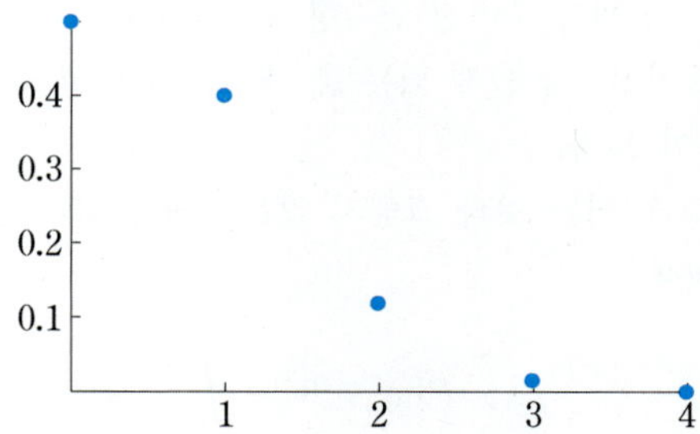

| 그림 4.2 | $X \sim B(4, 1/6)$인 확률분포

그리고 $X \sim B(n, p)$일 때, 확률변수 X의 기댓값은

$$\begin{aligned} E(X) &= \sum_{x=0}^{n} x f(x : n, p) \\ &= \sum_{x=0}^{n} x \binom{n}{x} p^x q^{n-x} \\ &= \sum_{x=0}^{n} \frac{x(n!)}{x!(n-x)!} p^x q^{n-x} \\ &= \sum_{x=1}^{n} \frac{n!}{(x-1)!(n-x)!} p^x q^{n-x} \end{aligned}$$

이제 $t = x - 1$이라 하면

$$\begin{aligned} &= \sum_{t=0}^{n-1} \frac{n(n-1)!}{t!(n-1-t)!} p^{t+1} q^{(n-1)-t} \\ &= (np) \sum_{t=0}^{n-1} \binom{n-1}{t} p^t q^{(n-1)-t} \\ &= (np)(p+q)^{n-1} = np \end{aligned}$$

이고, 같은 방법으로 $E(X^2) = n(n-1)p^2 + np$이다. 따라서 X의 분산은

$$Var(X) = E(X^2) - E(X)^2 = n(n-1)p^2 + np - (np)^2 = npq$$

이다.

예제 4-3

확률변수 $X_1, X_2, \cdots, X_{2000}$이 확률밀도함수가

$$f(x)=\frac{1}{4},\ -1<x<3$$

인 실직선상에서 주어진 연속형 분포로부터 무작위 표본을 형성한다고 하자. 이들 확률변수들이 0보다 크게 되는 총 개수를 Y라고 할 때, Y의 분포와 $E(Y)$, $Var(Y)$를 구하여 보자.

0보다 크게 되는 것과 그렇지 않은 2개의 결과만을 가지므로 이항분포로 계산할 수 있다. 이때

$$P(X_i>0)=\int_0^3\frac{1}{4}dx=\frac{3}{4}$$

이므로 Y의 분포는 $Y\sim B\left(2000,\ \frac{3}{4}\right)$이다.

그러므로

$$E(Y)=2000\times\frac{3}{4}=1500,\quad Var(Y)=2000\times\frac{3}{4}\times\frac{1}{4}=375$$

이다.

한편 $X\sim B(n, p)$이면 적률생성함수는 다음과 같다.

$$\begin{aligned}M_X(t)&=E(e^{tX})\\&=\sum_{x=0}^{n}e^{xt}f(x:n,p)\\&=\sum_{x=0}^{n}\binom{n}{x}e^{xt}p^xq^{n-x}\\&=\sum_{x=0}^{n}\binom{n}{x}(pe^t)^xq^{n-x}\\&=[pe^t+(1-p)]^n\end{aligned}$$

그리고 정수 $a, b\,(a<b,\ a, b=0,\ 1,\ \cdots,\ n)$에 대하여 다음의 기본성질이 성립한다.

(1) $P(X\geq a)=1-P(X\leq a-1)=1-F(a-1)$

(2) $P(X=a)=P(X\leq a)-P(X\leq a-1)=F(a)-F(a-1)$

(3) $P(a\leq X\leq b)=P(X\leq b)-P(X\leq a-1)=F(b)-F(a-1)$

예제 4-4

$X \sim B(15, 0.4)$에 대하여 $P(X \le 5)$, $P(5 < X)$, $P(X=5)$, $P(3 < X \le 6)$를 구하여 보자.

이항분포표로부터 $P(X \le 5) = 0.4032$를 얻을 수 있다. 또한

$$\begin{aligned} P(5 < X) &= P(6 \le X) = 1 - P(X < 6) \\ &= 1 - P(X \le 5) = 1 - 0.4032 = 0.5968 \\ P(X=5) &= P(X \le 5) - P(X \le 4) \\ &= 0.4032 - 0.2173 = 0.1859 \\ P(3 < X \le 6) &= P(X \le 6) - P(X \le 3) \\ &= 0.6098 - 0.0905 = 0.5193 \end{aligned}$$

한편 3.4절의 예제 3-21에서 유도된 결과는 다음과 같이 확장될 수 있다.

정리 1

만일 $X_1, X_2, \cdots, X_k$가 독립인 확률변수들이고 X_i가 모수 n_i와 p인 이항분포를 따른다면 합 $X_1 + X_2 + \cdots + X_k$는 모수 $n_1 + n_2 + \cdots + n_k$와 p인 이항분포를 따른다.

증명

예제 3-21의 논리를 적용하면 쉽게 얻을 수 있으므로 연습문제로 남긴다.

SECTION 01 연 / 습 / 문 / 제

01 앞면이 나올 가능성이 0.6인 찌그러진 동전을 10번 독립적으로 던지는 통계실험에서 앞면이 7번 이상 나올 확률을 구하여라.

02 확률변수들 $X_1, X_2, \cdots, X_n$ 이 성공률 p 인 베르누이 시행을 이룬다고 한다. $k=1, 2, \cdots, n$ 에 대하여 $\sum_{i=1}^{n} X_i = k$가 주어졌을 때, $X_1 = 1$ 일 조건부 확률을 구하여라.

03 성공률 1/3인 확률실험을 n 번 독립적으로 반복시행할 때, 성공의 횟수를 X 로 나타낸다. 이때 $P(X \geq 1) \geq 0.8$이 되는 n 의 최솟값을 구하여라.

04 확률변수 X 의 적률생성함수가 $M_X(t) = \left(\frac{3}{4} + \frac{1}{4}e^t\right)^{10}$ 일 때, $P(|X-\mu| < \sigma) = 0.53$ 인 것을 보여라.

05 점보제트 여객기에는 서로 독립적으로 작동하는 4대의 엔진을 장착하고 있다, 각 엔진의 고장확률은 0.002이고 성공적인 비행을 위해서 적어도 2대 이상의 엔진이 정상적으로 작동되어야 한다면 비행이 성공적으로 종료될 확률을 구하여라.

06 $X \sim B\left(300, \frac{1}{6}\right)$ 일 때 X^2 의 평균을 구하여라.

07 n개의 확률변수 $X_1, X_2, \cdots, X_n$ 이 확률밀도함수가 f 인 연속형분포로부터 한 무작위표본을 형성한다고 하자. 이 n개의 확률변수 중에 적어도 k개가 한 특정한 구간 $a \leq x \leq b$상에 놓여 있을 확률을 구하여라.

SECTION 02 초기하분포

주머니에 A개의 빨간 공과 B개의 파란 공이 들어 있다고 하자. 그리고 이 상자로부터 비복원추출에 의하여 n개의 공을 임의추출할 때, 추출된 빨간 공의 개수를 확률변수 X라 하자. X가 취하는 값을 x라 하면, 임의추출된 빨간 공은 A나 n을 초과할 수 없으므로

$$x \le \min\{A, n\}$$

이다. 또한 $n-X$는 B를 초과할 수 없으므로 x의 값은 적어도 $n-B$임에 틀림없고

$$x \ge \max\{0, n-B\}$$

이다. 따라서 확률변수 X가 취할 수 있는 값은 다음 범위 안에 있는 정수이다.

$$\max\{0, n-B\} \le x \le \min\{A, n\} \qquad \cdots ①$$

그리고 이 범위 안의 정수 x에 대하여 $X=x$일 확률은

$$P(X=x) = \frac{\binom{A}{x}\binom{B}{n-x}}{\binom{A+B}{n}} \qquad \cdots ②$$

이다. 한편 임의의 정수 a, b와 양의 정수 x에 대하여 $\sum_{x=0}^{n}\binom{a}{x}\binom{b}{n-x} = \binom{a+b}{n}$ 이므로 다음이 성립한다.

$$\sum_{x=0}^{n} P(X=x) = 1$$

따라서 부등식 ①에 주어진 범위 안에 있는 모든 정수 x에 대하여 식 ②에 주어진 확률 $P(X=x)$는 확률함수의 조건을 만족하고 앞에서 정의된 확률변수 X는 다음과 같은 확률함수 $f(x : A, B, n)$을 갖는다.

$$f(x : A, B, n) = \begin{cases} \dfrac{\dbinom{A}{x}\dbinom{B}{n-x}}{\dbinom{A+B}{n}}, & \max\{0, n-B\} \le x \le \min\{A, n\},\ x\text{는 정수} \\ 0, & \text{다른 곳에서} \end{cases} \quad \cdots ③$$

이때, 확률변수 X는 모수 A, B, n인 **초기하분포**(hypergeometric distribution)를 따른다고 하고, $X \sim H(A, B, n)$으로 나타낸다. 그러나 n개 안에 들어 있는 빨간 공의 개수에 관심을 가지므로 보편적으로 $n \le A$, $n-B \le 0$인 경우, 즉 $x = 0, 1, \cdots, n$을 취하며 일반적으로 식 ③에 주어진 확률함수를 다음과 같이 바꾸어 생각한다.

$$f(x : A, B, n) = \begin{cases} \dfrac{\dbinom{A}{x}\dbinom{B}{n-x}}{\dbinom{A+B}{n}}, & x = 0, 1, \cdots, n \\ 0, & \text{다른 곳에서} \end{cases}$$

다음 그림은 $X \sim H(40, 160, 30)$인 경우의 확률함수 $f(x : 40, 160, 30)$의 그림을 나타낸다.

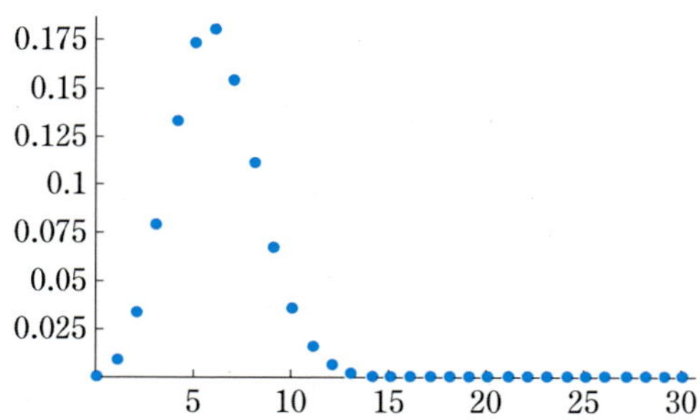

| 그림 4.3 | $X \sim H(40, 160, 30)$인 확률분포

예제 4-5

꽃바구니 속에 80개의 빨간 꽃과 20개의 노란 꽃이 들어 있다. 이 꽃바구니에서 10개의 꽃을 비복원으로 꺼낼 때, 추출된 노란 꽃의 수에 대한 확률함수를 구하고, 4개 이상 노란 꽃이 나올 확률을 구하여 보자.

추출된 노란 꽃의 수를 X라 하면, $A = 20$, $B = 80$, $n = 10$이므로 구하고자 하는 확률함수는 $f(x:20, 80, 10) = \binom{20}{x}\binom{80}{10-x}\Big/\binom{100}{10}$ $(x=0, 1, \cdots, 10)$이고, 따라서 구하고자 하는 확률은 다음과 같다.

$$\begin{aligned} P(X \geq 4) &= 1 - P(X \leq 3) \\ &= 1 - \sum_{x=0}^{3} \frac{\binom{20}{x}\binom{80}{10-x}}{\binom{100}{10}} \\ &= 1 - 0.89 = 0.11 \end{aligned}$$

그림 4.4는 예제 4.5에서 $H(20, 80, 20)$의 그림이다.

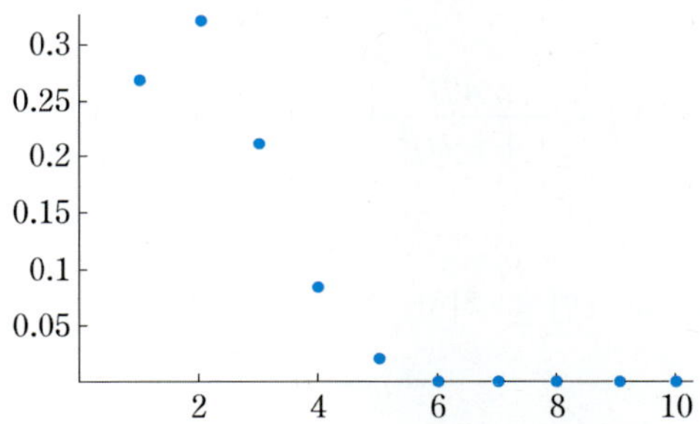

| 그림 4.4 | $f(x:20, 80, 10)$의 개형

이제 초기하분포의 평균과 분산을 구해 보자. A개의 빨간 공과 B개의 파란 공이 들어 있는 한 상자로부터 n개의 공을 무작위로 비복원추출한다고 계속 가정한다. $i=1, 2, \cdots, n$에 대하여, 만일 추출된 i번째 공이 빨간색이면 $X_i = 1$이고 그 공이 파란색이면 $X_i = 0$라고 하자. $i=1, 2, \cdots, n$에 대하여

$$P(X_i = 1) = \frac{A}{A+B}, \quad P(X_i = 0) = \frac{B}{A+B}$$

이므로

$$E(X_i) = \frac{A}{A+B}, \quad Var(X_i) = \frac{AB}{(A+B)^2}$$

이다. $X = X_1 + X_2 + \cdots + X_n$이므로

$$E(X) = \sum_{i=1}^{n} E(X_i) = \frac{nA}{A+B}$$

이고, 이는 모수 A, B, 그리고 n인 초기하분포의 평균은 $nA/(A+B)$임을 의미한다. 특히 $\frac{A}{A+B} = p$라고 하면 초기하분포의 평균은 np이고, 이는 이항분포의 평균과 같게 된다.

이제 분산을 구해보자.

$$Var(X) = \sum_{i=1}^{n} Var(X_i) + 2\sum\sum_{i<j} Cov(X_i, X_j)$$

인데, 변수들 $X_1, X_2, \cdots, X_n$ 간의 대칭성 때문에 위 식의 마지막 합의 $Cov(X_i, X_j)$항은 $Cov(X_1, X_2)$와 같은 값을 가지게 될 것이다. 이 합에는 $\binom{n}{2}$개의 항들이 있기 때문에

$$Var(X) = \frac{nAB}{(A+B)^2} + n(n-1)Cov(X_1, X_2)$$

가 성립한다.

한편 X_1과 X_2는 단지 0과 1만을 취할 수 있으므로 곱 X_1X_2 역시 값 0과 1만을 취할 수 있다. 그러므로

$$E(X_1X_2) = P(X_1X_2 = 1) = P(X_1 = 1)P(X_2 = 1 | X_1 = 1) = \frac{A}{A+B} \cdot \frac{A-1}{A+B-1}$$

이고

$$Cov(X_1, X_2) = E(X_1X_2) - E(X_1)E(X_2) = -\frac{AB}{(A+B)^2(A+B-1)}$$

이 성립한다. 따라서

$$Var(X) = \frac{nAB}{(A+B)^2} \cdot \frac{A+B-n}{A+B-1}$$

이다. 이때 $N = A+B$는 상자 속에 들어 있는 공의 총수를 나타내고 $p = A/N$는 상자 속에 있는 빨간 공의 비율을 나타내며 $q = 1-p$는 상자 속에 있는 파란 공의 비율을 나타낸다. 그러면 $Var(X)$는 다음과 같이 나타낼 수 있다.

$$Var(X) = npq\frac{N-n}{N-1}$$

이를 이항분포의 분산과 비교하여 보자. 만일 n개의 공이 상자로부터 복원추출된다면 얻어지는 빨간 공의 수 X는 분산 npq인 이항분포를 따를 것이다. 그러므로 위 식에서 $\alpha = \dfrac{N-n}{N-1}$은 유한모집단으로부터 비복원으로 표본을 추출함으로써 얻어지는 분산에서의 감소를 나타낸다.

만일 $n=1$이면 이 인자 α의 값은 1이다. 왜냐하면 단 한 개의 공이 추출될 때는 복원추출과 비복원추출 사이에 구별이 없기 때문이다. 만일 $n=N$이면 $\alpha=0$ 그리고 $Var(X)=0$이다. 왜냐하면 상자 속의 모든 공이 비복원으로 추출되었을 때 $X=A$임이 틀림없기 때문이다. 1과 N 사이의 모든 n값에 대하여 α의 값은 0과 1 사이가 될 것이다.

마지막으로 어떤 고정된 표본크기 n에 대하여 $N\to\infty$일 때 $\alpha\to 1$이 된다. 이 극한은 모집단 크기 N이 표본크기 n과 비교하여 매우 클 때, 복원 표본추출과 비복원 표본 추출 사이에 거의 차이가 없다는 사실을 반영한다. 바꾸어 말하면 만일 표본크기 n이 전체 모집단 $A+B$에 의해 무시해도 좋을 만큼 작으면 모수 A, B, 그리고 n인 초기하분포는 모수 n과 $p=A/(A+B)$인 이항분포로 근사될 수 있다.

그림 4.5는 $n=30$, $p=\dfrac{1}{5}$인 이항분포의 그림이며, 그림 4.4와 거의 일치한다는 것을 알 수 있다.

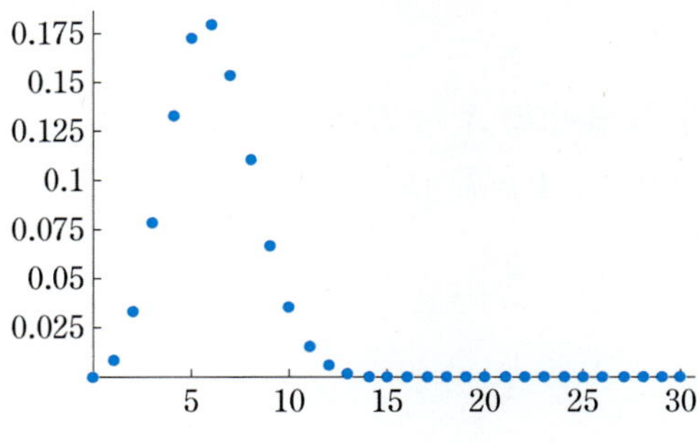

| 그림 4.5 | $B(30, 1/5)$의 확률분포

SECTION 02 연 / 습 / 문 / 제

01 어느 컴퓨터 회사에서 25개들이 반도체 한 상자를 구입할 때 납품된 반도체 한 상자에서 4개의 반도체를 비복원추출하여 검사한 결과 불량 반도체의 개수가 2개 이상이면 납품된 반도체 한 상자 모두를 반품하기로 하였다. 5개의 불량 반도체가 포함된 한 상자가 반품되지 않을 확률을 구하여라.

02 남학생이 A명 여학생이 B명인 학급에서 n 명의 학생을 비복원추출한다고 하자. 그리고 추출된 남학생의 수를 X라 하면, $Var(X)$를 최대로 하는 표본의 크기 n을 구하여라.

03 $X \sim H(100, 900, 10)$일 때, $P(X=5)$를 구하고, 이항근사를 이용하여 $P(X=5)$를 근사적으로 구하여라.

04 $X \sim H(A, B, n)$일 때 $\frac{A}{A+B}=p$이고 $A+B \to \infty$이면 $H(A, B, n) \to B(n, p)$임을 보여라.

05 두 확률변수 X, Y가 독립이고 $X \sim B(n_1, p)$, $Y \sim B(n_2, p)$일 때, 조건부 확률 $P(X=k_2 | X+Y=k_1)$의 분포를 구하여라.

SECTION 03 푸아송 분포

이 분포는 1837년에 푸아송(S. D. Poisson)에 의하여 발표된 것으로 그는 정리 2에서와 같이 이항분포의 극한 형태를 관찰함으로써 이 분포를 얻었으며, 그의 이름을 따서 푸아송 분포라 명명하였다. 그 후, 특히 프러시아 군대에서 1년마다 말에 차여 사망하는 병사의 수를 관찰한 바, 군대에서 위험에 노출된 병사의 수효가 많은 반면에 이러한 원인으로 사망할 가능성은 매우 희박하다는 사실에 입각하여 본격적으로 연구되었다. 이와 같이 단위시간 또는 단위공간에 무한히 많은 실험이 독립적으로 적용되는 경우에 사용되는 분포가 푸아송 분포이며 사용되는 예는 다음과 같다.

1. 책의 한 쪽당 오자의 수
2. 한 지역에 살고 있는 연령 100세인 노인의 수
3. 하루 동안 잘못 걸려온 전화의 수
4. 어떤 지정된 날에 시청에 들어가는 손님의 수
5. 어떤 방사능 물질의 지정된 시간 동안 방전된 알파입자의 수

이제 푸아송 분포의 특성을 알기 위하여 다음과 같은 함수를 생각하자.

$$f(x:\lambda)=\begin{cases}\dfrac{\lambda^x}{x!}e^{-\lambda}, & x=0,1,2,\cdots,\ \lambda>0\\ 0, & \text{다른 곳에서}\end{cases} \qquad \cdots ①$$

그러면 함수 $f(x:\lambda)$는 다음과 같은 이유에서 이산분포의 확률함수가 된다. 즉, $\lambda>0$이면 모든 $x=0, 1, 2, \cdots$에 대하여 $f(x:\lambda)>0$이고, e^{λ}에 대한 매클로린 급수전개식은 $e^{\lambda}=\sum_{x=0}^{\infty}\dfrac{\lambda^x}{x!}$이므로

$$\sum_{x=0}^{\infty}f(x:\lambda)=\sum_{x=0}^{\infty}\frac{\lambda^x}{x!}e^{-\lambda}=e^{-\lambda}e^{\lambda}=1$$

이다. 확률변수 X가 식 ①에서 주어진 확률함수를 가지는 경우에 X는 모수 λ인 **푸아송 분포**를 따른다고 하고, $X \sim P(\lambda)$로 나타낸다. 그림 4.6은 $X \sim P(0.5)$의 확률함수를 나타낸다.

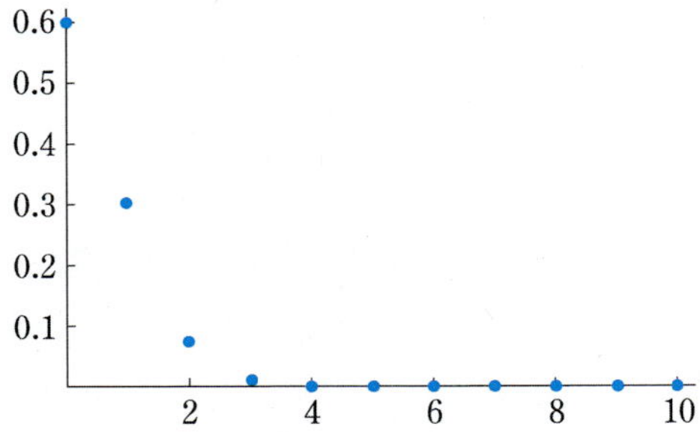

| 그림 4.6 | $X \sim P(0.5)$의 확률분포

$X \sim P(\lambda)$이면, X의 기댓값과 분산은 각각 다음과 같음을 쉽게 알 수 있다.

$$E(X) = \lambda, \quad Var(X) = \lambda$$

그리고 X의 적률생성함수는 다음과 같이 얻을 수 있다.

$$\begin{aligned} M_X(t) &= \sum_{x=0}^{\infty} e^{tx} f(x : \lambda) \\ &= \sum_{x=0}^{\infty} e^{tx} \frac{\lambda^x}{x!} e^{-\lambda} \\ &= e^{-\lambda} \sum_{x=0}^{\infty} \frac{(\lambda e^t)^x}{x!} \\ &= e^{-\lambda} \exp[\lambda e^t] \\ &= \exp[\lambda(e^t - 1)] \end{aligned}$$

예제 4-6

적률생성함수가 $M_X(t) = \exp[(e^t - 1)/2]$, $-\infty < t < \infty$인 확률변수 X의 분포에 대하여 확률함수를 구하고, 확률 $P(X \le 2)$를 구하여 보자.
제시된 적률생성함수는 $\lambda = 0.5$인 푸아송 분포를 나타내므로 확률변수 X의 확률함수는

$$f(x:0.5) = \frac{0.5^x}{x!}e^{-0.5}, \quad x = 0, 1, 2, \cdots$$

이고, 따라서 구하고자 하는 확률은 부록의 〈표 3〉으로부터 $P(X \le 2) = 0.986$이다.

한편 $\lambda = np$가 일정한 모수 n, p인 이항분포에서 $n \to \infty$이면, 이항분포 $B(n, p)$는 점근적으로 모수 λ인 푸아송 분포에 가까워진다. 보편적으로 np가 일정하고 $n \ge 30$인 경우에 대하여 이항분포표를 이용하기보다는 근사적으로 푸아송 분포를 이용하여 확률을 계산하는 것이 편리하다. 또한 np가 일정하고 n이 충분히 크다면 p는 상대적으로 매우 작아진다. 따라서 푸아송 분포는 어떠한 사건이 발생하기 매우 어려운 상황에서 나타나는 확률모형임을 알 수 있다.

● 정리 2

$X \sim B(n, p)$이고 $\lambda = np$가 일정한 경우에 $n \to \infty$이면, 근사적으로 $X \sim P(\lambda)$이다.

증명

연습문제로 남긴다.

예를 들어 $X \sim B(200, 0.0025)$이고 $np = 0.5$로 일정하다면, 이 경우의 확률함수는 앞에서 살펴본 $X \sim P(0.5)$의 확률함수와 거의 일치함을 다음 그림을 이용하여 알 수 있다.

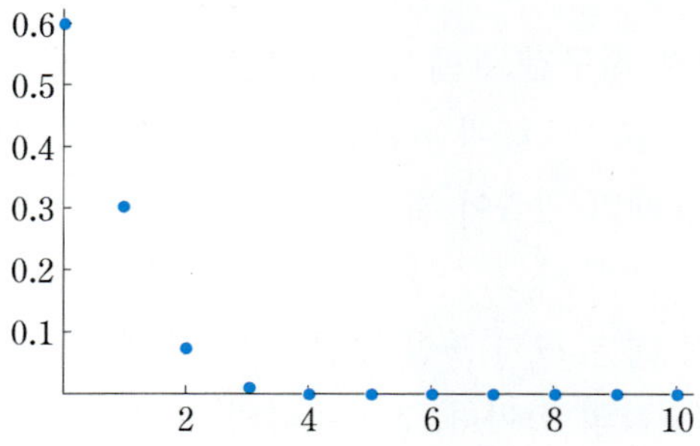

| 그림 4.7 | $X \sim B(200, 0.0025)$의 확률함수

더욱이 독립인 두 확률변수 X와 Y가 푸아송 분포를 이룬다면 $X+Y$도 역시 푸아송 분포를 형성하지만, $X-Y$는 간단한 형태로 표현되지 않는다.

예제 4-7

어떤 회사에서 생산된 반도체의 불량률은 0.0001이라 한다. 그 회사의 생산라인에서 50,000개를 임의추출하여 2개 이하의 불량품이 나올 확률을 구하여 보자.
임의추출된 반도체에 들어 있는 불량품의 개수를 X라 하면, $X \sim B(50000, 0.0001)$인 이항분포를 이룬다. 따라서 확률변수 X는 $\lambda = np = 5$인 푸아송 분포를 근사적으로 따르므로 구하고자 하는 확률의 근삿값은 $P(X \leq 2) \fallingdotseq 0.1247$이다.

이제 푸아송 분포의 중요한 응용인 푸아송 과정을 살펴보도록 하자. 푸아송 과정은 물리, 생물, 천문학 그리고 신경의학뿐만 아니라 매우 많은 분야에 정확한 확률모형을 제시해 주는 것으로 어떤 정해진 시점 $t \geq 0$까지 특정한 사건이 발생한 횟수에 관심을 갖는다. 예를 들어, 확률변수 X를 규정된 시간에 일정한 영역으로 들어오는 방사능 물질에 의하여 방출되는 알파입자의 수라 하면, 확률변수 X는 푸아송 분포를 따르는 것으로 알려져 있으며, 어떤 지정된 시간 동안 발생하는 교통사고의 건수도 푸아송 분포로 설명된다. 이와 같이 고정된 시구간 또는 공간에서 어떤 관측건수에 대한 일련의 과정이 푸아송 분포를 이루는 경우에 이러한 과정을 푸아송 과정이라 한다. 이제 임의의 어떤 시점에서 관측이 나타나고, 양의 상수 λ에 대하여 다음의 세 가지 가정이 성립한다고 하자.

[가정 1] $h \to 0$일 때 주어진 시구간 h에서 꼭 1개의 사건이 발생할 확률은 시간의 길이에 비례한다.
[가정 2] $h \to 0$일 때 주어진 시구간 h에서 2개 이상의 사건이 발생할 확률은 0이다.
[가정 3] 임의의 정수 $n, i_1, i_2, \cdots, i_n$과 n개의 중복되지 않는 시구간들 $I_1, \cdots, I_n$에 대하여, 구간 I_k에서 i_k개의 관측이 발생할 사건들은 독립이다.

그러면 [가정 1]과 [가정 2]는 크기 h인 구간에서 꼭 1개의 사건이 발생할 확률은 λh와 시구간 h에 비하여 더 작은 값의 합이며, 2개 이상의 사건이 나타날 확률은 구간 h에 비하여 보다 더 작음을 나타낸다. 또한 [가정 3]은 한 구간에서 발생한 사건이 중복되지 않는 다른 구간에서의 사건의 발생에 아무런 영향을 미치지 않음을 나타낸다. 이제 이러한 가정들 아래서 시구간 $[0, t]$에서 발생한 사건의 개수를 확률변수 $N(t)$라 하면, $N(t)$는 $P(\lambda t)$를 따른다는 사실을 알아본다. $P[N(t)]=k]$가 시구간 $[0, t]$에서 k개의 사건이 발생할 확률이라고 하자. 가정 1에서의 비례상수를 λ라고 할 때, 가정 1, 2, 3에 의해서

$$P[N(t+h)=0]=P[N(t)=0)]P[N(h)=0]=P[N(t)=0](1-\lambda h)$$

가 되고 이를 정리하면

$$\frac{P[N(t+h)=0]-P[N(t)=0]}{h}=-\lambda P[N(t)=0]$$

가 된다. $h\to 0$이면 위 식은

$$\frac{d}{dt}P[N(t)=0]=-\lambda P[N(t)=0]$$

가 되는데 이를 풀면 $P[N(t)=0]=ce^{-\lambda t}$가 된다. $P(N(0)=0]=1$이므로 초기조건 $P[N(0)=0]=1$을 대입하면 $c=1$이므로 $P[N(t)=0]=e^{-\lambda t}$을 얻는다.

이를 일반화하면 가정에 의해

$$\begin{aligned}P[N(t+h)=k]&=P[N(t)=k)]P[N(h)=0]+P[N(t)=k-1)]P[N(h)=1]\\&=P[N(t)=k](1-\lambda h)+P[N(t)=k-1](\lambda h)\end{aligned}$$

가 되고 이를 정리하면

$$\frac{P[N(t+h)=k]-P[N(t)=k)]}{h}=-\lambda P[N(t)=k]+\lambda P[N(t)=k-1]$$

가 된다. $h\to 0$이면 위 식은

$$\frac{d}{dt}P[N(t)=k]=-\lambda P[N(t)=k]+\lambda P[N(t)=k-1]$$

가 되는데 이를 풀면

$$P[N(t)=k]=\frac{(\lambda t)^k e^{-\lambda t}}{k!}, \qquad k=0, 1, 2, 3, \cdots$$

가 된다. 따라서 고정된 시구간 $[0, t]$에서 발생한 관측의 수 $N(t)$는 모수 λt인 푸아송 분포를 따르며, 이때 λ는 단위시간당 관측발생비율을 나타내고 $\{N(t): t\geq 0\}$을 발생비율 λ를 갖는 **푸아송 과정**이라 한다.

예제 4-8

우리나라 동남부 지역에서 1년에 평균 3번 지진이 일어난다고 하자.
앞으로 2년간 적어도 3번의 지진이 일어날 확률과 지금부터 다음 지진이 일어날 때까지 걸리는 시간의 확률분포를 구하여 보자.
$[0, t]$에서 발생한 지진의 수를 $N[t]$라 하면, 발생비율이 $\lambda=3$이므로, 확률변수 $N[t]$는

$$P[N(t)=k]=e^{-3t}\frac{(3t)^k}{k!},\qquad k=0,1,2,\cdots$$

인 푸아송 분포를 이룬다. 따라서 앞으로 2년간 발생한 지진의 수 $N[2]$는

$$P[N(2)=k]=e^{-6}\frac{6^k}{k!},\qquad k=0,1,2,\cdots$$

이므로 구하고자 하는 확률은 다음과 같다.

$$\begin{aligned}P[N(2)\geq 3]&=1-(P[N(2)=0]+P[N(2)=1]+P[N(2)=2])\\&=1-e^{-6}(1+6+18)\\&=1-25\cdot e^{-6}=0.938\end{aligned}$$

한편 다음 지진이 일어날 때까지 소요되는 시간을 T라 하면, $T>t$일 필요충분조건은 $[0, t]$에서 지진이 한번도 발생하지 않는 것이다. 따라서

$$P(T>t)=P[N(t)=0]=e^{-3t}$$

즉, T의 분포함수를 $F(t)$라 하면

$$F(t)=P(T\leq t)=1-P(T>t)=1-e^{-3t}$$

이다.

이와 같이 어떤 사건이 발생한 이후에 다음 사건이 발생할 때까지 기다리는 시간을 대기시간(waiting time)이라 하며, 대기시간 T의 확률분포는 4.8절 지수분포에서 자세하게 학습할 것이다.

SECTION 03 연/습/문/제

01 어떤 상점은 평균적으로 1시간에 15명의 손님을 맞이하며, 이 상점을 방문하는 손님의 수는 푸아송 분포를 따른다고 한다. 이 상점에서 어떤 주어진 2시간 동안 20명 이상의 손님을 맞이할 확률은 얼마인가?

02 어느 전화교환대에 평균적으로 매분 3건의 통화가 걸려오며, 통화건수는 푸아송 분포를 따른다고 한다. 이 교환대에서 3분 동안에 10건 이상의 통화가 이루어질 확률을 구하여라.

03 어느 통계학 교재는 총 n쪽으로 이루어져 있으며, 평균 한 쪽당 λ개의 오자가 있다. 이때 적어도 m쪽에 k개 이상의 오자가 나올 확률을 구하여라.

04 어떤 화학물질에서 α입자가 평균 10초당 4개씩 방출되며, 방출횟수는 푸아송 분포를 따른다고 한다. 최초의 입자가 방출될 때까지 걸린 시간이 7초 이상일 확률을 구하여라.

05 $X \sim B(n, p)$이고 $\lambda = np$가 일정한 경우에 $n \to \infty$이면, 근사적으로 $X \sim P(\lambda)$임을 보여라.

06 확률변수 X와 Y가 독립이고 $X \sim P(\lambda_1)$, $Y \sim P(\lambda_2)$이면, $X + Y \sim P(\lambda_1 + \lambda_2)$임을 보여라.

07 X의 적률생성함수가

$$M_X(t) = \exp[-4(1 - e^t)]$$

일 때 X의 평균과 $P(X = 3)$을 구하여라.

08 어느 가게에 분당 3명의 비율로 손님이 방문한다고 하자. 2분 안에 10명 이상의 손님이 방문할 확률을 구하여라.

SECTION

04 기하분포

확률변수열 $X_1, X_2, \cdots$는 무작위표본이고 각각의 $X_i\ (i=1, 2, \cdots)$가 $B(1, p)$인 베르누이 시행열에 따른다고 하자. 확률변수 X가 최초의 성공이 있을 때까지 나타난 시행 횟수를 나타낸다고 하면, 각 시행은 독립이므로 X의 확률함수는 다음과 같다.

$$f(x:1, p) = pq^{x-1}, \quad x=1, 2, \cdots; p+q=1$$

이와 같이 확률변수 X가 위의 확률함수를 가지는 경우에 모수 p인 **기하분포**(geometric distribution)를 따른다고 하고, $X \sim NB(1, p)$로 나타낸다.

$X \sim NB(1, p)$이면, X의 기댓값과 분산은

$$E(X) = \frac{1}{p}, \quad Var(X) = \frac{q}{p^2}$$

이다. 또한 X의 적률생성함수는 $M_X(t) = pe^t(1-qe^t)^{-1}$이다.

예제 4-9

1의 눈이 나올 때까지 주사위를 반복해서 던진다고 하자. 이때 주사위를 던진 횟수에 대한 확률모형을 구하고 평균과 표준편차를 구하여 보자.

주사위를 독립적으로 던지는 매 시행에서 1의 눈이 나올 가능성은 $p=1/6$이다. 따라서 1의 눈이 나올 때까지 던진 횟수를 확률변수 X라 하면, X는

$$f(x:1, 1/6) = \frac{1}{6}\left(\frac{5}{6}\right)^{x-1}, \quad x=1, 2, 3, \cdots$$

인 기하분포에 따른다. 그리고 이 경우의 확률과 표준편차는 각각 다음과 같으며, 그림 4.8과 같은 개형을 갖는다.

$$E(X) = \frac{1}{p} = 6, \ \sigma = \sqrt{Var(X)} = \sqrt{q/p^2} = \sqrt{30} = 5.477$$

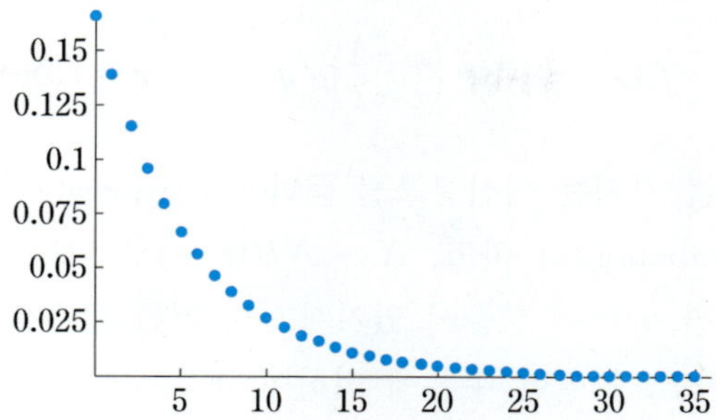

| 그림 4.8 | $X \sim NB(1:1/6)$인 확률함수

기하분포의 성질을 알아보기 위하여 매 시행에서 성공률이 p인 베르누이 시행을 생각하자. 그러면 첫 번째 성공이 나타나기 전까지 반복 시행한 횟수는 모수 p인 기하분포를 이룬다. 이제 처음부터 10번의 실패가 있었다고 가정하고 그 이후부터 최초의 성공이 있기까지 베르누이 시행을 반복한다면, 역시 추가되는 시행 횟수도 모수 p인 기하분포를 이룬다. 이러한 사실로부터 10번의 시행이 있은 후 다시 베르누이 시행이 시작되며, 10번째까지 나타난 실패는 그 이후로 나타날 최초의 성공에 아무런 영향을 미치지 못함을 알 수 있다. 이와 같은 성질을 기하분포의 **비기억성 성질**(memoryless property)이라 한다.

● 정리 3

$X \sim NB(1, p)$이면, 임의의 양의 정수 a, b에 대하여 다음이 성립한다.

$$P(X > a + b \mid X > b) = P(X > a)$$

증명

연습문제로 남긴다. ◀◀

이제 역시 성공률이 p인 베르누이 시행에서 처음 r번의 성공이 있기까지 시행한 횟수에 관한 분포를 알아보자. 처음 r번 성공하기까지 시행한 횟수를 X라 하면, 최소한 처음부터 연속해서 r번 성공하는 경우부터 생각할 수 있으므로 X가 취할 수 있는 값은 $\{r, r+1, \cdots\}$이다. 또한 매 시행이 독립적으로 이루어지며, x번째 시행에서 r번째 성공이 나타나기 위하여는 $x-1$번째까지 $r-1$번의 성공이 있어야 하므로 X의 확률함수는 다음과 같다.

$$f(x:r,\,p)=\binom{x-1}{r-1}p^r q^{x-r},\quad x=r,\,r+1,\,\cdots \qquad \cdots ①$$

이와 같은 확률함수를 가지는 이산분포를 **음이항 분포**(negative binomial distribution) 또는 **파스칼 분포**(Pascal distribution)라 하고, $X \sim NB(r,\,p)$로 나타낸다. 한편 r번째 성공이 나타날 때까지 시행한다면, r번째 성공이 있기까지 실패한 횟수를 생각할 수도 있다. 따라서 실패한 횟수를 Y라 하면, 동일한 추론에 의하여 Y의 확률함수는 다음과 같고, 이 확률함수는 식 ①에서 주어진 X의 확률함수와 비교된다.

$$\begin{aligned} g(y:r,\,p) &= \binom{y+r-1}{r-1}p^r q^y,\quad y=0,\,1,\,2,\,\cdots \\ &= f(y+r:r,\,p) \end{aligned}$$

이제 어떤 시행의 결과가 성공 또는 실패인 베르누이 시행을 생각하자. 만일 X_1이 첫 번째 성공이 일어나기 전의 시행횟수라고 하면, X_1은 모수 p인 기하분포를 따를 것이다.

더욱 일반적으로 X_i는 $i-1$번의 성공이 얻어진 후 그러나 i번째 성공을 얻기 전까지 시행횟수를 나타낸다고 할 수 있다. 모든 시행들은 독립이고 어떤 주어진 시행에서 하나의 성공을 얻을 확률은 p이므로, 각 확률변수 X_i는 모수 p인 기하분포를 가질 것이고, 확률변수들 $X_1,\,X_2,\,\cdots$는 독립이 될 것이다. 더욱이 $r=1,\,2,\,\cdots$에 대하여 합 $X_1+X_2+\cdots+X_r$은 정확히 r번의 성공을 얻기까지의 시행횟수가 될 것이다. 그러므로 이 합은 모수 r과 p인 음의 이항분포를 가질 것이다. 따라서 음이항분포 $X \sim NB(r,\,p)$의 기댓값과 분산은 $E(X)=r/p$, $Var(X)=rq/p^2$임을 쉽게 알 수 있으며, 적률생성함수는 $M_X(t)=(pe^t)^r(1-qe^t)^{-r}$, $qe^t<1$이다.

예제 4-10

1의 눈이 3번 나올 때까지 주사위를 반복해서 던진다고 하자. 이때 주사위를 던진 횟수에 대한 확률모형을 구하고 평균과 표준편차를 구하여 보자.

처음 3번 1의 눈이 나올 때까지 던진 횟수를 확률변수 X라 하면, X가 취할 수 있는 값은 $\{3,\,4,\,5,\,\cdots\}$이다. 또한 x번째 시행에서 세 번째 1이 있기 위하여는 $x-1$번째까지 꼭 2번 1의 눈이 나와야 하므로 X의 확률함수는

$$f(x:3,\,1/6)=\binom{x-1}{2}\left(\frac{1}{6}\right)^3\left(\frac{5}{6}\right)^{x-3},\quad x=3,\,4,\,5,\,\cdots$$

이고, 따라서 $X \sim NB(3,\,1/6)$인 음이항분포를 따른다. 그리고 이 경우의 확률과 표

준편차는 각각 다음과 같다.

$$E(X) = \frac{r}{p} = 18,\ \sigma = \sqrt{Var(X)} = \sqrt{rq/p^2} = \sqrt{90} = 9.487$$

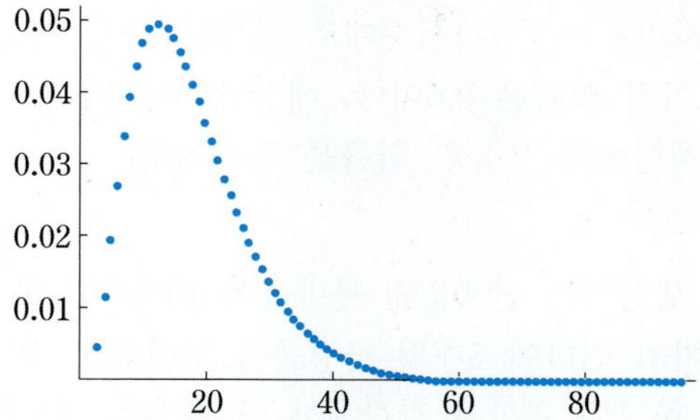

| 그림 4.9 | $X \sim NB(3,\ 1/6)$인 음이항분포

한편 $X_1,\ X_2,\ \cdots,\ X_r$이 독립이고 $X_i \sim NB(1:p),\ i=1,\ 2,\ \cdots,\ r$이면 $X_1 + X_2 + \cdots + X_r$은 $NB(r:p)$인 음이항분포를 따르는 것을 쉽게 알 수 있다.

SECTION 04 연/습/문/제

01 프로야구 한국시리즈는 7전 4선승제로 진행된다. 두 야구단을 A, B라 할 때 매 시합에서 A야구단이 이길 확률은 0.6이며, 매 시합은 독립적으로 진행된다고 하자. A구단이 정확히 6번째 시합에서 우승할 확률을 구하여라.

02 어느 공장에서 생산되는 신제품의 불량률이 10%라고 하자. 이 공장에서는 신제품의 불량원인을 규명하기 위하여 5개의 불량품을 찾아내서 정밀조사를 실시하기로 하였다. 5개의 불량품을 찾아낼 때까지 검사해야 할 제품의 개수는 몇 개로 기대되는가? 또 5개의 불량품을 찾아낼 때까지 검사해야 할 제품의 개수가 25개보다 클 확률을 구하여라.

03 $X \sim NB(1, p)$일 때,

(a) $E(X) = \dfrac{1}{p}$, $Var(X) = \dfrac{q}{p^2}$임을 보여라.

(b) 적률생성함수는 $M_X(t) = pe^t(1 - qe^t)^{-1}$임을 보여라.

04 $X \sim NB(1, p)$이면, 임의의 두 양의 정수 a, b에 대하여

$$P(X > a + b \mid X > b) = P(X > a)$$

임을 보여라.

05 $X_1, X_2, \cdots, X_n$이 독립이고 $i = 1, 2, \cdots, n$에 대하여 $X_i \sim NB(r_i, p)$이면, $S_n = X_1 + X_2 + \cdots + X_n$은 모수 $r_1 + r_2 + \cdots + r_n$과 p를 갖는 음이항분포임을 보여라.

06 X가 모수 p인 기하분포를 따른다고 하자. 임의의 자연수 k에 대하여 $P(X \geq k)$의 값을 구하여라.

SECTION
05 다항분포

실험이 n번 독립적으로 반복되고 각 실험의 결과는 k개의 서로 배반인 사건 $A_1, \cdots, A_k$로 구성된다고 하자. 다시 말해서 k개의 사건 $A_1, \cdots, A_k$가 표본공간 S의 분할이고, 각 시행에서 사건 A_i가 발생할 확률은 p_i로 일정하고 $p_1+\cdots+p_k=1$이라 한다. 이때 n번의 반복시행에서 사건 A_i가 나타난 횟수를 X_i라 하면, 확률벡터 $\boldsymbol{X}=(X_1,\cdots,X_k)$는 모수 n과 $\boldsymbol{p}=(p_1,\cdots,p_k)$인 **다항분포**(multinomial distribution)를 따른다고 한다. 한편 n번의 독립시행에서 각각의 사건 A_i가 x_i번 나타날 경우의 수는 $\binom{n}{x_1,\ \cdots,\ x_k}$이고, 각 경우에 대하여 $X_1=x_1, \cdots, X_k=x_k$일 확률은 $p_1^{x_1}\cdots p_k^{x_k}$이므로

$$P[X_1=x_1,\ \cdots,\ X_k=x_k]=\binom{n}{x_1,\ \cdots,\ x_k}p_1^{x_1}\cdots p_k^{x_k},$$
$$x_1+\cdots+x_k=n,\ \ x_i=0,1,\ \cdots,n,\ \ i=1,2,\ \cdots,k$$

이다. 따라서 $\boldsymbol{x}=(x_1,\ \cdots,\ x_k)$, $(x_1+\cdots+x_k=n, x_i=0, 1, \cdots, n, i=1, 2, \cdots, k)$와 $\boldsymbol{p}=(p_1,\ \cdots,\ p_k)$, $(p_1+\cdots+p_k=1, 0\le p_i\le 1, i=1, 2, \cdots, k)$에 대하여 모수 $n, \boldsymbol{p}$인 다항분포를 갖는 확률벡터 $\boldsymbol{X}=(X_1,\ \cdots,\ X_k)$의 확률함수는

$$\begin{aligned} f(\boldsymbol{x}:n,\boldsymbol{p}) &= P(\boldsymbol{X}=\boldsymbol{x})=P[X_1=x_1,\ \cdots,\ X_k=x_k] \\ &= \binom{n}{x_1,\ \cdots,\ x_k}p_1^{x_1}\cdots p_k^{x_k} \end{aligned}$$

이다.

예제 4-11

주사위를 10번 던져서 짝수의 눈이 5번, 1의 눈이 2번, 3의 눈이 2번, 5의 눈이 1번 나올 확률을 구하여 보자.

매 시행에서 짝수의 눈이 나올 가능성은 $\frac{1}{2}$이고, 1 또는 3 또는 5가 나올 가능성은

각각 $\frac{1}{6}$이다. 이제 주사위를 10번 던진 결과 짝수의 눈, 1의 눈, 3의 눈 그리고 5의 눈이 나온 횟수를 각각 확률변수 X_1, X_2, X_3, X_4라 하면, 구하고자 하는 확률은 다음과 같다.

$$P(X_1=5, X_2=2, X_3=2, X_4=1)=\binom{10}{5,\,2,\,2,\,1}\left(\frac{1}{2}\right)^5\left(\frac{1}{6}\right)^2\left(\frac{1}{6}\right)^2\left(\frac{1}{6}\right)$$
$$=\frac{10!}{5!2!2!1!}\left(\frac{1}{2}\right)^5\left(\frac{1}{6}\right)^5=0.03$$

특히 $k=2$인 경우에 확률벡터 $\boldsymbol{X}=(X_1, X_2)$가 모수 n과 $\boldsymbol{p}=(p_1, p_2)$인 다항분포를 따른다고 하자. 그러면 $X_2=n-X_1$, $p_2=1-p_1$이므로 확률벡터 $\boldsymbol{X}=(X_1, X_2)$는 확률변수 X_1에 의하여 사실상 결정된다. 더욱이 X_1은 n번의 베르누이 시행에서 사건 A_1이 발생한 횟수이고, 각 시행에서 사건 A_1이 나타날 확률이 p_1이므로 $X_1 \sim B(n, p_1)$임을 알 수 있다. 즉, 이항분포는 다항분포의 특수한 경우($k=2$)이고, 이러한 논리로부터 확률벡터 $\boldsymbol{X}=(X_1, \cdots, X_k)$의 각 성분확률변수 X_i는 모수 n, p_i인 이항분포를 이루므로 X_i의 기댓값과 분산은 각각 다음과 같다.

$$E(X_i)=np_i,\quad Var(X_i)=np_i(1-p_i),\ \ i=1,\cdots,k$$

● 정리 4

$\boldsymbol{X}=(X_1, \cdots, X_k)$가 모수 n과 $\boldsymbol{p}=(p_1, \cdots, p_k)$를 갖는 다항분포를 이룬다면, $X_i+X_j \sim B(n, p_i+p_j)$, $Cov(X_i, X_j)=-np_ip_j$이다.

증명

앞의 논리를 적용하면 쉽게 얻을 수 있으므로 연습문제로 남긴다. ◀◀

● 정리 5

$\boldsymbol{X}=(X_1, \cdots, X_k)$가 모수 n과 $\boldsymbol{p}=(p_1, \cdots, p_k)$를 갖는 다항분포를 이루는 경우, 확률벡터 $\boldsymbol{X}$의 적률생성함수는 $M(t_1, \cdots, t_k)=(p_1e^{t_1}+\cdots+p_ke^{t_k})^n$, $t_i\in R$, $i=1, \cdots, k$이다.

증명

$$
\begin{aligned}
M(t_1,\ \cdots,\ t_k) &= E[\exp(t_1X_1+\cdots+t_kX_k)] \\
&= \sum_{\substack{x_1+\ \cdots+\ x_k=n \\ (x_1\geq 0,\ \cdots,\ x_k\geq 0)}}^{n} \binom{n}{x_1,\ \cdots,\ x_k} \exp(t_1x_1+\cdots+t_kx_k)p_1^{x_1}\cdots p_k^{x_k} \\
&= \sum_{\substack{x_1+\ \cdots+\ x_{12}=n \\ (x_1\geq 0,\ \cdots,x_R\geq 0)}}^{n} \binom{n}{x_1,\ \cdots,\ x_k} e^{t_1x_1}\cdots e^{t_kx_k}p_1^{x_1}\cdots p_k^{x_k} \\
&= \sum_{\substack{x_1,\ \cdots,\ x_k=0 \\ x_1+\cdots+x_k=n}}^{n} \binom{n}{x_1,\ \cdots,\ x_k} (p_1e^{t_1})^{x_1}\cdots(p_ke^{t_k})^{x_k} \\
&= (p_1e^{t_1}+\cdots+p_ke^{t_k})^n
\end{aligned}
$$

SECTION 05 연 / 습 / 문 / 제

01 5개의 공정한 주사위를 던졌을 때 숫자 1과 숫자 4가 나온 개수가 같게 될 확률은 얼마인가?

02 어느 대학교에서 학생들의 16%는 1학년이고, 14%는 2학년이며, 38%는 3학년이고, 32%는 4학년이라고 한다. 만일 그 학교에서 15명의 학생을 무작위로 추출한다면 적어도 8명이 1학년 또는 2학년일 확률은 얼마인가?

03 확률변수들 $X_1,\ X_2,\ \cdots,\ X_k$는 독립이고 X_i는 평균 λ_i인 푸아송 분포를 따른다고 하자. 어떤 고정된 양의 정수 n에 대하여 $\sum_{i=1}^{k} X_i = n$에 대한 확률변수 $\boldsymbol{X} = (X_1,\ X_2,\ \cdots,\ X_k)$의 조건부 분포는 모수 n과 $\boldsymbol{p} = (p_1,\ p_2,\ \cdots,\ p_k)$를 따르는 다항분포임을 보여라. 여기서

$$p_i = \frac{\lambda_i}{\sum_{j=1}^{k} \lambda_j}, \quad i = 1,\ 2,\ \cdots,\ k$$

이다.

04 정리 4를 증명하여라.

SECTION 06 균등분포

구간 $S=[a,\ b]$의 부분구간에 확률변수 X가 놓일 확률이 그 부분구간의 길이에 비례하는 방법으로 선정되는 확률실험을 한다고 하자. 그러면 X는 구간 $[a,\ b]$에서 한 점이 무작위로 또는 동등하게 선정되며 다른 구간에서는 점을 취할 수 없는 실험의 결과를 나타내고, 따라서 X의 확률밀도함수는 표본공간 $[a,\ b]$에서 일정하고 다른 구간에서는 0이다. 더욱이 임의의 확률밀도함수 $f(x)$에 대하여

$$\int_{-\infty}^{\infty} f(x)dx = \int_{a}^{b} f(x)dx = 1$$

이므로 $f(x)$는 구간 $[a,\ b]$에서 일정한 값 $1/(b-a)$를 취한다. 그러므로 이 경우에 X의 확률밀도함수는

$$f(x)=\begin{cases} \dfrac{1}{b-a}, & a \le x \le b \\ 0, & \text{다른 곳에서} \end{cases} \qquad \cdots ①$$

이다. 이와 같은 확률변수는 구간 $[a,\ b]$에서 **균등분포**(uniform distribution)를 따른다고 하며, $X \sim U[a, b]$로 나타낸다.

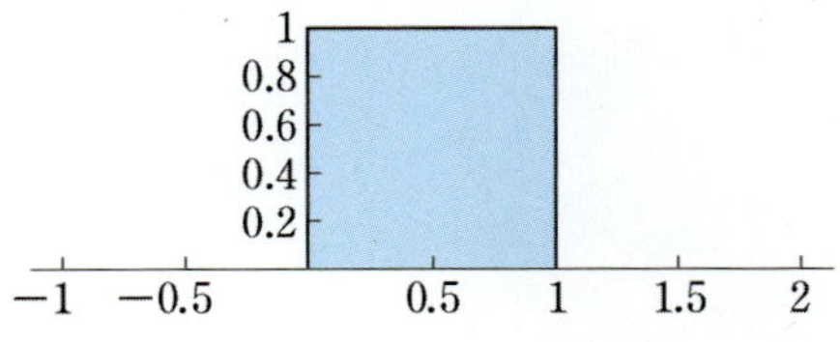

| 그림 4.10 | $X \sim U[0,\ 1]$의 확률밀도함수

그리고 $[a,\ b]$에서 평등분포를 이루는 확률변수의 기댓값과 분산은 각각 다음과 같음을 쉽게 알 수 있다.

$$E(X)=\frac{a+b}{2},\quad Var(X)=\frac{(b-a)^2}{12}$$

또한, 적률생성함수는 $M_X(t)=(e^{tb}-e^{ta})/t(b-a)$, $(t\neq 0)$이다.

예제 4-12

$f(x)=\frac{1}{10}\,(0\leq x\leq 10)$으로 정의되는 함수 $f(x)$의 평균과 분산 그리고 적률생성함수를 구하여 보자.

$$E(X)=\int_0^{10}xf(x)dx=\int_0^{10}\frac{x}{10}dx$$

$$=\left[\frac{1}{20}x^2\right]_0^{10}=5,$$

$$E(X^2)=\int_0^{10}x^2f(x)dx=\int_0^{10}\frac{x^2}{10}dx$$

$$=\left[\frac{1}{30}x^3\right]_0^{10}=\frac{100}{3}$$

이므로 평균은 $E(X)=5$이고 분산은

$$Var(X)=E(X^2)-E^2(X)=100/3-25=25/3$$

이다. 한편 적률모함수는 다음과 같다.

$$M_X(t)=E[e^{tX}]=\int_0^{10}\frac{1}{10}e^{tx}dx=\frac{e^{10t}-1}{10t}\quad (t\neq 0)$$

SECTION 06 연/습/문/제

01 어느 정류장에 버스가 도착하는 시간은 항상 8시에서 8시 10분 사이라고 가정하면 8시와 8시 10분 사이의 어떤 구간에 속하는 시각에 버스가 도착할 확률은 주어진 구간의 길이에 비례하게 된다. 이제 어떤 사람이 8시 정각에 정류장에 도착하여 버스가 올 때까지 기다리는 시간(단위 : 분)을 확률변수 X라고 하면 X의 평균과 분산을 구하여라.

02 어느 가게의 계산대에 도착하는 고객의 수는 푸아송 분포를 따른다. 한 고객이 주어진 30분 동안에 계산대에 도착하였다면 이 고객이 주어진 30분의 마지막 5분 동안에 계산대에 도착하였을 확률을 구하여라.

03 $X \sim U[a, b]$일 때 X의 분포함수를 구하여라.

04 $\{(x, y) : 0 < x \le y < 1\}$에서 무작위로 택한 한 점의 X, Y좌표를 확률변수라고 할 때, X와 Y의 결합확률밀도함수를 구하여라.

05 어느 상점에서 물건값을 계산할 때 10원 미만에 대하여는 반올림을 한다. 어느날 100명의 고객이 물건을 사갔다고 할 때, 반올림으로 인하여 이 상점 주인이 100원 이상 손해 볼 확률의 상한을 구하여라.

SECTION 07
코시 분포

임의의 양수 μ에 대하여 함수 $f(x)=\dfrac{\mu}{\pi[\mu^2+(x-\theta)^2]}$ $(-\infty<x<\infty)$를 생각하자. 이때 $y=\dfrac{x-\theta}{\mu}$라 하면,

$$\int_{-\infty}^{\infty} f(x)dx=\frac{1}{\pi}\int_{-\infty}^{\infty}\frac{dy}{1+y^2}=1$$

이므로 함수 $f(x)$는 확률밀도함수 조건을 만족하며, 이와 같은 확률분포를 모수 μ, θ를 갖는 **코시 분포**(Cauchy distribution)라 하고, $X\sim C(\mu, \theta)$로 나타낸다. 특히 **표준 코시 분포**(Standard Cauchy distribution) $X\sim C(1, 0)$를 생각한다면, $|X|$의 기댓값은

$$\begin{aligned} E(|X|) &= \int_{-\infty}^{\infty}|x|f(x)dx \\ &= \frac{1}{\pi}\int_{-\infty}^{\infty}\frac{|x|}{1+x^2}dx \\ &= \frac{2}{\pi}\int_{0}^{\infty}\frac{x}{1+x^2}dx=\infty \end{aligned}$$

이므로 코시 분포는 앞에서 살펴본 다른 분포들과는 다르게 기댓값을 갖지 못한다. 즉, $y=xf(x)$는 그림 4.12와 같이 꼬리 부분이 x축에 느리게 근접하며, 따라서 이 곡선의 두 부분의 넓이는 유한하지 않음을 알 수 있다. 그러나 $X\sim C(1, 0)$인 코시 확률밀도함수는 $x=0$에 관하여 대칭이고, $x=0$에서 최댓값을 가지므로 $x=0$은 이 확률분포의 중앙값과 최빈값이 된다. 따라서 이 확률분포에 대하여 대푯값으로 중앙값 $x=0$을 택한다. 표준 코시 확률밀도함수의 그래프는 4.10절에서 살펴볼 표준정규분포 밀도함수의 그래프와 모양이 크게 다르지 않지만, 표준정규분포는 기댓값을 갖는다는 것이 다르다.

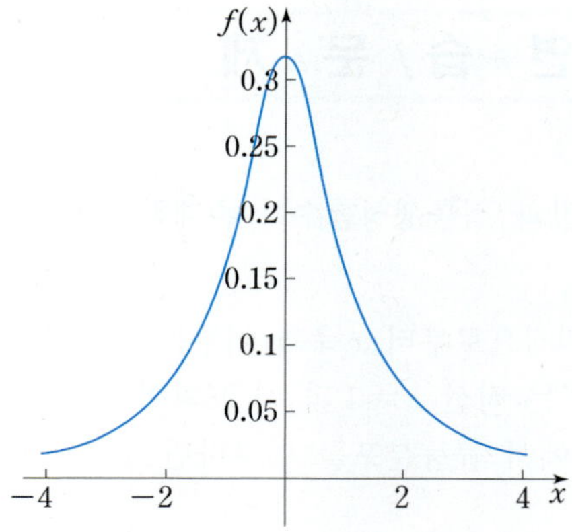

| 그림 4.11 | 표준 코시 확률분포

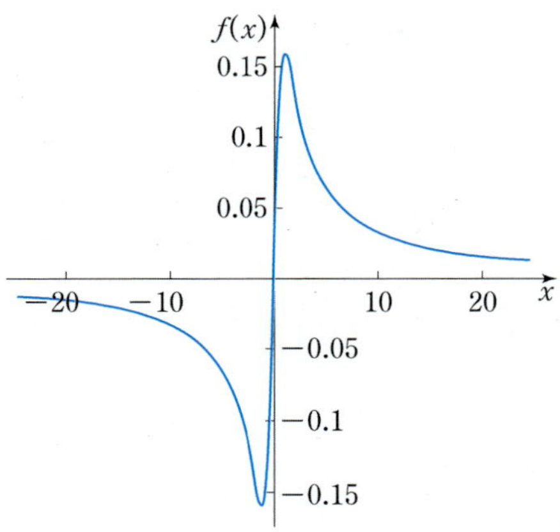

| 그림 4.12 | $y = xf(x)$

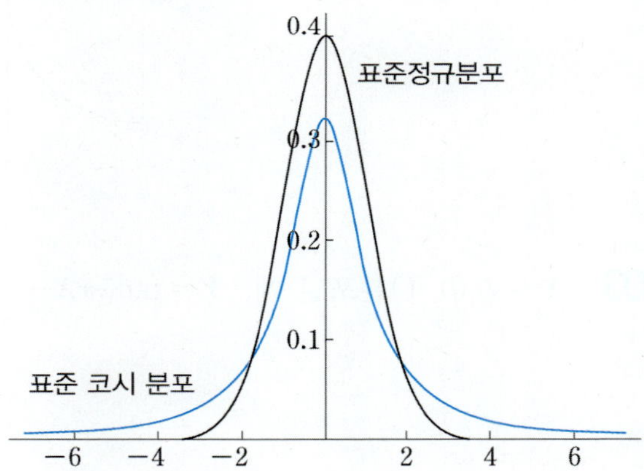

| 그림 4.13 | 코시 분포와 정규분포의 비교

일반적으로 $X \sim C(\mu, \theta)$인 경우에도 역시 평균 $E(X)$는 존재하지 않으나 $x = \theta$에서 중앙값과 최빈값을 가지므로 $x = \theta$를 대푯값으로 취한다.

SECTION 07 연 / 습 / 문 / 제

01 코시 확률분포의 기댓값과 적률생성함수가 존재하지 않음을 보여라.

02 포환이 (x, y)평면의 원점으로부터 x축과 이루는 사잇각이 X인 직선 방향으로 발사되었다고 하자. 그리고 Y는 직선 $x=1$과 이 포환이 만나는 점의 y좌표라 할 때, 확률변수 X가 $(-\pi/2, \pi/2)$에서 균등분포를 이룬다면 $Y \sim C(1, 0)$임을 보여라.

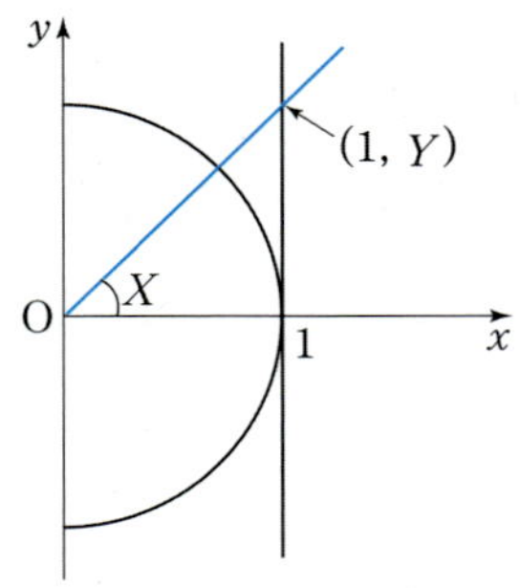

03 $X \sim U(0, 1)$분포일 때, $Y = \tan(\pi X - \pi/2)$의 확률분포를 구하여라.

SECTION 08 감마 분포

이제 단위구간에서 평균 변화의 수가 λ인 푸아송 분포를 가정하자. W를 첫 번째 변화가 일어날 때까지 걸리는 시간이라고 하면 W는 연속형분포가 될 것이다. 시간은 음이 아니므로 $w<0$일 때 분포함수 $F(w)=0$이 된다. $w\geq 0$에 대해

$$\begin{aligned} F(w) &= P(W\leq w)=1-P(W>w) \\ &= 1-P([0,w]\text{에서는 변화가 일어나지 않음}) \\ &= 1-e^{-\lambda w} \end{aligned}$$

이다. 그러므로 W의 확률밀도함수는 $w>0$에 대해

$$F'(w)=\lambda e^{-\lambda w}=f(w)$$

이다. $\lambda=1/\theta$로 놓으면, 확률밀도함수

$$f(x)=\frac{1}{\theta}e^{-x/\theta},\qquad 0\leq x<\infty$$

을 갖는 확률변수 X를 **지수분포**(Exponential distribution)를 따른다고 하고 $X\sim\Gamma(1,\theta)$로 표시한다. 즉 푸아송 과정에서 첫 번째 변화가 일어날 때까지 걸리는 시간은 $\theta=1/\lambda$를 갖는 지수분포를 따른다. 모수 θ에 대한 정확한 의미를 알기 위해 우선 적률생성함수를 구해 보자.

$$\begin{aligned} M_X(t) &= \int_0^\infty e^{tx}\left(\frac{1}{\theta}\right)e^{-x/\theta}dx=\lim_{b\to\infty}\int_0^b\left(\frac{1}{\theta}\right)e^{-(1-\theta t)x/\theta}dx \\ &= \lim_{b\to\infty}\left[-\frac{e^{-(1-\theta t)x/\theta}}{1-\theta t}\right]_0^b=\frac{1}{1-\theta t},\qquad t<\frac{1}{\theta} \end{aligned}$$

이므로 $M_X'(t)=\dfrac{\theta}{(1-\theta t)^2}$, $M_X''(t)=\dfrac{2\theta^2}{(1-\theta t)^3}$이다.

그러므로 $E(X)=M_X'(0)=\theta$, $Var(X)=M_X''(0)-[M_X'(0)]^2=\theta^2$이다. 만일 λ가 단위

구간에서 평균변화의 수라면, $\theta = 1/\lambda$은 첫 번째 변화까지 걸리는 평균시간이다. 특히 $\lambda = 7$이 분당 변화의 수라면 첫 번째 변화까지 걸리는 평균시간은 1/7분이 될 것이다.

그림 4.14는 다양한 λ의 값에 대해 지수분포의 확률밀도함수의 그래프를 그린 것이다.

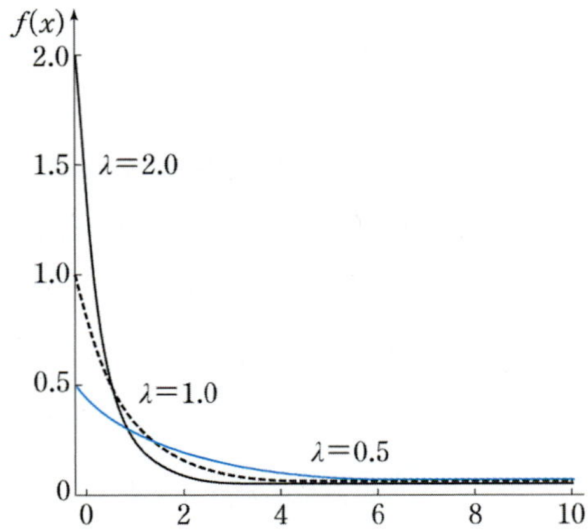

| 그림 4.14 | 여러 경우의 지수분포

예제 4-13

평균 3분에 1명꼴로 손님이 방문하는 푸아송 과정을 따르는 가게를 생각하자. 첫 번째 손님이 도착하기까지 5분 이상 기다릴 확률을 구해보자.
X가 첫 번째 손님이 도착할 때까지 걸리는 시간이라고 하고 $\lambda = 1/3$는 기대되는 도착손님의 수이다. 이때

$$f(x) = \frac{1}{3}e^{-(1/3)x}$$

이므로

$$P(X > 5) = \int_5^{\infty} \frac{1}{3}e^{-(1/3)x}dx = e^{-5/3} = 0.1889$$

이 된다.

이러한 지수분포는 어떤 사건이 발생하기 전까지 경과한 시간의 분포를 나타낼 경우에 사용된다. 예를 들어, 기계가 고장 없이 작동할 시간이나 암환자가 사망하기까지의 시간 또

는 어떤 서비스 기관에 도착한 손님이 서비스를 받기까지 기다리는 시간과 같이 어떤 사건이 발생할 때까지 걸리는 대기시간이나 연속적인 두 사건이 발생할 사이의 시간주기 등등에서 지수분포를 사용한다. 어느 기계가 5년간 사용한 후에 처음으로 고장이 났다면, 앞으로 두 번째 고장이 있을 때까지 작동할 시간은 다시 지수분포를 이루게 되고, 따라서 지수분포는 기하분포에서 나타나는 비기억성 성질을 갖는다.

● 정리 6

$X \sim \Gamma(1, \theta)$인 지수분포에 대하여 다음의 비기억성 성질이 성립한다.

$$P(X > s+t \mid X > s) = P(X > t), \text{ 여기서 } s\text{와 } t\text{는 양의 실수}$$

증명

연습문제로 남긴다.

예제 4-14

실험용 전구의 사용시간은 지수분포 $\Gamma(1, 100)$를 이룬다 하자. 이때 전구를 100시간 동안 아무런 문제없이 사용한 후, 앞으로 50시간 이상 사용할 확률을 구하여 보자. 문제에서 요구하는 식은 $P(X > 150 \mid X > 100)$이므로

$$\begin{aligned} P(X > 150 \mid X > 100) &= P(X > 50) = \int_{50}^{\infty} \frac{1}{100} e^{-x/100} dx \\ &= e^{-0.5} = 0.6065 \end{aligned}$$

마찬가지로 단위구간에서 평균 변화의 수가 λ인 푸아송 분포를 가정하자. W를 α번째 변화가 일어날 때까지 걸리는 시간이라고 하면 W도 연속형분포가 될 것이다. 시간은 음이 아니므로 $w < 0$일 때 분포함수 $F(w) = 0$이 된다. $w \geq 0$에 대해

$$\begin{aligned} F(w) &= P(W \leq w) = 1 - P(W > w) \\ &= 1 - P([0, w]\text{에서는 } \alpha\text{번보다 적은 개수의 변화}) \\ &= 1 - \sum_{k=0}^{\alpha-1} \frac{(\lambda w)^k e^{-\lambda w}}{k!} \end{aligned}$$

이다. 그러므로 W의 확률밀도함수는 $w > 0$에 대해

$$F'(w) = \lambda e^{-\lambda w} - e^{-\lambda w} \sum_{k=1}^{\alpha-1} \left[\frac{k(\lambda w)^{k-1}\lambda}{k!} - \frac{(\lambda w)^k \lambda}{k!} \right]$$
$$= \lambda e^{-\lambda w} - e^{-\lambda w} \left[\lambda - \frac{\lambda(\lambda w)^{\alpha-1}}{(\alpha-1)!} \right]$$
$$= \frac{\lambda(\lambda w)^{\alpha-1}}{(\alpha-1)!} e^{-\lambda w}$$

$\lambda = 1/\theta$로 놓으면, $\Gamma(\alpha) = (\alpha-1)!$이므로 확률밀도함수

$$f(x : \alpha, \theta) = \frac{1}{\Gamma(\alpha)\theta^\alpha} x^{\alpha-1} \exp\left(-\frac{x}{\theta}\right), \qquad x > 0$$

을 갖는 확률변수 X를 **감마분포**(Gamma distribution)를 따른다고 하고 $X \sim \Gamma(\alpha, \theta)$로 표시한다.

$\Gamma(\alpha) > 0$ 이므로

$$\int_0^\infty \frac{1}{\Gamma(\alpha)} t^{\alpha-1} e^{-t} dt = 1$$

이고, 임의의 양수 θ에 대하여 $t = x/\theta$라 하면

$$\int_0^\infty \frac{1}{\Gamma(\alpha)} t^{\alpha-1} e^{-t} dt = \int_0^\infty \frac{1}{\Gamma(\alpha)} \left(\frac{x}{\theta}\right)^{\alpha-1} \exp\left(-\frac{x}{\theta}\right) \frac{1}{\theta} dx$$
$$= \int_0^\infty \frac{1}{\Gamma(\alpha)\theta^\alpha} x^{\alpha-1} \exp\left(-\frac{x}{\theta}\right) dx$$
$$= 1$$

이다. 따라서 양수 α, θ에 대하여 마지막 적분의 피적분함수를

$$f(x : \alpha, \theta) = \frac{1}{\Gamma(\alpha)\theta^\alpha} x^{\alpha-1} \exp\left(-\frac{x}{\theta}\right), \qquad x > 0 \qquad \cdots ①$$

라 하면, 모든 $x > 0$에 대하여 $f(x) \geq 0$이고 따라서 함수 $f(x)$는 확률밀도함수의 조건을 만족한다.

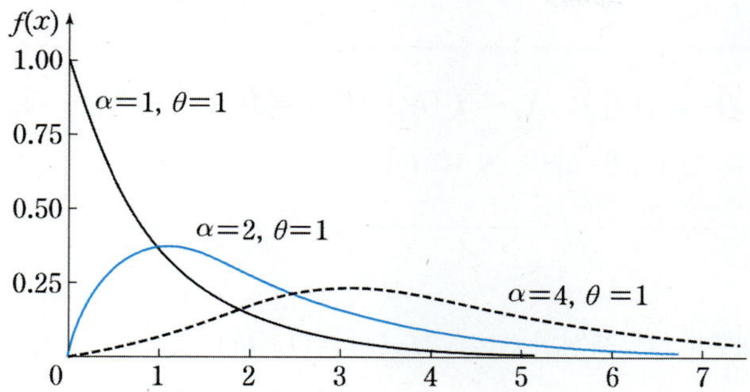

| 그림 4.15 | 여러 경우의 감마밀도함수

한편 $X \sim \Gamma(\alpha, \theta)$에 대한 k차의 적률은

$$\begin{aligned} E(X^k) &= \frac{1}{\Gamma(\alpha)\theta^\alpha}\int_0^\infty e^{-x/\theta}x^{\alpha+k-1}dx \\ &= \theta^k\frac{\Gamma(\alpha+k)}{\Gamma(\alpha)} \\ &= \theta^k(\alpha+k-1)(\alpha+k-2)\cdots(k+1)k \end{aligned}$$

이고 따라서 기댓값과 분산은 각각 다음과 같다.

$$E(X) = \alpha\theta,\ Var(X) = \alpha\theta^2$$

특히, 적률생성함수는 $M_X(t) = \left(\frac{1}{1-\theta t}\right)^\alpha,\ t < \frac{1}{\theta}$ 이다.

예제 4-15

평균 2분에 1명꼴로 손님이 방문하는 푸아송 과정을 따르는 가게를 생각하자. 처음 두 명의 손님이 도착하기까지 5분 이상 기다릴 확률을 구해보자.

X가 첫 번째 손님이 도착할 때까지 걸리는 시간이라고 하고 $\lambda = 1/2$은 기대되는 도착손님의 수이므로

$$\begin{aligned} P(X>5) &= \int_5^\infty \frac{x^{2-1}e^{-x/2}}{\Gamma(2)2^2}dx = \int_5^\infty \frac{xe^{-x/2}}{4}dx \\ &= \frac{1}{4}[(-2)xe^{-x/2} - 4e^{-x/2}]_5^\infty \\ &= \frac{7}{2}e^{-5/2} = 0.287 \end{aligned}$$

이다.

● 정리 7

$X_1, X_2, \cdots, X_k$가 독립이고 $X_i \sim \Gamma(\alpha_i, \theta)$, $i=1, 2, \cdots, k$일 때,
$S_k = X_1 + X_2 + \cdots + X_k$라 하면 $S_k \sim \Gamma(\alpha_1 + \cdots + \alpha_k, \theta)$이다.

증명

각각의 X_i에 대한 적률생성함수는 $M_{X_i}(t) = (1-\theta t)^{-\alpha_i}$, $t<\theta$이고, 이들이 독립이므로 $S_k = X_1 + X_2 + \cdots + X_k$의 적률생성함수를 M_{S_k}라 하면

$$\begin{aligned} M_{S_k} &= E\left[e^{tS_k}\right] = E\left[e^{t(X_1+\cdots+X_k)}\right] \\ &= \prod_{i=1}^{k} E\left[e^{tX_i}\right] \\ &= \prod_{i=1}^{k} (1-\theta t)^{-\alpha_i} \\ &= (1-\theta t)^{-(\alpha_1+\cdots+\alpha_k)} \end{aligned}$$

이다. 한편 이 결과는 모수 $\alpha_1 + \cdots + \alpha_k, \theta$인 감마함수의 적률생성함수이므로 $S_k \sim \Gamma(\alpha_1 + \cdots + \alpha_k, \theta)$이다. ◀◀

한편 감마분포 확률밀도에서 $\alpha = n/2$, $\theta = 2$인 경우의 확률밀도함수

$$f(x) = \frac{1}{\Gamma(n/2)2^{n/2}} x^{\frac{n}{2}-1} e^{-x/2}, \qquad x > 0 \qquad \cdots ②$$

를 **자유도**(degree of freedom) n인 χ^2**분포**(chi-square distribution)라 하며, χ^2분포는 6장에서 다룬다.

SECTION 08 연/습/문/제

01 어떤 자동차에 장착되어 있는 축전지의 수명은 주행거리를 기준으로 평균이 1만 마일인 지수분포를 따른다고 한다. 지금까지의 주행거리가 3000마일인 이 자동차로 5000마일 거리의 여행을 하려고 할 때, 축전지의 교환 없이 여행을 끝낼 수 있을 확률을 구하여라.

02 어떤 상점을 찾는 고객 수는 시간당 평균이 15명인 푸아송 분포를 따른다고 하자. 이 상점에 8분 동안 한 명의 고객도 오지 않을 확률을 구하여라. 또 20분 동안 다섯 명의 고객이 올 확률을 구하여라.

03 m차 적률이

$$E(X^m) = \frac{(m+3)!}{3!} 3^m, \quad m = 1, 2, 3, \cdots$$

인 분포를 구하여라.

04 어떤 시험을 5명의 학생이 서로 독립적으로 치르고, 어느 특별한 학생이 시험을 끝내는 데 소요되는 시간은 평균이 80분인 지수분포를 따른다고 가정하자. 시험은 오전 9시에 시작한다고 했을 때 적어도 한 명의 학생이 오전 9시 40분 이전에 시험을 끝낼 확률을 구하여라.

05 서로 독립인 확률변수들 $X_1, X_2, \cdots, X_n$이 모수 θ인 지수분포를 이룬다면, $\overline{X}_n = (1/n)\sum_{i=1}^{n} X_i$의 분포를 구하여라.

06 정리 6을 증명하여라.

07 $X \sim \Gamma(n, \theta)$이면 임의의 상수 c에 대하여 $cX \sim \Gamma(n, c\theta)$임을 보여라.

08 $X \sim \Gamma(1, \theta)$이면 $\dfrac{2X}{\theta} \sim \Gamma(1, 2)$임을 보여라.

09 $X_i \sim \Gamma(1, \theta)$, $i = 1, \cdots, n$인 i.i.d. 확률변수열 $\{X_i\}$에 대하여 확률변수 $Y_1 = \min\{X_1, \cdots, X_n\}$의 확률분포는 $\Gamma(1, \dfrac{\theta}{n})$임을 보여라.

SECTION 09

베타 분포

임의의 양수 α, β에 대하여 베타(Beta) 함수는

$$B(\alpha, \beta) = \int_0^1 x^{\alpha-1}(1-x)^{\beta-1}dx$$

로 정의되며, 고등미적분을 이용하여

$$B(\alpha, \beta) = \int_0^1 x^{\alpha-1}(1-x)^{\beta-1}dx = \frac{\Gamma(\alpha)\Gamma(\beta)}{\Gamma(\alpha+\beta)}$$

가 성립함을 쉽게 알 수 있다. 따라서

$$\int_0^1 \frac{\Gamma(\alpha+\beta)}{\Gamma(\alpha)\Gamma(\beta)} x^{\alpha-1}(1-x)^{\beta-1}dx = 1$$

이고, $0 < x < 1$에 대하여 위의 피적분함수는 음이 아니므로 함수

$$f(x : \alpha, \beta) = \frac{\Gamma(\alpha+\beta)}{\Gamma(\alpha)\Gamma(\beta)} x^{\alpha-1}(1-x)^{\beta-1}, \quad 0 < x < 1 \qquad \cdots ①$$

은 확률밀도함수이다. 이와 같은 확률밀도함수를 갖는 확률분포를 모수 α, β인 **베타 분포**(Beta distribution)라 하고 $X \sim Beta(\alpha, \beta)$로 나타낸다.

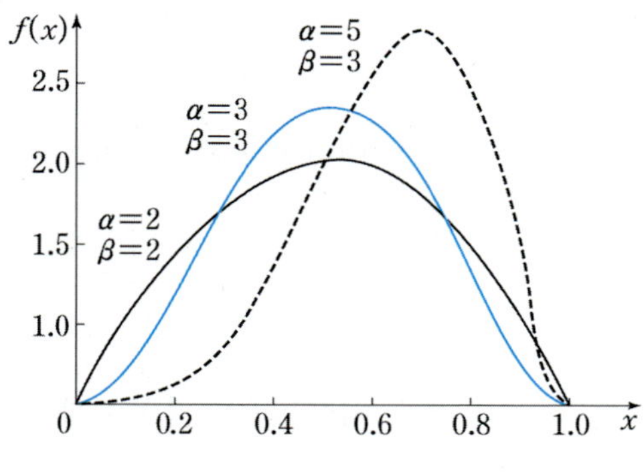

| 그림 4.16 | 베타 분포의 확률밀도함수

한편 $X \sim Beta(\alpha, \beta)$에 대한 기댓값과 분산은 각각 다음과 같으며

$$E(X) = \frac{\alpha}{\alpha+\beta},\ Var(X) = \frac{\alpha\beta}{(\alpha+\beta)^2(\alpha+\beta+1)}$$

특히 모수가 $\alpha=\beta=1$인 베타 분포는 $(0, 1)$에서 정의되는 균등분포이고, $X \sim Beta(\alpha, \beta)$이면 $1-X \sim Beta(\beta, \alpha)$이다. 따라서 $X \sim Beta(\alpha, \alpha)$일 필요충분조건은 $1-X \sim Beta(\alpha, \alpha)$이지만 역으로 X와 $1-X$가 동일한 분포를 이룬다 하여 X가 베타 분포를 이루는 것은 아니다.

SECTION 09 연 / 습 / 문 / 제

01 어느 석유 도매상에서는 정유회사로부터 매주 월요일에 석유를 공급받아 1주일 동안 판매한다고 한다. 이 도매상에서 1주일 동안의 공급받은 양에 대한 판매량의 비율을 여러 주 동안 관찰한 자료에 의하면 판매비율의 확률분포가 근사적으로 $\alpha = 4$, $\beta = 2$인 베타분포를 따른다고 한다. 어느 한 주 동안에 이 도매상에서 확보한 물량의 90% 이상을 판매하게 될 확률을 구하여라.

02 $X \sim Beta(\alpha, \beta)$이고 s, t는 양의 정수라 할 때, 기댓값 $E[X^s(1-X)^t]$을 구하여라.

03 $X \sim C(1, 0)$분포일 때, $Y = 1/(1+X^2)$이라 하자.*

(1) 확률변수 Y의 확률밀도함수 $f_Y(y)$가 다음과 같음을 보여라.

$$f_Y(y) = \frac{1}{\pi\sqrt{y(1-y)}}, \quad 0 < y < 1$$

(2) $P(Y \leq y) = \dfrac{2}{\pi}\sin^{-1}(\sqrt{y}), \quad 0 < y < 1$임을 보여라.

(3) 기댓값 $E(Y)$와 분산 $Var(Y)$를 구하여라.

04 $X \sim Beta(\alpha, \beta)$이면 $1 - X \sim Beta(\beta, \alpha)$임을 보여라.

05 X, Y는 독립이고 $X \sim \Gamma(n, \theta)$, $Y \sim \Gamma(k, \theta)$인 감마분포를 이룬다고 하자. $U = X + Y$, $V = X/(X+Y)$라 할 때,

(a) U와 V가 독립임을 보여라.
(b) $V \sim Beta(n, k)$임을 보여라.

---

* 연습문제 3의 확률변수 Y의 분포를 **역사인 분포**(arcsine distribution)라 하며, $Y \sim Beta(1/2, 1/2)$임을 쉽게 알 수 있다. 한편 역사인 분포는 고급확률이론의 멋대로 걷기(random walk)에서 주로 발생한다.

SECTION 10 정규분포

통계학에서 가장 중요하게 다루는 확률분포가 이 절에서 다룰 정규분포인데 정규분포가 중요한 이유는 다음과 같은 세 가지 이유로 정리해 볼 수 있다.

첫째, 정규분포는 풍부한 수학적 성질과 직접적으로 관련되어 있다. 만일 무작위 표본이 정규분포로부터 추출되면 이 표본 내의 관측치들의 여러 가지 중요한 함수들의 분포는 명백하게 유도될 수 있으며 그들 자신은 단순한 형태를 가질 것이라는 사실을 이 절에서 확인할 수 있을 것이다. 그러므로 무작위 표본이 추출된 분포를 정규분포로 가정할 수 있는 것은 수학적 편리성 때문이다.

둘째, 많은 물리학적 또는 사회과학적 실험의 결과들이 정규분포에 근사하는 성질을 갖고 있다. 예를 들어, 사람의 몸무게나 키 또는 곡식의 무게, 공정라인에서 생산되는 철의 강도 등등은 점근적으로 정규분포에 근사한다.

셋째, 정규분포는 다음 5장에서 다룰 중심극한정리와 관련이 있다. 중심극한정리에 의하면 임의의 확률분포로부터 얻어진 대표본은 그 분포 자체가 정규분포는 아니라고 해도 점근적으로 정규분포에 가까워진다는 이론이며, 5장에서 이 이론을 학습할 것이다.

우리는 이미 미분적분학을 통하여 다음 사실을 살펴본 바 있다.

$$\int_{-\infty}^{\infty} \exp\left(-\frac{t^2}{2}\right) dt = \sqrt{2\pi}$$

따라서 $g(t) = \dfrac{1}{\sqrt{2\pi}} \exp(-t^2/2)$이라 하면, 모든 실수 t에 대하여 $g(t) \geq 0$이고,

$$\int_{-\infty}^{\infty} g(t)dt = \int_{-\infty}^{\infty} \frac{1}{\sqrt{2\pi}} \exp\left(-\frac{t^2}{2}\right) dt = 1 \qquad \cdots ①$$

이므로 함수 $g(t)$는 확률밀도함수임을 알 수 있다. 이제 식 ①에서 $t = (x-\mu)/\sigma$ $(-\infty < \mu < \infty,\ \sigma > 0)$라 놓으면

$$\int_{-\infty}^{\infty} \frac{1}{\sqrt{2\pi}} \exp\left(-\frac{t^2}{2}\right) dt = \int_{-\infty}^{\infty} \frac{1}{\sqrt{2\pi}\,\sigma} \exp\left(-\frac{(x-\mu)^2}{2\sigma^2}\right) dx = 1 \qquad \cdots ②$$

이므로 식 ②의 피적분함수도 역시 확률밀도함수이다. 이와 같은 확률밀도함수

$$f(x : \mu, \sigma) = \frac{1}{\sqrt{2\pi}\,\sigma} \exp\left[-\frac{(x-\mu)^2}{2\sigma^2}\right], \ -\infty < \mu < \infty, \ \sigma > 0 \qquad \cdots ③$$

를 가지는 확률분포를 평균 μ와 분산 σ^2(또는 표준편차 σ)를 갖는 **정규분포**(normal distribution)라 하고, $X \sim N(\mu, \sigma^2)$으로 나타낸다. 그리고 정규분포는 가우스(K. F. Gauss; 1777~1855)를 기리기 위하여 때때로 **가우스 분포**라고도 한다. 정규분포에 대한 여러 가지 사실들을 자세히 살펴볼 필요가 있으므로 다음과 같이 정리로 각각의 성질들을 나열한다.

이제 정규분포의 적률생성함수를 구해보자

$$M_X(t) = E[\exp(tX)] = \int_{-\infty}^{\infty} e^{xt} f(x : \mu, \sigma)\, dx$$

$$= \int_{-\infty}^{\infty} e^{xt} \frac{1}{\sqrt{2\pi}\,\sigma} \exp\left[-\frac{1}{2}\left(\frac{x-\mu}{\sigma}\right)^2\right] dx$$

$\left(s = \dfrac{x-\mu}{\sigma}\right.$라 하면, $x = \sigma s + \mu$이고 $dx = \sigma\, ds$이므로)

$$= \int_{-\infty}^{\infty} \frac{1}{\sqrt{2\pi}\,\sigma} e^{t(\sigma s + \mu)} \exp\left[-\frac{s^2}{2}\right] \sigma\, ds$$

$$= \frac{1}{\sqrt{2\pi}} e^{t\mu} \int_{-\infty}^{\infty} \exp\left[\sigma t s - \frac{s^2}{2}\right] ds$$

$$= \frac{1}{\sqrt{2\pi}} e^{t\mu} \int_{-\infty}^{\infty} \exp\left[-\frac{(s-\sigma t)^2}{2} + \frac{\sigma^2 t^2}{2}\right] ds$$

$$= \exp\left(\mu t + \frac{\sigma^2 t^2}{2}\right) \int_{-\infty}^{\infty} \frac{1}{\sqrt{2\pi}} \exp\left[-\frac{(s-\sigma t)^2}{2}\right] ds$$

이고 마지막 적분은 평균 σt, 분산 1인 정규분포의 전체 확률이므로 적분값은 1이고, 따라서 적률생성함수는 $M_X(t) = \exp\left(\mu t + \dfrac{\sigma^2 t^2}{2}\right)$이다.

적률생성함수는 $M_X(t) = \exp\left(\mu t + \dfrac{\sigma^2 t^2}{2}\right)$이므로

$$M_X'(t) = \frac{d}{dt} M_X(t) = (\mu + \sigma^2 t)\exp\left(t\mu + \frac{\sigma^2 t^2}{2}\right)$$

이고, 따라서 평균 $E(X)$는 다음과 같다.

$$E(X) = M_X'(0) = \frac{d}{dt} M_X(t) \Big|_{t=0} = \mu$$

이제 적률생성함수를 이용하여 $E(X^2)$을 구한다.

$$M_X''(t) = \frac{d^2}{dt^2} M_X(t) = \sigma^2 \exp\left(t\mu + \frac{\sigma^2 t^2}{2}\right) + (\mu + \sigma^2 t)^2 \exp\left(t\mu + \frac{\sigma^2 t^2}{2}\right)$$

따라서 $E(X^2)$은 다음과 같다.

$$E(X^2) = M_X''(0) = \frac{d^2}{dt^2} M_X(t) \Big|_{t=0} = \sigma^2 + \mu^2$$

그러므로 분산은 다음과 같다.

$$Var(X) = E(X^2) - E(X)^2 = (\sigma^2 + \mu^2) - \mu^2 = \sigma^2$$

또한 정규함수는 다음 성질을 갖는 종 모양의 곡선을 이루며 그림 4.17은 정규확률함수의 개형을 나타낸다.

1) 정규함수 $f(x : \mu, \sigma)$는 $x = \mu$에서 최대이다. 즉 정규모집단으로부터 추출된 표본자료의 최빈값은 $x = \mu$이다.
2) 정규함수 $f(x : \mu, \sigma)$는 $x = \mu$에 관하여 좌우대칭이다. 즉 정규모집단으로부터 추출된 표본자료의 중앙값은 $x = \mu$이다.
3) 정규함수 $f(x : \mu, \sigma)$는 $x = \mu \pm \sigma$에서 변곡점을 갖는다.
4) 정규함수 $f(x : \mu, \sigma)$는 $x = \mu \pm 3\sigma$에서 거의 축에 접한다.

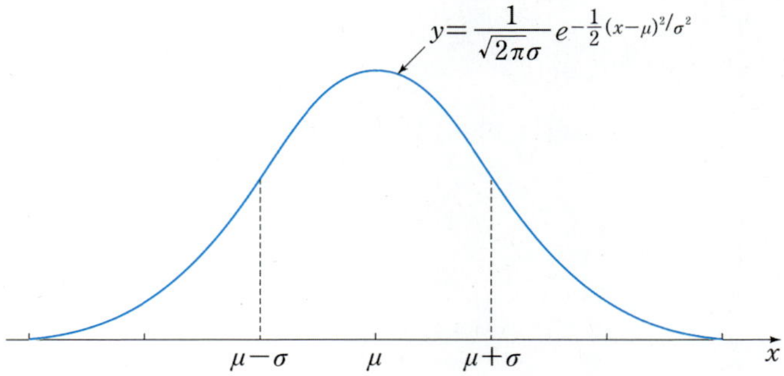

| 그림 4.17 | 정규곡선의 개형

한편 정규분포는 모수 μ와 σ에 의하여 완전히 결정되며, 각각 평균이 μ_1, μ_2이고 표준편차가 σ_1, σ_2인 두 정규분포는 다음과 같이 구분된다.

1) $\mu_1 \neq \mu_2$, $\sigma_1 = \sigma_2$인 경우 : 두 정규곡선은 중심의 위치(평균값, 최빈값, 중앙값)는 다르지만 동일한 종 모양을 이룬다.
2) $\mu_1 = \mu_2$, $\sigma_1 \neq \sigma_2$인 경우 : 두 정규곡선은 중심의 위치(평균값, 최빈값, 중앙값)는 동일하지만 흩어진 정도(분산, 표준편차)는 다르다. 예를 들어, $\mu_1 = \mu_2 = \mu$이고 $\sigma_1 < \sigma_2$이면 $N(\mu,\ \sigma_1^2)$이 $N(\mu,\ \sigma_2^2)$보다 평균 μ에 좀 더 밀집되는 종 모양이다.
3) $\mu_1 \neq \mu_2$, $\sigma_1 \neq \sigma_2$인 경우 : 두 정규분포의 중심의 위치와 자료의 흩어진 정도가 완전히 다르다.

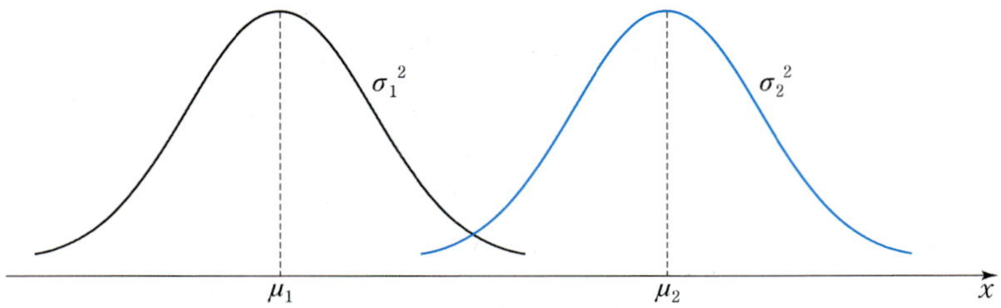

$\mu_1 \neq \mu_2$, $\sigma_1^2 = \sigma_2^2$ 인 정규밀도곡선

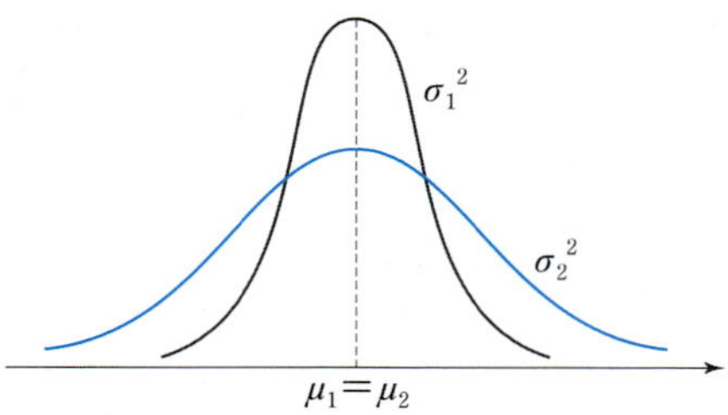

$\mu_1 = \mu_2$, $\sigma_1^2 < \sigma_2^2$ 인 정규밀도곡선

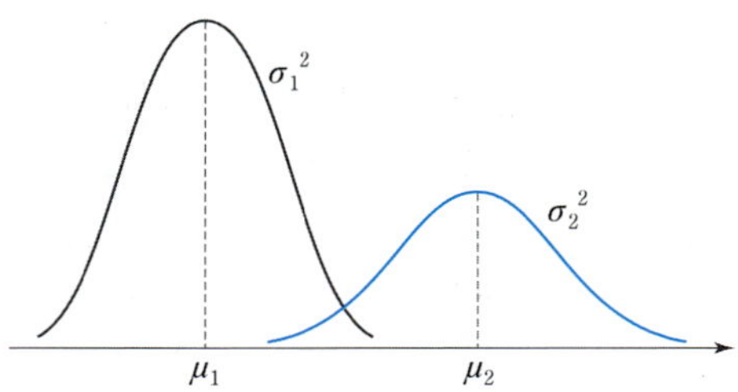

$\mu_1 \neq \mu_2$, $\sigma_1^2 \neq \sigma_2^2$ 인 정규밀도곡선

| 그림 4.18 | 정규밀도곡선의 비교

만일 확률변수 X가 정규분포를 가진다면, X의 어떤 일차함수도 정규분포를 가지게 됨을 보일 것이다.

● 정리 8

$X \sim N(\mu, \sigma^2)$이면, 임의의 상수 $a\,(a \neq 0)$와 b에 대하여 $aX+b \sim N(a\mu+b,\ a^2\sigma^2)$이다.

증명

$Y=aX+b$라 하면 Y의 적률생성함수 $M_Y(t)$는 다음과 같다.

$$\begin{aligned} M_Y(t) &= E(e^{tY}) \\ &= E[\exp(aX+b)t] \\ &= e^{bt}E(e^{atX}) \\ &= e^{bt}M_X(at) \\ &= e^{bt}\exp\left[\mu at + \frac{\sigma^2(at)^2}{2}\right] \\ &= \exp\left[(a\mu+b)t + \frac{(a\sigma)^2t^2}{2}\right] \end{aligned}$$

마지막 식은 평균 $a\mu+b$, 분산 $a^2\sigma^2$인 정규분포의 적률생성함수이므로
$Y=aX+b \sim N(a\mu+b, a^2\sigma^2)$이다. ◀◀

특히 평균 0과 분산 1을 가지는 정규분포를 **표준정규분포**(standard normal distribution)라 하고, $X \sim N(0, 1)$로 나타낸다. 표준정규분포의 확률밀도함수는

$$f(x) = \frac{1}{\sqrt{2\pi}}\exp\left[-\frac{x^2}{2}\right]$$

이고, 적률생성함수는 $M_X(t) = \exp(t^2/2)$이다.

3장의 예제 3-18을 이용하면 다음 결과를 알 수 있다.

● 정리 9

$X \sim N(0, 1)$이면, 모든 자연수 n에 대하여 다음이 성립한다.

$$E(X^{2n+1}) = 0, \;\; E(X^{2n}) = \frac{(2n)!}{2^n (n!)}$$

또한 정규분포에 대한 분포함수 $\Phi(x)$는

$$\Phi(x) = \int_{-\infty}^{x} \frac{1}{\sqrt{2\pi}\,\sigma} \exp\left[-\frac{(t-\mu)^2}{2\sigma^2} \right] dt$$

와 같이 정의되며, 특히 확률 $P(X > x) = 1 - \Phi(x)$를 **꼬리확률**(tail probability)이라 한다.

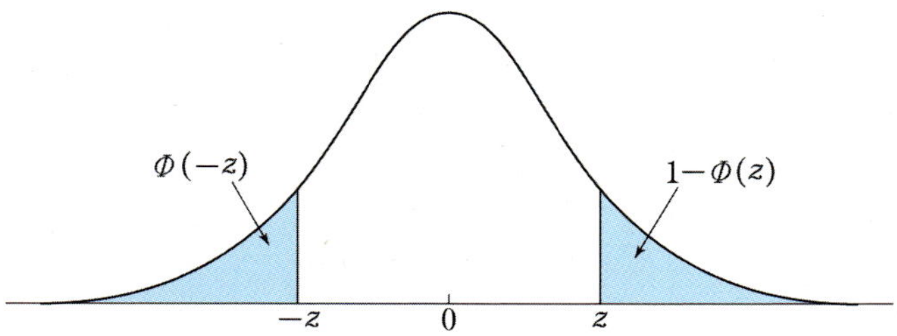

| 그림 4.19 | 정규곡선의 대칭성

한편 이러한 확률값은 초등적분에 의하여 구할 수 없으며, 부록에 제시된 정규확률표를 이용해야 한다. 그러나 어느 경우이든 정규확률표는 표준정규분포에 대한 확률값만이 제시되므로 정규분포 $N(\mu, \sigma^2)$과 표준정규분포 $N(0, 1)$ 사이의 관계를 알아야 한다. 확률변수 X에 대하여

$$Z = \frac{X-\mu}{\sigma}$$

를 X의 **표준화된 확률변수**(standardized random variable)라 하며, Z의 평균과 분산은 각각 다음과 같다.

$$E(Z) = E\left(\frac{X-\mu}{\sigma}\right) = \frac{1}{\sigma}(E(X) - \mu) = 0,$$

$$Var(Z) = Var\left(\frac{X-\mu}{\sigma}\right) = \frac{1}{\sigma^2} Var(X) = 1$$

따라서 $X \sim N(\mu, \sigma^2)$에 대하여 표준화된 확률변수 Z는 $Z \sim N(0, 1)$이다. 그림 4.20은 정규분포 $N(\mu, \sigma^2)$의 확률밀도함수와 표준정규분포 $N(0, 1)$의 분포함수 사이의 관계를 나타낸다.

| 표 4.1 | 표준정규분포를 이용한 확률계산절차

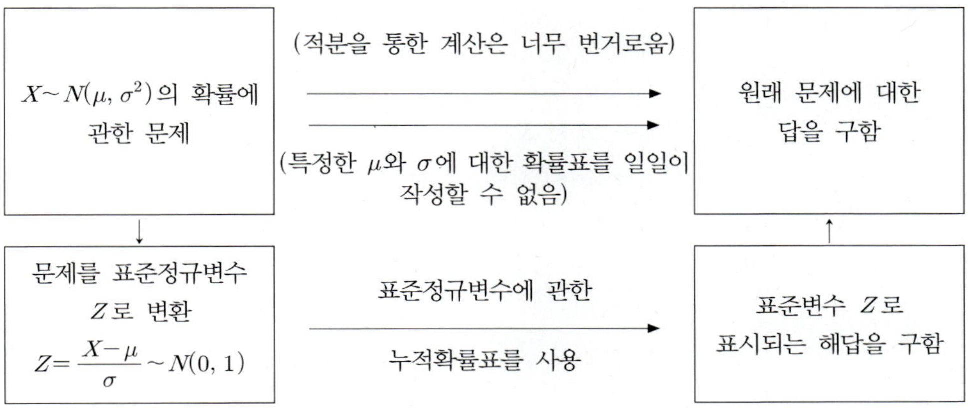

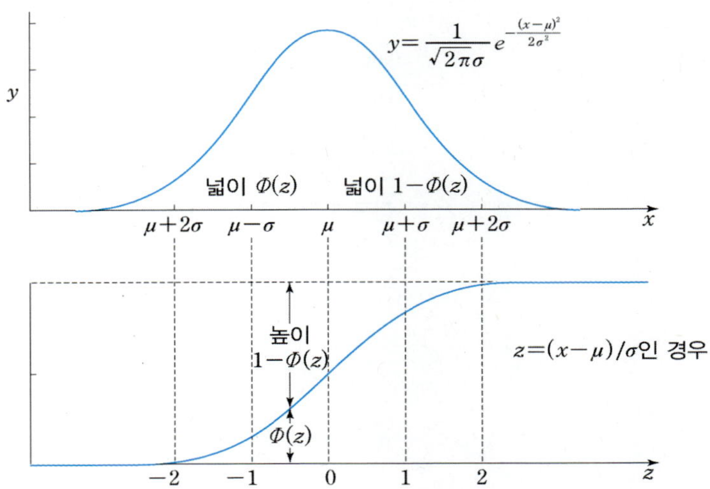

| 그림 4.20 | 정규밀도함수 $f(x : \mu, \sigma)$와 표준분포함수 $\Phi(z)$

한 가지 중요한 사실은 모든 정규분포는 그 평균으로부터 1배의 표준편차, 2배의 표준편차, 그리고 임의의 고정된 수의 표준편차 내에 들어갈 전체 확률이 동일한 값을 가진다는 것이다. 일반적으로, 만일 X가 평균 μ와 분산 σ^2을 가지는 정규분포를 따르고 Z가 표준 정규분포를 따른다면 $k>0$에 대해

$$P(|X-\mu|<k\sigma)=P(|Z|<k)$$

가 성립한다. 그러므로

$$P(\mu-\sigma<X<\mu+\sigma)=0.6826$$
$$P(\mu-2\sigma<X<\mu+2\sigma)=0.9544$$
$$P(\mu-3\sigma<X<\mu+3\sigma)=0.9987$$

이다.

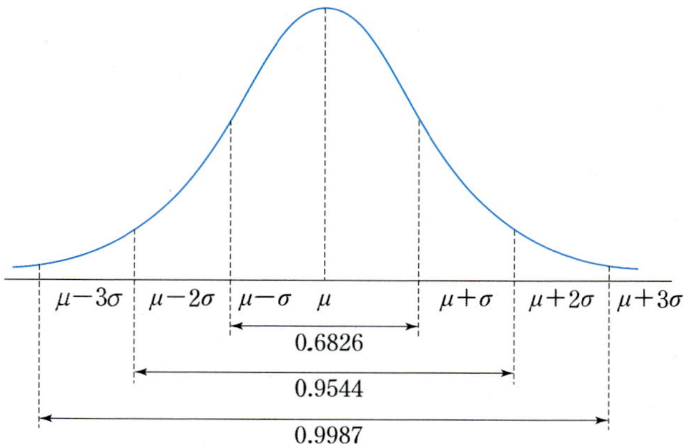

| 그림 4.21 | 정규분포의 특수확률들

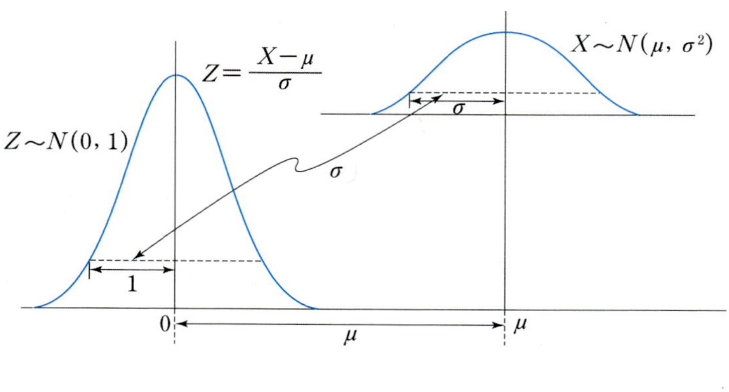

| 그림 4.22 | 정규분포와 표준정규분포의 비교

예제 4-16

과거 수년간에 걸친 수학과 학생의 영어 성적은 $N(75, 9)$인 정규분포를 따른다. 이때, 어느 한 학생의 영어 성적이 80점 이상일 확률을 구하여 보자.
학생 개개인의 영어 성적을 확률변수 X라 하면, $X \sim N(75, 9)$이므로

$$\begin{aligned} P(X > 80) &= P\left(Z > \frac{80-75}{3}\right) \\ &\simeq P(Z > 1.67) = 1 - \Phi(1.67) \\ &= 1 - 0.9525 = 0.0475 \end{aligned}$$

이다.

다음의 정리와 따름정리에서는 정규분포의 중요한 성질들을 유도할 것이다.

정리 10

$X_1, \cdots, X_n$이 독립이고 $X_i \sim N(\mu_i, \sigma_i^2)$ $(i = 1, \cdots, n)$이면, 임의의 상수 $a_i\,(a_i \neq 0,\ i = 1, \cdots, n)$에 대하여 $\sum_{i=1}^{n} a_i X_i \sim N\left(\sum_{i=1}^{n} a_i \mu_i, \sum_{i=1}^{n} a_i^2 \sigma_i^2\right)$이다.

증명

$Y = a_i X_1 + \cdots + a_n X_n$이라 하면 Y의 적률생성함수 $M_Y(t)$는 다음과 같다.

$$\begin{aligned} M_Y(t) &= E(e^{Yt}) \\ &= E\left[\exp\left(\sum_{i=1}^{n} a_i X_i\right) t\right] \\ &= E[\exp(ta_1 X_1) \cdots \exp(ta_n X_n)] \quad (X_1, \cdots, X_n\text{이 독립이므로}) \\ &= E[\exp(ta_1 X_1)] \cdots E[\exp(ta_n X_n)] \\ &= \prod_{i=1}^{n} M_{X_i}(ta_i) \\ &= \prod_{i=1}^{n} \exp\left(ta_i \mu_i + \frac{\sigma_i^2 (ta_i)^2}{2}\right) \\ &= \exp\left(t \sum_{i=1}^{n} a_i \mu_i + \frac{1}{2} t^2 \sum_{i=1}^{n} a_i^2 \sigma_i^2\right) \end{aligned}$$

이고, 이 결과식은 정규분포 $N\left(\sum_{i=1}^{n} a_i \mu_i, \sum_{i=1}^{n} a_i^2 \sigma_i^2\right)$의 적률생성함수이다. ◀◀

● 따름정리 1

$X_1, \cdots, X_n$이 독립이고 $X_i \sim N(\mu_i, \sigma_i^2)$ $(i=1, \cdots, n)$이면, 임의의 상수 a_i와 b_i $(a_i \neq 0, i=1, \cdots, n)$에 대하여 다음이 성립한다.

$$\sum_{i=1}^{n}(a_i X_i + b_i) \sim N\left(\sum_{i=1}^{n}(a_i \mu_i + b_i),\ \sum_{i=1}^{n} a_i^2 \sigma_i^2\right)$$

● 따름정리 2

$X_i \sim N(\mu, \sigma^2)$ $(i=1,\cdots,n)$이고 독립이면, 표본평균 $\overline{X} = (1/n)\sum X_i$의 분포는 $\overline{X} \sim N(\mu, \sigma^2/n)$이다.

증명

정리 10에서 $a_i = 1/n, \mu_i = \mu, \sigma_i = \sigma$ $(i=1, \cdots, n)$라 하면 쉽게 증명된다. ◀◀

예제 4-17

25개의 무작위표본 $X_1, X_2, \cdots, X_{25}$가 평균 60, 분산 36의 정규분포를 따른다고 가정하자. $P(\overline{X} > c) = 0.95$인 상수 c를 구하여 보자.

$X_i \sim N(60, 36)$이므로 $\overline{X} = (1/25)\sum X_i \sim N(60, 36/25)$이고, 따라서 $Z = (\overline{X} - 60)/1.2 \sim N(0, 1)$이다. 그러므로

$$P(\overline{X} > c) = P\left(\frac{\overline{X}-60}{1.2} > \frac{c-60}{1.2}\right)$$
$$= P\left(Z > \frac{c-60}{1.2}\right) = 0.95$$

즉, $P(Z \leq (c-60)/1.2) = 0.05$이다. 또한

$$P(Z \leq -z_{0.05}) = P(Z \geq z_{0.05})$$
$$= 1 - P(Z < z_{0.05})$$
$$= 0.05$$

이므로 $P(Z < z_{0.05}) = 0.95$가 되는 절단점은 $z_{0.05} = 1.645$이다. 그러므로 $\dfrac{c-60}{1.2} = -z_{0.05} = -1.645$로부터 $c = 60 + 1.2 \times (-1.645) = 58.026$이다.

SECTION 10 연/습/문/제

01 어느 커피 자동판매기는 컵에 평균 6그램의 커피가 채워진다고 한다. 컵에 채워지는 커피양은 정규분포를 따른다고 할 때 98%의 컵들에 적어도 5.85그램의 커피가 채워지기 위한 표준편차를 구하여라.

02 1번에서 컵의 최대용량이 6.1그램일 때 컵이 넘칠 확률을 구하여라.

03 크기 n인 무작위 표본을 평균 μ와 분산 9인 정규분포로부터 추출한다고 하자. 이때

$$P(|\overline{X_n} - \mu| \le 1) \ge 0.95$$

인 n의 최솟값을 구하여라.

04 어떤 모집단에서 여자의 키는 평균 160과 표준편차 3인 정규분포를 따르고, 남자의 키는 평균 170과 표준편차 4인 정규분포를 따른다고 가정하자. 또한, 한 여자가 무작위로 추출되고 독립적으로 한 남자가 무작위로 추출된다고 가정하자. 이때 여자가 남자보다 더 클 확률을 구하여라.

05 확률변수 X와 Y가 각각 정규분포 $N(3,\ 4)$, $N(5,\ 9)$을 따르고

$$P(3 \le X \le 7) = P(5 \le Y \le k)$$

일 때 상수 k의 값을 구하여라.

06 갑돌이네 목장에서 출하하는 소의 무게는 평균이 550kg, 표준편차가 15kg인 정규분포를 따른다. 무게가 무거운 상위 10%의 소에게 A등급을 매긴다고 할 때 A등급을 받으려면 소의 무게는 최소한 몇 kg이어야 하는가?

07 A, B, C 세 회사의 사원의 월급은 평균이 각각 200만원, 250만원, 300만원이고 표준편차가 각각 50만원, 70만원, 120만원인 정규분포를 따른다고 한다. A, B, C 세 회사의 사원 갑, 을, 병의 월급이 각각 300만원, 400만원, 500만원일 때 각자 소속된 회사에서 상대적으로 월급을 많이 받는 사람부터 순서대로 나열하여라.

08 어느 지역의 연중 온도는 평균 68°F, 분산 16°F인 정규분포에 따른다고 한다. 이 지역의 온도를 ℃(Centigrade)로 측정한다면, 어떠한 분포를 따르는가?

09 $X \sim N(\mu, \sigma^2)$에 대하여 $\sigma^2 = 0$인 경우의 분포를 설명하여라.

10 $X \sim N(\mu, \sigma^2)$에 대하여 $Y = e^X$이라 하면, Y의 확률밀도함수는

$$f(y : \mu, \sigma) = \frac{1}{y\sigma\sqrt{2\pi}} \exp\left[-\frac{(\ln y - \mu)^2}{2\sigma^2}\right], \quad 0 < y < \infty$$

임을 보이고, 기댓값과 분산을 구하여라.*

11 $Z \sim N(0, 1)$이면 $Z^2 \sim \Gamma(1/2, 2)$임을 보여라.

12 두 확률변수 X, Y가 독립이고 동일한 정규분포 $N(0, 1)$을 이룬다면, X/Y의 분포는 코시 분포 $C(1, 0)$임을 보여라.

---

* 연습문제 10의 확률분포를 **대수정규분포**(lognormal distribution)라고 한다.

SECTION 11 이변량정규분포

$\boldsymbol{X}=(X,\ Y)$를 확률벡터라 하고, $-\infty < x,\ y,\ \mu_X,\ \mu_Y < \infty$, $\sigma_X,\ \sigma_Y > 0$, $-1 < \rho < 1$와

$$q=\frac{1}{1-\rho^2}\left[\left(\frac{x-\mu_X}{\sigma_X}\right)^2-2\rho\left(\frac{x-\mu_X}{\sigma_X}\right)\left(\frac{y-\mu_Y}{\sigma_Y}\right)+\left(\frac{y-\mu_Y}{\sigma_Y}\right)^2\right]$$

에 대하여 $X,\ Y$의 결합확률밀도함수가

$$f(x,y)=\frac{1}{2\pi\sigma_X\sigma_Y\sqrt{1-\rho^2}}\exp\left(-\frac{q}{2}\right) \qquad \cdots ①$$

일 때, 확률벡터 $\boldsymbol{X}=(X, Y)$는 모수 $\mu_X,\ \mu_Y,\ \sigma_X,\ \sigma_Y,\ \rho$를 갖는 **이변량정규분포**(bivariate normal distribution)를 따른다고 하고, $\boldsymbol{X}\sim N(\mu_X,\ \mu_Y,\ \sigma_X^2,\ \sigma_Y^2,\ \rho)$로 나타낸다. 이때, 상수 ρ는 X, Y 사이의 상관계수를 나타내며, 사실상 모든 $-\infty < x,\ y < \infty$에 대하여 $f(x,\ y) > 0$이고 $\int_{-\infty}^{\infty}\int_{-\infty}^{\infty} f(x,\ y)dydx = 1$임을 다음과 같이 보일 수 있다. 따라서 식 ①에 주어진 함수 $f(x,\ y)$는 확률밀도함수이다.

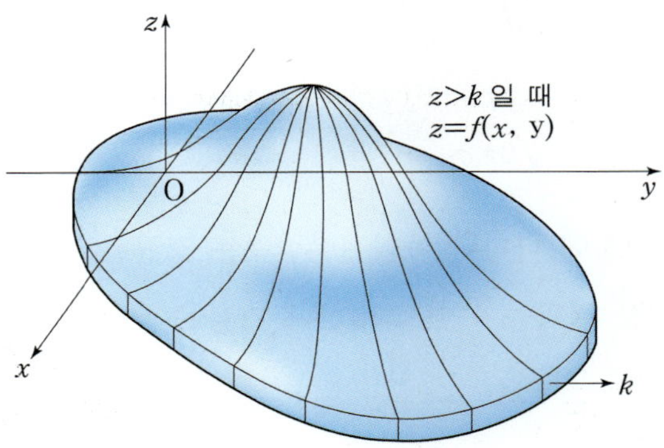

| 그림 4.23 | 이변량 정규밀도함수의 개형

$$(1-\rho^2)q = \left[\left(\frac{x-\mu_X}{\sigma_X}\right)^2 - 2\rho\left(\frac{x-\mu_X}{\sigma_X}\right)\left(\frac{y-\mu_Y}{\sigma_Y}\right) + \left(\frac{y-\mu_Y}{\sigma_Y}\right)^2\right]$$

$$= \left[\left(\frac{y-\mu_Y}{\sigma_Y}\right) - \rho\left(\frac{x-\mu_X}{\sigma_X}\right)\right]^2 + (1-\rho)^2\left(\frac{x-\mu_X}{\sigma_X}\right)^2$$

이고, 더욱이

$$\left(\frac{y-\mu_Y}{\sigma_Y}\right) - \rho\left(\frac{x-\mu_X}{\sigma_X}\right) = \frac{y-\mu_Y}{\sigma_Y} - \frac{1}{\sigma_Y}\cdot\rho\sigma_Y\cdot\ \frac{x-\mu_X}{\sigma_X}$$

$$= \frac{1}{\sigma_Y}\left[y - \left(\mu_Y + \rho\sigma_Y\frac{x-\mu_X}{\sigma_X}\right)\right]$$

$$= \frac{1}{\sigma_Y}(y - b_Y)$$

이때, $b_Y = \mu_Y + \frac{\rho\sigma_Y}{\sigma_X}(x-\mu_X)$이다. 그러면 $(1-\rho^2)q$는

$$(1-\rho^2)q = \left(\frac{y-b}{\sigma_Y}\right)^2 + (1-\rho)^2\left(\frac{x-\mu_X}{\sigma_X}\right)^2$$

이고, 따라서

$$\int_{-\infty}^{\infty} f(x, y)dy = \frac{1}{\sqrt{2\pi}\,\sigma_X}\exp\left[-\frac{(x-\mu_X)^2}{2\sigma_X^2}\right]$$

$$\cdot\int_{-\infty}^{\infty}\frac{1}{\sqrt{2\pi}\,\sigma_Y\sqrt{1-\rho^2}}\exp\left[-\frac{(y-b)^2}{2\sigma_Y^2(1-\rho)^2}\right]dy$$

$$= \frac{1}{\sqrt{2\pi}\,\sigma_X}\exp\left[-\frac{(x-\mu_X)^2}{2\sigma_X^2}\right]$$

이다. 왜냐하면 우변의 적분에 나타나는 피적분함수는 정규분포 $N(b_Y, \sigma_Y^2(1-\rho^2))$인 확률밀도함수이기 때문에 적분 결과는 1이다. 또한 결과식은 정규분포 $N(\mu_X, \sigma_X^2)$인 확률밀도함수이므로

$$\int_{-\infty}^{\infty}\int_{-\infty}^{\infty} f(x, y)dydx = \int_{-\infty}^{\infty}\frac{1}{\sqrt{2\pi}\,\sigma_X}\exp\left[-\frac{(y-\mu_X)^2}{2\sigma_X^2}\right]dx = 1$$

이 성립한다. 위의 사실로부터 이변량정규분포인 경우에 X, Y의 주변밀도는 각각

$$f_X(x) = \frac{1}{\sqrt{2\pi}\,\sigma_X} \exp\left[-\frac{(x-\mu_X)^2}{2\sigma_X^2}\right] \quad \sim \quad N(\mu_X,\ \sigma_X^2),$$

$$f_Y(y) = \frac{1}{\sqrt{2\pi}\,\sigma_Y} \exp\left[-\frac{(y-\mu_Y)^2}{2\sigma_Y^2}\right] \quad \sim \quad N(\mu_Y,\ \sigma_Y^2)$$

임을 쉽게 관찰할 수 있다. 더욱이 $Y=y$가 주어졌을 때, X의 조건부 확률밀도는

$$f_{X|Y}(x|y) = \frac{f(x,\ y)}{f_Y(y)} = \frac{1}{\sqrt{2\pi}\,\sigma_X\sqrt{1-\rho^2}} \exp\left[-\frac{(x-b_X)^2}{2\sigma_X^2(1-\rho^2)}\right],$$

$b_X = \mu_X + \dfrac{\rho\sigma_X}{\sigma_Y}(y-\mu_Y)$이고, $X=x$가 주어졌을 때, Y의 조건부 확률밀도는

$$f_{Y|X}(y|x) = \frac{f(x,\ y)}{f_X(x)} = \frac{1}{\sqrt{2\pi}\,\sigma_Y\sqrt{1-\rho^2}} \exp\left[-\frac{(y-b_Y)^2}{2\sigma_Y^2(1-\rho^2)}\right],$$

$b_Y = \mu_Y + \dfrac{\rho\sigma_Y}{\sigma_X}(x-\mu_X)$이다. 따라서 $Y=y$가 주어졌을 때, X의 조건부 기댓값은 $E(X|Y=y) = \mu_X + \dfrac{\rho\sigma_X}{\sigma_Y}(y-\mu_Y)$이고, $X=x$가 주어졌을 때, Y의 조건부 기댓값은 $E(Y|X=x) = \mu_Y + \dfrac{\rho\sigma_Y}{\sigma_X}(x-\mu_X)$이다. 특히 $\rho=0$이면 X, Y는 독립이고 결합밀도함수는

$$f(x,\ y) = \frac{1}{2\pi\sigma_X\sigma_Y} \exp\left[\frac{(x-\mu_X)^2}{2\sigma_X^2} + \frac{(y-\mu_Y)^2}{2\sigma_Y^2}\right]$$

이고, 다음 그림과 같은 개형을 갖는다.

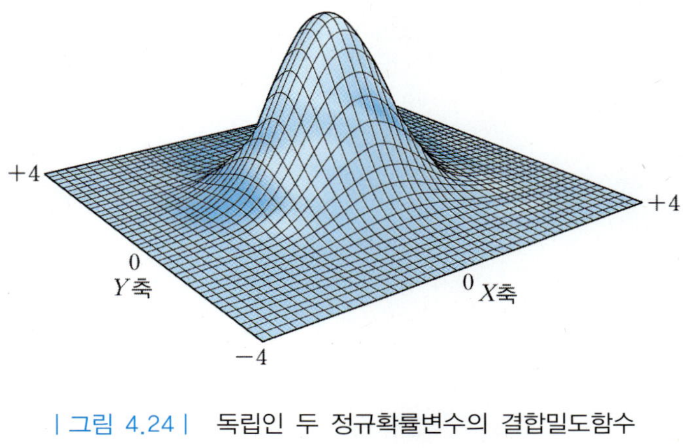

| 그림 4.24 | 독립인 두 정규확률변수의 결합밀도함수

예제 4-18

신혼부부를 대상으로 한 모집단에서 남편의 키(X)와 아내의 키(Y)는 $\mu_X=176$, $\mu_Y=160$, $\sigma_X=1$, $\sigma_Y=1.5$, $\rho=0.6$인 이변량 정규분포에 따른다. $X=174$일 때, Y의 조건부 확률분포를 구하고 $P(154<Y<158|X=174)$를 구하여 보자.
$(X, Y) \sim N(176, 160, 1, 1.5, 0.6)$이므로 Y의 조건부평균과 분산은

조건부평균 : $b_Y=\mu_Y+\dfrac{\rho\sigma_Y}{\sigma_X}(x-\mu_X)=160+0.6\cdot 1.5(174-176)=155.2$

조건부분산 : $\sigma_Y^2(1-\rho^2)=2.25\cdot 0.64=1.44$

이므로 $X=174$일 때 Y의 조건부 확률분포는 $N(155.2, 1.2^2)$이다. 따라서

$$\begin{aligned} P[154<Y<158|X=174] &= P\left[\frac{154-155.2}{1.2}<Z<\frac{158-155.2}{1.2}\right] \\ &= P(1<Z<2.33)=\Phi(2.33)-\Phi(1) \\ &= 0.9901-0.8413=0.1488 \end{aligned}$$

이다.

SECTION 11 연/습/문/제

01 확률변수 X, Y의 결합확률밀도함수가

$$f(x, y) = \frac{1}{2\pi}\exp\left(-\frac{x^2+y^2}{2}\right), \quad -\infty < x, y < \infty$$

일 때, 확률 $P(-\sqrt{2} < X+Y < 2\sqrt{2})$를 구하여라.

02 서로 다른 A, B 두 종류의 문제지가 무작위로 선정된 학생들에게 배부되며, A, B 두 종류의 문제지에 대한 점수 X, Y는 각각 $X \sim N(85, 100)$, $Y \sim N(90, 256)$인 정규분포를 따른다고 한다. 한편 두 점수 X, Y는 이변량정규분포를 가지며, 상관계수는 $\rho = 0.8$이라 한다.

(a) A 문제지로 80점을 받은 학생이 B 문제지에서 90점 이상 받을 확률은 얼마인가?
(b) 무작위로 선정된 한 학생의 두 문제지의 점수의 합이 200점 이상일 확률을 구하여라.
(c) 무작위로 선정된 한 학생의 두 문제지의 점수에 대하여, A 문제지로 받은 점수가 B 문제지로 받은 점수보다 클 확률을 구하여라.

03 $\boldsymbol{X} = (X, Y)$가 이변량정규분포를 따르고 $Var(X) = Var(Y)$이면, $X+Y$와 $X-Y$는 독립임을 보여라.

04 $\rho > 0$이고, $(X, Y) \sim N(5, 10, 1, 25, \rho)$일 때 조건부 확률 $P(4 < Y < 16 \mid x = 5) = 0.954$를 만족하는 상관계수 ρ의 값을 구하여라.

05 $\boldsymbol{X} = (X, Y)$가 모수 $\mu_X, \mu_Y, \sigma_X, \sigma_Y, \rho$를 갖는 이변량정규분포를 가질 때, $\boldsymbol{X}$의 적률 생성함수를 구하여라.

06 $\boldsymbol{X} = (X, Y)$가 모수 $\mu_X, \mu_Y, \sigma_X, \sigma_Y, \rho$를 갖는 이변량정규분포를 가질 때, X, Y가 독립일 필요충분조건은 $\rho = 0$임을 보여라.

07 $\boldsymbol{X} = (X, Y)$가 모수 $\mu_X, \mu_Y, \sigma_X, \sigma_Y, \rho$를 갖는 이변량정규분포를 가질 때,

$$Z_1 = \frac{X - \mu_X}{\sigma_X}, \quad Z_2 = \frac{1}{\sqrt{1-\rho^2}}\left[\frac{Y - \mu_Y}{\sigma_Y} - \rho\frac{X - \mu_X}{\sigma_X}\right]$$

의 결합확률밀도함수를 구하고, Z_1, Z_2의 독립성을 조사하여라.

08 확률변수 X_1, X_2가 이변량정규분포를 따르고, $a_{11}a_{22} - a_{12}a_{21} \neq 0$인 임의의 상수 $a_{11}, a_{12}, a_{21}, a_{22}, b_1, b_2$에 대하여

$$Y_1 = a_{11}X_1 + a_{12}X_2 + b_1,$$
$$Y_2 = a_{21}X_1 + a_{22}X_2 + b_2$$

라 하면, Y_1, Y_2도 역시 이변량정규분포를 따르는 것을 보여라.

09 X, Y, Z의 결합확률밀도함수가 $-\infty < x, y, z < \infty$에 대하여

$$f(x, y, z) = \left(\frac{1}{2\pi}\right)^{3/2} \exp\left(-\frac{x^2+y^2+z^2}{2}\right)\left[1 + xyz\exp\left(-\frac{x^2+y^2+z^2}{2}\right)\right]$$

이라 하자.

(a) X, Y, Z는 쌍마다 서로 독립임을 보여라.
(b) X, Y, Z는 쌍마다 이변량정규분포를 따르는 것을 보여라.

CHAPTER 05

극한분포

MATHEMATICAL STATISTICS

5장에서는 독립확률변수들의 합의 극한이 어떠한 분포를 갖는지에 대하여 살펴본다. 극한분포는 확률론에서 매우 중요하게 다루는 분야로 크게 대수법칙과 중심극한정리가 있다. 대수법칙은 확률변수열의 평균이 기댓값으로 수렴하는 것을 나타내며, 중심극한정리는 확률변수열의 합이 점근적으로 정규분포에 근사하는 것을 나타낸다. 특히 중심극한정리는 정규분포의 중요성에서 언급했던 것처럼, 수리통계학에서는 매우 중요한 이론이다. 수리통계학을 처음 접하는 독자들에게는 제5장의 내용이 어렵고 낯설게 느껴지리라 예상하지만 가능한 한 기본적인 사항에 대하여만 이해하기 쉽게 다루고자 한다.

SECTION 01 여러 가지 수렴형태

확률변수열 $X_1, X_2, \cdots$ 에 대하여 그들의 분포함수를 각각 $F_1, F_2, \cdots$ 라 할 때, 어떤 분포함수 $F(x)$가 존재하고, $F(x)$가 연속이 되는 모든 점 x에 대하여

$$\lim_{n\to\infty} F_n(x) = F(x)$$

를 만족할 때, 분포함수열 $F_n(x)$는 분포함수 $F(x)$로 **약한수렴**(weak convergence)한다 하며 $F_n \xrightarrow{w} F$로 나타낸다. 그리고 이 경우에 분포함수 $F(x)$에 대응하는 확률변수를 X라 하면 확률변수열 $\{X_n\}$은 확률변수 X로 **분포수렴**(convergence in distribution)한다 하고 $X_n \xrightarrow{d} X$로 나타낸다. 그러나 일반적으로 분포함수열 $\{F_n\}$이 어떤 함수 $F(x)$로 약한수렴한다 해서 극한함수 $F(x)$가 반드시 분포함수가 되는 것은 아니다. 예를 들어 X_n이 $x = n$에서 **퇴화분포**(degenerate distribution)를 갖는다고 하자. 즉, X_n의 분포함수가

$$F_n(x) = \begin{cases} 0 \ , \ x < n \\ 1 \ , \ x \geq n \end{cases}$$

이면, 모든 x에 대하여 $\lim_{n\to\infty} F_n(x) = 0$이므로 극한함수는 $F(x) = 0$이다. 그러나 $F(x)$는 분포함수가 아니다.

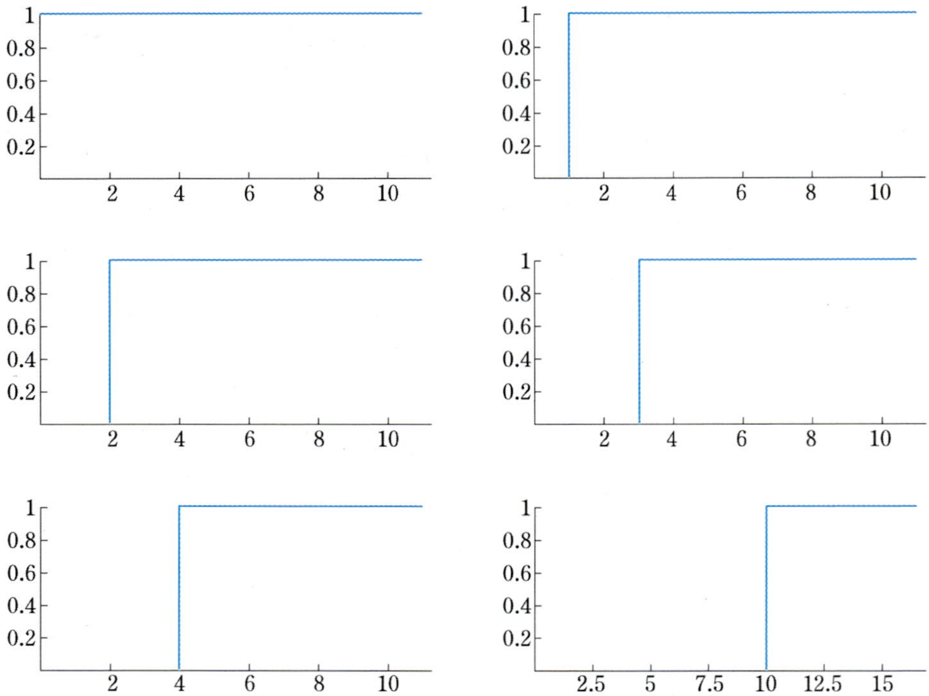

| 그림 5.1 | n에 따른 분포함수들의 변화

예제 5-1

독립인 확률변수열 $X_1, X_2, \cdots, X_n$이 동등하게 평등분포 $U(0, 1)$을 따르며, 확률변수 X는 $x=1$에서 퇴화분포를 갖는다고 하자. 이때 $Y_n = \max\{X_1, X_2, \cdots, X_n\}$은 X로 분포 수렴하는 것을 보이자.

확률변수열 $X_1, X_2, \cdots, X_n$이 독립이고 동등하게 평등분포 $U(0, 1)$을 따르므로 $X_i\ (i=1, \cdots, n)$의 분포함수는

$$F_i(x) = \begin{cases} 0 & , x < 0 \\ x & , 0 \le x < 1 \\ 1 & , x \ge 1 \end{cases}$$

이고, 따라서 임의의 y에 대하여 확률변수 Y_n의 분포함수는

$$G_n(y) = [F_i(y)]^n = \begin{cases} 0 & , y < 0 \\ y^n & , 0 \le y < 1 \\ 1 & , y \ge 1 \end{cases}$$

이다. 한편 $0 \le y < 1$이면 $\lim_{n\to\infty} y^n = 0$이고, $y < 0$이거나 $y \ge 1$이면 $G_n(y)$는 각각

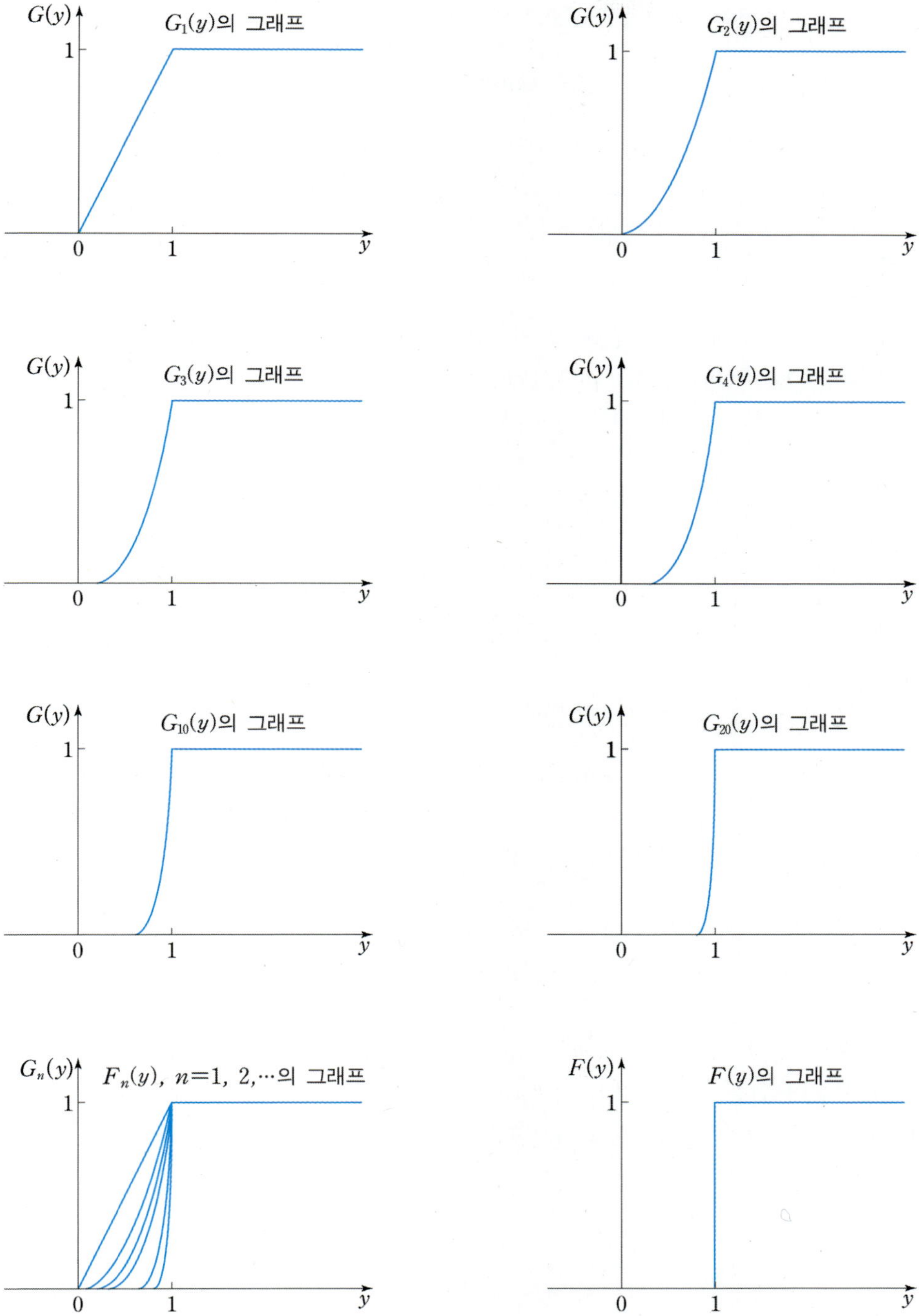

| 그림 5.2 | n에 따른 분포함수들 G_n과 극한분포 $F(x)$

상수극한 0과 1을 가지므로

$$\lim_{n\to\infty} G_n(y) = F(y) = \begin{cases} 0\ , y < 1 \\ 1\ , y \ge 1 \end{cases}$$

이고, $F(y)$는 $y=1$에서 퇴화하는 분포이다.

예제 5-2

독립인 지수분포 $\Gamma(1,\theta)$ 확률변수열 $X_1, X_2, \cdots, X_n$에 대하여 $Y_n = \min\{X_1, X_2, \cdots, X_n\}$이라 하고, 확률변수 X는 $x=1$에서 퇴화분포를 갖는다고 하자. 그러면 $Y_n = \min\{X_1, X_2, \cdots, X_n\}$는 X로 분포수렴하는 것을 보이자.

확률변수열 $X_1, X_2, \cdots, X_n$이 독립이고 지수분포 $\Gamma(1,\theta)$에 따르므로 $X_i\ (i=1, \cdots, n)$의 분포함수는

$$F_i(x) = \begin{cases} 0 & , x \le 0 \\ 1-e^{-x/\theta}, & 0 < x \end{cases}$$

이고, 따라서 임의의 y에 대하여 확률변수 Y_n의 분포함수는

$$G_n(y) = 1-[1-F_i(y)]^n = \begin{cases} 0 & , y \le 0 \\ 1-e^{-ny/\theta}, & 0 < y \end{cases}$$

이다. 그리고 $0 \le y$에 대하여 $\lim_{n\to\infty} e^{-ny/\theta} = 0$이므로

$$\lim_{n\to\infty} G_n(y) = F(y) = \begin{cases} 0\ ,\ y \le 0 \\ 1\ ,\ y > 0 \end{cases}$$

이고, $F(y)$는 $y=0$에서 퇴화분포의 모양을 따른다.

위 예제에서 구한 극한함수 $F(y)$는 $y=0$에서 불연속이고 분포함수가 되기 위한 조건인 우방연속이 아니다. 그러나 $F(y)$는 $y>0$에서 연속이고 이 범위 안의 모든 y에 대하여 퇴화분포와 일치하므로 $F(y)$를 극한분포로 인정할 수 있다.

예제 5-3

독립인 확률변수열 $X_1, X_2, \cdots, X_n$이 다음과 같은 확률함수를 갖는다고 하자.

$$f_n(x) = P[X_n = x] = \begin{cases} 1\ ,\ x = 2+1/n \\ 0\ ,\ \text{다른 곳에서} \end{cases}$$

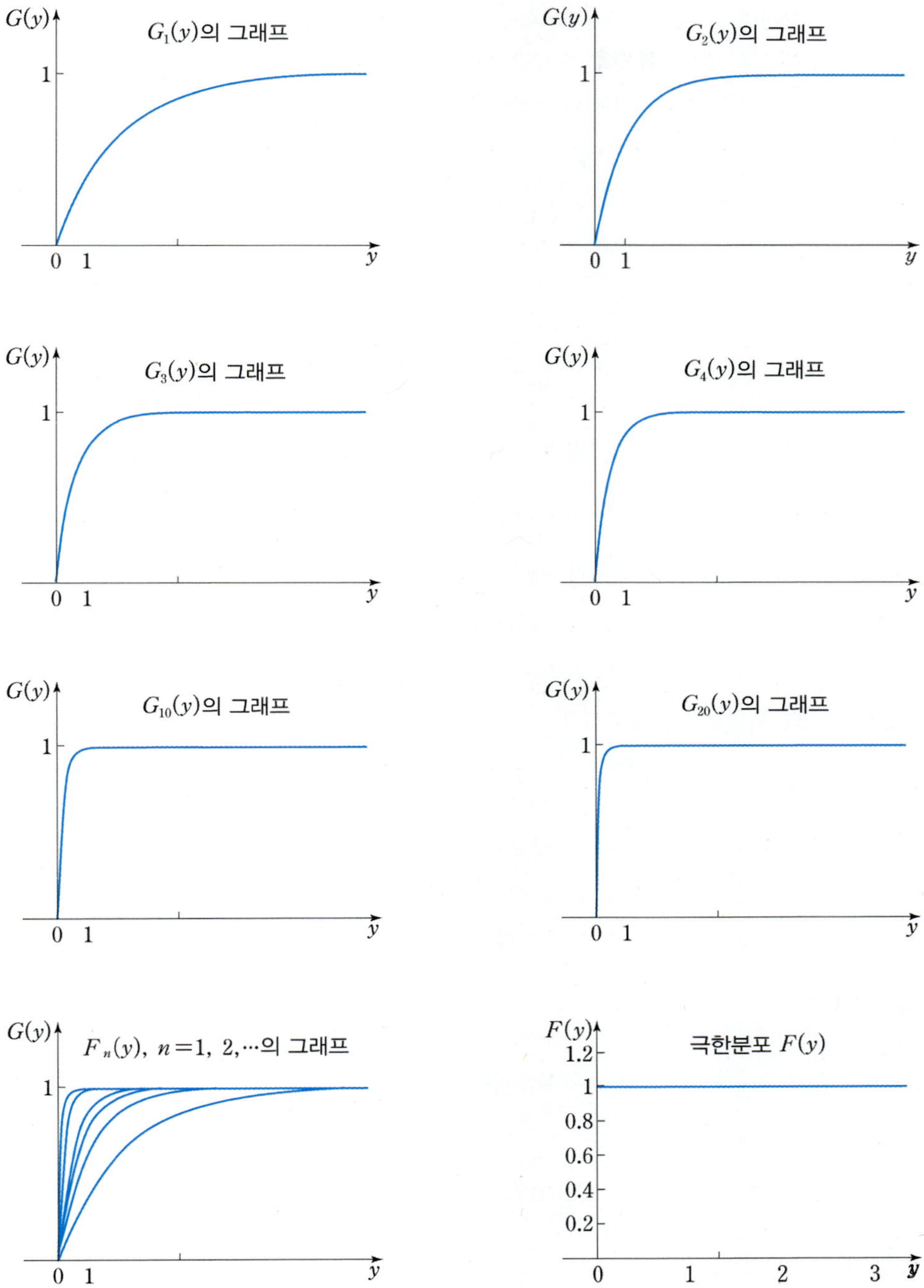

| 그림 5.3 | 지수분포의 극한분포

그러면 $f_n(x)$는 확률밀도함수가 아닌 함수로 수렴하나, X_n은 $x=2$에서 퇴화하는 분포로 분포수렴함을 보이자.
모든 확률함수 $f_n(x)$는 $x=2$에서 확률을 갖지 않으므로

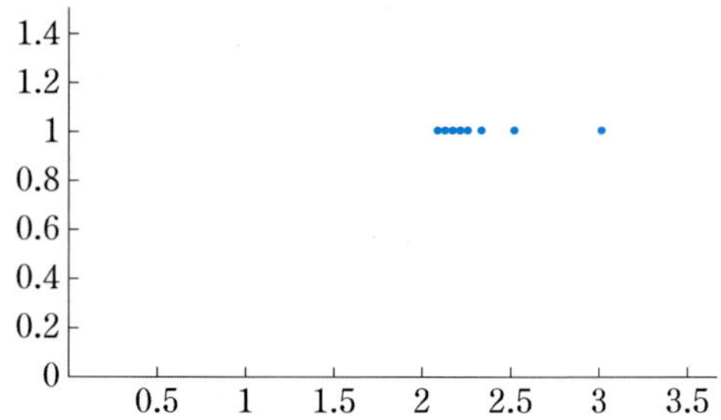

| 그림 5.4 | 확률밀도함수열 $f_n(x)$의 그림

$\lim_{n\to\infty} f_n(x)=f(x)$인 극한함수는 모든 실수 x에 대하여 $f(x)=0$이고, 따라서 $f(x)=0$는 확률함수가 아니다. 그러나 X_n의 분포함수는 $n\to\infty$임에 따라

$$F_n(x)=\begin{cases}0\ , \ x<2+1/n\\ 1\ , \ x\geq 2+1/n\end{cases} \quad \to \quad F(x)=\begin{cases}0\ , \ x<2\\ 1\ , \ x\geq 2\end{cases}$$

인 퇴화분포로 수렴한다.

이 예제는 확률변수열 $\{X_n\}$이 어떤 확률변수 X로 분포수렴하지만 그들의 확률함수열 $\{f_n(x)\}$는 확률변수 X의 확률함수로 수렴하지 않는 경우를 보여준다. 그러나 연속확률변수의 경우에는 다음과 같이 역이 성립한다.

● 정리 1

X_n, $n=1, 2, \cdots$과 X는 연속확률변수이고, 이들의 확률밀도함수를 각각 $f_n(x)$, $f(x)$라 하자. 이때, 거의 모든 x에 대하여

$$\lim_{n\to\infty} f_n(x)=f(x)$$

이면, $X_n\to X$이다.

증명

생략

지금까지 살펴본 예제들 같이 확률변수열 $X_1, X_2, \cdots$가 $x=c$에서 퇴화하는 확률변수 X로 분포수렴하는 경우에 확률변수열 $X_1, X_2, \cdots$는 상수 c에 **확률적으로 수렴**(converge stochastically)한다고 한다. 그러나 모든 극한분포가 퇴화인 것은 아니다.

● 정리 2

확률변수열 $X_n, n=1, 2, \cdots$이 상수 c에 확률적으로 수렴하기 위한 필요충분조건은

$$\lim_{n\to\infty} P[|X_n - c| < \varepsilon] = 1, \text{ 단 } \varepsilon\text{은 임의의 양수}$$

이고, 역으로 이 식을 만족하는 확률변수열 X_n은 상수 c에 확률적으로 수렴한다.

증명

임의의 양수 ε에 대하여 $\lim_{n\to\infty} P[|X_n - c| < \varepsilon] = 1$이라 하고, X_n의 분포함수를 $F_n(x)$라 하자. 그리고 $x=a$에서의 좌측극한을 $F_n(a-) = \lim_{x\to a-} F_n(x)$라 하면

$$\begin{aligned} P[|X_n - c| < \varepsilon] &= P[c-\varepsilon < X_n < c+\varepsilon] \\ &= F_n[(c+\varepsilon)-] - F_n(c-\varepsilon) \end{aligned}$$

이다. 따라서 다음 극한식이 성립한다.

$$\begin{aligned} 1 &= \lim_{n\to\infty} P[|X_n - c| < \varepsilon] \\ &= \lim_{n\to\infty} F_n[(c+\varepsilon)-] - \lim_{n\to\infty} F_n(c-\varepsilon) \end{aligned}$$

한편 모든 실수 x와 모든 양의 정수 n에 대하여 $0 \le F_n(x) \le 1$이므로

$$\lim_{n\to\infty} F_n[(c+\varepsilon)-] = 1, \quad \lim_{n\to\infty} F_n(c-\varepsilon) = 0$$

이어야 한다. 그런데 ε이 임의의 양수이므로

$$\lim_{n\to\infty} F_n(x) = F(x) = \begin{cases} 0, & x < c \\ 1, & x > c \end{cases}$$

이고, 따라서 X_n은 $x=c$에서 퇴화분포인 극한분포를 갖는다. 한편 확률변수열 X_n이 $x=c$에서 퇴화하는 극한분포를 갖는다면,

$$\lim_{n\to\infty} F_n(x) = F(x) = \begin{cases} 0, & x < c \\ 1, & x > c \end{cases} \quad \cdots ①$$

이므로 임의의 양수 ε에 대하여 앞에서와 같이

$$P[|X_n - c| < \varepsilon] = F_n[(c+\varepsilon)-] - F_n(c-\varepsilon)$$

이고, 식 ①에 의하여 $\lim_{n\to\infty} F_n[(c+\varepsilon)-] = 1$, $\lim_{n\to\infty} F_n(c-\varepsilon) = 0$이므로

$$\lim_{n\to\infty} P[|X_n - c| < \varepsilon] = 1$$

이 성립한다. ◀◀

정리 2의 내용은 해석학에서 다루는 수열의 극한과 성격이 다르므로 혼동하지 않기를 바란다. 즉, $\lim_{n\to\infty} P[|X_n - c| < \varepsilon] = 1$의 진정한 의미는 임의의 양수 ε에 대하여 $n \geq N$이면 $|X_n - c| < \varepsilon$이 되는 양의 정수 N이 존재함을 의미하는 것이 아니라, 확률들의 수열 $P[|X_1 - c| < \varepsilon]$, $P[|X_2 - c| < \varepsilon]$, $P[|X_3 - c| < \varepsilon], \cdots$이 1에 수렴하는 것을 나타낸다. 그리고 여사건의 확률을 이용하면 $\lim_{n\to\infty} P[|X_n - c| < \varepsilon] = 1$은 $\lim_{n\to\infty} P[|X_n - c| \geq \varepsilon] = 0$과 동일하고, 특히 일반적인 경우로 상수 c를 확률변수 X로 대치한 경우, 즉

$$\lim_{n\to\infty} P[|X_n - X| < \varepsilon] = 1 \text{ 또는 } \lim_{n\to\infty} P[|X_n - X| \geq \varepsilon] = 0$$

을 만족할 때, 확률변수열 $\{X_n\}$은 확률변수 X로 **확률수렴**(convergence in probability)한다 부르고, $X_n \xrightarrow{P} X$로 나타낸다. 그러면 확률적 수렴과 확률수렴은 동치임을 알 수 있다.

예제 5-4

확률변수열 $X_1, X_2, \cdots, X_n$이 다음과 같은 확률함수를 갖는다고 하자.

$$P[X_n = 1] = \frac{1}{n}, \quad P[X_n = 0] = 1 - \frac{1}{n}$$

그러면 $X_n \xrightarrow{P} 0$임을 보이자.

임의의 양수 ε에 대하여

$$P[|X_n| > \varepsilon] = \begin{cases} P[X_n = 1] = \dfrac{1}{n}, & 0 < \varepsilon < 1 \\ 0 & , \varepsilon \geq 1 \end{cases}$$

이다. 한편 $n \to \infty$이면 $1/n \to 0$이고 상수열 0은 그 자신을 그대로 유지하므로 $\lim_{n\to\infty} P[|X_n| \geq \varepsilon] = 0$이다.

● 정리 3

확률변수들 $X_i,\ i=1,2,\cdots,n$을 유한평균 μ와 유한분산 σ^2을 갖는 분포로부터 추출된 확률표본이라 하면, 표본평균 $\overline{X}_n$은 평균 μ로 확률수렴한다. 즉, $\overline{X}_n \xrightarrow{P} \mu$ 이다.

증명

확률변수들 $X_i,\ i=1,2,\cdots,n$은 평균 μ와 유한분산 σ^2을 갖는 분포로부터 추출된 확률표본이므로 표본평균 $\overline{X}_n$은

$$E(\overline{X}_n)=\mu\,,\ Var(\overline{X}_n)=\frac{\sigma^2}{n}$$

인 평균과 분산을 갖는다. 따라서 체비쇼프 부등식을 이용하면 임의의 양수 ε에 대하여

$$P[|\overline{X}_n-\mu|>\varepsilon] \le \frac{Var(\overline{X}_n)}{\varepsilon^2}=\frac{\sigma^2}{\varepsilon^2 n}$$

이고, 따라서 $n\to\infty$이면 $P[|\overline{X}_n-\mu|>\varepsilon]\to 0$이다. ◀◀

확률변수들 $X_i,\ i=1,2,\cdots,n$을 유한평균 μ와 유한분산 σ^2을 갖는 분포로부터 추출된 확률표본이라 할 때,

$$S^2=\frac{1}{n-1}\sum_{i=1}^{n}(X_i-\overline{X}_n)^2$$

을 **표본분산**(sample variance)이라 하며, 표본분산은 다음과 같이 간편하게 얻을 수 있다.

$$\begin{aligned} S^2 &= \frac{\sum_{i=1}^{n}(X_i-\overline{X}_n)^2}{n-1} \\ &= \frac{\sum_{i=1}^{n}X_i^2-\left(\sum_{i=1}^{n}X_i\right)^2\Big/ n}{n-1} \\ &= \frac{\sum_{i=1}^{n}X_i^2-n\overline{X}_n^{\,2}}{n-1} \end{aligned}$$

이 관계식을 이용하면 표본분산 S^2의 평균과 분산은 각각 다음과 같다(증명은 연습문제로 남긴다).

$$E(S^2)=\sigma^2,\ \ Var(S^2)=\left(\mu_4-\frac{n-3}{n-1}\sigma^4\right)\Big/n \quad \text{단}, n>1$$

이때, $\mu_4=E(X^4)$이다. 그러면 표본분산 S^2은 분산 σ^2으로 확률수렴한다.

● 정리 4

확률변수들 $X_i,\ i=1,\ 2,\ \cdots,\ n$을 유한평균 μ와 유한분산 σ^2을 갖는 분포로부터 추출된 확률표본이라 하면, 표본분산 S^2은 분산 σ^2으로 확률수렴한다. 즉, $S^2 \xrightarrow{P} \sigma^2$이다.

증명

확률변수들 $X_i,\ i=1,\ 2,\ \cdots,\ n$이 유한평균 μ와 유한분산 σ^2을 갖는 분포로부터 추출된 확률표본이므로 표본분산 S^2은

$$E(S^2)=\sigma^2,\ \ Var(S^2)=\left(\mu_4-\frac{n-3}{n-1}\sigma^4\right)\Big/n$$

인 평균과 분산을 갖는다. 따라서 체비쇼프 부등식을 이용하면 임의의 양수 ε에 대하여

$$P[|S^2-\sigma^2|>\varepsilon] \le \frac{Var(S^2)}{\varepsilon^2}=\left(\mu_4-\frac{n-3}{n-1}\sigma^4\right)\Big/\varepsilon^2 n$$

이고, 따라서 $n\to\infty$이면 $P[|S_n^2-\sigma^2|>\varepsilon]\to 0$이다. ◀◀

이제 확률수렴에 대한 여러 가지 성질들을 증명 없이 살펴본다.

(1) $X_n \xrightarrow{P} X \Leftrightarrow X_n - X \xrightarrow{P} 0$

(2) $X_n \xrightarrow{P} X$이고, $X_n \xrightarrow{P} Y$이면 $P(X=Y)=1$이다.

(3) $X_n \xrightarrow{P} X \Rightarrow X_n - X_m \xrightarrow{P} 0$ ($n,\ m\to\infty$일 때)

(4) $X_n \xrightarrow{P} X,\ Y_n \xrightarrow{P} Y \ \Rightarrow\ X_n \pm Y_n \xrightarrow{P} X \pm Y$

(5) 상수 k에 대하여 $X_n \xrightarrow{P} X \ \Rightarrow\ kX_n \xrightarrow{P} kX$

(6) $X_n \xrightarrow{P} X \ \Rightarrow\ X_n^2 \xrightarrow{P} X^2$

(7) 상수 $a,\ b$에 대하여 $X_n \xrightarrow{P} a$이고, $Y_n \xrightarrow{P} b \ \Rightarrow\ X_n Y_n \xrightarrow{P} ab$

(8) $X_n \xrightarrow{P} 1 \quad \Rightarrow \quad X_n^{-1} \xrightarrow{P} 1$

(9) 상수 $a, b\,(b \neq 0)$에 대하여 $X_n \xrightarrow{P} a$이고 $Y_n \xrightarrow{P} b \quad \Rightarrow \quad X_n Y_n^{-1} \xrightarrow{P} a/b$

(10) 임의의 확률변수 Y에 대하여 $X_n \xrightarrow{P} X \quad \Rightarrow \quad X_n Y \xrightarrow{P} XY$

(11) 연속함수 $g(x)$에 대하여 $X_n \xrightarrow{P} X \quad \Rightarrow \quad g(X_n) \xrightarrow{P} g(X)$

특히 X_n이 확률수렴하면 분포수렴하지만 역은 성립하지 않음을 다음 정리와 예제에서 알 수 있다.

● 정리 5

$\{X_n\}$은 각각 평균 $\mu_i = E(X_i)$와 분산 $Var(X_i) = \sigma_i^2,\ i = 1, 2, \cdots$을 가지고, 쌍마다 상관관계가 없는 확률변수열이라 하자. 만일 $\sum_{n=1}^{\infty} \sigma_n^2 = \infty$이면 $n \to \infty$ 일 때, $\sum_{i=1}^{n} \left(\frac{X_i - \mu_i}{\sum_{i=1}^{n} \sigma_i^2} \right) \xrightarrow{P} 0$이다.

증명

$S_n = \sum_{i=1}^{n} X_i$라 하면

$$\sum_{i=1}^{n} \left(\frac{X_i - \mu_i}{\sum_{i=1}^{n} \sigma_i^2} \right) = \frac{\sum_{i=1}^{n} (X_i - \mu_i)}{\sum_{i=1}^{n} \sigma_i^2} = \frac{S_n - \sum_{i=1}^{n} \mu_i}{\sum_{i=1}^{n} \sigma_i^2}$$

이므로 체비쇼프 부등식에 의하여 $n \to \infty$이면

$$P\left(\left| \sum_{i=1}^{n} \left(\frac{X_i - \mu_i}{\sum_{i=1}^{n} \sigma_i^2} \right) \right| > \varepsilon \right) = P\left(\left| \frac{S_n - \sum_{i=1}^{n} \mu_i}{\sum_{i=1}^{n} \sigma_i^2} \right| > \varepsilon \right)$$
$$= P\left(\left| S_n - \sum_{i=1}^{n} \mu_i \right| > \varepsilon \sum_{i=1}^{n} \sigma_i^2 \right)$$

$$\leq \frac{E\left[\left(\sum_{i=1}^{n}(X_i-\mu_i)\right)^2\right]}{\varepsilon^2\left(\sum_{i=1}^{n}\sigma_i^2\right)^2}$$

$$= \frac{1}{\varepsilon^2\sum_{i=1}^{n}\sigma_i^2} \to 0 \quad (n\to\infty)$$

이므로 명백히 성립한다. ◀◀

이 정리에서 $A_n = \sum_{i=1}^{n}\mu_i$, $B_n = \sum_{i=1}^{n}\sigma_i^2$이라 하면 조건에 의하여 $n\to\infty$ 이면 $B_n\to\infty$이고, A_n, B_n은 상수들이다. 그러면 정리 5는

$$\frac{S_n - A_n}{B_n} \xrightarrow{P} 0 \qquad \cdots ②$$

임을 나타낸다. 이와 같이 식 ②를 만족하는 확률변수열 $\{X_n\}$은 **약대수법칙**(weak law of large number)을 따른다고 말한다. 그러면 정리 3에서 $\overline{X_n} = \frac{1}{n}\sum_{i=1}^{n}X_i = \frac{1}{n}S_n$이므로

$$\overline{X_n} - \mu = \frac{1}{n}\sum_{i=1}^{n}(X_i-\mu) = \frac{1}{n}(S_n - n\mu) = \frac{S_n}{n} - \mu$$

이고 따라서 식 ②에서 $A_n = n\mu$, $B_n = n$이라 하면 $(S_n - n\mu)/n \xrightarrow{P} 0$이다. 따라서 $\{X_n\}$은 약대수법칙을 따르며, $\frac{S_n}{n} - \mu \xrightarrow{P} \mu$이다.

• 정리 6

$$X_n \xrightarrow{P} X \Rightarrow X_n \xrightarrow{d} X$$

증명

확률변수들 $X_i, i=1, 2, \cdots, n$와 X의 분포함수를 각각 F_i, F라 하자. 그러면

$$\{s \in S : X(s) \le a\} = \{s \in S : X_n(s) \le x,\ X(s) \le a\} \cup \{s \in S : X_n(s) > x,\ X(s) \le a\}$$
$$\subseteq \{s \in S : X_n(s) \le x\} \cup \{s \in S : X_n(s) > x,\ X(s) \le a\}$$

이므로

$$F(a) \le F_n(x) + P(X_n > x,\ X \le a) \qquad \cdots ③$$

가 성립한다. 한편 확률수렴의 성질 ①에 의하여 $X_n \xrightarrow{P} X \Rightarrow X_n - X \xrightarrow{P} 0$이므로 $a < x$에 대하여 $n \to \infty$이면

$$P(X_n > x,\ X \le a) \le P(|X_n - X| > x - a) \to 0 \qquad \cdots ④$$

이다. 따라서 관계식 ③과 ④로부터

$$F(a) \le \lim_{n\to\infty} \inf F_n(x), \quad a < x$$

을 얻는다. 같은 방법으로 X_n과 X 그리고 x와 a를 서로 바꾸면

$$\lim_{n\to\infty} \sup F_n(x) \le F(b), \qquad x < b$$

를 얻는다. 따라서 $a < x < b$에 대하여

$$F(a) \le \lim_{n\to\infty} \inf F_n(x) \le \lim_{n\to\infty} \sup F_n(x) \le F(b)$$

이고, 분포함수는 가산개의 불연속점만을 가지므로 x를 분포함수 F가 연속인 점이라 할 때 $a \uparrow x$, $b \downarrow x$라 하면, F의 모든 연속인 점 x에 대하여 $F(x) = \lim_{n\to\infty} F_n(x)$이다. ◀◀

예제 5-5

확률변수열 $X_1, X_2, \cdots$와 X가 항등적으로 다음과 같은 결합분포를 이룬다고 하자. 그러면 $X_n \xrightarrow{d} X$는 성립하지만 $X_n \xrightarrow{P} X$가 성립하지 않음을 보이자.

X \ X_n	0	1	$g(x)$
0	0	1/2	1/2
1	1/2	0	1/2
$g_n(x)$	1/2	1/2	1

X_n과 X가 항등분포를 이루므로 명백히 $X_n \xrightarrow{d} X$가 성립한다. 그러나 $\varepsilon = 1/2$이라 하면, 모든 $n = 1, 2, \cdots$ 에 대하여

$$
\begin{aligned}
P[|X_n - X| > 1/2] \geq\ & P[|X_n - X| = 1] \\
&= P[X_n = 0,\ X = 1] + P[X_n = 1,\ X = 0] \\
&= 1
\end{aligned}
$$

이므로 $X_n \xrightarrow{P} X$가 아니다.

또한 일반적으로 $X_n \xrightarrow{d} X$이거나 $X_n \xrightarrow{P} X$이지만 $E(X_n^k) \rightarrow E(X)$인 것은 아니라는 것을 다음 예제를 통하여 알 수 있다.

예제 5-6

확률변수열 $X_1, X_2, \cdots$가 다음의 분포함수를 갖는다고 하자.

$$
F_n(x) = \begin{cases} 0 & , x < 0 \\ 1 - 1/n & , 0 \leq x < n \\ 1 & , n \leq x \end{cases}
$$

$X_n \xrightarrow{d} X$이지만 $E(X_n^k) \rightarrow E(X^k)$은 성립하지 않음을 보이자.

확률변수 X가 $x = 0$에서 퇴화하는 분포함수 $F(x)$를 갖는다면 명백히 $X_n \xrightarrow{d} X$이다(그림 5.5 참조). 한편 X_n의 확률함수는

$$
P(X_n = 0) = 1 - \frac{1}{n}, \quad P(X_n = n) = \frac{1}{n}, \quad n = 1, 2, \cdots
$$

이고, X가 $x = 0$에서 퇴화하므로, 임의의 양의 정수 k에 대하여

$$
\begin{aligned}
E(X_n^k) &= 0 \cdot P(X_n = 0) + n^k \cdot P(X_n = n) \\
&= n^k \cdot \frac{1}{n} = n^{k-1},
\end{aligned}
$$

$$
E(X^k) = 0
$$

이다. 따라서 $E(X_n^k) \rightarrow E(X^k)$는 성립하지 않는다.

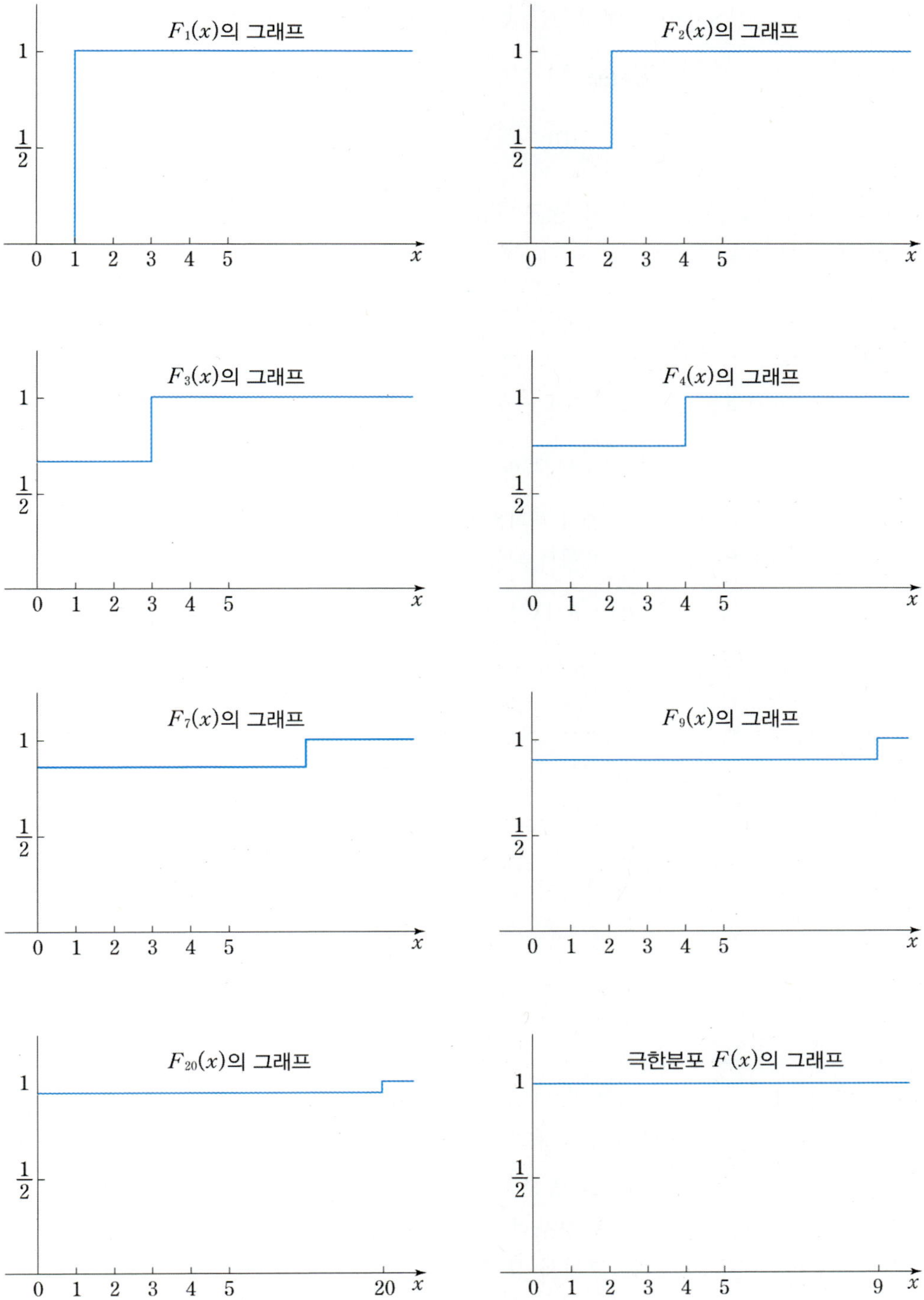

| 그림 5.5 | 분포함수열과 극한분포

이제 어떤 상수 $k>0$에 대하여 $E(|X_n|^k)<\infty$인 확률변수열 $\{X_n\}$을 생각하자. 이때 어떤 확률변수 X가 존재하여 $E(|X|^k)<\infty$이고

$$\lim_{n\to\infty} E(|X_n - X|^k) = 0$$

이면, 확률변수열 X_n은 X로 k차 **평균수렴**(convergence in the kth mean)한다 하고, $X_n \xrightarrow{k} X$로 나타낸다.

예제 5-7

확률변수열 $X_1, X_2, \cdots$가 다음의 확률함수를 갖는다고 하자.

$$P(X_n=0)=1-1/n,\ P(X_n=1)=1/n,\ n=1,\ 2,\ \cdots$$

그리고 X는 $x=0$에서 퇴화분포를 갖는다면 $X_n \xrightarrow{2} X$임을 보이자.

확률변수 X가 $x=0$에서 퇴화분포를 가지므로 $P(X=0)=1$이다. 따라서

$$E(|X_n^2-0|)=E(|X_n^2|)=0\cdot(1-1/n)+1^2\cdot(1/n)=1/n$$

이므로 $\lim_{n\to\infty} E(|X_n-0|^2)=0$이다.

● 정리 7

어떤 상수 $k>0$에 대하여 $X_n \xrightarrow{k} X$이면 $X_n \xrightarrow{P} X$이다.

증명

생략

지금까지의 결과는 극한분포를 알기 위하여 확률변수열에 대응하는 분포함수열을 알아야만 했다. 그러나 우리의 목표는 개개의 분포함수들 F_n에 관심을 갖기보다는 극한분포에 관심을 갖는 것이다. 통계적 실험을 충분히 많이 실시한다면 그 실험자료들이 갖고 있는 정확한 정보를 알 수 있으나 실제로 경제적인 그리고 물적, 인적인 측면에서 충분히 많은 실험을 한다는 것은 매우 힘들다. 그래서 유한개의 실험자료를 무작위로 취하여 그들이 갖고 있는 정보를 조사하고 그 정보로부터 충분히 많은 자료가 갖는 근사정보를 얻고자 하는 것

이다. 확률변수열에 대응하는 정확한 분포함수들을 알지 못하거나 또는 알고 있더라도 극한 분포를 좀 더 쉽게 해결하는 방법이 있는데, 이 방법은 레비-크래머(Levy-Cramer) 정리의 변형으로 다음 정리 8과 같이 적률생성함수를 이용하는 것이다. 그리고 그 근간은 적률생성함수와 분포함수는 유일하게 결정된다는 해석학적인 측면에 있으며, 여기서는 증명을 생략한다.

● 정리 8

확률변수열 X_n에 대하여 분포함수열 F_n과 그들의 적률생성함수를 $M_{X_n}(t)$라 하자. 이때, $-h < t < h\ (h > 0)$에 대하여 $\lim_{n\to\infty} M_{X_n}(t) = M_X(t)$인 함수 $M_X(t)$를 적률생성함수로 갖는 분포함수 $F(x)$가 존재한다면 $\lim_{n\to\infty} F_n(t) = F(t)$이다.

증명

생략

예제 5-8

독립확률변수열 $X_1, \cdots, X_n$은 모수 p인 베르누이 확률분포 $B(1, p)$를 따르고, $\lambda = np$는 일정하다고 하자. 이때 $Y_n = \sum_{i=1}^{n} X_i$라 하면, $Y_n \xrightarrow{d} Y \sim P(\lambda)$임을 보여라.

$X_1, \cdots, X_n$이 독립이고 모수 p인 베르누이 확률분포를 따르므로 $Y_n \sim B(n, p)$이다. 따라서 Y_n의 적률생성함수는

$$\begin{aligned} M_{Y_n}(t) &= (pe^t + q)^n \\ &= \left(\frac{\lambda e^t}{n} + 1 - \frac{\lambda}{n}\right)^n \\ &= \left(1 + \frac{\lambda(e^t - 1)}{n}\right)^n \\ &= \left[\left(1 + \frac{\lambda(e^t - 1)}{n}\right)^{n/\lambda(e^t - 1)}\right]^{\lambda(e^t - 1)} \end{aligned}$$

이고 $\lim_{n\to\infty}(1 + 1/n)^n = e$이므로, $n \to \infty$이면 $M_{Y_n}(t) \to \exp[\lambda(e^t - 1)]$이다. 한편 함수 $M(t) = \exp[\lambda(e^t - 1)]$는 모수 λ인 푸아송 분포의 적률생성함수이므로 $Y_n \xrightarrow{d} Y \sim P(\lambda)$이다.

예제 5-9

예제 5-8에서 주어진 확률변수열 $X_1, \cdots, X_n$과 Y_n에 대하여 $Z_n = \dfrac{Y_n - np}{\sqrt{npq}}$ 라 하면, $Z_n \xrightarrow{d} Z \sim N(0, 1)$임을 보여라.

$Y = aX + b$의 적률생성함수는 $M_Y(t) = e^{bt}M_X(at)$이므로, 편의상 $\sigma_n = \sqrt{npq}$ 라 하면 $Z_n = Y_n/\sigma_n - np/\sigma_n$이고 Y_n, Z_n의 적률생성함수는 각각 $M_{Y_n}(t)$, $M_{Z_n}(t)$는

$$\begin{aligned} M_{Z_n}(t) &= \exp[-npt/\sigma_n]M_{Y_n}(t/\sigma_n) \\ &= \exp[-npt/\sigma_n](pe^{t/\sigma_n} + q)^n \\ &= \left[\exp(-pt/\sigma_n)(pe^{t/\sigma_n} + q)\right]^n \end{aligned}$$

이고, $\exp[-npt/\sigma_n]$와 e^{t/σ_n}의 테일러 급수전개를 이용하면

$$\begin{aligned} M_{Z_n}(t) &= \left[\left(1 - \frac{pt}{\sigma_n} + \frac{p^2t^2}{2\sigma_n^2} + \cdots\right)\left(1 + \frac{pt}{\sigma_n} + \frac{pt^2}{2\sigma_n^2} + \cdots\right)\right]^n \\ &= \left(1 + \frac{t^2}{2n} + o(n)\right)^n \\ &= \left[\left(1 + \frac{t^2}{2n} + o(n)\right)^{2n/t^2}\right]^{t^2/2} \\ &\to e^{t^2/2} \quad (n \to \infty \text{ 이면}) \end{aligned}$$

이다. 이때, $o(n)$은 $\lim_{n\to\infty} o(n)/n = 0$을 만족하는 함수이다. 한편 $M(t) = e^{t^2/2}$은 표준정규분포의 적률생성함수이므로 $Z_n \xrightarrow{d} Z \sim N(0, 1)$이다.

SECTION 01 연/습/문/제

01 X_i, $i=1, \cdots, n$이 독립이고 확률밀도함수 $f(x)=(1+x)^{-2}$, $x>0$을 갖는다고 하자. 그러면 $Y_n = n\min\{X_i : i=1, 2, \cdots, n\}$은 모수 1인 지수분포로 분포수렴함을 보여라.

02 확률변수열 X_n의 확률함수가 모든 양의 정수 n에 대하여 $P(X_n = -n)=1$로 주어진다고 하자. 이때, X_n의 극한분포가 존재하는지 조사하여라.

03 X_n의 확률밀도함수가 다음과 같이 주어진다.

$$f_n(x)=\begin{cases} 1, & x=n \\ 0, & \text{다른 곳에서} \end{cases}$$

이때 X_n은 극한분포를 갖지 않음을 보여라.

04 $E(X_n)=0$, $Var(X_n)=\sigma_n^2$인 독립확률변수열 $\{X_n\}$에 대하여

$$\lim_{n\to\infty}\sum_{i=1}^{n}\frac{\sigma_i^2}{n^2}=0$$

이면, 임의의 $\varepsilon>0$과 $n\to\infty$에 대하여

$$\lim_{n\to\infty}P\left(\left|\frac{S_n}{n}\right|>\varepsilon\right)=0$$

임을 보여라. 여기서 $S_n = X_1+\cdots+X_n$이다.

05 문제 4를 이용하여 독립확률변수열 $\{X_n\}$이 $X_n \sim B(1, p_n)$일 때,

(a) 임의의 $\varepsilon>0$과 $n\to\infty$에 대하여

$$\lim_{n\to\infty}P(|\hat{p}_n - p_n|>\varepsilon)=0$$

임을 보여라. 여기서 $\hat{p}_n = S_n/n$, $p_n=(1/n)\sum_{i=1}^{n}p_i$이다.

(b) 모든 양의 정수 n에 대하여 $p_n = p$이면 $\lim_{n\to\infty} P\left(\left|\hat{p}_n - p\right| > \varepsilon\right) = 0$인 것을 보여라.

06 확률변수열 X_n이 $X_n \xrightarrow{d} X$를 만족한다면, $X_n + c \xrightarrow{d} X + c$이고 $cX_n \xrightarrow{d} cX\,(c \neq 0)$임을 보여라. 단 c는 상수이다.

07 확률수렴에 대한 성질 (1) ~ (11)을 증명하여라.

08 표본분산 S^2의 평균과 분산은 각각 다음과 같음을 보여라.

$$E(S^2) = \sigma^2,\ Var(S^2) = \left(\mu_4 - \frac{n-3}{n-1}\sigma^4\right)\Big/ n \quad (\text{단},\ n > 1)$$

단, $\mu_4 = E(X^4)$이다.

09 다음 분포함수열의 극한분포를 구하여라.

$$F_n(x) = \begin{cases} 0 & ,\ x < 1 - (1/n) \\ \dfrac{1}{2} & ,\ 1 - (1/n) \le x < 1 + (1/n) \\ 1 & ,\ 1 + (1/n) \le x \end{cases}$$

10 양의 정수 n에 대하여 $X_n \sim \Gamma(n, 2)$일 때, X_n/n의 극한분포를 구하여라.

11 확률변수열 X_n이 확률함수

$$P(X_n = 1) = 1/n, \quad P(X_n = 0) = 1 - 1/n$$

을 가질 때, 극한적률생성함수를 구하여라.

12 서로 독립인 확률변수들 $X_1, X_2, \cdots, X_n$이 $\mu = 1$인 푸아송 분포를 이룬다고 하자. 그리고 $\overline{X}_n = (1/n)\sum_{i=1}^{n} X_i$라 할 때,

(a) $Y_n = \sqrt{n}\,(\overline{X}_n - \mu)/\sigma$의 적률생성함수를 구하여라.
(b) $n \to \infty$ 일 때, Y_n의 극한분포를 구하여라.

13 $X_n \sim B(n, p)$, $n=1, 2, \cdots$ 이고 이 확률변수들은 독립이라 하자.

(a) X_n/n은 확률적으로 p에 수렴함을 보여라.

(b) $1-X_n/n$은 확률적으로 $1-p$에 수렴함을 보여라.

14 독립인 확률변수들 X_n, $i=1, 2, \cdots, n$이 베르누이 시행을 형성한다고 하자. $S_n = \sum_{i=1}^{n} X_i$, $q=1-p$에 대하여 $n \to \infty$ 이면 $(S_n - np)/\sqrt{npq}$ 는 $N(0, 1)$에 수렴함을 보여라.

15 $X_n \sim N(\mu, \sigma^2)$, $i=1, 2, \cdots, n$이고 이 확률변수들은 독립이라 하자. 그리고 S_n^2 을 표본분산이라 하면, $nS_n^2/(n-1)$은 확률적으로 σ^2에 수렴함을 보여라.

SECTION

02 중심극한정리

제4장에서 확률변수들 $X_1, \cdots, X_n$이 독립이고 정규분포 $N(\mu, \sigma^2)$을 따른다면, 확률변수들의 평균 $\overline{X} = (1/n)\sum X_i$는 정규분포 $N(\mu, \sigma^2/n)$을 따른다는 사실을 알았다. 이 절에서는 중심극한정리를 논의할 것이고, 이에 대한 간단한 설명은 다음과 같이 대략적으로 말할 수 있다.

> 크기 n인 무작위 표본이 평균 μ와 분산 σ^2인 어떤 분포로부터 추출되더라도, 표본평균 $\overline{X_n}$은 평균 μ와 분산 $\dfrac{\sigma^2}{n}$을 가지는 근사적으로 정규인 분포를 가질 것이다.

이 결과는 18세기 초에 드무아브르(A. de Moivre)에 의해 베르누이 분포로부터의 무작위 표본에 대하여 확립되었다. 임의의 분포로부터의 무작위 표본에 대한 증명은 1920년대 초에 린드버그(J. W. Lindeberg)와 레비(P. Levy)에 의하여 독립적으로 주어졌다. 그들의 정리에 관한 상세한 사항은 이제 이야기될 것이다. 우리들은 반드시 동일하게 분포되어 있지만은 않은 독립인 확률변수들의 합에 관한 또 다른 중심극한정리를 제시할 것이며, 두 정리를 예증하는 몇 가지 예를 보일 것이다.

표본평균에 대한 중심극한정리(Lindeberg and Levy's Central Limit Theorem)

● 정리 9 중심극한정리(Central Limit Theorem)

만일 확률변수들 $X_1, \cdots, X_n$이 평균 μ와 분산 $\sigma^2 (0 < \sigma^2 < \infty)$을 가지는 한 주어진 분포로부터의 크기 n인 무작위표본을 형성한다면, 어떤 고정된 수 x에 대하여,

$$\lim_{n\to\infty} P\left[\frac{n^{\frac{1}{2}}(\overline{X_n} - \mu)}{\sigma} \le x\right] = \Phi(x). \quad \cdots ①$$

식 ①의 해석은 다음과 같다. 만일 하나의 큰 무작위표본이 평균 μ와 분산 σ^2을 가지는 어떤 분포로부터 추출된다면, 이 분포가 이산형이든 연속형이든 관계없이 확률변수 $\dfrac{n^{1/2}(\overline{X}_n-\mu)}{\sigma}$의 분포는 근사적으로 표준정규분포가 될 것이다. 그러므로 $\overline{X_n}$의 분포가 근사적으로 평균 μ와 분산 $\dfrac{\sigma^2}{n}$인 정규분포, 또는 동등하게 합 $\sum_{i=1}^{n} X_i$의 분포가 근사적으로 평균 $n\mu$와 분산 $n\sigma^2$인 정규분포가 될 것이다.

증명

$Y=aX+b$이면 $M_Y(t)=e^{bt}M_X(at)$이고, 독립확률변수들 $X_1, \cdots, X_n$에 대하여

$Y=X_1+X_2+\cdots+X_n$이면 $M_Y(t)=\prod_{i=1}^{n} M_{X_i}(t)$이므로

$X-\mu$의 적률생성함수 $m(t)=M_{X-\mu}(t)=e^{-\mu t}M_X(t)$이고 따라서

$$m(0)=1,\ m'(0)=E(X-\mu)=0,\ m''(0)=E(X-\mu)^2=\sigma^2$$

이다. 이제 $m(t)$에 매클로린 정리를 이용하면

$$\begin{aligned} m(t) &= m(0)+m'(0)t+\frac{m''(\eta)}{2}t^2 \\ &= 1+\frac{m''(\eta)}{2}t^2 \qquad \cdots ② \\ &= 1+\frac{\sigma^2t^2}{2}+\frac{m''(\eta)-\sigma^2}{2}t^2 \qquad 0<\eta<t \end{aligned}$$

를 만족하는 η가 존재하고, 따라서

$$Z_n=\frac{\overline{X}-\mu}{\sigma/\sqrt{n}}=\frac{\sum_{i=1}^{n}X_i-n\mu}{\sigma\sqrt{n}}=\frac{1}{\sigma\sqrt{n}}\sum_{i=1}^{n}(X_i-n\mu)$$

의 적률생성함수는 식 ②에서 t를 $t/\sigma\sqrt{n}$으로 바꾸면 X_i가 동일한 분포를 이루므로

$$\begin{aligned} M_{Z_n} &= \prod_{i=1}^{n} M_{X_i-\mu}(t/\sigma\sqrt{n}) \\ &= [M_{X_i-\mu}(t/\sigma\sqrt{n})]^n \\ &= \left[1+\frac{\sigma^2}{2}\left(\frac{t}{\sigma\sqrt{n}}\right)^2+\frac{m''(\eta)-\sigma^2}{2}\left(\frac{t}{\sigma\sqrt{n}}\right)^2\right]^n \\ &= \left[1+\frac{t^2}{2n}+\frac{m''(\eta)-\sigma^2}{2n\sigma^2}t^2\right]^n \end{aligned}$$

이다. 그런데 $n\to\infty$이면 $\eta\to 0$, $m''(\eta)\to 0$, $t/\sigma\sqrt{n}\to 0$이므로

$$M_{Z_n}=\left[1+\frac{t^2}{2n}+o(t^2/n)\right]^n$$

이다. 따라서

$$\begin{aligned}\lim_{n\to\infty}M_{Z_n}&=\lim_{n\to\infty}\left[1+\frac{t^2}{2n}+o(t^2/n)\right]^n\\&=\lim_{n\to\infty}\left[\left(1+\frac{t^2}{2n}\right)^{2n/t^2}\right]^{t^2/2}\\&=\exp(t^2/2)\end{aligned}$$

또는 Z_n의 분포함수 $F_n(z)$와 $\Phi(z)=\frac{1}{\sqrt{2\pi}}\int_{-\infty}^{z}e^{-t^2/2}dt$에 대하여 $\lim_{n\to\infty}F_n(z)=\Phi(z)$이므로 $Z_n\xrightarrow{d}Z\sim N(0,1)$이다.

예제 5-10

한 공정한 동전을 900번 던진다고 가정하자. 이때 앞면을 495번보다 더 얻을 확률을 결정해 보기로 하자.

$i=1,\ \cdots,\ 900$에 대하여, 만일 i번째 던질 때 앞면이 얻어지면 $X_i=1$, 그렇지 않으면 $X_i=0$이라고 하자. 그러면 $E(X_i)=\frac{1}{2}$ 그리고 $Var(X_i)=\frac{1}{4}$이다.

그러므로, 값들 $X_1,\ \cdots,\ X_{900}$은 평균 $\frac{1}{2}$과 분산 $\frac{1}{4}$을 가지는 분포로부터의 크기 $n=900$인 무작위표본을 형성한다. 중심극한정리로부터 총 앞면의 수 $H=\sum_{i=1}^{900}X_i$의 분포는 근사적으로 평균이 $(900)\left(\frac{1}{2}\right)=450$이고, 분산이 $(900)\left(\frac{1}{4}\right)=225$이며, 표준편차가 $(225)^{\frac{1}{2}}=15$인 정규분포가 됨을 알 수 있다. 그러므로, 변수 $Z=\frac{(H-450)}{15}$는 근사적으로 표준정규분포를 가질 것이다. 따라서,

$$\begin{aligned}P(H>495)&=P\left(\frac{H-450}{15}>\frac{495-450}{15}\right)\\&=P(Z>3)=1-\Phi(3)=0.0013.\end{aligned}$$

예제 5-11

크기 $n=12$인 무작위표본이 구간 $(0, 1)$상의 균등분포로부터 추출된다고 가정하자. 이제 $P\left(\left|\overline{X}_n - \frac{1}{2}\right| \le 0.1\right)$의 값을 결정해 보기로 하자.

구간 $(0, 1)$상의 균등분포의 평균은 $\frac{1}{2}$이며 분산은 $\frac{1}{12}$이다. 이 예에서 $n=12$이므로, 중심극한정리로부터 $\overline{X_n}$의 분포는 근사적으로 평균 $\frac{1}{2}$과 분산 $\frac{1}{144}$을 가지는 정규분포가 됨을 알 수 있다. 그러므로 변수 $Z=12\left(\overline{X}-\frac{1}{2}\right)$의 분포는 근사적으로 표준정규분포가 될 것이다. 따라서

$$
\begin{aligned}
P\left(\left|\overline{X}_n - \frac{1}{2}\right| \le 0.1\right) &= P\left[12\left|\overline{X}_n - \frac{1}{2}\right| \le 1.2\right] \\
&= P(|Z| \le 1.2) = 2\Phi(1.2) - 1 \\
&= 0.7698.
\end{aligned}
$$

독립인 확률변수들의 합에 대한 중심극한정리(Liapounov's Central Limit Theorem)

이제 독립이지만 반드시 동일하게 분포되어 있지만은 않은 확률변수들 $X_1, X_2, \cdots$의 수열에 적용하는 중심극한정리를 식으로 나타낼 것이다.

$E(X_i)=\mu_i$ 그리고 $Var(X_i)=\sigma_i^2$이라고 가정하고,

$$
Y_n = \frac{\sum_{i=1}^{n} X_i - \sum_{i=1}^{n} \mu_i}{\left(\sum_{i=1}^{n} \sigma_i^2\right)^{\frac{1}{2}}} \qquad \cdots ③
$$

라고 둘 것이다. 그러면 $E(Y_n)=0$ 그리고 $Var(Y_n)=1$이다. 이제 식으로 나타낼 정리는 이 확률변수 Y_n의 분포가 근사적으로 표준정규분포가 되기 위한 충분조건을 제시한다.

● 정리 10

확률변수들 $X_1, X_2, \cdots$이 독립이고 $i=1, 2, \cdots$에 대하여 $E(|X_i - \mu_i|^3) < \infty$라고 가정하자. 또한,

$$\lim_{n\to\infty} \frac{\sum_{i=1}^{n} E(|X_i - \mu_i|^3)}{\left(\sum_{i=1}^{n} \sigma_i^2\right)^{\frac{3}{2}}} = 0 \qquad \cdots ④$$

라고 하고 확률변수 Y_n은 식 ③에서 정의된 것과 같다고 하자. 그러면, 어떤 고정된 수 x에 대하여,

$$\lim_{n\to\infty} P(Y_n \le x) = \Phi(x). \qquad \cdots ⑤$$

이 정리의 해석은 다음과 같다. 만일 식 ④가 만족되면, 임의의 큰 값 n에 대하여, $\sum_{i=1}^{n} X_i$의 분포는 근사적으로 평균 $\sum_{i=1}^{n} \mu_i$와 분산 $\sum_{i=1}^{n} \sigma_i^2$을 가지는 정규분포가 될 것이다. 확률변수들 $X_1, X_2, \cdots$이 동일하게 분포되어 있고 변수들의 3차 적률이 존재할 때, 식 ④는 자동으로 만족될 것이고 식 ⑤는 그때 식 ①과 일치됨을 주의하여야 한다.

린드버그와 레비의 정리와 랴푸노프(Liapounov)의 정리 간의 차이점이 강조되어야 한다. 린드버그와 레비의 정리는 독립이고 동일분포를 하는 확률변수들의 수열에 적용한다. 이 정리가 적용될 수 있기 위해서는, 각 확률변수의 분산이 유한하다는 가정만으로 충분하다. 랴푸노프의 정리는 반드시 동일하게 분포되어 있지만은 않은 독립인 확률변수들의 수열에 적용한다. 이 정리가 적용되기 위해서는, 각 확률변수의 3차 적률이 유한하고 식 ④를 만족한다는 가정이 반드시 주어져야만 한다.

베르누이 확률변수들에 대한 중심극한정리 (The Central Limit Theorem for Bernoulli Random Variables)

랴푸노프의 정리를 적용함으로써, 다음 결과를 확립할 수 있다.

● 정리 11

확률변수들 $X_1, \cdots, X_n$이 독립이고 X_i는 모수 $p_i(i=1, 2, \cdots)$인 베르누이 분포를 가진다고 가정하자. 또한 무한급수 $\sum_{i=1}^{n} p_i q_i$는 발산한다고 가정하고,

$$Y_n = \frac{\sum_{i=1}^{n} X_i - \sum_{i=1}^{n} p_i}{\left(\sum_{i=1}^{n} p_i q_i\right)^{\frac{1}{2}}} \qquad \cdots ⑥$$

라고 하자. 그러면 어떤 고정된 수 x에 대하여,

$$\lim_{n \to \infty} P(Y_n \le x) = \Phi(x). \qquad \cdots ⑦$$

증명

여기에서 $P(X_i = 1) = p_i$이고 $P(X_i = 0) = q_i$이므로, $E(X_i) = p_i$, $Var(X_i) = p_i q_i$, 그리고

$$E(|X_i - p_i|^3) = p_i q_i^3 + q_i p_i^3 = p_i q_i (p_i^2 + q_i^2) \le p_i q_i.$$

따라서

$$\sum_{i=1}^{n} \frac{E(|X_i - p_i|^3)}{\left(\sum_{i=1}^{n} p_i q_i\right)^{\frac{3}{2}}} \le \frac{1}{\left(\sum_{i=1}^{n} p_i q_i\right)^{\frac{1}{2}}}. \qquad \cdots ⑧$$

무한급수 $\sum_{i=1}^{\infty} p_i q_i$가 발산하므로, $n \to \infty$에 따라 $\sum_{i=1}^{\infty} p_i q_i \to \infty$ 그리고 관계식 ⑧로부터 식 ④가 만족됨을 알 수 있다. 식 ⑥은 단순히 여기에서 고려되고 있는 특별한 확률변수들에 대한 식 ③의 재진술이므로, 정리의 증명이 끝난다. ◀◀

정리 11은 만일 무한급수 $\sum_{i=1}^{\infty} p_i q_i$가 발산한다면, 많은 수의 독립인 베르누이 확률변수들의 합 $\sum_{i=1}^{n} X_i$의 분포는 근사적으로 평균 $\sum_{i=1}^{n} p_i$와 분산 $\sum_{i=1}^{\infty} p_i q_i$를 가지는 정규분포가 될 것임을 의미한다.

그러나 전형적인 실제문제는 확률변수들의 무한열보다는 유한개의 확률변수들 $X_1, \cdots, X_n$만을 포함할 것임을 명심해야 한다. 그러한 문제에서 무한급수 $\sum_{i=1}^{\infty} p_i q_i$가 발산하느냐 하지 않느냐 하는 것을 고려한다는 것은 무의미하다. 왜냐하면 그 문제에서는 유한개의 값 $p_1, \cdots, p_n$만이 특정될 것이기 때문이다.

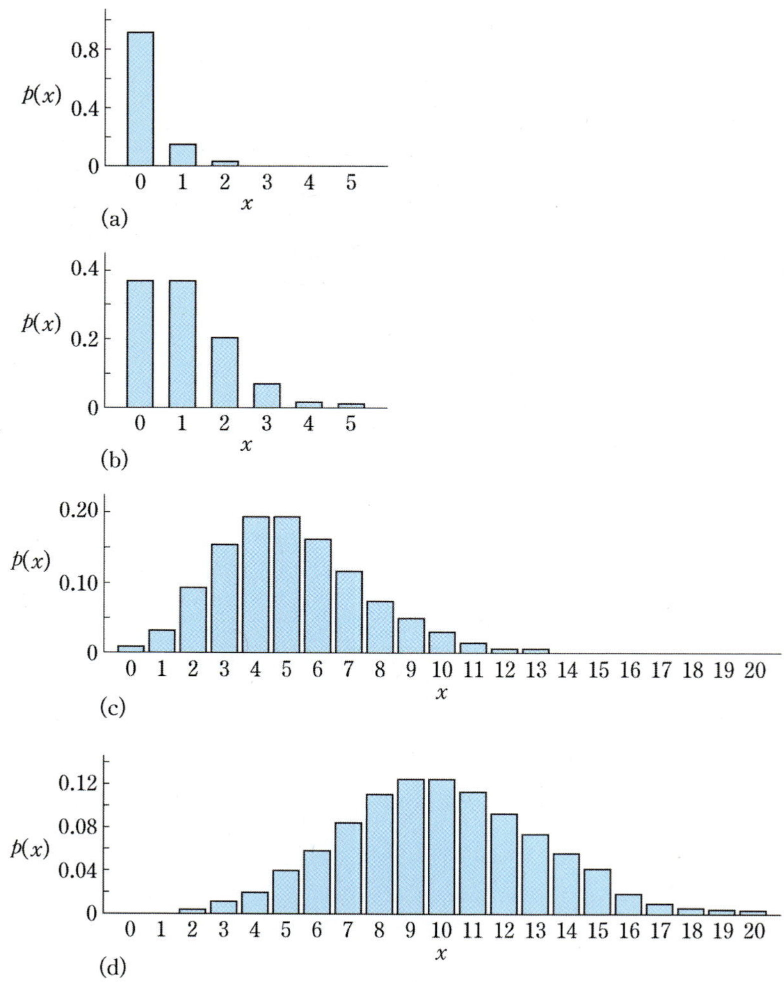

| 그림 5.6 | 푸아송 분포의 정규근사

그러므로 어떤 의미에서는, 합 $\sum_{i=1}^{n} X_i$의 분포는 항상 정규분포에 의해 근사될 수 있다. 중요한 문제는 이 정규분포가 $\sum_{i=1}^{n} X_i$의 실제분포에 대한 훌륭한 근사치를 제공해 주느냐 그렇지 않느냐에 있다. 그 답은 물론 $p_1, \cdots, p_n$의 값에 달려 있다.

$\sum_{i=1}^{\infty} p_i q_i \to \infty$임에 따라 더욱 더 근사하게 정규분포를 얻게 될 것이므로, $\sum_{i=1}^{\infty} p_i q_i$의 값이 클 때 정규분포는 훌륭한 근사치를 제공한다는 결과가 따른다. 더욱이 각 항 $p_i q_i$의 값은 $p_i = \frac{1}{2}$일 때 최대이므로, n이 크고 $p_1, \cdots, p_n$의 값들이 $\frac{1}{2}$에 가까울 때 가장 좋은 근사치가 될 것이다.

예제 5-12

한 시험이 가장 쉬운 것부터 가장 어려운 것까지 순서대로 99문제를 포함하고 있다고 가정하자. 한 학생이 첫 번째 문제에 맞게 답할 확률은 0.99이고, 두 번째 문제에 맞게 답할 확률은 0.98이며, 일반적으로, i번째 문제에 맞게 답할 확률은 $i=1, \cdots, 99$에 대하여 $1-\frac{i}{100}$이라고 가정하자. 모든 문제에 대해 독립적으로 답하며, 이 학생이 시험에 합격하기 위하여 적어도 60문제를 맞혀야 한다고 하자. 이제 이 학생이 합격할 확률을 결정해 보자.

$E(X_i) = p_i = 1-\left(\frac{i}{100}\right)$이고 $Var(X_i) = p_i q_i = \left(\frac{i}{100}\right)\left[1-\left(\frac{i}{100}\right)\right]$이다. 또한,

$$\sum_{i=1}^{99} p_i q_i = \frac{1}{100}\sum_{i=1}^{99} i - \frac{1}{(100)^2}\sum_{i=1}^{99} i^2$$

$$= 49.5 - \frac{1}{(100)^2}\frac{(99)(100)(199)}{6} = 16.665$$

$$\sum_{i=1}^{99} p_i = 99 - \frac{1}{100}\sum_{i=1}^{99} i = 99 - \frac{1}{100}\frac{(99)(100)}{2} = 49.5$$

이므로, 중심극한정리로부터 맞게 답한 문제의 총수 $\sum_{i=1}^{99} X_i$의 분포는 근사적으로 평균 49.5와 표준편차 $\sqrt{16.665} = 4.08$을 가지는 정규분포가 될 것이다.

그러므로, 변수

$$Z = \frac{\sum_{i=1}^{n} X_i - 49.5}{4.08}$$

의 분포는 근사적으로 표준정규분포가 된다. 따라서

$$P(\sum_{i=1}^{n} X_i \geq 60) = P(Z \geq 2.5735) \simeq 1 - \Phi(2.5735) = 0.0050.$$

제4장의 정리 2에서 $X_n \sim B(n, p)$일 때, $np = \lambda$로 일정하다면 $X_n \approx P(\lambda)$임을 이미 살펴보았다. 다시 말해서 n이 충분히 크고 p가 충분히 작으면, 이항분포의 근사분포로 푸아송 분포를 생각할 수 있음을 말한다. 그러나 n이 충분히 크지만 p가 0에 충분히 가깝지 않을 경우에는 이항분포의 근사분포로 어떤 분포를 생각할 것인가 하는 의문점에 대하여 $X_n \sim B(n, p)$이고 $Z_n = (X_n - np)/\sqrt{npq}$라 하면, Z_n은 표준정규분포에 분포수렴하고 따라서 $X_n \sim N(np, npq)$임을 알 수 있다. 그러므로

$$P(a \leq X_n \leq b) \fallingdotseq P\left[\frac{a-np}{\sqrt{npq}} \leq Z \leq \frac{b-np}{\sqrt{npq}}\right]$$

가 성립한다. 이러한 근사확률 계산을 **이항분포의 정규근사**라 하고 보편적으로 $np > 5$이고 $npq > 5$인 경우에 상당히 오차가 작은 것으로 알려져 있다.

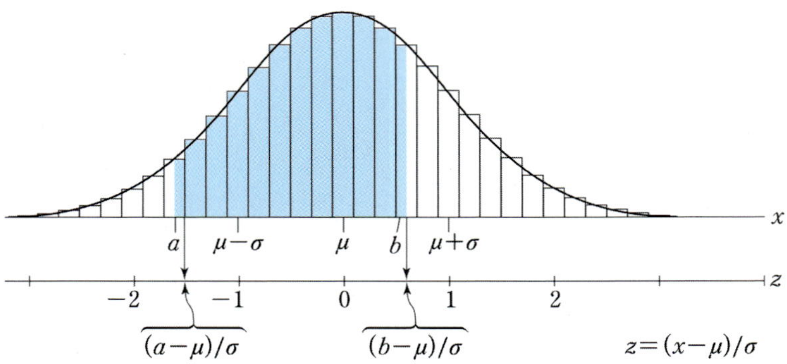

| 그림 5.7 | 이항분포의 정규근사

예제 5-13

$X \sim B(15, 0.4)$인 이항분포에서 $P(7 \leq X \leq 9)$의 정규근사확률을 구하여 보자.

$X \sim B(15, 0.4)$이므로 평균과 분산은 각각 $E(X) = 6$, $Var(X) = 3.6$이므로

$$\frac{X-\mu}{\sigma}=\frac{X-6}{\sqrt{3.6}}=\frac{X-6}{1.897}\sim N(0,1)$$

이다. 따라서

$$\begin{aligned}P(7 \le X \le 9) &= P\left(\frac{7-6}{1.897} \le \frac{X-6}{1.897} \le \frac{9-6}{1.897}\right)\\ &= P(0.527 \le Z \le 1.581)\\ &= 0.243\end{aligned}$$

이다.

그러나 이항분포는 이산형분포이므로 확률변수는 정숫값만을 취할 수 있는 것이어서

$$P(X \le a)+P(X>a)=P(X \le a)+P(X \ge a+1)=1$$

의 관계가 성립한다. 그러나 확률변수 X가 정규분포를 따른다면

$$P(X \le a)+P(X \ge a+1) \ne 1$$

이 된다. 즉, a와 $a+1$ 사이의 넓이가 고려 대상에서 제외되어 버린다. 이러한 문제를 해결하기 위하여 일반적으로 a부터 $a+1$까지의 구간을 이등분하여 양쪽에 포함시킨다. 즉, 근사계산의 정밀도를 높이기 위하여 다음과 같이 수정한다.

$$P(a \le X_n \le b) \fallingdotseq P\left[\frac{a-0.5-np}{\sqrt{npq}} \le Z \le \frac{b+0.5-np}{\sqrt{npq}}\right]$$

그리고 이와 같은 근사계산을 **연속성수정**(continuity correction) **정규근사**라 한다.

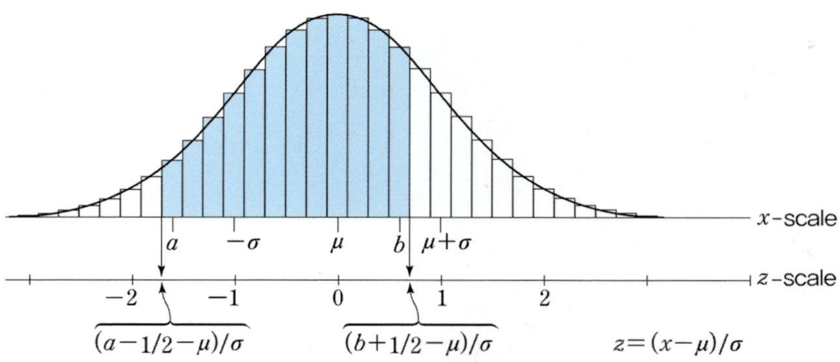

| 그림 5.8 | 이항분포의 연속성수정 정규근사

예제 5-14

어느 국회의원 입후보자가 모집단에서의 지지율이 0.64일 때 이 집단에서 100명을 임의 추출하여 그중 60명 이상이 이 후보를 지지할 확률을 구하여 보자.
이항분포를 이용하여 확률계산을 할 경우, 모집단의 수가 크므로 계산이 힘들다.
이 경우, $np(1-p)$가 5보다 커지므로 근삿값 계산이 합당하며

$$P(X \geq 60) = P\left(Z \geq \frac{60 - \frac{1}{2} - np}{\sqrt{np(1-p)}}\right) = P(Z \geq -0.94) = 0.8264$$

을 얻는다.
이항분포를 이용한 참값은 0.8263이므로 정규분포에 의한 근삿값 계산은 매우 정확함을 알 수 있다.

중심극한정리의 효과

중심극한정리는 물리적인 실험에서 연구된 많은 확률변수들의 분포가 근사적으로 정규라는 사실에 대한 그럴듯한 설명을 제공한다. 예를 들면, 한 사람의 키는 많은 확률인자들에 의해 영향을 받는다. 만일 각 사람의 키가 이러한 개개의 인자들의 값을 합함으로써 결정된다면, 많은 수의 사람들의 키의 분포는 근사적으로 정규가 될 것이다. 일반적으로, 중심극한정리는 각 확률변수의 분포가 정규분포와 다를지라도, 많은 확률변수들의 합의 분포는 근사적으로 정규가 될 수 있다는 것을 의미하고 있다.

SECTION 02 연/습/문/제

01 서로 독립인 확률변수들 X_n, $n=1, 2, \cdots, 30$이 동일한 확률밀도함수 $f(x)=3x^2$, $0<x<1$을 갖는다고 하자. 그리고 $\overline{X}=(1/30)\sum_{i=1}^{30} X_i$라 할 때, 근사확률 $P(0.7<\overline{X}<0.8)$을 구하여라.

02 $X \sim B(n, 0.55)$에 대하여 근사적으로 $P(X/n > 0.5) \geq 0.95$를 만족하는 n의 최솟값을 구하여라.

03 서로 독립인 확률변수들 X_n, $n=1, 2, \cdots, 75$이 동일한 평등분포 $U(0, 1)$을 따른다고 한다. 이때 근사확률 $P(0.45<\overline{X_n}<0.55)$을 구하여라.

04 상점의 계산대에서 점원이 손님에게 제공하는 시간은 평균 3분인 지수분포를 따른다고 한다. 중심극한정리를 이용하여 16명의 손님에게 소요되는 시간이 1시간을 초과할 확률을 구하여라.

05 10개의 공정한 주사위를 던져서 윗면에 나타난 눈의 합이 30 이상 40 이하일 근사확률을 구하여라.

06 확률변수열 X_n이 모수 1인 푸아송 분포를 따를 때, 확률 $P(50 < S_n \leq 80)$의 정규근사 확률을 구하여라.

07 확률변수 $X_1, \cdots, X_{72}$가 독립이고 각각의 확률밀도함수가 $f(x)=\dfrac{1}{x^2}$, $1<x<\infty$라고 하자. 이들 72개의 확률변수 중 적어도 50개가 3보다 적을 확률을 구하여라.

08 수직선 위의 원점에 점 P가 있다. 점 P는 동전을 던져서 앞면이 나오면 $+2$만큼 이동하고, 뒷면이 나오면 -1만큼 이동한다. 동전을 100번 던질 때 점 P의 좌표가 80 이상일 확률을 구하여라.

09 어느 책의 한 쪽당 오자의 수는 평균 5인 푸아송 분포를 따른다. 125쪽을 임의로 추출하였을 때 쪽당 평균 오자의 수가 5.5보다 클 확률을 구하여라.

10 한 물리학자가 어떤 물체의 특정한 충격을 독립적으로 25회 측정하였다. 그의 장비의 한계인 각 측정의 표준편차가 σ라는 것을 알고 있다.

(a) 체비쇼프 부등식을 이용하여 측정치들의 평균과 물체의 실제 특정한 중력과의 차이가 $\sigma/4$보다 작을 확률에 대한 하한을 구하여라.

(b) 중심 극한 정리를 이용하여 (a)의 확률에 대한 근사치를 구하여라.

CHAPTER 06

표본분포

MATHEMATICAL STATISTICS

이 장에서는 표본론에 관련된 이론을 학습한다. 표본이란 우리고 다루고자 하는 제일 큰 집단인 모집단에서 모집단의 특징을 알기 위해 추출한 대상 또는 측정값을 의미한다. 통계학에서 표본은 매우 중요하며 표본들이 지니는 특성을 활용하여 추후 통계적인 추론까지 이론을 확장할 수 있다. 특히 표본들의 분포인 표본분포로서 가장 주요하게 다루어지고 있는 카이제곱분포(Chi-square distribution), T 분포(T distribution), F 분포(F distribution)의 유도 과정과 성질, 그리고 적용하는 예제까지 자세하게 학습한다.

SECTION 01 표본분포

4장과 5장에서 여러 가지 확률분포와 그 성질을 살펴보았다. 이제부터는 확률분포를 어떠한 상황에서 어떻게 이용하고, 어떠한 정보를 얻을 수 있는지에 대하여 살펴보기로 한다. 예를 들어, 어느 자동차 회사에서 새 모델의 자동차 10,000대를 생산하였다고 하자. 그러면 새 모델에 대하여 소비자들은 과연 안전한가 하는 의문을 가질 것이고, 따라서 이 회사에서는 자동차의 안전성에 대한 사전 검증이 있어야 할 것이다. 그런데 안전도 시험을 위하여 10,000대의 자동차를 모두 이용한다면 실제로 판매할 자동차가 하나도 없고 따라서 안전도 시험은 아무런 의미가 없을 것이다. 그러면 이 회사에서 생산한 자동차의 안전도를 어떻게 조사할 것이며, 그 신빙성을 어느 정도 믿을 수 있는가 하는 문제가 남는다. 이러한 문제를 논리적으로 해결하는 것이 통계학의 묘미이다. 이를 위하여 우선 생산된 자동차에서 100대를 임의 추출하여 안전도 시험을 실시한 결과 그들의 안전도 $X_1, X_2, \cdots, X_{100}$을 측정하였다고 하자. 이와 같이 안전도와 같은 어떤 정보를 얻기 위하여 실험대상이 된 집단 전체를 **모집단**(population)이라 하며, 이 모집단의 대상들은 어떤 미지의 확률분포를 가질 것이다. 그리고 안전도를 조사하기 위하여 선정된 100대의 자동차의 측정값, 즉 모집단 특성에 관한

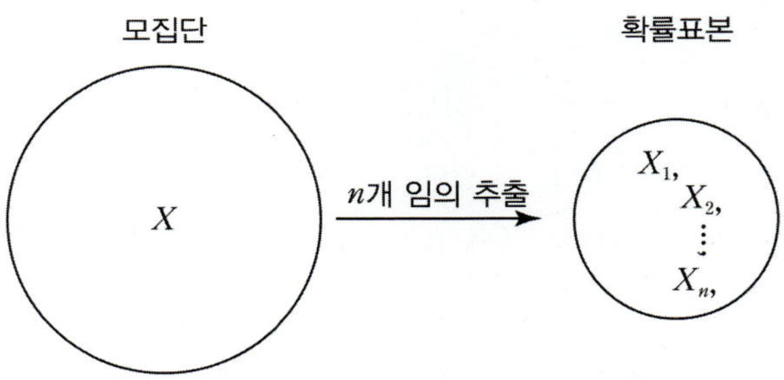

모평균 : $\mu = E(X)$

모분산 : $\sigma^2 = Var(X)$

$X_i\,(i=1, \cdots, n)$는 독립이고, 동일한 분포 $f(x)$를 갖는다.

표본평균 : $\overline{X} = \sum X_i / n$

표본분산 : $S^2 = \sum (X_i - \overline{X})^2 / n-1$

| 그림 6.1 | 모집단과 확률분포

정보를 알기 위하여 추출된 대상 또는 그들의 측정값을 **표본**(sample)이라 한다. 이때 안전도 $X_1, X_2, \cdots, X_{100}$이 어떻게 나타날 것인가는 서로 간에 아무런 영향을 미치지 않으므로 그들은 서로 독립이라 할 수 있다. 한편 표본의 대상이 되는 확률변수들 $X_1, X_2, \cdots, X_{100}$은 모두 모집단으로부터 추출된 것이므로 모집단의 분포와 동일한 분포를 형성하며, 서로 독립이고 동일한 확률분포를 가지는 무작위 표본이다. 이러한 이유에서 모집단을 이루는 개개의 개체들은 평균 μ와 분산 σ^2인 확률분포 $f(x)$를 가지며 그들 개체들은 독립이라고 가정한다. 그리고 모집단의 특성을 나타내는 값을 **모수**(parameter)라 하며, 모수에는 모집단의 평균(모평균 μ), 모집단의 분산(모분산 σ^2) 그리고 모집단의 비율(모비율 p) 등이 널리 사용된다. 한편 모집단으로부터 추출된 크기 n인 확률표본 $\{X_1, \cdots, X_n\}$에 대하여 확률표본의 특성을 나타내는 수치, 즉 표본의 평균(표본평균 $\overline{X}$), 표본의 분산(표본분산 S^2) 그리고 표본의 비율(표본비율 $\hat{p}$) 등을 **통계량**(statistics)이라 한다. 그리고 이들은 역시 또 하나의 확률변수이며, 이들의 확률분포를 **표본분포**(sampling distribution)라 한다. 이 장에서는 이러한 통계량과 그들의 표본분포에 대하여 살펴보기로 한다.

표본평균 $\overline{X}$의 확률분포를 살펴보기 위하여, 확률분포가 $f(x) = 1/4,\ x = 0, 1, 2, 3$인 모집단과 크기 2인 확률표본 $\{X_1, X_2\}$를 생각하자. 그러면 표본평균은 $\overline{X} = (X_1 + X_2)/2$이고, X_1, X_2가 취할 수 있는 값은 각각 0, 1, 2, 3이므로 $\overline{X}$의 관찰 가능한 값은 0, 0.5, 1, 1.5, 2, 2.5, 3이다. 먼저 표본평균 $\overline{X}$의 확률분포를 구하기 위하여 X_1, X_2의 결합분포를 생각한다. 그런데 X_1, X_2가 독립이므로 이들의 결합분포 $P(X_1 = x_1, X_2 = x_2) = P(X_1 = x_1)P(X_2 = x_2)$는 다음과 같다.

X_1 \ X_2	0	1	2	3	$f_1(x)$
0	1/16	1/16	1/16	1/16	1/4
1	1/16	1/16	1/16	1/16	1/4
2	1/16	1/16	1/16	1/16	1/4
3	1/16	1/16	1/16	1/16	1/4
$f_2(x)$	1/4	1/4	1/4	1/4	1

한편 $\overline{X} = (x_1 + x_2)/2,\ x_1, x_2 = 0, 1, 2, 3$이므로 $\overline{X}$의 관찰 가능한 값과 X_1, X_2 사이에는 다음과 같은 관계가 있다.

$$\overline{X}=0 \Leftrightarrow (X_1, X_2)=(0, 0)$$
$$\overline{X}=0.5 \Leftrightarrow (X_1, X_2)=(0, 1), (1, 0)$$
$$\overline{X}=1.0 \Leftrightarrow (X_1, X_2)=(0, 2), (1,1), (2, 0)$$
$$\overline{X}=1.5 \Leftrightarrow (X_1, X_2)=(0, 3), (1, 2), (2, 1), (3, 0)$$
$$\overline{X}=2.0 \Leftrightarrow (X_1, X_2)=(1, 3), (2, 2), (3, 1)$$
$$\overline{X}=2.5 \Leftrightarrow (X_1, X_2)=(2, 3), (3, 2)$$
$$\overline{X}=3.0 \Leftrightarrow (X_1, X_2)=(3, 3)$$

따라서 $\overline{X}$의 확률분포는 다음 표와 같으며,

$\overline{x}$	0	0.5	1	1.5	2	2.5	3	계
$f(\overline{x})$	1/16	2/16	3/16	4/16	3/16	2/16	1/16	1

표본평균 $\overline{X}$의 평균과 분산을 구하고, 모평균과 모분산을 구하여 이들을 비교하여 보자. 우선 모평균 μ와 모분산 σ^2을 구하면

$$\text{모평균} : \mu = E(X) = \sum xf(x) = 3/2,$$
$$\text{모분산} : \sigma^2 = E(X^2) - [E(X)]^2 = 5/4$$

이고, 표본평균의 평균과 분산은

$$\overline{X}\text{의 평균} : E(\overline{X}) = \sum \overline{x} f(\overline{x}) = 3/2,$$
$$\overline{X}\text{의 분산} : Var(\overline{X}) = E(\overline{X}^2) - [E(\overline{X})]^2 = 5/8$$

이며 $\mu = \mu_{\overline{X}}$, $\sigma^2 = 2\,Var(\overline{X})$인 관계가 있음을 알 수 있다.

● 정리 1

> 모평균이 μ, 모분산이 σ^2인 모집단으로부터 크기 n인 무작위 표본을 추출하면, $E(\overline{X}) = \mu$이고 $Var(\overline{X}) = \sigma^2/n$이다.

증명

$X_1, X_2, \cdots, X_n$이 독립이고 동일한 분포를 이루므로 표본평균의 평균과 분산은 각각 다음과 같다.

$$E(\overline{X}) = E\left(\frac{1}{n}\sum_{i=1}^{n} X_i\right)$$
$$= \frac{1}{n}\sum_{i=1}^{n} E(X_i) = \frac{1}{n}\sum_{i=1}^{n}\mu = \mu$$

$$Var(\overline{X}) = Var\left(\frac{1}{n}\sum_{i=1}^{n} X_i\right) = \frac{1}{n^2} Var\left(\sum_{i=1}^{n} X_i\right)$$
$$= \frac{1}{n^2}\sum_{i=1}^{n} Var(X_i) = \frac{1}{n^2}\sum_{i=1}^{n}\sigma^2 = \frac{\sigma^2}{n}$$

한편 정리 1로부터 표본의 크기 n이 충분히 커지면 $\overline{X}$의 분산은

$$Var(\overline{X}) = \frac{\sigma^2}{n} \to 0$$

이고, 따라서 표본의 크기가 클수록 표본평균의 분포는 모평균에 근접한다는 사실을 알 수 있으며, 이러한 사실은 이미 5장에서 증명한 바 있다.

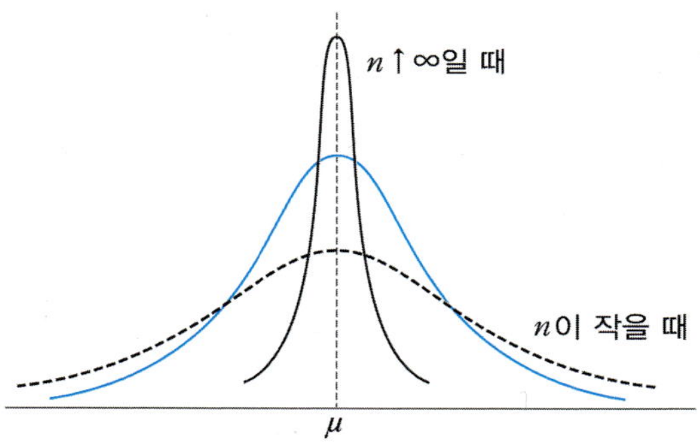

| 그림 6.2 | n에 따른 $\overline{X}$의 표본분포

예제 6-1

다음과 같은 확률분포를 갖는 모집단으로부터 크기 36인 확률표본을 추출할 때, $P(3.5 < \overline{X} \le 4.5)$의 값을 구하여 보자.

x	1	2	3	4	5	6	계
$f(x)$	0.3	0.1	0.1	0.1	0.3	0.1	1

모평균과 모분산은

$$\mu = E(X) = \sum x f(x) = 3.3$$
$$\sigma^2 = E(X^2) - [E(X)]^2 = 14.3 - 10.89 = 3.41$$

이므로 표본평균은 $\mu_{\overline{X}} = 3.3$이고 표본분산은 $Var(\overline{X}) = \sigma^2/36 = 0.095$이다.
한편, 중심극한정리에 의하여 근사적으로 $\overline{X} \sim N(\mu, \sigma^2/n)$이므로 다음과 같은 확률을 구할 수 있다.

$$P(3.5 < \overline{X} \le 4.5) \fallingdotseq P\left(\frac{3.5-3.3}{\sqrt{0.095}} < Z \le \frac{4.5-3.3}{\sqrt{0.095}}\right)$$
$$\fallingdotseq P(0.648 < Z \le 3.894)$$
$$= 0.2611$$

지금까지 배운 것들과 중심극한 정리를 이용하면 다음과 같은 표를 설명할 수 있다.

| 표 6.1 |

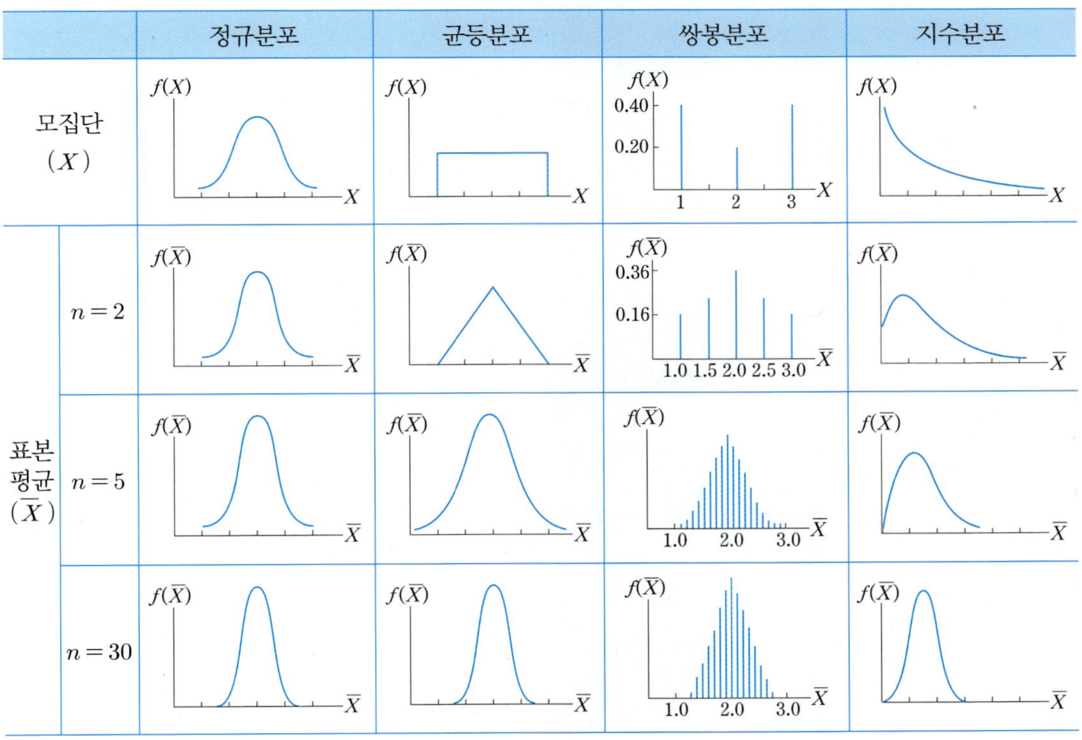

표 6.1에서 보면 첫째 행에서 4개의 서로 다른 모집단의 표본형태를, 그리고 나머지 행에서는 표본의 크기가 2, 5, 그리고 30일 때 $\overline{X}$의 분포형태를 보여 주고 있다. 첫째 행은 모집단이 정규분포를 따를 때 이로부터 추출한 표본의 평균 $\overline{X}$도 정규분포를 따른다는 것으로 바로 앞 항에서 밝힌 내용을 보여 주고 있다. 둘째 열은 균등분포, 셋째 열은 이산확률분포 형태의 한 예로서 봉우리가 2개인 쌍봉분포, 그리고 마지막 열에서는 지수분포를 갖는 모집단에서 추출된 평균이 표본크기가 점점 커짐에 따라 좌우대칭의 정규분포화해가는 과정을 보여준다.

이제 복원이 아닌 비복원인 경우에 대하여 알아보자.

예제 6-2

$f(x)=1/4$, $(x=0, 1, 2, 3)$인 분포를 갖는 모집단에서 비복원추출에 의하여 크기 2인 확률표본을 취했을 때, 표본평균의 분포와 그의 평균 및 분산을 구하여 보자.

비복원추출에 의한 크기 2인 표본을 취할 경우, 처음에 추출된 값을 x_1, 두 번째 추출된 값을 x_2라 하면, 표본의 관찰 가능한 값은

$$(x_1, x_2)=(0,1), (0,2), (0,3), (1,0), (1,2), (1,3), \\ (2,0), (2,1), (2,3), (3,0), (3,1), (3,2)$$

이고 따라서 $\overline{X}=(X_1+X_2)/2$의 관찰 가능한 값은 $\overline{x}=0.5, 1, 1.5, 2, 2.5$이다. 한편 비복원추출에 의하여

$$\begin{aligned} P(X_1=x_1, X_2=x_2) &= P(X_1=x_1)P(X_2=x_2|X_1=x_1) \\ &= 1/4 \cdot 1/3 = 1/12 \end{aligned}$$

이고, 그러므로 $\overline{X}$의 확률분포는

$\overline{x}$	0.5	1	1.5	2	2.5
빈도	2	2	4	2	2
$f(\overline{x})$	2/12	2/12	4/12	2/12	2/12

이다. 따라서 $\overline{X}$의 평균과 분산은 다음과 같다.

$$E(\overline{X})=\sum_{\overline{x}} \overline{x} f(\overline{x})=3/2$$

$$\begin{aligned} Var(\overline{X}) &= \sum_{\overline{x}} \overline{x}^2 f(\overline{x})-[E(\overline{X})]^2 \\ &= \frac{32}{12}-\frac{9}{4}=\frac{5}{12} \end{aligned}$$

다음은 4장의 초기하분포에서 이야기되었던 정리이다.

● 정리 2

> 모평균 μ와 모분산 σ^2인 크기 N의 모집단으로부터 크기 n인 확률표본을 비복원추출하면, $\overline{X}$는 평균은 $E(\overline{X})=\mu$이고 분산은 $Var(\overline{X})=\sigma^2/n \cdot (N-n)/(N-1)$인 정규분포에 근사한다.

이 경우에 $N\to\infty$이면 $(N-n)/(N-1)\to 1$이므로 표본의 크기 n을 충분히 크게 하면 $\overline{X}$는 $N(\mu, \sigma^2/n)$으로 근사한다. 비복원추출에 의하여 확률표본을 만들 경우, $\dfrac{N-n}{N-1}$을 **유한모집단 수정요소**(finite population correction factor)라 한다.

앞의 예제 6-2에서 분산은 $Var(\overline{X})=\dfrac{5}{12}=\dfrac{1}{2}\dfrac{5}{4}\dfrac{(4-2)}{(4-1)}$이고, 따라서 유한모집단 수정요소는 2/3이다.

이제 두 표본평균의 차에 대한 분포를 알아보기 위하여 3, 5, 7 세 장의 카드가 들어 있는 제1주머니와 0, 3 두 장의 카드가 들어 있는 제2주머니를 생각한다. 이때 제1주머니에서 크기 2인 표본을 복원추출하고 제2주머니에서 크기 3인 표본을 복원추출하여 각각 $\{X_1, X_2\}$, $\{Y_1, Y_2, Y_3\}$이라 하자. 그러면 제1주머니와 제2주머니에 대한 모평균과 모분산은 각각 다음과 같다.

$$\mu_1=5,\quad \sigma_1^2=8/3$$
$$\mu_2=\frac{3}{2},\quad \sigma_2^2=\frac{9}{4}$$

그리고 그들 표본평균을 각각 $\overline{X}$, $\overline{Y}$라 하고 $\overline{X}-\overline{Y}$의 분포를 알기 위하여 $\overline{X}$, $\overline{Y}$의 분포를 먼저 살펴본다. X_1, X_2가 취할 수 있는 값이 3, 5, 7이므로 $\overline{X}=(X_1+X_2)/2$가 취할 수 있는 값은 3, 4, 5, 6, 7이다. 따라서 X_1, X_2의 결합분포로부터

X_1 \ X_2	3	5	7	$f_1(x_1)$
3	1/9	1/9	1/9	1/3
5	1/9	1/9	1/9	1/3
7	1/9	1/9	1/9	1/3
$f_2(x_2)$	1/3	1/3	1/3	1

다음과 같은 $\overline{X}$의 분포를 얻는다.

$\bar{x}$	3	4	5	6	7	계
$f(\bar{x})$	1/9	2/9	3/9	2/9	1/9	1

그러므로 $\overline{X}$의 평균과 분산은 각각 $E(\overline{X})=5$, $Var(\overline{X})=4/3=\sigma_1^2/2$이다. 또한 (y_1, y_2, y_3)가 취할 수 있는 모든 경우는

$$\begin{aligned}(y_1, y_2, y_3) = &(0,0,0), (0,0,3), (0,3,0), (0,3,3),\\ &(3,0,0), (3,0,3), (3,3,0), (3,3,3)\end{aligned}$$

이므로 $\overline{Y}=(Y_1+Y_2+Y_3)/3$가 취할 수 있는 값은 0, 1, 2, 3이다. 한편 Y_1, Y_2, Y_3이 독립이므로 이들의 결합분포는

$$g_1(y_1)g_2(y_2)g_3(y_3)=\frac{1}{8},\ (y_1, y_2, y_3)=(i, j, k), i, j, k=0,3$$

이고 따라서 $\overline{Y}$의 분포는

$\bar{y}$	0	1	2	3	계
$g(\bar{y})$	1/8	3/8	3/8	1/8	1

이다. 그러므로 $\overline{Y}$의 평균과 분산은 각각 $E(\overline{Y})=3/2$, $Var(\overline{Y})=3/4=\sigma_2^2/3$이다. 더욱이 $\overline{X}$, $\overline{Y}$가 독립이므로 $\overline{X}$, $\overline{Y}$의 결합분포는 $f(\bar{x})g(\bar{y})$이고, 따라서 $W=\overline{X}-\overline{Y}$라 하면 W의 가능한 값은 0, 1, 2, 3, 4, 5, 6, 7이므로 W의 확률분포는 표와 같으며, 평균과 분산은

$$E(W)=\mu_1-\mu_2=7/2,\ \ Var(W)=Var(\overline{X})+Var(\overline{Y})=25/12$$

이다.

$\overline{Y}$ \ $\overline{X}$	3	4	5	6	7	계
0	1/72	2/72	3/72	2/72	1/72	9/72
1	3/72	6/72	9/72	6/72	3/72	27/72
2	3/72	6/72	9/72	6/72	3/72	27/72
3	1/72	2/72	3/72	2/72	1/72	9/72
계	8/72	16/72	24/72	16/72	8/72	1

w	0	1	2	3	4	5	6	7	계
w의 확률함수	1/72	5/72	12/72	18/72	18/72	12/72	5/72	1/72	1

● 정리 3

서로 독립이고 평균과 분산이 각각 $\mu_1, \sigma_1^2\,;\, \mu_2, \sigma_2^2$인 두 모집단으로부터 크기 n_1, n_2 인 표본을 추출할 때, 두 표본평균의 차 $\overline{X}-\overline{Y}$의 평균과 분산은 각각 다음과 같다.

$$E(\overline{X}-\overline{Y}) = \mu_1 - \mu_2,\ Var(\overline{X}-\overline{Y}) = \frac{\sigma_1^2}{n_1} + \frac{\sigma_2^2}{n_2}$$

증명

기댓값의 성질과 정리 1에 의하여 쉽게 증명할 수 있다.

이 정리로부터 서로 독립이고 평균과 분산이 각각 $\mu_1, \sigma_1^2\,;\, \mu_2, \sigma_2^2$인 두 정규모집단에서 크기 n_1, n_2인 표본을 추출할 때, 두 표본평균의 차 $\overline{X}-\overline{Y}$는 다음 정규분포를 따르며,

$$\overline{X}-\overline{Y} \sim N(\mu_1 - \mu_2,\ \sigma_1^2/n_1 + \sigma_2^2/n_2)$$

모집단의 분포가 알려져 있지 않은 경우에 n_1, n_2가 충분히 크다면 중심극한정리에 의하여 근사적으로 앞의 정규분포를 따른다는 사실을 알 수 있다.

예제 6-3

$\mu_1 = 6.5,\ \sigma_1^2 = 0.9^2$인 모집단 I과 $\mu_2 = 6,\ \sigma_2^2 = 0.8^2$인 모집단 II에서 각각 크기 36, 49인 표본 I, 표본 II를 취할 경우, 표본평균의 차 $\overline{X} - \overline{Y}$가 1보다 클 확률을 구하여 보자.

$\mu_1 = 6.5,\ \sigma_1^2 = 0.9^2$인 모집단 I에서 크기 36인 표본의 평균 $\overline{X}$는 $N(6.5,\ 0.9^2/36)$에 근사하고, $\mu_2 = 6,\ \sigma_2^2 = 0.8^2$인 모집단 II에서 크기 49인 표본의 평균 $\overline{Y}$는 $N(6,\ 0.8^2/49)$에 근사하므로

$$E(\overline{X} - \overline{Y}) = 6.5 - 6 = 0.5$$

$$Var(\overline{X} - \overline{Y}) = \frac{0.9^2}{36} + \frac{0.8^2}{49} = 0.189^2$$

이고 따라서 $\overline{X} - \overline{Y} \sim N(0.5,\ 0.189^2)$이다. 그러므로 구하고자 하는 확률은 다음과 같다.

$$\begin{aligned} P[\overline{X} - \overline{Y} > 1] &\fallingdotseq P\left(Z > \frac{1 - 0.5}{0.189}\right) \\ &= P(Z > 2.65) \\ &= 1 - 0.996 = 0.004 \end{aligned}$$

표본분산 S^2에 관한 표본분포는 다음 절에서 살펴보기로 하고 이 절의 끝으로 표본비율에 대하여 알아본다. N명이 수강하는 통계학 수업의 결석률이 p라 하고 수업에 결석한 학생수를 X라 하면, 결석률은 $p = X/N$이고 $X \sim B(N,\ p)$인 이항분포를 이룬다. 따라서 X는 서로 독립이고 베르누이분포 $B(1,\ p)$에 따르는 확률변수들 $X_1,\ \cdots,\ X_N$에 대하여

$$X = X_1 + X_2 + \cdots + X_N$$

으로 나타낼 수 있으며, 이 결석률, 즉 모집단의 어떤 특성을 갖는 개체수에 대한 비율 p를 **모비율**(population proportion)이라 한다. 이때 크기 n인 표본을 택하여

$$Y = X_1 + X_2 + \cdots + X_n$$

이라 하면, Y는 표본의 결석자 수를 나타내며 $Y \sim B(n,\ p)$인 분포를 이룬다. 따라서 표본의 크기 n이 충분히 클 경우 중심극한정리에 의하여 Y는 정규분포 $N(np,\ np(1-p))$에 근사한다. 그러므로 표본의 결석률 $\hat{p} = Y/n$는 $N(p,\ pq/n)$, $q = 1 - p$에 근사하며, 이와 같

이 확률표본에서 어떤 특성을 갖는 개체수에 대한 비율을 **표본비율**(sample proportion)이라 한다.

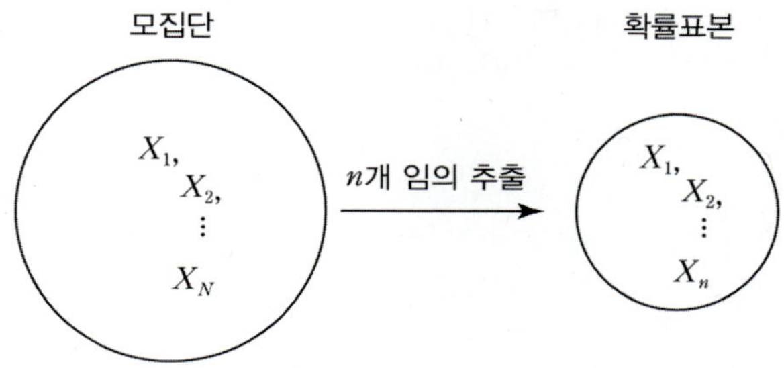

$X_i \sim B(1, p),\ i=1, \cdots, N$	$X_i \sim B(1, p),\ i=1, \cdots, n$
결석자 수 : $X \sim B(N, p)$	결석자 수 : $Y \sim B(n, p)$
모비율(결석률) : $p = X/N$	표본비율(결석률) : $\hat{p} = Y/n$

| 그림 6.3 | 모비율과 표본비율

예제 6-4

모비율 0.6인 모집단으로부터 크기 36인 표본을 취했을 때, 표본비율 $\hat{p}$가 0.5와 0.7 사이일 확률을 구하여 보자.

표본비율 $\hat{p}$는 근사적으로 $N(0.6, (0.6\times 0.4)/36)$인 정규분포를 이루므로

$$\begin{aligned} P(0.5 < \hat{p} < 0.7) &= P\left(\frac{0.5-0.6}{\sqrt{0.6\times 0.4/36}} < \frac{\hat{p}-0.6}{\sqrt{0.6\times 0.4/36}} < \frac{0.7-0.6}{\sqrt{0.6\times 0.4/36}}\right) \\ &= P(-1.22 < Z < 1.22) \\ &= 2P(Z < 1.22) - 1 = 0.7776 \end{aligned}$$

이다.

SECTION 01 연/습/문/제

01 모집단 1, 1, 1, 3, 4, 5, 6, 6, 6, 7이 주어졌다. 복원 추출로 크기 36의 표본이 추출되어 평균이 소수점 1자리까지 계산되었다면 표본평균이 3.8보다 크고 4.5보다 작은 값을 가질 확률을 구하여라.

02 $N(0, 16)$에서 크기 25인 확률표본을 추출할 경우, $P(\overline{X} < a) = 0.95$인 절단점 a를 구하여라.

03 $f(x) = 6x(1-x),\ 0 < x < 1$인 모집단에서 크기 10인 확률표본을 추출하였다. 표본평균의 평균과 분산을 구하여라.

04 어떤 제품을 1개 생산하는 데 소요되는 시간 X는 $X \sim N(10, 25)$인 정규분포를 이룬다.

(a) 임의로 추출한 10개의 제품을 만드는 데 소요되는 시간이 90에서 120시간 사이일 확률을 구하여라.
(b) 이 10개의 제품을 만드는 데 소요되는 평균시간이 11시간 이상일 확률을 구하여라.

05 $X_1, \cdots, X_{25}$와 $Y_1, \cdots, Y_{25}$을 각각 독립인 두 정규모집단 $N(0, 4^2)$과 $N(1, 3^2)$에서 추출한 확률표본이라 하자. 그리고 각각의 표본평균을 $\overline{X}$, $\overline{Y}$라 할 때,

(a) $\overline{X} - \overline{Y}$의 확률분포를 구하여라.
(b) $\overline{X} + \overline{Y}$의 확률분포를 구하여라.
(c) $P(\overline{X} > \overline{Y})$를 구하여라.

06 $N(\mu, 2^2)$인 정규모집단으로부터 크기 n인 확률표본을 추출했을 때, $P(|\overline{X_n} - \mu| < 0.1) \ge 0.9$를 만족하는 n의 최솟값을 구하여라.

07 A회사 TV의 평균수명은 6.5년이고, 표준편차는 0.9년이다. 한편, B회사 TV의 평균수명은 6년, 표준편차는 0.8년이다. A회사의 제품으로부터 추출한 36개의 표본의 평균수명이 B회사의 제품으로부터 추출한 49개의 표본의 평균수명보다 적어도 1년 이상 길 확률을 구하여라.

08 $X_1, X_2, \cdots, X_n$이 모수가 λ인 푸아송 분포로부터 추출한 크기 n인 확률표본일 때 표본평균 $\overline{X}$의 분포를 구하여라.

SECTION 02

카이제곱분포

이 절에서는 많은 실제 문제에서 σ^2의 추론에 유용하게 사용되는 표본분산 $S^2 = \frac{1}{n-1}\sum_{i=1}^{n}(X_i - \overline{X})^2$의 분포에 관해 살펴보자. S^2의 표본분포는 무작위 표본에서 변이성에 관심이 있는 문제에 특히 중요하다. 예를 들면, 전화회사는 통화 길이의 평균만큼 분산에도 관심이 있고, 또한 강철빔 제조업자는 강철빔의 평균장력만큼 장력의 변이성에 관해 알기를 원할 것이다.

다음 절에서 논의되는 T 분포를 처음 연구한 통계학자 고셋(W. S. Gosset, 1876~1931)이 S^2의 표본분포를 처음으로 기술하였다. 우선 S^2은 항상 양의 값을 가지기 때문에 S^2의 분포는 정규분포와는 다른 모양이 될 것이며, 이때 사용되는 새로운 분포를 얻을 수 있다.

4.8절에서 언급한 바와 같이 감마분포 확률밀도에서 $\alpha = n/2, \theta = 2$인 경우의 확률밀도함수

$$f(x) = \frac{1}{\Gamma(n/2)2^{n/2}} x^{\frac{n}{2}-1} e^{-x/2}, \quad x > 0 \qquad \cdots ①$$

를 **자유도**(degree of freedom; d.f.) n인 χ^2**분포**(chi-square distribution)라 하며, $X \sim \chi^2(n)$로 나타낸다. 그러므로 감마분포의 성질에 따라서 카이제곱분포에 대한 다음 성질을 유도할 수 있다.

● 정리 4

$X \sim \chi^2(n)$일 때, 평균과 분산 그리고 적률과 적률생성함수는 각각 다음과 같다.

$$E(X) = n, \quad Var(X) = 2n, \quad E(X^k) = 2^k \frac{\Gamma(n/2+k)}{\Gamma(n/2)}, \quad M_X(t) = (1-2t)^{-n/2}$$

증명

감마분포로부터 쉽게 얻을 수 있다. ◀◀

위에서 정의된 카이제곱분포는 단지 하나의 모수, 즉 모집단의 표준편차를 추정하기 위해 사용될 수 있는 표본에서의 관측치의 수의 측도를 나타내는 자유도 n을 가지고 있다. 그림에서 보는 바와 같이 자유도 n이 카이제곱분포의 모양을 완전히 결정한다. 그 분포의 모양은 n이 작을 때 왼쪽으로 크게 치우쳐 있고 n이 증가함에 따라 점점 더 대칭성을 가지며 종 모양에 가까워진다.

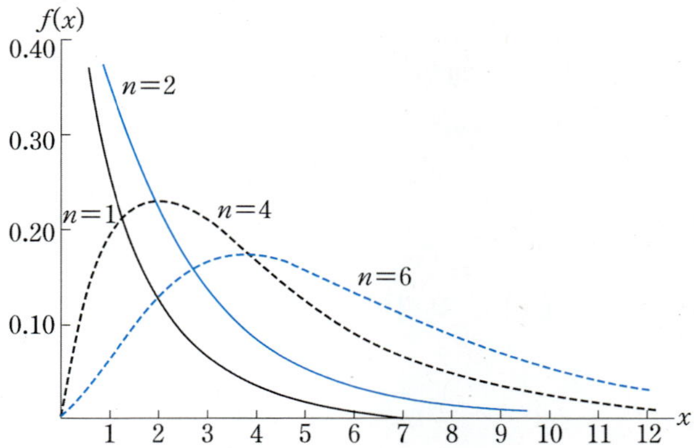

| 그림 6.4 | $\chi^2(n)$ 확률밀도함수

또한 감마분포로부터 파생되는 지수분포와 카이제곱분포 사이에는 그들의 정의에 의하여 다음 성질이 명백히 성립한다.

● 정리 5

$X \sim \chi^2(2)$이면, 확률변수 X는 모수 2인 지수분포 즉, $X \sim \Gamma(1, 2)$이다. 또한 $X \sim \Gamma(1, \theta)$이면 $\dfrac{2X}{\theta} \sim \chi^2(2)$이다.

증명

생략

예제 6-5

$X \sim \Gamma(n, \theta)$일 때 $Y=2X/\theta$의 분포를 구하여보자.
확률변수 $Y=2X/\theta$의 적률생성함수를 구하면 다음과 같다.

$$\begin{aligned} M_Y(t) &= M_{2X/\theta}(t) \\ &= M_X(2t/\theta) \\ &= (1-2t)^{-n} = (1-2t)^{-(2n/2)} \end{aligned}$$

그리고 이것은 자유도 $2n$인 카이제곱분포의 적률생성함수이다.

● 정리 6

$X_i \sim \chi^2(n_i)$, $i=1, \cdots, k$이고 독립이면, $S_k = X_1 + \cdots + X_k \sim \chi^2(n_1 + \cdots + n_k)$이다.

증명

$X_i \sim \chi^2(n_i)$, $i=1, \cdots, k$이고 X_i들이 독립이므로 $S_k = X_1 + \cdots + X_k$의 적률생성함수는 다음과 같다.

$$\begin{aligned} M_{S_k}(t) &= E(e^{tS_k}) = E(e^{tX_1}) \cdots E(e^{tX_k}) \\ &= (1-2t)^{-n_1/2} \cdots (1-2t)^{-n_k/2} \\ &= (1-2t)^{-(n_1 + \cdots n_k)/2} \end{aligned}$$

따라서 $S_k = X_1 + \cdots + X_k \sim \chi^2(n_1 + \cdots + n_k)$이다. ◀◀

특히 확률변수들 $X_i(i=1, \cdots, k)$가 i.i.d. $X_i \sim \chi^2(n)$이면, $S_k = X_1 + \cdots + X_k \sim \chi^2(nk)$이다. 이제 다음 정리에서 카이제곱분포와 정규분포 사이의 관계를 알아보자.

● 정리 7

$X \sim N(\mu, \sigma^2)$이면 $\left(\dfrac{X-\mu}{\sigma}\right)^2 \sim \chi^2(1)$이다.

증명

$Z=\dfrac{X-\mu}{\sigma}$ 라 놓고, $V=Z^2$이라 하자. 그러면 $Z\sim N(0,1)$이므로 V의 적률생성함수를 다음과 같이 구할 수 있다.

$$\begin{aligned} M_V(t) &= E(\exp(tZ^2)) \\ &= \int_{-\infty}^{\infty} \exp(tz^2)\frac{1}{\sqrt{2\pi}}\exp(-z^2/2)dz \\ &= \int_{-\infty}^{\infty} \frac{1}{\sqrt{2\pi}}\exp\left[-\frac{z^2(1-2t)}{2}\right]dz \end{aligned}$$

한편 $y=z\sqrt{1-2t},\ t<1/2$이라 놓으면 $dy=\sqrt{1-2t}\,dz$ 이고, 따라서

$$\begin{aligned} M_V(t) &= \int_{-\infty}^{\infty}\frac{1}{\sqrt{2\pi}}\exp\left(\frac{-y^2}{2}\right)\frac{1}{\sqrt{1-2t}}dy \\ &= \frac{1}{\sqrt{1-2t}} \end{aligned}$$

즉, $\left(\dfrac{X-\mu}{\sigma}\right)^2\sim\chi^2(1)$이다. ◀◀

그러므로 $Z\sim N(0,1)$이면 $Z^2\sim\chi^2(1)$이고, 정리 6과 정리 7에 의하여 다음의 성질을 쉽게 유도할 수 있다.

● 정리 8

$X_i\sim N(\mu_i,\sigma_i^2)$, $i=1,\cdots,n$이고 독립이면, $\displaystyle\sum_{i=1}^{n}\left(\frac{X_i-\mu_i}{\sigma_i}\right)^2\sim\chi^2(n)$이다.

증명

생략 ◀◀

특히 $X_i(i=1,\cdots,n)$가 $N(\mu,\sigma^2)$에서 추출한 확률표본이면,

$$\sum_{i=1}^{n}\frac{(X_i-\mu)^2}{\sigma^2}\sim\chi^2(n),\quad \frac{n(\overline{X}-\mu)^2}{\sigma^2}\sim\chi^2(1)$$

이 성립한다.

예제 6-6

$Z \sim N(0, 1)$일 때, 표준정규분포의 누적분포함수표와 카이제곱 누적분포함수표를 이용하여 $P(Z^2 < 3.841)$를 구하여 보자.
우선 표준정규분포표를 이용하면

$$\begin{aligned} P(Z^2 < 3.841) &= P(-\sqrt{3.841} < Z < \sqrt{3.841}\,) \\ &= P(-1.9598 < Z < 1.9598\,) \\ &\fallingdotseq 2\Phi(1.96\,) - 1 \\ &= 2 \times 0.975 - 1 = 0.95 \end{aligned}$$

이다. 한편 정리 7에 의하여 $P(Z^2 < 3.841) = P[\chi^2(1) < 3.841\,] = 0.95$이다.

예제 6-7

$X_i \sim N(0, 4)$, $i = 1, 2, 3, 4$가 독립인 확률변수일 때, $P\left(\sum_{i=1}^{4} X_i^2 < 2.84\right)$를 구하여 보자. $X_i \sim N(0, 4)$이므로 $X_i^2/4 \sim \chi^2(1)$이고 따라서 $\sum_{i=1}^{4} X_i^2/4 \sim \chi^2(4)$이다. 그러므로 구하고자 하는 확률은 다음과 같다.

$$\begin{aligned} P\left(\sum_{i=1}^{4} X_i^2 < 2.84\right) &= P\left(\sum_{i=1}^{4} \frac{X_i^2}{4} < \frac{2.84}{4}\right) \\ &= P(X^2(4) < 0.71) \\ &= 0.05 \end{aligned}$$

$N(\mu, \sigma^2)$인 정규모집단에서 임의추출된 확률표본을 $\{X_i, \cdots, X_n\}$이라 하자. 그러면 표본분산

$$S^2 = \frac{1}{n-1} \sum_{i=1}^{n} (X_i - \overline{X}\,)^2$$

은 분산 σ^2으로 확률수렴한다는 사실을 이미 살펴보았으며, 이러한 사실로부터 정규모집단의 분산 σ^2을 추정할 때 또는 σ^2을 모르는 경우에 모평균 μ를 추정할 때 S^2을 이용하고 이러한 표본분산에 관련되는 분포가 카이제곱분포이다.

● 정리 9

$X_i \sim N(\mu, \sigma^2)$, $i=1, \cdots, n$ 이고 독립이라 하자. 그러면 표본분산 S^2에 대하여 $\dfrac{(n-1)S^2}{\sigma^2} \sim \chi^2(n-1)$이다.

증명

$V=\sum_{i=1}^{n}\left(\dfrac{X_i-\mu}{\sigma}\right)^2$이라 하면, 정리 8에 의하여 $V \sim \chi^2(n)$이고, 또한

$$\begin{aligned} V &= \sum_{i=1}^{n}\left(\frac{X_i-\mu}{\sigma}\right)^2 \\ &= \frac{1}{\sigma^2}\sum_{i=1}^{n}[(X_i-\overline{X})+(\overline{X}-\mu)]^2 \\ &= \sum_{i=1}^{n}\left(\frac{X_i-\overline{X}}{\sigma}\right)^2+\left(\frac{\overline{X}-\mu}{\sigma/\sqrt{n}}\right)^2 \end{aligned}$$

이다. 한편

$$V_1=\sum_{i=1}^{n}\left(\frac{X_i-\overline{X}}{\sigma}\right)^2, \quad V_2=\left(\frac{\overline{X}-\mu}{\sigma/\sqrt{n}}\right)^2$$

라 하면, $\dfrac{\overline{X}-\mu}{\sigma/\sqrt{n}} \sim N(0,1)$이므로 $V_2 \sim \chi^2(1)$이다. 그리고

$$V_1=\sum_{i=1}^{n}\left(\frac{X_i-\overline{X}}{\sigma}\right)^2=\frac{n-1}{\sigma^2}\cdot\frac{1}{n-1}\sum_{i=1}^{n}(X_i-\overline{X})^2=\frac{(n-1)S^2}{\sigma^2}$$

이므로 $V_1 \sim \chi^2(n-1)$임을 보이면 된다. 그런데 $\overline{X}$와 $(X_1-\overline{X}, \cdots, X_n-\overline{X})$가 독립이므로 V_1, V_2 역시 독립이다. 따라서 V의 적률생성함수는

$$M_V(t)=M_{V_1+V_2}(t)=M_{V_1}(t)M_{V_2}(t)$$

이고 $M_V(t)=(1-2t)^{-n/2}$, $M_{V_2}(t)=(1-2t)^{-1/2}$이므로 $M_{V_1}(t)=(1-2t)^{-(n-1)/2}$이다. 따라서 $V_1 \sim \chi^2(n-1)$이다. ◀◀

예제 6-8

어떤 공장에서 생산되는 강철빔들의 장력은 분산 $\sigma^2 = 100$인 정규분포를 따른다고 가정하자. 11개의 강철빔들을 무작위로 추출할 때, 그 장력의 표본분산 S^2이 205보다 클 확률을 계산해 보기로 하자.

$\chi^2 = (11-1)S^2/100$이라고 두면 χ^2은 자유도 10인 카이제곱분포를 따르므로

$$P(S^2 > 205) = P\left(\frac{(11-1)S^2}{100} > \frac{(11-1)\cdot 205}{100}\right) = P(\chi^2 > 20.5) = 1 - P(\chi^2 \leq 20.5)$$

이다. 카이제곱 분포표로부터 $P(\chi^2 \leq 20.5) \doteq 0.975$이므로 $P(S^2 > 205) \doteq 0.025$이다.

이제 두 정규모집단에서의 표본분산의 분포에 대하여 알아보자.

● 정리 10

$X_i \sim N(\mu_1, \sigma^2),\ i = 1, \cdots, n_1, Y_j \sim N(\mu_2, \sigma^2),\ j = 1, \cdots, n_2$이고 이들 모두 독립이라 하자. 그러면 $S_p^2 = \frac{1}{n_1 + n_2 - 2}\left[\sum_{i=1}^{n_1}(X_i - \overline{X})^2 + \sum_{j=1}^{n_2}(Y_j - \overline{Y})^2\right]$에 대하여 $\frac{n_1 + n_2 - 2}{\sigma^2} S_p^2 \sim \chi^2(n_1 + n_2 - 2)$이다.

증명

$S_1^2 = \frac{1}{n_1 - 1}\sum_{i=1}^{n_1}(X_i - \overline{X})^2,\ S_2^2 = \frac{1}{n_2 - 1}\sum_{j=1}^{n_2}(Y_j - \overline{Y})^2$이라 하면, 정리 9에 의하여

$$\frac{n_1 - 1}{\sigma^2} S_1^2 \sim \chi^2(n_1 - 1),\quad \frac{n_2 - 1}{\sigma^2} S_2^2 \sim \chi^2(n_2 - 1)$$

이고 이들은 독립이다. 그러므로 정리 6에 의하여 다음이 성립한다.

$$\begin{aligned}
\frac{n_1 + n_2 - 2}{\sigma^2} S_p^2 &= \frac{1}{\sigma^2}\sum_{i=1}^{n_1}(X_i - \overline{X})^2 + \frac{1}{\sigma^2}\sum_{i=1}^{n_2}(Y_j - \overline{Y})^2 \\
&= \frac{n_1 - 1}{\sigma^2}\frac{1}{n_1 - 1}\sum_{i=1}^{n_1}(X_i - \overline{X})^2 + \frac{n_2 - 1}{\sigma^2}\frac{1}{n_2 - 1}\sum_{j=1}^{n_2}(Y_j - \overline{Y})^2 \\
&= \frac{n_1 - 1}{\sigma^2} S_1^2 + \frac{n_2 - 1}{\sigma^2} S_2^2 \\
&\sim \chi^2(n_1 + n_2 - 2)
\end{aligned}$$

◀◀

SECTION 02 연/습/문/제

01 $X_1, \cdots, X_n$을 정규모집단 $N(\mu, \sigma^2)$에서 추출한 확률표본이라 하고,

$$S_1^2 = \frac{1}{n}\sum_{i=1}^{n}(X_i - \overline{X})^2, \qquad S_2^2 = \frac{1}{n-1}\sum_{i=1}^{n}(X_i - \overline{X})^2$$

이라 할 때, $E(S_1^2)$과 $E(S_2^2)$을 구하고 비교하여라.

02 $X_1, \cdots, X_{10}$을 정규모집단 $N(1, 2^2)$에서 추출한 확률표본이라 하자. $P(S^2 \le c) = 0.95$인 절단점 c를 구하여라.

03 일반적으로 $\overline{X}$와 S^2은 독립이다. $\overline{X}$와 S^2이 $N(3, 100)$인 분포로부터 $n = 25$인 표본평균과 표본분산이라고 할 때 $P(0 < \overline{X} < 6,\ 55.2 < S^2 < 145.6)$을 구하여라.

04 어떤 상품의 하루 매상고는 평균이 25인 카이제곱 분포를 따른다. 37.7 이상 팔리는 날은 100일 중 약 며칠로 기대되는가?

05 어떤 제품을 1개 생산하는 데 소요되는 시간 X는 $X \sim N(10, 25)$인 정규분포를 이룬다. 10개의 제품을 추출하였을 때 표본분산이 40.78시간 이상일 확률을 구하여라.

06 $X_1, \cdots, X_n$이 i.i.d. $U(0, 1)$일 때, $Y = -2\sum_{i=1}^{n}\ln X_i$의 분포를 구하여라.

07 확률변수 X에 대한 k차 적률이 $E(X^k) = (k+1)!2^k$ $(k = 1, 2, \cdots)$일 때, X의 확률분포를 구하여라.

08 $X \sim \chi^2(n_1)$, $Y \sim \chi^2(n_2)$이고 X, Y는 독립이다. 만일 $n_1 > n_2$이면 $X - Y$는 χ^2분포를 이루는지 확인하여라.

09 독립인 두 확률변수 X, Y에 대하여 $X \sim \chi^2(n_1)$이고 $Z = X + Y \sim \chi^2(n_1 + n_2)$이다. 이때 $Y \sim \chi^2(n_2)$임을 보여라.

SECTION

03 T 분포

1절에서는 $\overline{X}$의 분포를 확인하는 과정에서 모집단의 분산이 알려져 있다고 가정하여 $\frac{\overline{X}-\mu}{\sigma/\sqrt{n}}$을 주로 이용하였다. 그러나 현실적으로 σ의 값이 알려져 있는 경우란 매우 드물다. 일반적으로 모분산의 값 또한 추정하고자 하는 모집단의 모수인 것이다. 모분산의 값이 알려져 있지 않을 경우 가장 합리적인 방법은 모분산에 대한 가장 좋은 추정치를 사용하는 것이다. 이때 사용하는 통계량이 표본분산 S^2이다. 즉, 모분산을 모를 경우 $\frac{\overline{X}-\mu}{\sigma/\sqrt{n}}$ 대신 $\frac{\overline{X}-\mu}{S/\sqrt{n}}$을 사용하게 되는데, 직관적으로 $\frac{\overline{X}-\mu}{S/\sqrt{n}}$의 평균은 0이고, 분산은 표준정규분포의 분산보다는 클 것이라고 생각할 수 있다. 왜냐하면 불확실성의 요소(표본분산)가 그 비에 더해지기 때문이다. 또한 σ 대신 S를 사용한 것이 이 분포를 양 또는 음으로 치우치게 하지 않기 때문에 분포의 모양은 대칭적이다.

이렇듯 $\frac{\overline{X}-\mu}{S/\sqrt{n}}$의 분포는 정규분포가 아닌 것이 확실하다. 그러나 정규분포보다는 더 넓게 퍼져 있는 연속형분포이다. 이 통계량의 분포를 T 분포라고 부르고 $\frac{\overline{X}-\mu}{S/\sqrt{n}}$를 스튜던트화된 확률변수라고 한다. 이 분포를 처음 연구한 고셋(W. S. Gosset)의 필명 스튜던트(Student)를 따서 **스튜던트 T 분포**라고 부르기도 한다.

이 분포를 살펴보기 위하여 우선 $Z\sim N(0,1)$, $Y\sim\chi^2(n)$인 독립확률변수 Z와 Y를 생각하자. 그러면 결합확률밀도함수는

$$f(z,y)=\frac{1}{\sqrt{2\pi}}\exp\left(-\frac{z^2}{2}\right)\cdot\frac{1}{\Gamma(n/2)2^{n/2}}y^{(n/2)-1}e^{-y/2}$$

이고, 이때 (z,y)의 변역은 $-\infty<z<\infty, 0<y<\infty$이다. 이제 $T=Z/\sqrt{Y/n}$, $U=Y$라 하면 $A=\{(z,y)\mid-\infty<z<\infty, 0<y<\infty\}$에서 $B=\{(t,u)\mid-\infty<t<\infty, 0<u<\infty\}$ 위로의 1 : 1 변환을 정의한다. 한편 역변환은 $z=\frac{t\sqrt{u}}{\sqrt{n}}$, $y=u$이고,

$$J=\sqrt{u}/\sqrt{n}$$

이므로 야코비 행렬식은 $|J|=\sqrt{u}/\sqrt{n}$이다. 그러므로 T, U의 결합확률밀도함수는

$$g(t, u) = f(t\sqrt{u/n}, u)$$
$$= \frac{1}{\sqrt{2\pi}\Gamma(n/2)2^{n/2}} u^{(n/2)-1} \exp\left[-\frac{u}{2}\left(1+\frac{t^2}{n}\right)\right] \cdot \sqrt{u/n}$$

이다. 따라서 T의 주변확률밀도함수를 다음과 같이 구할 수 있다.

$$g_1(t) = \int_{-\infty}^{\infty} f(t\sqrt{u/n}, u)\,du$$
$$= \frac{1}{\sqrt{2\pi}\Gamma(n/2)2^{n/2}} \int_0^{\infty} u^{(n/2)-1} \exp\left[-\frac{u}{2}\left(1+\frac{t^2}{n}\right)\right] \cdot \sqrt{u/n}\,du$$

$z = \frac{u}{2}\left(1+\frac{t^2}{n}\right)$이라 하면

$$u = \frac{2z}{1+\frac{t^2}{n}}, \quad du = \frac{2}{1+\frac{t^2}{n}}dz$$

이므로

$$g_1(t) = \frac{1}{\sqrt{2\pi n}\Gamma(n/2)2^{n/2}} \int_0^{\infty} \left(\frac{2z}{1+\frac{t^2}{n}}\right)^{(n+1)/2-1} \cdot e^{-z} \cdot \frac{2z}{1+\frac{t^2}{n}}dz$$
$$= \frac{1}{\sqrt{\pi n}\Gamma(n/2)} \int_0^{\infty} \left(\frac{1}{1+\frac{t^2}{n}}\right)^{(n+1)/2} \cdot z^{(n+1)/2-1} e^{-z} dz$$
$$= \frac{\Gamma((n+1)/2)}{\sqrt{\pi n}\Gamma(n/2)}\left(1+\frac{t^2}{n}\right)^{-(n+1)/2}$$

이다. 이와 같이 정의되는 T의 확률밀도함수

$$f(t : n) = \frac{\Gamma((n+1)/2)}{\sqrt{\pi n}\Gamma(n/2)}\left(1+\frac{t^2}{n}\right)^{-(n+1)/2}, \quad -\infty < t < \infty$$

을 자유도 n인 스튜던트 t분포라 하고 $T \sim T(n)$ 또는 $T \sim t(n)$으로 나타낸다.

이러한 T의 확률밀도함수는 $t = 0$에 대하여 좌우대칭이고, 일반적인 모양은 표준정규곡선과 비슷하지만 꼬리부분이 표준정규곡선보다 좀 더 굵다. 따라서 $Z \sim N(0, 1)$과 비교하여 꼬리확률은 t분포가 크다. 즉,

$$P(|T| > t_0) \geq P(|Z| > t_0)$$

이 성립하며, 특히 $n=1$인 경우에 코시 분포와 일치한다.

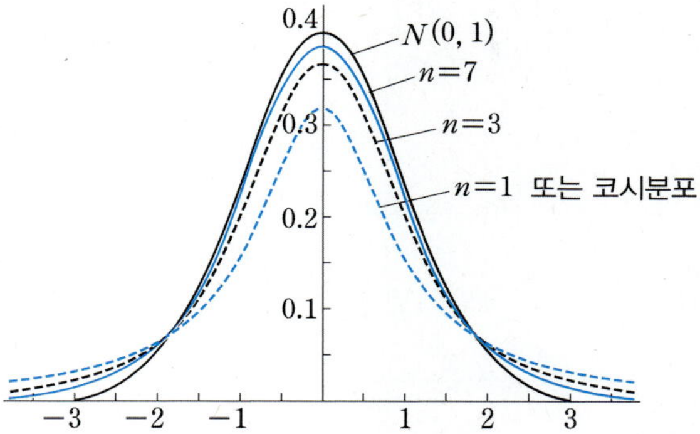

| 그림 6.5 | T분포의 확률밀도함수와 표준정규곡선

● 정리 11

> $T \sim T(n)$이면 $E(T)=0$, $Var(T)=n/(n-2)$, $n>2$이다.

증명

$T \sim T(n)$이면 t분포는 $t=0$에 대하여 대칭이므로 명백히 $E(T)=0$이다. 또한 t분포의 정의에 의하여 $T=Z/\sqrt{Y/n}$가 되는 독립확률변수 $Z \sim N(0,1)$, $Y \sim \chi^2(n)$를 생각할 수 있다. 그리고 Z, Y가 독립이므로 Z^2, n/Y 역시 독립이고 따라서 T^2의 기댓값은

$$E(T^2)=E(Z^2 n/Y)=E(Z^2)E(n/Y)$$

이다. 한편 $Z^2 \sim \chi^2(1)$이므로 $E(Z^2)=1$이고,

$$\begin{aligned}
E(n/Y) &= \int_0^\infty \frac{n}{y}\frac{1}{2^{n/2}\Gamma(n/2)}y^{(n/2)-1}\exp(-y/2)dy \\
&= \int_0^\infty \frac{n}{2\Gamma(n/2)}t^{((n-2)/2)-1}e^{-t}\,dt \\
&= \frac{n\Gamma((n-2)/2)}{2\Gamma(n/2)} \\
&= \frac{n\Gamma((n-2)/2)}{2\cdot\frac{n-2}{2}\cdot\Gamma((n-2)/2)}
\end{aligned}$$

$$= \frac{n}{n-2}$$

이다. 따라서 T의 분산은

$$Var(T) = E(T^2) - [E(T)]^2 = n/(n-2)$$

이다.

● 정리 12

$X_1, \cdots, X_n \sim N(\mu, \sigma^2)$이고 독립이면 $\dfrac{\overline{X}-\mu}{S/\sqrt{n}} \sim T(n-1)$이다.

증명

$X_1, \cdots, X_n \sim N(\mu, \sigma^2)$이면 표본평균 $\overline{X}$와 표본분산 S^2에 대하여

$$Z = \frac{\overline{X}-\mu}{\frac{\sigma}{\sqrt{n}}} \sim N(0, 1), \quad V = \frac{n-1)S^2}{\sigma^2} \sim \chi^2(n-1)$$

이고,

$$\frac{Z}{\sqrt{V/n-1}} = \frac{\frac{\overline{X}-\mu}{\sigma/\sqrt{n}}}{\sqrt{\frac{(n-1)S^2}{\sigma^2}/n-1}}$$

$$= \frac{\overline{X}-\mu}{S/\sqrt{n}} \sim t(n-1)$$

이므로 명백히 성립한다.

예제 6-9

어떤 고등학교에서 학생들의 IQ는 평균 $\mu = 120$인 정규분포를 따른다고 가정하자. 25명의 학생들을 무작위로 추출했을 때 그 IQ의 표준편차는 $S=6$이었다. 이때 표본평균 $\overline{X}$가 117보다 크지 않을 확률을 계산해 보기로 하자.

모집단의 분포는 σ가 미지인 정규분포이므로 T분포를 적용한다. 만일 $T=(\overline{X}-120)/(6/\sqrt{25})$라 두면 T는 자유도 24인 T분포를 따른다. 그러므로

$$P(\overline{X} \le 117) = P\left(\frac{\overline{X}-120}{6/\sqrt{25}} \le \frac{117-120}{6/\sqrt{25}}\right) = P(T \le -2.5)$$

이다. T분포는 좌우대칭이므로

$$P(T \le -2.5) = 1 - P(T \le 2.5) = 1 - 0.99 = 0.01$$

이다.

비정규모집단에서의 t 분포

χ^2분포는 물론 t분포도 표본들이 정규모집단으로부터 추출되는 것을 가정하고 있다는 점이 강조되어야 한다. 이러한 분포들을 포함하는 실제문제에서, 그 가정이 어느 정도 결정적인가 하는 것에 대한 의문이 일어난다. 종종 모집단의 정확한 분포를 결정하는 방법은 없다. 다행히도, 정규성의 가정은 χ^2분포 또는 t분포를 의미 있게 변화시키지 않고 완화될 수가 있다.

이러한 점에서, n이 클 때(보통 $n > 30$) $\overline{X}$의 분포의 여러 가지 중요한 면이 강조된다. 첫째, 중심극한정리에 의해 $\overline{X}$의 분포는 근사적으로 정규분포가 될 것이다. 그리고 만일 $\overline{X}$가 정규분포를 따르면, $(\overline{X}-\mu)/(S/\sqrt{n})$는 t분포를 따른다. 그러나 n이 클 때 S가 σ의 좋은 근사치임을 알고 있기 때문에 $(\overline{X}-\mu)/(S/\sqrt{n})$의 분포와 $(\overline{X}-\mu)/(\sigma/\sqrt{n})$의 분포는 근사적으로 같아질 것이다. 바꾸어 말하면, n이 클 때 $(\overline{X}-\mu)/(S/\sqrt{n})$의 분포는 근사적으로 표준정규분포 $N(0, 1)$을 따른다.

예제 6-10

예제 6-9에서 100명의 학생을 무작위로 추출하여 $S=5$를 얻었다고 하자. 이때 표본평균 $\overline{X}$가 119보다 크지 않을 확률을 구하여 보자.

확률 $P(\overline{X} \le 119)$는 표준정규분포를 사용함으로써 다음과 같이 근사될 수가 있다.

$$\begin{aligned} P(\overline{X} \le 119) &= P\left(\frac{\overline{X}-\mu_{\overline{X}}}{S/\sqrt{n}} \le \frac{119-120}{5/\sqrt{100}}\right) \\ &= P(Z \le -2) \\ &= 1 - P(Z \le 2) \\ &= 1 - \Phi(2) \end{aligned}$$

이 책의 부록에 있는 표로부터, $\Phi(2) = 0.9773$임을 알 수 있다. 따라서,

$$P(\overline{X} \le 119) = 0.0227$$

이다. 이 예의 정확한 해는 자유도가 99일 때 $P(T \le -2)$의 값이다. 그러나, 정규분포를 사용하여 더 쉽게 근사치를 구할 수가 있다.

두 정규모집단에서의 t 분포

다음에는, 분산이 동일한 두 정규모집단에 대하여 t분포를 생각해 보기로 하자. $X_1, \cdots, X_{n_1}$과 $Y_1, \cdots, Y_{n_2}$가 각각 $N(\mu_1, \sigma^2)$, $N(\mu_2, \sigma^2)$으로부터의 서로 독립인 무작위 표본들이고, S_1^2, S_2^2, 그리고 S_p^2을 6.2절에서와 같이 정의하면,

$$\frac{(\overline{X}-\overline{Y})-(\mu_1-\mu_2)}{S_p \cdot \sqrt{\frac{1}{n_1}+\frac{1}{n_2}}} = \frac{[(\overline{X}-\overline{Y})-(\mu_1-\mu_2)] \Big/ \left(\sigma\sqrt{\frac{1}{n_1}+\frac{1}{n_2}}\right)}{\sqrt{\frac{(n_1+n_2-2)S_p^2}{\sigma^2} \Big/ (n_1+n_2-2)}}$$

이고, 우변에서 $[(\overline{X}-\overline{Y})-(\mu_1-\mu_2)]R \Big/ \left(\sigma\sqrt{\frac{1}{n_1}+\frac{1}{n_2}}\right)$는 $N(0, 1)$을 따르고 $(n_1+n_2-2)S_p^2/\sigma^2$은 $\chi^2(n_1+n_2-2)$를 따르며, 이들은 서로 독립임이 알려져 있으므로, T분포의 정의로부터 $[(\overline{X}-\overline{Y})-(\mu_1-\mu_2)] \Big/ \left(S_p\sqrt{\frac{1}{n_1}+\frac{1}{n_2}}\right)$는 $t(n_1+n_2-2)$를 따름을 알 수가 있다.

SECTION 03 연/습/문/제

01 $T \sim t(1)$이면 T는 코시 분포임을 보여라.

02 $T \sim t(10)$이라고 하자. $P(|T| > 2.228)$의 값을 구하여라.

03 $T \sim t(14)$라고 하자. $P(-b < T < b) = 0.9$인 b의 값을 구하여라.

04 전구를 생산하는 제조업자는 그의 제품의 평균 수명이 500시간 이상이라고 주장하고 있다. 이 평균을 입증하기 위하여 매월 25개를 검사하고 있다. $P(T \geq t_\alpha) = \alpha$라고 할 때 만일 t 값을 계산하여 $-t_{0.05}$와 $t_{0.05}$ 사이에 있으면 그의 주장은 성립한다고 하자. 표본으로부터 얻은 값이 평균 $\overline{X} = 518$시간이고 표준편차 $S = 40$시간이라면 그는 어떠한 결정을 내려야 하겠는가? 수명시간의 분포는 근사적으로 정규분포를 따른다고 가정하여라.

05 확률변수들 $X_1, X_2, \cdots, X_5$는 표준정규분포로부터 얻은 무작위표본이라고 하자. 새로운 확률변수

$$\frac{c(X_1 + X_2)}{(X_3^2 + X_4^2 + X_5^2)^{1/2}}$$

이 T 분포를 하기 위한 상수 c의 값을 구하여라.

06 T 분포를 이용하여

$$\int_{-\infty}^{3.276} \frac{1}{(12 + x^2)^2} dx$$

의 값을 구하여라.

07 $X_1, X_2, \cdots, X_n, X_{n+1}$을 평균 μ와 분산 σ^2을 갖는 정규모집단으로부터 얻은 확률표본이라 하자. $\overline{X} = \frac{1}{n}\sum_{i=1}^{n} X_i$와 $S^2 = \frac{1}{n-1}\sum_{i=1}^{n}(X_i - \overline{X})^2$에 대하여 통계량 $T = \frac{k}{S}(\overline{X} - X_{n+1})$이 T분포를 따른다고 할 때, 상수 k를 구하여라.

SECTION 04 F 분포

이 절에서는 두 정규모집단의 분산의 비에 대한 추론에 주로 사용되는 표본분포에 대해 살펴보기로 하자. 모분산들에 관한 추론은 앞에서 정의한 S_1^2, S_2^2에 기초를 두고 있다. 특히 우리들은 두 모분산이 서로 같은지 여부를 조사하기 원한다. 따라서 S_1^2/S_2^2의 표본분포에 관심이 있다. 문제는 S_1^2/S_2^2의 값이 1로부터 얼마나 멀리 떨어져 있는가 하는 것이다. 두 평균의 비교는 차 $\mu_1-\mu_2$의 항으로 표현되는 데 반해 두 분산의 비교는 비 σ_1^2/σ_2^2을 사용함으로써 공식화된다. 왜냐하면 그 추론의 수단이 되는 표본분포가 단지 그 비를 통해서 모수들 σ_1^2, σ_2^2을 포함하는 F분포이기 때문이다. 사실상 두 모집단의 분포들이 분산이 각각 σ_1^2, σ_2^2인 정규분포들일 때 $\sigma_2^2/\sigma_1^2 \cdot S_1^2/S_2^2$의 분포는 자유도 $(n_1-1,\, n_2-1)$인 F분포와 같다. 이러한 F분포는 1924년 그것을 처음 연구한 피셔(R. A. Fisher)를 기념하기 위하여 명명되었다. 이제 F분포의 수학적인 정의와 성질들을 살펴보기로 하자.

우선 F분포의 확률분포가 어떠한 형태로 나타나는가를 알기 위하여 서로 독립이고 자유도가 각각 n_1, n_2인 카이제곱 확률변수 X, Y를 생각한다. 그러면 이들의 결합확률밀도함수는

$$h(x,\, y)=\frac{1}{\Gamma(n_1/2)\Gamma(n_2/2)2^{(n_1+n_2)/2}}x^{n_1/2-1}y^{n_2/2-1}\exp\left(-\frac{x+y}{2}\right),\ 0<x,\, y<\infty$$

이다. 이제 $F=(X/n_1)/(Y/n_2)$, $Z=Y$라 놓고 F의 주변확률밀도함수를 구한다. $(X,\, Y)$로부터 $(F,\, Z)$로의 변환은 $A=\{(x,\, y)\,|\,0<x,\, y<\infty\}$에서 $B=\{(f,\, z)\,|\,0<f,\, z<\infty\}$ 위로의 일대일 변환이고, $x=\dfrac{n_1}{n_2}fz$, $y=z$이므로 야코비 행렬식은 $|J|=\dfrac{n_1}{n_2}z$이다. 따라서 F와 Z의 결합확률밀도함수는

$$\begin{aligned} g(f,z)&=h(n_1fz/n_2,z)\,|J| \\ &=\frac{1}{\Gamma(n_1/2)\Gamma(n_2/2)2^{(n_1+n_2)/2}}\left(\frac{n_1}{n_2}fz\right)^{n_1/2-1}z^{n_2/2-1}\exp\left[-z\left(\frac{n_1f/n_2+1}{2}\right)\right]\frac{n_1}{n_2}z \end{aligned}$$

이다. 그러므로 F의 주변확률밀도함수 $g_1(f)$는 다음과 같이 구해진다.

$$g_1(f) = \int_{-\infty}^{\infty} g(f, z)\,dz$$
$$= \int_{-\infty}^{\infty} \frac{(n_1/n_2)^{n_1/2} f^{n_1/2-1}}{\Gamma(n_1/2)\Gamma(n_2/2)2^{(n_1+n_2)/2}} z^{(n_1+n_2)/2-1} \exp\left[-\frac{z}{2}\left(\frac{n_1}{n_2}f+1\right)\right] dz$$

한편 $q = \frac{z}{2}\left(\frac{n_1}{n_2}f+1\right)$라 놓으면

$$g_1(f) = \frac{(n_1/n_2)^{n_1/2} f^{n_1/2-1}}{\Gamma(n_1/2)\Gamma(n_2/2)2^{(n_1+n_2)/2}} \int_{-\infty}^{\infty} \left(\frac{2q}{\frac{n_1}{n_2}f+1}\right)^{(n_1+n_2)/2-1} \left(\frac{2}{\frac{n_1}{n_2}f+1}\right) e^{-q}\,dq$$
$$= \frac{\Gamma((n_1+n_2)/2)(n_1/n_2)^{n_1/2}}{\Gamma(n_1/2)\Gamma(n_2/2)} \frac{f^{n_1/2-1}}{\left(\frac{n_1}{n_2}f+1\right)^{(n_1+n_2)/2}}$$
$$= \frac{\Gamma((n_1+n_2)/2)}{\Gamma(n_1/2)\Gamma(n_2/2)} \cdot \frac{n_1}{n_2} \cdot \left(\frac{n_1}{n_2}f\right)^{n_1/2-1} \left(\frac{n_1}{n_2}f+1\right)^{-(n_1+n_2)/2}$$

이다. 이와 같은 F의 주변밀도함수

$$\phi(f) = \frac{\Gamma((n_1+n_2)/2)}{\Gamma(n_1/2)\Gamma(n_2/2)} \cdot \frac{n_1}{n_2} \cdot \left(\frac{n_1}{n_2}f\right)^{n_1/2-1} \left(\frac{n_1}{n_2}f+1\right)^{-(n_1+n_2)/2}, \quad f > 0$$

를 자유도 n_1, n_2인 F**분포**(Fdistribution)라 하고, $F \sim F(n_1, n_2)$로 나타낸다.

또한 $X \sim F(n_1, n_2)$에 대한 기댓값과 분산은 다음과 같다.

$$E(X) = \frac{n_2}{n_2-2}, \quad Var(X) = \frac{2n_2^2(n_1+n_2-2)}{n_1(n_2-2)^2(n_2-4)}$$

자유도 n_1, n_2인 F분포에 관해 말할 때 F분포의 정의에서 보는 바와 같이 자유도 n_1, n_2의 순서가 중요하다. $n_1 \neq n_2$이면 $F(n_1, n_2)$와 $F(n_2, n_1)$은 서로 다른 분포들이다. 사실상 확률변수 F가 $F(n_1, n_2)$를 따르면 그 역수 $1/F$는 $F(n_2, n_1)$을 따른다. 이 성질은 F분포의 정의로부터 확률변수 F의 역수를 취함으로써 쉽게 얻어진다.

F분포는 앞 절에서 소개된 T분포와도 관계가 있다. 만일 확률변수 T가 $T(n)$을 따르면

$T = \dfrac{Z}{\sqrt{V/n}}$ (단, Z는 $N(0, 1)$, V는 $\chi^2(n)$을 따르고 서로 독립이다)로 표시될 수 있으므로

$$T^2 = \frac{Z^2/1}{V/n}$$

로 쓸 수 있다. 그런데, Z^2은 $\chi^2(1)$을 따르고 Z^2과 V는 서로 독립이므로 T^2은 $F(1, n)$을 따른다.

F분포 역시 카이제곱분포처럼 자유도에 따라 그 모양이 다르지만 대체로 왼쪽으로 치우쳐 있다.

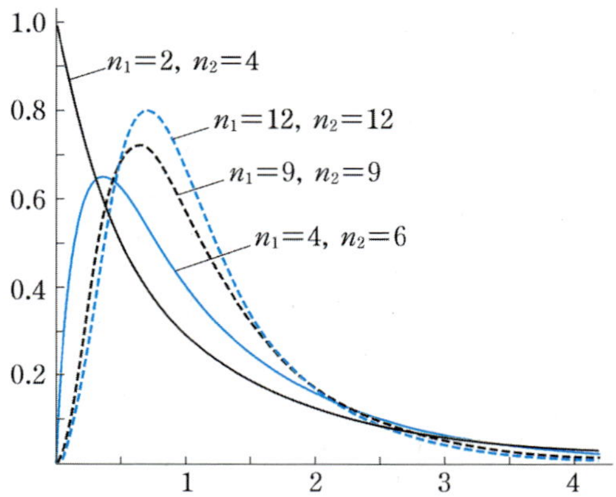

| 그림 6.6 | F분포의 확률밀도함수

부록에 있는 F분포표에는 여러 가지 가능한 값 (n_1, n_2)에 대하여 $P(F \leq x) = 0.95$와 $P(F \leq x) = 0.975$ 등에 관한 x값들만이 나타나 있다. F와 $1/F$에 관한 F분포 사이의 관계를 적용함으로써 $P(F \leq x) = 0.05$와 $P(F \leq x) = 0.025$ 등의 x값들도 이 표를 사용하여 얻을 수 있다.

예제 6-11

확률분포 $X \sim F(6, 12)$에 대하여 $P(X \leq x) = 0.05$을 만족하는 점 x를 구하여 보자. 만일 $G = 1/X$이라 하면 G는 $F(12, 6)$을 따른다. 따라서

$$P(X \leq x) = P(G \geq 1/x) = 0.05$$

즉,

$$P(G \le 1/x) = 0.95$$

이고 부록의 F분포표로부터 $1/x = 4$, $x = 0.25$임을 알 수 있다.

한편 다음 정리는 두 모집단의 분산을 비교하는 데 유용하게 사용되며, 어떻게 이용되는가는 통계적 추론을 다루는 추정과 검정에서 살펴보도록 하겠다.

● 정리 13

모분산이 σ_1^2, σ_2^2인 두 독립 정규모집단에서 각각 크기 n_1, n_2인 확률표본을 추출할 때, 표본분산 S_1^2, S_2^2에 대하여 $\dfrac{S_1^2/\sigma_1^2}{S_2^2/\sigma_2^2} \sim F(n_1-1, n_2-1)$이다.

증명

서로 독립인 두 정규모집단의 모분산이 각각 σ_1^2, σ_2^2이고, 크기 n_1, n_2인 확률표본의 표본분산을 S_1^2, S_2^2라 하면, 정리 9에 의하여

$$\frac{(n_1-1)S_1^2}{\sigma_1^2} \sim \chi^2(n_1-1), \quad \frac{(n_2-1)S_2^2}{\sigma_2^2} \sim \chi^2(n_2-1)$$

이므로 명백히

$$\frac{S_1^2/\sigma_1^2}{S_2^2/\sigma_2^2} = \frac{\dfrac{(n_1-1)S_1^2/\sigma_1^2}{n_1-1}}{\dfrac{(n_2-1)S_2^2/\sigma_2^2}{n_2-1}} \sim F(n_1-1, n_2-1)$$

가 성립한다. ◀◀

SECTION 04 연/습/문/제

01 F가 $F(n_1, n_2)$를 따를 때, $1/F$은 $F(n_2, n_1)$을 따름을 보여라.

02 X와 Y가 각각 자유도 (m, n), (n, m)인 F분포를 따를 때 임의의 $x > 0$에 대하여

$$P(X \le x) = 1 - P\left(Y < \frac{1}{x}\right)$$

임을 보여라.

03 표본의 모분산이 각각 $\sigma_1^2 = 10$, $\sigma_2^2 = 15$인 정규모집단으로부터 표본 크기가 각각 25, 31인 표본이 추출되었다고 하자. 각각의 표본분산을 S_1^2, S_2^2이라고 할 때 $P(S_1^2/S_2^2 > 1.26)$을 구하여라.

04 X_1, X_2가 i.i.d. $f(x) = e^{-x}$, $0 < x < \infty$일 때, $F = X_1/X_2 \sim F(2, 2)$임을 보여라.

05 수학시험을 본 학생 가운데 남학생 25명, 여학생 16명의 성적이 다음 표와 같다.

	평균	표준편차	인원
남학생	82	8	25
여학생	78	7	16

남학생 집단의 영어성적의 모분산을 σ_1^2 여학생 집단의 영어성적의 모분산을 σ_2^2이라고 할 때

$$P\left(0.379 < \frac{\sigma_1^2}{\sigma_2^2} < 3.775\right)$$

을 구하여라.

06 $X_i \sim \chi^2(r_i)$, $i = 1, 2, 3$이고 독립이라 하자.

(a) $Y_1 = X_1/X_2$와 $Y_2 = X_1 + X_2$는 독립인 것을 보여라.

(b) Y_2의 확률분포를 구하여라.

(c) $F_1 = \dfrac{X_1/r_1}{X_2/r_2}$과 $F_2 = \dfrac{X_3/r_3}{(X_1 + X_2)/(r_1 + r_2)}$가 독립인 것을 보여라.

(d) F_1, F_2의 분포를 구하여라.

CHAPTER 07

MATHEMATICAL STATISTICS

추 정

제6장에서 이미 알고 있는 모집단 분포와 모수를 갖는 모집단으로부터 얻은 확률표본의 통계량들에 대한 성질을 살펴보았으나, 실제로는 모집단 분포를 비롯하여 여러 가지 모수 등은 알려져 있지 않다. 사실상, 이미 모집단의 특성을 알고 있다면, 표본조사를 할 필요가 없을 것이다. 따라서 이 장에서는 정확한 값을 알지 못하는 모수에 대한 정보를 얻기 위하여 표본으로부터 보편타당하고 과학적인 방법으로 추론하는 방법에 대하여 살펴본다. 이와 같이 모집단의 특성을 나타내는 미지의 모수에 대한 정보를 얻기 위하여, 확률론의 개념을 이용하여 통계적으로 표본을 분석한 후, 그 분석 결과를 이용하여 모집단 분포의 특성을 추론하는 과정을 통계적 추론(statistical inference)이라 하며, 통계적 추론에서 가장 중요한 부분으로 추정과 검정을 생각할 수 있다.

7장에서는 표본으로부터 얻은 정보를 이용하여 모집단의 특성을 추측하는 과정인 추정에 대하여 학습한다.

SECTION 01 추정량의 성질

제6장에서 모평균 μ, 모분산 σ^2인 정규모집단으로부터 크기 n인 표본을 추출하면, 표본평균 $\overline{X_n}$의 기댓값은 $E(\overline{X_n}) = \mu$이고 표본분산 S^2에 대하여 $(n-1)\dfrac{S^2}{\sigma^2} \sim \chi^2(n-1)$이므로 기댓값은 $E(S^2) = \sigma^2$인 것을 살펴보았다. 따라서 미지의 모평균을 추론하기 위하여 표본평균 $\overline{X_n}$을 사용하고, 모분산 σ^2을 추론하기 위하여 표본분산 S^2이 사용될 수 있다. 그러므로 표본으로부터 얻은 확률분포 또는 히스토그램 등을 이용하여 모집단 분포를 추측할 수 있을 것이다. 그러면 이러한 추론이 얼마나 정확할까? 또는 어떤 추론이 더 좋은 방법일까? 이 장에서는 이와 같은 의문을 해소하고 미지의 모수를 추론하기 위한 가장 좋은 방법을 제시한다. 다시 말해서, 제7장에서는 "어떤 도구를 이용하여 어떤 방법으로 미지의 모수를 예측할 것인가?"에 대하여 살펴본다. 이때 표본으로부터 얻은 표본평균이나 표본비율 또는 표본분산 등과 같은 통계량을 이용하여 모수를 추론하는 과정을 **추정**(estimation)이라 하고, 모수에 대한 추정량이 표본추출 결과에 따라 가변적이므로 최적의 추정량을 설정하여 가장 보편타당한 추정값을 얻어야 하며, 이러한 최적의 추정값을 구하는 과정을 **점추정**(point estimation)이라 한다. 모집단의 모수를 점추정하기 위한 바람직한 추정량을 어떻게 선정할 것인가에 대하여 살펴보았다. 그러나 점추정에 의한 모수의 추정은 표본이 어떻게 선정되느냐에 따라 잘못 추정하는 오류를 범할 수 있으므로 이러한 오류를 범하지 않기 위하여 미리 정해진 어느 정도의 확신을 가지고 모수 θ의 참값이 포함되리라고 믿어지는 구간을 추정하는 방법을 생각할 수 있으며, 이러한 추정 방법을 **구간추정**(interval estimation)이라 한다. 그러면 모수 θ를 추정하기 위하여 표본으로부터 선정한 통계량을 나타내는 추정량에 대한 성질에 대하여 알아본다.

일반적으로 모집단의 모수 θ는 알려져 있지 않으며, 이러한 모수들의 모든 가능한 값들의 집합 Ω를 모수공간(parameter space)이라 한다. 예를 들어, 모집단 분포를 나타내는 확률밀도함수가 미지의 평균 θ를 갖는 지수분포를 이룬다고 하자. 그러면 이 확률밀도함수는 모수 θ에 의존하므로 $x > 0$에 대하여 $f(x;\theta) = \dfrac{1}{\theta}e^{-x/\theta}$으로 표현되고, 미지의 평균 θ가 가질 수 있는 모든 값은 양의 실수이므로 모수공간은 $\Omega = \{\theta : 0 < \theta < \infty\}$이다. 특히 모집단의 확률함수 또는 확률밀도함수는 모수 θ에 의존하고, 따라서 이러한 함수들의 집합 $\{f(x;\theta) :$

$\theta \in \Omega\}$를 생각할 수 있다. 이와 같이 모수 θ에 의존하는 확률함수 또는 확률밀도함수들의 집합을 분포족(family of distributions)이라 한다. 그러므로 표본으로부터 모수 θ를 추정한다면, 그것은 모집단 분포를 가장 잘 나타내는 분포족 안에 있는 어떤 함수가 될 것이다. 즉, 추정된 모수는 분포족으로부터 선정된 확률밀도함수에 대한 모수의 값이 될 것이다.

이제 $X_1, X_2, \cdots, X_n$을 분포족 $\{f(x;\theta);\theta \in \Omega\}$의 하나의 원소인 확률함수 또는 확률밀도함수를 갖는 분포로부터 추출한 확률표본이라 하자. 이때 표본의 측정값인 $x_1, x_2, \cdots, x_n$을 이용하여 모수 θ의 정확한 값을 추정하기 위하여 사용되는 확률표본 $X_1, X_2, \cdots, X_n$들의 함수인 통계량 $Y = u(X_1, X_2, \cdots, X_n)$을 모수 θ의 **추정량**(estimator)이라 하고 $\hat{\theta}$으로 표기한다. 그러면 추정량은 확률표본 $X_1, X_2, \cdots, X_n$의 함수이므로 확률변수이고, 따라서 표본의 관찰값에 따라 가변적이다. 이러한 추정량 $\hat{\theta} = u(X_1, X_2, \cdots, X_n)$가 모수 θ의 정확한 추정량이 되려면 어떤 성질들을 갖추어야 하겠는가? 추정량은 추출된 표본에 따라 변하는 통계량이므로 미지인 모수 θ에 대한 통계량은 여러 가지가 있을 수 있다. 따라서 어떤 추정량 $\hat{\theta}$가 좋고 나쁜지는 추정량의 표본분포가 모수 θ 주위에 어떤 형태로 분포되어 있는가에 달려 있다고 할 수 있다.

예를 들어, 모평균에 대한 점추정을 할 때 사용하는 점추정량으로는 표본평균, 중앙값, 최빈값 등 여러 가지를 생각할 수 있는데, 이러한 추정량들 중에서 가장 좋은 성질을 가지고 있는 추정량을 사용하는 것이 바람직하다. 이때 좋은 추정량 $\hat{\theta}$가 갖는 성질로 다음과 같은 몇 가지 성질을 생각할 수 있다.

1. 추정량의 기댓값이 모수의 참값과 같아야 하는 불편성(unbiasedness)
2. 추정량이 다른 추정량과 비교하여 상대적으로 작은 분산을 갖는 유효성(efficiency)
3. 표본으로부터 이용가능한 정보를 사용하는 충분성(sufficiency)
4. 표본의 크기가 매우 크다면 참값에 매우 가까운 추정량을 거의 항상 얻게 되는 일치성(consistency)

정의 1

모수 θ에 대한 점추정량 $\hat{\theta}$에 대하여

$$E(\hat{\theta}) = \theta$$

를 만족하는 경우에, 추정량 $\hat{\theta}$를 θ의 **불편추정량**(unbiased estimator)이라 한다. 그리고 $E(\hat{\theta}) \neq \theta$인 추정량을 편의추정량(biased estimator)이라 하고, bias$= E(\hat{\theta}) - \theta$를 편의(bias)라 한다.

그러면 점추정량 $\hat{\theta}$가 불편추정량이라는 것은 그림 7.1 (a)와 같이 이 추정량의 확률분포에 대한 기댓값이 추정될 미지의 모수 θ와 일치하는 경우를 말한다. 그러나 추정량의 분포가 그림 7.1 (b)와 같이 모수 θ에 집중되지 않는다면, 다시 말해서 $E(\hat{\theta}) \neq \theta$이면, 이 추정량 $\hat{\theta}$을 모수 θ에 대한 편의추정량이라 한다.

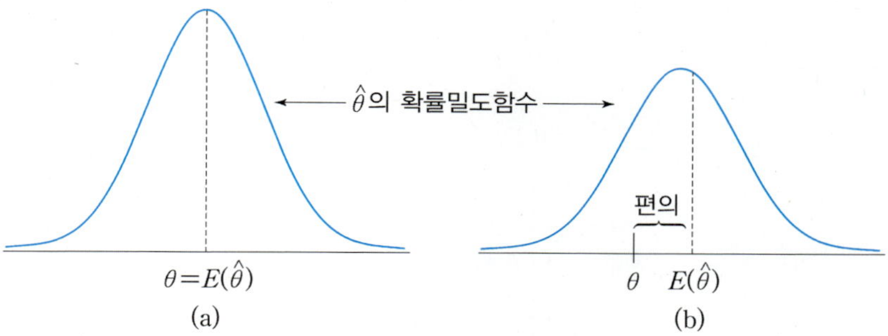

| 그림 7.1 | 불편추정량과 편의추정량

예제 7-1

모집단 분포가 $B(1, p)$인 모집단으로부터의 확률표본을 $X_1, X_2, \cdots, X_n$이라 하자. 그러면 $Y = \sum_{i=1}^{n} X_i \sim B(n, p)$이고, $E(Y) = np$이므로 모비율을 추정하기 위한 통계량을 $\hat{\theta} = Y/n$이라 하면,

$$E(\hat{\theta}) = E\left(\frac{Y}{n}\right) = \frac{1}{n}E(Y) = \frac{1}{n}(np) = p$$

이다. 따라서 통계량 $\hat{\theta} = \dfrac{Y}{n}$는 모수 p에 대한 불편추정량이다.

특히, 모평균 μ인 모집단에서 크기 n인 확률표본을 취하여 $X_1, X_2, \cdots, X_n$이라 하면, 이 확률변수들은 서로 독립이고 동일한 분포를 이루므로 $E(X_i) = \mu$, $i = 1, 2, \cdots, n$이다. 그러므로 표본평균 $\overline{X} = \frac{1}{n}\sum_{i=1}^{n} X_i$에 대하여

$$E(\overline{X}) = E\left(\frac{1}{n}\sum_{i=1}^{n} X_i\right) = \frac{1}{n}\sum_{i=1}^{n} E(X_i) = \frac{1}{n}\sum_{i=1}^{n}\mu = \frac{1}{n}(n\mu) = \mu$$

이고, 따라서 표본평균 $\overline{X}$는 모평균 μ에 대한 불편추정량이다. 한편 표본분산 S^2을 다음과 같이 변형할 수 있다.

$$S^2 = \frac{1}{n-1}\sum_{i=1}^{n}\left(X_i - \overline{X}\right)^2 = \frac{1}{n-1}\sum_{i=1}^{n}\left[(X_i-\mu)-(\overline{X}-\mu)\right]^2$$

$$= \frac{1}{n-1}\sum_{i=1}^{n}\left[(X_i-\mu)^2 - 2(\overline{X}-\mu)(X_i-\mu) + (\overline{X}-\mu)^2\right]$$

$$= \frac{1}{n-1}\left[\sum_{i=1}^{n}(X_i-\mu)^2 - n(\overline{X}-\mu)^2\right]$$

따라서 표본분산 S^2의 기댓값은 다음과 같다.

$$E(S^2) = \frac{1}{n-1}E\left[\sum_{i=1}^{n}(X_i-\mu)^2 - n(\overline{X}-\mu)^2\right]$$

$$= \frac{1}{n-1}\left[\sum_{i=1}^{n}E\left[(X_i-\mu)^2\right] - nE\left[(\overline{X}-\mu)^2\right]\right]$$

$$= \frac{1}{n-1}\left[n\sigma^2 - n\,Var\,(\overline{X})\right] = \frac{1}{n-1}(n\sigma^2 - \sigma^2)$$

$$= \sigma^2$$

즉, 표본분산 S^2은 모분산 σ^2에 대한 불편추정량이다. 그러나 표본분산을 $S^2 = \frac{1}{n}\sum\left(X_i - \overline{X}\right)^2$으로 정의하면 $E(S^2) = \left(\frac{n-1}{n}\right)\sigma^2$이고, 따라서

$$\text{bias} = E(S^2) - \sigma^2 = \left(\frac{n-1}{n}\right)\sigma^2 - \sigma^2 = -\frac{\sigma^2}{n}$$

인 편의를 갖는다. 그러므로 표본분산을 정의하기 위하여 편차제곱합을 표본의 크기보다 1만큼 작은 $n-1$로 나누어 정의한다. 한편 표본표준편차를 $S = \sqrt{\frac{1}{n-1}\sum_{i=1}^{n}\left(X_i - \overline{X}\right)^2}$라 하면, $E(S) < \sigma$이고 따라서 S는 모표준편차 σ에 대한 불편추정량이 아니다. 그러나 표본의 크기가 크면($n > 30$) 표본표준편차의 편의를 무시할 수 있을 정도로 작으며, 따라서 S를 모표준편차 σ에 대한 추정량으로 사용한다.

한편 불편성의 약점은 좋은 추정량이 갖추어야 할 성질로서 θ에 얼마나 가까운 값을 갖느냐가 아니라 $\hat{\theta}$의 기댓값이 θ와 같은 것을 요구한다는 사실이다. 예를 들어, 공정한 동전

을 던진 결과 θ의 참값이 200이라 할 때, 동전을 던져서 앞면이 나오면 $\hat{\theta}=100$, 뒷면이 나오면 $\hat{\theta}=300$이라면 $E(\hat{\theta})=\frac{1}{2}(100)+\frac{1}{2}(300)=200$이 되어 $\hat{\theta}$는 불편추정량이 되지만 어떤 경우에도 $\hat{\theta}$의 참값이 200이라는 값을 갖지 못한다. 그러므로 불편추정량이 되기 위하여 n개의 표본을 반복하여 추출할 때 추정량이 갖는 값들은 서로 근사한 값들을 가져야 한다. 다시 말하면, 어떤 특별한 표본을 이용하여 얻은 추정값이 다른 표본을 이용하여 얻은 추정값과 많은 차이를 갖지 않는 추정량이 바람직하다. 이러한 성질은 추정량의 분산이 작아야 함을 요구하며 분산이 작으면 추정량의 분포가 널리 퍼져 있지 않음을 의미이다. 그러므로 그림 7.2와 같이 모수 θ를 중심으로 밀집된 분포를 이루는 불편추정량에 대하여 분산이 작을수록 $\hat{\theta}$의 분포는 모수 θ를 중심으로 더욱 밀집되는 분포를 갖게 된다. 따라서 여러 개의 불편추정량들 중에서 가장 작은 분산을 가지는 추정량이 가장 효과가 크다는 것을 쉽게 이해할 수 있다.

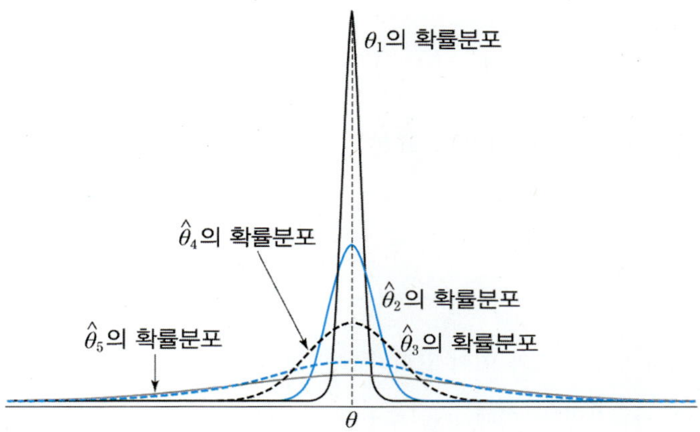

| 그림 7.2 | 불편추정량들의 비교

정의 2

모수 θ에 대한 두 불편추정량 $\hat{\theta}_1, \hat{\theta}_2$에 대하여

$$Var(\hat{\theta}_1) < Var(\hat{\theta}_2)$$

이면 $\hat{\theta}_1$은 $\hat{\theta}_2$보다 더 **유효한 추정량**(more efficient estimator)이라고 한다.

모수 θ의 불편추정량 중에서 가장 작은 분산을 가지는 추정량을 **최소분산불편추정량**(minimum variance unbiased estimator; MVUE)이라 한다. 그러면 표본평균 $\overline{X}$가 표본중앙값

$\widetilde{X}$보다 더 좋은 효율성을 갖는 추정량인 것이 알려져 있으며, 또한 표본의 크기가 클수록 유효성이 크다는 사실을 다음과 같이 관찰할 수 있다. 즉,

$$\overline{X}_n = \frac{1}{n}\sum_{i=1}^{n} X_i,\ \ \overline{X}_{2n} = \frac{1}{2n}\sum_{i=1}^{2n} X_i$$

에 대하여

$$Var\left(\overline{X}_n\right) = \frac{1}{n^2}\, Var\left(X_1 + X_2 + \cdots + X_n\right) = \frac{1}{n}\sigma^2$$

$$Var\left(\overline{X}_{2n}\right) = \frac{1}{(2n)^2}\, Var\left(X_1 + X_2 + \cdots + X_{2n}\right) = \frac{1}{2n}\sigma^2$$

이므로

$$Var\left(\overline{X}_{2n}\right) \le Var\left(\overline{X}_n\right)$$

이고, 따라서 동일한 표본평균일지라도 표본의 크기가 큰 $\overline{X}_{2n}$이 $\overline{X}_n$보다 유효성이 있음을 알 수 있다.

예제 7-2

미지의 모평균 μ와 이미 알려진 모분산 σ^2을 갖는 모집단으로부터 크기 3인 확률표본을 관찰하였다. 이때 μ를 추정하기 위하여 추정량 $\hat{\theta}_1 = \overline{X}$와 $\hat{\theta}_2 = \dfrac{X_1 + 2X_2 + X_3}{4}$ 그리고 $\hat{\theta}_3 = \dfrac{X_1 + 2X_2 + 2X_3}{5}$를 사용한다고 하면,

$$E(\hat{\theta}_1) = \frac{1}{3}E(X_1 + X_2 + X_3) = \frac{1}{3}(\mu + \mu + \mu) = \mu$$

$$E(\hat{\theta}_2) = \frac{1}{4}E(X_1 + 2X_2 + X_3) = \frac{1}{4}(\mu + 2\mu + \mu) = \mu$$

$$E(\hat{\theta}_3) = \frac{1}{5}E(X_1 + 2X_2 + 2X_3) = \frac{1}{5}(\mu + 2\mu + 2\mu) = \mu$$

이므로 모두 불편추정량이다. 그러나

$$Var(\hat{\theta}_1) = \frac{1}{9}\, Var(X_1 + X_2 + X_3) = \frac{1}{9}(\sigma^2 + \sigma^2 + \sigma^2) = \frac{\sigma^2}{3}$$

$$Var(\hat{\theta}_2) = \frac{1}{16}\, Var(X_1 + 2X_2 + X_3) = \frac{1}{16}(\sigma^2 + 4\sigma^2 + \sigma^2) = \frac{3\sigma^2}{8}$$

$$Var(\hat{\theta}_3) = \frac{1}{25} Var(X_1 + 2X_2 + 2X_3) = \frac{1}{25}(\sigma^2 + 4\sigma^2 + 4\sigma^2) = \frac{9\sigma^2}{25}$$

이고, 따라서 $Var(\hat{\theta}_1) < Var(\hat{\theta}_2) < Var(\hat{\theta}_3)$이다. 그러므로 μ를 추정하기 위한 가장 유효한 추정량은 $\hat{\theta}_1 = \overline{X}$이다.

한편 이산균등분포를 갖는 모집단에서 표본의 크기가 $n = 1$인 확률표본을 취하면 표본평균 $\overline{X}$는 모집단 분포와 동일한 이산균등분포를 갖는다. 또한 표본의 크기가 $n = 2$인 확률표본을 취하면 표본평균 $\overline{X}$는 모집단 분포와 달리 삼각형분포를 가지며, 그림 7.3과 같이 표본의 크기 n이 커짐에 따라 $\overline{X}$는 종 모양을 이루는 정규분포에 가까워지는 것을 알 수 있다.

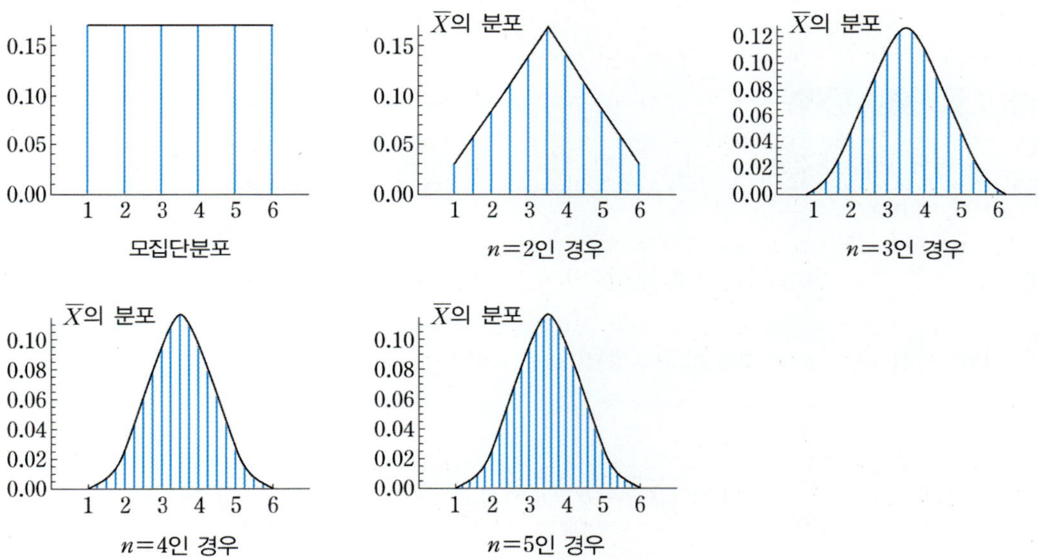

| 그림 7.3 | 표본의 크기에 따른 표본평균의 확률분포

이와 같이 표본의 크기가 변함에 따라 추정량의 분포도 변하므로 표본의 크기 n이 커짐에 따른 추정량의 성질은 중요하다. 특히 그림 7.4와 같이 표본의 크기가 커질수록 추정량의 관측값이 모수 θ의 참값에 가까워지는 성질을 요구할 수 있다. 이러한 성질을 일치성이라 하며, 다음과 같이 정의한다.

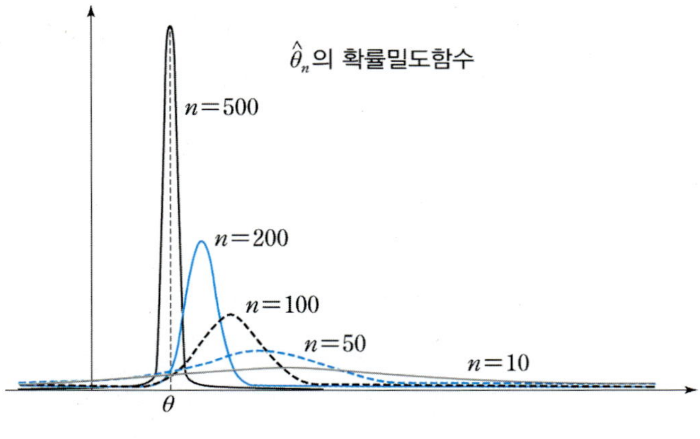

| 그림 7.4 | 일치추정량

정의 3

모수 θ에 대한 추정량을 $\hat{\theta}_n$이라 할 때, 임의의 양수 ε에 대하여 n이 커질수록 추정량 $\hat{\theta}_n$이 모수 θ로 확률수렴하면, 즉

$$\lim_{n \to \infty} P(|\hat{\theta}_n - \theta| \geq \varepsilon) = 0 \text{ 또는 } \lim_{n \to \infty} P(|\hat{\theta}_n - \theta| < \varepsilon) = 1$$

이면, $\hat{\theta}_n$을 모수 θ에 대한 **일치추정량**(consistent estimator)이라 한다.

예를 들어, $E(\overline{X}) = \mu$, $Var(\overline{X}) = \sigma^2/n$이므로 체비쇼프 부등식에 의하여

$$P(|\overline{X} - \mu| \geq \varepsilon) \leq \frac{Var(\overline{X})}{\varepsilon^2} = \frac{\sigma^2}{n\varepsilon^2}$$

이고, σ^2/ε^2은 상수이므로

$$\lim_{n \to \infty} P(|\overline{X} - \mu| \geq \varepsilon) \leq \lim_{n \to \infty} \frac{\sigma^2}{n\varepsilon^2} = 0$$

이다. 즉, 표본평균 $\overline{X}$는 모평균 μ에 대한 일치추정량이다. 그러면 추정량 $\hat{\theta}_n$이 모수 θ에 대한 일치추정량이 되기 위한 두 가지 충분조건을 제시한다.

● 정리 1

표본의 크기 n에 대하여 $\hat{\theta}_n$을 모수 θ에 대한 추정량이라 하자. 이때

$$\lim_{n \to \infty} E(\hat{\theta}_n) = \theta, \quad \lim_{n \to \infty} Var(\hat{\theta}_n) = 0$$

이면, $\hat{\theta}_n$은 모수 θ에 대한 일치추정량이다.

증명

체비쇼프 부등식에 의하여

$$\begin{aligned} P(|\hat{\theta}_n - \theta| \geq \varepsilon) &\leq \frac{1}{\varepsilon^2} E[(\hat{\theta}_n - \theta)^2] \\ &= \frac{1}{\varepsilon^2} E\left\{[\hat{\theta}_n - E(\hat{\theta}_n) + E(\hat{\theta}_n) - \theta]^2\right\} \\ &= \frac{1}{\varepsilon^2}\left[Var(\hat{\theta}_n) + \left\{E(\hat{\theta}_n) - \theta\right\}^2\right] \end{aligned}$$

이다. 이제 양변에 $n \to \infty$를 취하면, 주어진 조건에 의하여

$$\lim_{n \to \infty} P(|\hat{\theta}_n - \theta| \leq \varepsilon) \leq 0$$

을 얻으므로 $\hat{\theta}_n$은 θ의 일치추정량이다. ◀◀

그러면 표본의 크기 n인 표본평균 $\overline{X}_n$에 대하여

$$\lim_{n \to \infty} E(\overline{X}_n) = \lim_{n \to \infty} \mu = \mu, \quad \lim_{n \to \infty} Var(\overline{X}_n) = \lim_{n \to \infty} \frac{1}{n}\sigma^2 = 0$$

이므로 $\overline{X}_n$은 μ에 대한 일치추정량이다.

한편 모수 θ에 대한 추정량 $\hat{\theta}$에 대하여, 이 추정량의 표준편차

$$\text{S.E.}(\hat{\theta}) = \sqrt{Var(\hat{\theta})}$$

를 추정량 $\hat{\theta}$의 **표준오차**(standard error)라 하며, 표준오차는 추정량을 이용한 모수 θ에 대한 추정의 정확성을 나타내 주는 척도이다. 따라서 표준오차가 작을수록 추정값은 미지의 모수를 더욱 정확하게 추정하게 된다. 예를 들어, 표본평균 $\overline{X}$의 분산은 $Var(\overline{X}) = \dfrac{\sigma^2}{n}$이므로 모평균 μ를 추정하기 위한 추정량 $\overline{X}$의 표준오차는

$$\text{S.E.}(\overline{X}) = \sqrt{Var(\overline{X})} = \frac{\sigma}{\sqrt{n}}$$

이다. 그러나 대부분의 경우에 모표준편차 σ는 미지이므로 σ 대신에 표본표준편차 S를 사용하며, $\frac{S}{\sqrt{n}}$를 표준오차의 추정값이라 한다. 또한 모수 θ에 대한 유효추정량을

$$\text{S.E.}(\hat{\theta}) = \min\left\{\text{S.E.}(\hat{\theta}_1),\ \text{S.E.}(\hat{\theta}_2),\ \cdots,\ \text{S.E.}(\hat{\theta}_n)\right\}$$

와 같이 정의할 수 있다.

예제 7-3

우리나라 사람들의 승용차 사용 연수를 알아보기 위하여 임의로 10명을 추출하여 물어본 결과 다음과 같은 표본을 얻었다.

2.3	4.5	12.1	1.9	7.2	6.4	6.1	5.3	5.7	9.8

이 표본을 이용하여 우리나라 사람들의 승용차 사용 연수에 대한 모평균 μ와 모분산 σ^2 그리고 모표준편차 σ를 추정하여보자. 그리고 모평균 μ에 대한 표준오차의 추정값을 구하여 보자.

모평균의 추정값은 $\hat{\mu} = \overline{X} = \frac{1}{10}(2.1 + 4.5 + \cdots + 9.8) = 6.13$,

모분산의 추정값은

$$\hat{\sigma}^2 = S = \frac{1}{10-1}[(2.1-6.13)^2 + (4.5-6.13)^2 + \cdots + (9.8-6.13)^2] = 9.602$$

이다. 그러므로 모표준편차의 추정값은 $\hat{\sigma} = s = \sqrt{9.602} = 3.0987$이고, 모평균 μ에 대한 표준오차의 추정값은 $\frac{S}{\sqrt{n}} = \frac{3.0987}{\sqrt{10}} = 0.9799$이다.

모비율(population proportion)은 어떤 정부 시책에 대한 국민의 지지율이나 어떤 상품의 시장 점유율 또는 부품 생산에 있어서 불량률 등과 같이 모집단에서 어떤 특정한 속성을 갖는 대상의 비율을 의미한다. 따라서 모비율의 추정은 여론조사, 시장조사, 품질관리 분야에서 많이 요구되고 있다. 어떤 특정한 속성에 대한 모비율이 p인 무한모집단으로부터 크기 n인 확률표본을 추출하였을 때, 표본 안에서 이러한 속성을 가지고 있는 개체의 총수를 X라 하면 X는 이항분포 $B(n, p)$를 따른다. 이때 모비율의 추정량인 표본비율(sample proportion)

은 표본에서 특정한 속성을 갖는 개체의 비율로 정의하며, $\hat{p}=\dfrac{X}{n}$로 나타낸다. 그러면 예제 7-1에서 사용한 통계량 $\hat{\theta}=\dfrac{Y}{n}$는 표본비율을 나타내며, 따라서 $\hat{p}$는 모수 p에 대한 불편추정량인 것을 알 수 있다. 특히 $Var(\hat{p})=\dfrac{p(1-p)}{n}$이므로 $\hat{p}$의 표준오차는 $S.E.(\hat{p})=\sqrt{\dfrac{p(1-p)}{n}}$이고 표준오차의 추정값은 $\sqrt{\dfrac{\hat{p}(1-\hat{p})}{n}}$이다. 한편 다음 예제는 표본비율 $\hat{p}$는 모비율 p에 대한 일치추정량이며, 일반적으로 일치추정량은 유일하지 않음을 보인다.

예제 7-4

모비율이 p인 모집단에서 크기 n인 표본을 추출하여, 추정량을 표본비율 $\hat{p}=\dfrac{Y}{n}$와 $\hat{\theta}=\dfrac{1}{n+1}\left(1+\sum_{i=1}^{n}X_i\right)$이라 하자. 그러면 $X_i \overset{\text{iid}}{\sim} B(1,\ p)$, $i=1,\ 2,\ \cdots,\ n$이고 $Y=\sum_{i=1}^{n}X_i \sim B(n,p)$이므로 $E(Y)=np$, $Var(Y)=np(1-p)$이다. 그러므로

$$\lim_{n\to\infty}E(\hat{p})=\lim_{n\to\infty}\frac{1}{n}E(Y)=\lim_{n\to\infty}\frac{1}{n}(np)=p$$

$$\lim_{n\to\infty}E(\hat{\theta})=\lim_{n\to\infty}\frac{1}{n+1}(1+E(Y))=\lim_{n\to\infty}\frac{1+np}{n+1}=p$$

이다. 또한

$$\lim_{n\to\infty}Var(\hat{p})=\lim_{n\to\infty}\frac{1}{n^2}Var(Y)=\lim_{n\to\infty}\frac{p(1-p)}{n}=0$$

$$\lim_{n\to\infty}Var(\hat{\theta})=\lim_{n\to\infty}\frac{1}{(n+1)^2}Var(Y)=\lim_{n\to\infty}\frac{np(1-p)}{(n+1)^2}=0$$

이므로 정리 1에 의하여 $\hat{p}$와 $\hat{\theta}$는 모두 모비율 p에 대한 일치추정량이다.

이 예제는 일치추정량이 유일한 것은 아님을 보여준다. 특히 표본의 수가 작은 경우에는 추정량의 불편성과 유효성은 바람직한 성질들이지만, 이와 다른 추정량의 성질로서 충분성을 생각할 수 있다. 충분성이라는 의미는 표본이 제공하는 모수에 대한 모든 정보를 이용한 추정량이라는 의미이다. 즉, 충분통계량이란 표본의 모든 관측값을 이용할 뿐만 아니라 관측값들이 제공하는 정보도 이용하는 추정량인 것을 의미한다. 일반적으로 모수 θ를 추정하는 데 있어서 통계량 $\hat{\theta}$가 θ의 추정량으로 사용될 때, 통계량 $\hat{\theta}$가 표본에 포함되어 있는 θ에 관한 모든 정보를 갖고 있으면 통계량 $\hat{\theta}$를 θ의 충분통계량이라 한다. 이것은 충분통

계량 값이 알려지면 다른 통계량들의 관찰값들도 모수에 대한 더 많은 정보를 갖지 않음을 의미한다. 따라서 $\hat{\theta}$를 모수 θ의 충분통계량이라 하면, $\hat{\theta}$의 값이 주어졌을 때 그 어떤 다른 통계량들의 조건부 분포도 모수 θ를 포함하지 않는다. 이를 이용하면 표본의 중앙값은 관측값들의 순위만을 이용하고 관측값들이 제공하는 숫자적인 정보를 이용하지 않으므로 충분통계량이 아니다. 이제 조금 더 자세히 충분통계량에 대하여 정의하고 그 성질 등을 알아보자.

정의 4

모수 θ를 갖는 모집단분포 $f(x:\theta)$로부터 임의로 선정한 확률표본을 $\{X_1, X_2, \cdots, X_n\}$이라 하자. 통계량 $Y_2 = u_2(X_1, X_2, \cdots, X_n), \cdots, Y_n = u_n(X_1, X_2, \cdots, X_n)$에 대하여 $Y_1 = y_1$이 주어졌을 때, $Y_2, \cdots, Y_n$의 조건부 확률분포 $h(y_2, \cdots, y_n | y_1)$이 모수 θ에 종속되지 않으면, 통계량 $Y_1 = u_1(X_1, \cdots, X_n)$을 모수 θ에 대한 **충분통계량**(sufficient statistics)이라 한다.

그러므로 충분통계량이라는 용어를 다음과 같이 설명할 수 있다. 만일 통계량 $Y_1 = y_1$이 주어졌을 때, Y_2의 조건부 분포가 모수 θ에 독립이라 하면, Y_2는 모수 θ에 대한 그 어떠한 정보도 갖지 않는다. 따라서 $Y_1 = y_1$이 주어지면 Y_2를 θ에 관한 통계적 추론을 하는 데 사용할 수 없다. 다시 말해서, Y_1은 표본에 포함되어 있는 θ에 관한 모든 정보를 갖고 있는 셈이다. 이러한 의미에서 Y_1을 θ에 대한 충분통계량이라고 부른다.

예제 7-5

X_1과 X_2를 정규분포 $N(\theta, 1)$로부터의 확률표본이라 할 때, $Y_1 = X_1 + X_2$가 모수 θ의 충분통계량임을 보이자. 이를 위하여 $Y_2 = X_2$라 하고 함수 $y_1 = x_1 + x_2$, $y_2 = x_2$를 생각하자. 이때 역함수는 $x_1 = y_1 - y_2$, $x_2 = y_2$이며 야코비안은 1이다. 그러므로 Y_1과 Y_2의 결합밀도함수는 다음과 같다.

$$g(y_1, y_2) = \frac{1}{2\pi} e^{-\frac{(y_1 - y_2 - \theta)^2 + (y_2 - \theta)^2}{2}}$$

따라서 $Y_1 = X_1 + X_2$는 $N(2\theta, 2)$를 따르므로 $Y_1 = y_1$이 주어졌을 때, Y_2의 조건부 확률밀도함수는

$$h(y_2|y_1) = \frac{\frac{1}{2\pi}e^{-\frac{(y_1-y_2-\theta)^2+(y_2-\theta)^2}{2}}}{\frac{1}{\sqrt{2}\sqrt{2\pi}}e^{-\frac{(y_1-2\theta)^2}{2\cdot 2}}} = \frac{1}{\sqrt{\pi}}e^{-\frac{1}{4}(y_1^2-4y_1y_2+4y_2^2)}$$

$$= \frac{1}{\sqrt{1/2}\sqrt{2\pi}}e^{-\frac{(y_2-y_1/2)^2}{2\cdot(1/2)}}$$

이다. 그러므로 $h(y_2|y_1)$은 θ에 종속되지 않으며 $Y_1 = X_1 + X_2$는 모수의 충분통계량이다.

예제 7-6

X_1, X_2, X_3, X_4를 확률밀도함수

$$f(x : \theta) = \begin{cases} \frac{1}{\theta}, & 0 < x < \theta,\ 0 < \theta < \infty \\ 0, & \text{기타} \end{cases}$$

를 갖는 분포로부터의 확률표본이라 하자. 이 확률표본의 순서통계량을 $Y_1 < Y_2 < Y_3 < Y_4$라 하고 Y_4가 θ의 충분통계량임을 살펴보자. 여기서 Y_4의 확률밀도함수는

$$g_4(y_4) = \begin{cases} \frac{4y_4^3}{\theta^4}, & 0 < y_4 < \theta \\ 0, & \text{기타} \end{cases}$$

임을 알고 있다. 그러므로 $Y_4 = y_4$가 주어졌을 때, Y_1, Y_2, Y_3의 조건부 확률밀도함수는

$$h(y_1, y_2, y_3|y_4) = \frac{3!}{y_4^3}$$

이다. 그리고 이것은 모수 θ에 의존하지 않으므로 Y_4는 모수의 충분통계량이다.

어떤 통계량이 충분통계량인지를 판별하는 식으로 잘 알려진 네이만-피셔의 인수분해 정리를 소개한다.

● 정리 2 **인수분해 정리(Neyman–Fisher Factorization Theorem)**

확률함수 또는 확률밀도함수 $f(x:\theta)$를 갖는 모집단으로부터의 확률표본을 $X_1, X_2, \cdots, X_n$이라 할 때, 통계량 $Y=u(X_1, X_2, \cdots, X_n)$이 모수 θ에 대한 충분통계량이 되기 위한 필요충분조건은

$$f(x_1:\theta)f(x_2:\theta)\cdots f(x_n:\theta)=g\left[u(x_1, \cdots, x_n);\theta\right] h(x_1, \cdots, x_n)$$

과 같이 인수분해되는 것이다. 여기서 g는 θ에만 의존하는 음이 아닌 함수이고 h는 θ에 의존하지 않고 $x_1, x_2, \cdots, x_n$에만 의존하는 음이 아닌 함수이다.

증명

연속성인 경우에 대하여 증명한다. 이를 위하여 $X_1, X_2, \cdots, X_n$을 확률밀도함수 $f(x:\theta)$를 갖는 모집단으로부터의 확률표본이라 하고, $Y=u(X_1, X_2, \cdots, X_n)$는 확률밀도함수 $g(y:\theta)$를 갖는 통계량이라 하자. 그리고

$$f(x_1:\theta)f(x_2:\theta)\cdots f(x_n:\theta)=g\left[u(x_1, \cdots, x_n);\theta\right] h(x_1, \cdots, x_n)$$

이라 하자. 이때 변환

$$y_1=u_1(x_1, x_2, \cdots, x_n),\ y_2=u_2(x_1, x_2, \cdots, x_n),\ \cdots,\ y_n=u_n(x_1, x_2, \cdots, x_n)$$

의 역변환을

$$x_1=w_1(y_1, y_2, \cdots, y_n),\ x_2=w_2(y_1, y_2, \cdots, y_n),\ \cdots,\ x_n=w_n(y_1, y_2, \cdots, y_n)$$

이라 하면, 이 변환에 대한 야코비 행렬식 $|J|$에 대하여

$$\begin{aligned} &f[w_1(y_1, y_2, \cdots, y_n):\theta]\cdots f[w_n(y_1, y_2, \cdots, y_n):\theta] \\ &\qquad = g(y:\theta)\, h[w_1(y_1, y_2, \cdots, y_n), \cdots, w_n(y_1, y_2, \cdots, y_n)]|J| \end{aligned}$$

이다. 특히 이 식의 좌변은 $Y_1=u_1(X_1, X_2, \cdots, X_n), \cdots, Y_n=u_n(X_1, X_2, \cdots, X_n)$의 결합밀도함수이고, 우변에서 $g\left[u(x_1, \cdots, x_n):\theta\right]$는 Y_1의 확률밀도함수이다. 그러므로

$$\begin{aligned} &h[w_1(y_1, y_2, \cdots, y_n), \cdots, w_n(y_1, y_2, \cdots, y_n)]|J| \\ &\qquad = \frac{f[w_1(y_1, y_2, \cdots, y_n):\theta]\cdots f[w_n(y_1, y_2, \cdots, y_n):\theta]}{g(y:\theta)} \end{aligned}$$

은 $Y_1=y_1$이 주어졌을 때, $Y_2, Y_3, \cdots, Y_n$의 조건부 밀도함수 $h(y_2, y_3, \cdots, y_n|y_1:\theta)$이다. 그러나 주어진 조건으로부터 $h[w_1(y_1, y_2, \cdots, y_n), \cdots, w_n(y_1, y_2, \cdots, y_n)]$는 θ에 의존하지 않는다.

더욱이 변환 $y_1, y_2, \cdots, y_n$ 안에 θ가 포함되지 않으므로 야코비 행렬식 $|J|$도 역시 θ를 포함하지 않는다. 그러므로 $h(y_2, y_3, \cdots, y_n|y_1 : \theta)$는 모수 θ에 종속되지 않고 따라서 Y_1은 θ의 충분통계량이다.

역으로

$$g(y_1, y_2, \cdots, y_n : \theta) = g_1(y_1 : \theta)\, h(y_2, y_3, \cdots, y_n|y_1)$$

라고 하자. 그러면 $Y_2, Y_3, \cdots, Y_n$은 가정에 의하여 충분통계량인 Y_1에 조건을 주었을 때, 모수 θ에 대하여 독립인 $X_1, X_2, \cdots, X_n$에만 의존하므로 $h(y_2, y_3, \cdots, y_n|y_1)$은 θ에 의존하지 않는다. 이제 위 식의 양변을 0이 아닌 야코비 행렬식의 절댓값으로 나누고 $y_1, y_2, \cdots, y_n$을 $x_1, x_2, \cdots, x_n$의 함수 $u_1(x_1, x_2, \cdots, x_n), \cdots, u_n(x_1, x_2, \cdots, x_n)$으로 대치하면, $x_1, x_2, \cdots, x_n$으로 표시된 값으로 대치된 $y_1, y_2, \cdots, y_n$의 야코비 행렬식 J^*에 대하여

$$\begin{aligned}&\frac{g[u_1(x_1, x_2, \cdots, x_n), \cdots, u_n(x_1, x_2, \cdots, x_n);\theta]}{|J^*|}\\ &= g_1[u_1(x_1, x_2, \cdots, x_n);\theta]\,\frac{h(u_2, u_3, \cdots, u_n|u_1)}{|J^*|}\end{aligned}$$

이다. 이때 $h(y_2, y_3, \cdots, y_n|y_1)$, 즉 $h(y_2, y_3, \cdots, y_n|u_1)$이 θ에 의존하지 않으므로

$$H(x_1, x_2, \cdots, x_n) = \frac{h(u_2, u_3, \cdots, u_n|u_1)}{|J^*|}$$

은 모수 θ에 의존하지 않는 함수이다. 특히

$$\frac{g(u_1(x_1, x_2, \cdots, x_n), \cdots, u_n(x_1, x_2, \cdots, x_n) : \theta)}{|J^*|}$$

은 $X_1, X_2, \cdots, X_n$의 결합확률밀도함수 $f(x_1 : \theta)f(x_2 : \theta) \cdots f(x_n : \theta)$이다. ◀◀

이 인수분해 정리는 $X_1, X_2, \cdots, X_n$이 i.i.d. 이산확률변수인 경우에도 성립하며, 또한 모수 θ가 모수벡터 $\boldsymbol{\theta}$인 경우에도 성립한다. 특히 이 경우에 충분통계량을 모수벡터 $\boldsymbol{\theta}$에 대한 결합충분통계량(jointly sufficient statistic)이라 한다.

예제 7-7

$B(1, p)$로부터의 확률표본 $X_1, X_2, \cdots, X_n$에 대하여 $U = \sum_{i=1}^{n} X_i$라 하면, $X_1, X_2, \cdots, X_n$의 결합확률함수는

$$f(x_1, x_2, \cdots, x_n : p) = f(x_1 : p)f(x_2 : p) \cdots f(x_n : p)$$
$$= p^{x_1}(1-p)^{1-x_1} p^{x_2}(1-p)^{1-x_2} \cdots p^{x_n}(1-p)^{1-x_n}$$
$$= p^{\sum x_i}(1-p)^{n-\sum x_i} = (1-p)^n\left(\frac{p}{1-p}\right)^{\sum x_i}$$
$$= (1-p)^n\left(\frac{p}{1-p}\right)^u$$

이다. 따라서

$$g(x_1, x_2, \cdots, x_n : p) = (1-p)^n\left(\frac{p}{1-p}\right)^u$$

그리고 $h(x_1, \cdots, x_n) = 1$이라 하면, U는 모수 p에 대한 충분통계량이다.

예제 7-8

미지의 평균 μ와 분산 σ^2을 갖는 정규분포로부터의 $X_1, \cdots, X_n$에 대하여, 결합밀도함수는

$$f(x_1, x_2, \cdots, x_n : \mu, \sigma^2) = f(x_1 : \mu, \sigma^2)f(x_2 : \mu, \sigma^2) \cdots f(x_n : \mu, \sigma^2)$$
$$= \frac{1}{(2\pi\sigma^2)^{n/2}}\exp\left[-\frac{1}{2\sigma^2}\sum_{i=1}^{n}(x_i-\mu)^2\right]$$

이고, 따라서 $y_1 = \sum x_i$, $y_2 = \sum x_i^2$이라 하면

$$f(x_1, x_2, \cdots, x_n : \mu, \sigma^2) = \frac{1}{(2\pi\sigma^2)^{n/2}}\exp\left[-\frac{1}{2\sigma^2}\left(y_2 + 2\mu y_1 + n\mu^2\right)\right]$$

이다. 그러므로 위 식의 우변을 $g(y_1, y_2 : \mu, \sigma^2)$, $h(x_1, \cdots, x_n) = 1$이라 하면, 통계량 $U(X_1, \cdots, X_n) = \left(\sum_{i=1}^{n} X_i, \sum_{i=1}^{n} X_i^2\right)$은 모수벡터 (μ, σ^2)에 대한 결합충분통계량이다.

특히 예제 7-8에서 모수벡터 (μ, σ^2)에 대한 결합충분통계량으로 $U_1(X_1, \cdots, X_n) = (\overline{X}, S^2)$이 사용된다. 그러나 σ^2이 미지이면 $\overline{X}$는 μ에 대한 충분통계량이 아니며, 또한 μ가 미지이면 S^2는 σ^2에 대한 충분통계량이 아니다. 한편 σ^2을 알고 있다면 $\overline{X}$는 μ에 대한 충분통계량이고, 특히 $\mu = \mu_0$이면 $\sum(X_i - \mu_0)^2$는 σ^2에 대한 충분통계량이다.

SECTION 01 연/습/문/제

01 미지의 모평균 μ를 가지는 모집단으로부터 크기 3인 확률표본 X_1, X_2, X_3을 추출하여, 모평균에 대한 점추정량을 다음과 같이 정의하였다. 각 추정량의 편의를 구하고 불편추정량과 편의추정량을 구하여라.

$$\widehat{\mu_1}=\frac{1}{3}(X_1+X_2+X_3),\ \widehat{\mu_2}=\frac{1}{4}(X_1+2X_2+X_3),\ \widehat{\mu_3}=\frac{1}{5}(X_1+2X_2+X_3)$$

02 모평균 μ와 모분산 σ^2을 갖는 모집단으로부터 크기 10인 확률표본을 다음과 같이 얻었다. 이 표본의 표본평균과 표본분산을 이용하여 모평균과 모분산의 불편추정값을 구하여라.

2.62	2.69	2.71	2.73	2.66	2.64	2.81	2.78	2.76	2.84

03 평균 μ와 분산 σ^2을 갖는 확률변수들 X_1, X_2에 대하여, μ에 대한 점추정량 $\hat{\mu}=a_1X_1+a_2X_2$을 생각하자. 이때, a_1, a_2은 양의 실수이다.

(1) $\hat{\mu}$가 모평균 μ에 대한 불편추정량이 되기 위한 a_1, a_2의 조건을 구하여라.

(2) $\hat{\mu}$가 최소분산을 갖기 위한 a_1, a_2을 구하여라.

04 T_1과 T_2는 모수 θ에 대한 불편추정량이고, $Var(T_2)=4\,Var(T_1)$이라 한다. 이때, aT_1+bT_2가 모수 θ에 대한 최소분산불편추정량이 되기 위한 a와 b를 구하여라.

05 지수분포 $f(x;\theta)=\frac{1}{\theta}e^{-x/\theta}$, $x>0$을 갖는 모집단으로부터 임의로 추출된 확률표본 X_1, X_2, $\cdots$, X_n에 대하여, 표본평균 $\overline{X}$가 모수 θ에 대한 불편추정량인 것을 보여라. 또한 $Var(\overline{X})=\theta^2/n$임을 보여라.

06 정규모집단에 대하여 표본분산 S^2은 σ^2에 대한 일치추정량임을 보여라.

07 만일 X_1과 X_2가 모수 λ인 푸아송 분포로부터의 독립인 두 확률변수라면 X_1과 X_2의 평균은 λ의 불편추정량임을 보여라.

08 $\hat{\theta}$가 θ의 불편추정량일 때 $\widehat{\theta^2}$가 θ^2의 불편추정량이기 위한 조건을 기술하여라.

09 $Y_1 < Y_2 < Y_3$을 확률밀도함수

$$f(x) = \begin{cases} \dfrac{1}{\theta}, & 0 < x < \theta,\ 0 < \theta < \infty \\ 0, & \text{다른 곳에서} \end{cases}$$

인 분포로부터의 크기 3인 확률표본의 순서통계량이라고 하자. 그러면 순서통계량 각각에 대하여 $4Y_1$, $2Y_2$, $\dfrac{4}{3}Y_3$이 모두 θ의 불편추정량임을 보이고, 이 중에서 가장 유효한 추정량을 찾아라.

10 X_1, X_2를 이항분포 $B(2, \theta)$로부터 얻은 크기 2인 확률표본이라고 하자. $X_1 + X_2$는 모수 θ의 충분통계량임을 보여라.

11 X_1, X_2, X_3이

$$f(x) = \begin{cases} \dfrac{1}{\theta}e^{-\frac{x}{\theta}}, & 0 < x < \infty, 0 < \theta < \infty \\ 0, & \text{다른 곳에서} \end{cases}$$

인 분포로부터 크기 3인 확률표본이라고 하자.

(1) $Y_1 = X_1 + X_2 + X_3$, $Y_2 = X_2 + X_3$, $Y_3 = X_3$일 때, Y_1이 θ의 충분통계량임을 보여라.

(2) $Y = X_1 + X_2 + X_3 \sim \Gamma(3, \theta)$일 때 Y가 θ의 충분통계량임을 보여라.

12 모수 θ를 갖는 푸아송 분포로부터 크기 n인 확률표본의 합과 표본평균은 θ의 충분통계량임을 보여라.

13 상호대화식의 컴퓨터 시스템은 대단위 장치에서 사용이 가능하다. 시간당 수신된 신호 수 X는 모수 λ인 푸아송 분포를 따른다고 한다. 이때 수신된 신호 수에 대한 다음 표본에 대하여,

31	28	28	25	17	26	22	10	4	27

(1) 이 모수에 대한 불편추정량을 하나 제시하여라.
(2) 시간당 수신된 평균 신호 수에 대한 불편추정값을 구하여라.
(3) 30분당 수신된 평균 신호 수에 대한 불편추정값을 구하여라.

14 $X_1, X_2, \cdots, X_{10}$은 $n=10$이고 미지의 p를 모수로 갖는 이항분포로부터 추출된 확률표본이라 한다.

(1) $\hat{p} = \overline{X}/10$가 모수 p에 대한 불편추정량임을 보여라.
(2) 관찰된 표본이 다음과 같을 때, 모수 p에 대한 불편추정값을 구하여라.

1	8	2	5	7	6	2	9	4	7

15 $X_1, X_2, \cdots, X_{10}$은 $(0, b)$에서 균등분포를 이루는 모집단으로부터 추출된 확률표본이고, 관찰값이 다음 표와 같다고 한다.

10	7	11	12	8	8	9	10	9	13

(1) 모평균에 대한 불편추정값을 구하여라.
(2) 모분산에 대한 불편추정값을 구하여라.
(3) 모수 b에 대한 불편추정값을 구하여라.
(4) 모표준편차에 대한 추정값을 구하여라.

SECTION

02 점추정과 구간추정

7.1절에서 모수에 대한 좋은 추정량의 조건으로 불편성과 유효성에 대하여 살펴보았다. 이 절에서는 모수의 가능한 점추정량을 찾기 위한 방법과 구간추정의 개념을 소개한다. 특히 모수의 가능한 추정량을 찾기 위하여 많이 사용되는 적률법, 최우추정법 등에 대하여 살펴본다.

예를 들어, 확률밀도함수 $f(x:\theta)=\theta x^{\theta-1},\ 0<x<1,\ 0<\theta<\infty$를 갖는 크기 n인 확률표본을 $X_1,\ \cdots,\ X_n$이라 하자. 그러면 이 모집단의 평균은

$$E(X)=\int_0^1 x\left(\theta x^{\theta-1}\right)dx=\int_0^1 \theta x^{\theta}\,dx=\frac{\theta}{\theta+1}$$

이다. 이때 $\overline{X}$는 모평균에 대한 불편추정량이므로 모평균을 표본평균과 같다고 할 수 있으며, θ에 대한 추정량을 $\hat{\theta}$라 하면 $\dfrac{\hat{\theta}}{\hat{\theta}+1}=\overline{X}$이다. 따라서 이 식을 $\hat{\theta}$에 대하여 풀면, θ에 대한 추정량 $\hat{\theta}=\dfrac{\overline{X}}{1-\overline{X}}$를 얻는다. 이와 같이 모집단으로부터 추출한 임의표본의 표본적률을 모집단에 대응하는 적률과 같게 놓음으로써 얻어진 방정식을 미지 모수에 관해 풀어서 추정값을 구하는 방법을 **적률법**(method of moment)이라 한다. 이러한 적률법을 좀 더 일반적으로 살펴보기 위하여, 한 개 이상의 모수 $\theta_1, \theta_2,\ \cdots, \theta_n$에 의존하는 모집단 분포 $f(x:\theta_1, \theta_2,\ \cdots, \theta_n)$을 생각하자. 그리고 모집단 분포의 k차 모집단 적률을 $\mu_k=E(X^k)$으로 정의하고 k차 표본적률(sample moment)을

$$m_k=\frac{1}{n}\sum_{i=1}^{n}X_i^k$$

으로 나타내자. 그러면 일반적인 모집단 적률은 모수벡터 $\boldsymbol{\theta}=(\theta_1, \theta_2,\ \cdots, \theta_n)$의 함수이고, 이때 대수법칙에 의하여 k차 표본적률이 표본의 크기가 커짐에 따라서 k차 모집단 적률에 확률적으로 수렴한다는 사실에 기초하여 m_k를 μ_k의 추정량으로 생각할 수 있다. 예를 들어, 모집단 분포가 미지의 모수 θ_1, θ_2를 갖는 $f(x:\theta_1, \theta_2)$라 하자. 그리고 모수 θ_1, θ_2가 처음 두 적률 μ_1과 μ_2에 의하여 다음과 같이 표현된다고 하자.

$$\theta_1 = g_1(\mu_1,\ \mu_2)\ ,\ \ \theta_2 = g_2(\mu_1,\ \mu_2)$$

그러면 모수 θ_1, θ_2에 대한 적률 추정법은

$$\hat{\theta}_1 = g_1(m_1,\ m_2)\ ,\ \ \hat{\theta}_2 = g_2(m_1,\ m_2)$$

이다. 이와 같이 적률을 사용하여 추정량을 구하는 방법은 비교적 그 과정이 간단하지만 때로는 유일하지 않은 경우도 있다.

예제 7-9

미지의 모수 μ와 σ^2을 갖는 정규모집단 $N(\mu, \sigma^2)$으로부터 크기 n인 확률표본을 추출하여 $X_1, X_2, \cdots, X_n$이라 하자. 그러면 1차 모집단 적률과 2차 모집단 적률은 각각 다음과 같다.

$$\mu_1 = E(X) = \mu,\ \ \mu_2 = E(X^2) = \mu^2 + \sigma^2$$

따라서 $\mu = \mu_1,\ \sigma^2 = \mu_2 - \mu_1^2$이다. 한편 1차 표본적률과 2차 표본적률은

$$m_1 = \frac{1}{n}\sum_{i=1}^{n} X_i,\ \ m_2 = \frac{1}{n}\sum_{i=1}^{n} X_i^2$$

이므로 모수 μ와 σ^2의 추정량은 각각 다음과 같다.

$$\hat{\mu} = m_1$$

$$\widehat{\sigma^2} = m_2 - m_1^2 = \frac{1}{n}\sum_{i=1}^{n} X_i^2 - \overline{X}^2 = \frac{1}{n}\sum_{i=1}^{n}(X_i - \overline{X})^2$$

예제 7-10

뮤(μ)입자 붕괴에서 방출되는 전자의 각(angle)은 다음과 같은 분포를 갖는다.

$$f(x:\alpha) = \frac{1+\alpha x}{2},\ \ -1 \le x \le 1,\ \ -1 \le \alpha \le 1,\ \ x = \cos\theta$$

모수 α는 편광에 관련되며, 물리적 관심에서 $|\alpha| \le 1/3$이라고 한다. 그러나 $-1 \le \alpha \le 1$에 대하여 $f(x:\alpha) = \frac{1+\alpha x}{2}$는 확률밀도함수가 된다. 이때 실험에 의한 측정값들 $X_1, X_2, \cdots, X_n$으로부터 α를 추정하기 위하여 적률법을 이용할 수 있다. 이 분포에 대한 평균은

$$\mu = \int_{-1}^{1} x\left(\frac{1+\alpha x}{2}\right)dx = \frac{\alpha}{3}$$

이므로 적률법에 의한 α의 추정량은 $\hat{\alpha} = 3m_1 = 3\overline{X}$이다.

지금까지 모수를 추정하기 위한 좋은 추정량들의 성질에 대하여 살펴보았다. 한편 앞에서 살펴본 좋은 추정량들에 대한 여러 가지 성질들을 가지는 추정량을 찾는 중요한 방법인 최대우도추정법이 있으며, 이제 이러한 추정방법에 대하여 살펴본다. 1920년대에 피셔(R. A. Fisher)에 의하여 제시된 최대우도추정방법은 주어진 표본이 추출될 가능성이 가장 큰 표본공간을 택하여 모수를 추정한다. 특히 이러한 추정방법은 적합도 곡선과 같은 통계적인 문제에 다양하게 적용할 수 있다.

예를 들어, 찌그러진 동전을 던지는 실험에서 앞면이 나온 평균 비율이 $p = 0.2$, 0.3 또는 0.8 중에서 어느 하나라고 하자. 이때 동전을 두 번 던져서 관찰된 앞면의 수를 생각한다면, 모수공간이 $\Omega = \{0.2, 0.3, 0.8\}$인 베르누이 분포 $X \sim B(1, p)$로부터 크기 2인 확률표본 $\{X_1, X_2\}$로 생각할 수 있다. 그러면 모수 p에 대한 적률 추정방법에 의한 추정량은 $\overline{X}$이며, $X_i = 0$ 또는 $X_i = 1$이므로 $\overline{X}$의 가능한 관찰값은 0, 0.5 그리고 1뿐이다. 한편 이러한 관찰값들은 모수공간에 들어 있지 않으며, 따라서 적률법에 의한 모수 p의 추정은 적당하지 않은 것을 알 수 있다. 이제 X_1, X_2의 결합확률함수

$$f(x_1, x_2 : p) = p^{x_1 + x_2}(1-p)^{2 - x_1 - x_2}, \ x_i = 0, 1, \ i = 1, 2$$

를 생각하자. 그러면 모수공간 안의 p에 따른 X_1, X_2의 결합확률은 다음 표와 같으며, 관찰값이 $(x_1, x_2) = (0, 0)$일 때 가장 큰 확률을 가지는 경우는 $p = 0.2$인 것을 알 수 있다. 또한 관찰값이 $(x_1, x_2) = (0, 1), (1, 0)$일 때 가장 큰 확률을 가지는 경우는 $p = 0.3$ 그리고 $(x_1, x_2) = (1, 1)$일 때 가장 큰 확률을 가지는 경우는 $p = 0.8$이다. 그러므로 관찰된 (x_1, x_2)에 대하여 우도를 최대로 하는 추정량은

$$\hat{p} = \begin{cases} 0.2 & , (x_1, x_2) = (0, 0) \\ 0.3 & , (x_1, x_2) = (0, 1), (1, 0) \\ 0.8 & , (x_1, x_2) = (1, 1) \end{cases}$$

이다.

p \ (x_1, x_2)	(0, 0)	(0, 1)	(1, 0)	(1, 1)
0.2	0.64	0.16	0.16	0.04
0.3	0.49	0.21	0.21	0.09
0.8	0.04	0.16	0.16	0.64

이와 같이 가능한 모든 모수의 값을 갖는 모수공간 Ω를 갖는 모집단 분포로부터 확률표본 $X_1, X_2, \cdots, X_n$을 취할 때, 확률표본에서 관찰된 값 $x_1, x_2, \cdots, x_n$에 기초하여 통계량의 값 $u(x_1, x_2, \cdots, x_n)$이 모수 θ에 대한 좋은 추정값이 되도록 하는 추정량 $u(X_1, X_2, \cdots, X_n)$을 찾고자 한다. 이때 θ에 대한 좋은 추정량을 찾기 위한 타당한 방법 중의 하나는 결합확률함수 또는 결합밀도함수를 θ의 함수로 생각하고, 이 함수를 최대로 하는 θ를 구하는 것이다. 다시 말해서, 미지인 모수 θ를 갖는 모집단분포 $f(x:\theta)$로부터 크기 n인 확률표본 $X_1, X_2, \cdots, X_n$을 추출할 때, 결합확률함수

$$f(x_1, x_2, \cdots, x_n : \theta) = f(x_1 : \theta) f(x_2 : \theta) \cdots f(x_n : \theta) = \prod_{i=1}^{n} f(x_i : \theta)$$

를 모수 θ의 함수

$$L(\theta) = L(\theta : x_1, x_2, \cdots, x_n) = f(x_1 : \theta) f(x_2 : \theta) \cdots f(x_n : \theta) = \prod_{i=1}^{n} f(x_i : \theta)$$

로 생각할 수 있으며, 이 함수를 **우도함수**(likelihood function)라 부른다. 그리고 모수공간 Ω에서 우도함수 $L(\theta)$를 최대로 하는 $\theta = \hat{\theta}$가 존재한다면, $\hat{\theta}$를 모수 θ의 **최우추정량**(maximum likelihood estimator; MLE)이라 한다. 이때 Ω가 개구간이고 우도함수 $L(\theta)$가 Ω에서 미분가능하고 최댓값을 갖는다면, 최우추정량은

$$\frac{d}{d\theta} L(\theta) = 0$$

을 만족하는 해가 되며, 이 방정식을 **우도방정식**(likelihood equation)이라 한다. 한편 최우추정량을 구할 때, 때때로 우도함수 자체를 최대로 하는 모수의 참값을 구하는 것보다 우도함수에 자연로그를 취하여

$$\frac{d}{d\theta}\ln L(\theta)=0$$

을 최대로 하는 $\theta=\hat{\theta}$를 구하는 것이 쉬울 때가 있다. 그러나 최우추정량은 존재하지 않을 수도 있고, 존재한다 할지라도 유일하지 않을 수도 있다. 또한 적률법과 최우추정법에 의한 추정량이 반드시 일치하는 것은 아니다. 한편 $\hat{\theta}$가 모수 θ의 최우추정량이면, $\hat{\theta}$의 함수 $u(\hat{\theta})$는 $u(\theta)$의 최우추정량이다.

예제 7-11

X가 모비율 p인 베르누이 모집단으로부터 n개의 임의 표본을 추출하였을 때, 어떤 특정한 속성을 가지고 있는 개체수가 x일 때 모비율 p의 최대우도추정량 $\hat{p}$를 구하여보자.

우선 우도함수는

$$L(p)=p^{x_1+x_2+\cdots+x_n}(1-p)^{n-(x_1+x_2+\cdots+x_n)}=p^x(1-p)^{n-x}$$

이므로 양변에 로그를 취하여 다음과 같이 로그 우도함수를 얻을 수 있다.

$$\ln L(p)=x\ln p+(n-x)\ln(1-p)$$

로그 우도함수를 p에 관하여 미분하여 0으로 놓으면

$$\frac{d\ln L(p)}{dp}=\frac{x}{p}-\frac{n-x}{1-p}=0$$

이므로 이를 p에 관해 풀면 다음과 같은 최대우도추정 $\hat{p}$를 얻을 수 있다.

$$\hat{p}=\frac{x}{n}$$

예제 7-12

$X_1,\ X_2,\ \cdots,\ X_n$을 확률밀도함수

$$f(x;\theta)=\frac{1}{\theta}e^{-x/\theta},\ 0<x<\infty,\ 0<\theta<\infty$$

를 갖는 분포로부터의 확률표본이라 할 때 모수 θ의 최대우도추정량 $\hat{\theta}$를 구하여보자. 우도함수는

$$L(\theta) = \prod_{i=1}^{n} f(x_i;\theta) = \frac{1}{\theta}e^{-x_1/\theta} \cdot \frac{1}{\theta}e^{-x_2/\theta} \cdots \frac{1}{\theta}e^{-x_n/\theta}$$

$$= \frac{1}{\theta^n}\exp\left(-\frac{1}{\theta}\sum_{i=1}^{n} x_i\right),\ 0<\theta<\infty$$

이고, 따라서 로그 우도함수는

$$\ln L(\theta) = -n\ln\theta - \frac{1}{\theta}\sum_{i=1}^{n} x_i,\ 0<\theta<\infty$$

이다. 그러므로 우도방정식은

$$\frac{d}{d\theta}\ln L(\theta) = -\frac{n}{\theta} + \frac{1}{\theta^2}\sum_{i=1}^{n} x_i = 0$$

이므로 $\hat{\theta} = \frac{1}{n}\sum_{i=1}^{n} X_i = \overline{X}$이다.

예제 7-12에서 모수 θ에 대한 최우추정량은 $\hat{\theta} = \overline{X}$이므로 예를 들어, $u(\theta) = P(X \ge 1)$의 최우추정량을 구하는 것도 가능하다.

$$u(\theta) = P(X \ge 1) = \int_1^{\infty} \frac{1}{\theta}e^{-x/\theta}dx = e^{-1/\theta}$$

이므로 $u(\hat{\theta}) = e^{-1/\hat{\theta}} = e^{-1/\overline{X}}$, 즉 $P(X \ge 1)$의 최우추정량은 $e^{-1/\overline{X}}$이다.

예제 7-13

$X_1, X_2, \cdots, X_n$을 확률밀도함수가

$$f(x:\theta) = \begin{cases} \frac{1}{\theta}, & 0<x \le \theta,\ 0<\theta<\infty \\ 0, & \text{다른 곳에서} \end{cases}$$

인 분포로부터의 확률표본이라고 하자. 그러면 $L(\theta) = \frac{1}{\theta^n},\ 0<x_i \le \theta$이고, 이 함수는 θ의 단조감소함수이다. 이 함수의 최댓값은 미분을 이용하여 구할 수 없으며, θ

를 가능한 한 작게 취함으로써 구한다. 한편 $\theta \ge x_i$이고 특히 $\theta \ge \max(x_i)$이므로 $L(\theta)$는 $\frac{1}{[\max(X_i)]^n}$보다 크게 될 수 없다. 따라서 θ의 유일한 최우추정량은 n번째 순서 통계량 $\max(X_i)$이다.

지금까지 모수가 하나인 분포에 대하여 살펴보았다. 그러나 우도함수와 최우추정량은 미지의 모수가 하나 이상인 경우에도 적용될 수 있다. 이를 위하여 $\boldsymbol{\theta} = (\theta_1, \theta_2, \cdots, \theta_m)$이라 하고 $X_1, X_2, \cdots, X_n$이 모수벡터 $\boldsymbol{\theta} = (\theta_1, \theta_2, \cdots, \theta_m)$에 의존하는 확률함수 또는 확률밀도함수 $f(x;\boldsymbol{\theta})$를 갖는 분포에서 추출된 확률표본이라 하자. 그러면 $X_1, X_2, \cdots, X_n$의 결합확률분포, 즉

$$L(\theta_1, \theta_2, \cdots, \theta_m) = f(x_1 : \theta_1, \theta_2, \cdots, \theta_m) f(x_2 : \theta_1, \theta_2, \cdots, \theta_m) \cdots f(x_n : \theta_1, \theta_2, \cdots, \theta_m), \quad \hat{\boldsymbol{\theta}} = (\theta_1, \theta_2, \cdots, \theta_m) \in \Omega$$

이 모수벡터 $\boldsymbol{\theta} = (\theta_1, \theta_2, \cdots, \theta_m)$의 함수로 간주될 때, 이 함수를 $\theta_1, \theta_2, \cdots, \theta_m$에 대한 우도함수라 한다. 이때 함수 $L(\theta_1, \theta_2, \cdots, \theta_m)$이 편미분 가능하고, 최우추정량들이 Ω의 경계에 들어가지 않는다고 하자. 그러면 모수 $\theta_1, \theta_2, \cdots, \theta_m$에 대한 최우추정량들은 연립방정식

$$\frac{\partial}{\partial \theta_i} \ln L(\theta_1, \theta_2, \cdots, \theta_m) = 0, \quad i = 1, 2, \cdots, m$$

의 해가 되며, 이러한 통계량들의 관찰값이 최우추정값이 된다. 물론 이 경우에도 $\hat{\boldsymbol{\theta}} = (\hat{\theta}_1, \hat{\theta}_2, \cdots, \hat{\theta}_m)$이 $\boldsymbol{\theta} = (\theta_1, \theta_2, \cdots, \theta_m)$의 최우추정량이라 하면, $U(\hat{u}_1, \cdots, \hat{u}_k) = (u_1(\hat{\boldsymbol{\theta}}), \cdots, u_k(\hat{\boldsymbol{\theta}}))$은 $(u_1(\boldsymbol{\theta}), \cdots, u_k(\boldsymbol{\theta}))$, $1 \le k \le m$의 최우추정량이다.

예제 7-14

$X_1, X_2, \cdots, X_n$이 정규모집단 $N(\mu, \sigma^2)$으로부터의 확률표본이라 하고, 모수공간을 $\Omega = \{(\mu, \sigma^2) : -\infty < \mu < \infty, \sigma > 0\}$이라 하면, 우도함수는

$$L(\mu, \sigma^2) = \frac{1}{(\sqrt{2\pi}\,\sigma)^n} \exp\left[-\frac{\sum_{i=1}^{n}(x_i - \mu)^2}{2\sigma^2}\right]$$

이다. 그러므로 로그 우도함수는

$$\ln L(\mu, \sigma^2) = -\frac{n}{2}\ln\sigma^2 - \frac{n}{2}\ln(2\pi) - \frac{1}{2\sigma^2}\sum_{i=1}^{n}(x_i-\mu)^2$$

이다. 이제 $\sigma^2 = \theta$라 하면, 다음과 같은 우도방정식을 얻는다.

$$\frac{\partial}{\partial\mu}\ln L(\mu, \theta) = \frac{1}{\theta}\sum_{i=1}^{n}(x_i-\mu) = 0$$

$$\frac{\partial}{\partial\theta}\ln L(\mu, \theta) = -\frac{n}{2\theta} + \frac{1}{2\theta^2}\sum_{i=1}^{n}(x_i-\mu)^2 = 0$$

그러므로 평균과 분산에 대한 최우추정량 $\hat{\mu}$와 $\hat{\theta} = \widehat{\sigma^2}$은 각각

$$\hat{\mu} = \overline{x}$$

$$\hat{\theta} = \widehat{\sigma^2} = \frac{1}{n}\sum_{i=1}^{n}(x_i - \overline{x})^2$$

이다. 한편 $|\mu| \to \infty$이면 $L(\mu, \sigma^2) \to 0$이고, 이 경우에 $\hat{\boldsymbol{\theta}} = (\hat{\mu}, \hat{\sigma}^2) \in \Omega$이면 $\sigma^2 \to 0$ 또는 $\sigma^2 \to \infty$일 때 $L(\hat{\mu}, \sigma^2) \to 0$이므로 σ^2이 어떤 값을 갖든지 $\mu = \overline{x}$에서 $L(\mu, \sigma^2)$이 최대가 된다. 또한 $\sigma^2 = \theta_0$으로 알려져 있다면 첫 번째 우도방정식으로부터 $\frac{1}{\theta_0}\sum_{i=1}^{n}(x_i-\mu) = 0$이므로 $\hat{\mu} = \overline{x}$이고, $\mu = \mu_0$이 알려져 있다면 두 번째 우도방정식으로부터 $\hat{\sigma}^2 = \frac{1}{n}\sum_{i=1}^{n}(x_i-\mu_0)^2$인 것을 알 수 있다. 또한 $\hat{\mu} = \overline{x}$은 μ에 대한 불편추정량이지만 $E(\hat{\sigma}^2) = \left(\frac{n-1}{n}\right)\sigma^2$이므로 $\hat{\sigma}^2$은 σ^2에 대한 불편추정량이 아니다. 그러나 최우추정량 $\hat{\mu}$와 $\hat{\theta} = \hat{\sigma}^2$은 모두 μ와 σ^2에 대한 일치추정량이 된다.

지금까지 모수 θ에 대한 점추정 방법과 추정량의 성질에 대하여 살펴보았다. 그러나 아무리 좋은 방법에 의하여 점추정값을 구한다 할지라도 표본을 어떻게 선정하느냐에 따라 모수의 참값을 추정하는 데 오류가 생길 수 있다. 이러한 이유로 미리 정해진 어느 정도의 확신을 가지고 모수의 참값이 포함될 것으로 믿어지는 구간을 추정한다. 이때 모수의 참값이 포함될 것으로 믿어지는 미리 정해 놓은 확신의 정도를 **신뢰계수**(confidence coefficient) 또는 **신뢰도**(degree of confidence)라 하며, 일반적으로 $1-\alpha\ (0<\alpha<1)$로 나타낸다. 그러면 신뢰도 $1-\alpha$에서 모수 θ에 대한 구간추정을 위하여 표본으로부터 얻은 두 추정량 $\hat{\theta}_1(X_1, \cdots, X_n)$, $\hat{\theta}_2(X_1, \cdots, X_n)$을 적당히 선택하여

$$P(\hat{\theta}_1 < \theta < \hat{\theta}_2) = 1-\alpha,\ 0<\alpha<1$$

가 되도록 했을 때, 구간 $(\hat{\theta}_1, \hat{\theta}_2)$를 모수 θ에 대한 신뢰도 $100(1-\alpha)\%$의 구간추정량(interval estimator)이라 한다. 그리고 표본의 측정값으로

$$X_1 = x_1, \; X_2 = x_2, \; \cdots, \; X_n = x_n$$

을 얻었을 때, 이 측정값으로부터 산출된 추정량의 측정값을 각각 $\hat{\theta}_1$, $\hat{\theta}_2$라 하면 구간 $(\hat{\theta}_1, \hat{\theta}_2)$를 모수 θ에 대한 신뢰도 $100(1-\alpha)\%$의 **신뢰구간**(confidence interval)이라 한다. 그리고 두 추정량의 관찰값 $\hat{\theta}_1$, $\hat{\theta}_2$를 **신뢰한계**(confidence limit)라 하고, 특히 $\hat{\theta}_1$을 **신뢰하한**(lower confidence limit), $\hat{\theta}_2$를 **신뢰상한**(upper confidence limit)이라 한다. 신뢰도는 보편적으로 α가 0.1, 0.05 그리고 0.01이 되는 90%, 95% 그리고 99%를 주로 사용한다.

한편 90% 신뢰도라 함은 표본으로부터 얻은 신뢰구간이 정확한 모수의 참값을 포함할 확률이 90%임을 나타내는 것이 아니고, 그림 7.5와 같이 미지의 모수 θ를 갖는 모집단으로부터 확률표본 10개를 임의로 추출하였을 때, 각각의 표본으로부터 얻은 신뢰구간 10개 중에서 90%에 해당하는 9개의 구간이 모평균의 참값을 포함하고 나머지 10%에 해당하는 1개의 구간은 모수의 참값을 포함하지 않음을 의미한다.

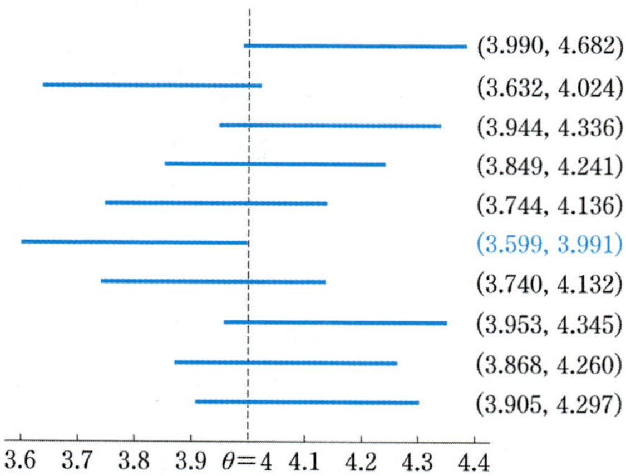

| 그림 7.5 | 모수 $\theta=4$에 대한 90% 신뢰구간

또한 추정량 $\Theta_L(X_1, \cdots, X_n)$, $\Theta_U(X_1, \cdots, X_n)$을 적당히 선택하여

$$P(\Theta_L < \theta) = 1-\alpha, \; P(\theta < \Theta_U) = 1-\alpha, \; 0 < \alpha < 1$$

이라 하면, 두 추정값 Θ_L과 Θ_U를 각각 신뢰도 $100(1-\alpha)\%$인 단측신뢰하한(one-sided lower confidence limit)과 단측신뢰상한(one-sided upper confidence limit)이라 한다.

예제 7-15

모수 θ를 갖는 지수분포 모집단 $\Gamma(1, \theta)$로부터의 확률표본을 $X_1, X_2, \cdots, X_n$이라 하면 $\overline{X}$는 모수 θ에 대한 충분통계량이고, $\frac{2n\overline{X}}{\theta} \sim \chi^2(2n)$이다. 따라서

$$P\left(\frac{2n\overline{X}}{\theta} < \chi^2_{1-\alpha}(2n)\right) = P\left(\frac{2n\overline{X}}{\chi^2_{1-\alpha}(2n)} < \theta\right) = \alpha$$

$$P\left(\frac{2n\overline{X}}{\theta} > \chi^2_{\alpha}(2n)\right) = P\left(\frac{2n\overline{X}}{\chi^2_{\alpha}(2n)} > \theta\right) = \alpha$$

이고, 모수 θ에 대한 신뢰도가 $100(1-\alpha)\%$인 단측신뢰하한과 단측신뢰상한은 각각 다음과 같다.

$$\Theta_L(x_1, \cdots, x_n) = \frac{2n\overline{X}}{\chi^2_{1-\alpha}(2n)}, \quad \Theta_U(x_1, \cdots, x_n) = \frac{2n\overline{X}}{\chi^2_{\alpha}(2n)}$$

한편 양쪽 꼬리확률이 각각 $\alpha/2$가 되는 $\chi^2_{1-\alpha/2}(2n)$와 $\chi^2_{\alpha/2}(2n)$에 대하여 모수 θ에 대한 $100(1-\alpha)\%$ 신뢰구간은 다음과 같다.

$$\left(\frac{2n\overline{X}}{\chi^2_{\alpha/2}(2n)}, \frac{2n\overline{X}}{\chi^2_{1-\alpha/2}(2n)}\right)$$

SECTION 02 연/습/문/제

01 미지의 모수 θ를 갖는 모집단 분포 $f(x;\theta)=e^{-(x-\theta)}$, $x>\theta$로부터 크기 n인 확률표본을 추출할 때, 적률법에 의하여 θ의 추정량을 구하여라.

02 다음 밀도함수를 갖는 모집단으로부터 추출된 크기 n인 확률표본을 $X_1, X_2, \cdots, X_n$이라 하자. 이때 적률법에 의하여 모수 θ를 추정하여라. 단, $\theta>0$이다.

(1) $f(x;\theta)=(\theta+1)x^{-\theta-2}$, $x>1$

(2) $f(x;\theta)=\theta^2 x e^{-\theta x}$, $x>0$

(3) $f(x;\theta)=\dfrac{1}{2}$, $\theta-1<x<\theta+1$

(4) $f(x;\theta)=e^{-(x-\theta)}$, $x>\theta$

03 미지의 모수 α와 β를 갖는 감마 모집단 $\Gamma(\alpha,\beta)$로부터 크기 n인 확률표본을 추출하여 $X_1, X_2, \cdots, X_n$이라 하자. 이때 적률법에 의하여 모수 α와 β에 대한 추정량을 구하여라.

04 모수 λ인 푸아송 분포로부터 확률표본 $X_1, X_2, \cdots, X_n$을 추출한다고 하자. 그러면 적률법을 사용하여 λ의 추정량을 구할 때, $\hat{\lambda}=\overline{X}$ 외에 다른 추정량이 있음을 보여라.

05 모수 λ인 푸아송 분포로부터의 확률표본을 $X_1, X_2, \cdots, X_n$이라 할 때, λ에 대한 최우추정량을 구하여라.

06 다음 확률함수 또는 확률밀도함수를 갖는 분포로부터의 확률표본을 $X_1, X_2, \cdots, X_n$이라 할 때 모수 θ의 최우추정량 $\hat{\theta}$를 구하여라.

(1) $f(x;\theta)=\theta(1-\theta)^{x-1}$, $x=1, 2, 3, \cdots$, $0<\theta<1$

(2) $f(x;\theta)=\theta^x(1-\theta)^{1-x}$, $x=0, 1$, $0<\theta<1$

(3) $f(x;\theta)=\theta x^{\theta-1}$, $0<x<1$, $0<\theta<\infty$

07 $X_1, X_2, \cdots, X_n$을 (문제 6)의 각 문항에서 주어진 확률표본이라 할 때, 다음 확률에 대한 최우추정량을 구하여라.

(1) $f(x;\theta)=\theta(1-\theta)^{x-1}$, $x=1, 2, 3, \cdots, 0<\theta<1$일 때, $P(X\ge 1)$의 최우추정량

(2) $f(x;\theta)=\theta^x(1-\theta)^{1-x}$, $x=0, 1$, $0<\theta<1$일 때, $P(X=1)$의 최우추정량

(3) $f(x;\theta)=\theta x^{\theta-1}$, $0<x<1$, $0<\theta<\infty$일 때, $P(X\le 1/2)$의 최우추정량

08 최우추정량은 존재하지 않을 수도 있고, 존재한다 할지라도 유일하지 않을 수도 있다. 이에 대한 예를 찾아라.

09 다음 확률함수 또는 확률밀도함수를 갖는 분포로부터의 확률표본을 $X_1, X_2, \cdots, X_n$이라고 할 때, 모수 θ의 최우추정량 $\hat{\theta}$을 구하여라.

(1) $f(x;\theta)=\begin{cases}\frac{1}{2}e^{-|x-\theta|} & , -\infty<x<\infty, -\infty<\theta<\infty \\ 0 & , \text{다른 곳에서}\end{cases}$

(2) $f(x;\theta)=\begin{cases}e^{-(x-\theta)} & , \theta\le x<\infty, -\infty<\theta<\infty \\ 0 & , \text{다른 곳에서}\end{cases}$

10 전구의 수명이 $f(x;\theta)=\frac{1}{\theta}e^{-x/\theta}$, $x>0$, $\theta>0$인 모집단분포에서 크기 n인 전구를 무작위로 추출하여 실험을 한다고 하자. 이때 처음 r개의 관찰된 수명을 $X_{(1)}, X_{(2)}, \cdots, X_{(r)}$이라 할 때, θ에 대한 최우추정량을 구하여라.

11 $f(x;\theta)=\frac{1}{\theta}x^{(1-\theta)/\theta}$, $0<x<1$, $\theta>0$인 모집단분포에서 크기 n인 확률표본을 추출할 때,

(1) θ의 최우추정량을 구하여라.

(2) (1)에서 구한 최우추정량이 θ에 대한 불편추정량임을 보여라.

12 $f(x;\theta_1, \theta_2) = \dfrac{1}{\theta_1} e^{-(x-\theta_2)/\theta_1}$, $x > \theta_2$, $\theta_1 > 0$인 모집단분포에서 크기 n인 확률표본을 추출할 때,

(1) θ_1, θ_2의 최우추정량을 구하여라.

(2) $0 < \alpha < 1$에 대하여 $100\alpha-$백분위수 x_α의 최우추정량 $\hat{x}_\alpha$를 구하여라.

(3) 중앙값 m에 대한 최우추정량 $\widehat{m}$을 구하여라.

13 $X_1, X_2, \cdots, X_n$이 구간 (θ_1, θ_2)상의 균등분포로부터 추출된 확률표본이라 할 때, 모수 θ_1과 θ_2의 최우추정량을 구하여라.

14 $X_1, X_2, \cdots, X_k$를 알려진 모수 n과 미지의 모수벡터 $\boldsymbol{\theta} = (p_1, p_2, \cdots, p_k)$를 갖는 다항분포로부터의 확률표본이라 하자. 이때 $i = 1, 2, \cdots, k$에 대하여 모수 p_i의 최우추정량을 구하여라. 단, 모수공간은

$\Omega = \left\{(p_1, p_2, \cdots, p_k) : p_i > 0, i = 1, 2, \cdots, k, \sum_{i=1}^{k} p_i = 1\right\}$이다.

SECTION 03 모평균의 구간추정

이제 미지의 모평균 μ를 갖는 정규모집단의 모평균에 대해 구간추정하는 방법과 독립인 두 정규모집단의 모평균의 차 $\mu_1 - \mu_2$에 대해 구간추정하는 방법에 대하여 살펴본다.

모분산 σ^2을 알고 있는 경우

모분산 σ^2이 알려진 정규모집단 $N(\mu, \sigma^2)$에서 크기 n인 확률표본을 추출할 때, 모평균 μ에 대한 최소분산 불편추정량이면서 충분통계량인 $\hat{\mu}= \overline{X}$는 정규분포 $\overline{X} \sim N(\mu, \sigma^2/n)$을 이룬다. 그러므로 $\overline{X}$의 표준화 확률변수 Z는

$$Z = \frac{\overline{X} - \mu}{\sigma/\sqrt{n}} \sim N(0, 1)$$

이고, $a < b$에 대하여 $P(a < Z < b) = 1 - \alpha$를 만족하는 가장 짧은 구간 (a, b)는 $a = -z_{\alpha/2}$, $b = z_{\alpha/2}$에서 나타난다. 따라서 양쪽 꼬리확률이 각각 $\alpha/2$이고 μ에 대한 점추정값을 중심으로 하는 중심부의 확률이 $1 - \alpha$인 경우는 다음과 같다.

$$\begin{aligned} 1 - \alpha &= P(|Z| < z_{\alpha/2}) = P\left(\left|\frac{\overline{X} - \mu}{\sigma/\sqrt{n}}\right| < z_{\alpha/2}\right) \\ &= P\left(\overline{X} - z_{\alpha/2}\frac{\sigma}{\sqrt{n}} < \mu < \overline{X} + z_{\alpha/2}\frac{\sigma}{\sqrt{n}}\right) \end{aligned}$$

그러므로 점추정값 $\overline{X}$를 중심으로 갖는 모평균 μ에 대한 구간추정량의 하한과 상한은 각각

$$\hat{\theta}_1 = \overline{X} - z_{\alpha/2}\frac{\sigma}{\sqrt{n}}, \quad \hat{\theta}_2 = \overline{X} + z_{\alpha/2}\frac{\sigma}{\sqrt{n}}$$

이고, 모평균 μ에 대한 $100(1-\alpha)\%$ 신뢰구간은 다음과 같다.

$$\left(\overline{X} - z_{\alpha/2}\frac{\sigma}{\sqrt{n}}, \quad \overline{X} + z_{\alpha/2}\frac{\sigma}{\sqrt{n}} \right)$$

특히, $z_{0.05} = 1.645$, $z_{0.025} = 1.96$, $z_{0.005} = 2.58$이므로 다음을 얻는다.

$$P\left(|\overline{X} - \mu| < 1.645\frac{\sigma}{\sqrt{n}} \right) = P\left(\left| \frac{\overline{X} - \mu}{\sigma/\sqrt{n}} \right| < 1.645 \right) = 0.90$$

$$P\left(|\overline{X} - \mu| < 1.96\frac{\sigma}{\sqrt{n}} \right) = P\left(\left| \frac{\overline{X} - \mu}{\sigma/\sqrt{n}} \right| < 1.96 \right) = 0.95$$

$$P\left(|\overline{X} - \mu| < 2.58\frac{\sigma}{\sqrt{n}} \right) = P\left(\left| \frac{\overline{X} - \mu}{\sigma/\sqrt{n}} \right| < 2.58 \right) = 0.99$$

한편 정규모집단이 아닌 경우에 모분산 σ^2을 알고 있다면, 표본의 크기가 클수록 표본평균 $\overline{X}$의 분포는 중심극한정리에 의하여 정규분포에 근사한다. 따라서 모분산 σ^2을 알고 있으나 정규모집단이 아닌 경우, 대표본을 추출하여 모평균에 대한 신뢰구간을 동일하게 얻을 수 있다. 이때 모분산 σ^2을 알고 있는 정규모집단의 모평균 μ에 대한 90%, 95% 그리고 99% 신뢰수준을 갖는 신뢰구간의 상한과 하한은 다음 표와 같으며, 그림 7.6과 같이 신뢰도가 클수록 신뢰구간은 커진다.

신뢰수준$(1-\alpha)$	신뢰구간	
	하 한	상 한
0.90 $(\alpha = 0.1)$	$\overline{X} - 1.645\frac{\sigma}{\sqrt{n}}$	$\overline{X} + 1.645\frac{\sigma}{\sqrt{n}}$
0.95 $(\alpha = 0.05)$	$\overline{X} - 1.96\frac{\sigma}{\sqrt{n}}$	$\overline{X} + 1.96\frac{\sigma}{\sqrt{n}}$
0.99 $(\alpha = 0.01)$	$\overline{X} - 2.58\frac{\sigma}{\sqrt{n}}$	$\overline{X} + 2.58\frac{\sigma}{\sqrt{n}}$

| 그림 7.6 | 신뢰수준에 따른 신뢰구간의 비교

예제 7-16

어느 회사에서 생산하는 비누 무게는 분산이 $\sigma^2 = 4$그램인 정규분포를 따른다고 한다. 25개의 비누를 임의로 추출하였을 때, 그 평균무게가 $\overline{X} = 97$그램이었다. 그러면 실제 평균무게 μ에 대한 95% 신뢰구간을 구하여 보자. 우선 $n = 25$이고 $\sigma = 2$ 그리고 $1-\alpha = 0.95$에 대한 $z_{\alpha/2} = z_{0.025} = 1.96$이므로 μ에 대한 95% 신뢰구간의 하한과 상한은 각각 다음과 같다.

$$\hat{\theta}_1 = \overline{X} - 1.96\frac{\sigma}{\sqrt{n}} = 97 - \frac{(1.96)\cdot 2}{5} = 96.216$$

$$\hat{\theta}_2 = \overline{X} + 1.96\frac{\sigma}{\sqrt{n}} = 97 + \frac{(1.96)\cdot 2}{5} = 97.784$$

그러므로 μ에 대한 95% 신뢰구간은 $(96.216,\ 97.784)$이다.

모분산 σ^2을 모르는 경우

정규모집단 $N(\mu, \sigma^2)$에 대하여 모분산 σ^2이 알려져 있지 않다면, 앞에서와 달리 모평균 μ의 구간추정을 위하여 정규분포를 이용할 수 없다. 이 경우에 특별히 표본의 크기가 충분히 크다면($n \geq 30$), 표본표준편차 S는 모표준편차 σ에 대한 편의를 무시할 수 있을 정도이므로 앞에서 구한 신뢰구간에서 σ를 S로 대치하여 구한다. 즉, 표본의 크기가 충분히 큰 경우에 모평균 μ에 대한 $100(1-\alpha)\%$ 신뢰구간은 다음과 같다.

$$\left(\overline{X} - z_{\alpha/2}\frac{S}{\sqrt{n}},\quad \overline{X} + z_{\alpha/2}\frac{S}{\sqrt{n}}\right)$$

또한 정규모집단이 아닌 임의의 모집단에서 충분히 큰 표본을 택하면 중심극한정리에 의하여 표본평균 $\overline{X}$는 정규분포에 근사하므로 모평균 μ에 대한 $100(1-\alpha)\%$ 신뢰구간은 다음과 같다.

$$\left(\overline{X} - z_{\alpha/2}\frac{S}{\sqrt{n}},\quad \overline{X} + z_{\alpha/2}\frac{S}{\sqrt{n}}\right)$$

그러나 표본의 크기 $n\,(n < 30)$이 작은 소표본일 경우, 정규모집단에 대하여 모표준편차 σ를 표본표준편차 S로 대치하면 표본평균 $\overline{X}$는 정규분포가 아닌 t분포를 따르게 된다. 그러

므로 표본의 크기가 작고 모분산을 모르는 경우에 모평균 μ에 대한 $100(1-\alpha)\%$ 신뢰도를 갖는 신뢰구간을 구하기 위하여 t분포를 사용한다. 이때

$$T = \frac{\overline{X} - \mu}{S/\sqrt{n}} \sim t(n-1)$$

이므로 t분포의 성질에 의하여

$$1-\alpha = P(|T| < t_{\alpha/2}(n-1)) = P\left(\left|\frac{\overline{X}-\mu}{S/\sqrt{n}}\right| < t_{\alpha/2}(n-1)\right)$$

$$= P\left(\overline{X} - t_{\alpha/2}(n-1)\frac{S}{\sqrt{n}} < \mu < \overline{X} + t_{\alpha/2}(n-1)\frac{S}{\sqrt{n}}\right)$$

이다. 따라서 모분산을 모를 때, 모평균 μ에 대한 $100(1-\alpha)\%$ 신뢰구간은 다음과 같다.

$$\left(\overline{X} - t_{\alpha/2}(n-1)\frac{S}{\sqrt{n}},\quad \overline{X} + t_{\alpha/2}(n-1)\frac{S}{\sqrt{n}}\right)$$

특히 모분산 σ^2을 모르는 정규모집단의 모평균 μ에 대한 90%, 95% 그리고 99% 신뢰구간의 상한과 하한은 다음 표와 같다.

신뢰수준$(1-\alpha)$	신뢰구간	
	하 한	상 한
0.90 $(\alpha=0.1)$	$\overline{X} - t_{0.05}(n-1)\frac{S}{\sqrt{n}}$	$\overline{X} + t_{0.05}(n-1)\frac{S}{\sqrt{n}}$
0.95 $(\alpha=0.05)$	$\overline{X} - t_{0.025}(n-1)\frac{S}{\sqrt{n}}$	$\overline{X} + t_{0.025}(n-1)\frac{S}{\sqrt{n}}$
0.99 $(\alpha=0.01)$	$\overline{X} - t_{0.005}(n-1)\frac{S}{\sqrt{n}}$	$\overline{X} + t_{0.005}(n-1)\frac{S}{\sqrt{n}}$

예제 7-17

정규모집단 $N(\mu, \sigma^2)$에서 크기 5인 표본을 추출한 결과 [2.9 2.5 3.7 3.0 2.8]을 얻었다. 이 결과를 이용하여 모평균 μ에 대한 95% 신뢰구간을 구하여 보자. 우선 표본평균과 표분분산을 먼저 구하면, 각각 다음과 같다.

$$\overline{X} = \frac{1}{5}(2.9+2.5+3.7+3.0+2.8) = 2.98,$$

$$S^2 = \frac{1}{4}\sum_{i=1}^{5}(X_i - 2.98)^2$$

$$= \frac{1}{4}(0.0064 + 0.2304 + 0.5184 + 0.0004 + 0.0324) = 0.197$$

따라서 표본표준편차는 $S = \sqrt{0.197} = 0.4438$이고, $1-\alpha = 0.95$에 대하여 자유도 4인 t 분포표로부터 $t_{0.025}(4) = 2.776$을 얻는다. 그러면 95% 신뢰구간의 하한과 상한은 각각 다음과 같다.

$$\hat{\theta}_1 = \overline{X} - t_{0.025}(4) \cdot \frac{S}{\sqrt{5}} = 2.98 - 0.551 = 2.429$$

$$\hat{\theta}_2 = \overline{X} + t_{0.025}(4) \cdot \frac{S}{\sqrt{5}} = 2.98 + 0.551 = 3.531$$

신뢰수준 95%에 대한 모평균 μ의 신뢰구간은 (2.429, 3.531)이다.

예제 7-18

전국 80세 이상 노인 50명을 대상으로 조사한 자료에 의하면, 평균 혈중 콜레스테롤이 174.6mg/dl로 나타났다. 만일 이 자료에서 표준편차가 12mg/dl으로 나타난다할 때, 전국 80세 이상 노인의 평균 콜레스테롤 수치에 대한 95% 신뢰구간을 구하여 보자. 그러면 $n = 50$, $\overline{X} = 174.6$, $S = 12$이므로 평균 콜레스테롤 μ에 대한 95% 신뢰구간의 하한과 상한은

$$\hat{\theta}_1 = \overline{X} - (1.96) \cdot \frac{S}{\sqrt{n}} = 174.6 - 3.326 = 171.274$$

$$\hat{\theta}_2 = \overline{X} + (1.96) \cdot \frac{S}{\sqrt{n}} = 174.6 + 3.326 = 177.926$$

이고, 따라서 μ에 대한 95% 신뢰구간은 (171.274, 177.926)이다.

두 모평균의 차에 대한 구간추정

우선 모분산 σ_1^2과 σ_2^2이 알려진 독립인 두 정규모집단 $N(\mu_1, \sigma_1^2)$과 $N(\mu_2, \sigma_2^2)$에 대하여 $\mu_1 - \mu_2$를 추정하는 방법에 대하여 살펴본다. 이를 위하여, 두 모집단으로부터 각각 크

기 n_1과 n_2인 두 확률표본 $\{X_1, X_2, \cdots, X_{n_1}\}$과 $\{Y_1, Y_2, \cdots, Y_{n_2}\}$을 추출하였다고 하자. 그러면 두 표본평균 $\overline{X}$와 $\overline{Y}$는 각각 다음과 같은 정규분포를 이룬다.

$$\overline{X} \sim N\left(\mu_1, \frac{\sigma_1^2}{n_1}\right), \quad \overline{Y} \sim N\left(\mu_2, \frac{\sigma_2^2}{n_2}\right)$$

그러므로 두 표본평균의 차는 다음과 같은 정규분포를 따른다.

$$\overline{X} - \overline{Y} \sim N\left(\mu_1 - \mu_2, \frac{\sigma_1^2}{n_1} + \frac{\sigma_2^2}{n_2}\right) \text{ 또는 } Z = \frac{\overline{X} - \overline{Y} - (\mu_1 - \mu_2)}{\sqrt{\frac{\sigma_1^2}{n_1} + \frac{\sigma_2^2}{n_2}}} \sim N(0, 1)$$

따라서 $0 < \alpha < 1$에 대하여 다음이 성립한다.

$$1 - \alpha = P(|Z| < z_{\alpha/2}) = P\left(\left|\frac{\overline{X} - \overline{Y} - (\mu_1 - \mu_2)}{\sqrt{\frac{\sigma_1^2}{n_1} + \frac{\sigma_2^2}{n_2}}}\right| < z_{\alpha/2}\right)$$

$$= P\left(\overline{X} - \overline{Y} - z_{\alpha/2}\sqrt{\frac{\sigma_1^2}{n_1} + \frac{\sigma_2^2}{n_2}} < \mu_1 - \mu_2 < \overline{X} - \overline{Y} + z_{\alpha/2}\sqrt{\frac{\sigma_1^2}{n_1} + \frac{\sigma_2^2}{n_2}}\right)$$

그러면 두 모평균의 차 $\mu_1 - \mu_2$에 대한 점추정값은 $\overline{X} - \overline{Y}$이고, $\mu_1 - \mu_2$에 대한 $100(1-\alpha)$% 신뢰구간은 다음과 같음을 알 수 있다.

$$\left(\overline{X} - \overline{Y} - z_{\alpha/2}\sqrt{\frac{\sigma_1^2}{n_1} + \frac{\sigma_2^2}{n_2}}, \quad \overline{X} - \overline{Y} + z_{\alpha/2}\sqrt{\frac{\sigma_1^2}{n_1} + \frac{\sigma_2^2}{n_2}}\right)$$

특히 $\sigma_1^2 = \sigma_2^2 = \sigma^2$이면, $\mu_1 - \mu_2$에 대한 $100(1-\alpha)$% 신뢰구간은

$$\left(\overline{X} - \overline{Y} - z_{\alpha/2}\,\sigma\sqrt{\frac{1}{n_1} + \frac{1}{n_2}}, \quad \overline{X} - \overline{Y} + z_{\alpha/2}\,\sigma\sqrt{\frac{1}{n_1} + \frac{1}{n_2}}\right)$$

이다. 또한 모분산이 각각 σ_1^2과 σ_2^2으로 알려져 있으나 두 모집단의 분포가 정규분포가 아닌 임의의 분포에 따르는 경우, 표본의 크기 n_1과 n_2가 충분히 큰 대표본이면 중심극한정리에 의하여 두 표본평균은 각각 정규분포 $N\left(\mu_1, \frac{\sigma_1^2}{n_1}\right)$, $N\left(\mu_2, \frac{\sigma_2^2}{n_2}\right)$에 근사한다. 그러므로 앞에서와 동일하게 $\mu_1 - \mu_2$에 대한 $100(1-\alpha)$% 근사신뢰구간

$$\left(\overline{X}-\overline{Y}-z_{\alpha/2}\sqrt{\frac{\sigma_1^2}{n_1}+\frac{\sigma_2^2}{n_2}}\ ,\quad \overline{X}-\overline{Y}+z_{\alpha/2}\sqrt{\frac{\sigma_1^2}{n_1}+\frac{\sigma_2^2}{n_2}}\right)$$

을 사용할 수 있다. 특히 두 정규모집단에 대한 모평균의 차 $\mu_1-\mu_2$에 대한 90%, 95% 그리고 99% 신뢰수준을 갖는 신뢰구간의 상한과 하한은 다음 표와 같다.

신뢰수준$(1-\alpha)$	신뢰구간	
	하 한	상 한
0.90 $(\alpha=0.1)$	$\overline{X}-\overline{Y}-1.645\sqrt{\frac{\sigma_1^2}{n_1}+\frac{\sigma_2^2}{n_2}}$	$\overline{X}-\overline{Y}+1.645\sqrt{\frac{\sigma_1^2}{n_1}+\frac{\sigma_2^2}{n_2}}$
0.95 $(\alpha=0.05)$	$\overline{X}-\overline{Y}-1.96\sqrt{\frac{\sigma_1^2}{n_1}+\frac{\sigma_2^2}{n_2}}$	$\overline{X}-\overline{Y}+1.96\sqrt{\frac{\sigma_1^2}{n_1}+\frac{\sigma_2^2}{n_2}}$
0.99 $(\alpha=0.01)$	$\overline{X}-\overline{Y}-2.58\sqrt{\frac{\sigma_1^2}{n_1}+\frac{\sigma_2^2}{n_2}}$	$\overline{X}-\overline{Y}+2.58\sqrt{\frac{\sigma_1^2}{n_1}+\frac{\sigma_2^2}{n_2}}$

예제 7-19

A회사에서 만든 컴퓨터 부품 30개를 임의로 추출하여 사용시간의 표본평균을 구한 결과 $\overline{X}=600$(시간)이었고, B회사에서 만든 컴퓨터 부품 40개를 임의로 추출하여 사용시간의 표본평균을 구한 결과는 $\overline{Y}=550$(시간)이었다. 그리고 모표준편차는 각각 $\sigma_1=6.5$(시간), $\sigma_2=5.4$(시간)로 알려져 있다고 한다. 이때 두 회사에서 생산된 컴퓨터 부품의 두 모평균의 차에 대한 95% 신뢰구간을 구하여 보자. 그러면 $n_1=30$, $n_2=40$, $\sigma_1^2=42.25$, $\sigma_2^2=29.16$이고 $\alpha=0.05$이므로 $z_{\alpha/2}=z_{0.025}=1.96$이다. 따라서 $\mu_1-\mu_2$에 대한 95% 신뢰구간의 하한과 상한은

$$\hat{\theta}_1=\overline{X}-\overline{Y}-1.96\sqrt{\frac{\sigma_1^2}{n_1}+\frac{\sigma_2^2}{n_2}}=(600-550)-(1.96)\sqrt{\frac{42.25}{30}+\frac{29.16}{40}}=47.1346$$

$$\hat{\theta}_2=\overline{X}-\overline{Y}+1.96\sqrt{\frac{\sigma_1^2}{n_1}+\frac{\sigma_2^2}{n_2}}=(600-550)+(1.96)\sqrt{\frac{42.25}{30}+\frac{29.16}{40}}=52.8655$$

이고, 95% 신뢰구간은 (47.1346, 52.8655)이다.

이제 모분산 σ_1^2과 σ_2^2이 알려지지 않은 독립인 두 정규모집단 $N(\mu_1, \sigma_1^2)$과 $N(\mu_2, \sigma_2^2)$에 대하여 $\mu_1 - \mu_2$를 추정하는 방법에 대하여 살펴본다. 만일 두 정규모집단으로부터 추출한 표본의 크기 n_1과 n_2가 충분히 큰 대표본($n_1 \ge 30$, $n_2 \ge 30$)이면, 단일 모집단의 경우와 동일하게 두 표본평균의 차 $\overline{X} - \overline{Y}$는 정규분포에 근사한다. 또한 두 표본표준편차 S_1과 S_2의 편의를 무시할 수 있으므로 $\mu_1 - \mu_2$에 대한 $100(1-\alpha)\%$ 신뢰구간은 모표준편차 σ_1과 σ_2를 표본표준편차의 관찰값 S_1과 S_2로 대치하여 다음과 같이 구할 수 있다.

$$\left(\overline{X} - \overline{Y} - z_{\alpha/2}\sqrt{\frac{S_1^2}{n_1} + \frac{S_2^2}{n_2}}\ ,\quad \overline{X} - \overline{Y} + z_{\alpha/2}\sqrt{\frac{S_1^2}{n_1} + \frac{S_2^2}{n_2}}\right)$$

더욱이 두 모집단의 분포가 정규분포가 아닌 임의의 모집단인 경우에도 역시 위에서와 동일한 신뢰구간을 사용할 수 있다.

예제 7-20

대기업과 중소기업에서 생산하는 전구의 수명을 비교하기 위하여 각각 전구 1,000개씩을 임의로 추출하여 수명을 조사한 결과 다음과 같은 자료를 얻었다.

	표본평균	표본분산
대기업	2,000	30
중소기업	1,900	25

대기업과 중소기업 사이의 평균 품질의 차 $\mu_1 - \mu_2$에 대한 90% 신뢰구간을 구하여 보자. 우선 $\mu_1 - \mu_2$의 점추정값은 $\overline{X} - \overline{Y} = 2000 - 1900 = 100$이고 $\mu_1 - \mu_2$에 대한 90% 신뢰구간의 하한과 상한은 각각 다음과 같다.

$$\hat{\theta}_1 = \overline{X} - \overline{Y} - 1.645\sqrt{\frac{S_1^2}{n_1} + \frac{S_2^2}{n_2}} = 100 - (1.645)\sqrt{\frac{30+25}{1000}} = 99.6142$$

$$\hat{\theta}_2 = \overline{X} - \overline{Y} + 1.645\sqrt{\frac{S_1^2}{n_1} + \frac{S_2^2}{n_2}} = 100 + (1.645)\sqrt{\frac{30+25}{1000}} = 100.3858$$

따라서 90% 신뢰구간은 $(99.6142,\ 100.3858)$이다.

그러나 표본의 크기가 작은 소표본이면, 두 모평균의 차 $\mu_1 - \mu_2$를 추정하기 위하여 t 분포를 사용해야 한다. 이를 위하여, 우선 두 모분산이 $\sigma_1^2 = \sigma_2^2 = \sigma^2$으로 미지인 두 정규모집단 $N(\mu_1, \sigma^2)$과 $N(\mu_2, \sigma^2)$으로부터 각각 크기 n_1과 $n_2(n_1 < 30,\ n_2 < 30)$인 두 표본을 추출한다고 하자. 그러면 합동표본분산

$$S_p^2 = \frac{(n_1 - 1)S_1^2 + (n_2 - 1)S_2^2}{n_1 + n_2 - 2}$$

에 대하여 다음과 같이 $\overline{X} - \overline{Y}$는 자유도 $n_1 + n_2 - 2$인 t 분포

$$\frac{\overline{X} - \overline{Y} - (\mu_1 - \mu_2)}{S_p\sqrt{\dfrac{1}{n_1} + \dfrac{1}{n_2}}} \sim t(n_1 + n_2 - 2)$$

를 따른다. 따라서 미지인 두 모분산이 동일한 경우에

$$1 - \alpha = P(|T| < t_{\alpha/2}(n_1 + n_2 - 2)) = P\left(\left|\frac{\overline{X} - \overline{Y} - (\mu_1 - \mu_2)}{S_p\sqrt{\dfrac{1}{n_1} + \dfrac{1}{n_2}}}\right| < t_{\alpha/2}(n_1 + n_2 - 2)\right)$$

$$= P\left(\overline{X} - \overline{Y} - t_{\alpha/2}(n_1 + n_2 - 2)S_p\sqrt{\frac{1}{n_1} + \frac{1}{n_2}} < \mu_1 - \mu_2 < \overline{X} - \overline{Y} + t_{\alpha/2}(n_1 + n_2 - 2)S_p\sqrt{\frac{1}{n_1} + \frac{1}{n_2}}\right)$$

이다. 그러므로 $\sigma_1^2 = \sigma_2^2 = \sigma^2$으로 미지인 경우에 두 모평균의 차 $\mu_1 - \mu_2$에 대한 점추정량은 $\overline{X} - \overline{Y}$이고, $100(1 - \alpha)\%$의 신뢰구간은 다음과 같다.

$$\left(\overline{X} - \overline{Y} - t_{\alpha/2}(n_1 + n_2 - 2)S_p\sqrt{\frac{1}{n_1} + \frac{1}{n_2}},\quad \overline{X} - \overline{Y} + t_{\alpha/2}(n_1 + n_2 - 2)S_p\sqrt{\frac{1}{n_1} + \frac{1}{n_2}}\right)$$

한편, 두 모분산 σ_1^2과 σ_2^2을 모르고 $\sigma_1^2 \neq \sigma_2^2$이면,

$$t = \frac{(\overline{X} - \overline{Y}) - (\mu_1 - \mu_2)}{\sqrt{\dfrac{S_1^2}{n_1} + \dfrac{S_2^2}{n_2}}}$$

는 근사적으로 t 분포를 따르며 자유도는

$$r = \frac{\left[\dfrac{S_1^2}{n_1} + \dfrac{S_2^2}{n_2}\right]^2}{\dfrac{(S_1^2/n_1)^2}{n_1 - 1} + \dfrac{(S_2^2/n_2)^2}{n_2 - 1}}$$

이다. 이때 r이 정수가 아니라면 r을 넘지 않는 최대정수 즉, $[r]$을 자유도로 선택한다. 그러면 $\mu_1 - \mu_2$에 대한 $100(1-\alpha)\%$ 신뢰구간은 다음과 같다.

$$\left(\overline{X} - \overline{Y} - t_{\alpha/2}([r])\sqrt{\frac{S_1^2}{n_1} + \frac{S_2^2}{n_2}}\ ,\quad \overline{X} - \overline{Y} + t_{\alpha/2}([r])\sqrt{\frac{S_1^2}{n_1} + \frac{S_2^2}{n_2}}\right)$$

예제 7-21

남학생과 여학생의 몸무게는 각각 동일한 분산을 갖는 정규분포를 이룬다고 한다. 두 그룹에서 각각 4명씩을 임의로 추출하여 조사한 결과 다음과 같은 결과를 얻었다.

남학생	64	66	69	72
여학생	46	47	53	53

두 그룹의 평균 몸무게의 차에 대한 90% 신뢰구간을 구하여 보자. 우선 남학생과 여학생의 모평균을 각각 μ_1, μ_2라 하면, 남학생과 여학생 각각의 표본평균은 $\overline{X} = 67.75$, $\overline{Y} = 49.75$이므로 두 그룹의 평균 몸무게의 차에 대한 추정값은 $\overline{X} - \overline{Y} = 67.75 - 49.75 = 18$이다. 또한 두 표본의 표본분산이

$$S_1^2 = \frac{1}{3}\sum_{i=1}^{4}(X_i - 67.75)^2 = 12.25,\quad S_2^2 = \frac{1}{3}\sum_{i=1}^{4}(Y_i - 49.75)^2 = 14.25$$

이므로 합동표본분산과 합동표준편차는 다음과 같다.

$$S_p^2 = \frac{(n_1 - 1)S_1^2 + (n_2 - 1)S_2^2}{n_1 + n_2 - 2} = \frac{3 \cdot (12.25) + 3 \cdot (14.25)}{4 + 4 - 2} = 13.25$$

$$S_p = \sqrt{13.25} = 3.64$$

더욱이 자유도가 6이므로 $t_{0.05}(6) = 1.943$이고, 따라서 $\mu_1 - \mu_2$에 대한 90% 신뢰구간의 상한과 하한은 다음과 같다.

$$\hat{\theta}_1 = \overline{X} - \overline{Y} - t_{0.05}(6)\, S_p \sqrt{\frac{1}{n_1} + \frac{1}{n_2}} = 18 - 5.001 = 12.999$$

$$\hat{\theta}_2 = \overline{X} - \overline{Y} + t_{0.05}(6)\, S_p \sqrt{\frac{1}{n_1} + \frac{1}{n_2}} = 18 + 5.001 = 23.001$$

즉, 평균 몸무게의 차에 대한 90% 신뢰구간은 (12.999, 23.001)이다.

예제 7-22

예제 7-21에서 남학생과 여학생의 몸무게에 대한 분산이 서로 다르고 알려져 있지 않다고 할 때, 자유도는

$$r = \frac{\left[\frac{S_1^2}{n_1} + \frac{S_2^2}{n_2}\right]^2}{\frac{(S_1^2/n_1)^2}{n_1 - 1} + \frac{(S_2^2/n_2)^2}{n_2 - 1}} = \frac{\left[\frac{12.25}{4} + \frac{14.25}{4}\right]^2}{\frac{(12.25/4)^2}{3} + \frac{(14.25/4)^2}{3}} = 5.966$$

이므로 자유도는 $[5.966] = 5$이다. 이때 $t_{0.05}(5) = 2.015$이고, $\mu_1 - \mu_2$에 대한 90% 신뢰구간의 상한과 하한은 다음과 같다.

$$\hat{\theta}_1 = \overline{X} - \overline{Y} - t_{0.05}(5) \sqrt{\frac{S_1^2}{n_1} + \frac{S_2^2}{n_2}} = 18 - 5.186 = 12.814$$

$$\hat{\theta}_2 = \overline{X} - \overline{Y} + t_{0.05}(5) \sqrt{\frac{S_1^2}{n_1} + \frac{S_2^2}{n_2}} = 18 + 5.186 = 23.186$$

즉, 평균 몸무게의 차에 대한 90% 신뢰구간은 (12.814, 23.186)이다. 따라서 예제 7-21에 비하여 모집단의 정보가 적으면 신뢰구간이 커지는 것을 알 수 있다.

짝을 이루는 두 모평균의 차에 대한 구간추정

어떤 다이어트 식품을 이용하기 전과 후의 몸무게의 변화와 같이, 많은 경우에 동일한 대상에 대하여 '사전(X)'과 '사후(Y)'의 변화를 비교하는 경우를 생각할 수 있다. 이와 같이 동일한 개체에 대한 처리 효과를 비교할 때, 짝 비교 방법을 사용한다. 즉, 표본으로 얻은 n개의 개체에 대하여 각 개체의 실험 전(처리 1)의 측정을 $X_1, X_2, \cdots, X_n$이라 하고 실험 후(처리 2)의 측정을 $Y_1, Y_2, \cdots, Y_n$이라 하면, $(X_1, Y_1), \cdots, (X_n, Y_n)$으로 이루어진 짝의 구조를 다음과 같이 생각할 수 있으며 각 짝에서 얻은 관측값의 차를 이용하여 두 처리를 비교할 수 있다.

짝	처리 1(X)	처리 2(Y)	차($D=X-Y$)
1	X_1	Y_1	$D_1 = X_1 - Y_1$
2	X_1	Y_2	$D_2 = X_2 - Y_2$
⋮	⋮	⋮	⋮
n	X_n	Y_n	$D_n = X_n - Y_n$

우선 X와 Y가 정규분포를 따른다고 가정할 때, 각 짝에 대한 차의 평균 μ_D와 분산 σ_D^2에 대하여 $D_i = X_i - Y_i$는 $N(\mu_D, \sigma_D^2)$을 따른다. 이때 $\mu_D = \mu_1 - \mu_2$에 대한 신뢰구간을 얻기 위하여, $D_1, D_2, \cdots, D_n$의 표본평균 $\overline{D}$와 표본분산 S_D^2에 대하여 통계량

$$T = \frac{\overline{D} - \mu_D}{S_D / \sqrt{n}}$$

를 이용하며, 이 통계량 T는 자유도 $n-1$인 t 분포를 따른다. 따라서 두 모평균의 차인 $\mu_D = \mu_1 - \mu_2$에 대한 $100(1-\alpha)\%$ 신뢰구간을 구해 보면 다음과 같다.

$$\left(\overline{D} - t_{\alpha/2}(n-1)\frac{S_D}{\sqrt{n}} \ , \ \overline{D} + t_{\alpha/2}(n-1)\frac{S_D}{\sqrt{n}}\right)$$

예제 7-23

공무원을 상대로 실시한 컴퓨터 자체 교육이 작업능률을 향상시키는지 알아보기 위하여 10명을 선출하여 교육 이전과 이후의 작업능률을 100점 만점으로 점수화하여 다음과 같은 자료를 얻었다.

번 호	1	2	3	4	5	6	7	8	9	10
교육 이전(X)	70	75	65	80	90	88	77	60	95	85
교육 이후(Y)	75	80	60	85	90	90	80	75	90	88

교육 이전과 이후의 작업능률의 차에 대한 95% 신뢰구간을 구하여 보자. 우선 각 대상의 교육 이전과 이후의 능률에 대한 차를 구하면

$$[-5,\ -5,\ 5,\ -5,\ 0,\ -2,\ -3,\ -15,\ 5,\ -3]$$

이고, 따라서 $\overline{D} = \frac{1}{10}(-5-5+\cdots-3) = -2.8$, $S_D^2 = \frac{1}{n-1}\sum_{i=1}^{n}(D_i - \overline{D})^2 = 32.622$이므로 $S_D = \sqrt{32.622} \fallingdotseq 5.71$이고 $t_{0.025}(9) = 2.262$이다. 그러므로 $\mu_1 - \mu_2$에 대한

95% 신뢰구간의 하한과 상한은 각각 다음과 같다.

$$\hat{\theta}_1 = \overline{D} - t_{0.025}(n-1)\frac{S_D}{\sqrt{n}} = -2.8 - (2.262)\frac{5.71}{\sqrt{10}} = -6.8844$$

$$\hat{\theta}_2 = \overline{D} + t_{0.025}(n-1)\frac{S_D}{\sqrt{n}} = -2.8 + (2.262)\frac{5.71}{\sqrt{10}} = 1.2844$$

따라서 $\mu_1 - \mu_2$에 대한 95% 신뢰구간은 $(-6.8844,\ 1.2844)$이다.

SECTION 03 연/습/문/제

01 어느 회사에서 생산하는 비누 무게는 정규분포를 따른다고 한다. 생산된 비누 중에서 25개를 임의로 추출하였을 때 그 평균 무게의 값은 $\overline{X}=97$(g)이었다.

(1) 분산이 $\sigma^2 = 4$(g)인 경우, 실제 평균 무게 μ에 대한 95% 신뢰구간을 구하여라.

(2) 표본분산이 $S^2 = 4.25$(g)인 경우, 실제 평균 무게 μ에 대한 95% 신뢰구간을 구하여라.

02 어느 대학교 학생들의 IQ는 평균이 μ이고 표준편차가 $\sigma = 5.4$인 어떤 분포를 따른다고 한다. 평균 μ를 추정하기 위하여 25명의 무작위 표본을 추출한 결과 $\overline{X} = 127$을 얻었다.

(1) 정규모집단인 경우에 μ에 대한 95% 신뢰구간을 구하여라.

(2) 정규모집단이라는 가정이 없고 $n = 100$이고 $\overline{X} = 127$일 때 μ에 대한 95% 근사신뢰구간을 구하여라.

03 일회용 커피믹스를 생산하는 회사에서 제조된 커피 한 봉지의 무게는 평균이 μ이고 분산이 $\sigma = 0.6$인 정규분포를 따른다고 한다. 이때 $n = 25$인 표본을 임의로 추출하여 $\overline{x} = 12.2$를 얻었다. 평균 무게 μ에 대한 95% 신뢰구간을 구하여라.

04 다음은 어느 직장에 근무하는 직원 20명에 대한 혈중 콜레스테롤 수치를 조사한 자료이다. 이 직장에 근무하는 직원들의 콜레스테롤 평균 수치에 대한 95% 신뢰구간을 구하여라.

193.27	193.88	253.26	237.15	188.83	200.56	274.31	230.36	212.08	222.19
198.48	202.50	215.35	218.95	233.16	222.23	218.53	204.64	206.72	199.37

(1) 콜레스테롤 수치가 정규분포 $N(\mu, 400)$을 따르는 경우

(2) 콜레스테롤 수치가 모분산을 모르는 정규분포를 따르는 경우

05 다음은 어느 상점에서 종업원이 손님에게 제공하는 서비스 시간에 대한 자료이다. 과거 경험에 따르면, 서비스 시간이 표준편차 25초인 정규분포를 따른다고 한다. 이때, 신뢰수준 99%에서 평균 서비스 시간에 대한 신뢰구간을 구하여라.

(단위 : 초)

95	21	54	127	109	51	65	30	98	107
68	99	69	101	73	82	100	63	45	76
72	85	121	76	117	67	126	112	83	95

06 강의실 옆의 커피 자판기에서 컵 한 잔에 나오는 커피의 양을 조사하기 위하여 101잔을 조사한 결과 평균 0.3리터, 표준편차 0.06리터이었다. 이 자판기에서 나오는 커피 한 잔의 평균량에 대한 95% 신뢰구간을 구하여라.

(1) 커피의 양은 정규분포를 따르며, 표준편차는 0.05리터로 알려져 있는 경우
(2) 커피의 양은 정규분포를 따르며, 표준편차를 모르는 경우

07 우리나라 남학생의 키가 10년 전에 비하여 많이 성장하였는지 알아보기 위하여 다음과 같은 표본을 얻었다. 이 표본을 이용하여 우리나라 남학생의 평균키에 대한 90% 신뢰구간을 구하여라.

(단위 : cm)

160.0	176.2	160.5	180.5	167.4	164.8	175.5	168.8	173.6	179.3
170.0	189.1	185.2	163.7	178.4	167.7	161.5	169.4	178.2	171.1

08 다음 자료는 TV 광고시간을 측정한 자료이며, 광고시간은 정규분포에 따른다고 알려져 있다.

(1) 이 자료를 이용하여 평균 TV 광고시간에 대한 95% 근사신뢰구간을 구하여라.
(2) 평균 TV 광고시간에 대한 95% 하한신뢰경계를 구하여라.

(단위 : 분)

1.5	2.9	2.8	1.6	2.2	2.5	1.9	2.0	3.1	2.7
1.3	1.9	2.6	1.9	2.7	1.8	1.7	2.2	2.3	2.3
3.5	1.8	1.5	2.1	2.0	1.5	2.0	2.4	1.9	2.3

09 대기권의 약 0.035%를 차지하고 있는 무색무취의 이산화탄소의 양을 알아보기 위하여 30개국을 표본조사한 결과 다음과 같은 표를 얻었다. 대기권의 평균 이산화탄소의 양에 대한 95% 신뢰구간을 구하여라.

(단위 : ppm)

319	338	337	339	328	325	340	331	341	336	330	339	321	327	337
340	331	330	340	336	341	320	343	350	322	335	326	349	341	332

10 어떤 기계로 생산된 베어링 200개의 반지름을 측정한 결과 표본평균 0.824cm, 표본표준편차 0.042cm를 얻었다. 베어링의 평균에 대한 99% 신뢰구간을 구하여라.

11 2,000개의 제품 중에서 400개를 임의 추출하여 무게를 측정하였더니 평균 $\overline{X} = 25.0$, 표준편차 $S = 4.99$이었다. 이때, 모평균 μ의 95% 신뢰구간을 구하여라.

12 전국에 걸쳐서 근로세대의 매월 수입과 지출을 조사하기 위해서 4,000세대를 추출해서 어떤 1개월의 수입을 조사해 본 결과 평균 2,115,500원, 표준편차 356,000원이었다. 전국 평균수입 μ에 대한 95% 신뢰구간을 구하여라.

13 새로운 페인트의 평균 건조 시간을 알아보려고 한다. 크기가 같은 12곳을 시험하여 평균 건조 시간 66.3분, 표준편차 8.4분을 얻었다면 모평균 μ에 대한 95% 신뢰구간을 구하여라.

14 A시에서 300세대, B시에서 200세대를 추출하여 어느 달에 휴지의 구입량을 조사하니 A시에서 평균 5롤, 표준편차 2롤, B시에서 평균 3롤, 표준편차 1.5롤이었다. 이 사실에서 A시와 B시의 평균 구입량의 차이에 대한 95% 신뢰구간을 구하여라.

15 두 학급 I, II에서 4명과 3명의 학생을 뽑아 수학과목의 성적을 조사해 보니 각각 64, 66, 89, 77점과 56, 71, 53점이었다. 이 자료로부터 학급 I과 학급 II의 수학 성적의 평균 차이에 대한 90% 신뢰구간을 구하여라. 단 각 학급 학생의 성적은 정규분포를 따르고 분산은 동일하다.

16 화학실험에서 두 종류의 촉매 작용에 대한 반응효과를 비교하고자 한다. 시약 I을 사용한 12번의 실험에서 얻은 결과는 평균이 85이고 표준편차는 4이었다. 또한 시약 II를 사용한 10번의 실험에서는 평균이 81이고 표준편차는 5이었다. 이 두 모분산이 동일하다고 가정하고 모집단은 근사적으로 정규분포를 따른다고 할 때, 두 모평균의 차에 대한 99% 신뢰구간을 구하여라.

17 독립인 두 정규모집단 $N(\mu_1, 9)$와 $N(\mu_2, 4)$로부터 각각 크기 16과 36인 표본을 추출하여 표본평균 $\overline{X} = 22$, $\overline{Y} = 21$을 얻었다. $\mu_1 - \mu_2$에 대한 95% 신뢰구간을 구하여라.

18 인조섬유 25묶음의 절단강도는 평균 474.6이고 표준편차는 5.50, 모직 17묶음의 절단강도는 평균 452.4이고 표준편차는 12.3인 것으로 조사되었다. 그리고 두 종류의 섬유의 절단강도는 동일한 분산을 갖는 정규분포를 이룬다고 한다. 두 평균의 차 $\mu_1 - \mu_2$에 대한 95% 신뢰구간을 구하여라.

19 시중에서 판매되고 있는 두 회사의 땅콩 잼에 포함된 카페인의 양을 조사한 결과, 다음 표를 얻었다. 한편 두 회사에서 제조된 땅콩 잼에 포함된 카페인의 양은 동일한 분산을 갖는 정규분포를 따른다고 한다. 이때 $\mu_1 - \mu_2$에 대한 90% 신뢰구간을 구하여라.

(단위 : mg)

회사 1	$n_1 = 15$, $\overline{X} = 78$, $S_1^2 = 3.25$
회사 2	$n_2 = 13$, $\overline{Y} = 75$, $S_2^2 = 3.60$

20 모평균이 μ_1, μ_2인 두 정규모집단으로부터 각각 크기 100, 150인 표본을 임의로 추출하여 $\overline{X} = 485.5$, $\overline{Y} = 501.4$와 $S_1 = 6$, $S_2 = 7$의 결과를 얻었다. 모평균의 차 $\mu_1 - \mu_2$에 대한 95% 신뢰구간을 구하여라.

21 다음은 남자와 여자의 생존 연령을 조사한 자료이다.

남자	52	60	55	46	33	75	58	45	57	88
여자	62	58	65	56	53	45	56	65	77	47

(1) 여자와 남자의 평균생존연령에 대한 90% 신뢰구간을 구하여라.
(2) 두 그룹의 모분산이 동일하다는 조건 아래서 합동표준편차를 구하여라.
(3) (2)를 이용하여, 여자와 남자의 평균생존연령의 차이에 대한 90% 신뢰구간을 구하여라.

22 우리나라 100세 이상인 남·여 노인에 대한 혈당치가 각각 모표준편차가 12mg/dl와 10mg/dl인 정규분포를 따른다고 하자. 이때 전국 100세 이상 노인 103명(남자 13명, 여자 90명)을 대상으로 조사된 자료에 의하면, 남자와 여자의 평균 혈당치가 각각 115.9mg/dl와 104mg/dl로 나타났다. 이때, 전국 100세 이상 남자와 여자의 평균 혈당치의 차에 대한 95% 신뢰구간을 구하여라.

23 어느 자동차 회사에서 TV광고의 효과에 대하여 알아보기 위하여 9개 대도시를 선정하여 TV광고가 방영되기 전의 자동차 매출액과 TV광고가 방영된 후의 자동차 매출액을 조사하였다. 매출액의 차이에 대한 평균은 10,000(만원)이고, 분산은 2,000(만원)으로 조사되었을 때, 전체 자동차 매출액의 95% 신뢰구간을 구하여라.

24 20명의 대학 신입생을 IQ가 비슷한 사람끼리 짝을 이루어 10쌍으로 나누었다. 각 쌍에서 1명을 임의로 선택하여 시청각 교재를 사용하는 수학 강좌에 할당하고 각 쌍에서 다른 1명은 교수의 강의를 받는 수학강좌에 할당하였다. 한 학기가 끝난 후 각 그룹에 동일한 시험을 실시하여 다음 표와 같은 점수 결과를 얻었다.

쌍	1	2	3	4	5	6	7	8	9	10
시청각	76	60	85	58	91	75	82	64	79	88
강의	81	52	87	70	86	77	90	63	85	83

이 두 강의 방법에 대하여 평균점수의 차에 관한 95% 신뢰구간을 구하여라.

SECTION 04 모비율의 구간추정

성공률 p인 모집단 분포 $B(1, p)$에서 크기 n인 표본을 임의로 추출하여 표본의 관찰값을 $X_i(i=1, 2, \cdots, n)$라 하면, $X = X_1 + X_2 + \cdots + X_n$은 표본에서 성공한 횟수를 나타내며 $X \sim B(n, p)$를 따른다. 이때 표본비율 $\hat{p} = \dfrac{X}{n}$는 모비율 p에 대한 불편추정량이며 일치추정량이다. 따라서 표본비율 $\hat{p}$를 모비율 p에 대한 점추정량으로 사용한다. 특히 표본의 크기 n이 충분히 크다면, 즉 $np > 5$이고 $n(1-p) > 5$이면 이항분포의 정규근사에 의하여 $X \approx N(np, np(1-p))$ 또는 $\hat{p} \approx N(p, p(1-p)/n)$이다. 따라서

$$\frac{X - np}{\sqrt{np(1-p)}} \approx N(0, 1) \text{ 또는 } \frac{\hat{p} - p}{\sqrt{p(1-p)/n}} \approx N(0, 1)$$

이므로

$$P\left(-z_{\alpha/2} < \frac{\hat{p} - p}{\sqrt{p(1-p)/n}} < z_{\alpha/2}\right) \approx 1 - \alpha$$

또는

$$P\left(\hat{p} - z_{\alpha/2}\sqrt{\frac{p(1-p)}{n}} < p < \hat{p} + z_{\alpha/2}\sqrt{\frac{p(1-p)}{n}}\right) \approx 1 - \alpha$$

이다. 그러므로 모비율 p에 대한 $100(1-\alpha)\%$ 신뢰구간은 다음과 같다.

$$\left(\hat{p} - z_{\alpha/2}\sqrt{\frac{p(1-p)}{n}},\ \hat{p} + z_{\alpha/2}\sqrt{\frac{p(1-p)}{n}}\right)$$

불행히도 신뢰구간에서 주어진 하한과 상한의 p는 미지의 모비율이다. 하지만 표본비율 $\hat{p}$는 모비율 p에 대한 일치추정량이므로 표본의 크기가 충분히 큰 대표본에 대하여 $\hat{p} \fallingdotseq p$이고, 따라서 $\sqrt{p(1-p)/n}$ 대신에 $\sqrt{\hat{p}(1-\hat{p})/n}$을 사용한다. 즉, 모비율 p에 대한 $100(1-\alpha)$ % 신뢰구간은 다음과 같다.

$$\left(\hat{p} - z_{\alpha/2}\sqrt{\frac{\hat{p}(1-\hat{p})}{n}},\ \hat{p} + z_{\alpha/2}\sqrt{\frac{\hat{p}(1-\hat{p})}{n}}\right)$$

특히, 표준정규분포로부터 $z_{0.05} = 1.645$, $z_{0.025} = 1.96$, $z_{0.005} = 2.58$이므로 $|\hat{p} - p|$에 대한 90%, 95%, 99% 오차한계를 구하면 다음과 같다.

$|\hat{p} - p|$에 대한 90% 오차한계 : $1.645\sqrt{\frac{\hat{p}(1-\hat{p})}{n}}$ 또는 $\frac{1.645}{n}\sqrt{\frac{X(n-X)}{n}}$

$|\hat{p} - p|$에 대한 95% 오차한계 : $1.96\sqrt{\frac{\hat{p}(1-\hat{p})}{n}}$ 또는 $\frac{1.96}{n}\sqrt{\frac{X(n-X)}{n}}$

$|\hat{p} - p|$에 대한 99% 오차한계 : $2.58\sqrt{\frac{\hat{p}(1-\hat{p})}{n}}$ 또는 $\frac{2.58}{n}\sqrt{\frac{X(n-X)}{n}}$

특히 모비율 p에 대한 90%, 95%, 99% 신뢰구간의 상한과 하한은 다음과 같다.

신뢰수준$(1-\alpha)$	신뢰구간	
	하 한	상 한
$0.90\ (\alpha = 0.1)$	$\hat{p} - 1.645\sqrt{\frac{\hat{p}(1-\hat{p})}{n}}$	$\hat{p} + 1.645\sqrt{\frac{\hat{p}(1-\hat{p})}{n}}$
	$\hat{p} - \frac{1.645}{n}\sqrt{\frac{X(n-X)}{n}}$	$\hat{p} + \frac{1.645}{n}\sqrt{\frac{X(n-X)}{n}}$
$0.95\ (\alpha = 0.05)$	$\hat{p} - 1.96\sqrt{\frac{\hat{p}(1-\hat{p})}{n}}$	$\hat{p} + 1.96\sqrt{\frac{\hat{p}(1-\hat{p})}{n}}$
	$\hat{p} - \frac{1.96}{n}\sqrt{\frac{X(n-X)}{n}}$	$\hat{p} + \frac{1.96}{n}\sqrt{\frac{X(n-X)}{n}}$
$0.99\ (\alpha = 0.01)$	$\hat{p} - 2.58\sqrt{\frac{\hat{p}(1-\hat{p})}{n}}$	$\hat{p} + 2.58\sqrt{\frac{\hat{p}(1-\hat{p})}{n}}$
	$\hat{p} - \frac{2.58}{n}\sqrt{\frac{X(n-X)}{n}}$	$\hat{p} + \frac{2.58}{n}\sqrt{\frac{X(n-X)}{n}}$

예제 7-24

어떤 광역시의 시장 선거에서 유권자 2,000명을 대상으로 지지율을 조사한 결과, A후보를 지지하는 유권자 수가 944명이었다. 이때 A후보의 지지율에 대한 95% 신뢰구간을 구하여 보자. 그러면 $n=2000$에 대한 A후보의 지지율(표본비율)은 $\hat{p}=\frac{944}{2000}=0.472$이고, 따라서 $1-\hat{p}=0.528$, $z_{0.025}=1.96$이므로 95% 신뢰구간의 하한과 상한은 각각 다음과 같다.

$$\hat{\theta}_1 = \hat{p} - 1.96\sqrt{\frac{\hat{p}(1-\hat{p})}{n}} = 0.472 - 1.96\sqrt{\frac{(0.472)(0.528)}{2000}} = 0.4501$$

$$\hat{\theta}_2 = \hat{p} + 1.96\sqrt{\frac{\hat{p}(1-\hat{p})}{n}} = 0.472 + 1.96\sqrt{\frac{(0.472)(0.528)}{2000}} = 0.4939$$

그러므로 95% 신뢰구간은 $(0.4501,\ 0.4939)$이다.

한편 서로 독립이고 모비율이 p_1과 p_2인 두 모집단으로부터 각각 크기 n_1과 n_2인 표본을 추출하여 표본비율을 각각 $\hat{p}_1$, $\hat{p}_2$라 하면, 충분히 큰 n_1과 n_2에 대하여

$$\hat{p}_1 = \frac{X}{n_1} \approx N\left(p_1,\ \frac{p_1(1-p_1)}{n_1}\right),\quad \hat{p}_2 = \frac{Y}{n_2} \approx N\left(p_2,\ \frac{p_2(1-p_2)}{n_2}\right)$$

이고, 또한 두 모집단이 독립이므로 두 표본평균의 차는 다음과 같은 근사정규분포를 갖는다.

$$\hat{p}_1 - \hat{p}_2 \approx N\left(p_1 - p_2,\ \frac{p_1(1-p_1)}{n_1} + \frac{p_2(1-p_2)}{n_2}\right)$$

더욱이 앞에서와 같이 표본비율 $\hat{p}_1$과 $\hat{p}_2$는 각각 p_1과 p_2에 대한 일치추정량이므로

$$\frac{\hat{p}_1 - \hat{p}_2 - (p_1 - p_2)}{\sqrt{\frac{\hat{p}_1(1-\hat{p}_1)}{n_1} + \frac{\hat{p}_2(1-\hat{p}_2)}{n_2}}} \approx N(0,\ 1)$$

이고, 따라서 모비율의 차 $p_1 - p_2$에 대한 $100(1-\alpha)\%$ 신뢰구간의 하한과 상한은 각각 다음과 같다.

$$\hat{\theta}_1 = \hat{p}_1 - \hat{p}_2 - z_{\alpha/2}\sqrt{\frac{\hat{p}_1(1-\hat{p}_1)}{n_1} + \frac{\hat{p}_2(1-\hat{p}_2)}{n_2}}$$

$$\hat{\theta}_2 = \hat{p}_1 - \hat{p}_2 + z_{\alpha/2}\sqrt{\frac{\hat{p}_1(1-\hat{p}_1)}{n_1} + \frac{\hat{p}_2(1-\hat{p}_2)}{n_2}}$$

예제 7-25

어떤 합성수지 제품을 생산하는 두 기계의 성능을 비교하기 위하여 다음과 같은 자료를 얻었다. 두 기계의 불량률의 차에 대한 95% 신뢰구간을 구하여 보자.

구분 \ 기계	기계 1	기계 2
제품의 수	1,000	2,000
불량품의 수	90	140

우선 두 기계의 불량률을 구하면

$$\hat{p}_1 = \frac{90}{1000} = 0.09,\ \hat{p}_2 = \frac{140}{2000} = 0.07$$

이고, $n_1 = 1000$, $n_2 = 2000$ 그리고 $z_{0.025} = 1.96$이므로 95% 신뢰구간의 하한과 상한은 각각 다음과 같다.

$$\hat{\theta}_1 = \hat{p}_1 - \hat{p}_2 - z_{\alpha/2}\sqrt{\frac{\hat{p}_1(1-\hat{p}_1)}{n_1} + \frac{\hat{p}_2(1-\hat{p}_2)}{n_2}}$$

$$= (0.09-0.07) - 1.96\sqrt{\frac{(0.09)(0.91)}{1000} + \frac{(0.07)(0.93)}{2000}} \approx -0.001$$

$$\hat{\theta}_2 = \hat{p}_1 - \hat{p}_2 + z_{\alpha/2}\sqrt{\frac{\hat{p}_1(1-\hat{p}_1)}{n_1} + \frac{\hat{p}_2(1-\hat{p}_2)}{n_2}}$$

$$= (0.09-0.07) + 1.96\sqrt{\frac{(0.09)(0.91)}{1000} + \frac{(0.07)(0.93)}{2000}} \approx 0.041$$

따라서 두 모비율의 차에 대한 95% 신뢰구간은 $(-0.001, 0.041)$이다.

SECTION 04 연/습/문/제

01 어떤 제품을 생산하는 회사에서 불량률을 알기 위하여 제품 10,000개 중에서 400개를 조사한 결과 9개의 불량품을 발견하였다. 이 제품의 불량률에 대한 90% 신뢰구간을 구하여라.

02 프로야구팀의 선호도 조사에서 A팀을 좋아한다는 사람이 1500명 중 385명으로 나타났다. 이때, A팀을 좋아하는 사람의 비율에 대한 90% 신뢰구간을 구하여라.

03 전년도에 대학을 졸업한 여성의 취업현황을 알기 위하여 900명을 조사한 결과 244명이 정규직에 취업한 것으로 나타났다. 전년도에 대학을 졸업한 여성의 정규직 취업률에 대한 90% 신뢰구간을 구하여라.

04 현 정부를 지지하는 비율은 0.26이라는 여론조사의 결과가 임의로 추출된 2,500명의 유권자에서 얻어졌다. 유권자는 무한이라고 가정하여도 된다. 전체 유권자에 대한 현 정부의 지지율에 대한 95% 신뢰구간을 구하여라.

05 100명이 신종 플루 백신 주사를 맞은 결과 80명이 면역이 생겼다고 한다면, 면역을 갖게 된 사람의 모비율에 대한 95% 신뢰구간을 구하여라.

06 어떤 도시에 동계 올림픽을 유치해야 하는 것이 좋은지 알기 위하여 임의로 선정된 사람 2,400명을 대상으로 전화로 조사한 결과 1,304명이 찬성하는 것으로 조사되었다. 우리나라 국민의 몇 %가 동계 올림픽 유치에 찬성하는지 95% 신뢰수준에서 추정하여라.

07 20대 여성 200명을 대상으로 건강 다이어트 식품을 복용하는지 조사한 결과 135명이 복용한다고 응답했다. 우리나라 20대 여성의 건강 다이어트 식품을 복용하는 비율에 대한 95% 신뢰구간을 구하여라.

08 승용차를 2대 이상 가진 가구의 비율을 조사하기 위하여 144가구를 표본으로 추출한 결과 58가구가 승용차를 2대 이상 가진 것으로 조사되었다. 승용차를 2대 이상 가진 가구의 비율에 대한 95% 신뢰구간을 구하여라.

09 어느 방송국에서 특정 방송시간에 대한 두 지역의 시청률을 조사한 결과, A지역의 215세대에서 42%의 시청률을 얻었고 B지역의 156세대에서 35%의 시청률을 얻었다. 이때 두 지역의 시청률 차이에 대한 90% 신뢰구간을 구하여라.

10 어느 제조회사에서 생산된 제품에 대한 신뢰도를 조사하기 위하여 두 지역에서 각각 200명씩 임의로 선정하여 조사한 결과, A지역에서 137명 그리고 B지역에서 158명이 이 제품에 신뢰를 가지고 있었다. 두 지역에서 제품의 신뢰도에 대한 비율의 차이가 있는지 신뢰도 90%에서 구간추정을 하여라.

11 과제물의 제시와 작성에 대하여 조사하기 위하여 20명의 교수를 임의로 추출하여 과제물을 항상 제시하는지 물었다. 또한 25명의 학생을 추출하여 과제물을 스스로 작성하는지 질문한 결과 다음과 같은 응답을 얻었다. 이때 '예'는 과제물 제시 또는 스스로 작성을 의미한다.

교수	예	예	아니오	예	아니오	아니오	예	예	아니오	예
	아니오	아니오	예	예	아니오	예	예	아니오	예	예
학생	아니오	예	아니오	아니오	예	아니오	예	아니오		
	아니오	예	예	아니오	예	아니오	아니오	아니오		
	아니오	아니오	예	아니오	예	예	아니오	예	아니오	

(1) 과제물을 제시하는 교수의 비율에 대한 90% 신뢰구간을 구하여라.
(2) 과제물을 스스로 작성하는 학생의 비율에 대한 90% 신뢰구간을 구하여라.
(3) 과제물을 제시하는 교수의 비율과 과제물을 스스로 작성하는 학생의 비율의 차이에 대한 90% 신뢰구간을 구하여라.

12 어느 회사에서 새로 개발된 50나노 디램의 신뢰성을 조사하기 위하여 200개를 임의로 추출하여 2,000시간을 사용하였다. 이때 2,000시간 동안 정상적으로 작동한 램은 195개로 조사되었다고 한다. 이 회사에서 제조된 전체 램을 모집단으로 하여,

(1) 이 회사에서 제조된 램이 정상적으로 작동할 비율 p의 추정값을 구하여라.
(2) 표본비율 $\hat{p}$의 표준오차를 구하여라.
(3) 모비율 p에 대한 95% 신뢰구간을 구하여라.

13 작년에 R&D 업종에 종사하는 500명의 근로자를 무작위로 선정하여 조사한 결과, 그들 중에서 178명이 연봉 72,000(천원) 이상을 받았다. 그리고 올해 R&D에 종사한 450명의 근로자 중에서 220명이 연봉 72,000(천원) 이상을 받았다고 한다.

(1) p_1과 p_2를 작년과 올해 R&D에 종사한 근로자 중에서 연봉 72,000(천원) 이상을 받은 사람의 비율이라 할 때, p_1과 p_2 그리고 $p_2 - p_1$의 추정값을 구하여라.

(2) $p_2 - p_1$에 대한 95% 신뢰구간을 구하여라.

14 어느 광고 회사가 두 신문 A, B를 각각 구독하는 가정 중에서 연간소득이 1,000만원 이상인 가정에 대한 구독률의 차를 추정하기 위하여 다음과 같은 조사결과를 얻었다. 두 신문의 구독률 차에 대한 95% 신뢰구간을 구하여라.

구독하는 신문	표본크기	소득 1,000만원 이상인 가정
A	500	302
B	500	254

15 사회 계층 간의 혼례 비용을 분석하기 위하여 최근에 결혼식을 한 노동자 계층에서 162쌍을 임의로 선정하여 조사한 결과, 61쌍이 혼례비용으로 1,800만원 이상을 지출하였다. 또한 중상류층에 대하여 동일한 조사를 실시하여 189쌍 중에서 106쌍이 1,800만원 이상 지출한 것으로 조사되었다. 이 조사를 토대로 하여 최근에 결혼식을 치른 쌍들 가운데 1,800만원 이상을 지출한 신혼부부의 비율에 대한 차이의 95% 신뢰구간을 구하여라.

16 여론조사에서 A당을 지지한다고 답한 것은 33%, B당을 지지한다고 답한 것은 30%이었다. 표본의 크기가 각각 900일 때와 5,000일 때의 각 지지율의 95% 신뢰구간을 구하고 어느 당의 신임이 두터운지를 판정하여라.

17 2000년 4월 (사)한국청소년순결운동본부가 전국의 고등학생(남학생 256명, 여학생 348명)을 대상으로 청소년의 음주 정도에 대한 무작위 표본조사를 실시한 결과, 남학생 83.9%, 여학생 59.2%가 음주 경험이 있는 것으로 조사되었다. 남학생과 여학생의 음주율 차에 대한 95% 신뢰구간을 구하여라.

18 두 종류의 약품 A, B의 효능을 조사하기 위하여 동일한 조건에 놓인 환자 200명에게 A를 투여하고, 다른 200명의 환자에게 B를 투여한 결과 각각 165명과 150명이 효과를 얻었다. 두 약품의 효율의 차이에 대한 95% 신뢰구간을 구하여라.

19 $B(37, p_1)$인 표본으로부터 $X=14$인 성공을 얻었고, $B(26, p_2)$인 표본으로부터 $Y=7$인 성공을 얻었다. 이때 모비율의 차 p_1-p_2에 대한 99% 신뢰구간을 구하여라.

20 빈혈이 있는 남녀의 비율에 관심이 있는 어느 유전학자가 여자와 남자 100명씩 임의로 선정하여 조사한 결과, 여자 24명 그리고 남자 13명이 빈혈 증세를 보였다. 남자와 여자 간에 빈혈 증세를 보이는 비율에 대한 99% 신뢰구간을 구하여라.

SECTION 05 모분산의 구간추정

독립 확률변수 $X_1, X_2, \cdots, X_n$이 i.i.d. $N(\mu, \sigma^2)$을 따른다면,

$$\sum_{i=1}^{n}\left(\frac{X_i-\mu}{\sigma}\right)^2 = \sum_{i=1}^{n} Z_i^2 \sim \chi^2(n)$$

임을 이미 제 6장에서 살펴보았다. 따라서 정규모집단 $N(\mu, \sigma^2)$에서 모평균 μ를 알고 있는 경우, 미지의 모분산 σ^2에 대한 $100(1-\alpha)\%$ 신뢰구간을 구하기 위하여 다음과 같이 정의되는 χ^2통계량을 사용한다.

$$\chi^2 = \frac{1}{\sigma^2}\sum_{i=1}^{n}(X_i-\mu)^2$$

이 통계량은 자유도가 n인 χ^2분포에 따른다. 그러면 임의의 양수 $\alpha\ (0<\alpha<1)$에 대하여

$$P\left(\chi^2_{1-(\alpha/2)}(n) < \chi^2 < \chi^2_{\alpha/2}(n)\right) = 1-\alpha$$

다시 말해서,

$$P\left(\chi^2_{1-(\alpha/2)}(n) < \frac{1}{\sigma^2}\sum_{i=1}^{n}(X_i-\mu)^2 < \chi^{n}_{\alpha/2}(n)\right) = 1-\alpha$$

또는

$$P\left(\frac{1}{\chi^2_{\alpha/2}(n)}\sum_{i=1}^{n}(X_i-\mu)^2 < \sigma^2 < \frac{1}{\chi^2_{1-(\alpha/2)}(n)}\sum_{i=1}^{n}(X_i-\mu)^2\right) = 1-\alpha$$

이므로 모평균 μ를 알고 있는 경우, 미지의 모분산 σ^2에 대한 $100(1-\alpha)\%$ 신뢰구간은 다음과 같다.

$$\left(\frac{1}{\chi^2_{\alpha/2}(n)}\sum_{i=1}^{n}(X_i-\mu)^2,\quad \frac{1}{\chi^2_{1-(\alpha/2)}(n)}\sum_{i=1}^{n}(X_i-\mu)^2\right)$$

예제 7-26

정규모집단 $N(3, \sigma^2)$에서 크기 10인 표본을 추출한 결과 다음과 같다고 한다. 이때 모분산 σ^2에 대한 95% 신뢰구간을 구하여 보자.

[2.9 2.5 3.4 3.0 2.8 2.9 3.1 2.8 2.8 2.9]

이를 위하여, 우선 관찰값과 모평균 $\mu=3$과의 편차제곱을 구한다.

X_i	2.9	2.5	3.4	3.0	2.8	2.9	3.1	2.8	2.8	2.9
$X_i-\mu$	−0.1	−0.5	0.4	0	−0.2	−0.1	0.1	−0.2	−0.2	−0.1
$(X_i-\mu)^2$	0.01	0.25	0.16	0	0.04	0.04	0.01	0.04	0.04	0.01

그러면 $\sum_{i=1}^{10}(X_i-\mu)^2=0.57$이고, 또한 $\chi^2_{0.025}(10)=20.48$, $\chi^2_{0.975}(10)=3.25$이므로 구하고자 하는 신뢰구간의 하한과 상한은 각각 다음과 같다.

$$\frac{1}{\chi^2_{0.975}(10)}\sum_{i=1}^{n}(X_i-\mu)^2=\frac{0.57}{3.25}\approx 0.175,$$

$$\frac{1}{\chi^2_{0.025}(10)}\sum_{i=1}^{n}(X_i-\mu)^2=\frac{0.57}{20.48}\approx 0.028$$

따라서 모분산 σ^2에 대한 95% 신뢰구간은 $(0.028, 0.175)$이다.

그러나 대부분의 경우에 모평균을 알지 못하며, 따라서 모평균을 모르는 경우에 대한 모분산의 추정방법을 살펴볼 필요가 있다. 정규모집단 $X \sim N(\mu, \sigma^2)$에서 크기 n인 확률표본을 추출하면, 표본분산

$$S^2=\frac{1}{n-1}\sum_{i=1}^{n}(X_i-\overline{X})^2$$

은 모분산 σ^2에 대한 최소분산불편추정량이며 일치추정량이고, 표본표준편차 S는 모표준편차 σ에 대한 편의추정량이라는 사실을 살펴보았다. 그러나 일반적으로 $n \ge 10$이면 이러한 편의를 무시할 수 있으며, 따라서 모분산 σ^2과 모표준편차 σ를 추정하기 위하여 각각 표본분산 S^2과 표본표준편차 S를 이용하여야 한다. 그러면 정규모집단에 대한 표본분산 S^2에 대하여

$$\frac{(n-1)S^2}{\sigma^2} \sim \chi^2(n-1)$$

이므로

$$P\left(\chi^2_{1-(\alpha/2)}(n-1) < \frac{(n-1)S^2}{\sigma^2} < \chi^2_{\alpha/2}(n-1)\right) = 1-\alpha$$

또는

$$P\left(\frac{(n-1)S^2}{\chi^2_{\alpha/2}(n-1)} < \sigma^2 < \frac{(n-1)S^2}{\chi^2_{1-(\alpha/2)}(n-1)}\right) = 1-\alpha$$

이다. 그러므로 모평균을 모르는 경우, 모분산 σ^2에 대한 $100(1-\alpha)\%$ 신뢰구간은 다음과 같다.

$$\left(\frac{(n-1)S^2}{\chi^2_{\alpha/2}(n-1)},\ \frac{(n-1)S^2}{\chi^2_{1-(\alpha/2)}(n-1)}\right)$$

그리고 모표준편차 σ에 대한 $100(1-\alpha)\%$ 신뢰구간은

$$\left(S\sqrt{\frac{n-1}{\chi^2_{\alpha/2}(n-1)}},\ S\sqrt{\frac{n-1}{\chi^2_{1-(\alpha/2)}(n-1)}}\right)$$

이다. 특히 모분산 σ^2에 대한 90%, 95%, 99% 신뢰구간의 상한과 하한은 다음과 같다.

신뢰수준$(1-\alpha)$	신뢰구간	
	하 한	상 한
0.90 $(\alpha=0.1)$	$\frac{(n-1)S^2}{\chi^2_{0.05}(n-1)}$	$\frac{(n-1)S^2}{\chi^2_{0.95}(n-1)}$
0.95 $(\alpha=0.05)$	$\frac{(n-1)S^2}{\chi^2_{0.025}(n-1)}$	$\frac{(n-1)S^2}{\chi^2_{0.975}(n-1)}$
0.99 $(\alpha=0.01)$	$\frac{(n-1)S^2}{\chi^2_{0.005}(n-1)}$	$\frac{(n-1)S^2}{\chi^2_{0.995}(n-1)}$

예제 7-27

예제 7 - 26에서 모평균을 모른다고 하자. 이때 σ^2에 대한 95% 신뢰구간을 구하고자 한다면, 우선 표본평균 $\overline{X} = 2.91$을 먼저 구한다. 그러므로 표본분산은

$$S^2 = \frac{1}{9}\sum_{i=1}^{10}(X_i - 2.91)^2 = \frac{0.489}{9} = 0.0543$$

이고, 크기 10인 표본을 추출하였으므로 $\chi^2_{0.025}(9) = 19.02$, $\chi^2_{0.975}(9) = 2.70$이다. 그러면 95% 신뢰구간의 하한과 상한은 각각 다음과 같다.

$$\frac{(n-1)S^2}{\chi^2_{\alpha/2}(n-1)} = \frac{9 \cdot (0.0543)}{19.02} = 0.0257,$$

$$\frac{(n-1)S^2}{\chi^2_{1-\alpha/2}(n-1)} = \frac{9 \cdot (0.0543)}{2.7} = 0.181$$

따라서 모분산 σ^2에 대한 95% 신뢰구간은 $(0.0257,\ 0.181)$이고 모표준편차에 대한 95% 신뢰구간은 $(0.01603,\ 0.4254)$이다. 특히 예제 7 - 26과 같이 모집단에 대한 정보를 알고 있는 경우에 비하여, 정보가 부족한 경우에 신뢰구간의 폭이 더 크다는 것을 알 수 있다.

한편 독립인 두 정규모집단 $N(\mu_1,\ \sigma_1^2)$, $N(\mu_2,\ \sigma_2^2)$에서 각각 크기 n_1과 n_2인 표본을 추출하여 그들의 표본분산을 각각 S_1^2, S_2^2이라 하면,

$$\frac{S_1^2/\sigma_1^2}{S_2^2/\sigma_2^2} \sim F(n_1 - 1,\ n_2 - 1)$$

임을 살펴보았다. 그러므로 임의의 양수 $\alpha\ (0 < \alpha < 1)$에 대하여

$$P\left(f_{1-(\alpha/2)}(n_1 - 1,\ n_2 - 1) < \frac{S_1^2/\sigma_1^2}{S_2^2/\sigma_2^2} < f_{\alpha/2}(n_1 - 1,\ n_2 - 1)\right) = 1 - \alpha$$

또는

$$P\left(\frac{S_1^2/S_2^2}{f_{\alpha/2}(n_1 - 1,\ n_2 - 1)} < \frac{\sigma_1^2}{\sigma_2^2} < \frac{S_1^2/S_2^2}{f_{1-(\alpha/2)}(n_1 - 1,\ n_2 - 1)}\right) = 1 - \alpha$$

이다. 그러므로 모분산의 비 σ_1^2/σ_2^2에 대한 $100(1-\alpha)\%$ 신뢰구간은 다음과 같다.

$$\left(\frac{S_1^2 / S_2^2}{f_{\alpha/2}(n_1 - 1,\ n_2 - 1)},\quad \frac{S_1^2 / S_2^2}{f_{1-(\alpha/2)}(n_1 - 1,\ n_2 - 1)} \right)$$

특히, 모분산의 비 σ_1^2/σ_2^2에 대한 90%, 95%, 99% 신뢰구간의 상한과 하한은 다음과 같다.

신뢰수준($1-\alpha$)	신뢰구간	
	하 한	상 한
0.90 ($\alpha=0.1$)	$\frac{S_1^2/S_2^2}{f_{0.05}(n_1-1,\ n_2-1)}$	$\frac{S_1^2/S_2^2}{f_{0.95}(n_1-1,\ n_2-1)}$
0.95 ($\alpha=0.05$)	$\frac{S_1^2/S_2^2}{f_{0.025}(n_1-1,\ n_2-1)}$	$\frac{S_1^2/S_2^2}{f_{0.975}(n_1-1,\ n_2-1)}$
0.99 ($\alpha=0.01$)	$\frac{S_1^2/S_2^2}{f_{0.005}(n_1-1,\ n_2-1)}$	$\frac{S_1^2/S_2^2}{f_{0.995}(n_1-1,\ n_2-1)}$

예제 7-28

두 가지 담배 A와 B의 니코틴 함량(단위 mg)을 비교하기 위하여 담배를 임의로 추출하여 조사한 결과가 다음과 같다고 할 때, 니코틴 함량의 모분산 비 σ_1^2/σ_2^2에 대한 95% 신뢰구간을 구하여 보자. 이때, 임의표본은 정규모집단으로부터 추출된다고 가정한다.

종 류	표본크기	표본평균	표준편차
A	$n_1 = 10$	$\overline{X} = 4.2$	$S_1 = 0.9$
B	$n_2 = 8$	$\overline{Y} = 3.6$	$S_2 = 0.7$

그러면 $f_{0.025}(9,\ 7) = 4.82$, $f_{0.975}(9,\ 7) = 1/f_{0.025}(7,\ 9) = 1/4.2$이므로 모분산 비에 대한 95% 신뢰구간의 하한과 상한은 각각 다음과 같다.

$$\frac{S_1^2/S_2^2}{f_{0.025}(9,\ 7)} = \frac{0.9^2/0.7^2}{4.82} = 0.343,\quad \frac{S_1^2/S_2^2}{f_{0.975}(9,\ 7)} = \frac{0.9^2/0.7^2}{1/4.2} = 6.943$$

따라서 모분산의 비 σ_1^2/σ_2^2에 대한 95% 신뢰구간은 $(0.343,\ 6.943)$이다.

SECTION 05 연 / 습 / 문 / 제

01 크기 20인 표본의 표본분산이 4.0일 때 이 모집단의 분산에 대한 95% 신뢰구간을 구하여라.

02 어느 생수회사에서 생산되는 25개의 생수병의 무게를 조사한 결과 표준편차 1.6g을 얻었다. 생수병의 무게에 대한 모분산에 대한 95% 신뢰구간을 구하여라.

03 1991년부터 2000년까지 10년간 국민 1인당 쌀 소비량을 조사한 결과 다음 자료를 얻었다. 이 자료를 이용하여 지난 10년간 국민 1인당 쌀 소비량의 모분산과 모표준편차에 대한 90% 신뢰구간을 구하여라.

연 도	1991	1992	1993	1994	1995	1996	1997	1998	1999	2000
소비량	116.3	112.9	110.2	108.3	106.5	104.9	102.4	99.2	96.9	93.4

04 다음은 어떤 제조회사에서 생산되는 음료수를 분석한 당분함량의 자료이다. 이 자료로부터 이 회사에서 생산되는 음료수의 당분함량에 대한 분산과 표준편차에 대한 95% 신뢰구간을 구하여라.

15.1	13.4	16.5	14.6	14.4	14.0	15.4	13.8	14.6	14.3

05 정규모집단 $N(\mu, \sigma^2)$에서 크기 12의 표본값이 다음과 같다.

56	47	51	61	40	42	45	50	57	71	63	59

모분산의 95% 신뢰구간을 구하여라.

06 다음은 모평균이 $\mu = 8$이고 분산이 σ^2인 정규모집단으로부터 9개의 표본을 추출하여 얻은 값이다. 이때, σ^2에 대한 90% 신뢰구간을 구하여라.

8.6	7.9	8.3	6.4	8.4	9.8	7.2	7.8	7.5

07 다음 표본을 이용하여 모분산에 대한 95% 신뢰구간을 구하여라.

3.4	3.6	4.0	0.4	2.0	3.0	3.1	4.1	1.4	2.5
1.4	2.0	3.1	1.8	1.6	3.5	2.5	1.7	5.1	0.7

08 책상 면의 두께가 정규분포를 따른다고 할 때, 표본으로 15개의 책상을 임의로 선정하여 측정한 결과 $S^2 = 5.16$을 얻었다. 이때 모분산 σ^2과 모표준편차 σ의 95% 신뢰구간을 구하여라.

09 어느 스테인리스 제조업자가 스테인리스판 1m^2의 무게에 대한 분산을 추정하기 위하여 스테인리스 51개를 임의로 추출하여 조사하였다. 표본분산이 0.021kg이라고 할 때, 모분산에 대한 90% 신뢰구간을 구하여라. 단 스테인리스판의 무게는 정규분포를 따른다.

10 어떤 약품의 생산과정에서 6회에 걸쳐 표본을 구하여 그 융점을 측정하였더니 표본분산이 $S^2 = 0.4$이었다. 이 약품의 융점에 대한 모분산을 95% 신뢰도로 추정하여라.

11 모분산 σ^2을 추정하는 데 있어서 자유도가 커짐에 따라 신뢰구간의 폭은 어떻게 되는가?

12 두 가지 전압 V_1과 V_2 아래서 어떤 전자 제품의 수명을 조사하였다. 다음 자료를 이용하여 분산 비에 대한 90% 신뢰구간을 구하여라.

전압	표본크기	표본분산
V_1	9	0.51
V_2	10	0.20

13 두 직조기계에서 생산되는 뜨게실의 조밀성에 대한 균등성을 비교하려고 한다. 두 기계에서 나온 제품 가운데 100m의 뜨개실을 임의로 추출하여 그 무게를 측정한 결과 다음과 같은 자료를 얻었다. 두 집단의 모분산의 비에 대한 90% 신뢰구간을 구하여라.

종류	표본크기	표본표준편차
X	10	2.3
Y	10	1.5

14 어느 대학의 입시에서 수학과와 물리학과의 수험생 가운데에서 임의로 몇 명을 추출하여 수학점수를 조사하여 보니 다음 표와 같은 결과를 얻었다.

학과	표본의 크기	평 균	표본분산
수학과	21	62.5	88.87
물리학과	31	60.5	111.76

두 학과의 모분산의 비에 대한 90% 신뢰구간을 구하여라.

15 동일한 종류의 건전지를 생산하는 두 공장 A, B가 있다. 공장 A에서 생산되는 건전지 중에서 25개를 추출하여 내구시간을 조사한 결과 $\overline{X}=150$시간, $S_1^2=10$시간을 얻었고, 공장 B에서 생산되는 건전지 중에서 16개를 임의 추출하여 내구시간을 측정하여 $\overline{Y}=165$시간, $S_2^2=20$시간을 얻었다. 두 공장에서 생산되는 건전지 내구시간의 모분산의 비에 대한 95% 신뢰구간을 구하여라.

16 두 가지 방법 I, II로 생산되는 제품의 균등성을 조사하려고 한다. 방법 I로 생산된 제품 중 25개를 측정한 결과 표준편차가 8이었고, 방법 II로 생산된 제품 중 16개를 측정한 결과 표준편차가 7이었다. 두 모분산의 비율에 대한 95% 신뢰구간을 구하여라.

17 어느 택시회사가 상표 A와 상표 B 타이어 중 어느 하나를 구입하려고 한다. 두 상표의 차이를 추정하기 위하여 각 상표 13개를 사용하는 실험을 하였다. 타이어가 모두 닳아서 없어질 때까지 운행하여 다음의 결과를 얻었다.

종류	표본평균	표본표준편차
상표 A	36,000km	5,000km
상표 B	38,100km	6,100km

모집단이 근사적으로 정규분포를 따른다고 가정하고, 모분산의 비에 대한 90% 신뢰구간을 구하여라.

18 어느 컴퓨터 공정라인에서 종사하는 남자와 여자의 작업능률을 비교하기 위하여 남·여 근로자를 각각 12명, 10명씩 임의추출하였다. 그 결과 남자 근로자의 표준편차는 2.3이고, 여자 근로자의 표준편차는 1.5였다. 남자와 여자의 모분산의 비에 대한 90% 신뢰구간을 구하여라.

SECTION 06 표본의 크기

지금까지는 주어진 표본의 크기를 이용하여 모수를 추정하는 방법을 살펴보았다. 이때 표본의 크기가 너무 작으면 왜곡된 모집단의 특성을 추정할 수 있으며, 또한 표본의 크기가 너무 크면 모집단의 특성을 잘 표현할 수 있으나 경제적 · 시간적 · 공간적인 여러 제약으로 표본을 선정하는 데 많은 어려움을 겪을 수 있다. 따라서 어느 정도의 오차를 인정하고, 그 오차 범위 안에서 추정을 위한 표본의 크기를 결정하는 방법을 살펴본다.

정규모집단에서 크기 n인 표본을 추출할 때, 모평균 μ에 대한 $100(1-\alpha)\%$ 신뢰구간은

$$\overline{X} - z_{\alpha/2}\frac{\sigma}{\sqrt{n}} < \mu < \overline{X} + z_{\alpha/2}\frac{\sigma}{\sqrt{n}}$$

이다. 즉,

$$P\left(|\overline{X} - \mu| < z_{\alpha/2}\frac{\sigma}{\sqrt{n}}\right) = 1-\alpha$$

이고, 따라서 $100(1-\alpha)\%$ 신뢰도에서 표본평균의 관찰값 $\overline{X}$에 의하여 모평균 μ를 추정할 때, 그 오차는 $z_{\alpha/2}\frac{\sigma}{\sqrt{n}}$이다. 그러므로 이러한 추정오차를 d 이하로 한다면, $z_{\alpha/2}\frac{\sigma}{\sqrt{n}} \le d$ 이므로 오차한계를 d 이하로 할 때 표본의 크기는 적어도 $n \ge \left(z_{\alpha/2}\frac{\sigma}{d}\right)^2$ 이상이어야 한다.

예제 7-29

어느 공장에서 생산되는 제품은 평균 사용시간이 2,000(시간)이고, 표준편차는 200(시간)으로 품질관리를 하고 있다. 현재 생산되고 있는 제품의 평균 사용시간에 대한 추정에서 95% 오차한계가 40시간 이내가 되기 위해서 필요한 표본의 크기를 구하여 보자. 그러면 95% 신뢰수준에 대한 임계점은 $z_{0.025} = 1.96$이고, 오차한계가 $d = 40$이므로 표본의 크기는

$$n \geq \left(\frac{z_{0.025}\,\sigma}{d}\right)^2 = \left(\frac{(1.96)\cdot 200}{40}\right)^2 = 96.04$$

즉, $n = 97$이다.

그러나 거의 대부분의 통계분석에서 모분산은 알려져 있지 않으므로, 모분산을 모르는 경우에 대한 표본의 크기를 구하는 방법을 살펴볼 필요가 있다. 이 경우에 크기 n인 표본으로부터 모평균 μ에 대한 $100(1-\alpha)\%$ 신뢰구간은

$$\overline{X} - t_{\alpha/2}(n-1)\frac{S}{\sqrt{n}} < \mu < \overline{X} + t_{\alpha/2}(n-1)\frac{S}{\sqrt{n}}$$

즉,

$$P\left(|\overline{X} - \mu| < t_{\alpha/2}(n-1)\frac{S}{\sqrt{n}}\right) = 1-\alpha$$

그러므로 모분산을 모르는 경우에 대하여, 표본평균의 관찰값과 모평균의 참값 μ 사이의 오차는 $t_{\alpha/2}(n-1)\dfrac{S}{\sqrt{n}}$이고, 따라서 오차한계를 d 이하로 한다면 다음을 얻는다.

$$t_{\alpha/2}(n-1)\frac{S}{\sqrt{n}} \leq d$$

한편 표본표준편차 S는 표본을 추출해야 알 수 있는 상수이므로, 표본의 크기를 결정하기 위하여 사전 실험을 통하여 얻은 S에 대하여 확신할 수 있는 값을 먼저 구한다. 그러면 모분산을 모르는 모집단에 대한 모평균을 추정할 때, 추정 오차가 d를 넘지 않을 표본의 크기는 다음과 같다.

$$n \geq \left(\frac{S\,t_{\alpha/2}(n-1)}{d}\right)^2$$

더욱이 표본의 크기가 증가함에 따라 임계점 $t_{\alpha/2}(n-1)$은 감소하며, 다음 표와 같이 $t_{\alpha/2}(n-1)$은 표준정규분포의 임계점 $z_{\alpha/2}$로 근접한다. 특히 90%, 95%, 99% 신뢰도에서 표본을 선택할 경우에, 표본의 크기가 충분히 크다면

$$t_{0.05}(n-1) \leq 1.7,\ \ t_{0.025}(n-1) \leq 2.1,\ \ t_{0.005}(n-1) \leq 2.8$$

인 것을 알 수 있다.

신뢰수준$(1-\alpha)$	임계점 $(t_{\alpha/2}(n-1))$				
	$n=11$	$n=21$	$n=31$	$n=41$	$n\to\infty$
0.90 $(\alpha=0.1)$	1.812	1.725	1.697	1.684	1.645
0.95 $(\alpha=0.05)$	2.228	2.086	2.042	2.021	1.960
0.99 $(\alpha=0.01)$	3.169	2.845	2.750	2.704	2.580

예제 7-30

1.5리터 페트병에 들어 있는 음료수의 평균적인 양을 조사하기 위하여 크기 21인 표본을 조사하여 95% 신뢰도에서 조사한 결과 신뢰구간 (1.491, 1.507)을 얻었다. 오차한계를 $d=0.005$보다 작게 하기 위하여 얼마나 많은 페트병을 더 조사해야 하는지 알아보자. 그러면 사전 조사에서 얻은 신뢰구간으로부터 오차를 먼저 구한다. 그러면 오차는 $d_0=(1.507-1.491)/2=0.008$이므로 사전 조사의 표본표준편차는

$$t_{0.025}(20)\frac{S}{\sqrt{21}}=\frac{(2.086)S}{\sqrt{21}}=0.008\ ;\ S=\frac{(0.008)\sqrt{21}}{2.086}\approx 0.0176$$

이다. 따라서 오차한계를 $d=0.005$보다 작게 하기 위하여 조사해야 할 페트병의 수는

$$t_{0.025}(20)\frac{S}{\sqrt{n}}=\frac{(2.086)(0.0176)}{\sqrt{n}}=0.005\ ;\ n=\left(\frac{0.0367}{0.005}\right)^2\approx 53.92$$

이다. 즉, 페트병 54개를 조사해야 하며, 사전에 21개를 조사하였으므로 추가로 33개를 더 조사해야 한다.

또한 크기 n_1과 n_2인 두 표본으로부터 얻은 $\mu_1-\mu_2$에 대하여

$$P\left(\left|\overline{X}-\overline{Y}-(\mu_1-\mu_2)\right|< z_{\alpha/2}\sqrt{\frac{\sigma_1^2}{n_1}+\frac{\sigma_2^2}{n_2}}\right)=1-\alpha$$

이므로 오차한계가 d를 넘지 않는다면,

$$z_{\alpha/2}\sqrt{\frac{\sigma_1^2}{n_1}+\frac{\sigma_2^2}{n_2}}\le d$$

이어야 한다. 특히 $n_1=n_2=n$이라 하면

$$z_{\alpha/2}\sqrt{\frac{\sigma_1^2+\sigma_2^2}{n}} \le d$$

이고, 따라서 $100(1-\alpha)\%$ 신뢰구간을 갖기 위한 오차한계가 d일 때 조사해야 할 표본의 크기는

$$n \ge \frac{z_{\alpha/2}^2(\sigma_1^2+\sigma_2^2)}{d^2}$$

이다. 또한 모분산이 알려져 있지 않다면, t 분포에 의하여 다음과 같이 표본의 크기를 구할 수 있다.

$$n \ge \frac{t_{\alpha/2}^2(2n-2)(S_1^2+S_2^2)}{d^2}$$

예제 7-31

두 회사에서 제조되는 1.5리터 페트병에 들어 있는 음료수 양의 평균 차를 조사하기 위하여 각각 크기 16인 표본을 추출하여 95% 신뢰수준에서 조사한 결과 다음을 얻었다. 신뢰수준 95%에서 평균의 차에 대한 신뢰구간을 얻기 위하여 얼마나 많은 페트병을 추가로 조사해야 하는가? 단, 최대허용오차는 0.01보다 작게 한다.

$n_1=16$	$\overline{X}=1.56$	$S_1=0.05$
$n_2=16$	$\overline{Y}=1.53$	$S_2=0.04$

사전 조사에서 두 표본의 표본분산은 각각

$$S_1^2=0.0025,\ S_2^2=0.0016$$

이고, $t_{0.025}(30)=2.042$ 그리고 $d=0.01$이므로

$$n_1=n_2 \ge \frac{t_{0.025}^2(30)(S_1^2+S_2^2)}{d^2}=\frac{(2.042)^2\cdot(0.0041)}{(0.01)^2}=170.96$$

즉, $n_1=n_2=171$이다. 따라서 두 회사 제품을 동일하게 155개씩 추가로 더 조사해야 한다.

한편 모비율 p를 추정하기 위한 $100(1-\alpha)\%$ 신뢰구간은

$$\hat{p} - z_{\alpha/2}\sqrt{\frac{\hat{p}\,(1-\hat{p}\,)}{n}} < p < \hat{p} + z_{\alpha/2}\sqrt{\frac{\hat{p}\,(1-\hat{p}\,)}{n}}$$

이고, 따라서

$$P\left(|\hat{p}-p| < z_{\alpha/2}\sqrt{\frac{\hat{p}\,(1-\hat{p}\,)}{n}}\right) = 1-\alpha$$

이다. 그러므로 오차한계가 d를 넘지 않도록 신뢰구간을 구하기 위하여

$$z_{\alpha/2}\sqrt{\frac{\hat{p}\,(1-\hat{p}\,)}{n}} \le d \ ; \ n \ge \frac{z_{\alpha/2}^2\,\hat{p}\,(1-\hat{p}\,)}{d^2}$$

이어야 한다. 이때 $\hat{p}$는 표본을 조사한 후에 얻어지는 비율이고, 아직 표본을 어떻게 선정할 것인가를 결정하는 단계이므로 $\hat{p}$는 0과 1 사이의 미지수이다. 따라서 표본의 크기 n을 구하기 위하여,

$$\hat{p}\,(1-\hat{p}\,) = -\left(\hat{p}-\frac{1}{2}\right)^2 + \frac{1}{4} \le \frac{1}{4}$$

이므로 최댓값 $\hat{p}\,(1-\hat{p}\,) = 1/4$를 취하여

$$n \ge \frac{z_{\alpha/2}^2}{4d^2}$$

인 크기를 선택한다. 그러나 과거의 경험이나 사전 조사에 의하여 모비율에 대한 사전 정보 p^*를 알고 있다면 표본의 크기를 다음과 같이 구할 수 있다.

$$n \ge \frac{z_{\alpha/2}^2\,p^*\,(1-p^*\,)}{d^2}$$

예제 7-32

어느 광고회사에서 새로 나온 신제품에 대한 불량률을 조사하고자 한다. 신제품에 대한 불량률의 추정오차 한계가 5% 이내가 되는 90% 신뢰구간을 구하고자 한다. 이 신뢰구간을 구하기 위하여 얼마나 큰 표본을 조사해야 하는지 알아보자. 그러면

$z_{0.05} = 1.645$, $d = 0.05$이고 신제품이기 때문에 불량률에 대한 사전 정보가 전혀 없으므로

$$n \geq \frac{z_{\alpha/2}^2}{4d^2} = \frac{1.645^2}{4 \cdot (0.05)^2} \approx 270.6$$

이고, 따라서 $n = 271$이어야 한다.

예제 7-33

대통령 후보의 지지도에 대한 오차범위 ±2.5%에서 95% 신뢰구간을 구하고자 한다면 얼마나 많은 유권자를 상대로 여론조사를 실시해야 하는지 구하여 보자. 이때 이 후보는 지난번 선거에 출마하여 34.5%의 지지를 받았다고 한다. 이 경우에 지지도에 대한 사전 정보 $p^* = 0.345$를 알고 있으며, $d = 0.025$, $z_{0.025} = 1.96$이므로

$$n \geq \frac{z_{\alpha/2}^2 p^* (1 - p^*)}{d^2} = \frac{(1.96)^2 (0.345)(0.655)}{(0.025)^2} \approx 1388.97$$

즉, 1,389명을 상대로 조사하여야 한다.

지금까지 복원추출에 의한 모비율 p를 추정하기 위한 표본의 크기를 구하였다. 이제 비복원추출에 의한 모비율을 추정하기 위한 표본의 크기를 구하는 방법에 대하여 살펴본다. 이를 위하여 모집단의 크기가 N이고, 특정한 성질을 가지는 개체가 M개 들어 있다고 하자. 예를 들어, 전체 N개의 바둑돌 속에 M개의 흰색 바둑돌이 들어 있는 주머니를 생각하자. 그러면 흰색 바둑돌의 비율은 $p = M/N$이고, 비복원추출에 의하여 크기 n인 표본을 임의로 추출하여 얻은 흰색 바둑돌의 개수를 X라고 하자. 그러면 X는 모수가 N, M 그리고 n인 초기하분포를 이루며, 평균과 분산은 각각

$$\mu = np,\ \sigma^2 = np(1-p)\left(\frac{N-n}{N-1}\right)$$

이다. 따라서 표본비율 $\hat{p} = X/n$의 평균과 분산은 각각 다음과 같다.

$$E(\hat{p}) = E\left(\frac{X}{n}\right) = p,\ Var(\hat{p}) = Var\left(\frac{X}{n}\right) = \frac{p(1-p)}{n}\left(\frac{N-n}{N-1}\right)$$

이때 표본의 크기가 충분히 큰 대표본을 추출하면 표본비율 $\hat{p}$는 위의 평균과 분산을 가지

는 정규분포에 근사한다. 즉,

$$\hat{p} \approx N\left(p,\ \frac{p(1-p)}{n}\left(\frac{N-n}{N-1}\right)\right)$$

이므로

$$P\left[-z_{\alpha/2}\sqrt{\frac{p(1-p)}{n}\left(\frac{N-n}{N-1}\right)} < \hat{p}-p < z_{\alpha/2}\sqrt{\frac{p(1-p)}{n}\left(\frac{N-n}{N-1}\right)}\ \right] \approx 1-\alpha$$

이다. 특히 n이 충분히 크면 비복원추출을 복원추출로 생각할 수 있으므로 제곱근 안의 p를 $\hat{p}=x/n$로 대치하면, 비복원추출에 대한 모비율 p의 $100(1-\alpha)\%$ 근사신뢰구간

$$\left(\hat{p}\ -z_{\alpha/2}\sqrt{\frac{p(1-p)}{n}\left(\frac{N-n}{N-1}\right)},\ \hat{p}\ +z_{\alpha/2}\sqrt{\frac{p(1-p)}{n}\left(\frac{N-n}{N-1}\right)}\ \right)$$

을 얻을 수 있다. 따라서 모비율 p와 추정값 $\hat{p}$에 대한 오차를 d 이하로 한다면

$$z_{\alpha/2}\sqrt{\frac{p(1-p)}{n}\left(\frac{N-n}{N-1}\right)}\ \le d$$

이고, 이 식을 n에 대하여 풀면

$$n = \frac{z_{\alpha/2}^2\, p(1-p)/d^2}{\dfrac{N-1}{N} + \dfrac{z_{\alpha/2}^2\, p(1-p)/d^2}{N}}$$

이다. 여기서 $m = \dfrac{z_{\alpha/2}^2\, p(1-p)}{d^2}$이라 하면,

$$n \ge \frac{mN}{N+m-1}$$

이다. 특히 모비율에 대한 사전 정보 p^*를 알고 있다면,

$$m = \frac{z_{\alpha/2}^2\, p^*(1-p^*)}{d^2}$$

를 택하고, 사전 정보가 없다면, $p^* = 1/2$을 택한다.

예제 7-34

금년에 대학에 입학한 학생 3,500명을 대상으로 공학교육인증제도에 대한 찬성 여부를 알기 위하여 95% 신뢰구간을 구하고자 한다. 이때 최대허용오차를 0.02 이하로 하고자 한다면, 최소한 몇 명의 학생을 조사해야 하는지 알아보자. 그러면 95% 신뢰도를 가진 조사이므로 $z_{0.025}=1.96$, $d=0.02$ 그리고 사전 정보가 없으므로 $p^*=1/2$ 이다. 따라서

$$m=\frac{z_{\alpha/2}^2 p^*(1-p^*)}{d^2}=\frac{(1.96)^2(0.5)(0.5)}{(0.02)^2}=2401$$

이고,

$$n=\frac{mN}{N+m-1}=\frac{2401\cdot 3500}{3500+2401-1}\approx 1424.32$$

이다. 그러므로 $n=1425$명을 조사해야 한다. 그러나 지난해 신입생들을 상대로 조사한 바에 의하면 $p^*=0.562$라 할 때,

$$m=\frac{z_{\alpha/2}^2 p^*(1-p^*)}{d^2}=\frac{(1.96)^2(0.562)(0.438)}{(0.02)^2}\approx 2364.1$$

이고,

$$n=\frac{mN}{N+m-1}=\frac{(2364.1)\cdot 3500}{3500+2364.1-1}\approx 1411.26$$

이다. 그러므로 $n=1{,}412$명을 조사해야 한다.

SECTION 06 연/습/문/제

01 어느 고등학교에서는 학생들의 흡연율을 조사하려고 한다. 이 고등학교 학생의 전체 흡연 비율과 추정값의 차이가 5% 이내에서 정의되고 90% 정도 신뢰할 수 있기 위해서는 표본의 크기를 어느 정도로 해야 할 것인가?

02 페트병의 평균 두께에 대하여, 오차범위 0.5mm에서 95% 신뢰구간을 구하기 위하여 얼마나 큰 표본을 추출해야 하는가? 이때, 사전 조사에 의하면 플라스틱 판 두께의 표준편차가 2.0mm를 넘지 않는다고 한다.

03 $2l$ 들이 우유병에 함유된 우유의 평균 양을 조사하기 위하여 30개를 추출하여 99% 신뢰구간을 구한 결과 $(1.997, 2.096)$을 얻었다. 오차범위 ± 0.02에서 99% 신뢰구간을 구하기 위하여 얼마나 많은 표본을 추가해야 하는가?

04 두 종류의 동선의 평균 저항 사이의 차에 대한 $\pm 0.01\Omega$ 오차범위에서 99% 신뢰구간을 얻고자 한다. 이때 두 동선의 저항에 대한 표준편차가 각각 0.042Ω과 0.051Ω을 넘지 않는다고 확신한다면 얼마나 많은 표본을 조사해야 하는가? 단, 두 모집단은 정규분포에 따르고, 두 표본의 크기는 동일하다.

05 A철강회사에서 제조한 강판의 평균 두께를 표본조사하고자 한다. 오차범위 ± 0.01mm에 90% 신뢰수준으로 표본조사하기 위한 표본의 크기를 구하여라. 단, 이전의 자료에 의하면 강판 두께의 표준편차는 0.04mm를 넘지 않는다고 한다.

06 한강의 물속에 포함된 염분의 평균농도를 구하고자 한다. 신뢰수준 90%에서 최대오차한계가 0.4를 넘지 않도록 하려면 얼마나 많은 표본이 필요한지 구하여라. 단, 염분의 농도에 대한 표준편차는 5인 것으로 알려져 있다고 한다.

07 크기 31인 표본을 관찰한 결과 표본평균 $\overline{X} = 53.42$, 표본표준편차 $S = 3.05$를 얻었다.

(1) 모평균에 대한 95% 신뢰구간을 구하여라.
(2) 모평균에 대한 95% 신뢰구간의 길이를 2.0보다 작게 하기 위하여 얼마나 많은 관찰값을 얻어야 하는가?

08 한 포대에 1kg인 설탕 16포대를 조사한 결과, 평균이 1.053kg이고 표준편차가 0.058kg이라는 사실을 얻었다.

(1) 모평균에 대한 99% 신뢰구간을 구하여라.
(2) 모표준편차 σ에 대한 99% 신뢰구간을 구하여라.
(3) 모평균에 대한 99% 신뢰구간을 0.05 이하로 하기 위하여 얼마나 더 많은 설탕포대를 조사해야 하는가?

09 여성용 화장품을 제조하는 회사에서 30~40대 여성을 상대로 신제품의 구매율을 조사하고자 한다. 신제품에 대한 구매율의 95% 신뢰구간의 길이가 4% 이내가 되기 위해서 필요한 표본의 크기를 구하여라.

10 모 일간지의 선호도에 대한 99% 신뢰구간을 구하기 위하여 얼마나 많은 사람을 대상으로 조사해야 하는가? 단, 최대오차한계는 3%이다.

(1) 3년 전의 조사에서 이 일간지에 대한 선호도는 32.5%라고 한다.
(2) 아무런 정보가 없다고 한다.

11 어느 공장에서 생산되는 제품 가운데 불량품의 비율을 표본에 의해 구할 때 95%의 신뢰를 갖고 추정오차가 0.02보다 적게 하려고 한다. 다음 각 경우에 필요한 표본의 크기를 구하여라.

(1) 예비 표본조사에서 $p^* = 0.32$인 경우
(2) p에 대한 지식이 없는 경우

12 전체 학생 수가 25,000명인 대학에서 학내에서 금연에 대한 대학의 정책에 찬성하는 학생의 비율 p를 95% 신뢰도로 추정하기 위하여 얼마나 많은 학생을 조사하여야 하는가? 이때 최대오차한계를 0.02 이하로 한다.

CHAPTER 08

가설검정

제7장에서 살펴본 모수의 추정은 표본을 이용하여 모집단의 특성을 추측하는 것으로 사전 분석과정을 나타낸다. 그러나 이와 같은 분석결과를 과연 믿을 수 있는가 하는 문제는 아직 살펴보지 않았다. 예를 들어 우리가 흔하게 하는 가위바위보 게임을 생각해 보자. 일반적으로 생각할 때 보통의 평범한 사람들은 이 가위바위보 게임에서 이길 확률이 50%, 질 확률이 50%라고 생각할 것이다. 그런데 A라는 사람이 자기는 가위바위보 게임을 잘한다고 주장하는데 그 주장을 입증하기 위해서 실험을 하였고 그 결과 두 번 해서 두 번 다 이겼다고 가정하자. 그렇다면 이 사람은 정말 가위바위보 게임을 잘하는 사람이라고 결론지을 수 있을까? 만약 열 번 해서 열 번 다 이겼다면 그 결론은 바뀌게 될까? 이러한 문제를 통계학에서는 가설검정(testing a hypothesis)이라는 방법으로 접근한다. 즉, 이러한 경우 확률 $p=0.5$와 $p>0.5$라는 2개의 가설을 놓고 그 진위를 판정하게 된다. 이와 같이 제8장에서는 어떤 특정한 명제나 주장에 대한 진위를 판정하는 방법에 대하여 다룬다.

SECTION 01 가설검정의 개념

모집단으로부터 추출된 표본에 근거하여 모집단의 특성에 대하여 결정짓는 것을 통계적 결정(statistical decision)이라 한다. 이를 위하여, 우선 모집단의 특성에 대한 가설을 세워야 하며, 이러한 가설은 '참'이거나 '거짓'일 수 있다. 이때 이미 설정한 가설에 대하여 표본에 근거하여 타당성을 조사한 결과, 이 가설이 거짓이라고 판정되면 그 가설을 **기각**(reject)한다고 하고, 그 가설이 타당성이 있다거나 또는 부정하지 못하게 되면 그 가설을 **채택**(accept)한다고 한다. 예를 들어, 어떤 회사에서 생산한 전자제품의 평균 사용시간이 10,000시간이라고 주장할 때, 이 주장이 타당성이 있는지 아니면 없는지 판정하기 위하여 가설을 설정하고 표본을 이용하여 그 가설의 타당성을 과학적으로 증명한다. 이때 이 회사에서 주장하는 평균 사용시간이 10,000시간이라는 가설이 타당하면 이 가설을 채택하고, 그렇지 않으면 기각한다.

일반적으로 통계적 결정을 내리기 위하여 두 종류의 가설을 설정하며, 이때 거짓이 명확히 규명될 때까지 참인 것으로 인정되는 가설, 즉 반증적인 방법으로 증명하기 위하여 기각할 것을 바라면서 설정하는 가설을 **귀무가설**(null hypothesis)이라 하고 H_0으로 표시한다. 한편 귀무가설과 대립되거나 이를 부정하는 가설로서 강력한 증거로 입증하고자 하는 가설을 설정하는데, 이러한 가설을 **대립가설**(alternative hypothesis)이라 하고 H_1로 나타낸다. 앞의 예에서 전자제품을 생산하는 회사의 평균 사용시간이 10,000시간이라는 주장에 대하여, 기술의 발달로 '평균 사용시간이 10,000시간 이상이다'라는 또 다른 주장을 생각할 수 있다. 그러므로 이 회사의 주장에 대하여 두 가지 가설을 설정할 수 있다.

(1) 귀무가설 – H_0: 전자제품의 평균 사용시간이 10,000시간이다($\mu = 10000$).

(2) 대립가설 – H_1: 전자제품의 평균 사용시간이 10,000시간 이상이다($\mu > 10000$).

이와 같이 자신이 입증하고자 하는 가설을 대립가설로 세우고 기각되기를 바라는 가설을 귀무가설로 설정한다. 그러면 한 쌍의 귀무가설과 대립가설을 설정하여 놓고 이러한 가설들의 '참'과 '거짓'을 결정하기 위하여 추정에서와 같은 방법으로 임의로 얻은 표본으로부터 얻은 표본통계량을 사용하게 된다. 이때 사용되는 표본통계량을 **검정통계량**(testing statistic)

이라 하며, 검정통계량의 값에 따라 귀무가설 H_0을 기각하게 되는 검정통계량의 관찰값이 포함되는 영역을 **기각역**(rejection region or critical region)이라 한다. 그리고 귀무가설을 기각하지 못하는 검정통계량의 관찰값이 포함되는 영역을 **채택역**(acceptance region)이라 한다. 모집단 분포 또는 모수에 대한 주장에 대하여 임의로 추출된 표본을 기초로 얻은 검정 통계량의 관찰값으로, 이미 설정된 가설에 대한 타당성을 인정하거나 인정하지 않는 것을 통계적으로 분석하는 방법을 **가설검정**(testing a hypothesis)이라 한다. 따라서 가설검정은 표본 통계량의 관찰값을 기초로 하여 모수에 대한 주장의 타당성이나 진위 여부를 판정하는 사후 분석과정이라 할 수 있다.

한편 귀무가설의 진위 여부를 판정하기 위하여 추출된 표본으로부터 얻은 정보를 기초로 두 가지 가설 중에서 어느 하나를 선택한다. 귀무가설 H_0이 참인 실제 상황에서 추출된 표본을 이용하여 검정한 결과 귀무가설을 채택한다거나, 대립가설 H_1이 참인 실제 상황에서 검정한 결과 귀무가설을 기각한다면 올바른 결정을 하게 된다. 그러나 귀무가설 H_0이 실제로는 참이지만 표본으로부터 얻은 결과에 따라 대립가설 H_1을 채택하거나 대립가설 H_1이 참인 실제 상황에서 귀무가설 H_0을 채택함으로써 오류가 발생할 수 있다.

실제상황 \ 검정결과	H_0이 참	H_1이 참
H_0을 채택	올바른 결정	제2종 오류
H_0을 기각	제1종 오류	올바른 결정

이때 귀무가설이 참임에도 불구하고 표본으로부터 얻은 정보를 이용하여 귀무가설을 기각함으로써 발생되는 오류를 **제1종 오류**(type I error)라 하며, 거짓인 귀무가설을 채택함으로써 발생하는 오류를 **제2종 오류**(type II error)라 한다. 다시 말해서, 제1종 오류는

$$\alpha = P(H_0 : \text{기각} \mid H_0 : \text{참})$$

이고, 제2종 오류는

$$\beta = P(H_0 : \text{채택} \mid H_0 : \text{거짓})$$

이다. 예를 들어, 어느 회사의 주장인 귀무가설 $H_0 : \mu = 10000$과 그에 상반되는 대립가설 $H_1 : \mu > 10000$에 대하여, 제1종 오류는 $\mu = 10000$이 참이지만 표본조사 결과 $\mu > 10000$이라고 결정함으로써 발생하는 오류이고, 제2종 오류는 $\mu > 10000$이 참이지만 $\mu = 10000$

을 선택함으로써 발생하는 오류를 의미한다. 이와 같이 제1종 오류를 범할 확률의 최대허용한계 α를 **유의수준**(significance level)이라 하며, 제2종 오류를 범하지 않을 확률 $\gamma = 1 - \beta$를 **검정력 함수**(power function) 그리고 검정력 함수의 관찰값을 **검정력**(power)이라 한다. 따라서 검정력은 귀무가설이 거짓인 경우에, 이 가설을 기각하는 확률이 된다. 제1종 오류와 제2종 오류를 동시에 줄이는 검정이 바람직한 검정 방법이지만 표본의 크기가 고정되어 있을 때 제1종 오류를 줄이면 제2종 오류가 커지게 되므로, 이런 경우에 두 종류의 오류를 줄이기 위해서는 표본의 크기 n을 크게 해야 한다. 그러나 표본의 크기가 커질수록 경제적인 측면에서 조사비용이 증대할 수밖에 없다. 따라서 두 종류의 오류 중에서 어느 것에 우선적인 배려를 해야 하는지 그 판단기준의 설정이 필요하다. 전통적으로 기각되기를 희망하는 가설을 귀무가설로 설정하고, 희망하는 유의수준에서 귀무가설을 기각시킬 수 있는 기각역을 선정한다. 그러므로 전통적인 통계적 가설검정에서는 유의수준 α를 고정시키고, 제2종 오류를 범할 확률을 최소가 되도록 하는 것이 보통이다. 이 방법은 귀무가설이 실제 상황에서는 사실임에도 불구하고 이를 기각시킬 위험수준에 관심을 가지며, 제1종 오류를 범할 수준을 먼저 선정하고 제2종 오류를 범할 수준을 고려하는 것을 의미한다. 이와 같은 가설검정 방법은 귀무가설이 기각되기를 기대하는 의지를 대변하도록 하여 통상적으로 대립가설이 채택되기를 희망하는 데 기인한다. 그러나 제1종 오류의 수준을 나타내는 유의수준 α는 연구자가 사실인 귀무가설을 부당하게 기각시킬 가능성을 나타낸 것으로, 이 가능성은 상당히 중요한 의미를 가질 수도 있다. 예를 들어, "새로 개발된 암 치료약이 인체에 유해하다"는 귀무가설을 설정하였고, 그 가설이 사실임에도 불구하고 귀무가설을 기각할 욕심에서 기각역을 폭넓게 선정하여 귀무가설을 기각했다고 하자. 그러면 실제로는 새로 개발한 약이 인체에 치명적인 해로움을 끼칠 수도 있는데, 귀무가설을 기각함으로써 새로 개발한 약이 인체에 해롭지 않을 뿐만 아니라 암에도 대단히 큰 효용이 있는 것으로 잘못 비춰질 수 있다. 따라서 이러한 잘못된 판정이 인체에 미칠 영향을 생각한다면, 유의수준 α의 중요성은 매우 크다. 따라서 고정된 유의수준 α는 0.01, 0.025, 0.05, 0.1을 많이 사용하며, 이 유의수준에 따라 기각역이 다르게 나타난다. 그러면 구간추정의 신뢰도와 비슷하게 유의수준 $\alpha = 0.05$라는 것은 원칙적으로 기각할 것을 예상하여 설정한 가설을 기각한다고 하더라도 그것에 의한 오차는 최대 5%임을 나타낸다. 다시 말해서, 유의수준 $\alpha = 0.05$는 귀무가설 H_0이 타당함에도 불구하고 H_0을 기각함으로써 발생하는 오류를 범할 위험이 20회를 조사했을 때 최대 1회까지는 허용되는 것을 의미하며, 추정에서 사용하는 신뢰수준 95%와 비교된다. 이것은 귀무가설 $H_0 : \theta = \theta_0$에 대한 θ_0의 모든 가능한 값을 갖는 $100(1-\alpha)\%$ 신뢰구간은 유의수준 α에서 기각되지 않으며, 또한 θ_0이 신뢰구간 안에 놓인다면 귀무가설 $H_0 : \theta = \theta_0$을 채택함을 의미한다. 다시 말해서, 모수 θ_0이 신뢰구간 안에 놓이기 위한 필요충분조건은 $H_0 : \theta = \theta_0$을 채택하는 것이다.

예제 8-1

어느 식당을 찾는 손님이 수저를 왼쪽 또는 오른쪽에 놓는다고 하자. 이때 이 식당을 찾는 손님이 수저를 오른쪽에 놓을 확률을 p라 하고, 귀무가설 $H_0 : p = 1/2$에 대하여 대립가설 $H_1 : p < 1/2$을 설정하였다고 하자. 이때 이 식당을 찾은 손님 20명을 무작위로 선정하여, 손님들이 수저를 오른쪽에 놓으면 $X_i = 1$, 왼쪽에 놓으면 $X_i = 0$이라 한다. 그러면 확률표본 $X_1, X_2, \cdots, X_{20}$은 모수가 p인 베르누이 분포를 따른다. 그러면 20명 중에서 수저를 오른쪽에 놓는 손님의 수를 검정통계량으로 선택한다면 $Y = X_1 + X_2 + \cdots + X_{20}$은 이항분포 $B(20, p)$를 따른다. 이제 기각역을 $R = \{y : y \le 6\}$ 즉,

$$R = \{(x_1, x_2, \cdots, x_{20}) : x_1 + x_2 + \cdots + x_{20} \le 6\}$$

이라 하자. 그러면 귀무가설이 참이라 할 때, $p = 1/2$이므로 $Y \sim B(20, 1/2)$이고, 따라서 유의수준은 이항확률표로부터

$$\alpha = P\left(Y \le 6 ; p = \frac{1}{2}\right) = 0.0577$$

이다. 이때 대립가설 $H_1 : p < 1/2$이 참이라면, 귀무가설의 기각역 $R = \{y : y \le 6\}$에 대한 채택역은 $A = \{y : 7 \le y \le 20\}$이고 $p < 1/2$으로부터 선정된 서로 다른 $p_1 = 0.2$와 $p_2 = 0.4$에 따른 서로 다른 제2종 오류의 확률 β는

$$\beta_1 = P(7 \le Y \le 20 ; p = 0.2) = 1 - 0.9133 = 0.0867,$$
$$\beta_2 = P(7 \le Y \le 20 ; p = 0.4) = 1 - 0.25 = 0.75$$

이다. 한편 대립가설 H_1이 참일 때 H_0을 채택할 확률 β 대신에, H_1이 참일 때 H_0을 기각할 확률인 검정력 함수 $\gamma(p)$는

$$\begin{aligned}\gamma(p) &= 1 - \beta = P(H_0 : \text{기각} \mid H_1 : \text{참}) \\ &= \sum_{y=0}^{6} \binom{20}{y} p^y (1-p)^{20-y}, \quad 0 < p \le \frac{1}{2}\end{aligned}$$

이다. 이때, 검정력은 각각 $\gamma(1/2) = 0.0577$이고, $\gamma(0.2) = 0.9133$, $\gamma(0.4) = 0.2500$이다.

이제 귀무가설에 대하여 대립가설을 설정하는 방법을 살펴보기 위하여 전자제품을 생산하는 회사의 주장인 평균 사용시간이 10,000시간이라는 주장을 다시 생각하자. 그러면 앞에서 언급한 바와 같이 이러한 주장에 대하여 새로운 기술의 도입으로 평균 사용시간이 10,000시간 이상이라는 주장이 가능하다. 따라서 귀무가설 '$\mu = 10000$'에 대하여 대립가설 '$\mu > 10000$'을 설정한다. 이와 같이 평균 μ가 $\mu = 10000$과 동일하다는 귀무가설 $H_0 : \mu = \mu_0$와 대립가설 $H_1 : \mu > \mu_0$로 구성되는 가설검정을 **상단측검정**(one sided upper test)이라 한다. 그러면 그림 8.1과 같이 오른쪽 꼬리부분을 H_0에 대한 기각역으로 가지며, H_0이 참이라면 표본평균 $\overline{X}$는 H_0에서 주장하는 평균 $\mu = 10000$을 갖는 정규분포를 이룬다. 이때 유의수준 α에 대하여 오른쪽 꼬리부분의 넓이는 α이고, 한 개의 임계값에 의하여 기각역과 채택역이 분리되며 표본으로부터 얻은 표본평균의 관찰값 $\overline{X}$가 기각역에 놓이면 귀무가설 H_0을 기각한다.

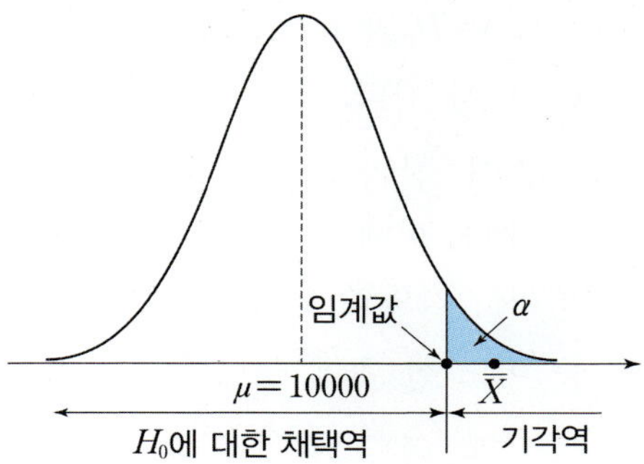

| 그림 8.1 | 상단측검정

또한 이 회사의 주장에 대하여 평균 사용시간이 10,000시간보다 작다는 주장을 검정한다고 가정하면 귀무가설 '$H_0 : \mu = 10000$'에 대하여 대립가설 '$H_1 : \mu < 10000$'을 설정한다. 이와 같이 평균 μ가 μ_0과 동일하다는 주장 H_0과 μ가 μ_0보다 작다는 주장 H_1로 구성되는 가설검정을 **하단측검정**(one sided lower test)이라 한다. 그러면 그림 8.2와 같이 왼쪽 꼬리부분을 H_0에 대한 기각역으로 가지며, H_0이 참이라면 표본평균 $\overline{X}$는 H_0에서 주장하는 평균 $\mu = 10000$을 갖는 정규분포를 이룬다. 이때 유의수준 α에 대하여 왼쪽 꼬리부분의 넓이는 α이고, 한 개의 임계값에 의하여 기각역과 채택역이 분리되며, 표본으로부터 얻은 표본평균의 관찰값 $\overline{X}$가 기각역에 놓이면 귀무가설 H_0을 기각한다.

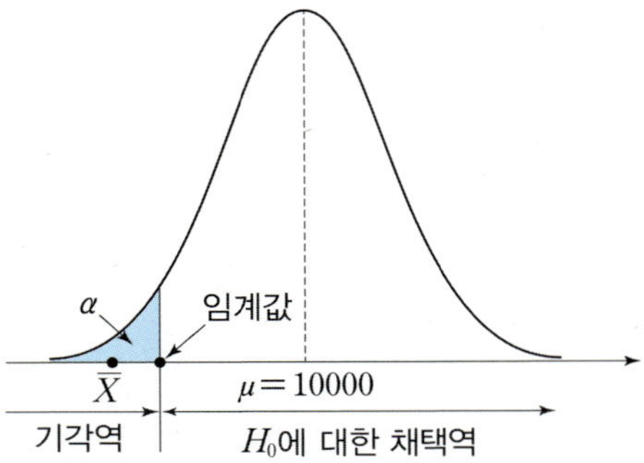

| 그림 8.2 | 하단측검정

한편 이 회사의 주장에 대하여 평균 사용시간이 10,000시간과 같지 않다는 주장을 검정한다고 가정하면 귀무가설 '$\mu = 10000$'에 대하여 대립가설 '$\mu \neq 10000$'을 설정한다. 이와 같이 평균 μ가 μ_0과 동일하다는 주장 H_0와 μ가 μ_0와 같지 않다는 주장 H_1로 구성되는 가설검정을 **양측검정**(two sided test)이라 한다. 그러면 그림 8.3과 같이 양쪽 꼬리부분을 H_0에 대한 기각역으로 가지며, H_0이 참이라면 표본평균 $\overline{X}$는 H_0에서 주장하는 평균 $\mu = 10000$을 갖는 정규분포를 이룬다. 이때 유의수준 α에 대하여 양쪽 꼬리부분의 넓이는 각각 $\alpha/2$이고, 두 임계값에 의하여 기각역과 채택역이 분리되며 표본으로부터 얻은 표본평균의 관찰값 $\overline{X}$가 두 기각역 중 어느 한 곳에 놓이면 귀무가설 H_0을 기각한다.

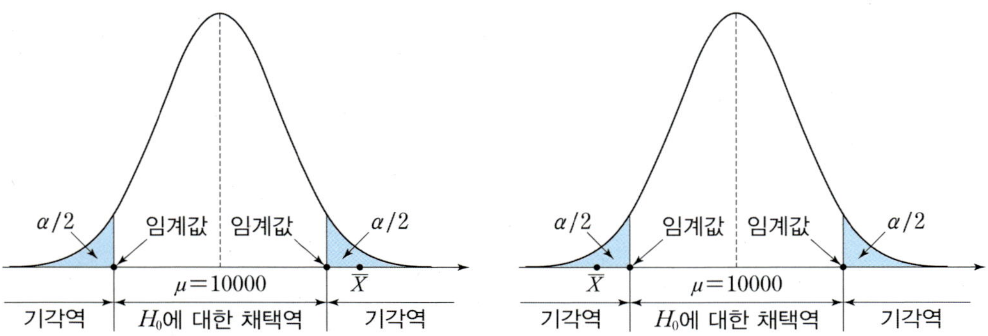

| 그림 8.3 | 양측검정

따라서 모수 $\theta = \theta_0$에 대한 검정방법에 따른 두 가설 H_0과 H_1의 형태를 종합하면 다음과 같다.

구 분	양측검정	상단측검정	하단측검정
H_0의 (부)등호	$\theta = \theta_0$	$\theta = \theta_0$ (또는 $\theta \le \theta_0$)	$\theta = \theta_0$ (또는 $\theta \ge \theta_0$)
H_1의 부등호	$\theta \ne \theta_0$	$\theta > \theta_0$	$\theta < \theta_0$
기각역	양쪽 꼬리	오른쪽 꼬리	왼쪽 꼬리

이때 가설의 유형에 따른 기각역의 형태는 다음과 같이 나타난다.

① 상단측검정일 때의 기각역 : $\hat{\theta} > c_1$

② 하단측검정일 때의 기각역 : $\hat{\theta} < c_2$

③ 양측검정일 때의 기각역 : $\hat{\theta} > c_3$ 또는 $\hat{\theta} < c_4$

여기서 c_1은 검정통계량 $\hat{\theta}$가 귀무가설이 참이라는 조건 아래서 오른쪽 꼬리확률이 α인 임계값이고, c_2는 $\hat{\theta}$가 왼쪽 꼬리확률이 α인 임계값이다. 또한 c_3과 c_4는 양쪽의 꼬리확률이 각각 $\alpha/2$인 임계값이다. 그러면 귀무가설에 대한 진위여부에 대하여 다음과 같은 방법으로 통계적 가설검정을 수행할 수 있다.

1. 귀무가설 H_0과 대립가설 H_1을 설정한다.
2. 적당한 검정통계량을 선택하여, 검정통계량의 관찰값을 구한다.
3. 유의수준 α를 정한다.
4. 유의수준 α에 대한 임계값과 기각역을 구한다.
5. 검정통계량의 관찰값이 기각역에 있으면 H_0을 기각하고, 채택역에 있으면 H_0을 채택한다.

예제 8-2

모집단이 평균이 1000이고 표준편차가 37.5인 정규분포를 따른다고 가정하자. $n=9$이고 유의수준 5%로 가정하여 가설 $H_0 : \mu = 1000$, $H_1 : \mu \ne 1000$을 검정하는 경우를 생각하자. 이때 검정통계량은 $Z = \dfrac{(\overline{X} - \mu_0)}{\sigma/\sqrt{n}}$가 되며 무작위로 $n=9$의 표본을 추출하였고 $\alpha = 0.05$로 했을 때 채택역의 경계점은

$$\mu_0 \pm z_{\alpha/2} \cdot \frac{\sigma}{\sqrt{n}} = 1000 \pm 1.96\left(\frac{37.5}{3}\right) = 1000 \pm 24.5$$

가 되고 이는 그림 8.4와 같다.

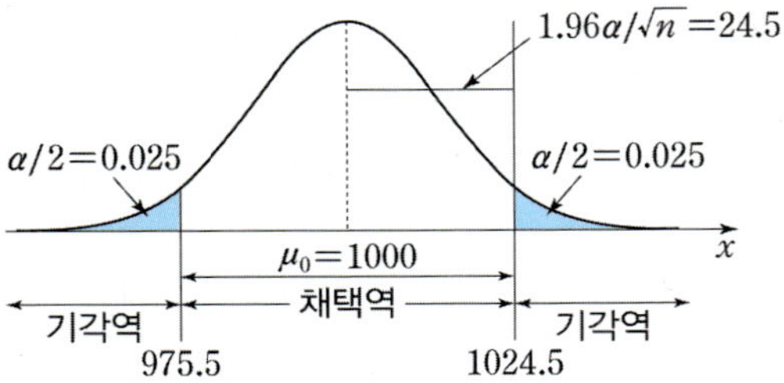

| 그림 8.4 | 가설 H_0 : $\mu=1000$, H_1 : $\mu\neq1000$에 대한 기각역과 채택역

이 문제에 대하여 R을 기각역이라고 하면 β는 다음과 같이 계산할 수 있다.

$$\beta(\mu)=P(H_0 \text{ 채택} \mid \mu\neq1000)=1-P(Z\in R \mid \mu\neq1000)$$

예를 들어 $\mu=990$, $\sigma=37.5$, $n=9$일 때

$$\begin{aligned}\beta(\mu)&=P(975.5\le\overline{X}\le1024.5)\\&=P\left(\frac{975.5-990}{37.5/3}\le\frac{\overline{X}-\mu_0}{\sigma/\sqrt{n}}\le\frac{1024.5-990}{37.5/3}\right)=0.8741,\end{aligned}$$

즉 제2종 오류를 범할 확률은 0.8741이다. 이는 참값이 $\mu=990$일 때 $H_0:\mu=1000$을 잘못 채택하는 오류를 범하는 경우가 87.41% 정도 된다는 의미이며, 이 검정의 검정력함수는 $\gamma(990)=0.1259$이다. 이는 이 검정이 거짓인 귀무가설을 제대로 판단하는 경우가 12.59% 정도 된다는 의미이다.

만약 참값이 $\mu=1010$이면 $\beta(\mu)$는 어떻게 될까? 계산해보면 역시 0.8741이 나온다. 즉 $\beta(1000-10)=\beta(1000+10)$이 되며 $\mu=1000$일 때는 당연하게도 β의 값은 존재하지 않는다. 여러 가지 μ값에 대하여 검정력을 구해보면 표와 같고 그림 8.5는 검정력함수를 설명한다.

μ	β	$1-\beta$
950	0.0207	0.9793
970	0.3300	0.6700
980	0.6406	0.3594
990	0.8741	0.1259
1000	$1-\alpha=0.95$	$\alpha=0.05$
1010	0.8742	0.1259
1020	0.6406	0.3594
1030	0.3300	0.6700
1050	0.0207	0.9793

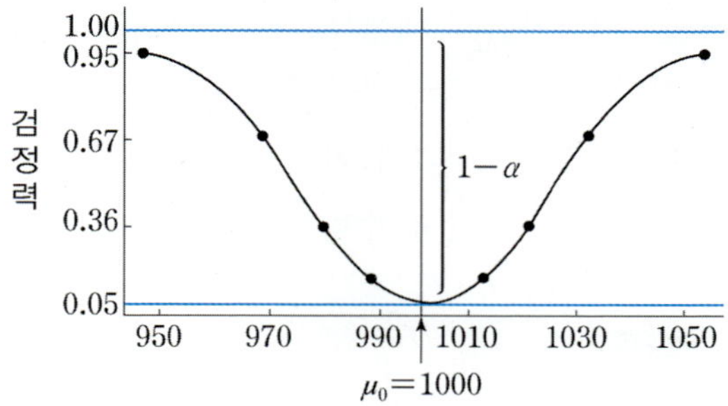

| 그림 8.5 | 검정력 함수

예제 8-2에서 표본크기가 일정할 때 왜 α를 줄이면 β가 증가하게 되고 β를 줄이면 α가 증가하게 되는지를 알아보자.

α를 0.05에서 0.10으로 증가시키면 β를 줄일 수 있게 된다. 이 경우 $979.5 \le \overline{X} \le 1020.5$이면 귀무가설을 채택하게 되는데, 만약 참값을 $\mu = 970$이라고 하면 $\beta(970) = 0.2236$으로 $\alpha = 0.05$를 사용했을 때의 $\beta(970) = 0.3300$보다 작아졌다. 같은 방법으로 다른 μ값들에 대하여 조사해보면 같은 사실을 확인할 수 있다. 즉 α를 증가시킬수록 좁은 채택역을 갖게 되고 검정을 더욱 강력하게 할 수 있다. 그렇다고 α를 너무 크게 할 수는 없을 것이다.

이제 $\alpha = 0.05$로 다시 줄이고 참값이 $\mu = 970$일 때 n을 9에서 36으로 증가시켜보면 β는 $0.2236(\mu = 970,\ n = 0,\ \alpha = 0.05)$에서 $0.0023(\mu = 970,\ n = 36,\ \alpha = 0.05)$으로 감소했다. 그러나 대부분의 경우 표본의 크기를 늘리면 많은 비용과 샘플링비용을 부담해야 하므로 잘못된 결정을 했을 때 드는 비용과 시간이 상쇄될 수 있는지 또는 어느 한쪽이 손실을 보게 되는지를 잘 고려해야 한다.

한편 앞에서 언급한 바와 같이, 동일한 표본의 동일한 관측값에 대하여 유의수준에 따라 기각역이 다르게 나타날 수 있으며, 따라서 귀무가설 H_0을 기각하는가 하면 기각하지 못하는 경우가 발생할 수 있다. 예를 들어, 유의수준 $\alpha = 0.05$에서 H_0을 기각하지만 $\alpha = 0.01$에서 H_0을 기각하지 못하는 경우가 있다. 이러한 문제를 극복하기 위하여, 검정통계량의 관측값에 기초하여 귀무가설 H_0을 기각할 수 있는 가장 작은 유의수준을 정의한다. 이와 같이 정의된 유의수준을 p값(p-value) 또는 유의확률이라 하며, 이러한 p값을 이용한 검정방법은 이미 주어진 유의수준 α 대신에, 어떤 값보다 큰 임의의 유의수준 α에 대하여 귀무가설을 기각하고 그 값보다 작은 임의의 유의수준 α에 대하여 귀무가설을 채택하게 되는 값을 이용한다. 따라서 p값은 귀무가설이 사실이라는 전제 아래서 관찰된 표본으로부터 얻은 결과이기보다는 귀무가설에 대한 모순을 극복할 표본을 얻을 확률, 다시 말해서 표본으로부터 얻은 검정통계량의 값을 초과할 확률을 나타내며, 이 값이 작을수록 H_0에 대한 신빙성은 떨어진다. 따라서 그림 8.6과 같이 p값이 유의수준보다 작으면 H_0에 대한 신빙성이 떨어지고, 결국 귀무가설을 기각할 수밖에 없다.

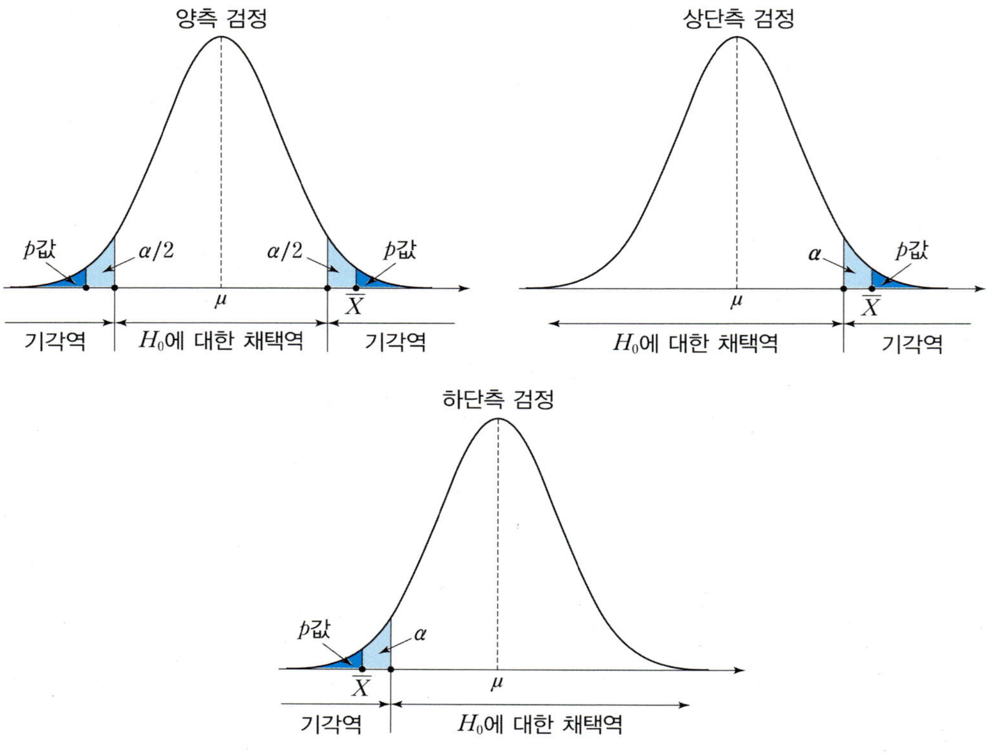

| 그림 8.6 | p값과 기각역

그러나 p값이 유의수준보다 크면 H_0에 대한 신빙성이 높아지고 귀무가설을 채택한다. 일반적으로 p값이 유의수준보다 작으면 H_0에 대한 신빙성은 떨어지며, 따라서 대립가설 H_1에 대한 신빙성이 높아진다. 이와 같은 경우에 귀무가설 H_0을 기각하고 대립가설 H_1을 채택한다. 반면에 p값이 유의수준보다 크면 H_0에 대한 신빙성이 매우 높게 나타나고, 대립가설 H_1에 대한 신빙성이 약하게 나타난다. 따라서 이 경우에는 H_0을 채택하고 H_1을 기각한다.

예제 8-3

$X_1, X_2, \cdots, X_{25}$를 $N(\mu_0, 16)$으로부터 얻은 확률표본이고, $H_0 : \mu_0 = 10$에 대하여 $H_1 : \mu_0 > 10$를 검정하기 위하여 표본의 관찰값을 조사한 결과 $\overline{X} = 11.4$를 얻었다고 하자. 그러면 $\overline{X} \sim N(\mu_0, 16/25)$이므로

$$p\text{값} = P(\overline{X} \geq 11.4 | \mu_0 = 10) = P(Z \geq 1.75)$$
$$= 1 - 0.9599 = 0.0401$$

이다. 따라서 $\alpha_1 = 0.01 < 0.0401 < \alpha_2 = 0.05$이므로 유의수준 0.05에서 H_0을 기각할 수 있으나 유의수준 0.01에서 H_0을 기각할 수 없다. 그러나 이미 p값이 알려져 있다면, 그 값을 이용하여 H_0의 기각 여부를 판정하는 데 사용할 수 있다.

이와 같은 p값은 특정한 귀무가설이 참이라는 조건 아래서 표본으로부터 계산된 값이므로 추출한 표본으로부터 얻은 자료집단이 좋은지 나쁜지 그리고 귀무가설이 진실로 참인가에 크게 의존한다. 이때, p값이 0.01 이하라는 것은 귀무가설이 참인 경우에 귀무가설에 대한 모순을 극복할 표본을 얻을 확률이 0.01 이하임을 의미하고, 따라서 100번의 표본을 추출하여 얻은 자료집단 중에서 많아야 1번 정도 귀무가설의 주장을 밑받침할 표본이 얻어짐을 나타낸다. 그러면 p값을 이용하여 귀무가설에 대한 타당성을 조사할 수 있으며, 다음과 같은 방법에 의하여 수행한다.

1. 귀무가설 H_0과 대립가설 H_1을 설정한다.
2. 적당한 검정통계량을 선택한다.
3. 유의수준 α를 정한다.
4. p값을 구한다.
5. p값이 유의수준보다 작으면 귀무가설을 기각하고, p값이 유의수준보다 크면 귀무가설을 채택한다.

SECTION 01 연 / 습 / 문 / 제

01 모수공간 θ 안의 모든 θ_0에 대하여 유의수준 α에서 귀무가설 $H_0 : \theta = \theta_0$를 검정하려고 한다. 이때 이 검정의 채택역을 $A(\theta_0)$라 하면, 집합 $C(\boldsymbol{X}) = \{\theta : \boldsymbol{X} \in A(\theta_0)\}$은 모수 θ에 대한 $100(1-\alpha)\%$ 신뢰구간임을 보여라. 또한 모수 θ에 대한 $100(1-\alpha)\%$ 신뢰구간을 $C(\boldsymbol{X})$라 하면, 유의수준 α에서 귀무가설 $H_0 : \theta = \theta_0$에 대한 채택역은 $A(\theta_0) = \{\boldsymbol{X} : \theta_0 \in C(\boldsymbol{X})\}$임을 보여라 단, $\boldsymbol{X} = (X_1, X_2, \cdots, X_n)$이다.

02 통계학 평균이 62점이라는 담당교수의 주장에 대한 대립가설 즉, 그 이상이라는 주장을 검정하기 위하여 58명을 임의로 조사한 결과, $\overline{X} = 63.25$를 얻었다. $\overline{X} = 63.25$에 대한 대립가설 p값을 구하여라. 그리고 유의수준 $\alpha_1 = 0.05$와 $\alpha_2 = 0.1$에서 담당교수의 주장에 대하여 검정하여라. 단, 모표준편차는 $\sigma = 10$으로 알려져 있다.

03 과거에 어느 골퍼의 점수는 평균 90, 표준편차 3인 기록을 갖고 있다고 한다. 이 골퍼가 골프 레슨을 받은 후, 평균 타수가 줄었다고 믿는다고 하자. 이때 $H_0 : \mu = 90$에 대한 대립가설 $H_1 : \mu < 90$을 검정하기 위하여, 16번의 게임에서 평균이 88.5 이하면 귀무가설을 기각하고 대립가설을 채택한다. 이때 μ에 대한 검정력함수를 구하고, 레슨 후의 평균 타수가 88일 때와 87일 때의 검정력을 비교하여라. 그리고 $\overline{X} = 88.5$에 대한 p값을 구하여라.

04 어떤 화학반응에서 생성물에 대한 실제량은 정규분포 $N(\mu, 16)$을 따른다고 한다. 과거 경험에 따르면, 특정한 무기물질이 포함되면 $\mu = 10$이고 포함되지 않으면 $\mu = 11$이라고 한다. 이때 귀무가설 $H_0 : \mu_0 = 10$에 대한 대립가설 $H_1 : \mu_1 = 11$을 검정하고자 한다.

(1) 유의수준 $\alpha = 0.05$, 표본의 크기 $n = 25$일 때, $\mu = 10$에 대한 기각역을 구하여라.
(2) (1)에 대한 제2종 오류 β를 구하여라.
(3) $R = \{(x_1, x_2, \cdots,, x_{25}) | 10 < \overline{X} < 10.1006\}$이 유의수준 $\alpha = 0.05$에서 $\mu = 10$에 대한 기각역임을 보여라.
(4) (3)에 대한 제2종 오류 β를 구하여라.
(5) (1)에서 구한 기각역과 기각역 R에 대하여 어느 것이 더 유용한지 말하여라.

(6) H_1이 참이라는 조건 아래서 $\alpha = 0.05$, $\beta = 0.1$에 대하여 검정하기 위한 표본의 크기를 구하여라.

(7) $\mu = 10$에 대한 검정에서 관찰값이 $\overline{X} = 11.4$일 때, p값을 구하고 유의수준 $\alpha_1 = 0.05$와 $\alpha_2 = 0.01$에서 귀무가설을 검정하여라.

05 설탕 1포대의 무게 X(kg)는 정규분포 $N(\mu, 0.04)$를 따른다고 한다. 이때 귀무가설 $H_0 : \mu = 5$에 대한 대립가설 $H_1 : \mu \neq 5$를 검정하고자 한다.

(1) 유의수준 $\alpha = 0.05$에서 $H_0 : \mu = 5$에 대한 기각역을 구하여라.

(2) 16개의 표본을 조사한 결과 $\overline{X} = 5.09$이었다면, $\alpha = 0.05$에서 H_0을 기각할 수 있는가?

(3) 이 검정에 대한 p값을 구하여라.

06 알려지지 않은 분산 σ^2을 갖는 정규분포 $N(\mu, \sigma^2)$을 따르는 확률표본 $X_1, X_2, \cdots, X_9$를 추출하여 $\overline{X} = 32.8$, $S = 4$를 얻었다고 한다. 이때 귀무가설 $H_0 : \mu = 30$에 대한 대립가설 $H_1 : \mu \neq 30$를 검정하고자 한다. 유의수준 $\alpha = 0.05$에서 H_0을 기각할 수 있는지 판정하여라.

SECTION 02 모평균의 검정

모분산이 알려진 경우

모분산 σ^2이 알려져 있는 정규모집단에 대한 귀무가설 $H_0 : \mu = \mu_0$의 진위를 판정하는 방법을 알아보자. 이를 위하여 모집단으로부터 크기 n인 표본을 임의로 추출하여 표본평균을 $\overline{X}$라 하면, H_0이 참이라는 가정 아래서

$$Z = \frac{\overline{X} - \mu_0}{\sigma / \sqrt{n}} \sim N(0, 1)$$

이 성립한다. 그러므로 대립가설 $H_1 : \mu \neq \mu_0$을 설정하고 미리 설정된 유의수준을 α, 기각할 두 임계점을 a와 b라 하면

$$\begin{aligned}
\alpha &= P(H_0 : \text{기각} \mid H_0 : \text{참}) \\
&= P\left(\overline{X} \neq \mu_0 \mid \overline{X} \sim N(\mu_0, \sigma^2/n)\right) \\
&= P\left(\overline{X} < a \mid \overline{X} \sim N(\mu_0, \sigma^2/n)\right) + P\left(\overline{X} > b \mid \overline{X} \sim N(\mu_0, \sigma^2/n)\right) \\
&= P\left(Z < \frac{a - \mu_0}{\sigma/\sqrt{n}}\right) + P\left(Z > \frac{b - \mu_0}{\sigma/\sqrt{n}}\right) \\
&= P(Z < -z_{\alpha/2}) + P(Z > z_{\alpha/2})
\end{aligned}$$

이다. 따라서 귀무가설 H_0을 기각할 임계점은

$$a = \mu_0 - z_{\alpha/2}\frac{\sigma}{\sqrt{n}}, \; b = \mu_0 + z_{\alpha/2}\frac{\sigma}{\sqrt{n}}$$

이고, 기각역은 다음과 같다.

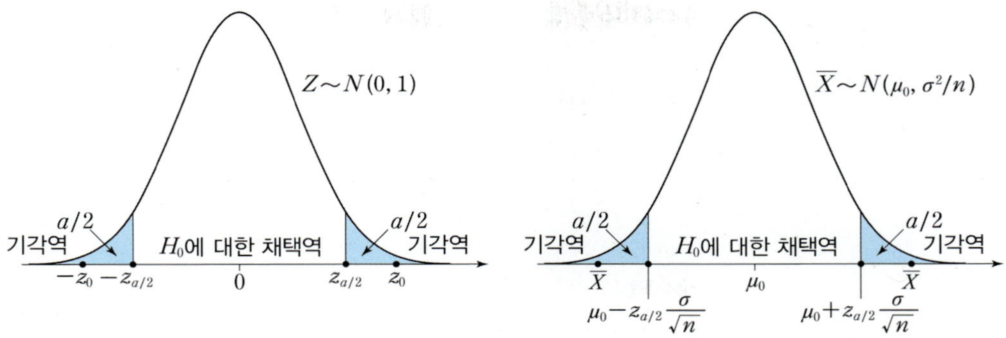

| 그림 8.7 | 양측검정의 기각역과 임계점

$$R : Z < -z_{\alpha/2} \text{ 또는 } R : Z > z_{\alpha/2}$$

$$R : \overline{X} < \mu_0 - z_{\alpha/2}\frac{\sigma}{\sqrt{n}} \text{ 또는 } R : \overline{X} > \mu_0 + z_{\alpha/2}\frac{\sigma}{\sqrt{n}}$$

다시 말해서, 표본평균 $\overline{X}$ 또는 z_0에 대하여

$$\overline{X} < \mu_0 - z_{\alpha/2}\frac{\sigma}{\sqrt{n}} \text{ 또는 } \overline{X} > \mu_0 + z_{\alpha/2}\frac{\sigma}{\sqrt{n}}$$

$$z_0 = \frac{\overline{X} - \mu_0}{\sigma/\sqrt{n}} < -z_{\alpha/2} \text{ 또는 } z_0 = \frac{\overline{X} - \mu_0}{\sigma/\sqrt{n}} > z_{\alpha/2}$$

이면, 양측검정에서 귀무가설 H_0을 기각한다.

한편 귀무가설 $H_0 : \mu \geq \mu_0$에 대한 진위를 알아보기 위한 하단측검정에서 유의수준 α는 H_0을 기각할 확률이므로

$$\begin{aligned}\alpha &= P(H_0 : \text{기각} \mid H_0 : \text{참}) \\ &= P\left(\overline{X} < c \mid \overline{X} \sim N(\mu_0, \sigma^2/n)\right) \\ &= P\left(Z < \frac{c - \mu_0}{\sigma/\sqrt{n}}\right) = P(Z < -z_\alpha)\end{aligned}$$

이다. 따라서 귀무가설 H_0을 기각할 기각역은 다음과 같다.

$$R : Z < -z_\alpha \text{ 또는 } R : \overline{X} < \mu_0 - z_\alpha\frac{\sigma}{\sqrt{n}}$$

같은 방법으로 귀무가설 $H_0 : \mu \le \mu_0$에 대한 상단측검정을 위한 유의수준 α에 대하여,

$$\begin{aligned}\alpha &= P(H_0 : \text{기각} \mid H_0 : \text{참}) \\ &= P\left(\overline{X} > c \mid \overline{X} \sim N(\mu_0, \sigma^2/n)\right) \\ &= P\left(Z > \frac{c-\mu_0}{\sigma/\sqrt{n}}\right) \\ &= P(Z > z_\alpha)\end{aligned}$$

이므로 귀무가설 H_0을 기각할 기각역은 다음과 같다.

$$R : Z > z_\alpha \quad \text{또는} \quad R : \overline{X} > \mu_0 + z_\alpha \frac{\sigma}{\sqrt{n}}$$

따라서 모분산을 알고 있는 경우에 귀무가설 $H_0 : \mu = \mu_0$에 대한 주장을 검정하는 방법을 요약하면 다음과 같다.

① 귀무가설 $H_0 : \mu = \mu_0$을 설정한다.
② 유의수준 α를 정한다.
③ 검정통계량 $Z = \dfrac{\overline{X} - \mu_0}{\sigma/\sqrt{n}}$을 사용한다.
④ 검정통계량의 관찰값 $z_0 = \dfrac{\overline{X} - \mu_0}{\sigma/\sqrt{n}}$을 구한다.
⑤ 양측검정($H_1 : \mu \ne \mu_0$)인 경우 : $|z_0| \ge z_{\alpha/2}$이면, 귀무가설 H_0을 기각한다.
하단측검정($H_1 : \mu < \mu_0$)인 경우 : $z_0 \le -z_\alpha$이면, 귀무가설 H_0을 기각한다.
상단측검정($H_1 : \mu > \mu_0$)인 경우 : $z_0 \ge z_\alpha$이면, 귀무가설 H_0을 기각한다.

특히, 양측검정에 대한 p값은 검정통계량의 관찰값 z_0에 대하여

$$p\text{값} = P(Z < -z_0) + P(Z > z_0) = 2(1 - \Phi(z_0))$$

이며, 하단측검증인 경우에 p값은 검정통계량의 관찰값 z_0에 대하여

$$p\text{값} = P(Z < z_0) = \Phi(z_0)$$

그리고 상단측검증인 경우에 p값은

$$p\text{값} = P(Z > z_0) = 1 - \Phi(z_0)$$

으로 정의되며, p값 $> \alpha$이면 H_0을 채택하고 p값 $\le \alpha$이면 H_0을 기각한다.

이와 같이 검정하고자 하는 검정통계량이 정규분포를 따를 때 **z 검정**(z - test)이라 하며, 모집단의 분포가 정규분포인 경우에 모분산을 알고 있다면 모평균에 대한 진위를 알기 위하여 z 검정을 사용한다.

예제 8-4

어느 제조회사에서 생산되는 특별한 제품은 공정온도 100℃에서 만들어지며, 이때 제품의 강도는 정규분포 $N(60, 4)$를 따른다고 알려져 있다(단위는 Pa/cm²이다). 한편 공정온도를 변화시키면서 생산하였더니, 강도의 표준편차는 변화가 없으나 평균 강도에 변화가 생겼다. 공정온도의 변화에 따라 평균 강도에 차이가 있는지 20개의 제품을 임의로 추출하여 측정한 결과 평균 강도가 61.1Pa/cm²이었다. 공정온도가 변함에 따라 이 회사에서 생산되는 제품의 평균 강도가 달라지는지 유의수준 5%에서 검정하여 보자. 이를 알기 위하여 검정하는 순서에 따라 다음과 같이 검정을 수행한다.

① 귀무가설 $H_0 : \mu = 60$에 대한 대립가설 $H_1 : \mu \ne 60$을 설정한다.

② 모표준편차가 $\sigma = 2$이므로 모평균에 대한 검정통계량과 그의 분포는 다음과 같다.

$$Z = \frac{\overline{X} - 60}{2/\sqrt{20}} \sim N(0, 1)$$

③ 유의수준 $\alpha = 0.05$에 대한 양측검정의 임계값은 $z_{0.025} = 1.96$이고 따라서 기각역은 $R : Z \le -1.96$ 또는 $R : Z \ge 1.96$이다.

④ 표본으로부터 얻은 표본평균이 $\overline{X} = 61.1$이므로 검정통계량의 관찰값은

$$z_0 = \frac{61.1 - 60}{2/\sqrt{20}} = 2.46 > 1.96$$

이고, 이 관찰값은 기각역 안에 들어가므로 귀무가설을 기각한다. 따라서 유의수준 $\alpha = 0.05$에서 검정한 결과, 온도의 변화에 따라 평균 강도가 달라진다고 할 수 있다. 한편 $z_0 = 2.46$이므로

$$p\text{값} = 2 \cdot P(Z > z_0) = 2 \cdot P(Z > 2.46) = 2 \cdot (0.0069) = 0.0138 < 0.05$$

따라서 귀무가설 $H_0 : \mu = 60$을 기각한다.

예제 8-5

어느 집단의 IQ 점수가 점근적으로 $N(\mu, 81)$을 따른다고 한다. 이때 귀무가설 $H_0 : \mu = 115$라는 주장에 대한 대립가설 $H_1 : \mu > 115$를 확인하기 위하여 임의로 25명을 선정하여 관찰한 결과 평균 IQ가 $\overline{X} = 117.5$이었다. 이때 유의수준 5%에서 검정한다면, 모표준편차가 $\sigma = 9$이므로 모평균에 대한 검정통계량과 그의 분포는 다음과 같다.

$$Z = \frac{\overline{X} - 115}{9/\sqrt{25}} \sim N(0, 1)$$

또한 유의수준 $\alpha = 0.05$에 대한 상단측검정의 임계값은 $z_{0.05} = 1.645$이고 따라서 기각역은 $R : Z \geq 1.645$이다. 이때 표본으로부터 얻은 표본평균이 $\overline{X} = 117.5$이므로 검정통계량의 관찰값은

$$z_0 = \frac{117.5 - 115}{9/\sqrt{25}} = 1.39 < 1.645$$

이고, 따라서 귀무가설을 기각할 수 없다. 즉, 이 집단의 평균 IQ 점수는 115라고 할 수 있다. 그러나 유의수준 $\alpha = 0.10$에 대한 상단측검정의 임계값은 $z_{0.10} = 1.282$이고 $z_0 = 1.39 > 1.282$이므로 귀무가설을 기각한다. 즉, 이 집단의 평균 IQ 점수는 115보다 크다고 할 수 있다.

모분산을 모르는 경우

일반적으로 모분산 σ^2은 알려져 있지 않으므로 모분산을 모르는 조건에서 모평균에 대한 가설의 타당성을 살펴볼 필요가 있다. 우선 정규모집단의 모평균에 대한 귀무가설 $H_0 : \mu = \mu_0$의 타당성을 조사하기 위하여 크기 n인 표본을 임의로 추출한다. 그리고 H_0의 타당성을 조사하기 위하여 표본평균 $\overline{X}$를 이용하며 검정통계량은 $\dfrac{\overline{X} - \mu_0}{\sigma/\sqrt{n}}$이다. 이때 모표준편차 σ를 모르므로 표본표준편차 S를 이용한다. 그러면 제7장에서 살펴본 바와 같이,

$$T = \frac{\overline{X} - \mu}{S/\sqrt{n}} \sim t(n-1)$$

이다. 따라서 귀무가설 $H_0 : \mu = \mu_0$이 참이라는 조건 아래서

$$T = \frac{\overline{X} - \mu_0}{S/\sqrt{n}} \sim t(n-1)$$

이 성립하며, 이 통계량을 이용하여 모평균에 대한 주장인 귀무가설 H_0을 검정할 수 있다. 이와 같은 검정방법을 **t 검정**(t - test)이라 하며, 검정을 수행하는 방법은 다음과 같이 z검정과 동일하지만 정규분포가 아닌 자유도 $n-1$인 t분포에 의하여 기각역을 구하는 것이 다르다.

① 귀무가설 $H_0 : \mu = \mu_0$을 설정한다.
② 유의수준 α를 정한다.
③ 검정통계량 $T = \dfrac{\overline{X} - \mu_0}{S/\sqrt{n}}$을 사용한다.
④ 검정통계량의 관찰값 $t_0 = \dfrac{\overline{X} - \mu_0}{S/\sqrt{n}}$을 구한다.
⑤ 양측검정($H_1 : \mu \neq \mu_0$)인 경우 : $|t_0| \geq t_{\alpha/2}(n-1)$이면, 귀무가설 H_0을 기각한다.
하단측검정($H_1 : \mu < \mu_0$)인 경우 : $t_0 \leq -t_\alpha(n-1)$이면, 귀무가설 H_0을 기각한다.
상단측검정($H_1 : \mu > \mu_0$)인 경우 : $t_0 \geq t_\alpha(n-1)$이면, 귀무가설 H_0을 기각한다.

그리고 양측검정에 대한 p값은 검정통계량의 관찰값 t_0에 대하여

$$p\text{값} = P(|T| > t_0) = 2 \cdot P(T > t_0)$$

이며, 하단측검증인 경우에 p값은 검정통계량의 관찰값 t_0에 대하여

$$p\text{값} = P(T < t_0)$$

그리고 상단측검증인 경우에 p값은

$$p\text{값} = P(T > t_0)$$

으로 정의되며, z검정에서와 동일한 방법으로 p값 $> \alpha$이면 H_0을 채택하고 p값 $\leq \alpha$이면 H_0을 기각한다.

예제 8-6

어느 회사에서 수입한 제품의 부품을 구입하려고 한다. 납품서에 의하면 부품의 지름 평균이 12.5cm로 되어 있다. 부품의 지름이 납품서에 적혀 있는 수치와 같은지를 검사하기 위하여 10개의 부품을 임의로 추출하여 지름을 측정한 결과는 다음과 같다.

12.6, 12.7, 12.8, 12.6, 12.7, 12.4, 12.5, 12.6, 12.8, 12.3

부품의 지름이 정규분포 $N(\mu, \sigma^2)$을 따를 때, 부품의 지름이 납품서와 같다고 할 수 있는지를 유의수준 $\alpha = 0.05$에서 검정하여 보자.

① 우선 귀무가설 $H_0 : \mu = 12.5$에 대하여 대립가설 $H_1 : \mu \neq 12.5$를 설정한다.

② 표본평균과 표본분산을 구하면 다음과 같다.

$$\overline{X} = \frac{1}{10}(12.6 + 12.7 + \cdots + 12.3) = 12.6$$

$$S^2 = \frac{1}{10-1}[(12.6-12.6)^2 + (12.7-12.6)^2 + \cdots + (12.3-12.6)^2]$$

$$= 0.0267$$

그러므로 표본표준편차는 $S = \sqrt{0.0267} = 0.1634$이므로 다음과 같은 t 검정통계량을 사용한다.

$$T = \frac{\overline{X} - 12.5}{0.1634/\sqrt{10}} \sim t(9)$$

③ 유의수준 $\alpha = 0.05$에 대한 양측검정의 임계값은 $t_{0.025}(9) = 2.262$이고 따라서 기각역은 $R : |T| \geq 2.262$이다.

④ 표본평균이 $\overline{X} = 12.6$이므로 검정통계량의 관찰값은

$$t_0 = \frac{12.6 - 12.5}{0.1634/\sqrt{10}} = 1.9353 < 2.262$$

이고, 따라서 귀무가설 H_0을 기각할 수 없다. 즉, 부품의 지름이 납품서와 다르다고 할 수 없다.

예제 8-7

예제 8 - 6에서 p값을 구하고 유의수준 $\alpha = 0.05$에서 검정하여 보자. 그러면 검정통계량의 관찰값은 $t_0 = 1.9353$이고, 양측검정이므로

$$p\text{값} = 2 \cdot P(T > 1.9353)$$

이다. 한편 d.f. = 9에 대하여 $t_{0.05}(9) = 1.833$, $t_{0.025}(9) = 2.262$이므로 p값은 0.025와 0.05 사이의 값의 2배이고 따라서 p값 $> \alpha = 0.05$이다. 그러므로 귀무가설 H_0을 기각할 수 없다.

한편 모집단분포에 대한 아무런 정보를 갖고 있지 않은 경우에, 표본의 크기 n이 충분히 크면 중심극한정리에 의하여 표본평균 $\overline{X}$는 정규분포에 가까워지는 것을 알고 있다. 또한 $n \to \infty$이면, 표본분산은 $S^2 \to \sigma^2$이므로 표본표준편차 S를 이용하여 다음과 같이 $\overline{X}$의 근사정규분포를 얻을 수 있다.

$$\frac{\overline{X} - \mu}{S/\sqrt{n}} \approx N(0,\ 1)$$

물론 모집단분포에 대한 정보는 없으나 모분산 σ^2을 알고 있다면, 표본평균 $\overline{X}$는 다음과 같이 정규근사한다.

$$\frac{\overline{X} - \mu}{\sigma/\sqrt{n}} \approx N(0,\ 1)$$

그러므로 모집단분포를 모르는 경우에 대표본을 추출하여 모평균에 대한 주장의 진위를 검정할 수 있으며, 이 경우 다음과 같은 검정통계량을 사용한다.

(1) 모분산을 알고 있는 경우 : $Z = \dfrac{\overline{X} - \mu_0}{\sigma/\sqrt{n}}$

(2) 모분산을 모르는 경우 : $Z = \dfrac{\overline{X} - \mu_0}{S/\sqrt{n}}$

예제 8-8

지름이 0.1mm인 매우 작은 정밀 부품을 생산하기 위한 연구가 진행되고 있다. 이 연구에 따라 부품을 생산하여 실험하고, 보완하는 작업을 거쳐서 비로소 제품으로 출시하려고 한다. 이를 위하여 400개의 부품을 생산한 결과 평균 0.10024 그리고 표준편차 0.0025를 얻었다고 할 때, 다음과 같은 순서로 유의수준 $\alpha = 0.05$에서 $H_0 : \mu = 0.1$을 검정한다.

① 귀무가설 $H_0 : \mu = 0.1$과 대립가설 $H_1 : \mu \neq 0.1$을 설정한다.

② 유의수준 $\alpha = 0.05$에 대한 양측검정 기각역은 $R : |Z| \geq 1.96$이다.

③ 귀무가설에 대한 검정통계량과 그의 분포는 다음과 같다.

$$Z = \frac{\overline{X} - 0.1}{S/\sqrt{400}} \approx N(0, 1)$$

그리고 표본평균과 표본표준편차가 $\overline{X} = 0.10024$, $S = 0.0025$이므로 검정통계량의 관찰값과 임계점은 다음과 같다.

$$z_0 = \frac{0.10024 - 0.1}{0.0025/\sqrt{400}} = 1.92 < 1.96$$

④ 따라서 귀무가설 $H_0 : \mu = 0.1$을 기각할 수 없다.

두 모평균 차에 대한 검정

이제 두 모집단의 모평균이 동일하다는 주장 또는 어느 집단의 모평균이 다른 집단의 모평균보다 얼마나 더 크다는 주장 그리고 짝 비교에 의한 모평균의 차에 대하여 검정하는 방법을 살펴본다. 우선 서로 독립인 두 정규모집단 $N(\mu_1, \sigma_1^2)$과 $N(\mu_2, \sigma_2^2)$의 모분산 σ_1^2과 σ_2^2을 알고 있는 경우에 대하여 살펴본다. 이미 설정된 귀무가설 $H_0 : \mu_1 - \mu_2 = \delta_0$을 검정하기 위하여 두 모집단에서 각각 크기 n_1과 n_2인 표본을 취하여 각각의 표본평균을 $\overline{X}$, $\overline{Y}$라 하면

$$\overline{X} - \overline{Y} \sim N\left(\mu_1 - \mu_2, \frac{\sigma_1^2}{n_1} + \frac{\sigma_2^2}{n_2}\right)$$

이고, 귀무가설 H_0이 참이라는 가정 아래서

$$Z = \frac{\overline{X} - \overline{Y} - (\mu_1 - \mu_2)}{\sqrt{\frac{\sigma_1^2}{n_1} + \frac{\sigma_2^2}{n_2}}} = \frac{\overline{X} - \overline{Y} - \delta_0}{\sqrt{\frac{\sigma_1^2}{n_1} + \frac{\sigma_2^2}{n_2}}} \sim N(0,\ 1)$$

이 성립한다. 그러므로 $H_0 : \mu_1 - \mu_2 = \delta_0$을 검정하기 위하여 다음과 같은 검정통계량을 이용하여 z검정을 실시한다.

$$Z = \frac{\overline{X} - \overline{Y} - \delta_0}{\sqrt{\frac{\sigma_1^2}{n_1} + \frac{\sigma_2^2}{n_2}}}$$

이때, 검정통계량의 관찰값은

$$z_0 = \frac{\overline{X} - \overline{Y} - \delta_0}{\sqrt{\frac{\sigma_1^2}{n_1} + \frac{\sigma_2^2}{n_2}}}$$

이고, 유의수준 α에서 $\mu_1 - \mu_2 = \delta_0$에 대한 검정방법은 앞에서와 동일하다.

① 귀무가설 $H_0 : \mu_1 - \mu_2 = \delta_0$을 설정한다.

② 유의수준 α를 정한다.

③ 검정통계량 $Z = \frac{\overline{X} - \overline{Y} - \delta_0}{\sqrt{\frac{\sigma_1^2}{n_1} + \frac{\sigma_2^2}{n_2}}}$을 사용한다.

④ 검정통계량의 관찰값 $z_0 = \frac{\overline{X} - \overline{Y} - \delta_0}{\sqrt{\frac{\sigma_1^2}{n_1} + \frac{\sigma_2^2}{n_2}}}$을 구한다.

⑤ 양측검정($H_1 : \mu_1 - \mu_2 \neq \delta_0$)인 경우 : $|z_0| \geq z_{\alpha/2}$이면, 귀무가설 H_0을 기각한다.
하단측검정($H_1 : \mu_1 - \mu_2 < \delta_0$)인 경우 : $z_0 \leq -z_\alpha$이면, 귀무가설 H_0을 기각한다.
상단측검정($H_1 : \mu_1 - \mu_2 > \delta_0$)인 경우 : $z_0 \geq z_\alpha$이면, 귀무가설 H_0을 기각한다.

특히, 양측검정에 대한 p값은 검정통계량의 관찰값 z_0에 대하여

$$p\text{값} = P(Z < -z_0) + P(Z > z_0) = 2(1 - \Phi(z_0))$$

이며, 하단측검증인 경우에 p값은 검정통계량의 관찰값 z_0에 대하여

$$p\text{값} = P(Z < z_0) = \Phi(z_0)$$

그리고 상단측검증인 경우에 p값은

$$p\text{값} = P(Z > z_0) = 1 - \Phi(z_0)$$

으로 정의되며, p값 $> \alpha$이면 H_0을 채택하고 p값 $\le \alpha$이면 H_0을 기각한다.

예제 8-9

어떤 화학 제품을 제조하는 공정에서 서로 다른 두 종류의 원료 1과 원료 2를 사용하고 있는데, 이들 원료로부터 각각 11개와 9개의 표본을 임의로 추출하여 주성분 함유량을 조사한 결과는 다음과 같다고 한다.

원료 1	8.0	7.8	8.1	7.7	7.9	8.0	8.1	7.9	8.4	8.3	7.8
원료 2	8.0	8.1	7.9	7.8	7.6	7.7	8.0	7.9	8.1		

두 원료의 모집단은 서로 독립이고 정규분포를 따르며, 원료 1의 모표준편차는 4.2 그리고 원료 2의 모표준편차는 3.0으로 알려져 있다. 이때, 두 원료에서 주성분 함유량의 모평균의 차가 있는지를 유의수준 5%에서 검정하여 보자.

① 귀무가설 $H_0 : \mu_1 - \mu_2 = 0$에 대한 대립가설 $H_1 : \mu_1 - \mu_2 \neq 0$을 설정한다.

② 유의수준 $\alpha = 0.05$에 대한 기각역은 $|Z| \ge z_{0.025} = 1.96$이다.

③ 두 표본의 표본평균을 구한다.

$$\overline{X} = \frac{1}{11}(8.0 + 7.8 + \cdots + 7.8) = 8.0$$

$$\overline{Y} = \frac{1}{9}(8.0 + 8.1 + \cdots + 8.1) = 7.9$$

④ 검정통계량의 관찰값 $z_0 = \dfrac{8.0 - 7.9}{\sqrt{\dfrac{(4.2)^2}{11} + \dfrac{(3.0)^2}{9}}} = 0.062$을 구한다.

⑤ $z_0 = 0.062 < 1.96$이므로 귀무가설 H_0을 기각할 수 없다. 따라서 두 원료에서 주성분 함유량의 모평균의 차가 있다고 할 수 없다.

한편 표본의 크기가 클수록 S_1^2과 S_2^2이 각각 σ_1^2과 σ_2^2에 일치하므로 두 모집단의 모분산을 모르는 경우에 두 표본의 크기 n_1과 n_2가 충분히 큰 대표본인 경우, 표본평균 $\overline{X}$와 $\overline{Y}$에 대하여

$$\overline{X}-\overline{Y} \approx N\left(\mu_1-\mu_2,\ \frac{S_1^2}{n_1}+\frac{S_2^2}{n_2}\right)$$

이 성립한다. 그러므로 이미 설정된 귀무가설 $H_0 : \mu_1-\mu_2=\delta_0$을 검정하기 위한 검정통계량과 확률분포는 다음과 같으며,

$$Z=\frac{\overline{X}-\overline{Y}-\delta_0}{\sqrt{\frac{S_1^2}{n_1}+\frac{S_2^2}{n_2}}} \approx N(0,\ 1)$$

이때 검정통계량의 관찰값은

$$z_0=\frac{\overline{X}-\overline{Y}-\delta_0}{\sqrt{\frac{S_1^2}{n_1}+\frac{S_2^2}{n_2}}}$$

이다. 그러므로 유의수준 α에서 $H_0 : \mu_1-\mu_2=\delta_0$에 대한 검정방법과 그에 따른 기각역은 앞에서와 같다.

예제 8-10

최근 남자와 여자의 평균 결혼 연령의 차이가 2.9세인 것으로 보도되었다. 이러한 보도의 진위를 알아보기 위하여 남자 120명과 여자 95명을 표본조사하여 다음 자료를 얻었다. 이 자료를 근거로 보고서의 주장에 대한 타당성을 유의수준 5%에서 검정하여 보자. 단, 이들 초혼연령은 정규분포를 따른다고 한다.

	표본의 크기	표본평균	표본표준편차
남자	120	32.9	2.5
여자	95	29.6	3.4

① 귀무가설 $H_0 : \mu_1-\mu_2=2.9$에 대한 대립가설 $H_1 : \mu_1-\mu_2 \neq 2.9$를 설정한다.

② 남자와 여자의 표본에 대한 평균연령을 각각 $\overline{X}$, $\overline{Y}$라 하면, 표본표준편차가 각각 $S_1=2.5$, $S_2=3.4$이므로 검정통계량과 근사분포는 다음과 같다.

$$Z = \frac{\overline{X} - \overline{Y} - 2.9}{\sqrt{\frac{(2.5)^2}{120} + \frac{(3.4)^2}{95}}} \approx N(0, 1)$$

③ 유의수준 $\alpha = 0.05$에 대한 기각역은 $|z_0| \ge z_{0.025} = 1.96$이다.

④ 검정통계량의 값은 $\overline{X} = 32.9$, $\overline{Y} = 29.6$이므로 다음과 같다.

$$z_0 = \frac{(32.9 - 29.6) - 2.9}{0.4169} = 0.9595 < 1.96$$

⑤ 검정통계량의 관찰값이 기각역 안에 들어가지 않으므로 귀무가설 H_0을 기각할 수 없다. 즉, 보도 자료에 의한 평균 초혼연령의 차이가 2.9세라는 주장은 타당성이 있다.

또한 $\sigma_1^2 = \sigma_2^2 = \sigma^2$이지만 미지인 두 정규모집단 $N(\mu_1, \sigma^2)$, $N(\mu_2, \sigma^2)$의 모평균의 차에 대한 귀무가설 $H_0 : \mu_1 - \mu_2 = \delta_0$을 검정하기 위하여, 각각 크기 $n_1 (n_1 < 30)$과 $n_2 (n_2 < 30)$인 소표본을 취하여 두 표본평균을 $\overline{X}$, $\overline{Y}$ 그리고 표본분산을 S_1^2, S_2^2이라 하자. 그러면 합동표본분산

$$S_p^2 = \frac{(n_1 - 1)S_1^2 + (n_2 - 1)S_2^2}{n_1 + n_2 - 2}$$

를 대하여 $\overline{X} - \overline{Y}$는 자유도 $n_1 + n_2 - 2$인 t 분포

$$T = \frac{\overline{X} - \overline{Y} - \delta_0}{S_p \sqrt{\frac{1}{n_1} + \frac{1}{n_2}}} \sim t(n_1 + n_2 - 2)$$

를 따른다. 따라서 모분산이 동일하지만 미지인 경우에 두 모평균의 차 $H_0 : \mu_1 - \mu_2 = \delta_0$에 대한 귀무가설 H_0을 검정하기 위하여 t검정을 이용하며, 유의수준 α에 대한 검정방법은 다음과 같다.

① 귀무가설 $H_0 : \mu_1 - \mu_2 = \delta_0$을 설정한다.

② 유의수준 α를 정한다.

③ 검정통계량 $T = \dfrac{\overline{X} - \overline{Y} - \delta_0}{S_p\sqrt{\dfrac{1}{n_1} + \dfrac{1}{n_2}}} \sim t(n_1+n_2-2)$을 사용한다.

④ 검정통계량의 관찰값 $t_0 = \dfrac{\overline{X} - \overline{Y} - \delta_0}{S_p\sqrt{\dfrac{1}{n_1} + \dfrac{1}{n_2}}}$을 구한다.

⑤ 양측검정($H_1 : \mu_1 - \mu_2 \neq \delta_0$)인 경우 :

$|t_0| \geq t_{\alpha/2}(n_1+n_2-2)$이면, 귀무가설 H_0을 기각한다.

하단측검정($H_1 : \mu_1 - \mu_2 < \delta_0$)인 경우 :

$t_0 \leq -t_{\alpha}(n_1+n_2-2)$이면, 귀무가설 H_0을 기각한다.

상단측검정($H_1 : \mu_1 - \mu_2 > \delta_0$)인 경우 :

$t_0 \geq t_{\alpha}(n_1+n_2-2)$이면, 귀무가설 H_0을 기각한다.

특히 양측검정에 대한 p값은 검정통계량의 관찰값 t_0에 대하여

$$p\text{값} = P(|T| > t_0) = 2 \cdot P(T > t_0)$$

이며, 하단측검증인 경우에 p값은 검정통계량의 관찰값 t_0에 대하여

$$p\text{값} = P(T < t_0)$$

그리고 상단측검증인 경우에 p값은

$$p\text{값} = P(T > t_0)$$

으로 정의되며, z검정에서와 동일한 방법으로 p값 $> \alpha$이면 H_0을 채택하고 p값 $\leq \alpha$이면 H_0을 기각한다.

예제 8-11

어떤 대학 병원에서 단기간 동안 이 병원에 입원한 남녀 환자들의 입원기간을 조사하여 다음과 같은 조사자료를 얻었다. 이때 유의수준 5%에서 남녀 간에 입원기간에 차이가 있는지 검정하여 보자. 단, 남자와 여자의 입원기간은 각각 정규분포를 따르고 분산은 동일하다고 한다.

남자	3	4	12	16	5	11	21	9	8	25
	17	3	8	6	13	7				
여자	12	5	4	10	6	8	19	13	9	1
	13	7	9	15						

① 귀무가설 $H_0 : \mu_1 - \mu_2 = 0$과 대립가설 $H_1 : \mu_1 - \mu_2 \neq 0$을 설정한다.

② 남자의 평균 입원 기간 $\overline{X}$와 여자의 평균 입원 기간 $\overline{Y}$에 대하여 $\overline{X} = 10.5$, $\overline{Y} = 9.36$, $S_1^2 = 42.27$, $S_2^2 = 22.71$이므로 합동표본분산은

$$S_p^2 = \frac{15 \cdot (42.27) + 13 \cdot (22.71)}{28} = 33.1886$$

이고, 합동표준편차는 $S_p = 5.76$이다. 따라서 검정통계량과 확률분포는 다음과 같다.

$$T = \frac{\overline{X} - \overline{Y}}{(5.76) \cdot \sqrt{\frac{1}{16} + \frac{1}{14}}} = \frac{\overline{X} - \overline{Y}}{2.1079} \sim t(28)$$

③ 자유도 28인 t분포에 대하여 유의수준 $\alpha = 0.05$에 대한 기각역은 양측검정이므로 $|T| \geq t_{0.025}(28) = 2.048$이다.

④ 검정통계량의 값을 구하면,

$$t_0 = \frac{10.5 - 9.36}{2.1079} = 0.54 < 2.048$$

이고, 따라서 귀무가설 H_0을 기각할 수 없다. 다시 말해서, 남자와 여자의 평균 입원 기간은 차이가 없다고 할 수 있다.

두 모평균의 비교에 있어서 두 모집단이 서로 독립이 아닌 경우, 다시 말해서 동일한 실험대상에 대하여 실험 전과 실험 후에 대한 주장을 검정할 때 짝 비교 방법을 사용한다. 각 짝의 실험단위에는 처리 1(X)을, 다른 실험단위에는 처리 2(Y)를 적용하여 각 짝에서 얻은 관측값의 차($D = X - Y$)를 이용하여 모평균의 차에 대한 주장을 검정한다. 이때 X와 Y가 정규분포를 따른다고 하면, $D_i = X_i - Y_i$는 $N(\mu_1 - \mu_2, \sigma_D^2)$를 따른다. 그러므로 σ_D^2을 알고 있다면, 관측값들의 차 $D_1, D_2, \cdots, D_n$의 표본평균 $\overline{D} = \frac{1}{n}\sum_{i=1}^{n} D_i$는 $N(\mu_1 - \mu_2, \sigma_D^2/n)$를 따르고, 이를 표준화한 Z통계량

$$Z=\frac{\overline{D}-(\mu_1-\mu_2)}{\sigma_D/\sqrt{n}}\sim N(0,\,1)$$

을 이용한다. 그러므로 귀무가설이 참이라는 가정 아래 얻은 검정통계량을 이용하여 두 모평균의 차 $\mu_1-\mu_2$에 대한 검정 방법을 요약하면 다음과 같다.

① 귀무가설 $H_0:\mu_1-\mu_2=\delta_0$을 설정한다.
② 유의수준 α를 정한다.
③ 검정통계량 $Z=\dfrac{\overline{D}-\delta_0}{\sigma_D/\sqrt{n}}$을 사용한다.
④ 검정통계량의 관찰값 $z_0=\dfrac{\overline{D}-\delta_0}{\sigma_D/\sqrt{n}}$을 구한다.
⑤ 양측검정($H_1:\mu_1-\mu_2\neq\delta_0$)인 경우 : $|z_0|\geq z_{\alpha/2}$이면, 귀무가설 H_0을 기각한다.
하단측검정($H_1:\mu_1-\mu_2<\delta_0$)인 경우 : $z_0\leq -z_\alpha$이면, 귀무가설 H_0을 기각한다.
상단측검정($H_1:\mu_1-\mu_2>\delta_0$)인 경우 : $z_0\geq z_\alpha$이면, 귀무가설 H_0을 기각한다.

그러나 실제의 실험에서 σ_D^2을 모르며, 이 경우에는 자유도 $n-1$인 t 통계량

$$T=\frac{\overline{D}-(\mu_1-\mu_2)}{S_D/\sqrt{n}}$$

을 이용한다. 그러므로 귀무가설 $H_0:\mu_1-\mu_2=\delta_0$가 참이라는 가정 아래 얻은 검정통계량을 이용하여 두 모평균의 차 $\mu_1-\mu_2$에 대한 검정 방법을 요약하면 다음과 같다.

① 귀무가설 $H_0:\mu_1-\mu_2=\delta_0$을 설정한다.
② 유의수준 α를 정한다.
③ 검정통계량 $T=\dfrac{\overline{D}-\delta_0}{S_D/\sqrt{n}}\sim t(n-1)$을 사용한다.
④ 검정통계량의 관찰값 $t_0=\dfrac{\overline{D}-\delta_0}{S_D/\sqrt{n}}$을 구한다.
⑤ 양측검정($H_1:\mu_1-\mu_2\neq\delta_0$)인 경우 : $|t_0|\geq t_{\alpha/2}(n-1)$이면, 귀무가설 H_0을 기각한다.
하단측검정($H_1:\mu_1-\mu_2<\delta_0$)인 경우 : $t_0\leq -t_\alpha(n-1)$이면, 귀무가설 H_0을 기각한다.

상단측검정(H_1 : $\mu_1 - \mu_2 > \delta_0$)인 경우 : $t_0 \geq t_\alpha(n-1)$이면, 귀무가설 H_0을 기각한다.

예제 8-12

어떤 다이어트 식품을 사용하면 체중이 감소하는지를 알아보기 위하여 10명의 여성을 상대로 다이어트 식품 복용 전과 복용 후의 체중을 측정한 결과 다음과 같은 자료를 얻었다.

번 호	1	2	3	4	5	6	7	8	9	10
복용 전(X)	50	45	55	60	63	48	50	70	56	44
복용 후(Y)	48	45	50	60	60	50	49	60	55	48
D_i	2	0	5	0	3	−2	1	10	1	−4

이 자료로부터 다이어트 식품이 체중을 감소시킨다고 할 수 있는지 유의수준 5%에서 검정하여 보자.

① 귀무가설 H_0 : $\mu_1 - \mu_2 = 0$과 대립가설 H_1 : $\mu_1 - \mu_2 > 0$을 설정한다.

② $\overline{D} = \frac{1}{10}(2+0+\cdots+1-4) = 1.6$

$$S_D^2 = \frac{1}{10-1}\{(2-1.6)^2 + (0-1.6)^2 + \cdots + (-4-1.6)^2\} = 14.93$$

이므로 $S_D = 3.864$이다.

③ $\alpha = 0.05$이므로 기각역은 $T > t_{0.05}(9) = 1.833$이다.

④ 검정통계량의 관찰값은

$$t_0 = \frac{\overline{D}}{S_D/\sqrt{n}} = \frac{1.6}{3.864/\sqrt{10}} = 1.31 < 1.833$$

이므로 H_0을 기각하지 못한다. 그러므로 다이어트 식품이 체중을 감소시킨다고 할 수 없다.

SECTION 02 연/습/문/제

01 어떤 제조공정에서 만든 제품의 치수가 과거의 경험으로부터 평균은 60.2mm이고 표준편차는 3mm임을 알고 있다. 최근 공정의 일부가 변경되어서 제품 치수가 변하지 않았는지를 알아보기 위하여, 크기 9인 표본을 추출하여 제품의 치수를 측정한 결과 평균이 62.3mm라는 결과를 얻었다. 공정의 변화에 따라 제품의 치수가 커지게 되었는지를 유의수준 $\alpha = 0.05$에서 검정하여라.

02 환한 곳에서 어두운 방에 들어갈 경우에 우리의 눈이 어두운 곳에 적응하는 데 걸리는 시간을 측정한 실험이 있다. 지금까지의 실험 결과는 적응하는 데 걸리는 시간이 평균 7.88초, 표준편차 0.15인 정규분포를 따른다고 한다. 이제 임의로 10명을 추출하여 새로운 방법으로 실험한 결과 적응시간이 평균 7.8초였다. 새로운 실험방법으로 측정한 평균적응시간이 기존의 방법에 의한 시간과 차이가 있는지 유의수준 $\alpha = 0.05$에서 검정하여라.

03 승용차에 사용되는 유리를 생산하는 회사에서 만든 유리의 두께는 정규분포를 따른다고 한다. 한편 이 회사에서 생산되는 유리의 두께는 평균 5mm라고 주장한다. 이러한 주장의 진위를 알아보기 위하여 41개의 유리를 표본조사한 결과 평균 4.96mm, 표준편차 0.124mm를 얻었다. 이 회사에서 주장하는 유리 두께의 평균과 표준편차에 대하여 유의수준 0.05와 0.01에서 양측검정하여라.

04 A회사가 지름 60mm인 금속 베어링을 제작해줄 것을 B제조업체에 주문했다. 그런데 A회사가 B제조업체에서 생산한 베어링의 지름이 60mm에 미달한다고 주장한다. 이러한 주장에 대하여 B제조회사는 정확하게 60mm이라고 주장하여, 50개의 베어링을 표본조사하였더니 다음과 같았다. B제조회사의 주장을 유의수준 5%에서 검정하여라.

(단위 : mm)

56.7	64.0	58.2	60.4	63.7	58.0	55.1	54.3	57.8	63.1
61.6	63.2	54.3	54.2	56.2	63.4	57.7	54.2	55.4	60.3
60.2	54.1	60.1	57.1	57.2	61.9	63.2	59.6	60.1	62.1
61.2	56.0	55.9	54.8	58.1	61.5	61.7	61.2	55.8	59.0
62.9	63.9	59.3	60.9	59.0	58.7	61.4	61.8	54.9	57.7

05 어느 진공관 제조 회사의 주장에 의하면, 이 회사에서 생산되는 진공관의 수명이 2,550시간 이상 된다고 한다. 이를 확인하기 위하여 360개의 진공관을 임의로 추출하여 조사한 결과 평균 수명이 2,516시간이고 표준편차가 132시간이었다. 이 회사의 주장이 타당한지 유의수준 $\alpha = 0.05$에서 z검정하여라.

06 어느 회사에서 생산한 전구 100개를 임의로 선정하여 조사한 결과 평균수명 1,570시간, 표준편차 120시간을 얻었다. 전구의 수명이 1,600시간이라는 이 회사의 주장을 유의수준 0.05와 0.01에서 각각 검정하여라.

07 두 회사에서 생산된 제품의 평균 인장강도가 동일한지 알아보기 위하여, 두 회사 제품을 각각 6개씩 임의로 조사한 결과 다음과 같은 결과를 얻었다. 두 회사 제품의 평균 인장강도가 동일한지 유의수준 5%에서 검정하여라. 단, 두 회사 제품은 정규분포를 이루며, 분산은 각각 $\sigma_1 = 3$, $\sigma_2 = 5$이다.

회사 1	26	27	18	26	25	24
회사 2	14	19	13	15	23	21

08 두 가지 원료 A와 B를 사용하여 조제된 어떤 농업용 약품의 평균 수확량에 차이가 있는지 알아보기 위하여, 두 원료를 사용하여 조제된 약품의 수확량을 계산하여 다음 결과를 얻었다. 두 약품의 평균 수확량에 차이가 있는지 유의수준 5%에서 검정하여라. 단, 두 원료에 의한 모집단은 독립인 정규분포를 따르며, 분산이 동일하다고 한다.

	표본의 크기	표본평균	표본표준편차
A원료	9	25.0	3.5
B원료	16	20.0	2.25

09 국내회사에서 생산한 자동차 A와 외국회사에서 생산한 자동차 B의 연비(km/l)를 비교하기 위하여 동일한 조건에서 각각 8대의 자동차를 임의로 추출하여 실험한 결과는 다음과 같다. 과거의 자료에 의하면 국내회사와 외국회사의 두 모집단은 서로 독립이고 정규분포를 따르고 분산이 같다고 한다. 두 자동차 A와 B의 연비 평균이 같은지를 유의수준 5%에서 검정하여라.

	표본평균	표본표준편차
A	15.2	0.9
B	13.7	0.8

10 A회사와 B회사의 대졸 초임이 같은가를 검정하기 위하여 A회사에서 100명, B회사에서 60명을 임의로 조사한 결과 다음과 같았다. 유의수준 5%에서 두 회사의 대졸 초임을 비교하여라. 단, 두 회사의 대졸 평균 초임은 정규분포를 이루고 동일한 분산을 갖는다고 한다.

(천원)

	표본평균	표본표준편차
A회사	10,250	200
B회사	10,150	180

11 연습문제 10에서 A회사와 B회사의 표본의 크기가 각각 11과 9일 때, 유의수준 5%에서 두 회사의 대졸 초임을 비교하여라.

12 어느 리서치 회사는 제약회사에서 개발한 혈압약이 부작용 없이 실제로 혈압을 낮추는 데 도움이 되는지 조사하기 위하여, 임의로 환자 10명을 추출하여 임상실험을 실시하였다. 약을 복용하기 전의 혈압(X)과 한 달간 복용한 후의 혈압(Y)을 조사한 결과, 복용 전후의 혈압 차의 평균이 10이고 표준편차는 2.3이라는 결과를 얻었다. 이 약이 혈압을 낮추는 데 효과가 있다는 주장에 대하여 유의수준 5%에서 검정하여라.

13 9명의 여성이 새로운 다이어트 프로그램에 대한 효과를 증명하기 위하여 프로그램에 참여하였으며, 참가 전후의 몸무게를 측정한 결과 다음과 같았다. 이때 이 프로그램이 다이어트에 효과가 없다는 주장에 대하여 유의수준 0.01에서 검정하여라. 단, 단위는 파운드이다.

	1	2	3	4	5	6	7	8	9
참가 전(X)	132	139	126	114	122	132	142	119	126
참가 후(Y)	124	141	118	116	114	132	145	123	121

14 어떤 동아리에 참여하는 학생들의 성적이 참여하기 전에 비하여 높아졌는지 알아보기 위하여 7명의 회원을 대상으로 참여하기 전과 후의 성적을 조사한 결과 다음과 같았다. 이때 이 동아리에 참여하는 것이 성적을 향상시킨다는 주장에 대하여 유의수준 0.025에서 검정하여라.

	1	2	3	4	5	6	7
참가 전(X)	3.4	3.0	3.3	2.1	3.1	2.0	3.0
참가 후(Y)	3.4	3.3	2.8	2.4	2.8	1.8	3.2

SECTION 03 모비율의 검정

성공률이 p인 모집단에 대한 가설 $H_0 : p = p_0$에 대한 검정방법에 대하여 살펴본다. 성공률이 p인 모집단으로부터 크기 $n\,(n < 30)$인 소표본을 추출하여 성공의 횟수를 X라 하면, $X \sim B(n, p)$이다. 그러므로 귀무가설 $H_0 : p = p_0$에 대한 p값은 누적이항분포 $B(n, p_0)$을 이용하여 계산할 수 있다.

예제 8-13

어떤 제품의 생산에서 불량률이 10%($p_0 = 0.1$)이면, 생산라인의 일부만 조정하고, 불량률이 25%($p_1 = 0.25$)이면 생산라인 전체를 수정해야 할 필요가 있다고 한다. 이 생산라인을 일부만 수정할 것인지 전체적으로 수정해야 할 것인지 결정하기 위하여 20개의 제품을 무작위로 선정하여 검정해 보자. 이때 20개 제품 속에 포함된 불량품의 수를 X라 하면 $X \sim B(20, p)$이고, $p_0 = 0.1$과 $p_1 = 0.25$에 대한 $P(X=x|p)$에 대한 값은 이항분포표로부터 다음과 같다.

	결정	$p_0 = 0.1$		$p_1 = 0.25$	
		$P(X=x)$	$P(X \le x)$	$P(X=x)$	$P(X \le x)$
0	일부 수정	0.1216	0.1216	0.0032	0.0032
1		0.2701	0.3917	0.0211	0.0243
2		0.2852	0.6769	0.0670	0.0913
3		0.1901	0.8670	0.1339	0.2252
4	전체적 수정	0.0898	0.9568	0.1896	0.4148
5		0.0319	0.9887	0.2024	0.6172
6		0.0089	0.9976	0.1686	0.7858
7		0.0020	0.9996	0.1124	0.8982
8		0.0003	0.9999	0.0609	0.9591
9		0.0001	1.0000	0.0270	0.9861
10		0.0000	1.0000	0.0100	0.9961
11		0.0000	1.0000	0.0030	0.9991

12	전체적 수정	0.0000	1.0000	0.0007	0.9998
13		0.0000	1.0000	0.0002	1.000x0
14−20		0.0000	1.0000	0.0000	1.0000
계		1.0000		1.0000	

이 경우 모비율 p에 대한 검정통계량은 표본비율 $\hat{p}=X/n$이고, 검정을 위하여 두 가설을 다음과 같이 설정한다.

$$H_0 : p = 0.1,\ H_1 : p = 0.25$$

그러면 표에서 보듯이 20개의 표본 중에서 불량품이 4개 이상 발견되면 귀무가설을 기각하고, 불량품의 수가 3개 이하이면 대립가설을 기각하게 된다. 만일 $p_0 = 0.1$일 때 불량품이 4개 이상 발견되면 제1종 오류가 발생하고, $p_1 = 0.25$일 때 불량품이 4개 미만이면 제2종 오류가 발생한다. 따라서 이 문제에 대한 채택역, 기각역 그리고 품질관리자가 생산라인의 조정 정도를 판단하는 데 필요한 불량품의 수에 대한 정보는 다음 그림과 같다.

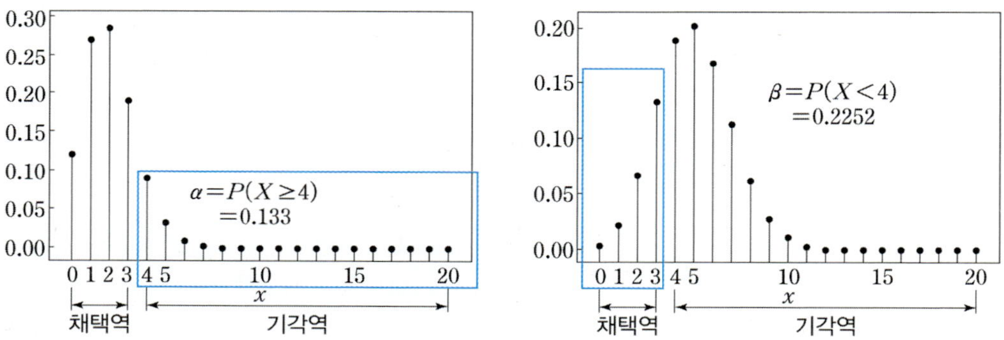

(a) H_0 : 참 $(p=0.1)$　　(b) H_1 : 참 $(p=0.25)$

| 그림 8.8 | 가설 $H_0 : p = 0.1$, $H_1 : p = 0.25$에 대한 기각역과 채택역

만일 p_0을 p의 가설화된 값이라고 하면, 귀무가설 $H_0 : p = p_0$에 대하여 세 종류의 대립가설 $H_1 : p \neq p_0$, $H_1 : p < p_0$, $H_1 : p > p_0$을 생각할 수 있다. 그러면 위의 가설을 검정할 때, X가 이산확률변수이므로 유의수준 α에서 정확한 기각역에 대한 임계값을 구할 수 없다. 예를 들어, 귀무가설 $H_0 : p = 0.25$에 대한 대립가설 $H_1 : p > 0.25$를 설정하면, 제1종 오류를 범할 확률이 0.05를 넘지 않는 임계값을 구해야 한다. 이를 위하여 앞의 표를 이용하면

$$P(X \geq 9 \mid p = 0.25) = 0.0409,\ P(X \geq 8 \mid p = 0.25) = 0.1018$$

이므로

$$P(X \geq 9) < \alpha = 0.05 < P(X \geq 8)$$

이다. 그러므로 $R = \{X | X \geq 9\}$를 기각역으로 하는 것이 타당하다. 다시 말해서, 20개의 제품 중에서 불량품이 9개 이상이면 귀무가설 $H_0 : p = 0.25$를 기각하고, 불량률이 0.25보다 크다고 할 수 있다. 따라서 이 경우에 생산라인 전체를 수정해야 한다는 결론을 얻는다.

이와 같은 사실로부터 $X \sim B(n, p)$에 대하여 X의 관찰값을 x_0이라 할 때, 유의수준 α에서 다음과 같이 검정할 수 있음을 알 수 있다.

(1) 두 가설 $H_0 : p \leq p_0$, $H_1 : p > p_0$에 대하여
  $P(X \geq x_0) \leq \alpha$이면, 귀무가설 H_0을 기각한다.
(2) 두 가설 $H_0 : p \geq p_0$, $H_1 : p < p_0$에 대하여
  $P(X \leq x_0) \leq \alpha$이면, 귀무가설 H_0을 기각한다.
(3) 두 가설 $H_0 : p = p_0$, $H_1 : p \neq p_0$에 대하여
  $P(X \leq x_0) \leq \alpha/2$ 또는 $P(X \geq x_0) \leq \alpha/2$이면, 귀무가설 H_0을 기각한다.

특히 주어진 유의수준 α에 대하여, p값 $\leq \alpha$이면 귀무가설을 기각하고 p값 $> \alpha$이면 귀무가설을 채택하는 검정하는 방법을 자주 사용한다. 예제 8-13에서 관찰된 불량품의 수가 9개이면

$$p\text{값} = P(X \geq 9 | p = 0.25) = 0.0409$$

이고, 관찰된 불량품의 수가 8개이면

$$p\text{값} = P(X \geq 8 | p = 0.25) = 0.1018$$

이다. 그러므로 예제 8-13에서 관찰된 불량품의 수가 9개이면 $H_1 : p > 0.25$를 채택하고, 관찰된 불량품의 수가 8개이면 $H_0 : p = 0.25$를 채택한다.

예제 8-14

주머니쥐의 번식에 관심을 가지고 있는 생물학자가 암컷과 수컷의 비율이 동일한지를 알아보기 위하여 20마리의 갓 태어난 새끼 쥐를 관찰한 결과 수컷 12마리와 암컷 8마리이었다. 암컷과 수컷의 비율이 동등한지 p값을 이용하여 유의수준 10%에서 검정하여 보자.

① 암컷과 수컷의 비율이 동등한 것을 검정하고자 하므로 수컷의 비율이 $p = 0.5$라는 귀무가설 $H_0 : p = 0.5$과 대립가설 $H_1 : p \neq 0.5$를 설정한다.

② 표본의 확률분포는 $X \sim B(20, 0.5)$이고 $X = 12$이므로 p값을 구하면, 양측검정이므로 다음을 얻는다.

$$p\text{값} = 2 \cdot P(X \geq 12) = 2 \cdot (1 - 0.8684) = 0.2632$$

③ p값이 유의수준 $\alpha = 0.1$보다 크므로 $H_0 : p = 0.5$를 기각하지 않는다.

한편 표본의 크기 n이 충분히 크다면, 다시 말해서 $np_0 > 5$, $n(1 - p_0) > 5$인 경우에 표본비율 $\hat{p} = X/n$는 점근적으로

$$Z = \frac{\hat{p} - p}{\sqrt{\frac{p(1-p)}{n}}} \approx N(0, 1)$$

에 따르는 것을 이미 살펴보았다. 그러므로 귀무가설 $H_0 : p = p_0$이 참이라는 조건 아래서

$$Z = \frac{\hat{p} - p_0}{\sqrt{\frac{p_0(1-p_0)}{n}}} \approx N(0, 1)$$

이고, Z검정통계량의 분모와 분자에 각각 n을 곱하면 관찰된 성공의 횟수에 대한 Z통계량을 이용하여 다음과 같이 표현이 가능하다.

$$Z = \frac{X - np_0}{\sqrt{np_0(1-p_0)}} \approx N(0, 1)$$

따라서 모비율에 대한 귀무가설 $H_0 : p = p_0$에 대한 검정을 위하여 Z검정통계량

$$Z = \frac{\hat{p} - p_0}{\sqrt{p_0(1-p_0)/n}} \quad \text{또는} \quad Z = \frac{X - np_0}{\sqrt{np_0(1-p_0)}}$$

을 이용한다. 그러므로 다음과 같은 순서에 따라 귀무가설을 검정한다.

> ① 귀무가설 $H_0 : p = p_0$을 설정한다.
> ② 유의수준 α를 정한다.
> ③ 검정통계량 $Z = \dfrac{\hat{p} - p_0}{\sqrt{\dfrac{p_0(1-p_0)}{n}}} \approx N(0, 1)$ 또는 $Z = \dfrac{X - np_0}{\sqrt{np_0(1-p_0)}} \approx N(0, 1)$을 사용한다.
> ④ 검정통계량의 관찰값 $z_0 = \dfrac{\hat{p} - p_0}{\sqrt{p_0(1-p_0)/n}}$ 또는 $z_0 = \dfrac{X - np_0}{\sqrt{np_0(1-p_0)}}$을 구한다.
> ⑤ 양측검정($H_1 : p \neq p_0$)인 경우 : $|z_0| \geq z_{\alpha/2}$이면, 귀무가설 H_0을 기각한다.
> 하단측검정($H_1 : p < p_0$)인 경우 : $z_0 \leq -z_\alpha$이면, 귀무가설 H_0을 기각한다.
> 상단측검정($H_1 : p > p_0$)인 경우 : $z_0 \geq z_\alpha$이면, 귀무가설 H_0을 기각한다.

이때, 양측검정에 대한 p값은 검정통계량의 관찰값 z_0에 대하여

$$p\text{값} = P(Z < -z_0) + P(Z > z_0) = 2(1 - \Phi(z_0))$$

이며, 하단측검증인 경우에 p값은 검정통계량의 관찰값 z_0에 대하여

$$p\text{값} = P(Z < z_0) = \Phi(z_0)$$

그리고 상단측검증인 경우에 p값은

$$p\text{값} = P(Z > z_0) = 1 - \Phi(z_0)$$

으로 정의되며, p값 $> \alpha$이면 H_0을 채택하고 p값 $\leq \alpha$이면 H_0을 기각한다.

예제 8-15

예전의 공정 방법으로 생산된 제품의 불량률은 0.05이었다. 이제 새로운 공정 방법을 도입하면 불량률이 줄어드는지 알아보고자 한다. 이를 위하여 새로운 공정 방법으로 생산된 제품 중에서 100개를 임의로 추출한 결과, 불량품 3개가 발견되었다. 새로운 공정 방법에 의하여 불량률이 개선되었다고 할 수 있는지를 유의수준 5%에서 검정하여 보자.

① 귀무가설 $H_0 : p_0 = 0.05$과 대립가설 $H_1 : p < 0.05$를 설정한다.

② 유의수준 0.05에서 하단측검정을 하므로 임계값은 $-z_{0.05}=-1.645$이고 따라서 기각역은 $R: Z \le -1.645$이다.

③ 검정통계량과 분포를 선정한다.

$$Z=\frac{X-np_0}{\sqrt{np_0(1-p_0)}} \approx N(0, 1)$$

④ $n=100$, $x=3$ 그리고 $p_0=0.05$이므로 Z통계량의 관찰값은 다음과 같다.

$$z_0=\frac{3-100\cdot(0.05)}{\sqrt{100\cdot(0.05)\cdot(0.95)}}=-0.9177>-1.645$$

⑤ $z_0=-0.9177>-1.645$이므로 귀무가설 H_0을 기각할 수 없다. 즉, 새로운 공정 방법에 의하여 불량률을 개선했다고 할 수 없다.

이제 서로 다른 두 치료방법에 대한 완치율에 차이가 있는지 또는 서로 다른 공정 방법에 의한 불량률에 차이가 있는지 등을 검정하는 방법을 살펴본다. 이를 위하여 독립인 두 모집단 A와 B에 대한 모비율을 각각 p_1, p_2라 하자. 이때 두 모집단으로부터 각각 크기 n_1, n_2인 표본을 추출하여 두 표본의 성공의 횟수를 각각 X와 Y라 하면

$$X \sim B(n_1, p_1),\ \ Y \sim B(n_2, p_2)$$

이고, 표본비율 $\hat{p}_1=X/n_1$와 $\hat{p}_2=Y/n_2$의 차 $\hat{p}_1-\hat{p}_2$는 다음과 같이 정규분포에 근사하는 것을 알고 있다.

$$\hat{p}_1-\hat{p}_2 \approx N\left(p_1-p_2, \frac{p_1q_1}{n_1}+\frac{p_2q_2}{n_2}\right),\ q_i=1-p_i,\ i=1, 2$$

즉,

$$Z=\frac{(\hat{p}_1-\hat{p}_2)-(p_1-p_2)}{\sqrt{\dfrac{p_1q_1}{n_1}+\dfrac{p_2q_2}{n_2}}} \approx N(0, 1)$$

이므로 모비율의 차 p_1-p_2에 대한 귀무가설 $H_0: p_1-p_2=\delta_0$을 검정하기 위하여 z검정법을 이용한다. 이때 표본의 크기 n_1과 n_2가 충분히 크면,

$$\hat{p}_1 \approx p_1,\ \hat{q}_1 \approx q_1,\ \hat{p}_2 \approx p_2,\ \hat{q}_2 \approx q_2$$

이므로 검정통계량의 $\sqrt{\ }$ 안에서 p_1, p_2, q_1, q_2를 각각 $\hat{p}_1$, $\hat{p}_2$, $\hat{q}_1$, $\hat{q}_2$로 대치한 Z통계량은 다음과 같이 표준정규분포에 근사한다.

$$Z = \frac{(\hat{p}_1 - \hat{p}_2) - \delta_0}{\sqrt{\dfrac{\hat{p}_1 \hat{q}_1}{n_1} + \dfrac{\hat{p}_2 \hat{q}_2}{n_2}}} \approx N(0, 1)$$

특히 귀무가설 $H_0 : p_1 - p_2 = 0$은 두 모비율이 항등적으로 동일하다는 가설이므로, 이에 대한 가설을 검정하기 위하여 **합동표본비율**(pooled sample proportion)

$$\hat{p} = \frac{x+y}{n_1+n_2} = \frac{n_1\hat{p}_1 + n_2\hat{p}_2}{n_1+n_2}$$

를 이용하며, 따라서 귀무가설 $H_0 : p_1 - p_2 = 0$에 대한 검정통계량은 다음과 같다.

$$Z = \frac{\hat{p}_1 - \hat{p}_2}{\sqrt{\hat{p}\,\hat{q}\left(\dfrac{1}{n_1} + \dfrac{1}{n_2}\right)}} \approx N(0, 1)$$

그러면 앞에서 모비율에 대한 가설을 검정하는 방법과 동일하게 두 모비율의 차에 대한 검정을 다음과 같이 실시할 수 있다.

① 귀무가설 $H_0 : p_1 - p_2 = \delta_0$을 설정한다.

② 유의수준 α를 정한다.

③ 검정통계량 $Z = \dfrac{(\hat{p}_1 - \hat{p}_2) - \delta_0}{\sqrt{\dfrac{\hat{p}_1 \hat{q}_1}{n_1} + \dfrac{\hat{p}_2 \hat{q}_2}{n_2}}} \approx N(0, 1)$을 사용한다.

④ 검정통계량의 관찰값 $z_0 = \dfrac{(\hat{p}_1 - \hat{p}_2) - \delta_0}{\sqrt{\dfrac{\hat{p}_1 \hat{q}_1}{n_1} + \dfrac{\hat{p}_2 \hat{q}_2}{n_2}}}$을 구한다.

⑤ 양측검정($H_1 : p_1 - p_2 \neq \delta_0$)인 경우 : $|z_0| \geq z_{\alpha/2}$이면, 귀무가설 H_0을 기각한다.
하단측검정($H_1 : p_1 - p_2 < \delta_0$)인 경우 : $z_0 \leq -z_\alpha$이면, 귀무가설 H_0을 기각한다.
상단측검정($H_1 : p_1 - p_2 > \delta_0$)인 경우 : $z_0 \geq z_\alpha$이면, 귀무가설 H_0을 기각한다.

예제 8-16

정부의 현안에 대하여 서로 다른 두 도시 A와 B의 지지율이 동일한지 알아보기 위하여 A와 B도시에서 각각 500명과 400명을 임의로 조사한 결과, A도시는 48%가 찬성하였고 B도시는 40%가 찬성하였다. 정부의 현안에 대한 두 도시의 지지율이 동일한지 유의수준 5%에서 검정하여 보자.

① A와 B의 지지율을 각각 p_1, p_2라 하면, 귀무가설 $H_0 : p_1 - p_2 = 0$과 대립가설 $H_1 : p_1 - p_2 \neq 0$을 설정한다.

② 두 도시의 지지율이 동일한지를 검정하므로 합동표본비율을 구한다. 표본의 크기가 각각 $n_1 = 500$, $n_2 = 400$이고, 지지율이 각각 $\hat{p}_1 = 0.48$과 $\hat{p}_2 = 0.40$이므로 합동표본비율은 다음과 같다.

$$\hat{p} = \frac{500 \cdot (0.48) + 400 \cdot (0.4)}{900} = 0.44$$

③ 유의수준 $\alpha = 0.05$에 대한 기각역은 $|Z| \geq 1.96$이다.

④ 표본으로부터 관찰값은 다음과 같다.

$$z_0 = \frac{0.48 - 0.40}{\sqrt{(0.44)(0.56)\left(\frac{1}{500} + \frac{1}{400}\right)}} = 2.4025 > 1.96$$

⑤ 따라서 귀무가설 H_0을 기각한다. 즉, 두 도시의 지지율에는 차이가 있다고 할 수 있다.

SECTION 03 연/습/문/제

01 컴퓨터 시뮬레이션을 이용하여 숫자 '0'과 '1'을 임의로 5,000개를 생성한 결과, 2,566개의 숫자 '0'이 나왔다고 한다. 이때 숫자 '0'이 나올 가능성이 0.5라는 주장에 대하여 p값을 구하고, 유의수준 5%와 10%에서 양측검정하여라.

02 전동장치의 주요 결점은 외부적인 영향에 의한 일시적인 것으로 70%가 어떤 특정한 원인에 있다고 생각한다. 이것을 알아보기 위하여, 200개의 결점을 조사한 결과 151개의 결점이 특정한 원인에 의하여 생긴 것으로 판명되었다. 이때 특정한 원인에 의한 결점이 70%라는 주장에 대하여

(1) 유의수준 5%에서 양측검정하여라.
(2) p 값을 구하고, 유의수준 5%에서 양측검정하여라.

03 한국금연운동협의회에 따르면 전국의 20세 이상 성인 남자의 흡연율은 55.1%로 2001년 69.9%에 비해 14.8%포인트 감소했다고 주장하였다. 이러한 주장에 대한 진위여부를 확인하기 위하여 850명의 20세 이상 성인 남자를 조사한 결과 503명이 흡연을 하는 것으로 조사되었다면, 흡연율이 55.1%이라는 주장에 타당성이 있는지 유의수준 1%에서 검정하여라.

04 우리나라 남아의 출생율이 52.4%라는 주장이 공공연하게 제기되고 있다. 이에 이러한 주장을 증명하기 위하여 산부인과 병원에서 무작위로 선정한 25명의 신생아를 조사한 결과 14명이 남아였다. 남아의 출생율이 52.4%라는 주장을 유의수준 5%에서 검정하여라.

05 어떤 특정한 국가 정책에 대한 여론의 반응을 알아보기 위하여 900명을 상대로 여론조사한 결과 510명이 이 정책을 찬성하였다. 이 결과를 이용하여 국민의 절반이 이 정책을 지지한다고 할 수 있는지 유의수준 5%에서 검정하여라.

06 문제 5에서 90명을 상대로 여론조사한 결과 51명이 이 정책을 찬성하였다면, 어떠한 결과가 나오는지 동일한 방법으로 검정하여라.

07 성인 남녀의 스트레스 차이를 비교하면, 여자의 경우 남자보다 5% 정도 더 많은 스트레스에 시달린다고 한다. 이를 알아보기 위하여 조사한 결과, 1,755명의 성인 남자 가운데 60.8% 그리고 1,540명의 성인 여자 가운데 67.5%가 어느 정도 이상의 스트레스에 시달리고 있는 것으로 나타났다. 이 자료를 근거로 성인 남녀가 스트레스에 시달리는 비율이 같은지를 유의수준 1%에서 검정하여라.

08 두 표본분포 $X \sim B(20,\ p_1)$과 $Y \sim B(30,\ p_2)$에 대하여 성공이 각각 $x = 7$, $y = 12$로 관찰되었다. 이때 두 가설 $H_0 : p_1 = p_2$, $H_1 : p_1 < p_2$를 유의수준 0.1에서 검정하여라.

09 A와 B 두 도시 간의 어떤 정당 지지율에 차이가 있는지 알아보기 위하여 두 도시에서 각각 500명씩 임의로 추출하여 지지도를 조사한 결과 A도시에서 275명, B도시에서 244명이 지지하는 것으로 조사되었다. 이 자료를 근거로 두 도시 간의 지지도에 차이가 있는지 유의수준 0.05에서 검정하여라.

10 어떤 컴퓨터 회사는 생산 공장을 2개 가지고 있다. A공장은 1,128대의 컴퓨터를 생산하여 23대가 제품기준에 미달하였고, B공장에서 생산된 컴퓨터 962대 중에서 24대가 미달하였다. 두 공장에서 생산된 컴퓨터의 기준치 미달 정도가 동일한지 p값을 구하고, 유의수준 5%에서 검정하여라.

11 직물을 제조하는 두 공정에 대하여, 1,000m에 결점의 수가 A와 B 직물 제조 공정에 대하여 각각 35개와 43개씩 있었다. 1m당 결점 비율이 A공정보다 B공정이 높다고 할 수 있는지 유의수준 5%에서 검정하여라.

12 신종 독감에 대한 예방 효과를 알아보기 위하여 예방접종을 한 사람 중에서 1,500명을 추출하여 조사한 결과 20명이 독감에 걸렸다. 그리고 예방접종을 하지 않은 사람 2,500명을 추출하여 조사한 결과 65명이 독감에 걸렸다. 이때 예방접종이 독감에 효과가 있는지 유의수준 5%에서 검정하여라.

13 도지사에 출마하여 당선된 당선인이 남자와 여자가 동일한 비율로 자신을 지지했는지 알아보기 위하여, 유권자들 중에서 남자 144명과 여자 100명을 임의로 선정하여 조사하였다. 그 결과로 선정된 사람들 중에서 남자 66%와 여자 52%가 자신을 지지한 것으로 나타났다. 이때 남자의 지지율이 여자의 지지율보다 큰지 유의수준 5%에서 검정하여라.

14 어떤 사회단체에서 국영 TV의 공익성에 대한 국민들의 생각을 알기 위하여 설문조사를 실시하였다. 이 조사 결과는 대도시에 거주하는 주민 200명 중에서 120명이 찬성하였고, 중소도시에 거주하는 주민 500명 중에서 240명이 찬성하였다. 이때 대도시에 거주하는 사람이 중소도시에 거주하는 사람보다 더 많이 찬성한다고 할 수 있는지 유의수준 5%에서 검정하여라.

15 어느 대기업에 대한 취업 성향을 알아보기 위하여 18세 이상 30세 이하의 청년 952명을 조사한 결과 627명이 선호하였고, 31세 이상의 장년층 1,043명을 상대로 조사한 결과 651명이 선호하였다. 이 대기업에 대한 청년층과 장년층의 선호도에 차이가 있는지 유의수준 5%에서 검정하여라.

16 근로자를 대상으로 어떤 특정 교육을 실시할 경우에 효율이 0.5% 정도 향상된다고 주장한다. 이를 검증하기 위하여 250명의 근로자를 표본추출하여 교육을 실시한 후, 그들의 효율성을 조사하였다. 교육을 실시하기 전 24명이 어느 기준 이상이었으며, 교육을 실시한 후에는 27명이 기준 이상의 능력을 보인 것으로 관찰되었다. 근로자를 상대로 특정 교육을 실시하면 0.5%의 효율성이 있다는 주장에 대하여 유의수준 5%에서 검정하여라.

SECTION

04 모분산의 검정

정규모집단 $N(\mu, \sigma^2)$으로부터 임의로 추출된 확률표본을 $\{X_1, X_2, \cdots, X_n\}$이라 할 때, 표본분산 $S^2 = \frac{1}{n-1}\sum_{i=1}^{n}(X_i - \overline{X})^2$에 대하여

$$\chi^2 = \frac{(n-1)S^2}{\sigma^2} \sim \chi^2(n-1)$$

인 사실을 이미 살펴보았다. 그러므로 모분산에 관한 귀무가설 $H_0 : \sigma^2 = \sigma_0^2$을 검정하기 위한 검정통계량은

$$\chi^2 = \frac{(n-1)S^2}{\sigma^2}$$

이고, 유의수준 α에서 가설검정을 위하여 사용되는 확률분포는 자유도 $n-1$인 χ^2분포를 사용한다. 그리고 유의수준 α에서 모분산에 대한 귀무가설 H_0을 검정하는 방법은 다음과 같다.

① 귀무가설 $H_0 : \sigma^2 = \sigma_0^2$을 설정한다.

② 유의수준 α를 정한다.

③ 검정통계량 $\chi^2 = \frac{(n-1)S^2}{\sigma^2} \sim \chi^2(n-1)$을 사용한다.

④ 검정통계량의 관찰값 $\chi_0^2 = \frac{(n-1)S^2}{\sigma_0^2}$을 구한다.

⑤ 양측검정($H_1 : \sigma^2 \neq \sigma_0^2$)인 경우 : $\chi_0^2 \leq \chi_{1-(\alpha/2)}^2(n-1)$ 또는 $\chi_0^2 \geq \chi_{\alpha/2}^2(n-1)$이면, 귀무가설 H_0을 기각한다.

하단측검정($H_1 : \sigma^2 < \sigma_0^2$)인 경우 : $\chi_0^2 \leq \chi_{1-\alpha}^2(n-1)$이면, 귀무가설 H_0을 기각한다.

상단측검정($H_1 : \sigma^2 > \sigma_0^2$)인 경우 : $\chi_0^2 \geq \chi_{\alpha}^2(n-1)$이면, 귀무가설 H_0을 기각한다.

예제 8-17

어떤 제품의 특성을 개선하기 위하여 시험적으로 제품을 만들어 보았는데 분산이 변화하는 문제가 발생하여, 시험적으로 만든 제품들 중에서 임의로 10개의 제품을 추출하여 특성치를 측정한 결과는 다음과 같았다. 이때 제품의 특성을 개선하기 이전의 모분산 $\sigma^2 = 0.03$과 차이가 있다고 할 수 있는지 유의수준 5%에서 검정하여 보자.

0.3	−0.1	−0.5	0.1	−0.3	0.2	0.4	−0.1	0.5	0.1

① 귀무가설 $H_0 : \sigma^2 = 0.03$과 대립가설 $H_1 : \sigma \neq 0.03$을 설정한다.

② 10개의 제품을 조사하였으므로 자유도는 9이고, 다음과 같은 χ^2통계량을 선택한다.

$$\chi^2 = \frac{9S^2}{0.03} = 300S^2 \sim \chi^2(9)$$

③ 유의수준 $\alpha = 0.05$에 대한 기각역은 $\chi^2 \le \chi^2_{0.975}(9) = 2.7$ 또는 $\chi^2 \ge \chi^2_{0.025}(9)$ $= 19.02$이다.

④ 관찰값들의 평균과 분산을 구하면 다음과 같다.

$$\overline{X} = \frac{1}{10}(0.3 - 0.1 + \cdots + 0.1) = 0.06$$
$$S^2 = \frac{1}{9}[(0.3-0.06)^2 + (-0.1-0.06)^2 + \cdots + (0.1-0.06)^2]$$
$$= 0.098$$

그러므로 검정통계량의 관찰값은 $\chi_0^2 = \dfrac{9 \cdot (0.098)}{0.03} = 29.4 > 19.02$이다.

⑤ 이 관찰값은 기각역 안에 들어가므로 유의수준 5%에서 귀무가설 H_0을 기각한다. 즉, 기존의 모분산과 차이가 있다고 할 수 있다.

한편 독립인 두 정규모집단 $N(\mu_1, \sigma_1^2)$, $N(\mu_2, \sigma_2^2)$에서 각각 크기 n_1과 n_2인 표본을 추출하여 표본분산을 각각 S_1^2, S_2^2이라 하면,

$$V_1 = \frac{(n_1-1)S_1^2}{\sigma_1^2} \sim \chi^2(n_1-1), \quad V_2 = \frac{(n_2-1)S_2^2}{\sigma_2^2} \sim \chi^2(n_2-1)$$

이고, 따라서 다음이 성립한다.

$$F = \frac{V_1/(n_1-1)}{V_2/(n_2-1)} = \frac{S_1^2/\sigma_1^2}{S_2^2/\sigma_2^2} \sim F(n_1-1,\, n_2-1)$$

그러면 두 모분산 σ_1^2과 σ_2^2을 비교하기 위하여 S_1^2/S_2^2을 이용할 수 있으며, 이때 사용되는 검정통계량은

$$F = \frac{S_1^2}{S_2^2}$$

이다. 즉, 귀무가설 $H_0 : \sigma_1^2 = \sigma_2^2(\sigma_1^2/\sigma_2^2 = 1)$에 대한 대립가설 $H_1 : \sigma_1^2 \neq \sigma_2^2(\sigma_1^2/\sigma_2^2 \neq 1)$을 검정하기 위하여 검정통계량 $F = S_1^2/S_2^2$을 사용한다. 이때 유의수준 α에 대하여 귀무가설이 참이라는 가설 아래 얻은 검정통계량을 이용하여 모분산의 비에 대한 검정방법은 다음과 같다.

① 귀무가설 $H_0 : \sigma_1^2 = \sigma_2^2$을 설정한다.
② 유의수준 α를 정한다.
③ 검정통계량 $F = S_1^2/S_2^2 \sim F(n_1-1,\, n_2-1)$을 사용한다.
④ 검정통계량의 관찰값 $f_0 = S_1^2/S_2^2$을 구한다.
⑤ 양측검정($H_0 : \sigma_1^2 \neq \sigma_2^2$)인 경우 : $f_0 \le f_{1-(\alpha/2)}(n_1-1,\, n_2-1)$ 또는 $f_0 \ge f_{\alpha/2}(n_1-1,\, n_2-1)$이면, 귀무가설 H_0을 기각한다.

하단측검정($H_1 : \sigma_1^2 < \sigma_2^2$)인 경우 : $f_0 \le f_{1-\alpha}(n_1-1,\, n_2-1)$이면, 귀무가설 H_0을 기각한다.

상단측검정($H_1 : \sigma_1^2 > \sigma_2^2$)인 경우 : $f_0 \ge f_{\alpha}(n_1-1,\, n_2-1)$이면, 귀무가설 H_0을 기각한다.

예제 8-18

식물학자가 두 지역에 서식하고 있는 어떤 식물의 줄기에 대한 굵기를 측정하여 다음을 얻었다. 단, 단위는 mm이고 굵기는 정규분포를 따른다고 한다. 두 지역에 서식하는 식물 줄기의 굵기에 대한 분산이 서로 다른지를 유의수준 5%에서 검정하여 보자.

A지역	0.8	1.8	1.0	1.1	0.9	1.7	1.4	1.0	0.9	1.2	1.5		
B지역	1.0	0.8	1.6	2.6	1.3	1.1	2.4	1.8	2.5	1.4	1.9	2.0	1.2

① A지역과 B지역에서 서식하는 식물 줄기의 굵기에 대한 분산을 각각 σ_1^2, σ_2^2이라 하고, 귀무가설 $H_0 : \sigma_1^2 = \sigma_2^2$와 대립가설 $H_1 : \sigma_1^2 \neq \sigma_2^2$을 설정한다.

② $n_1 = 11$, $n_2 = 13$이므로 분자와 분모의 자유도가 각각 10, 12이고, 따라서 유의수준 $\alpha = 0.05$인 양측검정에 대한 기각역은

$$F \le f_{0.975}(10, 12) = \frac{1}{f_{0.025}(12, 10)} = \frac{1}{3.62} = 0.28,$$

$$F \ge f_{0.025}(10, 12) = 3.37$$

이다.

③ 주어진 자료로부터

$$\overline{X} = \frac{1}{11}(0.8 + 1.8 + \cdots + 1.2 + 1.5) = 1.21$$

$$\overline{Y} = \frac{1}{13}(1.0 + 0.8 + \cdots + 2.0 + 1.2) = 1.66$$

$$S_1^2 = \frac{1}{10}[(0.8 - 1.21)^2 + (1.8 - 1.21)^2 + \cdots + (1.5 - 1.21)^2] = 0.1169$$

$$S_2^2 = \frac{1}{12}[(1.0 - 1.66)^2 + (0.8 - 1.66)^2 + \cdots + (1.2 - 1.66)^2] = 0.3526$$

이므로 검정통계량의 관찰값은 $f_0 = \dfrac{0.1169}{0.3526} = 0.3316$이고, 이 관찰값은 기각역 안에 놓이지 않으므로 두 모분산은 같다고 할 수 있다.

SECTION 04 연/습/문/제

01 정규모집단으로부터 크기 16인 표본을 추출하여 조사한 결과 표본분산 0.9를 얻었다.

(1) 모분산이 0.5보다 큰지를 검정하기 위한 귀무가설과 대립가설을 설정하여라.
(2) 유의수준 $\alpha = 0.01$을 이용하여 기각역을 구하여라.
(3) 검정통계량의 관측값을 구하여라.
(4) 1% 유의수준에서 (1)의 귀무가설을 채택할 것인지, 기각할 것인지 결정하여라.

02 정규모집단으로부터 크기 25인 표본을 추출하여 조사한 결과 표본분산 49를 얻었다. 모분산이 55라고 할 수 있는지 유의수준 $\alpha = 0.1$에서 검정하여라.

03 집적회로의 수명을 조사하기 위하여 표본 10개를 임의로 추출하여 조사한 결과, 평균이 4,000시간이고 표준편차가 200시간으로 측정되었다. 집적회로의 수명이 정규분포를 이룬다고 할 때, 모집단의 표준편차가 150시간보다 작다고 할 수 있는지 유의수준 1%에서 검정하여라.

04 자동차 배터리 제조업자가 자신의 회사에서 생산된 배터리 수명은 표준편차가 0.9년이라고 주장한다. 이를 확인하기 위하여 임의로 배터리 10개를 수거하여 조사한 결과, 표준편차가 1.2년이라는 결론을 얻었다. 이 회사에서 생산된 배터리 수명의 표준편차가 0.9년 이상이라고 할 수 있는지 유의수준 5%에서 검정하여라.

05 어느 자동차 회사에서 생산된 신모델은 단위 연료당 주행거리를 나타내는 평균연비가 12.5 km/l, 표준편차는 0.8 km/l 이상이라고 한다. 이 주장을 조사하기 위하여 30대의 자동차를 이용하여 주행시험을 한 결과 표준편차 0.62 km/l인 것으로 밝혀졌다. 이 회사의 주장을 수용할 수 있는지 유의수준 5%에서 검정하여라. 단, 자동차 연비는 점근적으로 정규분포를 따르는 것으로 알려져 있다.

06 전국 고등학교 3학년 남학생들 키의 분산이 36cm라고 한다. 어느 고등학교의 남학생 12명을 임의로 선정하여 분산을 조사해 보니 16.48cm이었다. 이 고등학교 남학생들의 키에 대한 모분산이 36cm라고 할 수 있는지 유의수준 5%에서 검정하여라.

07 기계에 의하여 병에 담기는 음료수 함량의 분산이 1.15 dl를 초과하면 관리에 들어가지 않는다고 한다. 이 기계에 의하여 음료수가 채워진 병 25개를 추출하여 확인한 결과, 표본분산이 2.03 dl이었다. 그러면 이 기계가 관리대상이 되는지 유의수준 5%에서 검정하여라. 단, 음료수의 함량은 정규분포를 이룬다.

08 전자상가에 있는 10곳의 캠코더 판매점을 둘러본 결과, 동일한 제품의 캠코더 가격이 다음과 같이 다르게 나타났다. 판매상에 의하면 전체 캠코더 판매액이 정규분포를 따른다고 한다.

(단위 : 천원)

938.8	952.0	946.8	958.8	948.4	950.0	953.8	928.8	947.5	936.2

(1) 표본평균과 표본분산을 구하여라.
(2) 모표준편차가 11.2천원인지 유의수준 5%에서 검정하여라.

09 우리나라 신생아들의 태어날 당시 몸무게는 평균이 3,313 g이고 표준편차가 575 g인 정규분포를 따른다고 한다. 유의수준 0.1에서 귀무가설 $H_0 : \sigma = 575$에 대한 대립가설 $H_1 : \sigma < 575$를 검정하고자 한다.

(1) 임의로 선정한 81명의 신생아의 몸무게가 평균이 2,819 g이고 표준편차가 496 g일 때, 귀무가설에 대한 주장을 판정하여라.
(2) 이 검정에 대한 대략적인 p값을 구하고, p값을 이용하여 귀무가설에 대한 주장을 판정하여라.

10 어느 음료제조회사에서 생산되는 음료수 팩에 들어 있는 순수 용량은 평균 1리터, 분산은 0.42리터 이하라고 한다. 이것을 확인하기 위하여 25개 상점에서 각각 1개씩 이 음료수를 임의로 수거하여 측정한 결과 분산이 0.81리터인 것으로 조사되었다. 음료회사의 주장이 타당한지 유의수준 1%에서 검정하여라. 단, 이 회사에서 제조되는 음료수의 양은 정규분포를 따른다고 한다.

11 독립인 두 정규모집단으로부터 각각 크기 16과 21인 표본을 추출한 결과, 표본 A에서 표준편차 $S_1^2 = 5.96$ 그리고 표본 B에서 표준편차 $S_2^2 = 11.40$을 얻었다. 이 자료를 근거로 가설 $H_0 : \sigma_1^2 = \sigma_2^2$, $H_1 : \sigma_1^2 \neq \sigma_2^2$을 유의수준 0.05에서 검정하여라.

12 두 종류의 비료 A와 B를 각각 5개 지역에 사용하여 단위 면적당 쌀 수확량을 조사한 결과 다음을 얻었다.

비료 A	357	325	346	345	330
비료 B	335	328	335	344	326

(1) 쌀 수확량의 분산에 차이가 있는지 유의수준 5%에서 조사하여라.

(2) 비료의 종류에 따라 평균 쌀 수확량에 차이가 있는지 유의수준 5%에서 조사하여라.

13 두 회사 A와 B에서 생산한 측정기기의 정밀도를 조사하여 다음과 같은 자료를 얻었다. 이 두 기기의 측정치의 오차는 각각 서로 독립이고, 정규분포를 따른다고 가정한다. 이 때, 정밀도가 높을수록 오차의 분산이 작게 나타난다고 할 수 있는데 기기 A가 기기 B보다 정밀도가 높다고 할 수 있는지를 유의수준 5%에서 검정하여라.

A	3.2	3.9	3.6	3.0	4.0	3.3
B	4.1	3.8	3.5	4.2	3.4	3.8

14 두 지역에서 각각 10가구씩 표본추출하여 소비지출을 조사한 결과, 다음과 같았다. 두 지역 간 소비지출의 분산이 동일한지 유의수준 0.05에서 검정하여라.

A지역	72	75	75	80	100	110	125	150	160	200
B지역	50	60	72	90	100	125	125	130	132	170

15 두 회사 A와 B에서 생산되는 유제품이 어느 정도 균등한지를 알아보기 위하여, A제품 13개와 B제품 16개를 임의로 구입하여 표본분산을 조사하였더니 각각 19.2와 3.5이었다. 두 회사에서 생산되는 유제품이 균등한지 유의수준 2%에서 검정하여라. 단, 두 종류의 유제품의 균등정도는 정규분포를 따른다고 한다.

16 12세인 남아와 여아의 폐활량을 비교하기 위하여, 남아 25명과 여아 21명을 임의로 선정하여 폐활량을 조사한 결과, 남아의 분산은 0.1450이고 여아의 분산은 0.0942이었다. 남아와 여아의 폐활량에 대한 분산이 동일한지 유의수준 5%에서 검정하여라.

SECTION
05 적합도 검정

지금까지 양적 자료에 대한 가설을 검정하는 방법을 살펴보았다. 이제 설문조사 등에서 많이 사용하는 '예', '아니오' 또는 '모름' 등과 같은 답변을 유도하는 범주형 자료에 적합한 검정방법을 살펴본다. 예를 들어, 유권자 1,000명을 대상으로 '이번 선거에 투표를 하겠느냐?'는 질문에 '예' 또는 '아니오'로 응답한다고 하자. 이때 '예'라고 응답하는 사건을 A, '아니오'라고 응답하는 사건을 B라 하고, $P(A)=p_1$, $P(B)=p_2$라 하자. 이제 귀무가설 $H_0 : p=0.675$에 대한 대립가설 $H_1 : p \neq 0.675$에 대하여 검정하는 방법을 생각한다. 이 경우에 H_0이 참이라는 가정 아래 1,000명의 유권자를 대상으로 투표에 응하겠다는 유권자의 기댓값은 675명이라고 할 수 있다. 이와 같이 귀무가설이 참일 때, 이론적으로 기대되는 도수를 기대도수(expected frequency)라 하며, 크기 n인 표본에 대하여 $H_0 : p_1 = p_{10}$이 참이라면 기대도수는 $e_1 = np_{10}$이고, $H_1 ; p_1 \neq p_{10}$이 참이라면 기대도수는 $e_2 = np_{20}(p_{20} = 1 - p_{10})$이다. 한편 1,000명 중에서 실제 투표를 실시한 유권자 수가 658명이라 하면, 유권자 중에서 342명이 투표에 참여하지 않았으므로 '아니오'는 342명이 된다. 이와 같이 이론적인 기대도수에 대하여 실제로 실험이나 관측에 의하여 얻어진 도수를 관측도수(observed frequency)라 한다. 이때 실험 또는 관찰로부터 얻은 관측도수와 기대도수가 어느 정도로 일치하는가를 나타내는 값을 적합도(goodness of fit)라 하며, 관측값들이 어느 정도로 이론적인 분포를 따르고 있는가를 검정하는 것을 **적합도 검정**(goodness of fit test)이라 한다. 이것을 다음 표와 같이 요약할 수 있다.

가능한 응답	A	B	합계
기대확률	p_{10}	$p_{20} = 1 - p_{10}$	1
기대도수	$e_1 = np_{10}$	$e_2 = np_{20}$	n
관찰도수	$n_1 = x$	$n_2 = n - x$	n

그러면 이와 같은 경우에 8.3절에서 소표본에 대하여 이항분포를 이용하여 검정하였고, 대표본에 대하여 정규분포를 이용하여 검정하는 방법을 살펴보았다. 그러나 이러한 적합도

에 대한 검정은 두 가지 출현결과를 갖는 일표본뿐만 아니라 여러 개의 출현 결과를 갖는 다표본의 경우로 일반화하여 χ^2분포를 이용하여 근사적으로 검정할 수 있다. 특히 점근적으로 정규분포를 이루는 검정통계량의 제곱은 자유도 1인 χ^2분포를 이루므로

$$\begin{aligned}\chi^2 &= \frac{(x-np_{10})^2}{np_{10}(1-p_{10})} = \frac{(x-np_{10})^2}{np_{10}} + \frac{(x-np_{10})^2}{n(1-p_{10})} \\ &= \frac{(x-np_{10})^2}{np_{10}} + \frac{[(n-x)-n(1-p_{10})]^2}{n(1-p_{10})} \\ &= \frac{(n_1-e_1)^2}{e_1} + \frac{(n_2-e_2)^2}{e_2}\end{aligned}$$

이다. 이때 χ^2검정통계량은 H_0이 참이라는 조건 아래서, 기대도수와 관측도수 사이의 불일치 정도를 나타내며 또한 자유도는 항목 '예'와 '아니오'의 수보다 1만큼 작은 수가 되는 것을 알 수 있다. 한편 이항분포의 연속성을 수정하기 위하여

$$\chi^2 = \frac{(n_1-e_1-0.5)^2}{e_1} + \frac{(n_2-e_2-0.5)^2}{e_2}$$

을 사용하여 좀 더 정확한 결과를 얻을 수 있다. 이때 유의수준 α에 대하여 관찰값이 χ_0^2일 때, $\chi_0^2 > \chi_\alpha^2(1)$이면 귀무가설 $H_0 : p_1 = p_{10}$을 기각한다.

이와 같은 χ^2검정통계량은 k개의 범주를 갖는 다변량분포로 확장할 수 있으며, r표본 이항분포로 일반화될 수도 있다. 우선 k개의 범주 $A_1, A_2, \cdots, A_k$에 대하여 $P(A_i) = p_i$ $(p_1 + \cdots + p_k = 1)$이라 하자. 그리고 다음 표와 같이 크기 n인 표본에 대하여 범주 A_i의 관측도수를 n_i라 하면, $n_1 + \cdots + n_k = n$이다.

범 주	도 수	확 률
1	n_1	p_1
2	n_2	p_2
⋮	⋮	⋮
k	n_k	p_k
합 계	n	1

이때 귀무가설 $H_0 : p_1 = p_{10}, p_2 = p_{20}, \cdots, p_k = p_{k0}$에 대한 귀무가설 '$H_1 : H_0$이 아니다'를 검정한다고 하자. 그러면 각 범주의 기대도수는 $e_i = np_{i0}$이고, 이 경우에 귀무가설을 검정하기 위하여 사용되는 χ^2검정통계량은

$$\chi^2 = \sum_{i=1}^{k} \frac{(n_i - e_i)^2}{e_i}$$

이다. 특히 귀무가설 H_0이 참이라 할 때, 표본의 수가 충분히 크면 χ^2통계량은 범주의 수보다 1만큼 작은 자유도 $k-1$을 갖는 χ^2분포를 이룬다. 그러므로 표본이 충분히 큰 경우에 귀무가설 H_0을 검정하기 위하여 자유도 $k-1$을 갖는 χ^2분포에 따르는 χ^2통계량을 사용하며, 유의수준 α에 대하여 관찰값이 χ_0^2일 때, $\chi_0^2 > \chi_\alpha^2(k-1)$이면 귀무가설 H_0을 기각한다. 그러므로 범주가 2개인 이항분포 또는 k개인 다변량분포에 대한 적합도 검정을 실시하기 위하여, i번째 범주의 관측도수 o_i와 기대도수 e_i에 대하여 위와 같은 χ^2통계량을 이용하며, 항상 상단측검정을 실시한다.

1. 귀무가설 $H_0 : p_1 = p_{10}, p_2 = p_{20}, \cdots, p_k = p_{k0}$과 대립가설 '$H_1 : H_0$이 아니다'를 설정한다.
2. 검정통계량 $\chi^2 = \sum_{i=1}^{k} \frac{(n_i - e_i)^2}{e_i}$을 선택한다.
3. 유의수준 α를 정한다.
4. 확률분포와 유의수준 α에 대한 기각역 $\chi^2 > \chi_\alpha^2(k-1)$을 구한다.
5. 표본으로부터 검정통계량의 관찰값 χ_0^2을 구하고, $\chi_0^2 > \chi_\alpha^2(k-1)$이면 H_0을 기각한다.

예제 8-19

주사위를 60회 던져서 다음 표와 같은 결과를 얻었다. 이 결과로부터 2의 눈이 나올 가능성이 1/6이라 할 수 있는지 유의수준 0.05에서 검정하고, 이 주사위가 공정하게 만들어졌는지 유의수준 0.05에서 검정하여 보자.

주사위의 눈	1	2	3	4	5	6	합
관찰도수	13	4	10	15	9	9	60

(1) 우선 2의 눈이 나올 가능성이 1/6이라 할 수 있는지 유의수준 0.05에서 검정하여 보자.

① 귀무가설 $H_0 : p = 1/6$과 대립가설 $H_1 : p \neq 1/6$을 설정한다.

② χ^2통계량 $\chi^2 = \dfrac{(n_1 - e_1)^2}{e_1} + \dfrac{(n_2 - e_2)^2}{e_2}$을 선택한다.

③ 유의수준 $\alpha = 0.05$에 대한 기각역은 $\chi^2 > \chi^2_{0.05}(1) = 3.84$이다.

④ χ^2통계량의 관찰값은 다음 표와 같이 $\chi_0^2 = 4.32$이다.

범주	관찰도수(n_i)	비율(p_i)	기대도수 ($e_i = np_i$)	$n_i - e_i$	$(n_i - e_i)^2$	$\dfrac{(n_i - e_i)^2}{e_i}$
1	4	1/6	10	−6	36	3.6
2	56	5/6	50	6	36	0.72
합계	$n = 60$	1.00	60	0		4.32

⑤ 관찰값이 $\chi_0^2 = 4.32 > 3.84$이므로 H_0을 기각한다. 즉, 2의 눈이 나올 가능성이 1/6이라 할 수 없다.

(2) 이제 이 주사위가 공정하게 만들어졌는지, 다시 말해서 모든 눈이 나올 가능성이 1/6로 동일한지 검정해보자.

① 귀무가설과 대립가설을 설정한다.

$$H_0 : p_1 = \frac{1}{6},\ p_2 = \frac{1}{6},\ p_3 = \frac{1}{6},\ p_4 = \frac{1}{6},\ p_5 = \frac{1}{6},\ p_6 = \frac{1}{6},$$

H_1 : H_0가 아니다.

② χ^2통계량 $\chi^2 = \displaystyle\sum_{i=1}^{6} \frac{(n_i - e_i)^2}{e_i}$을 선택한다.

③ 주사위가 공정하게 만들어졌다면, 각각의 눈이 나올 기대비율은 1/6이므로 눈의 수 i가 나올 확률을 p_i라 하면, $p_i = 1/6\,(i = 1, 2, \cdots, 6)$이다. 이때 주사위를 60회 던지면 각각의 눈이 나올 기대도수는 각각 $e_i = 10\,(i = 1, 2, \cdots, 6)$이다. 이때 범주의 수가 6개이므로 자유도는 5이고, 따라서 유의수준 $\alpha = 0.05$에 대한 기각역은 $\chi^2 > \chi^2_{0.05}(5) = 11.07$이다.

④ χ^2통계량의 관찰값은 다음 표와 같이 $\chi_0^2 = 7.2$이다.

범주	관찰도수(n_i)	비율(p_i)	기대도수 ($e_i = np_i$)	$n_i - e_i$	$(n_i - e_i)^2$	$\frac{(n_i - e_i)^2}{e_i}$
1	13	1/6	10	3	9	0.9
2	4	1/6	10	−6	36	3.6
3	10	1/6	10	0	0	0
4	15	1/6	10	5	25	2.5
5	9	1/6	10	−1	1	0.1
6	9	1/6	10	−1	1	0.1
합계	$n = 60$	1.00	60	0		7.2

⑤ 관찰값이 $\chi_0^2 = 7.2 < 11.07$이므로 귀무가설을 채택한다. 다시 말해서, 실험 결과로부터 공정한 주사위가 아니라는 근거가 없다.

예제 8-20

어떤 종의 꽃을 재배하는데, 멘델의 법칙에 의하면 A, B, C, D 색상을 갖는 꽃이 9 : 3 : 3 : 1의 비율로 나타난다고 한다. 이를 확인하기 위하여 560송이의 꽃을 관찰한 결과 다음과 같았다. 그러면 멘델의 법칙이 적용된다고 할 수 있는지 유의수준 5%에서 검증해 보자.

꽃의 색상	A	B	C	D	합계
관측도수	310	120	100	30	560

① 귀무가설과 대립가설을 설정한다.

$H_0 : p_1 = \frac{9}{16},\ p_2 = \frac{3}{16},\ p_3 = \frac{3}{16},\ p_4 = \frac{1}{16},\quad H_1 : H_0$이 아니다.

② 적합도 검정을 실시하므로 χ^2통계량 $\chi^2 = \sum_{i=1}^{6} \frac{(n_i - e_i)^2}{e_i}$을 선택한다.

③ 유의수준 0.05에 대한 기각역은 $\chi^2 > \chi^2_{0.05}(3) = 7.815$이다.

④ 표본으로부터 검정통계량의 관찰값을 구한다.

범주	관찰도수(n_i)	비율(p_i)	기대도수 ($e_i = np_i$)	$n_i - e_i$	$(n_i - e_i)^2$	$\frac{(n_i - e_i)^2}{e_i}$
A	310	0.5625	315	−5	25	0.079
B	120	0.1875	105	15	225	2.143
C	100	0.1875	105	5	25	0.238
D	30	0.0625	35	−5	25	0.714
합계	$n = 560$	1.0000	560	0		3.174

⑤ 관찰값이 $\chi_0^2 = 3.174 < 7.815$이므로 귀무가설을 기각할 수 없다. 즉, 멘델의 법칙이 적용된다고 할 수 있다.

SECTION 05 연/습/문/제

01 전국적으로 발생하는 교통사고 건수가 요일별로 동일한가를 살펴보기 위하여, 지난해 1년 동안 발생한 교통사고 건수를 조사한 결과 다음 표와 같았다. 유의수준 5%에서 요일별 사고 건수가 동일한가에 대하여 검정하여라.

요일	월	화	수	목	금	합계
건수	86	56	51	55	72	320

02 15세 이상 24세 이하 청소년이 고민하는 문제에 대하여 과거 통계청에서 조사한 자료에 따르면 다음 표와 같다. 최근 300명의 청소년을 대상으로 결과에 대하여 청소년들의 고민하는 문제에 변화가 있는지 유의수준 1%에서 조사하여라.

분류	직업	공부	외모	가정환경	용돈부족	기타
통계청 조사결과(%)	24.1	38.5	12.7	5.1	5.2	14.4
최근 조사결과(명)	96	93	36	19	24	32

03 유전학에서 어떤 꽃은 빨간색과 노란색 그리고 흰색인 꽃잎을 가지며, 그 비율은 각각 1/4, 1/4, 1/2이라 한다. 이것을 확인하기 위하여 40송이의 꽃을 조사한 결과 빨간색 5송이 노란색 15송이 그리고 흰색 20송이인 것을 확인하였다. 유의수준 10%에서 이러한 가설을 검정하여라. 한편 빨간색과 노란색 그리고 흰색인 꽃잎의 비율이 2/8, 3/8, 3/8인지 유의수준 10%에서 검정하여라.

04 52장의 카드에서 복원추출에 의하여 36장의 카드를 뽑은 결과 다음과 같았다. 카드의 종류가 나올 확률이 동일한지 유의수준 5%에서 검정하여라.

카드 종류	스페이드	하트	다이아몬드	클로버
관찰 횟수	6	8	9	13

05 52장의 카드 중에서 3장을 뽑을 때, 추출된 카드에 들어 있는 하트인 카드의 수에 관심을 갖는다고 하자. 이때 추출된 하트인 카드의 수를 확률변수 X라 하면, X의 확률질량함수는

$$f(x_i) = \frac{\binom{13}{x_i}\binom{39}{3-x_i}}{\binom{52}{3}}, \quad x_i = 0, 1, 2, 3$$

이다. $H_0 : p_i = f(x_i),\ i = 1, 2, 3, 4$을 확인하기 위하여 100번의 실험을 실시한 결과 다음 표와 같았다. 유의수준 5%에서 귀무가설을 검정하여라.

카드 수	0	1	2	3
관찰 횟수	40	45	12	3

06 비행기의 어떤 부품의 수리 기간(일) X가 평균 3일인 푸아송 분포를 따르는지 알기 위하여 40개의 부품을 수리한 시간을 기록하여 다음과 같은 결과를 얻었다고 한다.

수리 기간	0	1	2	3	4	5	6	7 이상	합
관찰 횟수	1	3	7	6	10	7	6	0	40

이때 수리기간 0은 고장난 부품을 즉시 수리함을 의미한다. 귀무가설 $H_0 : X \sim P(3)$을 유의수준 10%에서 검정하여라.

07 독립적으로 작동하는 4개의 부품으로 구성된 시스템에 대하여 i번째 부품이 작동할 확률을 p_i라 할 때, 50번의 시행에서 각 부품이 성공적으로 작동한 횟수를 조사한 결과 다음과 같았다. 이때 귀무가설 $H_0 : p_1 = 0.85,\ p_2 = 0.90,\ p_3 = 0.80,\ p_4 = 0.75$를 유의수준 5%에서 검정하여라.

부품 번호	1	2	3	4
작동 횟수	40	48	45	40

SECTION
06 독립성 검정

몸무게와 키의 경우와 같이 서로 다른 두 가지 속성 A와 B로 모집단이 각각 서로 배반인 k개의 범주 $A_1, A_2, \cdots, A_k$ 그리고 r개의 범주 $B_1, B_2, \cdots, B_r$로 구성되어 있다고 하자. 그리고 $A_i \cap B_j$의 확률을

$$p_{ij} = P(A_i \cap B_j),\ i = 1, 2, \cdots, k,\ j = 1, 2, \cdots, r$$

이라 하자. 그러면 두 종류의 속성에 대한 범주들의 공통부분 $A_i \cap B_j$에 대한 모비율은 다음과 같은 분할표를 이용하여 나타낼 수 있다.

A \ B	B_1	B_2	$\cdots$	B_r	합
A_1	p_{11}	p_{12}	$\cdots$	p_{1r}	$p_{1\cdot}$
A_2	p_{21}	p_{22}	$\cdots$	p_{2r}	$p_{2\cdot}$
$\vdots$	$\vdots$	$\vdots$	$\cdots$	$\vdots$	$\vdots$
A_k	p_{k1}	p_{k2}	$\cdots$	p_{kr}	$p_{k\cdot}$
합	$p_{\cdot 1}$	$p_{\cdot 2}$	$\cdots$	$p_{\cdot r}$	1

여기서 $p_{i\cdot} = P(A_i) = \sum_{j=1}^{r} p_{ij}$, $p_{\cdot j} = P(B_j) = \sum_{i=1}^{k} p_{ij}$이다. 이때 두 속성 A와 B가 독립인지 아닌지 검정하는 방법을 **독립성 검정**(test of independence)이라 한다. 즉, 귀무가설

$$H_0 : P(A_i \cap B_j) = P(A_i)P(B_j),\ i = 1, 2, \cdots, k,\ j = 1, 2, \cdots, r$$

또는

$$H_0 : p_{ij} = p_{i\cdot}\, p_{\cdot j},\ i = 1, 2, \cdots, k,\ j = 1, 2, \cdots, r$$

을 검정하는 것을 독립성 검정이라 하고, 이때 대립가설은 'H_1 : H_0가 아니다'이다. 이제 귀무가설을 검정하기 위하여 통계실험을 N번 독립적으로 반복하여 다음 표와 같은 관측도수

를 얻었다고 하자.

$A \backslash B$	B_1	B_2	$\cdots$	B_r	합
A_1	n_{11}	n_{12}	$\cdots$	n_{1r}	$n_{1\cdot}$
A_2	n_{21}	n_{22}	$\cdots$	n_{2r}	$n_{2\cdot}$
$\vdots$	$\vdots$	$\vdots$	$\cdots$	$\vdots$	$\vdots$
A_k	n_{k1}	n_{k2}	$\cdots$	n_{kr}	$n_{k\cdot}$
합	$n_{\cdot 1}$	$n_{\cdot 2}$	$\cdots$	$n_{\cdot r}$	N

여기서 $n_{i\cdot} = \sum_{j=1}^{r} n_{ij}$, $n_{\cdot j} = \sum_{i=1}^{k} n_{ij}$ 이다. 그러면 귀무가설 H_0이 참이라 할 때, $p_{i\cdot}$와 $p_{\cdot j}$에 대한 MLE는 각각

$$\hat{p}_{i\cdot} = \frac{n_{i\cdot}}{N},\ \hat{p}_{\cdot j} = \frac{n_{\cdot j}}{N},\ i=1,2,\cdots,k,\ j=1,2,\cdots,r$$

이고, 따라서 합동표본비율 $\hat{p}_{ij}$는 다음과 같다.

$$\hat{p}_{ij} = \hat{p}_{i\cdot}\,\hat{p}_{\cdot j} = \frac{n_{i\cdot}}{N}\frac{n_{\cdot j}}{N},\ i=1,2,\cdots,k,\ j=1,2,\cdots,r$$

그리고 이 경우에 $A_i \cap B_j$의 기대도수는 다음과 같이 추정된다.

$$\hat{e}_{ij} = N\hat{p}_{ij} = N\hat{p}_{i\cdot}\,\hat{p}_{\cdot j} = \frac{n_{i\cdot}\,n_{\cdot j}}{N}$$

그러면 적합도 검정과 동일한 방법으로 귀무가설 H_0이 참이라는 조건 아래서 관찰도수 n_{ij}와 기대도수 $\hat{e}_{ij}$의 일치성을 측정하기 위한 χ^2 통계량을 사용하며, 이때 자유도 $(k-1)(r-1)$인 χ^2분포를 사용한다. 그러므로 유의수준 α에 대한 기각역은 $\chi^2 > \chi^2_\alpha[(k-1)(r-1)]$이고, 검정통계량은 다음과 같다.

$$\chi^2 = \sum_{i=1}^{k}\sum_{j=1}^{r} \frac{(n_{ij} - \hat{e}_{ij})^2}{\hat{e}_{ij}}$$

예제 8-21

어떤 회사가 세 종류의 신상품 A, B, C를 개발하여 소비자들이 어떤 종류의 신상품을 더 좋아하는가의 선호도가 남녀 간에 상관관계가 있는지를 알아보기 위하여 200명을 임의로 추출하여 다음 자료를 얻었다. 이 자료로부터 신상품에 대한 선호도와 성별은 서로 독립이라고 할 수 있는지 유의수준 5%에서 검정하여 보자.

성별 \ 신상품	A	B	C	합
남	10	50	20	80
여	20	40	60	120
합	30	90	80	200

① 귀무가설과 대립가설을 설정한다.

$$H_0 : p_{ij} = p_{i.}\,p_{.j},\ \ i=1,2,\ \ j=1,2,3,$$

$$H_1 : H_0\text{가 아니다.}$$

② χ^2통계량 $\chi^2 = \sum_{i=1}^{2}\sum_{j=1}^{3} \frac{(n_{ij}-\hat{e}_{ij})^2}{\hat{e}_{ij}}$을 선택한다.

③ $r=3,\ k=2$이므로 자유도는 $(3-1)(2-1)=2$이고, 따라서 유의수준 $\alpha=0.05$에 대한 기각역은 $\chi^2 > \chi^2_{0.05}(2)=5.99$이다.

④ H_0이 참이라는 조건 아래서 추정 기대도수를 구한다.

$$\hat{e}_{11} = \frac{n_{1.}n_{.1}}{N} = \frac{80\cdot 30}{200} = 12,\ \ \hat{e}_{12} = \frac{n_{1.}n_{.2}}{N} = \frac{80\cdot 90}{200} = 36$$

$$\hat{e}_{13} = \frac{n_{1.}n_{.3}}{N} = \frac{80\cdot 80}{200} = 32,\ \ \hat{e}_{21} = \frac{n_{2.}n_{.1}}{N} = \frac{120\cdot 30}{200} = 18$$

$$\hat{e}_{22} = \frac{n_{2.}n_{.2}}{N} = \frac{120\cdot 90}{200} = 54,\ \ \hat{e}_{23} = \frac{n_{2.}n_{.3}}{N} = \frac{120\cdot 80}{200} = 48$$

추정기대도수 ($\hat{e}_{ij}$)	신상품 A	신상품 B	신상품 C
남자	12 (10)	36 (50)	32 (20)
여자	18 (20)	54 (40)	48 (60)

그러면 χ^2통계량의 관찰값은 다음 표와 같이 $\chi^2_0 = 17.12$이다.

표본	범주	관찰도수(n_{ij})	기대도수($\hat{e}_{ij}$)	$n_{ij}-\hat{e}_{ij}$	$(n_{ij}-\hat{e}_{ij})^2$	$\frac{(n_{ij}-\hat{e}_{ij})^2}{\hat{e}_{ij}}$
남자	A	10	12	-2	4	0.33
	B	50	36	14	196	5.44
	C	20	32	-12	144	4.50
여자	A	20	18	2	4	0.22
	B	40	54	-14	196	3.63
	C	60	48	12	144	3.00
합계		200				17.12

⑤ 관찰값이 $\chi_0^2 = 17.12 > 5.99$이므로 H_0을 기각한다. 즉, 선호도와 성별은 독립이라고 할 수 없다.

SECTION 06 연습문제

01 경제 형편에 따른 쇼핑장소에 차이가 있는지를 살펴보기 위해 설문조사를 한 결과 다음 자료를 얻었다. 이때 경제 사정과 쇼핑장소의 선택이 서로 독립인지를 유의수준 $\alpha = 0.05$에서 검정하여라.

쇼핑장소 \ 경제형편	상류층	중류층	하류층	합
백화점	30	20	10	60
대형할인매장	20	40	40	100
재래시장	10	10	20	40
합	60	70	70	200

02 혈액형과 눈의 색상 사이에 어떤 관련성이 있는지를 알아보기 위해 400명을 임의로 조사한 결과 다음과 같이 분류되었다. 이 자료를 이용하여 유의수준 5%에서 혈액형과 눈의 색상이 독립인지 검정하여라.

눈의 색상 \ 혈액형	A	B	O	AB	합
푸른 색	95	40	80	25	240
갈색	65	50	40	5	160
합	160	90	120	30	400

03 어느 지역사회에서 360명을 임의로 선정하여 정치적 성향과 나이에 따라 분류한 결과 다음과 같았다. 정치적 성향과 나이가 독립이라는 가설을 유의수준 5%에서 검정하여라.

정치적 성향 \ 나이	20~35	35~50	51 이상	합
보수	10	40	10	60
중도	80	85	45	210
진보	45	25	20	90
합	135	150	75	360

04 증권거래소에서 어떤 주식의 가격과 업종이 서로 무관한지 검정하기 위하여, 4개의 업종과 주가를 조사한 결과 다음과 같은 자료를 얻었다. 이때 유의수준 5%에서 주가가 업종에 영향을 받는지 검정하여라.

주가 \ 업종	A	B	C	D	합
상	15(13.8)	8(10.4)	10(8.7)	12(12.1)	45
중	20(18.5)	16(13.9)	12(11.5)	12(16.1)	60
하	5(7.7)	6(5.7)	3(4.8)	11(6.8)	25
합	40	30	25	35	130

05 분기에 따른 차종의 판매실적이 서로 독립인지 알아보기 위하여 분기별로 A와 B인 두 종류의 자동차를 판매한 실적을 조사한 결과 다음과 같은 자료를 얻었다. 이때 분기에 따른 차종의 판매실적이 서로 독립인지를 유의수준 $\alpha = 0.05$ 에서 검정하여라.

차종 \ 분기	1	2	3	4	5	6	합
A	3(9)	3(6)	4(5)	12(8)	16(12)	12(10)	50
B	24(18)	15(12)	11(10)	12(16)	29(24)	18(20)	109
합	27	18	15	24	45	30	159

06 소득수준과 체격조건에 차이가 있는지를 알기 위하여 750명을 상대로 조사한 결과 다음과 같은 자료를 얻었다. 이때 월수입과 체격조건은 서로 독립인지를 유의수준 $\alpha = 0.05$ 에서 검정하여라.

체격조건 \ 월수입	하층	중층	상층	합
빈약	100	50	50	200
표준	50	200	70	320
비만	120	60	50	230
합	270	310	170	750

SECTION
07 동질성 검정

한 모집단의 두 가지 속성 A와 B에 대하여 속성 A가 k개의 부차모집단 $A_1, A_2, \cdots, A_k$로 분할되었을 때, B의 각 범주 B_j $(j=1,2,\cdots,r)$에 속하는 비율은 각각의 부차모집단 A_i에 대하여 각 범주 B_j에 속하는 조건부 확률 p_{ij}로 나타나므로 $p_{ij}=P(B_j|A_i)$로 표현된다. 그리고 이러한 확률 p_{ij}에 대한 $k\times r$분할표를 작성하면 다음과 같다.

| 표 8.1 | $k\times r$분할표의 $p_{ij}=P(B_j|A_i)$

A \ B	B_1	B_2	$\cdots$	B_r	합
A_1	p_{11}	p_{12}	$\cdots$	p_{1r}	$p_{1\cdot}$
A_2	p_{21}	p_{22}	$\cdots$	p_{2r}	$p_{2\cdot}$
$\vdots$	$\vdots$	$\vdots$	$\cdots$	$\vdots$	$\vdots$
A_k	p_{k1}	p_{k2}	$\cdots$	p_{kr}	$p_{k\cdot}$
합	$p_{\cdot 1}$	$p_{\cdot 2}$	$\cdots$	$p_{\cdot r}$	1

여기서, $P(A_i)=1$ $(i=1,2,\cdots,k)$이다. 이때 k개의 부차모집단 $A_1, A_2, \cdots, A_k$로 구성된 속성 A에 대하여 B의 각 범주 $B_j(j=1,2,\cdots,r)$에 속하는 비율이 모든 부차모집단에 대하여 동일한지를 검정하는 것을 **동질성 검정**(test of homogeneity)이라 한다. 따라서 동질성 검정은 귀무가설

$$H_0: p_{1j}=p_{2j}=\cdots=p_{kj},\ j=1,2,\cdots,r$$

에 대한 대립가설은 '$H_1: H_0$이 아니다'를 검정하는 것이다. 그러므로 부차모집단 A_i $(i=1,2,\cdots,k)$로부터 미리 정해진 표본의 크기 $n_{i.}$만큼을 추출할 때, 표본의 크기 $n_{i.}$는 독립성 검정과는 달리 고정된 상수가 되며 따라서 확률변수가 아니다. 그리고 표본의 크기 $n_{i.}$를 각 범주 B_j에 따라 분할하고 관찰도수의 합을 $n_{.j}$라 하면 이들은 확률변수이며,

$n_{.j} = \sum_{i=1}^{k} n_{ij}$ 이다. 그러므로 각 표본의 크기 $n_{i.}$ 가 고정된 $k \times r$ 분할표는 다음과 같이 주어진다.

| 표 8.2 | $n_{i.}$ 가 고정된 $k \times r$ 분할표의 관측도수

A \ B	B_1	B_2	$\cdots$	B_r	합
A_1	n_{11}	n_{12}	$\cdots$	n_{1r}	$n_{1.}$
A_2	n_{21}	n_{22}	$\cdots$	n_{2r}	$n_{2.}$
$\vdots$	$\vdots$	$\vdots$	$\cdots$	$\vdots$	$\vdots$
A_k	n_{k1}	n_{k2}	$\cdots$	n_{kr}	$n_{k.}$
합	$n_{.1}$	$n_{.2}$	$\cdots$	$n_{.r}$	N

한편 귀무가설 H_0 이 참이라는 조건 아래서, 각 범주 B_j 에 대한 합동표본비율 $\hat{p}_{ij}$ 는 전체 표본의 크기 N에서 B_j 에 속하게 되는 $n_{.j}$ 의 비율로 다음과 같다.

$$\hat{p}_{1j} = \hat{p}_{2j} = \cdots = \hat{p}_{kj} = \frac{n_{.j}}{N} \quad (j = 1, 2, \cdots, r)$$

그리고 이 경우에 각 부차모집단에 대한 각 속성의 기대도수는 다음과 같다.

$$\hat{e}_{ij} = n_{i.}\,\hat{p}_{ij} = \frac{n_{i.}\,n_{.j}}{N}$$

특히 독립성 검정과 마찬가지로 동질성 검정에서 사용되는 χ^2통계량은

$$\chi^2 = \sum_{i=1}^{k}\sum_{j=1}^{r} \frac{(n_{ij} - \hat{e}_{ij})^2}{\hat{e}_{ij}}$$

으로 주어지며, 귀무가설 H_0 이 참일 때 표본의 크기가 충분히 크면 근사적으로 자유도가 $(k-1)(r-1)$ 인 χ^2분포를 따른다. 그러므로 유의수준 α에서 H_0 에 대한 기각역은

$$\chi^2 > \chi^2_{\alpha}[(k-1)(r-1)]$$

이다.

예제 8-22

어느 대학의 통계조사연구소에서는 학년에 따라 흡연하는 학생의 비율이 어떻게 다른지를 알아보기 위하여 1, 2, 3, 4학년 학생들을 각각 200, 200, 300, 300명씩 임의로 추출하여 흡연 여부를 조사하여 다음과 같은 결과를 얻었다.

학년 \ 흡연 여부	흡연	비흡연	합
1	140	60	200
2	160	40	200
3	150	150	300
4	100	200	300
합	550	450	1000

이 자료로부터 학년에 따라 흡연하는 학생의 비율이 다른지를 유의수준 5%에서 검정하여 보자.

① 동질성 검정을 위한 귀무가설과 대립가설을 다음과 같이 설정한다.

$$H_0 : p_{11} = p_{21} = p_{31} = p_{41} \,;\, p_{12} = p_{22} = p_{32} = p_{42}$$
$H_1 : H_0$ 이 아니다.

② χ^2통계량 $\chi^2 = \sum_{i=1}^{4}\sum_{j=1}^{2}\frac{(n_{ij}-\hat{e}_{ij})^2}{\hat{e}_{ij}}$ 을 선택한다.

③ $k=4$, $r=2$이므로 자유도는 $(4-1)(2-1)=3$이고, 따라서 유의수준 $\alpha=0.05$에 대한 기각역은 $\chi_0^2 > \chi_{0.05}^2(3) = 7.81$이다.

④ 귀무가설 H_0이 참이라는 조건 아래서 추정 기대도수를 구한다.

$$\hat{e}_{11} = \frac{n_{1.}n_{.1}}{N} = \frac{200 \cdot 550}{1000} = 110, \quad \hat{e}_{12} = \frac{n_{1.}n_{.2}}{N} = \frac{200 \cdot 450}{1000} = 90$$

$$\hat{e}_{21} = \frac{n_{2.}n_{.1}}{N} = \frac{200 \cdot 550}{1000} = 110, \quad \hat{e}_{22} = \frac{n_{2.}n_{.2}}{N} = \frac{200 \cdot 450}{1000} = 90$$

$$\hat{e}_{31} = \frac{n_{3.}n_{.1}}{N} = \frac{300 \cdot 550}{1000} = 165, \quad \hat{e}_{32} = \frac{n_{3.}n_{.2}}{N} = \frac{300 \cdot 450}{1000} = 135$$

$$\hat{e}_{41} = \frac{n_{4.}n_{.1}}{N} = \frac{300 \cdot 550}{1000} = 165, \quad \hat{e}_{42} = \frac{n_{4.}n_{.2}}{N} = \frac{300 \cdot 450}{1000} = 135$$

추정기대도수 ($\hat{e}_{ij}$)	흡연 A	비흡연 B
1	110 (140)	90 (60)
2	110 (160)	90 (40)
3	165 (150)	135 (150)
4	165 (100)	135 (200)

(괄호 안의 수는 관찰도수)

그러면 χ^2통계량의 관찰값은 다음 표와 같이 $\chi_0^2 = 128.39$이다.

표본	범주	관찰도수(n_i)	기대도수($\hat{e}_{ij}$)	$n_{ij}-\hat{e}_{ij}$	$(n_{ij}-\hat{e}_{ij})^2$	$\frac{(n_{ij}-\hat{e}_{ij})^2}{\hat{e}_{ij}}$
1	A	140	110	30	900	8.18
	B	60	90	−30	900	10.00
2	A	160	110	50	2500	22.73
	B	40	90	−50	2500	27.78
3	A	150	165	−15	225	1.36
	B	150	135	15	225	1.67
4	A	100	165	−65	4225	25.61
	B	200	135	65	4225	31.30
합계		1000	1000			128.63

⑤ 관찰값이 $\chi_0^2 = 128.63 > 7.81$이므로 H_0을 기각한다. 즉, 학년별로 흡연하는 비율은 차이가 있다고 할 수 있다.

SECTION 07 연/습/문/제

01 어느 담배 제조회사에서 30세 이상의 성인 남자를 대상으로 흡연율을 조사한 결과 다음과 같은 표를 얻었다. 유의수준 5%에서 각 연령층별로 흡연율에 차이가 있는지 검정하여라.

학년 \ 흡연 여부	흡연	비흡연	합
30대	95	65	160
40대	40	50	90
50대	80	40	120
60대 이상	25	5	30
합	240	160	400

02 컴퓨터 모니터를 생산하는 회사에서 모니터의 크기에 대한 소비자들의 성향을 조사하기 위하여 500명을 임의로 추출하여 설문조사한 결과 다음과 같은 결과를 얻었다. 이 결과를 이용하여 귀무가설 $H_0 : p_1 = p_2 = p_3 = p_4 = p_5 = 0.2$가 성립하는지 유의수준 5%에서 검정하여라.

크기	14인치	16인치	18인치	19인치	21인치
관찰도수	30	70	120	100	180

03 어떤 회사 품질 관리과의 사원들이 1년 동안 지각한 총 횟수 180회를 조사한 자료가 다음과 같다. 요일에 따른 지각횟수에 차이가 있는지 유의수준 5%에서 검정하여라.

요일	월	화	수	목	금	토
관찰도수	36	29	31	27	29	28

04 노동자에 의하여 생산된 제품의 불량품과 양품의 비율이 오전, 오후, 야간 근무 형태에 따라 다르게 나타나는지 알기 위하여 조사한 결과 다음과 같았다. 이때 유의수준 2.5%에서 근무형태에 따른 불량률이 동일한지 검정하여라.

품질 \ 근무형태	오전	오후	야간
불량품	45	55	70
양품	905	890	870

05 5개의 제조공장을 가지고 있는 컴퓨터 회사에서는 공장에 따라 불량률이 다른지를 알아보기 위하여 각 공장별로 200개의 제품을 임의로 추출하여 제품의 불량 여부를 조사하여 다음과 같은 자료를 얻었다. 이때 공장에 따라 제품의 불량률이 다른지를 유의수준 5%에서 검정하여라.

품질 \ 근무 형태	양품	불량품	합
공장 1	190	10	200
공장 2	195	5	200
공장 3	192	8	200
공장 4	199	1	200
공장 5	194	6	200
합	970	30	1000

06 초등학교에서 영어교육에 대한 찬성 비율이 광역시별로 차이가 있는지 알아보기 위하여, 각 광역시별로 100명의 학부모를 임의로 선정하여 조사한 결과 다음과 같았다. 광역시별로 초등학교에서 영어교육을 실시하는 것에 찬성하는 비율이 동일한지 유의수준 5%에서 검정하여라.

응답 \ 광역시	서울	대구	부산	울산	광주	대전
찬성	84	72	67	81	88	91
반대	16	28	33	19	12	9

CHAPTER 09

상관분석과 회귀분석

MATHEMATICAL STATISTICS

보편적으로 통계에서 다루는 많은 자료들에 있어서 어떤 단일 변량을 다루기도 하지만 둘 또는 그 이상의 변량을 다루는 경우가 무수히 많다. 예를 들어, 유류값의 상승과 자동차의 운행거리, IQ와 학업성취도, 흡연량과 폐암발병률 또는 인기 있는 연예인을 이용한 광고와 판매량 등은 두 개의 변량으로 이루어져 있다. 그리고 이들 사이의 관계를 연구함으로써 가장 경제적이면서도 최고의 효과를 내는 경영을 유도한다든지 또는 어떤 새로운 정책에 대한 국민의 호응도를 예측하기도 한다. 이와 같이 둘 또는 그 이상의 변량 사이에 존재하는 어떤 상호 종속적인 관계나 그 관계의 강도를 통계적으로 분석하는 방법을 상관분석(correlation analysis)이라 한다. 이러한 상관분석은 두 변량 사이에 상호 의존적인 관계가 있는지에 대한 추론이 주된 목적이고, 그들 사이에 구체적인 어떤 함수관계가 있는가를 파악하고자 하는 것은 아니다. 한편 우리가 얻은 자료를 통하여 두 개 이상의 변량들 사이에 어떤 관련성을 알 수 있다면, 한 변량의 변화에 따른 다른 변량의 변화를 예측할 수 있을 것이다. 이와 같이 두 변량 사이의 관계를 함수관계식으로 나타내고, 이 관계식의 정도(precision) 등을 비롯한 여러 가지 통계적인 사실을 검토하는 통계적 분석방법을 회귀분석(regression analysis)이라고 한다.

이 장에서는 상관분석과 회귀분석의 개념과 상관계수의 추정 및 검정에 대한 내용을 살펴본다.

SECTION 01

상관분석

우선 두 변량 사이의 관계를 가장 쉽게 알아보는 방법으로 서로 대응하는 자료들을 좌표평면 위의 점들로 나타내는 것을 생각할 수 있다. 그러면 대응하는 두 자료를 좌표평면 위에 점으로 나타냄으로써 두 변량 사이의 관계를 대략적으로 파악할 수 있으며, 이와 같이 좌표평면 위의 점에 의하여 두 자료의 관계를 나타낸 그래프를 **상관도**(correlation diagram) 또는 **산점도**(scatter diagram)라고 한다. 예를 들어, 고등학교 3학년 학생 10명을 임의로 선정하여, 이 학생들의 영어와 수학 그리고 물리 점수에 대한 다음 표를 생각해 보자.

과목 \ 번호	1	2	3	4	5	6	7	8	9	10
영어	72	65	90	92	80	76	86	77	67	66
수학	93	86	59	69	77	94	75	84	88	97
물리	88	82	63	72	77	96	79	88	92	95

이제 영어점수와 수학점수 그리고 물리점수와 수학점수 사이의 상호관계를 알아보기 위하여 다음과 같이 산점도를 그리면, 수학을 잘하는 학생은 물리도 역시 잘하지만 영어는 못한다는 결론을 얻을 수 있다.

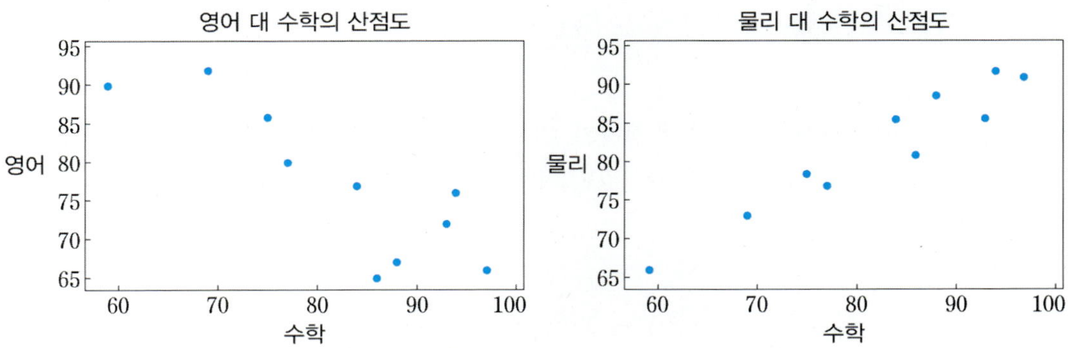

| 그림 9.1 | 영어·수학, 물리·수학 점수의 산점도

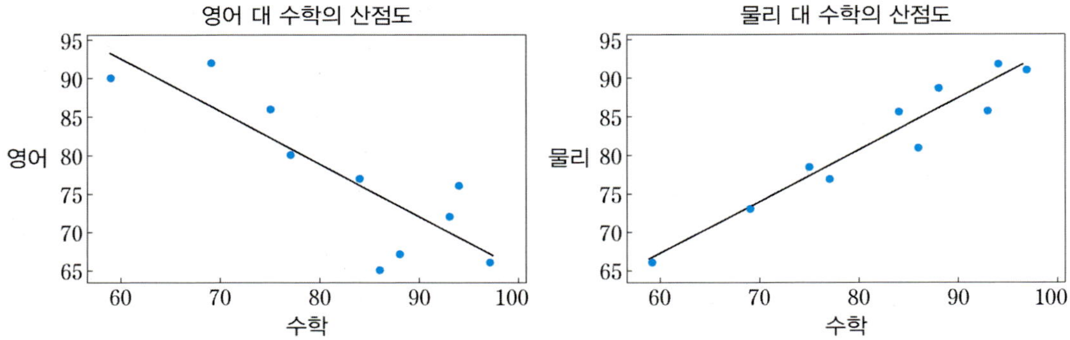

| 그림 9.2 | 산점도와 적합선

이와 같이 서로 비교되는 두 자료를 좌표평면 위에 점으로 나타냄으로써 그들 사이의 관계를 간단히 분석할 수 있다. 이때 단순히 두 변량 사이에 어떤 관계가 있는지 분석하는 방법을 **단순상관분석**(simple correlation analysis)이라 하고, 세 개 이상의 변량들 사이에 어떤 관계가 있는지 분석하는 방법을 **다중상관분석**(multiple correlation analysis)이라 한다. 특히 다중상관분석에서 다른 변량들은 그대로 놔두고, 어느 두 변량만의 관계를 분석하는 방법을 **편상관계분석**(partial correlation analysis)이라 한다. 그러면 두 변량 사이의 상관관계를 이용하여 변량들 사이의 관계를 정밀하게 분석하며, 이때 그림 9.2와 같이 산점도 위에 주어진 점을 가장 잘 나타내는 적합선이 직선인 경우 단순상관계수를 이용하고 적합선이 2차, 3차 함수식으로 나타나는 경우에 상관비를 사용한다. 특히 다중상관분석에서 상관관계를 측정하기 위하여 편상관계수 또는 중상관계수를 사용한다. 그러나 이 절에서는 두 변량 사이에 선형적 관계를 나타내는 단순상관계수만을 다루고자 한다.

두 모집단 사이의 상관계수를 **모상관계수**(population correlation coefficient)라 하며,

$$\rho = \frac{Cov(X,\ Y)}{\sigma_X \sigma_Y}$$

로 정의한다. 이제 모상관계수를 추정하기 위하여 각각 크기가 n인 확률표본을 추출하여, 그들의 쌍을 $(X_1, Y_1), (X_2, Y_2), \cdots, (X_n, Y_n)$이라 할 때, X와 Y의 분산에 대한 불편추정량은 각각

$$S_X^2 = \frac{1}{n-1}\sum_{i=1}^{n}(X_i - \overline{X})^2,\ S_Y^2 = \frac{1}{n-1}\sum_{i=1}^{n}(Y_i - \overline{Y})^2$$

이고 마찬가지로 X와 Y의 공분산에 대한 불편추정량은 **표본공분산**(sample covariance)

$$S_{XY} = \frac{1}{n-1}\sum_{i=1}^{n}(X_i - \overline{X})(Y_i - \overline{Y})$$

이다. 이때 두 표본 사이의 상관계수를

$$r = \frac{S_{XY}}{S_X S_Y} = \frac{\sum_{i=1}^{n}(X_i - \overline{X})(Y_i - \overline{Y})}{\sqrt{\sum_{i=1}^{n}(X_i - \overline{X})^2}\sqrt{\sum_{i=1}^{n}(Y_i - \overline{Y})^2}}$$

으로 정의하며, 이것을 **표본상관계수**(sample correlation coefficient)라 한다. 여기서 S_{XY}는 표본으로부터 얻어진 X와 Y의 공분산이며, S_X는 X의 표본표준편차, S_Y는 Y의 표본표준편차이다. 그러면 단순상관계수 r은 X와 Y 사이의 직선적인 관계가 어느 정도 있는가를 나타내는 특성값으로 $-1 \le r \le 1$이다. 그리고 $r = 0$이면 두 변량 X와 Y는 무상관이라 하고, $0 < r < 1$일 때 두 변량은 양의 상관이 있다고 한다. 또한 $-1 < r < 0$이면 두 변량은 음의 상관이 있다고 하고, 상관계수가 1에 가까울수록 깊은 양의 상관관계를 가지며, -1에 가까울수록 깊은 음의 상관관계를 갖는다. 특히 $r = 1$이면 두 변량 X와 Y는 완전 양의 상관이 있다 하고, $r = -1$이면 완전 음의 상관이라고 한다.

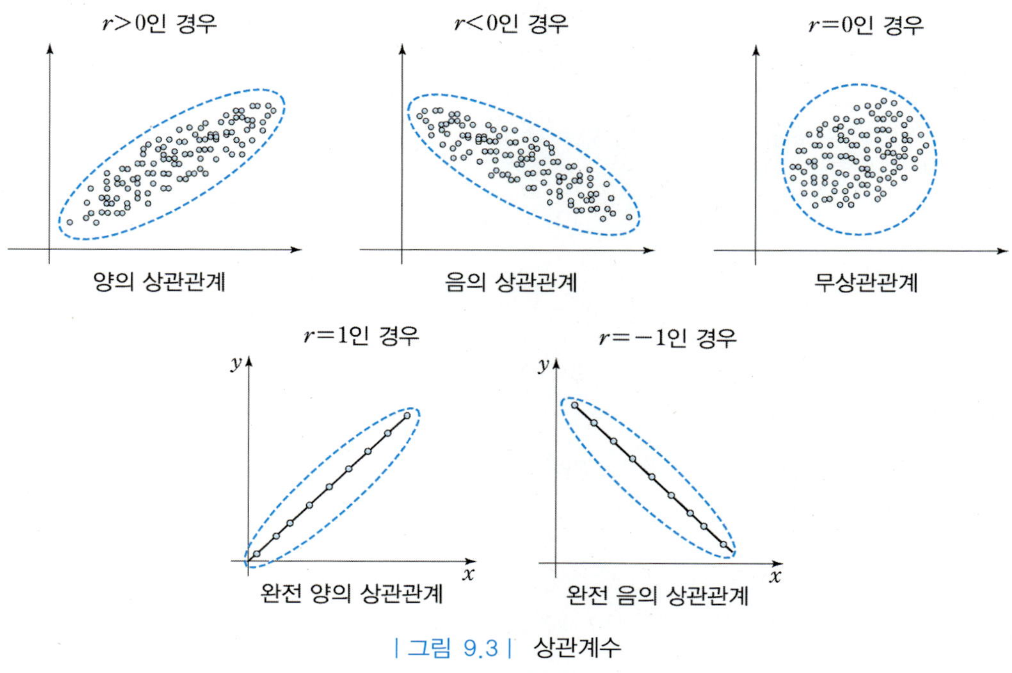

| 그림 9.3 | 상관계수

예제 9-1

어떤 반응 실험에서 원료의 첨가량(X)과 수율(Y)의 관계 자료 10개를 임의로 추출하여 얻은 결과가 다음과 같다고 하자.

X	12	13	14	10	11	8	10	11	12	9
Y	45	50	55	40	40	35	45	45	60	45

그러면 X와 Y의 평균편차 제곱합과 곱은 다음 표와 같다.

번호	X	Y	$X-\overline{X}$	$Y-\overline{Y}$	$(X-\overline{X})^2$	$(Y-\overline{Y})^2$	$(X-\overline{X})(Y-\overline{Y})$
1	12	45	1	−1	1	1	−1
2	13	50	2	4	4	16	8
3	14	55	3	9	9	81	27
4	10	40	−1	−6	1	36	6
5	11	40	0	−6	0	36	0
6	8	35	−3	−11	9	121	33
7	10	45	−1	−1	1	1	1
8	11	45	0	−1	0	1	0
9	12	60	1	14	1	196	14
10	9	45	−2	−1	4	1	2
합계	110	460	0	0	30	490	90

따라서 X와 Y의 표본평균과 표본공분산 그리고 표본분산은 각각 다음과 같다.

표본평균 : $\overline{X} = \dfrac{1}{10}\displaystyle\sum_{i=1}^{10} X_i = 11$, $\overline{Y} = \dfrac{1}{10}\displaystyle\sum_{i=1}^{10} y_i = 46$

표본공분산 : $S_{XY} = \dfrac{1}{9}\displaystyle\sum_{i=1}^{10}(X_i - \overline{X})(Y_i - \overline{Y}) = \dfrac{90}{9} = 10$

표본분산 : $S_X^2 = \dfrac{1}{9}\displaystyle\sum_{i=1}^{10}(X_i - \overline{X})^2 = \dfrac{30}{9}$, $S_Y^2 = \dfrac{1}{9}\displaystyle\sum_{i=1}^{10}(Y_i - \overline{Y})^2 = \dfrac{490}{9}$

표본표준편차 : $S_X = \dfrac{\sqrt{30}}{3}$, $S_Y = \dfrac{\sqrt{490}}{3}$

그러므로 구하고자 하는 X와 Y의 표본상관계수는 다음과 같다.

$$r = \frac{S_{XY}}{S_X S_Y} = \frac{90}{\sqrt{30}\,\sqrt{490}} \fallingdotseq 0.742$$

한편, 이 결과로부터 X와 Y는 양의 상관관계가 있음을 알 수 있다.

특히 앞에서 정의된 상관계수는 이미 살펴본 바와 같이 다음과 같은 성질을 갖는다.

● 정리 1

두 확률변수 X와 Y 사이의 상관계수 $\rho_{XY} = \rho(X, Y)$는 다음 성질을 만족한다.

(1) $\rho_{XY} = \rho_{YX}$

(2) $\rho(aX+b,\ cY+d) = \begin{cases} \rho(X, Y) & , \quad ac > 0 \\ -\rho(X, Y) & , \quad ac < 0 \end{cases}$

(3) $\rho_{XY} = 1$일 필요충분조건은 $Y = aX + b$이다. 단, $a \neq 0$

(4) X와 Y가 독립이면 $\rho_{XY} = 0$이지만 역은 성립하지 않는다.

증명

(1)
$$\begin{aligned} Cov(X, Y) &= E[(X - E(\overline{X}))(Y - E(\overline{Y}))] \\ &= E[(Y - E(\overline{Y}))(X - E(\overline{X}))] = Cov(Y, X) \end{aligned}$$

이므로 명백히 $\rho_{XY} = \rho_{YX}$이 성립한다.

(2)
$$\begin{aligned} Cov(aX+b,\ cY+d) &= E[\{aX+b-E(aX+b)\}\{cY+d-E(cY+d)\}] \\ &= E[\{aX+b-aE(X)-b\}\{cY+d-cE(Y)-d\}] \\ &= acE[(X-E(X))(Y-E(Y))] \\ &= ac\,Cov(X, Y) \end{aligned}$$

이고,

$$\sigma_{aX+b} = \sqrt{Var(aX+b)} = \sqrt{a^2\,Var(X)} = |a|\sigma_X$$
$$\sigma_{cY+d} = \sqrt{Var(cY+d)} = \sqrt{c^2\,Var(Y)} = |c|\sigma_Y$$

이므로

$$\begin{aligned} \rho(aX+b,\ cY+d) &= \frac{Cov(aX+b,\ cY+d)}{\sigma_{aX+b}\,\sigma_{cY+d}} \\ &= \frac{ac\,Cov(X, Y)}{|ac|\sigma_X\sigma_Y} \end{aligned}$$

이다. 한편, $ac > 0$이면 $|ac| = ac$이고 $ac < 0$이면 $|ac| = -ac$이므로

$$\rho(aX+b, cY+d) = \begin{cases} \rho(X, Y) & , ac>0 \\ -\rho(X, Y) & , ac<0 \end{cases}$$

이다.

(3)과 (4)는 연습문제로 남긴다.

예제 9-2

예제 9-1에 주어진 자료에 대하여 $\rho(X-10, 2Y+5) = \rho_{XY} = 0.742$ 이고, 또한

$$\rho(2X-1, -Y+5) = -\rho_{XY} = -0.742$$

이다.

한편 음악 경연대회나 기능인 선발대회와 같은 경우에 성적보다는 순위를 이용하는 것이 편리할 때가 있다. 이와 같이 양적자료가 아닌 질적자료들 사이의 상관관계를 구하고자 할 때, 두 변량 X와 Y에 대한 n개의 측정값을 작은 것부터 차례로 순위를 정하여 순위의 짝 (x_1, y_1), (x_2, y_2), $\cdots$, (x_n, y_n)을 만든다. 이때 **순위상관계수**(rank correlation coefficient)는 다음과 같이 정의한다.

$$r_s = 1 - \frac{6\sum_{i=1}^{n}(x_i - y_i)^2}{n(n^2-1)}$$

그러면 두 변량 사이의 관계가 선형이든 비선형이든 상관없이 두 변량 사이의 관계를 밝혀주며, 특히 측정값 안에 이상점이 있거나 또는 표본의 크기가 작을 때 많이 사용한다. 이때 두 측정값의 순위가 완전히 일치하면 $r_s = 1$이고, 순위가 완전히 뒤바뀌었다면 $r_s = -1$이다.

예제 9-3

10명의 근로자들이 승진을 하기 위해 치른 두 과목 X와 Y에서 취득한 점수의 석차는 다음과 같다 하자.

X	1	2	3	4	5	6	7	8	9	10
Y	2	1	3	7	8	6	4	5	10	9

그러면 관찰값 X_i와 Y_i의 편차와 편차제곱합은 다음과 같다.

X	1	2	3	4	5	6	7	8	9	10	합
Y	2	1	3	7	8	6	4	5	10	9	
$X-Y$	−1	1	0	−3	−3	0	3	3	−1	1	0
$(X-Y)^2$	1	1	0	9	9	0	9	9	1	1	40

그러므로 $\sum(X_i - Y_i)^2 = 40$. 순위상관계수는 다음과 같다.

$$r_s = 1 - \frac{6 \cdot 40}{10 \cdot (10^2 - 1)} = 1 - \frac{240}{990} \fallingdotseq 0.7576$$

SECTION 01 연/습/문/제

01 정리 1의 (3)과 (4)를 증명하여라.

02 X, Y가 독립이면 $\rho_{XY} = 0$이 성립하는 것을 보이고, 역은 성립하지 않음을 반례를 들어 보여라.

03 다음은 전체 100명의 학생에 대한 영어 점수(X)와 수학 점수(Y)를 나타낸 상관표이다. 영어 점수와 수학 점수 사이의 상관계수를 구하여라.

X \ Y	50	60	70	80	90	100	합
50	5	4	3				12
60	1	5	7	4			17
70		4	10	5	2		21
80			5	12	7		24
90			1	9	5	2	17
100				3	4	2	9
합	6	13	26	33	18	4	100

04 다음 표는 10명의 미스터 코리아 참가선수에 대한 두 심판이 평가한 순위를 나타낸다. 이 심판들에 의한 순위의 상관계수를 구하여라.

참가번호	1	2	3	4	5	6	7	8	9	10
심판 1	4	1	5	10	3	2	6	9	8	7
심판 2	5	2	3	8	1	4	6	7	10	9

SECTION 02 상관계수의 추정과 검정

이제 이변량 정규분포의 모상관계수 ρ에 대하여 추론하는 방법을 살펴본다. X와 Y가 이변량 정규분포 $N(\mu_X, \mu_Y, \sigma_X^2, \sigma_Y^2, \rho)$를 갖는다고 하자. 이때 상관계수 ρ는 X와 Y 사이의 선형적 관계를 나타내는 척도로 $\rho = 0$이면 X와 Y는 독립이다. 한편 이변량 정규모집단으로부터 크기 n인 확률표본 $\{(X_1, Y_1), (X_2, Y_2), \cdots, (X_n, Y_n)\}$을 취하면 다음 성질이 성립한다.

● 정리 2

> 이변량 정규모집단 $N(\mu_X, \mu_Y, \sigma_X^2, \sigma_Y^2, \rho)$으로부터 확률표본
>
> $$\{(X_1,\ Y_1), (X_2,\ Y_2),\ \cdots,\ (X_n,\ Y_n)\}$$
>
> 을 추출할 때, $\rho_{XY} = 0$이면 표본상관계수 r의 함수인 통계량에 대하여 다음이 성립한다.
>
> $$T = \frac{r\sqrt{n-2}}{\sqrt{1-r^2}} \sim t(n-2)$$

증명

확률표본에서 $X_1 = x_1, X_2 = x_2, \cdots, X_n = x_n$이 관찰되었다고 하자. 그러면 X와 Y의 분산은 각각

$$S_x^2 = \frac{1}{n-1}\sum_{i=1}^{n}(x_i - \overline{x})^2,\ S_Y^2 = \frac{1}{n-1}\sum_{i=1}^{n}(Y_i - \overline{Y})^2$$

이고 또한 X와 Y의 공분산은

$$S_{xY} = \frac{1}{n-1}\sum_{i=1}^{n}(x_i - \overline{x})(Y_i - \overline{Y})$$

이다. 이때 $\rho_{XY} = 0$이면 두 확률변수 X와 Y는 독립이므로 $Y_1, Y_2, \cdots, Y_n$의 분포는 $x_1, x_2, \cdots,$

x_n과 무관하다. 그리고 $\dfrac{r\,S_Y}{S_x} = \dfrac{S_{xY}}{S_x S_Y}\dfrac{S_Y}{S_x} = \dfrac{S_{xY}}{S_x^2}$이므로

$$\frac{r\,S_Y}{S_x} = \frac{\sum_{i=1}^{n}(x_i - \overline{x})(Y_i - \overline{Y})}{\sum_{i=1}^{n}(x_i - \overline{x})^2} \sim N\left(0,\ \frac{\sigma_Y^2}{(n-1)S_x^2}\right)$$

이 성립한다. 즉,

$$\frac{\dfrac{r\,S_Y}{S_x}}{\sqrt{\dfrac{\sigma_Y^2}{(n-1)S_x^2}}} = \sqrt{n-1}\,r\frac{S_Y}{\sigma_Y} \sim N(0,\ 1)$$

이다. 더욱이

$$S_{xY} = \frac{1}{n-1}\sum_{i=1}^{n}(x_i - \overline{x})(Y_i - \overline{Y}) = r\,S_x S_Y$$

이므로 $X_1 = x_1,\ X_2 = x_2,\ \cdots,\ X_n = x_n$일 때,

$$\sum_{i=1}^{n}\left[(Y_i - \overline{Y}) - \frac{S_{xY}}{S_x^2}(x_i - \overline{x})\right]$$

$$= \sum_{i=1}^{n}(Y_i - \overline{Y})^2 - 2\frac{S_{xY}}{S_x^2}\sum_{i=1}^{n}(x_i - \overline{x})(Y_i - \overline{Y}) + \frac{S_{xY}^2}{S_x^4}\sum_{i=1}^{n}(x_i - \overline{x})^2$$

$$= (n-1)\left[\frac{1}{n-1}\sum_{i=1}^{n}(Y_i - \overline{Y})^2 - 2\frac{S_{xY}}{S_x^2}\frac{1}{n-1}\sum_{i=1}^{n}(x_i - \overline{x})(Y_i - \overline{Y})\right.$$

$$\left. + \frac{S_{xY}^2}{S_x^4}\frac{1}{n-1}\sum_{i=1}^{n}(x_i - \overline{x})^2\right]$$

$$= (n-1)\left(S_Y^2 - 2\frac{r^2 S_x^2 S_Y^2}{S_x^2} + \frac{r^2 S_x^2 S_Y^2}{S_x^4}\cdot S_x^2\right)$$

$$= (n-1)\,(S_Y^2 - r^2 S_Y^2) = (n-1)S_Y^2(1-r^2)$$

이다. 그러면

$$\frac{\sum_{i=1}^{n}\left[(Y_i - \overline{Y}) - \dfrac{S_{xY}}{S_x^2}(x_i - \overline{x})\right]}{\sigma_Y^2} = \frac{(n-1)S_Y^2(1-r^2)}{\sigma_Y^2}$$

은 $r\,S_Y/S_x$에 독립이고 자유도 $n-2$인 카이제곱분포를 따른다. 그러므로 t 분포의 정의에 의하여

$$T=\frac{\sqrt{n-1}\,r\,\dfrac{S_Y}{\sigma_Y}}{\sqrt{\dfrac{(n-1)S_Y^2(1-r^2)}{\sigma_Y^2}\Bigg/(n-2)}}=\frac{r\sqrt{n-2}}{\sqrt{1-r^2}}\sim t(n-2)$$

이다. 한편 $X_1=x_1, X_2=x_2, \cdots, X_n=x_n$이 주어졌을 때, T의 조건부 분포는 $x_1, x_2, \cdots, x_n$에 독립이다. 따라서 $\rho=0$이면, T의 분포는 $(X_1, X_2, \cdots, X_n)$에 독립이고 자유도 $n-2$인 t 분포를 따른다. ◀◀

이 정리에서 통계량 $T\sim t(n-2)$임을 보이는 과정에서 $X_1, X_2, \cdots, X_n$의 분포에 대하여 언급하지 않았다. 이것은 X와 Y가 독립이고 Y가 정규분포를 따른다면, X의 분포에 상관없이 T는 t분포를 따르는 것을 의미한다. 특히 X와 Y가 독립이면 T와 $Y_1, Y_2, \cdots, Y_n$도 역시 독립이다. 그러므로 귀무가설 $H_0:\rho=0$에 대하여 대립가설 $H_1:\rho\neq 0$을 검정하기 위한 기각역은 $|T|\geq t_{\alpha/2}(n-2)$이고 대립가설 $H_1:\rho>0$에 대한 기각역은 $T\geq t_\alpha(n-2)$이다. 물론 대립가설 $H_1:\rho<0$에 대한 기각역은 $T\leq -t_\alpha(n-2)$이다.

예제 9-4

상관계수가 $\rho=0$인 경우에 $T=\dfrac{R\sqrt{n-2}}{\sqrt{1-R^2}}$라 할 때, 확률변수 R의 밀도함수를 구하여 보자. 우선 $T\sim t(n-2)$이므로 T의 밀도함수 $g(t)$는 다음과 같다.

$$g(t)=\frac{\Gamma[(n-1)/2]}{\Gamma[(n-2)/2]\,\Gamma(1/2)}(n-2)^{-1/2}\left(1+\frac{t^2}{n-2}\right)^{-(n-1)/2}$$

한편 $t=\dfrac{r\sqrt{n-2}}{\sqrt{1-r^2}}$은 $-1<r<1$에서 증가하므로 $-1<r<1$에 대하여 R의 분포함수는

$$F(r)=P(R\leq r)=P\left(T\leq\frac{r\sqrt{n-2}}{\sqrt{1-r^2}}\right)$$
$$=\int_{-\infty}^{r\sqrt{n-2}/\sqrt{1-r^2}} g(t)\,dt$$

이다. 그러므로 R의 밀도함수는 $-1<r<1$에 대하여 다음과 같다.

$$
\begin{aligned}
f(r) &= \frac{d}{dr}F(r) \\
&= \frac{d}{dr}\int_{-\infty}^{r\sqrt{n-2}/\sqrt{1-r^2}} g(t)\,dt \\
&= g\left(\frac{r\sqrt{n-2}}{\sqrt{1-r^2}}\right)\frac{d}{dr}\left(\frac{r\sqrt{n-2}}{\sqrt{1-r^2}}\right) \\
&= \frac{\Gamma[(n-1)/2]}{\Gamma[(n-2)/2]\,\Gamma(1/2)}(n-2)^{-1/2}\left(1+\frac{\left(\frac{r\sqrt{n-2}}{\sqrt{1-r^2}}\right)^2}{n-2}\right)^{-(n-1)/2}\frac{\sqrt{n-2}}{(1-r^2)^{3/2}} \\
&= \frac{\Gamma[(n-1)/2]}{\Gamma[(n-2)/2]\,\Gamma(1/2)}(1-r^2)^{(n-4)/2}
\end{aligned}
$$

이 예제로부터 표본상관계수 r의 밀도함수는 $r=0$을 중심으로 좌우대칭이고 $n=4$이면 $f(r)=1/2(-1<r<1)$이지만, 다음 그림에서 보듯이 자유도 n이 커질수록 $r=0$에 집중하는 종 모양을 이루는 것을 알 수 있다. 그리고 부록 <표 8>은 $\rho=0$일 때, 특수한 꼬리확률에 대한 임계점을 나타낸다.

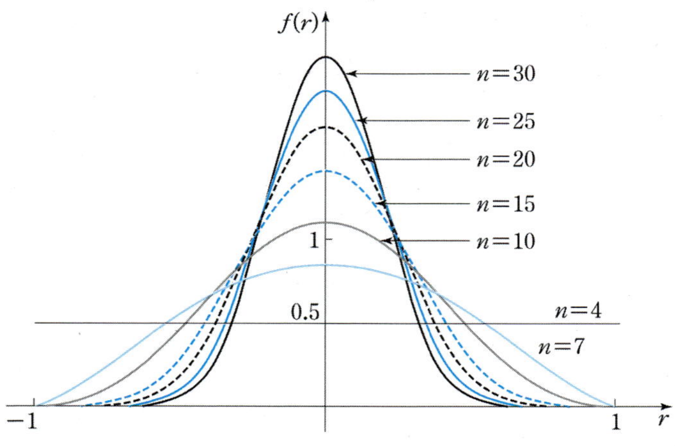

| 그림 9.4 | 자유도에 따른 r의 밀도함수들

그러므로 유의수준 α에서 귀무가설 $H_0:\rho=0$에 대하여 대립가설 $H_1:\rho\neq 0$을 검정하기 위한 기각역은 다음 그림과 같이 $|R|\geq r_{\alpha/2}(n-2)$이고 대립가설 $H_1:\rho>0$에 대한 기

각역은 $R \geq r_{\alpha}(n-2)$이다. 물론 대립가설 $H_1 : \rho < 0$에 대한 기각역은 $R \leq -r_{\alpha}(n-2)$이다. 한편

$$\alpha = P(|R| \geq r_{\alpha/2}(n-2)) = P(|T| \geq t_{\alpha/2}(n-2))$$

이므로 기각역을 구하기 위하여 t분포를 이용할 수도 있다.

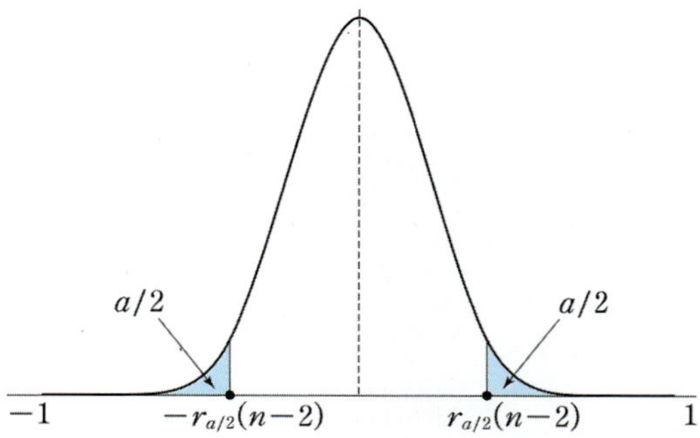

| 그림 9.5 | t분포와 기각역

예제 9-5

$H_0 : \rho = 0$에 대한 $H_1 : \rho \neq 0$을 검정하기 위하여 크기 32인 표본의 표본상관계수가 0.2일 때, 모집단은 무상관이라 할 수 있는지 유의수준 5%에서 검정하여보자. 우선 부록 〈표 8〉 상관계수의 확률분포를 이용하면, 유의수준 5%에 대한 기각역은 $|R| \geq r_{0.025}(30) = 0.3494$이고 관찰된 표본상관계수가 $r_0 = 0.2 < 0.3494$이므로 귀무가설을 기각할 수 없다. 또한 t분포를 이용하기 위하여 관찰된 T통계량과 기각역을 구하면

$$t_0 = \frac{r_0\sqrt{n-2}}{\sqrt{1-r_0^2}} = \frac{(0.2)\cdot\sqrt{30}}{\sqrt{1-0.2^2}} \fallingdotseq 1.1180,\ \ |T| \geq t_{0.025}(30) = 2.042$$

이므로 $t_0 = 1.1180 < 2.042$이고, 따라서 귀무가설을 기각할 수 없다. 다시 말해서, 모상관계수는 0 또는 모집단이 무상관이라 할 수 있다.

한편 $\rho \neq 0$인 경우에 표본상관계수 r의 분포는 매우 복잡하므로 일반적으로 정규분포로 근사시키며, 피셔에 의하여 고안된 다음 Z변환을 생각한다.

$$Z_r = \frac{1}{2}\ln\left(\frac{1+r}{1-r}\right)$$

그러면 통계량 Z_r은 근사적으로 정규분포 $N\left(z_\rho,\ \frac{1}{n-3}\right)$, $z_\rho = \frac{1}{2}\ln\left(\frac{1+\rho}{1-\rho}\right)$를 따른다. 따라서 이것을 표준화한 Z통계량

$$\begin{aligned} Z &= \frac{Z_r - z_\rho}{1/\sqrt{n-3}} \\ &= \sqrt{n-3}\left[\frac{1}{2}\ln\left(\frac{1+r}{1-r}\right) - \frac{1}{2}\ln\left(\frac{1+\rho}{1-\rho}\right)\right] \end{aligned}$$

는 근사적으로 $N(0,1)$을 따른다. 그러므로 $\rho_0 \neq 0$이 아닌 경우에 귀무가설 $H_0: \rho = \rho_0$을 검정하기 위하여 표준화한 Z변환 통계량

$$Z = \sqrt{n-3}\left[\frac{1}{2}\ln\left(\frac{1+r}{1-r}\right) - \frac{1}{2}\ln\left(\frac{1+\rho_0}{1-\rho_0}\right)\right]$$

을 사용한다. 이때 귀무가설 $H_0: \rho = \rho_0$에 대한 대립가설 $H_1: \rho \neq \rho_0$을 검정하기 위한 기각역은 $|Z| \geq z_{\alpha/2}$이다. 또한 대립가설 $H_1: \rho > \rho_0$에 대한 기각역은 $Z > z_\alpha$이며, $H_1: \rho < \rho_0$에 대한 기각역은 $Z < -z_\alpha$이다.

예제 9-6

크기 37인 표본의 표본상관계수가 0.2일 때, 모집단은 무상관이라 할 수 있는지 유의수준 5%에서 검정하여 보자. 위 검정의 방법에 따라하면 다음과 같이 요약할 수 있다.

① 가설 설정 : $H_0: \rho = 0$, $H_1: \rho \neq 0$

② 검정통계량 : $z_0 = \sqrt{35} \cdot \frac{1}{2}\ln\left(\frac{1+0.2}{1-0.2}\right) = 1.1994$

③ $\alpha = 0.05$이므로 $z_{0.025} = 1.96$이다.

④ $z_0 = 1.1994 < 1.96$이므로 H_0를 기각하지 못한다. 따라서 모집단이 무상관이라 할 수 있다.

특히 귀무가설 $H_0 : \rho = 0$이 참이라 하면, $z_\rho = 0$이므로

$$Z = \frac{\sqrt{n-3}}{2} \ln\left(\frac{1+r}{1-r}\right) \sim N(0, 1)$$

이고, 그러므로 유의수준 α에서 귀무가설 $H_0 : \rho = 0$에 대하여 대립가설 $H_1 : \rho \neq 0$을 검정하기 위한 기각역은 $|Z| \geq z_{\alpha/2}$이고 대립가설 $H_1 : \rho > 0$에 대한 기각역은 $Z \geq z_\alpha$, 대립가설 $H_1 : \rho < 0$에 대한 기각역은 $Z \leq -z_\alpha$이다. 또한 모상관계수의 Z변환 $z_\rho = \frac{1}{2}\ln\left(\frac{1+\rho}{1-\rho}\right)$에 대하여

$$\begin{aligned}
1-\alpha &= P\left(-z_{\alpha/2} < \frac{Z_r - z_\rho}{1/\sqrt{n-3}} < z_{\alpha/2}\right) \\
&= P\left(Z_r - \frac{z_{\alpha/2}}{\sqrt{n-3}} < z_\rho < Z_r + \frac{z_{\alpha/2}}{\sqrt{n-3}}\right) \\
&= P\left(\frac{1}{2}\ln\left(\frac{1+r}{1-r}\right) - \frac{z_{\alpha/2}}{\sqrt{n-3}} < z_\rho < \frac{1}{2}\ln\left(\frac{1+r}{1-r}\right) + \frac{z_{\alpha/2}}{\sqrt{n-3}}\right)
\end{aligned}$$

이므로 z_ρ에 대한 $100(1-\alpha)\%$ 신뢰구간은

$$\left(\frac{1}{2}\ln\left(\frac{1+r}{1-r}\right) - \frac{z_{\alpha/2}}{\sqrt{n-3}},\quad \frac{1}{2}\ln\left(\frac{1+r}{1-r}\right) + \frac{z_{\alpha/2}}{\sqrt{n-3}}\right)$$

이다. 한편 위 식에서 $z_\rho = \frac{1}{2}\ln\left(\frac{1+\rho}{1-\rho}\right)$이므로 $c = \frac{2z_{\alpha/2}}{\sqrt{n-3}}$에 대하여

$$1-\alpha = P\left(\frac{1+r-(1-r)e^{c}}{1+r+(1-r)e^{c}} < z_\rho < \frac{1+r-(1-r)e^{-c}}{1+r+(1-r)e^{-c}}\right)$$

이므로 모상관계수 ρ에 대한 $100(1-\alpha)\%$ 신뢰구간은 다음과 같다.

$$\left(\frac{1+r-(1-r)e^{c}}{1+r+(1-r)e^{c}},\quad \frac{1+r-(1-r)e^{-c}}{1+r+(1-r)e^{-c}}\right)$$

예제 9-7

어느 개인용 컴퓨터를 제작 판매하는 회사에서는 고장 난 부품의 수와 수리하는 데 소요되는 시간에 대한 관계를 조사해 보고자 한다. 고장 난 수많은 컴퓨터 중에서 25대를 임의로 추출하여 고장 난 부품의 수(X)와 소요시간(Y)을 조사한 결과는 다음과 같다.

X	1	1	1	1	2	2	2	3	3	3	3	4	4
Y	5	4	5	6	10	11	9	14	15	20	23	13	19
X	4	4	5	5	5	5	6	6	7	7	8	8	
Y	18	17	24	26	25	25	31	29	33	38	40	40	

이때 고장 난 부품의 수와 그 소요시간에 대한 모상관계수 ρ의 95% 신뢰구간을 구하여 보자. 우선 X와 Y의 관찰값 x, y에 대한 평균편차와 편차제곱합은 다음 표와 같다.

번호	x	y	$x-\bar{x}$	$y-\bar{y}$	$(x-\bar{x})^2$	$(y-\bar{y})^2$	$(x-\bar{x})(y-\bar{y})$
1	1	5	−3	−15	9	225	45
2	1	4	−3	−16	9	256	48
3	1	5	−3	−15	9	225	45
4	1	6	−3	−14	9	196	42
5	2	10	−2	−10	4	100	20
6	2	11	−2	−9	4	81	18
7	2	9	−2	−11	4	121	22
8	3	14	−1	−6	1	36	6
9	3	15	−1	−5	1	25	5
10	3	20	−1	0	1	0	0
11	3	23	−1	3	1	9	−3
12	4	13	0	−7	0	49	0
13	4	19	0	−1	0	1	0
14	4	18	0	−2	0	4	0
15	4	17	0	−3	0	9	0
16	5	24	1	4	1	16	4
17	5	26	1	6	1	36	6
18	5	25	1	5	1	25	5
19	5	25	1	5	1	25	5
20	6	31	2	11	4	121	22

번호	x	y	$x-\overline{x}$	$y-\overline{y}$	$(x-\overline{x})^2$	$(y-\overline{y})^2$	$(x-\overline{x})(y-\overline{y})$
21	6	29	2	9	4	81	18
22	7	33	3	13	9	169	39
23	7	38	3	18	9	324	54
24	8	40	4	20	16	400	80
25	8	40	4	20	16	400	80
합계	100	500	0	0	114	2934	561

표본평균 : $\overline{x} = \dfrac{1}{25}\sum_{i=1}^{25} x_i = 4$, $\overline{y} = \dfrac{1}{25}\sum_{i=1}^{25} y_i = 20$

표본공분산 : $S_{XY} = \dfrac{1}{24}\sum_{i=1}^{10}(X_i - \overline{X})(Y_i - \overline{Y}) = \dfrac{561}{24} = 23.375$

표본분산 : $S_X^2 = \dfrac{1}{24}\sum_{i=1}^{10}(X_i - \overline{X})^2 = \dfrac{114}{24} = 4.75$,

$$S_Y^2 = \frac{1}{24}\sum_{i=1}^{10}(Y_i - \overline{Y})^2 = \frac{2934}{24} = 122.25$$

표본표준편차 : $S_X = \sqrt{4.75} \fallingdotseq 2.179$, $S_Y = \sqrt{122.25} \fallingdotseq 11.057$

그러므로 구하고자 하는 X와 Y의 표본상관계수는 다음과 같다.

$$r_0 = \frac{S_{XY}}{S_X S_Y} = \frac{23.375}{(2.179)\cdot(11.057)} \fallingdotseq 0.97$$

또한 $z_{0.025} = 1.96$ 이므로

$$c = \frac{2z_{\alpha/2}}{\sqrt{n-3}} = \frac{2\cdot(1.96)}{\sqrt{22}} \fallingdotseq 0.8357$$

이고, 특히

$$\frac{1+r_0-(1-r_0)e^{c}}{1+r_0+(1-r_0)e^{c}} = \frac{1+0.97-(1-0.97)e^{0.8357}}{1+0.97+(1-0.97)e^{0.8357}} \fallingdotseq 0.9321$$

$$\frac{1+r_0-(1-r_0)e^{-c}}{1+r_0+(1-r_0)e^{-c}} = \frac{1+0.97-(1-0.97)e^{-0.8357}}{1+0.97+(1-0.97)e^{-0.8357}} \fallingdotseq 0.9869$$

이므로 모상관계수 ρ의 95% 신뢰구간은 $(0.9321,\ 0.9869)$이다.

예제 9-8

크기 39인 표본을 조사한 결과 표본상관계수가 0.6이었다. 이때 모상관계수에 대한 귀무가설 $H_0 : \rho_0 = 0.65$가 참인지 유의수준 5%에서 검정하여 보자. 우선 대립가설 $H_1 : \rho \neq 0.65$를 설정한다. 그러면 관찰된 표본상관계수가 $r_0 = 0.6$이고 $n = 39$ 그리고 $\rho_0 = 0.65$이므로 검정통계량의 측정값은

$$
\begin{aligned}
z_0 &= \sqrt{n-3}\left[\frac{1}{2}\ln\left(\frac{1+r_0}{1-r_0}\right) - \frac{1}{2}\ln\left(\frac{1+\rho_0}{1-\rho_0}\right)\right] \\
&= \sqrt{39-3}\left[\frac{1}{2}\ln\left(\frac{1+0.6}{1-0.6}\right) - \frac{1}{2}\ln\left(\frac{1+0.65}{1-0.65}\right)\right] \\
&= 6\left(\frac{1}{2}\ln 4 - \frac{1}{2}\ln 4.71\right) \\
&= -0.490181
\end{aligned}
$$

이고, $z_{0.025} = 1.96$이므로 $|z_0| = 0.490181 < z_{0.025} = 1.96$이다. 따라서 귀무가설 H_0을 기각할 수 없다.

예제 9-9

쌍으로 이루어진 두 모집단에서 각각 크기 30, 36인 표본을 임의로 추출하여 각각의 상관계수를 구한 결과 0.35와 0.3을 얻었다. 두 모집단의 상관계수가 동일하다고 할 수 있는지 유의수준 5%에서 검정하기 위하여, 귀무가설 $H_0 : \rho_1 = \rho_2$에 대한 대립가설 $H_1 : \rho_1 \neq \rho_2$를 설정한다. 그러면 앞에서 살펴본 바와 같이 두 검정통계량 Z_{r_1}과 Z_{r_2}는 각각 근사적으로

$$
\begin{aligned}
Z_{r_1} &= \frac{1}{2}\ln\left(\frac{1+r_1}{1-r_1}\right) \approx N\left(\frac{1}{2}\ln\left(\frac{1+\rho_1}{1-\rho_1}\right), \frac{1}{n_1-3}\right) \\
Z_{r_2} &= \frac{1}{2}\ln\left(\frac{1+r_2}{1-r_2}\right) \approx N\left(\frac{1}{2}\ln\left(\frac{1+\rho_2}{1-\rho_2}\right), \frac{1}{n_2-3}\right)
\end{aligned}
$$

이고, 따라서 H_0이 참이라 할 때,

$$
Z_{r_1} - Z_{r_2} = \frac{1}{2}\ln\left(\frac{1+r_1}{1-r_1}\right) - \frac{1}{2}\ln\left(\frac{1+r_2}{1-r_2}\right) \approx N\left(0, \frac{1}{n_1-3} + \frac{1}{n_2-3}\right)
$$

이 성립한다. 그러므로 이 통계량을 표준화하면

$$Z = \frac{\frac{1}{2}\ln\left(\frac{1+r_1}{1-r_1}\right) - \frac{1}{2}\ln\left(\frac{1+r_2}{1-r_2}\right)}{\sqrt{\frac{1}{n_1-3}+\frac{1}{n_2-3}}} \sim N(0,\,1)$$

이다. 한편 $n_1=30$, $n_2=36$, $r_1=0.35$, $r_2=0.3$이므로 검정통계량의 관찰값은

$$z_0 = \frac{\frac{1}{2}\ln\left(\frac{1+0.35}{1-0.35}\right) - \frac{1}{2}\ln\left(\frac{1+0.3}{1-0.3}\right)}{\sqrt{\frac{1}{30-3}+\frac{1}{36-3}}} \fallingdotseq \frac{0.0559}{0.2595} \fallingdotseq 0.2154$$

이다. 따라서 $|z_0| = 0.2154 < z_{0.025} = 1.96$이므로 H_0를 기각할 수 없다.

SECTION 02 연 / 습 / 문 / 제

01 고등학교 3학년 학생 10명을 임의로 추출하여 그들의 영어와 수학 점수를 조사한 결과 다음과 같다. 이때 전체 고등학교 3학년 학생들의 영어와 수학 점수 사이의 모상관계수 ρ의 95% 신뢰구간을 구하여라.

영어	72	65	90	92	80	76	86	77	67	66
수학	93	86	59	69	77	94	75	84	88	97

02 다음은 임의로 추출한 10명의 키와 몸무게에 대한 자료이다. 표본상관계수를 구하고, 귀무가설 $H_0 : \rho = 0$을 유의수준 5%에서 검정하여라.

키	180	177	167	170	171	163	165	164	168	185
몸무게	79	62	62	61	66	56	52	54	58	84

03 어떤 세탁공장에서 물소비량(X)과 세탁량(Y) 사이에 상관관계가 존재하는지를 조사하기 위하여 임의로 추출하여 얻은 자료는 다음과 같다. 이때 공장 전체의 물소비량과 세탁량은 이변량정규분포를 따른다고 가정하자.

(단위 : 10 ton)

X	20	30	25	40	35	50	70	60	65	55
Y	2.5	3.0	2.5	3.5	4.0	4.5	5.0	4.5	4.0	3.5

(1) 표본상관계수 r을 구하여라.

(2) 물소비량과 세탁량 사이에 상관관계가 있는지 t 분포를 이용하여 유의수준 5%에서 검정하여라.

(3) 표본상관계수 r의 분포를 이용하여 유의수준 5%에서 검정하여라.

04 초등학생들의 키와 몸무게에 대한 상관관계가 없다는 주장을 확인하기 위하여 12명을 임의로 선정하여 조사한 결과 표본상관계수 0.67을 얻었다. 키와 몸무게 사이에 아무런 상관이 없는지 유의수준 1%에서 검정하여라.

05 초등학생들의 키와 몸무게 사이에 $\rho = 0.8$인 관계가 있다는 보고서의 주장을 확인하기 위하여 12명을 임의로 선정하여 조사한 결과 표본상관계수 0.836을 얻었다. 이 보고서의 주장을 유의수준 5%에서 검정하여라.

06 어느 대학에서 입학성적(X)과 졸업성적(Y) 사이의 상관관계를 분석하기 위하여 10명의 졸업생을 조사한 결과 다음의 자료를 얻었다. 표본상관계수를 구하고, 귀무가설 $H_0 : \rho = 0$에 대하여 대립가설 $H_1 : \rho > 0$을 유의수준 5%에서 검정하여라.

졸업생번호	1	2	3	4	5	6	7	8	9	10
입학성적	510	520	530	540	550	560	570	580	590	600
졸업성적	2.6	2.9	2.5	3.3	3.0	3.5	2.7	3.4	3.7	3.9

07 제철회사에서 철을 생산하는데 철의 강도와 공정온도 사이에 관련이 있는지 알기 위하여 관찰한 결과 다음과 같았다. 철의 강도와 공정온도 사이에 상관이 있는지 유의수준 5%에서 검정하여라.

강도	6.36	6.75	7.02	6.80	6.64	6.82	6.35	6.04	7.12	6.68
온도	136.4	138.2	131.4	138.8	132.6	135.5	139.4	140.0	130.1	127.5

08 어떤 제약회사에서 약품을 생산하는 공정의 반응시간과 반응온도에 따른 수율을 조사한 결과 다음과 같았다.

반응시간	81.2	80.0	83.4	90.2	86.0	86.4	91.1	82.2	87.5	84.5
반응온도	178.5	182.0	179.4	189.0	174.5	176.2	178.8	183.7	177.4	177.0
수 율	84.5	86.2	84.6	85.8	83.5	85.0	86.6	87.1	83.2	86.5

(1) 반응시간과 반응온도 사이에 상관이 있는지 유의수준 5%에서 검정하여라.
(2) 반응온도와 수율 사이에 상관이 있는지 유의수준 5%에서 검정하여라.

09 문제 8에서 반응시간과 수율 사이의 상관계수 ρ_1과 반응온도와 수율 사이의 상관계수 ρ_2가 동일한지 유의수준 5%에서 검정하여라.

10 어떤 화학공정에서 온도에 따른 불순물의 양을 조사한 결과 다음과 같았다.

(불순물의 양 단위 : μg)

온도	150	160	170
불순물 양	31, 28, 29, 30	28, 32, 30, 31	29, 29, 32, 35

(1) 온도와 불순물의 양 사이에 상관이 있는지 유의수준 5%에서 검정하여라.

(2) 이 자료를 이용하여 모상관계수에 대한 95% 신뢰구간을 구하여라.

SECTION
03 회귀분석

통계학의 중요한 역할은 두 변수 사이의 관계로부터 한 변수의 값이 주어질 때 다른 변수의 값을 예측하는 것이다. 이러한 예측의 전제조건은 원인과 결과의 관계이며, 앞에서 살펴본 상관계수는 이러한 원인과 결과의 관계로 설명할 수 없다. 따라서 두 변수 사이의 관계를 파악하여 한 변수의 값으로부터 그에 대응하는 다른 변수의 값을 예측하는 통계적 방법이 필요하며, 이러한 통계적 방법을 회귀분석이라 한다. 이때, 두 변수들 중 다른 변수에 영향을 주는 변수를 독립변수(independent variable) 또는 설명변수(explanatory variable)라고 하며, 영향을 받는 변수를 종속변수(dependent variable) 또는 반응변수(response variable)라고 한다. 예를 들어, 상품판매에서 광고액수(설명변수)에 따른 판매고(반응변수)의 변화 또는 숙성기간(설명변수)에 따른 포도주 질(반응변수)의 변화들을 생각할 수 있다. 이러한 설명변수와 반응변수 사이에 $y = g(x) + \varepsilon$과 같은 함수관계가 있으며, 여기서 변수 x는 설명변수, 함수 g는 설명변수 x의 영향을 나타낸다. 그리고 ε은 측정이 불가능하고 무작위하게 반응변수에 영향을 미치는 확률변수를 나타낸다. 예를 들어, 광고액수를 늘려서 대대적으로 선전한다면 분명히 판매량이 늘어날 것으로 생각되지만 막대한 자금을 동원한 광고에 소비자들이 어떠한 반응을 보일지는 아무도 모르기 때문에 꼭 판매량이 늘어나는 것은 아니다. 이와 같이 ε은 설명변수와 반응변수 관계에 대한 오차를 나타내는 확률변수이다.

회귀분석(regression analysis)이란 설명변수와 반응변수 사이에 성립하는 구체적인 함수 형태를 찾아내고, 그 함수관계로부터 설명변수에 대한 반응변수를 예측하는 데 목적이 있다. 따라서 회귀분석의 주요 내용은 설명변수 X와 그에 대한 반응변수 Y로부터 얻은 관측값 (x_1, y_1), (x_2, y_2), $\cdots$, (x_n, y_n)을 관찰하여 함수 $g(x)$에 대한 추정과 검정을 다루는 것이다. 이와 같이 설명변수와 반응변수 사이에 나타나는 함수 관계를 **회귀식**(regression equation)이라 하며, 회귀식에 대한 그래프가 직선인 경우에 이 직선을 **회귀직선**(regression straight line) 그리고 그래프가 곡선인 경우에 이 곡선을 **회귀곡선**(regression curve) 또는 **회귀선**(regression line)이라 한다. 설명변수가 하나인 회귀분석, 즉 하나의 원인과 하나의 결과로 이루어진 산점도에 나타난 점들을 대표할 직선을 추론하는 통계적 방법을 **단순선형회귀분**

석(simple linear regression analysis)이라 하며, 설명변수가 둘 이상인 회귀분석, 즉 두 개 이상의 원인과 하나의 결과로 이루어진 산점도에 나타난 점들을 대표할 직선을 추론하는 통계적 방법을 **다중회귀분석**(multiple regression analysis)이라 한다. 회귀방정식의 미지인 계수를 결정하고 구체적인 회귀선을 도출해 내는 것을 회귀선의 추정이라 하며, 회귀선에서 미지인 계수를 **회귀계수**(coefficient of regression)라고 한다. 이 절에서는 단순선형회귀분석만을 다루고자 한다.

회귀분석을 하기 위한 좋은 방법으로 우선 설명변수 X와 반응변수 Y의 관계를 대략적으로 파악하기 위해 상관도를 그려본 후, 두 변수 사이의 관계를 설명할 수 있는 적절한 모형인 함수 $Y=g(X)+\varepsilon$을 설정하는 것이다. 특히 두 변수가 일차함수로 표현되는 성향을 가질 때, 미지의 일차함수를 $y=\alpha+\beta x$로 나타내고, 산포의 정도를 σ^2으로 나타내면 설명변수 x에 대한 반응변수 y는

$$Y=\alpha+\beta X+\varepsilon, \quad \varepsilon \sim N(0, \sigma^2)$$

으로 정의되는 확률변수 Y의 관찰값으로 생각할 수 있다. 이때 ε은 평균이 0, 분산이 σ^2인 오차항을 나타내는 확률변수이다. 그리고 설명변수 $x_1, x_2, \cdots, x_n$에 따른 오차항들 $\varepsilon_1, \varepsilon_2, \cdots, \varepsilon_n$은 독립이고 정규분포를 따른다고 가정한다.

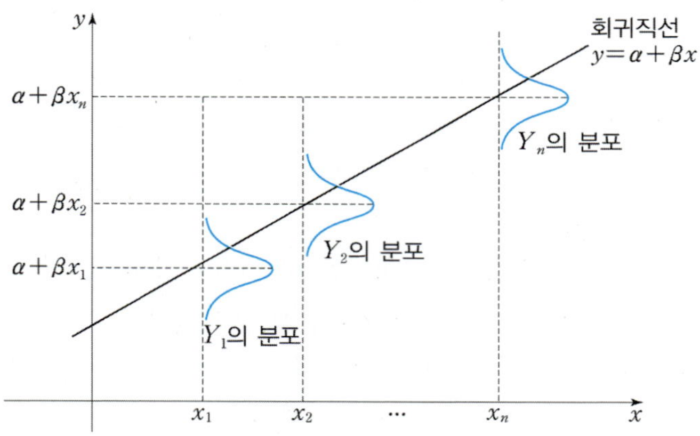

| 그림 9.6 | 반응변수의 분포

이때 $E(Y_i)=\alpha+\beta x_i$이고, 따라서 반응변수의 기댓값은 설명변수의 일차함수로 설명된다. 예를 들어, 온도(설명변수)에 따른 화학물질의 반응속도(반응변수)를 측정한 다음 자료를 이용하여 단순회귀모형을 살펴보자.

x	10	15	20	25	30	35	40	45	50	55	60	65	70	75
y	24	29	50	60	55	68	70	80	77	81	90	104	120	112

그러면 온도에 따른 반응속도를 좌표점으로 나타내면,

(10, 24), (15, 29), (20, 50), (25, 60), (30, 55), (35, 68), (40, 70),
(45, 80), (50, 77), (55, 81), (60, 90), (65, 104), (70, 120), (75, 112)

이고, 따라서 이들 관찰값에 대한 산점도는 다음 그림과 같다.

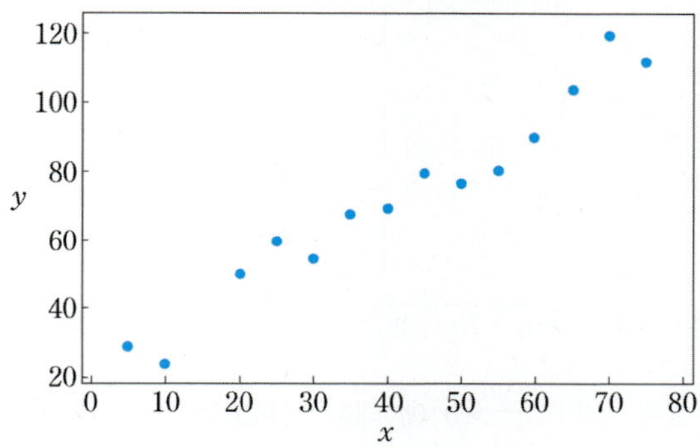

| 그림 9.7 | 관찰된 x와 y에 대한 산점도

한편 산점도에 가장 적합한 회귀직선을 그어 그림 9.8과 같이 $y = \alpha + \beta x$ 라 하면, 온도에 따른 화학물질의 평균 반응속도는 $\alpha + \beta x$의 기댓값이 된다.

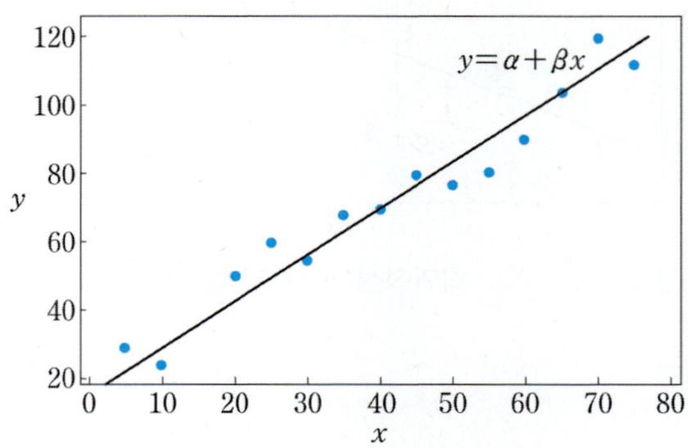

| 그림 9.8 | x와 y에 대한 산점도에 대한 회귀직선

이와 같이 회귀선이 직선

$$y_i = \alpha + \beta x_i + \varepsilon_i,\ \ \varepsilon_i \sim N(0, \sigma^2),\ \ i = 1, 2, \cdots, n$$

으로 나타날 때, 단순선형회귀모형(simple linear regression model)이라 한다. 이때 α와 β는 회귀직선의 절편과 기울기를 나타내는 상수로서 모회귀계수(population regression coefficients)라 하고, 오차항을 나타내는 확률변수 ε_i와 서로 독립이라고 가정한다. 그러면 다음 그림 9.9와 같이 오차분산 σ^2이 작을수록 측정값 (x_i, y_i)는 직선 $y = \alpha + \beta x$에 더욱더 가까워진다.

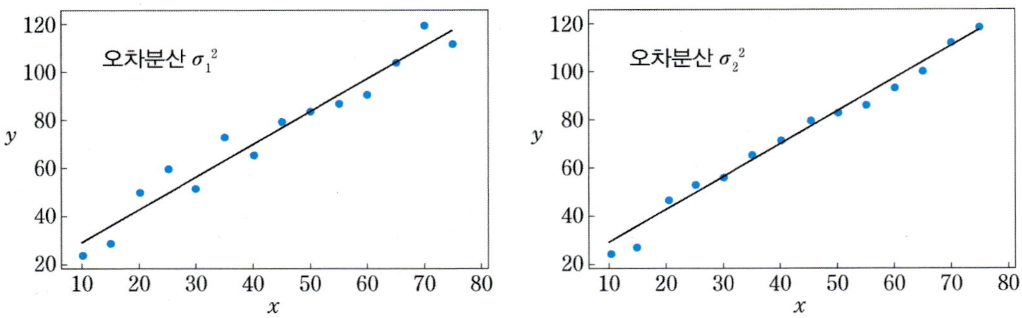

| 그림 9.9 | $\sigma_1^2 > \sigma_2^2$에 대한 산점도와 회귀직선 비교

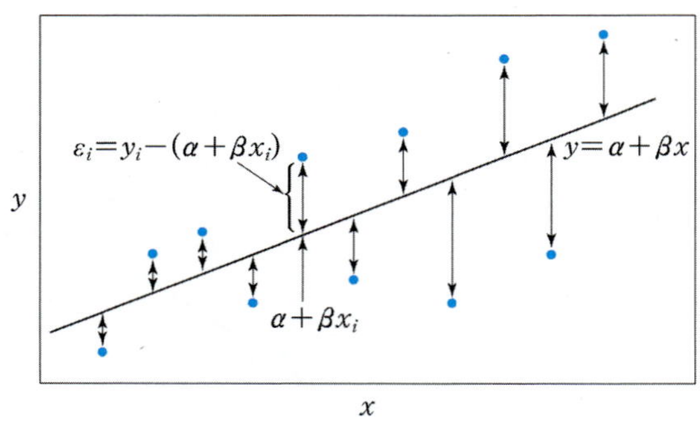

| 그림 9.10 | 회귀직선과 자료점들 사이의 오차

이제 단순회귀모형에 대한 추론을 살펴본다. 단순회귀모형 $Y = \alpha + \beta x + \varepsilon$에 대한 추론을 위하여 회귀계수 α와 β를 추정하는 것이 최우선적인 순서이며, 이러한 회귀계수를 주어진 측정값으로부터 추정하는 방법으로는 여러 가지가 있으나 그 가운데 널리 사용하는 방법이 최소제곱법(least squares method)이며, 이로부터 얻어진 직선 $\hat{y} = \hat{\alpha} + \hat{\beta} x$를 추정회귀직선(estimated regression line)이라 한다. 한편 최소제곱법이란, 단순회귀모형 $Y_i = \alpha + \beta x_i + \varepsilon_i$, $i = 1, 2, \cdots, n$에서 오차항의 제곱들의 합이 최소가 되도록 α와 β를 추정하는 방법을 말하며, 이 방법에 의한 추정량을 최소제곱추정량(least squares estimator)이라 한다. 이제 오차제곱합을 최소화하는 최소제곱법을 이용하여 추정회귀직선을 구체적으로 구하여 보자. 측정으로부터 얻은 자료점 (x_1, y_1), (x_2, y_2), $\cdots$, (x_n, y_n)에 가장 근접하는 회귀직선을 $y = \alpha + \beta x$라 하면, 측정값과 회귀직선과의 오차는 그림 9.10과 같이 $\varepsilon_i = y_i - (\alpha + \beta x_i)$이다. 이때 $i = 1,2,\cdots,n$에 대하여 $\varepsilon_i \sim N(0, \sigma^2)$이고 독립이므로 $\varepsilon_1, \varepsilon_2, \cdots, \varepsilon_n$의 결합밀도함수는

$$\left(\frac{1}{\sqrt{2\pi}\,\sigma}\right)^n \exp\left(-\frac{1}{2\sigma^2}\sum_{i=1}^n \varepsilon_i^2\right)$$

이고, 이 우도는 다음 오차제곱합을 최소로 함으로써 최대가 된다.

$$S = \sum_{i=1}^n \varepsilon_i^2 = \sum_{i=1}^n [y_i - (\alpha + \beta x_i)]^2$$

따라서 S를 최소로 하는 α와 β를 구하기 위하여 S를 α와 β로 각각 편미분하여 다음을 얻는다.

$$\frac{\partial S}{\partial \alpha} = -2\sum_{i=1}^n (y_i - \alpha - \beta x_i)$$

$$\frac{\partial S}{\partial \beta} = -2\sum_{i=1}^n x_i\,(y_i - \alpha - \beta x_i)$$

그러면 편미분한 값을 각각 0이라 할 때, 즉 α와 β에 관한 방정식 $\frac{\partial S}{\partial \alpha} = 0$, $\frac{\partial S}{\partial \beta} = 0$에 대한 방정식의 해 $\hat{\alpha}$와 $\hat{\beta}$는 다음 정규방정식(normal equation)의 해가 된다.

$$\sum_{i=1}^n y_i = n\alpha + \beta\sum_{i=1}^n x_i$$

$$\sum_{i=1}^n x_i y_i = \alpha\sum_{i=1}^n x_i + \beta\sum_{i=1}^n x_i^2$$

그러므로 이 정규방정식의 해 $\hat{\alpha}$와 $\hat{\beta}$는 다음과 같다.

$$\hat{\beta} = \frac{n\sum_{i=1}^{n} x_i y_i - \left(\sum_{i=1}^{n} x_i\right)\left(\sum_{i=1}^{n} y_i\right)}{n\sum_{i=1}^{n} x_i^2 - \left(\sum_{i=1}^{n} x_i\right)^2}$$

$$\hat{\alpha} = \frac{1}{n}\sum_{i=1}^{n} y_i - \frac{\hat{\beta}}{n}\sum_{i=1}^{n} x_i = \overline{y} - \hat{\beta}\,\overline{x}$$

한편,

$$\sum_{i=1}^{n}(x_i - \overline{x})^2 = \sum_{i=1}^{n} x_i^2 - n\overline{x}^2 = \sum_{i=1}^{n} x_i^2 - \frac{1}{n}\left(\sum_{i=1}^{n} x_i\right)^2$$

$$\sum_{i=1}^{n}(x_i - \overline{x})(y_i - \overline{y}) = \sum_{i=1}^{n} x_i y_i - n\overline{x}\,\overline{y}$$

$$= \sum_{i=1}^{n} x_i y_i - \frac{1}{n}\left(\sum_{i=1}^{n} x_i\right)\left(\sum_{i=1}^{n} y_i\right)$$

더욱이 $S_X^2 = \frac{1}{n-1}\sum_{i=1}^{n}(x_i - \overline{x})^2$, $S_{XY} = \frac{1}{n-1}\sum_{i=1}^{n}(x_i - \overline{x})(y_i - \overline{y})$이므로 α와 β의 최소제곱추정량은

$$\hat{\beta} = \frac{S_{XY}}{S_X^2},\ \hat{\alpha} = \overline{y} - \hat{\beta}\,\overline{x}$$

이다. 따라서 최소제곱법에 의하여 얻은 최소제곱추정량을 이용하여 구한 추정회귀직선은 다음과 같이 표현되며, 이 직선을 X에 관한 Y의 표본회귀직선(regression line of Y on X) 또는 최소제곱회귀직선(least squares regression line)이라고 한다.

$$\hat{Y} = \hat{\alpha} + \hat{\beta}x = \overline{y} + \hat{\beta}(x - \overline{x})$$

같은 방법으로 Y에 관한 X의 표본회귀직선을 구하면 다음과 같다.

$$\hat{X} = \overline{x} + \hat{\beta}(y - \overline{y})$$

그리고 이러한 최소제곱추정량 $\hat{\alpha}$와 $\hat{\beta}$는 모든 불편추정량 중에서 최소분산을 갖는 최량선형불편추정량(best linear unbiased estimator; BLUE)이다. 한편 이러한 최소제곱회귀직선으로

부터 어떤 특정한 관측값 x^*에 대한 응답값 $y^* = \hat{\alpha} + \hat{\beta} x^* = \overline{y} + \hat{\beta}(x^* - \overline{x})$를 추정할 수 있다.

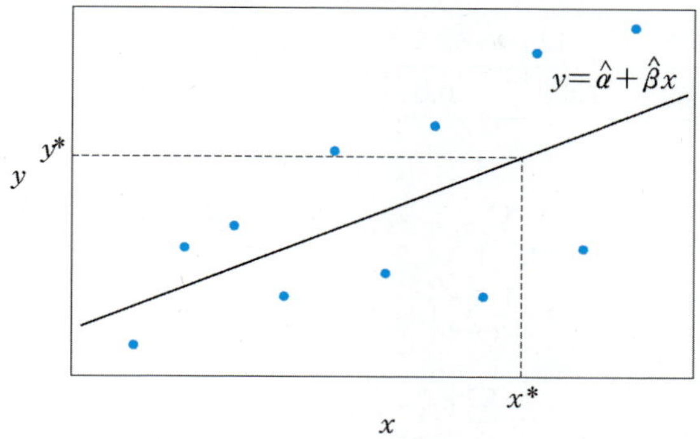

| 그림 9.11 | 회귀직선과 자료점들 사이의 오차

예제 9-10

온도에 따른 반응속도를 측정한 다음 자료에 대하여 온도와 반응속도 사이에 선형적 관계가 있다는 조건 아래서 α와 β에 대한 최소제곱추정값과 최소제곱회귀직선을 구하고, 온도가 80일 때의 반응속도에 대한 추정값을 구하여보자.

x	10	15	20	25	30	35	40	45	50	55	60	65	70	75
y	24	29	50	60	55	68	70	80	77	81	90	104	120	112

우선 X와 Y의 평균과 분산 그리고 공분산을 구하기 위하여 다음 표를 작성한다.

번호	x	y	$x-\overline{x}$	$(x-\overline{x})^2$	$y-\overline{y}$	$(y-\overline{y})^2$	$(x-\overline{x})(y-\overline{y})$
1	10	24	−32.5	1056.25	−48.857	2387.01	1587.85
2	15	29	−27.5	756.25	−43.857	1923.44	1206.07
3	20	50	−22.5	506.25	−22.857	522.44	514.28
4	25	60	−17.5	306.25	−12.857	165.30	225.00
5	30	55	−12.5	156.25	−17.857	318.87	223.21
6	35	68	−7.5	56.25	−4.857	23.59	36.43
7	40	70	−2.5	6.25	−2.857	8.16	7.14
8	45	80	2.5	6.25	7.143	51.02	17.86
9	50	77	7.5	56.25	4.143	17.16	31.07
10	55	81	12.5	156.25	8.143	66.31	101.79
11	60	90	17.5	306.25	17.143	293.88	300.00

번호	x	y	$x-\bar{x}$	$(x-\bar{x})^2$	$y-\bar{y}$	$(y-\bar{y})^2$	$(x-\bar{x})(y-\bar{y})$
12	65	104	22.5	506.25	31.143	969.89	700.72
13	70	120	27.5	756.25	47.143	2222.46	1296.43
14	75	112	32.5	1056.25	39.143	4532.17	1272.15
합계	595	1020	0.0	5687.50	0.0	10501.7	7520.00

$$\bar{x} = \frac{1}{14}\sum x_i = 42.5,\ \ \bar{y} = \frac{1}{14}\sum y_i \fallingdotseq 72.857$$

$$S_{XY} = \frac{1}{13}\sum (x_i - \bar{x})(y_i - \bar{y}) = \frac{7520}{13} \fallingdotseq 578.46,$$

$$S_X^2 = \frac{1}{13}\sum (x_i - \bar{x})^2 = \frac{5687.5}{13} \fallingdotseq 437.5$$

따라서 α와 β에 대한 최소제곱추정값은

$$\hat{\beta} = \frac{S_{XY}}{S_X^2} = \frac{578.46}{437.5} \fallingdotseq 1.322$$

$$\hat{\alpha} = \bar{y} - \hat{\beta}\bar{x} = 72.857 - (1.322) \cdot (42.5) \fallingdotseq 16.672$$

이고, 최소제곱회귀직선(그림 9.8에 주어진 직선의 방정식)은

$$\hat{Y} = \bar{y} + \hat{\beta}(x - \bar{x}) = 1.322x + 16.672$$

이다. 그러므로 $x = 80$에 대한 반응속도의 추정값은

$$\hat{Y}_{80} = (1.322) \cdot 80 + 16.672 = 122.43$$

이다.

앞에서 구한 최소제곱회귀직선을 이용하여 설명변수 x_i에 대한 반응변수의 추정값 $\hat{y}_i$를 구하면, 이 추정값과 실제 관측값 y_i와 차이가 있으며 이러한 차이들

$$e_i = \hat{y}_i - y_i, \quad i = 1, 2, \cdots, n$$

을 잔차(residual)라 한다.

그러면 잔차가 작을수록 추정회귀직선이 실제 관측결과를 잘 설명해주며, 따라서 잔차가 작은 회귀직선을 추정하여야 좀 더 정확한 예측을 할 수 있을 것이다. 앞의 방법에 의하여 구한 최소제곱회귀직선이 관측값들을 잘 대표하는지 알아보기 위하여 잔차를 이용한 산포의 정도를 나타내는 추정회귀직선의 정도(precision)를 구함으로써 하나의 수치로 나타내는

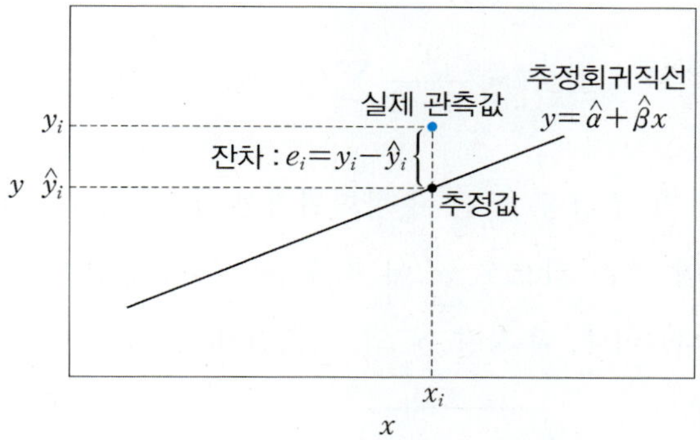

| 그림 9.12 | 추정회귀직선과 잔차 $y_i-\hat{y_i}$

방법을 많이 사용한다. 이때 오차항의 분산 σ^2이 작을수록 잔차는 0에 가깝게 나타나며, σ^2이 클수록 잔차들의 크기는 크게 나타난다. 즉, 잔차들의 크기는 오차항의 분산 σ^2에 따라 다르게 나타나며, 따라서 이러한 잔차들로부터 오차항의 분산 σ^2에 대한 정보를 얻을 수 있다. 그러므로 오차항의 분산에 대한 표준오차를 계산하거나 또는 결정계수를 이용하여 추정회귀직선의 정도를 구하는 방법을 주로 사용한다. 이제 오차항의 분산에 대한 추정과 결정계수를 구하는 방법에 대하여 살펴본다.

설명변수 x_i에 대한 추정회귀직선에서 얻는 추정값 $\hat{y}_i$와 실제 관측값 y_i의 편차에 대한 제곱합을 잔차제곱합(residual sum of squares) 또는 오차제곱합(error sum of squares; SSE)이라고 하며, 다음과 같이 SSE로 나타난다.

$$SSE = \sum_{i=1}^{n}(y_i-\hat{y}_i)^2 = \sum_{i=1}^{n}[y_i-(\hat{\alpha}+\hat{\beta}x_i)]^2 = \sum_{i=1}^{n}[(y_i-\overline{y})-\hat{\beta}(x_i-\overline{x})]^2$$

$$= \sum_{i=1}^{n}(y_i-\overline{y})^2 - 2\hat{\beta}\sum_{i=1}^{n}(x_i-\overline{x})(y_i-\overline{y}) + \hat{\beta}^2\sum_{i=1}^{n}(x_i-\overline{x})^2$$

$$= (n-1)S_Y^2 - 2\frac{S_{XY}}{S_X^2}(n-1)S_{XY} + \frac{S_{XY}^2}{(S_X^2)^2}(n-1)S_X^2$$

$$= (n-1)\left(S_Y^2 - \frac{S_{XY}^2}{S_X^2}\right) = (n-1)\left(S_Y^2 - \hat{\beta}S_{XY}\right)$$

그러면 오차항의 분산 σ^2의 추정량 $\hat{\sigma}^2$은 오차제곱합을 이용하여 다음과 같이 구할 수 있으며, 이 추정량을 평균제곱오차(mean squared error : MSE)라고 한다.

$$\hat{\sigma}^2 = MSE = \frac{1}{n-2}\sum_{i=1}^{n}(y_i - \hat{y}_i)^2 = \frac{SSE}{n-2}$$

이때 오차항의 분산 σ^2의 추정량 $\hat{\sigma}^2$은 추정회귀직선 $\hat{y}_i$와 실제 관측값 y_i 사이에 얼마나 차이가 있는지를 요약해 주는 값으로 $\hat{\sigma}^2$이 작을수록 추정회귀직선이 자료들을 잘 설명해 주고 있다고 할 수 있다. 이때, 추정량 $\hat{\sigma}^2$의 표준편차 $\hat{\sigma}$는

$$\hat{\sigma} = \sqrt{\frac{1}{n-2}\sum_{i=1}^{n}(y_i - \hat{y}_i)^2} = \sqrt{\frac{SSE}{n-2}}$$

이며, 이것을 오차항의 분산 σ^2에 대한 추정값의 표준오차라고 한다.

예제 9-11

예제 9 - 10의 자료에 대한 잔차제곱합 SSE와 평균제곱오차 MSE 그리고 오차항의 분산에 대한 추정값의 표준오차를 구하여 보자. 그러면 예제 9 - 10에서 이미 $S_{XY} = 578.46$, $S_X^2 = 437.5$ 그리고 $\sum (y_i - \overline{y})^2 = 10501.7$을 구했으므로

$$S_Y^2 = \frac{10501.7}{13} \fallingdotseq 807.82$$

이고, 따라서 오차제곱합은

$$SSE = 13 \cdot \left(S_Y^2 - \frac{S_{XY}^2}{S_X^2}\right) = 13 \cdot \left(807.82 - \frac{334615.97}{437.5}\right) \fallingdotseq 558.79$$

이고 또한 $n = 14$이므로 평균제곱오차와 오차항의 분산에 대한 추정값의 표준오차는 각각

$$MSE = \frac{SSE}{n-2} = \frac{558.79}{12} \fallingdotseq 46.566$$

$$\hat{\sigma} = \sqrt{MSE} = \sqrt{46.566} \fallingdotseq 6.824$$

이다.

추정회귀직선의 정도를 측정하는 또 다른 방법으로 Y_i의 관측값 y_i와 y_i들의 평균 $\overline{y}$와의 편차

$$y_i - \bar{y} = (y_i - \hat{y}_i) + (\hat{y}_i - \bar{y})$$

를 이용할 수 있다. 이와 같은 편차를 총편차(total deviation)라 하며, 그림 9.13과 같이 오차항에 의하여 설명되는 부분 $y_i - \hat{y}_i$와 회귀직선에 의해 설명되는 부분인 $\hat{y}_i - \bar{y}$의 합으로 표현될 수 있으며, 총편차들의 제곱합은 다음과 같다.

$$\begin{aligned}\sum(y_i - \bar{y})^2 &= \sum[(y_i - \hat{y}_i) + (\hat{y}_i - \bar{y})]^2 \\ &= \sum(y_i - \hat{y}_i)^2 + \sum(\hat{y}_i - \bar{y})^2 + 2\sum(y_i - \hat{y}_i)(\hat{y}_i - \bar{y})\end{aligned}$$

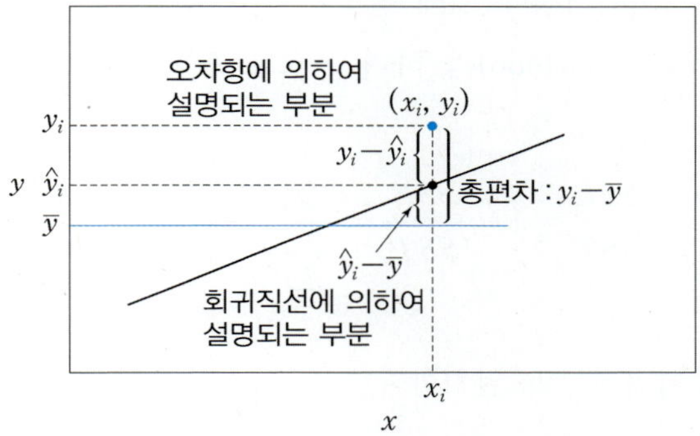

| 그림 9.13 | 총편차 $y_i - \bar{y}$의 분해

한편,

$$\begin{aligned}\sum(y_i - \hat{y}_i)(\hat{y}_i - \bar{y}) &= \sum(y_i - \hat{\alpha} - \hat{\beta}\, x_i)[\, \bar{y} + \hat{\beta}\, (x_i - \bar{x}) - \bar{y}\,] \\ &= \hat{\beta} \sum x_i\, (y_i - \hat{\alpha} - \hat{\beta} x_i) - \hat{\beta}\, \bar{x} \sum(y_i - \hat{\alpha} - \hat{\beta}\, x_i)\end{aligned}$$

이므로 정규방정식을 이용하면

$$\begin{aligned}\sum(y_i - \hat{y}_i)(\hat{y}_i - \bar{y}) &= \hat{\beta} \left(\sum x_i y_i - \hat{\alpha} \sum x_i - \hat{\beta} \sum x_i^2\right) \\ &\quad - \hat{\beta}\, \bar{x} \left(\sum y_i - n\hat{\alpha} - \hat{\beta} \sum_{i=1}^{n} x_i\right) = 0\end{aligned}$$

이다. 따라서 총편차의 제곱합을 의미하는 총제곱합(total sum of squares; SST)은 다음과 같다.

$$SST = \sum_{i=1}^{n}(y_i - \bar{y})^2 = \sum_{i=1}^{n}(y_i - \hat{y}_i)^2 + \sum_{i=1}^{n}(\hat{y}_i - \bar{y})^2$$

특히 총제곱합은 회귀직선에 의해 설명이 되지 않고 오차항에 의해 설명이 되는 오차제곱합(sum of squares for errors; SSE)과 회귀직선에 의해 설명이 되는 회귀제곱합(sum of squares for regression; SSR)의 합, 즉

$$SST = SSE + SSR$$

으로 표현된다. 따라서 총제곱합의 양변을 SST로 나누면

$$1 = \frac{SSE}{SST} + \frac{SSR}{SST}$$

과 같으며, 여기서 SSE/SST는 회귀직선에 의해 설명이 되지 않는 변동의 비율을 나타낸다. 그리고 SSR/SST는 회귀직선에 의해 설명이 되는 변동의 비율을 나타내며, 이 비율을 결정계수(coefficient of determination)라 하며 r^2으로 표현한다.

$$r^2 = \frac{SSR}{SST} = 1 - \frac{SSE}{SST} = \frac{\sum_{i=1}^{n}(\hat{y}_i - \overline{y})^2}{\sum_{i=1}^{n}(y_i - \overline{y})^2} = \frac{S_{XY}^2}{S_X^2 S_Y^2}$$

이때 모든 관찰값들이 회귀직선과 일치한다면

$$SSE = \sum(y_i - \hat{y}_i)^2 = \sum e_i^2 = 0$$

이므로 $r^2 = 1$이고, 이것은 회귀직선이 잔차를 전혀 갖지 않으며 따라서 관찰값들이 회귀직선과 일치함을 나타낸다. 한편 X와 Y 사이에 선형관계가 전혀 없다면, 회귀직선의 기울기

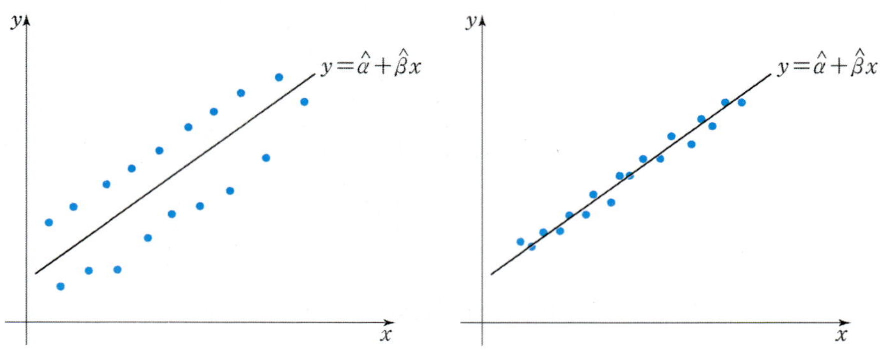

| 그림 9.14 | 결정계수에 따른 관찰값과 회귀직선의 비교

는 $\beta=0$이고 따라서 $\hat{y}_i=\bar{y}$가 되어 $r^2=0$이 된다. 그러므로 결정계수의 범위는 0과 1 사이이며, 표본상관계수의 제곱을 나타낸다. 또한 그림 9.14와 같이 결정계수의 값이 1에 가까울수록 추정회귀직선 주위에 자료들이 밀집되어 있으므로 자료들을 잘 대표하고 있다고 할 수 있다. 그러나 회귀모형이 자료를 충분히 잘 설명하는지를 정확히 파악하기 위해서는 결정계수뿐만 아니라 상관도와 잔차의 검토가 종합적으로 이루어져야 함을 유의해야 한다.

예제 9-12

200여 개의 대리점을 가지고 있는 어느 회사에서 대리점의 크기(X)에 따른 판매 사원의 수(Y)를 예측하기 위하여 10개의 대리점을 임의로 추출하여 다음과 같은 자료를 얻었다.

x	1	1	2	3	4	4	5	6	6	8
y	2	3	4	5	7	8	10	11	12	15

단순선형회귀모형을 가정할 때, (1) 추정회귀직선 (2) 오차항의 분산 σ^2의 추정값 (3) 결정계수 r^2을 구하여 보자. 우선 X와 Y의 합과 제곱합에 대한 다음 표를 먼저 작성한다.

번호	x	y	$x-\bar{x}$	$y-\bar{y}$	$(x-\bar{x})^2$	$(y-\bar{y})^2$	$(x-\bar{x})(y-\bar{y})$
1	1	2	−3	−5.7	9	32.49	17.1
2	1	3	−3	−4.7	9	22.09	14.1
3	2	4	−2	−3.7	4	13.69	7.4
4	3	5	−1	−2.7	1	7.29	2.7
5	4	7	0	−0.7	0	0.49	0.0
6	4	8	0	0.3	0	0.09	0.0
7	5	10	1	2.3	1	5.29	2.3
8	6	11	2	3.3	4	10.89	6.6
9	6	12	2	4.3	4	18.49	8.6
10	8	15	4	7.3	16	53.29	29.2
합계	40	77	0	0	48	164.10	88.0

$$\bar{x}=\frac{1}{10}\sum x_i=4.0,\ \ \bar{y}=\frac{1}{10}\sum y_i=7.7$$

$$S_{XY} = \frac{1}{9}\sum(x_i - \overline{x})(y_i - \overline{y}) = \frac{88}{9} \fallingdotseq 9.778$$

$$S_X^2 = \frac{1}{9}\sum(x_i - \overline{x})^2 = \frac{48}{9} \fallingdotseq 5.333,$$

$$S_Y^2 = \frac{1}{9}\sum(y_i - \overline{y})^2 = \frac{164.1}{9} \fallingdotseq 18.233$$

(1) α와 β에 대한 최소제곱추정값은

$$\hat{\beta} = \frac{S_{XY}}{S_X^2} = \frac{9.778}{5.333} \fallingdotseq 1.83$$

$$\hat{\alpha} = \overline{Y} - \hat{\beta}\,\overline{x} = 7.7 - (1.83)\cdot(4.0) \fallingdotseq 0.38$$

이므로 추정회귀직선은 $\hat{Y} = 1.83x + 0.38$이다.

(2) 잔차제곱합이

$$SSE = 9\left(S_Y^2 - \frac{S_{XY}^2}{S_X^2}\right) = 9\left(18.233 - \frac{9.778^2}{5.333}\right) = 2.75$$

이므로 오차항의 분산 σ^2을 추정값은 $\hat{\sigma}^2 = \dfrac{2.75}{10-2} \fallingdotseq 0.344$이다.

(3) 결정계수는 $r^2 = \dfrac{S_{XY}^2}{S_X^2 S_Y^2} = \dfrac{(9.778)^2}{(5.333)\cdot(18.233)} \fallingdotseq 0.983$이므로 회귀직선의 정도는 매우 높은 편이다.

SECTION 03 연/습/문/제

01 어떤 화합물을 전기분해로 제조할 때, 첨가물의 양(X)과 그 수율(Y)에 대하여 다음과 같은 자료를 얻었다.

x	1	2	3	4	5
y	2	5	3	7	8

(1) X와 Y의 표본상관계수를 구하여라.

(2) 첨가물의 양과 그 수율 사이에 양의 상관관계가 있는지를 유의수준 5%에서 검정하여라.

(3) 단순선형회귀모형을 가정할 때, X에 대한 Y의 추정회귀직선을 구하여라.

(4) $x=10$일 때, 수율 y_{10}을 추정하여라.

(5) 오차항의 분산 σ^2을 추정하여라.

(6) 결정계수 r^2을 구하여라.

02 두 변량 X와 Y에 대하여 X의 표준편차가 4.06이고 Y의 표준편차가 2.65라 한다. 한편 두 변량의 공분산이 10.50일 때 표본상관계수 r_0과 결정계수 r^2을 구하여라.

03 설명변수 X와 반응변수 Y 사이에 다음과 같은 관계가 있음을 측정하였다.

x	2	4	6	8	10
y	5	4	3	2	1

(1) 단순선형회귀모형을 가정할 때, X에 대한 Y의 추정회귀직선을 구하여라.

(2) $x=7$에 대응하는 $\hat{y}_7$의 값을 추정하여라.

(3) 오차항의 분산 σ^2을 추정하여라.

(4) 결정계수 r^2을 구하여라.

04 두 변량 X와 Y의 표본 자료에 대하여 다음과 같은 결과가 얻어졌다.

$$\sum_{i=1}^{n} x_i = 4, \sum_{i=1}^{n} x_i^2 = 14, \sum_{i=1}^{n} x_i y_i = 12, \sum_{i=1}^{n} y_i = 6, \sum_{i=1}^{n} y_i^2 = 18, n = 10$$

(1) X와 Y의 표본상관계수를 구하여라.

(2) 단순선형회귀모형을 가정할 때, X에 대한 Y의 추정회귀직선을 구하여라.

(3) 오차항의 분산 σ^2을 추정하여라.

(4) 결정계수 r^2을 구하여라.

05 두 변량 X와 Y의 표본 자료에 대하여 다음과 같은 결과가 얻어졌다.

$$\sum_{i=1}^{n} x_i = 58.62, \sum_{i=1}^{n} x_i^2 = 291.231, \sum_{i=1}^{n} x_i y_i = 169.2532,$$

$$\sum_{i=1}^{n} y_i = 34.15, \sum_{i=1}^{n} y_i^2 = 98.6967, n = 12$$

(1) X와 Y의 표본상관계수를 구하여라.

(2) 단순선형회귀모형을 가정할 때, X에 대한 Y의 추정회귀직선을 구하여라.

(3) 오차항의 분산 σ^2을 추정하여라.

(4) 결정계수 r^2을 구하여라.

06 다음 표에 있는 자료를 이용하여 추정회귀직선 $\hat{y} = \alpha + \beta x$를 구하여라.

	평균	표준편차	상관계수
X	40	4	0.74
Y	30	3	

07 A반 학생의 키(X)와 체중(Y)을 조사하였더니 $\bar{x} = 170$ (cm), $\bar{y} = 60$ (kg), $S_X = 5$ (cm), $S_Y = 4$ (kg), $r = 0.7$을 얻었다면, 신장이 175cm인 학생의 체중은 얼마인지 추정하여라.

08 다음은 임의로 추출한 로트 크기에 따른 생산인력의 자료이다.

로트크기	10	20	30	40	40	50	60	60	70	80
생산인력	20	29	50	60	70	85	90	95	109	120

(1) 추정회귀직선을 구하여라.

(2) $x=100$일 때, 생산인력의 추정값을 구하여라.

(3) 결정계수를 구하고, 이를 설명하여라.

09 어떤 화학반응에서 촉매의 양에 따른 화학작용에 의하여 생성되는 반응량을 조사하여 다음과 같은 자료를 얻었다.

촉매 양	1	1	2	3	4	4	5	6	6	7
반응 양	2.1	2.5	3.1	3.0	3.8	3.2	4.3	3.9	4.4	4.8

(1) 추정회귀직선을 구하여라.

(2) $x=7.5$일 때, 반응 양의 추정값을 구하여라.

(3) 결정계수를 구하고, 이를 설명하여라.

10 10명의 고3 학생을 임의로 추출하여 그들의 영어와 수학 점수를 조사한 결과 다음과 같다.

영어	72	65	90	92	80	76	86	77	67	66
수학	93	86	59	69	77	94	75	84	88	97

(1) α와 β의 최소제곱추정값을 구하여라.

(2) 추정회귀직선을 구하여라.

(3) 결정계수를 구하고, 이를 설명하여라.

SECTION 04 회귀계수의 추정과 검정

9.3절에서 구한 추정회귀직선 $\hat{y} = \hat{\alpha} + \hat{\beta}x$는 단순회귀모형

$$Y_i = \alpha + \beta x_i + \varepsilon_i,\ \ \varepsilon_i \sim N(0, \sigma^2),\ \ i = 1, 2, \cdots, n$$

이고 $\varepsilon_1, \varepsilon_2, \cdots, \varepsilon_n$이 독립이라는 가정 아래 최소제곱원리에 의하여 모회귀직선 $y = \alpha + \beta x$를 최적인 직선으로 추정한 것이다.

이제 모회귀계수 α와 β의 통계적 추론을 다루기 위하여, 오차항들 $\varepsilon_1, \varepsilon_2, \cdots, \varepsilon_n$은 독립이고 $\varepsilon_i \sim N(0, \sigma^2)$을 따른다고 하면

$$Y_i = \alpha + \beta x_i + \varepsilon_i \sim N(\alpha + \beta x_i, \sigma^2)$$

이다. 이러한 가정 아래서 모회귀직선의 기울기를 나타내는 β와 절편을 나타내는 α에 대한 확률분포를 살펴보고, 두 계수에 대한 통계적 추론을 유도한다. 그러면 9.3절에서 β에 대한 최량선형불편추정량은 $\hat{\beta} = S_{XY}/S_X^2$이고, 따라서 다음이 성립한다.

$$\hat{\beta} = \frac{\sum_{i=1}^{n}(x_i - \overline{x})(Y_i - \overline{Y})}{S_{XX}} = \frac{\sum_{i=1}^{n}(x_i - \overline{x})Y_i - \sum_{i=1}^{n}(x_i - \overline{x})\overline{Y}}{S_{XX}}$$

$$= \sum_{i=1}^{n}\frac{x_i - \overline{x}}{S_{XX}}Y_i$$

여기서 $S_{XX} = \sum_{i=1}^{n}(x_i - \overline{x})^2$이다. 이때 $Y_i \sim N(\alpha + \beta x_i, \sigma^2)$이고 $i = 1, 2, \cdots, n$에 대하여 Y_i는 독립이므로, $\hat{\beta}$의 평균과 분산은 각각 다음과 같다.

$$E(\hat{\beta}) = E\left[\sum_{i=1}^{n}\frac{x_i - \overline{x}}{S_{XX}}Y_i\right] = \sum_{i=1}^{n}\frac{x_i - \overline{x}}{S_{XX}}E(Y_i)$$

$$= \sum_{i=1}^{n} \frac{(x_i - \overline{x})(\alpha + \beta x_i)}{S_{XX}} = \alpha \frac{\sum_{i=1}^{n}(x_i - \overline{x})}{S_{XX}} + \beta \frac{\sum_{i=1}^{n}(x_i - \overline{x})x_i}{S_{XX}}$$

$$= 0 + \beta \frac{\sum_{i=1}^{n} x_i^2 - n\overline{x}^2}{\sum_{i=1}^{n}(x_i - \overline{x})^2} = \beta \frac{S_{XX}}{S_{XX}} = \beta$$

$$Var(\hat{\beta}) = Var\left[\sum_{i=1}^{n} \frac{x_i - \overline{x}}{S_{XX}} Y_i\right] = \sum_{i=1}^{n} \frac{(x_i - \overline{x})^2}{S_{XX}^2} Var(Y_i)$$

$$= \frac{\sigma^2}{S_{XX}^2} \sum_{i=1}^{n}(x_i - \overline{x})^2 = \frac{\sigma^2}{S_{XX}}$$

특히 $\hat{\beta}$는 정규확률변수 Y_i들의 일차결합이므로 $\hat{\beta}$도 역시 다음과 같은 정규분포를 이룬다.

$$\hat{\beta} \sim N\left(\beta, \frac{\sigma^2}{S_{XX}}\right)$$

더욱이 $E(\hat{\beta}) = \beta$이므로 $\hat{\beta}$는 β의 불편추정량이다.

한편 모회귀직선의 절편을 타나내는 α의 점추정량은 최소제곱법으로 구한 $\hat{\alpha}$이고, $\overline{Y}$와 $\hat{\beta}$가 정규분포를 이루므로 $\hat{\alpha} = \overline{Y} - \hat{\beta}\,\overline{x}$ 도 역시 정규분포를 이룬다. 그러면 $\hat{\alpha}$의 평균과 분산은 각각 다음과 같다.

$$E(\hat{\alpha}) = E(\overline{Y} - \hat{\beta}\,\overline{x}) = (\alpha + \beta\overline{x}) - \beta\overline{x} = \alpha$$

$$\begin{aligned} Var(\hat{\alpha}) &= Var(\overline{Y} - \hat{\beta}\,\overline{x}) \\ &= Var(\overline{Y}) + \overline{x}^2\, Var(\hat{\beta}) - 2\overline{x}\, Cov(\overline{Y}, \hat{\beta}) \\ &= \frac{\sigma^2}{n} + \frac{\overline{x}^2 \sigma^2}{S_{XX}} - 2\overline{x}\, Cov(\overline{Y}, \hat{\beta}) \\ &= \left(\frac{1}{n} + \frac{\overline{x}^2}{S_{XX}}\right)\sigma^2 - 2\overline{x}\, Cov(\overline{Y}, \hat{\beta}) \end{aligned}$$

또한, $i = 1, 2, \cdots, n$에 대하여 Y_i가 독립이므로 $Cov(Y_i, Y_j) = 0,\ i \neq j,\ i, j = 1, 2, \cdots, n$ 이고, $\sum(x_i - \overline{x}) = 0$이므로

$$\begin{aligned} Cov(\overline{Y}, \hat{\beta}) &= Cov\left(\sum_{i=1}^{n} \frac{1}{n} Y_i, \quad \sum_{i=1}^{n} \frac{x_i - \overline{x}}{S_{XX}} Y_i\right) \\ &= \sum_{i=1}^{n}\left(\frac{1}{n} \cdot \frac{x_i - \overline{x}}{S_{XX}}\right) Var(Y_i) + \sum_{i \neq j}\left(\frac{1}{n} \cdot \frac{x_j - \overline{x}}{S_{XX}}\right) Cov(Y_i, Y_j) \\ &= \sum_{i=1}^{n}\left(\frac{1}{n} \cdot \frac{x_i - \overline{x}}{S_{XX}}\right)\sigma^2 = \frac{\sigma^2}{n\, S_{XX}} \sum_{i=1}^{n}(x_i - \overline{x}) = 0 \end{aligned}$$

이다. 따라서 $\hat{\alpha}$의 분산은 다음과 같다.

$$Var(\hat{\alpha}) = \left(\frac{1}{n} + \frac{\overline{x}^2}{S_{XX}}\right)\sigma^2$$

더욱이 $E(\hat{\alpha}) = \alpha$ 이므로 $\hat{\alpha}$는 α의 불편추정량이고, 이와 같은 사실을 요약하여 다음 정리를 얻는다.

● 정리 3

단순회귀모형

$$\begin{cases} Y_i = \alpha + \beta x_i + \varepsilon_i, & i = 1, 2, \cdots, n \\ \varepsilon_i \sim N(0, \sigma^2), & \varepsilon_i \text{는 서로 독립} \end{cases}$$

에 대하여 α와 β의 최량선형불편추정량 $\hat{\alpha}$와 $\hat{\beta}$의 분포는 다음과 같다.

(1) $\hat{\alpha} \sim N\left(\alpha, \left(\frac{1}{n} + \frac{\overline{x}^2}{S_{XX}}\right)\sigma^2\right), \quad S_{XX} = \sum_{i=1}^{n}(x_i - \overline{x})^2$

(2) $\hat{\beta} \sim N\left(\beta, \frac{\sigma^2}{S_{XX}}\right)$

그러면

$$\frac{\hat{\beta} - \beta}{\sigma / \sqrt{S_{XX}}} \sim N(0, 1), \quad \frac{\hat{\alpha} - \alpha}{\sigma\sqrt{\frac{1}{n} + \frac{\overline{x}^2}{S_{XX}}}} \sim N(0, 1)$$

이므로 σ^2을 알고 있는 경우에 모회귀계수 β에 대한 $100(1-\alpha)\%$ 신뢰구간은

$$\left(\hat{\beta} - z_{\alpha/2}\frac{\sigma}{\sqrt{S_{XX}}},\quad \hat{\beta} + z_{\alpha/2}\frac{\sigma}{\sqrt{S_{XX}}}\right)$$

이고, α 에 대한 $100(1-\alpha)\%$ 신뢰구간은 다음과 같다.

$$\left(\hat{\alpha} - z_{\alpha/2}\,\sigma\sqrt{\frac{1}{n} + \frac{\bar{x}^2}{S_{XX}}},\quad \hat{\alpha} + z_{\alpha/2}\,\sigma\sqrt{\frac{1}{n} + \frac{\bar{x}^2}{S_{XX}}}\right)$$

한편 σ^2을 알고 있는 경우에 귀무가설 $H_0 : \beta = \beta_0$ 이 참이라는 가설 아래서 얻은 검정통계량을 이용하여 모회귀계수 β 에 대한 검정법을 요약하면 다음과 같다.

① 귀무가설 $H_0 : \beta = \beta_0$ 을 설정한다.

② 유의수준 α를 정한다.

③ 검정통계량 $Z = \dfrac{\hat{\beta} - \beta_0}{\sigma / \sqrt{S_{XX}}}$ 을 사용한다.

④ 검정통계량의 관찰값 z_0을 구한다.

⑤ 양측검정($H_1 : \beta \neq \beta_0$)인 경우 : $|z_0| \geq z_{\alpha/2}$ 이면, 귀무가설 H_0을 기각한다.
하단측검정($H_1 : \beta < \beta_0$)인 경우 : $z_0 \leq -z_\alpha$ 이면, 귀무가설 H_0을 기각한다.
상단측검정($H_1 : \beta > \beta_0$)인 경우 : $z_0 \geq z_\alpha$ 이면, 귀무가설 H_0을 기각한다.

또한 이 경우에 귀무가설 $H_0 : \alpha = \alpha_0$ 이 참이라는 가설 아래서 얻은 검정통계량을 이용하여 모회귀계수 α 에 대한 검정법을 요약하면 다음과 같다.

① 귀무가설 $H_0 : \alpha = \alpha_0$ 을 설정한다.

② 유의수준 α를 정한다.

③ 검정통계량 $Z = \dfrac{\hat{\alpha} - \alpha_0}{\sigma\sqrt{\dfrac{1}{n} + \dfrac{\bar{x}^2}{S_{XX}}}}$ 을 사용한다.

④ 검정통계량의 관찰값 z_0을 구한다.

⑤ 양측검정($H_1 : \alpha \neq \alpha_0$)인 경우 : $|z_0| \geq z_{\alpha/2}$ 이면, 귀무가설 H_0을 기각한다.
하단측검정($H_1 : \alpha < \alpha_0$)인 경우 : $z_0 \leq -z_\alpha$ 이면, 귀무가설 H_0을 기각한다.

상단측검정($H_1 : \alpha > \alpha_0$)인 경우 : $z_0 \geq z_\alpha$이면, 귀무가설 H_0을 기각한다.

그리고 양측검정에 대한 p값은

$$p\text{값} = P(Z < -z_0) + P(Z > z_0) = 2(1 - \Phi(z_0))$$

이며, 하단측검증에 대한 p값은

$$p\text{값} = P(Z < z_0) = \Phi(z_0)$$

이다. 또한 상단측검증에 대한 p값은

$$p\text{값} = P(Z > z_0) = 1 - \Phi(z_0)$$

으로 p값 $> \alpha$이면 H_0을 채택하고 p값 $\leq \alpha$이면 H_0을 기각한다.

예제 9-13

예제 9-12에서 $\sigma^2 = 1$로 알려져 있다고 할 때, α와 β에 대한 95% 신뢰구간을 구하여 보자. 이 예제에서 $n = 10$, $\bar{x} = 4.0$, $S_{XX} = 48$ 그리고 $\hat{\alpha} = 0.38$, $\hat{\beta} = 1.83$을 얻었다. 한편 $z_{0.025} = 1.96$이므로 β에 대한 95% 신뢰구간은

$$\left(\hat{\beta} - z_{0.025}\frac{\sigma}{\sqrt{S_{XX}}}, \hat{\beta} + z_{0.025}\frac{\sigma}{\sqrt{S_{XX}}}\right)$$

$$= \left(1.83 - 1.96\frac{1}{\sqrt{48}}, 1.83 - 1.96\frac{1}{\sqrt{48}}\right)$$

$$= (1.83 - 0.2829,\ 1.83 + 0.2829) = (1.5471, 2.1129)$$

이고, α에 대한 95% 신뢰구간은

$$\left(\hat{\alpha}-z_{0.025}\,\sigma\sqrt{\frac{1}{n}+\frac{\overline{x}^2}{S_{XX}}},\quad \hat{\alpha}+z_{0.025}\,\sigma\sqrt{\frac{1}{n}+\frac{\overline{x}^2}{S_{XX}}}\right)$$

$$=\left(0.38-(1.96)\cdot 1\cdot\sqrt{\frac{1}{10}+\frac{16}{48}},\quad 0.38+(1.96)\cdot 1\cdot\sqrt{\frac{1}{10}+\frac{16}{48}}\right)$$

$$=(-0.91,\ 1.67)$$

이다.

예제 9-14

농가에서 요소비료를 사용한 양(X)와 쌀 생산량(Y) 사이의 관계를 조사하기 위하여 7가구를 임의로 추출하여 조사한 결과 다음 자료를 얻었다.

X	2	3	4	5	6	7	8
Y	2.7	3.5	5.3	6.9	7.2	9.5	10.1

여기서 $\sigma^2=4$인 것으로 알려져 있다고 할 때, 비료의 사용량과 쌀 생산량 사이에 선형관계가 있는지 알아보기 위하여 다음 두 가지 가설을 검정해 보자.

$$H_0:\beta=0.6,\ H_1:\beta\neq 0.6 \text{ 와 } H_0:\alpha=2.5,\ H_1:\alpha\neq 2.5$$

우선 X와 Y에 대하여 다음 표를 먼저 구한다.

번호	x	y	$x-\overline{x}$	$y-\overline{y}$	$(x-\overline{x})^2$	$(y-\overline{y})^2$	$(x-\overline{x})(y-\overline{y})$
1	2	2.7	−3	−3.75714	9	14.1161	11.2714
2	3	3.5	−2	−2.95714	4	8.7447	5.9143
3	4	5.3	−1	−1.15714	1	1.3390	1.1571
4	5	6.9	0	0.44286	0	0.1961	0.0000
5	6	7.2	1	0.74286	1	0.5518	0.7429
6	7	9.5	2	3.04286	4	9.2590	6.0857
7	8	10.1	3	3.64286	9	13.2704	10.9286
합계	35	45.2	0	0.00000	28	47.4771	36.1000

$$\overline{x}=\frac{1}{7}\sum x_i=5,\ \overline{y}=\frac{1}{7}\sum y_i=6.4571$$

$$S_{XY} = \frac{1}{6}\sum(x_i - \overline{x})(y_i - \overline{y}) = \frac{36.1}{6} = 6.02, \quad S_{XX} = \sum(x_i - \overline{x})^2 = 28$$

$$S_X^2 = \frac{S_{XX}}{6} = \frac{28}{6} = 4.67, \quad S_Y^2 = \frac{1}{6}\sum(y_i - \overline{y})^2 = \frac{47.4771}{6} = 7.91$$

그러므로 α와 β에 대한 최소제곱추정값은

$$\hat{\beta} = \frac{S_{XY}}{S_X^2} = \frac{6.02}{4.67} = 1.29$$

$$\hat{\alpha} = \overline{Y} - \hat{\beta}\overline{x} = 6.4571 - (1.29) \cdot 5 = 0.0071$$

이고,

$$\frac{\sigma}{\sqrt{S_{XX}}} = \frac{2}{\sqrt{28}} = 0.38$$

이다. 따라서 검정통계량의 관찰값이

$$z_0 = \frac{\hat{\beta} - \beta_0}{\sigma / \sqrt{S_{XX}}} = \frac{1.29 - 0.6}{0.38} = 1.82$$

이므로 $z_0 = 1.82 < z_{0.025} = 1.96$이다. 따라서 귀무가설 H_0을 채택한다.

한편 $\hat{\alpha} = 0.0071$, $\alpha_0 = 2.5$이고,

$$\sigma\sqrt{\frac{1}{n} + \frac{\overline{x}^2}{S_{XX}}} = 2\sqrt{\frac{1}{7} + \frac{25}{28}} = 2 \cdot (1.0178) = 2.0356$$

이므로 귀무가설 $H_0 : \alpha = 2.5$에 대한 검정통계량값은

$$z_0 = \frac{\hat{\alpha} - \alpha_0}{\sigma\sqrt{\frac{1}{n} + \frac{\overline{x}^2}{S_{XX}}}} = \frac{0.0071 - 2.5}{2.035} = -1.225$$

이다. 그러므로 $z_0 = -1.225 > -z_{0.025} = -1.96$이고, 따라서 귀무가설 H_0을 채택한다.

그러나 일반적으로 σ^2이 미지이므로 α와 β에 대한 추론을 다룰 경우에 정규분포를 함부로 이용할 수 없다. 따라서 σ^2의 최소분산불편추정량을 구하고 $\hat{\alpha}$와 $\hat{\beta}$의 분포를 구하여야 한다. 우선 다음 정리에서 σ^2의 최소분산불편추정량과 그의 분포를 살펴볼 수 있다.

● 정리 4

서로 독립인 확률변수 $Y_i \sim N(\alpha+\beta x_i,\ \sigma^2)$, $i=1, 2, \cdots, n$과 σ^2의 추정량 $\hat{\sigma}^2$에 대하여 다음이 성립한다.

(1) $\hat{\beta}$, $\overline{Y}$ 그리고 $\hat{\sigma}^2$은 서로 독립이다.

(2) $\dfrac{n\hat{\sigma}^2}{\sigma^2} \sim \chi^2(n-2)$이다.

(3) σ^2의 최소분산불편추정량은 $\tilde{\sigma}^2 = \dfrac{n}{n-2}\hat{\sigma}^2$이다.

증명

(1) $i=1, 2, \cdots, n$에 대하여 $U_i = Y_i - \alpha - \beta x_i$라 하고,

$$\overline{U} = \frac{1}{n}\sum_{i=1}^{n} U_i = \overline{Y} - \alpha - \beta \overline{x}$$

라 하자. 그러면

$$\begin{aligned}
\hat{\beta} - \beta &= \frac{\sum_{i=1}^{n}(x_i - \overline{x})(Y_i - \overline{Y})}{\sum_{i=1}^{n}(x_i - \overline{x})^2} - \beta \\
&= \frac{\sum_{i=1}^{n}(x_i - \overline{x})(Y_i - \overline{Y}) - \beta\sum_{i=1}^{n}(x_i - \overline{x})^2}{\sum_{i=1}^{n}(x_i - \overline{x})^2} \\
&= \frac{\sum_{i=1}^{n}(x_i - \overline{x})(Y_i - \overline{Y}) - \beta\sum_{i=1}^{n}(x_i - \overline{x})x_i}{\sum_{i=1}^{n}(x_i - \overline{x})^2} \\
&= \frac{\sum_{i=1}^{n}(x_i - \overline{x})\left[(Y_i - \alpha - \beta x_i) - (\overline{Y} - \alpha - \beta\overline{x})\right]}{\sum_{i=1}^{n}(x_i - \overline{x})^2} \\
&= \frac{\sum_{i=1}^{n}(x_i - \overline{x})(U_i - \overline{U})}{\sum_{i=1}^{n}(x_i - \overline{x})^2}
\end{aligned}$$

이다. 한편

$$Y_i - \widehat{Y_i} = Y_i - \hat{\alpha} - \hat{\beta} x_i = Y_i - \overline{Y} + \hat{\beta}\overline{x} - \hat{\beta} x_i$$
$$= (Y_i - \alpha - \beta x_i) - (\overline{Y} - \alpha - \beta \overline{x}) - (x_i - \overline{x})(\hat{\beta} - \beta)$$
$$= (U_i - \overline{U}) - (x_i - \overline{x})(\hat{\beta} - \beta)$$

이고, 따라서

$$n\hat{\sigma}^2 = \sum_{i=1}^{n}(Y_i - \widehat{Y}_i)^2$$
$$= \sum_{i=1}^{n}\left[(U_i - \overline{U}) - (x_i - \overline{x})(\hat{\beta} - \beta)\right]^2$$
$$= \sum_{i=1}^{n}(U_i - \overline{U})^2 + \sum_{i=1}^{n}(x_i - \overline{x})^2(\hat{\beta} - \beta)^2 - 2\sum_{i=1}^{n}(U_i - \overline{U})(x_i - \overline{x})(\hat{\beta} - \beta)$$

이므로 $\hat{\beta} - \beta$에 관하여 구한 식으로부터

$$\sum_{i=1}^{n}(U_i - \overline{U})(x_i - \overline{x})(\hat{\beta} - \beta) = (\hat{\beta} - \beta)\sum_{i=1}^{n}(U_i - \overline{U})(x_i - \overline{x})$$
$$= (\hat{\beta} - \beta)^2\sum_{i=1}^{n}(x_i - \overline{x})^2$$

을 얻는다. 따라서

$$n\hat{\sigma}^2 = \sum_{i=1}^{n}(U_i - \overline{U})^2 - \sum_{i=1}^{n}(x_i - \overline{x})^2(\hat{\beta} - \beta)^2$$
$$= \sum_{i=1}^{n}U_i^2 - n\overline{U}^2 - \sum_{i=1}^{n}(x_i - \overline{x})^2(\hat{\beta} - \beta)^2$$

이 성립한다. 더욱이 다음 두 벡터

$$\left(\frac{x_1 - \overline{x}}{\sqrt{\sum_{i=1}^{n}(x_i - \overline{x})^2}}, \ \cdots \ , \frac{x_n - \overline{x}}{\sqrt{\sum_{i=1}^{n}(x_i - \overline{x})^2}}\right), \left(\frac{1}{\sqrt{n}}, \ \cdots \ , \frac{1}{\sqrt{n}}\right)$$

를 제1행과 제2행으로 가지는 직교행렬에 의하여 $(U_1, U_2, \cdots, U_n)$을 $(Z_1, Z_2, \cdots, Z_n)$으로 직교변환하면, Z_i들은 정규분포 $N(0, \sigma^2)$에 따르는 독립확률변수이고,

$$\sum_{i=1}^{n}Z_i^2 = \sum_{i=1}^{n}U_i^2$$

이 성립한다. 또한 $Z_1^2 = \sum_{i=1}^{n}(x_i - \overline{x})^2(\hat{\beta} - \beta)^2$, $Z_2^2 = n\overline{U}^2$이므로

$$n\hat{\sigma}^2 = \sum_{i=1}^{n} U_i^2 - n\overline{U}^2 - \sum_{i=1}^{n}(x_i - \overline{x})^2(\hat{\beta} - \beta)^2$$

$$= \sum_{i=1}^{n} U_i^2 - Z_1^2 - Z_2^2 = \sum_{i=3}^{n} Z_i^2$$

이다. 그러므로 $\hat{\beta}$는 Z_1의 함수이고, $\overline{Y}$는 Z_2의 함수 그리고 $\hat{\sigma}^2$은 $Z_3, \cdots, Z_n$의 함수이다. 그리고 각 Z_i는 독립이므로 $\hat{\beta}$, $\overline{Y}$ 그리고 $\hat{\sigma}^2$은 독립이다.

(2) $Z_i \sim N(0, \sigma^2)$이므로 $\left(Z_i/\sigma\right)^2 \sim \chi^2(1)$이고 또한 이들 확률변수들이 독립이므로

$$\frac{n\hat{\sigma}^2}{\sigma^2} = \sum_{i=3}^{n}\left(\frac{Z_i}{\sigma}\right)^2 \sim \chi^2(n-2)$$

이다.

(3) (2)에 의하여 $E(n\hat{\sigma}^2/\sigma^2) = n-2$이므로 $E(\hat{\sigma}^2) = \frac{n-2}{n}\sigma^2$으로 편의되어 있다. 따라서 σ^2의 최소분산불편추정량 $\tilde{\sigma}^2$은

$$\tilde{\sigma}^2 = \frac{n}{n-2}\hat{\sigma}^2 = \frac{1}{n-2}\sum_{i=1}^{n}(Y_i - \hat{\alpha} - \hat{\beta}x_i)^2$$

이다. ◂◂

한편 $\hat{\beta} - \beta \sim N\left(0,\ \sigma^2/S_{XX}\right)$이고, $\tilde{\sigma}^2$과 독립이므로 t분포의 정의에 의하여

$$\frac{\hat{\beta} - \beta}{\tilde{\sigma}\,/\sqrt{S_{XX}}} \sim t(n-2)$$

이다. 그리고 같은 방법으로

$$\frac{\hat{\alpha} - \alpha}{\tilde{\sigma}\sqrt{\frac{1}{n} + \frac{\overline{x}^2}{S_{XX}}}} \sim t(n-2)$$

를 얻을 수 있다. 그러므로 σ^2이 알려져 있지 않은 경우, 모회귀계수 β에 대한 $100(1-\alpha)\%$ 신뢰구간은

$$\left(\hat{\beta} - t_{\alpha/2}(n-2)\,\frac{\tilde{\sigma}}{\sqrt{S_{XX}}},\quad \hat{\beta} + t_{\alpha/2}(n-2)\,\frac{\tilde{\sigma}}{\sqrt{S_{XX}}} \right)$$

이고, 이 경우에 모회귀계수 α에 대한 $100(1-\alpha)\%$ 신뢰구간은

$$\left(\hat{\alpha} - t_{\alpha/2}(n-2)\,\tilde{\sigma}\sqrt{\frac{1}{n} + \frac{\overline{x}^2}{S_{XX}}},\quad \hat{\alpha} - t_{\alpha/2}(n-2)\,\tilde{\sigma}\sqrt{\frac{1}{n} + \frac{\overline{x}^2}{S_{XX}}} \right)$$

이다. 특히 σ^2이 알려지지 않은 경우에 귀무가설 $H_0 : \beta = \beta_0$이 참이라는 가설 아래서 얻은 검정통계량을 이용하여 모회귀계수 β에 대한 검정법을 요약하면 다음과 같다.

① 귀무가설 $H_0 : \beta = \beta_0$을 설정한다.
② 유의수준 α를 정한다.
③ 검정통계량 $T = \dfrac{\hat{\beta} - \beta}{\tilde{\sigma} / \sqrt{S_{XX}}}$를 사용한다.
④ 검정통계량의 관찰값 $t_0 = \dfrac{\hat{\beta} - \beta_0}{\bar{\sigma} / \sqrt{S_{XX}}}$을 구한다.
⑤ 양측검정($H_1 : \beta \neq \beta_0$)인 경우 : $|t_0| \geq t_{\alpha/2}(n-2)$이면, 귀무가설 H_0을 기각한다.
하단측검정($H_1 : \beta < \beta_0$)인 경우 : $t_0 \leq -t_{\alpha}(n-2)$이면, 귀무가설 H_0을 기각한다.
상단측검정($H_1 : \beta > \beta_0$)인 경우 : $t_0 \geq t_{\alpha}(n-2)$이면, 귀무가설 H_0을 기각한다.

그리고 이 경우에 귀무가설 $H_0 : \alpha = \alpha_0$이 참이라는 가설 아래서 얻은 검정통계량을 이용하여 모회귀계수 α에 대한 검정법을 요약하면 다음과 같다.

① 귀무가설 $H_0 : \alpha = \alpha_0$을 설정한다.
② 유의수준 α를 정한다.
③ 검정통계량 $T = \dfrac{\hat{\alpha} - \alpha}{\tilde{\sigma}\sqrt{\frac{1}{n} + \frac{\overline{x}^2}{S_{XX}}}}$를 사용한다.

④ 검정통계량의 관찰값 $t_0 = \dfrac{\hat{\alpha} - \alpha_0}{\bar{\sigma}\sqrt{\dfrac{1}{n} + \dfrac{\bar{x}^2}{S_{XX}}}}$ 을 구한다.

⑤ 양측검정($H_1 : \alpha \neq \alpha_0$)인 경우 : $|t_0| \geq t_{\alpha/2}(n-2)$이면, 귀무가설 H_0을 기각한다.
하단측검정($H_1 : \alpha < \alpha_0$)인 경우 : $t_0 \leq -t_\alpha(n-2)$이면, 귀무가설 H_0을 기각한다.
상단측검정($H_1 : \alpha > \alpha_0$)인 경우 : $t_0 \geq t_\alpha(n-2)$이면, 귀무가설 H_0을 기각한다.

예제 9-15

예제 9-12에서 σ^2을 모른다고 할 때, α와 β에 대한 95% 신뢰구간을 구하여 보자. 이 예제에서 $n=10$이고 $\bar{x}=4.0$, $S_{XX}=48$ 그리고 $\hat{\alpha}=0.38$, $\hat{\beta}=1.83$, $\hat{\sigma}^2=0.344$이므로 σ^2에 대한 최소분산불편추정량값은

$$\tilde{\sigma}^2 = \frac{n}{n-2}\hat{\sigma}^2 = \frac{10 \cdot (0.344)}{8} = 0.43$$

이고 $t_{0.025}(10-2) = t_{0.025}(8) = 2.306$이므로 β에 대한 95% 신뢰구간은

$$\left(1.83 - 2.306\sqrt{\frac{0.43}{48}},\ 1.83 + 2.306\sqrt{\frac{0.43}{48}}\right) = (1.611,\ 2.049)$$

이고, $\tilde{\sigma} = \sqrt{0.43} = 0.6557$이므로 α에 대한 95% 신뢰구간은

$$\left(0.38 - (2.306)\cdot(0.6557)\sqrt{\frac{1}{10}+\frac{16}{48}},\right.$$
$$\left.0.38 - (2.306)\cdot(0.6557)\sqrt{\frac{1}{10}+\frac{16}{48}}\right) = (-0.615,\ 1.375)$$

이다.

예제 9-16

예제 9 - 14에서 σ^2이 알려지지 않은 경우에 두 가설

$$H_0 : \beta = 0.6,\ H_1 : \beta \neq 0.6 \text{ 와 } H_0 : \alpha = 2.5,\ H_1 : \alpha \neq 2.5$$

를 검정해 보자. 그러면

$$SSE = (n-1)\left(S_Y^2 - \frac{S_{XY}^2}{S_X^2}\right) = 6 \cdot \left(7.91 - \frac{6.02^2}{4.67}\right) = 0.9$$

이므로

$$\hat{\sigma}^2 = \frac{SSE}{n-2} = \frac{0.9}{5} = 0.18$$

을 얻는다. 그러므로 σ^2에 대한 최소분산불편추정값은

$$\tilde{\sigma}^2 = \frac{n}{n-2}\hat{\sigma}^2 = \frac{7 \cdot (0.18)}{5} = 0.252$$

이다. 또한 $t_{0.025}(5) = 2.571$이므로 $H_0 : \beta = 0.6$에 대한 검정통계량값은

$$t_0 = \frac{\hat{\beta} - \beta_0}{\tilde{\sigma} / \sqrt{S_{XX}}} = \frac{1.29 - 0.6}{\sqrt{0.252/28}} = 7.27 > 2.571$$

이다. 따라서 귀무가설 $H_0 : \beta = 0.6$을 기각한다. 또한 $H_0 : \alpha = 2.5$에 대한 검정통계량값은

$$\bar{\sigma}\sqrt{\frac{1}{n} + \frac{\bar{x}^2}{S_{XX}}} = \sqrt{0.252\left(\frac{1}{7} + \frac{25}{28}\right)} \fallingdotseq 0.511$$

$$t_0 = \frac{\hat{\alpha} - \alpha_0}{\tilde{\sigma}\sqrt{\frac{1}{n} + \frac{\bar{x}^2}{S_{XX}}}} = \frac{0.0071 - 2.5}{0.511} \fallingdotseq -4.878 < -2.571$$

이므로 귀무가설 $H_0 : \alpha = 2.5$을 기각한다.

이제 회귀직선에 대한 추론에 대하여 살펴본다. 이미 3장에서 조건부 기댓값을 다루면서 회귀라는 용어를 사용하지는 않았지만 회귀직선의 기울기와 절편 등을 구한 바 있다. 두 확률변수 X와 Y 사이에 $Y = \alpha + \beta X + \varepsilon$, $\varepsilon \sim N(0, \sigma^2)$의 관계가 있을 때, $E(\varepsilon) = 0$이므로 조건부 기댓값 $E(Y | X = x)$는

$$E(Y|X=x)=E(\alpha+\beta X|X=x)=\alpha+\beta x$$

로 표시되며, 이 조건부 기댓값을 회귀직선이라 한다. 한편 이 조건부 기댓값은 회귀분석에서 자주 다루고자 하는 관심의 대상으로 설명변수의 값 $x=x^*$에 대응하는 반응변수의 평균값 $Y|x^*=E(Y|x^*)=\alpha+\beta x^*$를 의미하며, x^*에서 평균반응의 점추정은 다음과 같다.

$$\begin{aligned}\hat{y}|x^* &= \hat{\alpha}+\hat{\beta}x^* = (\bar{y}-\hat{\beta}\bar{x})+\hat{\beta}x^* = \bar{y}+\hat{\beta}(x^*-\bar{x})\\ &= \bar{y}+\sum_{i=1}^{n}\frac{(x_i-\bar{x})y_i}{S_{XX}}(x^*-\bar{x}) = \sum_{i=1}^{n}\left(\frac{1}{n}+\frac{(x_i-\bar{x})(x^*-\bar{x})}{S_{XX}}\right)y_i\end{aligned}$$

그리고 이 추정량은 $Y_i \sim N(\alpha+\beta x,\sigma^2)$, $i=1,2,\cdots,n$에 대하여 확률변수

$$\sum_{i=1}^{n}\left(\frac{1}{n}+\frac{(x_i-\bar{x})(x^*-\bar{x})}{S_{XX}}\right)Y_i$$

으로부터 관찰된 값이다. 그리고 $\hat{\alpha}$와 $\hat{\beta}$가 정규분포를 따르므로 주어진 $x=x^*$에 대하여 $\hat{Y}|x^*$도 다음과 같은 평균과 분산을 가지는 정규분포를 따른다.

$$E(\hat{Y}|x^*)=E(\hat{\alpha}+\hat{\beta}x^*)=E(\hat{\alpha})+E(\hat{\beta})x^*=\alpha+\beta x^*$$

$$Var(\hat{Y}|x^*)=Var(\hat{\alpha}+\hat{\beta}x^*)=\sigma^2\left(\frac{1}{n}+\frac{(x^*-\bar{x})^2}{S_{XX}}\right)$$

즉, $\hat{Y}|x^*=\hat{\alpha}+\hat{\beta}x^*$의 확률분포는 다음과 같다.

$$\hat{Y}|x^* \sim N\left(\alpha+\beta x^*,\ \sigma^2\left(\frac{1}{n}+\frac{(x^*-\bar{x})^2}{S_{XX}}\right)\right)$$

특히 $E(\hat{Y}|x^*)=E(\hat{\alpha}+\hat{\beta}x^*)=\alpha+\beta x^*$이므로 $\hat{Y}|x^*=\hat{\alpha}+\hat{\beta}x^*$는 $E(Y|x^*)=\alpha+\beta x^*$의 불편추정량이다. 한편 이 확률변수를 표준화하면

$$Z=\frac{\hat{Y}|x^*-(\alpha+\beta x^*)}{\sigma\sqrt{\dfrac{1}{n}+\dfrac{(x^*-\bar{x})^2}{S_{XX}}}} \sim N(0,1)$$

이다. 그러므로 σ^2을 알고 있을 때, 특정한 설명변수 x^*에 대한 반응변수의 기댓값

$\alpha + \beta x^*$ 의 $100(1-\alpha)\%$ 신뢰구간은 다음과 같다.

$$\left(\hat{Y}|x^* - z_{\alpha/2}\,\sigma \sqrt{\frac{1}{n} + \frac{(x^* - \bar{x})^2}{S_{XX}}} \ ,\quad \hat{Y}|x^* + z_{\alpha/2}\,\sigma \sqrt{\frac{1}{n} + \frac{(x^* - \bar{x})^2}{S_{XX}}} \right)$$

또한 위의 Z변수에서 σ^2을 $\tilde{\sigma}^2$으로 바꾸면

$$T = \frac{\hat{Y}|x^* - (\alpha + \beta x^*)}{\tilde{\sigma}\sqrt{\frac{1}{n} + \frac{(x^* - \bar{x})^2}{S_{XX}}}} \sim t(n-2)$$

가 된다. 따라서 σ^2이 알려져 있지 않은 경우에 특정한 설명변수 x^*에 대한 평균반응 $\alpha + \beta x^*$에 대한 $100(1-\alpha)\%$ 신뢰구간은 다음과 같다.

$$\left(\hat{Y}|x^* - t_{\alpha/2}(n-2)\,\tilde{\sigma} \sqrt{\frac{1}{n} + \frac{(x^* - \bar{x})^2}{S_{XX}}} \ ,\quad \hat{Y}|x^* + t_{\alpha/2}(n-2)\,\tilde{\sigma} \sqrt{\frac{1}{n} + \frac{(x^* - \bar{x})^2}{S_{XX}}} \right)$$

예제 9-17

다음 자료는 30대 연령의 남성들 중에서 임의로 추출한 16명의 몸무게(X)와 혈압(Y)의 측정값이다. 모회귀직선 $\alpha + 80\beta$에 대한 95% 신뢰구간을 구하여 보자.

번호	x	y	번호	x	y	번호	x	y	번호	x	y
1	74.5	150	5	76.8	146	9	58.0	128	13	80.3	152
2	75.0	148	6	80.5	160	10	65.2	130	14	75.6	158
3	76.3	151	7	72.1	149	11	67.3	135	15	85.8	170
4	68.2	145	8	67.2	133	12	69.6	136	16	59.1	124

우선 X와 Y에 관한 다음 표와 같은 여러 가지 값을 먼저 구한다.

번호	x	y	$x-\bar{x}$	$y-\bar{y}$	$(x-\bar{x})^2$	$(y-\bar{y})^2$	$(x-\bar{x})(y-\bar{y})$
1	74.5	150	2.5313	5.3125	6.407	28.223	13.447
2	75.0	148	3.0313	3.3125	9.188	10.973	10.041
3	76.3	151	4.3313	6.3125	18.760	39.848	27.341
4	68.2	145	−3.7688	0.3125	14.203	0.098	−1.178
5	76.8	146	4.8313	1.3125	23.341	1.723	6.341

6	80.5	160	8.5313	15.3125	72.782	234.473	130.635
7	72.1	149	0.1312	4.3125	0.017	18.598	0.566
8	67.2	133	−4.7688	−11.6875	22.741	136.598	55.735
9	58.0	128	−13.9688	−16.6875	195.126	278.473	233.104
10	65.2	130	−6.7688	−14.6875	45.816	215.723	99.416
11	67.3	135	−4.6687	−9.6875	21.797	93.848	45.228
12	69.6	136	−2.3688	−8.6875	5.611	75.473	20.579
13	80.3	152	8.3313	7.3125	69.410	53.473	60.922
14	75.6	158	3.6312	13.3125	13.186	177.223	48.341
15	85.8	170	13.8313	25.3125	191.304	640.723	350.104
16	59.1	124	−12.8688	−20.6875	165.605	427.973	266.222
합계	71.969	144.69	0.0000	0.0000	875.290	2433.400	1366.800

$$\overline{x} = \frac{1}{16}\sum_{i=1}^{16} x_i = 71.969,\ \ \overline{y} = \frac{1}{16}\sum_{i=1}^{16} y_i = 144.69$$

$$S_{XY} = \frac{1}{15}\sum_{i=1}^{16}(X_i - \overline{X})(Y_i - \overline{Y}) = \frac{1366.800}{15} = 91.12$$

$$S_{XX} = \sum(X_i - \overline{X})^2 = 875.29,\ \ S_X^2 = \frac{S_{XX}}{15} = 58.35$$

$$S_Y^2 = \frac{1}{15}\sum_{i=1}^{16}(Y_i - \overline{Y})^2 = \frac{2433.4}{15} = 162.23$$

따라서 α와 β에 대한 최소제곱추정값은

$$\hat{\beta} = \frac{S_{XY}}{S_X^2} = \frac{91.12}{58.35} = 1.56$$

$$\hat{\alpha} = \overline{Y} - \hat{\beta}\,\overline{x} = 144.69 - (1.56)\cdot(71.969) = 32.42$$

이고,

$$SSE = (n-1)\left(S_Y^2 - \frac{S_{XY}^2}{S_X^2}\right) = 15\cdot\left(162.23 - \frac{91.12^2}{58.35}\right) = 299$$

이므로

$$\hat{\sigma}^2 = \frac{SSE}{n-2} = \frac{299}{14} = 21.357$$

을 얻는다. 그러므로 σ^2에 대한 최소분산불편추정값은

$$\tilde{\sigma}^2 = \frac{n}{n-2}\hat{\sigma}^2 = \frac{16 \cdot (21.357)}{14} = 24.408$$

이다. 따라서 $x = 80$일 때, $Y|_{x=80} = \alpha + 80\beta$의 점추정값은

$$\hat{Y}|_{x=80} = 32.42 + (1.56) \cdot 80 = 157.22$$

이다. 또한 $t_{0.025}(16-2) = t_{0.025}(14) = 2.145$이고

$$\tilde{\sigma}\sqrt{\frac{1}{n} + \frac{(x^* - \overline{x})^2}{S_{XX}}} = (4.94) \cdot \sqrt{\frac{1}{16} + \frac{(80 - 71.969)^2}{875.29}} = 1.823$$

이므로 $x = 80$일 때, 모회귀직선 $\alpha + \beta x$에 대한 95% 신뢰구간은

$$(157.22 - (2.145) \cdot (1.823),\ 157.22 + (2.145) \cdot (1.823))$$
$$= (153.31,\ 161.13)$$

이다.

한편 σ^2이 알려져 있는 경우에, 귀무가설 $H_0 : \alpha + \beta x^* = \alpha_0 + \beta_0 x^*$를 검정하기 위하여 검정통계량 $\hat{\alpha} + \hat{\beta} x^*$를 사용하며, 귀무가설 H_0이 참이라는 가설 아래서 얻은 검정통계량을 이용하여 $\alpha + \beta x^*$에 대한 검정법을 요약하면 다음과 같다.

① 귀무가설 $H_0 : \alpha + \beta x^* = \alpha_0 + \beta_0 x^*$를 설정한다.

② 유의수준 α를 정한다.

③ 검정통계량 $Z = \dfrac{\hat{Y}|x^* - (\alpha_0 + \beta_0 x^*)}{\sigma\sqrt{\dfrac{1}{n} + \dfrac{(x^* - \overline{x})^2}{S_{XX}}}}$를 사용한다.

④ 검정통계량의 관찰값 z_0을 구한다.

⑤ 양측검정($H_1 : \alpha + \beta x^* \neq \alpha_0 + \beta_0 x^*$)인 경우 : $|z_0| \geq z_{\alpha/2}$이면, 귀무가설 H_0을 기각.

하단측검정($H_1 : \alpha + \beta x^* < \alpha_0 + \beta_0 x^*$)인 경우 : $z_0 < -z_\alpha$이면, 귀무가설 H_0을 기각.

상단측검정($H_1 : \alpha + \beta x^* > \alpha_0 + \beta_0 x^*$)인 경우 : $z_0 > z_\alpha$이면, 귀무가설 H_0을 기각.

그리고 σ^2을 모르는 경우에 귀무가설 $H_0 : \alpha + \beta x^* = \alpha_0 + \beta_0 x^*$가 참이라는 가설 아래서 얻은 검정통계량을 이용하여 $\alpha + \beta x^*$에 대한 검정법을 요약하면 다음과 같다.

① 귀무가설 $H_0 : \alpha + \beta x^* = \alpha_0 + \beta_0 x^*$를 설정한다.

② 유의수준 α를 정한다.

③ 검정통계량 $T = \dfrac{\hat{Y}|x^* - (\alpha_0 + \beta_0 x^*)}{\tilde{\sigma}\sqrt{\dfrac{1}{n} + \dfrac{(x^* - \bar{x})^2}{S_{XX}}}}$를 사용한다.

④ 검정통계량의 관찰값 t_0을 구한다.

⑤ 양측검정($H_1 : \alpha + \beta x^* \neq \alpha_0 + \beta_0 x^*$)인 경우 :

$|t_0| \geq t_{\alpha/2}(n-2)$이면, 귀무가설 H_0을 기각.

하단측검정($H_1 : \alpha + \beta x^* < \alpha_0 + \beta_0 x^*$)인 경우 : $t_0 \leq -t_\alpha(n-2)$이면, 귀무가설 H_0을 기각.

상단측검정($H_1 : \alpha + \beta x^* > \alpha_0 + \beta_0 x^*$)인 경우 : $t_0 \geq t_\alpha(n-2)$이면, 귀무가설 H_0을 기각.

예제 9-18

예제 9-17의 자료에 대하여 $x = 80$일 때, 회귀직선에 대한 가설 $H_0 : \alpha + \beta x = 32 + 1.5x$를 유의수준의 5%에서 검정해보자. 그러면 예제 9-17의 풀이과정에서

$$\hat{Y}|_{x=80} = 157.22,\ \tilde{\sigma}\sqrt{\frac{1}{n} + \frac{(x^* - \bar{x})^2}{S_{XX}}} = 1.823$$

이고, $\alpha_0 + \beta_0 x^* = 32 + (1.5) \cdot 80 = 152$이므로 검정통계량의 값은

$$t_0 = \frac{\hat{Y} - (\alpha_0 + \beta_0 x)}{\tilde{\sigma}\sqrt{\dfrac{1}{n} + \dfrac{(x - \bar{x})^2}{S_{XX}}}} = \frac{157.22 - 152}{1.823} = 2.863$$

이다. 한편 $t_{0.025}(16-2) = t_{0.025}(14) = 2.145$이므로

$$t_0 = 2.863 > t_{0.025}(14) = 2.145$$

즉, 유의수준 5%에서 귀무가설 H_0을 기각한다.

특히 설명변수 x의 범위를 크게 벗어나는 미래의 예측값 $y\,|x^*$는 회귀직선 $\alpha+\beta x^*$ 위의 점과 오차항 $\varepsilon \sim N(0,\,\sigma^2)$으로 구성되므로 총분산은

$$Var\,(\widehat{Y}|x^*\,)+\sigma^2=\sigma^2\left(\frac{n+1}{n}+\frac{(x^*-\overline{x}\,)^2}{S_{XX}}\right)$$

이다. 그러므로 미래의 평균반응 $\widehat{Y}|x^*=\hat{\alpha}+\hat{\beta}x^*$의 확률분포는 다음과 같다.

$$\widehat{Y}|x^*\sim N\left(\alpha+\beta x^*,\;\sigma^2\left(\frac{n+1}{n}+\frac{(x^*-\overline{x}\,)^2}{S_{XX}}\right)\right)$$

그리고 이 확률변수를 표준화하면

$$Z=\frac{\widehat{Y}|x^*-(\alpha+\beta x^*\,)}{\sigma\sqrt{\dfrac{n+1}{n}+\dfrac{(x^*-\overline{x}\,)^2}{S_{XX}}}}\sim N(0,\,1)$$

이다. 그러므로 σ^2을 알고 있을 때, 특정한 설명변수 x^*에 대한 미래의 평균 예측값 $\alpha+\beta x^*$에 대한 $100(1-\alpha)\%$ 신뢰구간은 다음과 같다.

$$\left(\widehat{Y}|x^*-z_{\alpha/2}\,\sigma\sqrt{\frac{n+1}{n}+\frac{(x^*-\overline{x}\,)^2}{S_{XX}}}\,,\quad \widehat{Y}|x^*+z_{\alpha/2}\,\sigma\sqrt{\frac{n+1}{n}+\frac{(x^*-\overline{x}\,)^2}{S_{XX}}}\,\right)$$

또한 위의 Z변수에서 σ^2을 $\widetilde{\sigma}^2$로 바꾸면

$$T=\frac{\widehat{Y}|x^*-(\alpha+\beta x^*\,)}{\tilde{\sigma}\sqrt{\dfrac{n+1}{n}+\dfrac{(x^*-\overline{x}\,)^2}{S_{XX}}}}\sim t\,(n-2)$$

가 된다. 따라서 σ^2이 알려져 있지 않은 경우에 특정한 설명변수 x^*에 대한 미래의 평균 예측값 $\alpha+\beta x^*$에 대한 $100(1-\alpha)\%$ 신뢰구간은 다음과 같다.

$$\left(\widehat{Y}|x^*-t_{\alpha/2}(n-2)\,\tilde{\sigma}\sqrt{\frac{n+1}{n}+\frac{(x^*-\overline{x}\,)^2}{S_{XX}}}\,,\right.$$

$$\left.\widehat{Y}|x^*+t_{\alpha/2}(n-2)\,\tilde{\sigma}\sqrt{\frac{n+1}{n}+\frac{(x^*-\overline{x}\,)^2}{S_{XX}}}\,\right)$$

예제 9-19

예제 9-17의 자료에 대하여 $x^* = 100$일 때, 예측값에 대한 95% 신뢰구간을 구하고, 가설 $H_0 : \alpha + 100\beta = 190$, $H_1 : \alpha + 100\beta < 190$을 유의수준의 5%에서 검정해보자. 그러면

$$\tilde{\sigma}\sqrt{\frac{n+1}{n} + \frac{(x^* - \overline{x})^2}{S_{XX}}} \fallingdotseq 6.917$$

이고, $\alpha_0 + \beta_0 x^* = 32 + (1.5) \cdot 100 = 182$, $t_{0.025}(16-2) = t_{0.025}(14) = 2.145$이므로 예측값에 대한 95% 신뢰구간은 다음과 같다.

$$(182 - (2.145) \cdot (6.917),\ 182 + (2.145) \cdot (6.917)) = (161.16,\ 196.84)$$

또한 검정통계량의 관찰값은

$$t_0 = \frac{\hat{Y} - (\alpha_0 + \beta_0 x^*)}{\tilde{\sigma}\sqrt{\frac{n+1}{n} + \frac{(x^* - \overline{x})^2}{S_{XX}}}} = \frac{190 - 182}{6.917} \fallingdotseq 1.157$$

이다. 한편 $t_{0.05}(16-2) = t_{0.05}(14) = 1.761$이므로

$$t_0 = 1.157 < t_{0.05}(14) = 1.761$$

즉, 유의수준 5%에서 귀무가설 H_0을 기각할 수 없다.

끝으로 단순상관계수 r과 추정회귀직선의 기울기 $\hat{\beta}$와의 관계를 살펴보기 위하여, β를 r의 함수로 표현하면 다음과 같다.

$$\hat{\beta} = \frac{\sum_{i=1}^{n}(x_i - \overline{x})(y_i - \overline{y})}{\sum_{i=1}^{n}(x_i - \overline{x})^2}$$

$$= \frac{\sum_{i=1}^{n}(x_i - \overline{x})(y_i - \overline{y})}{\sqrt{\sum_{i=1}^{n}(x_i - \overline{x})^2}\sqrt{\sum_{i=1}^{n}(y_i - \overline{y})^2}} \frac{\sqrt{\sum_{i=1}^{n}(y_i - \overline{y})^2}}{\sqrt{\sum_{i=1}^{n}(x_i - \overline{x})^2}} = r \cdot \frac{S_Y}{S_X}$$

그러므로 모회귀계수 β와 모상관계수 ρ 사이에 다음 관계가 성립하는 것을 쉽게 알 수 있다.

$$\beta = \rho \cdot \frac{\sigma_Y}{\sigma_X} \Leftrightarrow \rho = \beta \cdot \frac{\sigma_X}{\sigma_Y}$$

또한 표본표준편차는 항상 양수이므로 r과 β 사이에 다음 관계가 성립한다.

(1) $\beta > 0$이면 $r > 0$: 양의 상관

(2) $\beta < 0$이면 $r < 0$: 음의 상관

(3) $\beta = 0$이면 $r = 0$: 무상관

(4) $\hat{y} - \bar{y} = r \dfrac{\sqrt{\sum_{i=1}^{n}(y_i - \bar{y})^2}}{\sqrt{\sum_{i=1}^{n}(x_i - \bar{x})^2}}(x - \bar{x}) = r\dfrac{S_Y}{S_X}(x - \bar{x})$

예제 9-20

두 변량 X와 Y의 표본상관계수는 $r = 0.5$이고 X와 Y의 평균과 표준편차는 각각 다음 표와 같다.

	평균	표준편차
X	10	2
Y	14	3

이때 X에 대한 Y의 회귀직선을 구하면

$$\hat{y} - 14 = (0.5)\frac{3}{2}(x - 10)$$

이므로 구하고자 하는 직선은 $\hat{y} = \dfrac{3}{4}x + \dfrac{13}{2}$ 이다.

SECTION 04 연/습/문/제

01 다음 표로부터 X에 관한 Y의 회귀방정식을 구하고, $x = 7$에 대응하는 y의 값을 구하여라.

X	2	4	6	8	10
Y	5	4	3	2	1

02 단순회귀분석에서 다음과 같은 결과를 얻었다.

$$n = 18,\ \hat{\alpha} = 13.02,\ \hat{\beta} = 43.6,\ \hat{\sigma}^2 = 17.6,\ S_{XX} = 1206,\ \overline{x} = 52.5$$

(1) α와 β에 대한 95% 신뢰구간을 구하여라.

(2) $x^* = 40$에 대한 평균반응에 대한 95% 신뢰구간을 구하여라.

(3) $x^* = 40$에 대한 미래 예측값에 대한 95% 신뢰구간을 구하여라.

03 전기분해에 의하여 어떤 화합물을 제조할 때, 첨가물의 양(X)과 그 수율(Y)에 대한 자료가 다음과 같다.

X	1	2	3	4	5
Y	2	5	3	7	8

(1) 모회귀계수 α와 β에 대한 95% 신뢰구간을 구하여라.

(2) 첨가물의 양이 $x = 6$일 때, 평균수율의 95% 신뢰구간을 구하여라.

(3) 절편 α에 대하여 다음 가설 $H_0 : \alpha = 0$, $H_1 : \alpha \neq 0$을 유의수준 5%에서 검정하여라.

(4) 기울기 β에 대하여 다음 가설 $H_0 : \beta = 0$, $H_1 : \beta > 0$을 유의수준 5%에서 검정하여라.

04 두 변량 X와 Y의 표본자료에 대하여 다음의 결과를 얻었다.

$$\sum_{i=1}^{10} x_i = 4,\ \sum_{i=1}^{10} x_i^2 = 14,\ \sum_{i=1}^{10} x_i y_i = 12,\ \sum_{i=1}^{10} y_i = 6,\ \sum_{i=1}^{10} y_i^2 = 18$$

(1) 모회귀계수 β의 95% 신뢰구간을 구하여라.

(2) 모회귀계수 β에 대하여 다음 가설을 유의수준 5%에서 검정하여라.

$$H_0 : \beta = 0,\ H_1 : \beta \neq 0$$

05 어떤 화학반응에서 촉매의 양에 따른 화학작용에 의하여 생성되는 반응량을 조사하여 다음과 같은 자료를 얻었다.

촉매 양	1	1	2	3	4	4	5	6	6	7
반응량	2.1	2.5	3.1	3.0	3.8	3.2	4.3	3.9	4.4	4.8

(1) 모회귀계수의 95% 신뢰구간을 구하여라.

(2) 촉매의 양이 3.5일 때, 평균반응량의 95% 신뢰구간을 구하여라.

(3) 단순회귀모형에서 α에 대한 다음 가설을 유의수준 1%에서 검정하여라.

$$H_0 : \alpha = 1.5,\ H_1 : \alpha > 1.5$$

06 다음 자료에 대하여 단순회귀모형을 가정할 때,

x	0	1	2	3	4	5	6
y	0.4	0.7	1.1	1.6	1.9	2.3	2.6

(1) α와 β에 대한 95% 신뢰구간을 구하여라.

(2) $x^* = 3.5$일 때, 평균반응에 대한 95% 신뢰구간을 구하여라.

(3) $x^* = 10$에 대한 미래 예측값을 구하고, 이 예측값에 대한 95% 신뢰구간을 구하여라.

(4) $x^* = 10$에 대한 미래 예측값에 대한 가설 $H_0 : \hat{y} = 5,\ H_0 : \hat{y} < 5$을 유의수준 5%에서 검정하여라.

07 다음 자료에 대하여 단순회귀모형을 가정할 때,

x	3	3	4	5	6	6	7	8	8	9
y	9	5	12	9	14	16	22	18	24	22

(1) 기울기 β에 대한 가설 $H_0 : \beta = 0$, $H_1 : \beta > 0$을 유의수준 5%에서 검정하여라.

(2) α, β에 대한 95% 신뢰구간을 구하여라.

(3) 절편 α에 대한 가설 $H_0 : \alpha = 0$, $H_1 : \alpha \neq 0$을 유의수준 5%에서 검정하여라.

(4) $x^* = 6.5$일 때, y의 추정값과 95% 신뢰구간을 구하여라.

(5) $x^* = 10$일 때의 미래 예측값을 구하고, 이 예측값에 대한 95% 신뢰구간을 구하여라.

(6) $x^* = 10$일 때의 미래 예측값에 대한 가설 $H_0\ \hat{y} = 30$, $H_0 : \hat{y} \neq 30$을 유의수준 5%에서 검정하여라.

08 X에 대한 Y의 회귀방정식이 $y = 2x + 4$이다. 이때, X의 표준편차가 3, Y의 표준편차가 6이라면, X와 Y의 상관계수를 구하여라.

09 A반 학생의 키(X)와 체중(Y)을 조사하였더니 $\bar{x} = 170\,(\text{cm})$, $\bar{y} = 60\,(\text{kg})$, $S_X = 5\,(\text{cm})$, $S_Y = 4\,(\text{kg})$, $r = 0.7$을 얻었다면, 신장이 175 cm인 학생의 체중은 얼마로 추정되는가?

APPENDIX

MATHEMATICAL STATISTICS

부 록

분포 간의 관계도

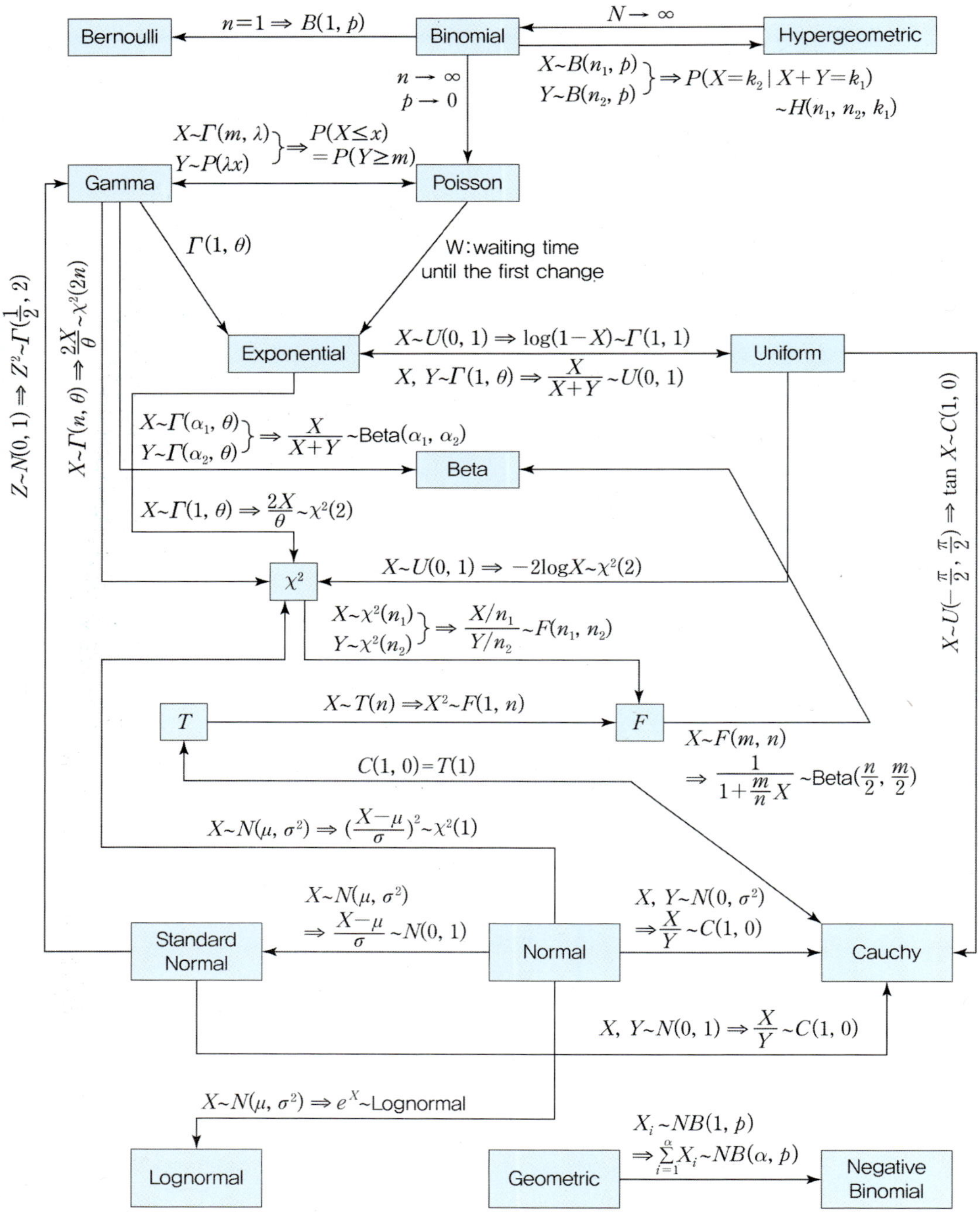
Bernoulli
n=1 ⇒ B(1, p)
Binomial
N → ∞
Hypergeometric
X~B(n1, p), Y~B(n2, p) ⇒ P(X=k2 | X+Y=k1) ~H(n1, n2, k1)
n → ∞
p → 0
X~Γ(m, λ), Y~P(λx) ⇒ P(X≤x) = P(Y≥m)
Gamma
Poisson
Γ(1, θ)
W: waiting time until the first change
Z~N(0, 1) ⇒ Z²~Γ(1/2, 2)
X~Γ(n, θ) ⇒ 2X/θ ~χ²(2n)
Exponential
X~U(0, 1) ⇒ log(1−X)~Γ(1, 1)
X, Y~Γ(1, θ) ⇒ X/(X+Y) ~U(0, 1)
Uniform
X~Γ(α1, θ), Y~Γ(α2, θ) ⇒ X/(X+Y) ~Beta(α1, α2)
Beta
X~Γ(1, θ) ⇒ 2X/θ ~χ²(2)
X~U(−π/2, π/2) ⇒ tan X~C(1, 0)
χ²
X~U(0, 1) ⇒ −2logX~χ²(2)
X~χ²(n1), Y~χ²(n2) ⇒ (X/n1)/(Y/n2) ~F(n1, n2)
T
X~T(n) ⇒X²~F(1, n)
F
X~F(m, n) ⇒ 1/(1+(m/n)X) ~Beta(n/2, m/2)
C(1, 0)=T(1)
X~N(μ, σ²) ⇒ ((X−μ)/σ)²~χ²(1)
X~N(μ, σ²) ⇒ (X−μ)/σ ~N(0, 1)
Standard Normal
Normal
X, Y~N(0, σ²) ⇒ X/Y ~C(1, 0)
Cauchy
X, Y~N(0, 1) ⇒ X/Y ~C(1, 0)
X~N(μ, σ²) ⇒ e^X~Lognormal
Lognormal
Geometric
Xi ~NB(1, p) ⇒ Σ_{i=1}^{α} Xi ~NB(α, p)
Negative Binomial

| 표 1 | 이항계수표

n	$\binom{n}{0}$	$\binom{n}{1}$	$\binom{n}{2}$	$\binom{n}{3}$	$\binom{n}{4}$	$\binom{n}{5}$	$\binom{n}{6}$	$\binom{n}{7}$	$\binom{n}{8}$	$\binom{n}{9}$	$\binom{n}{10}$	$\binom{n}{11}$	$\binom{n}{12}$	$\binom{n}{13}$
	$\binom{n}{r}=\frac{n!}{r!(n-r)!}=\binom{n}{n-r}$													
0	1													
1	1	1												
2	1	2	1											
3	1	3	3	1										
4	1	4	6	4	1									
5	1	5	10	10	5	1								
6	1	6	15	20	15	6	1							
7	1	7	21	35	35	21	7	1						
8	1	8	28	56	70	56	28	8	1					
9	1	9	36	84	126	126	84	36	9	1				
10	1	10	45	120	210	252	210	120	45	10	1			
11	1	11	55	165	330	462	462	330	165	55	11	1		
12	1	12	66	220	495	792	924	792	495	220	66	12	1	
13	1	13	78	286	715	1,287	1,716	1,716	1,287	715	286	78	13	1
14	1	14	91	364	1,001	2,002	3,003	3,432	3,003	2,002	1,001	364	91	14
15	1	15	105	455	1,365	3,003	5,005	6,435	6,435	5,005	3,003	1,365	455	105
16	1	16	120	560	1,820	4,368	8,008	11,440	12,870	11,440	8,008	4,368	1,820	560
17	1	17	136	680	2,380	6,188	12,376	19,448	24,310	24,310	19,448	12,376	6,188	2,380
18	1	18	153	816	3,060	8,568	18,564	31,824	43,758	48,620	43,758	31,824	18,564	8,568
19	1	19	171	969	3,876	11,628	27,132	50,388	75,582	92,378	92,378	75,582	50,388	27,132
20	1	20	190	1,140	4,845	15,504	38,760	77,520	125,970	167,960	184,756	167,960	125,970	77,520
21	1	21	210	1,330	5,985	20,349	54,264	116,280	203,490	293,930	352,716	352,716	293,930	203,490
22	1	22	231	1,540	7,315	26,334	74,613	170,544	319,770	497,420	646,646	705,432	646,646	497,420
23	1	23	253	1,771	8,855	33,649	100,947	245,157	490,314	817,190	1,144,066	1,352,078	1,352,078	1,144,066
24	1	24	276	2,024	10,626	42,504	134,596	346,104	735,471	1,307,504	1,961,256	2,496,144	2,704,156	2,496,144
25	1	25	300	2,300	12,650	53,130	177,100	480,700	1,081,575	2,042,975	3,268,760	4,457,400	5,200,300	5,200,300
26	1	26	325	2,600	14,950	65,780	230,230	657,800	1,562,275	3,124,550	5,311,735	7,726,160	9,657,700	10,400,600

$r > 13$인 경우 등식 $\binom{n}{r}=\binom{n}{n-r}$을 사용할 수 있다.

|표 2| 이항분포표

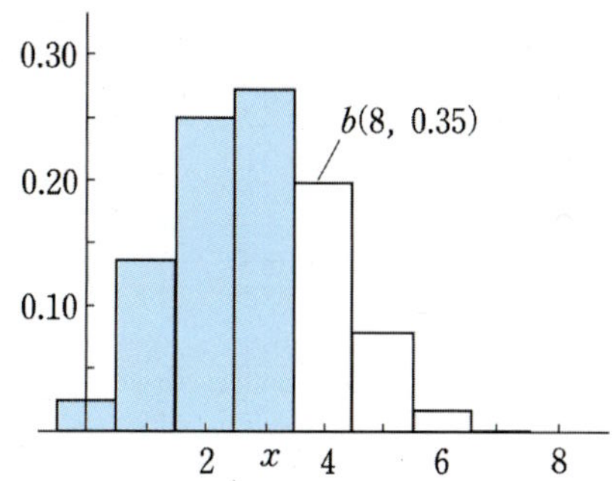

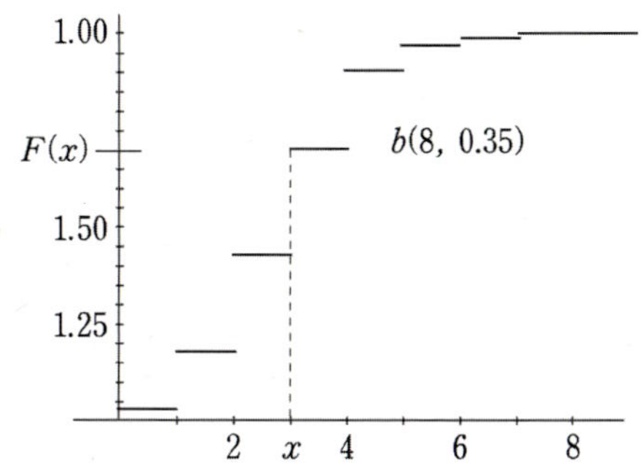

$$F(x)=P(X \le x)=\sum_{k=0}^{x} \frac{n!}{k!(n-k)!} p^k (1-p)^{n-k}$$

		p									
n	x	0.05	0.10	0.15	0.20	0.25	0.30	0.35	0.40	0.45	0.50
2	0	0.9025	0.8100	0.7225	0.6400	0.5625	0.4900	0.4225	0.3600	0.3025	0.2500
	1	0.9975	0.9900	0.9775	0.9600	0.9375	0.9100	0.8775	0.8400	0.7975	0.7500
	2	1.0000	1.0000	1.0000	1.0000	1.0000	1.0000	1.0000	1.0000	1.0000	1.0000
3	0	0.8574	0.7290	0.6141	0.5120	0.4219	0.3430	0.2746	0.2160	0.1664	0.1250
	1	0.9928	0.9720	0.9392	0.8960	0.8438	0.7840	0.7182	0.6480	0.5748	0.5000
	2	0.9999	0.9990	0.9966	0.9920	0.9844	0.9730	0.9571	0.9360	0.9089	0.8750
	3	1.0000	1.0000	1.0000	1.0000	1.0000	1.0000	1.0000	1.0000	1.0000	1.0000
4	0	0.8145	0.6561	0.5220	0.4096	0.3164	0.2401	0.1785	0.1296	0.0915	0.0625
	1	0.9860	0.9477	0.8905	0.8192	0.7383	0.6517	0.5630	0.4752	0.3910	0.3125
	2	0.9995	0.9963	0.9880	0.9728	0.9492	0.9163	0.8735	0.8208	0.7585	0.6875
	3	1.0000	0.9999	0.9995	0.9984	0.9961	0.9919	0.9850	0.9744	0.9590	0.9375
	4	1.0000	1.0000	1.0000	1.0000	1.0000	1.0000	1.0000	1.0000	1.0000	1.0000

| 표 2 | 이항분포표(계속)

$$F(x) = P(X \le x) = \sum_{k=0}^{x} \frac{n!}{k!(n-k)!} p^k (1-p)^{n-k}$$

		p									
n	*x*	0.05	0.10	0.15	0.20	0.25	0.30	0.35	0.40	0.45	0.50
5	0	0.7738	0.5905	0.4437	0.3277	0.2373	0.1681	0.1160	0.0778	0.0503	0.0312
	1	0.9774	0.9185	0.8352	0.7373	0.6328	0.5282	0.4284	0.3370	0.2562	0.1875
	2	0.9988	0.9914	0.9734	0.9421	0.8965	0.8369	0.7648	0.6826	0.5931	0.5000
	3	1.0000	0.9995	0.9978	0.9933	0.9844	0.9692	0.9460	0.9130	0.8688	0.8125
	4	1.0000	1.0000	0.9999	0.9997	0.9990	0.9976	0.9947	0.9898	0.9815	0.9688
	5	1.0000	1.0000	1.0000	1.0000	1.0000	1.0000	1.0000	1.0000	1.0000	1.0000
6	0	0.7351	0.5314	0.3771	0.2621	0.1780	0.1176	0.0754	0.0467	0.0277	0.0156
	1	0.9672	0.8857	0.7765	0.6553	0.5339	0.4202	0.3191	0.2333	0.1636	0.1094
	2	0.9978	0.9842	0.9527	0.9011	0.8306	0.7443	0.6471	0.5443	0.4415	0.3438
	3	0.9999	0.9987	0.9941	0.9830	0.9624	0.9295	0.8826	0.8208	0.7447	0.6562
	4	1.0000	0.9999	0.9996	0.9984	0.9954	0.9891	0.9777	0.9590	0.9308	0.8906
	5	1.0000	1.0000	1.0000	0.9999	0.9998	0.9993	0.9982	0.9959	0.9917	0.9844
	6	1.0000	1.0000	1.0000	1.0000	1.0000	1.0000	1.0000	1.0000	1.0000	1.0000
7	0	0.6983	0.4783	0.3206	0.2097	0.1335	0.0824	0.0490	0.0280	0.0152	0.0079
	1	0.9556	0.8503	0.7166	0.8520	0.4449	0.3294	0.2338	0.1586	0.1024	0.0625
	2	0.9962	0.9743	0.9262	0.9667	0.7564	0.6471	0.5323	0.4199	0.3164	0.2266
	3	0.9998	0.9973	0.9879	0.9953	0.9294	0.8740	0.8002	0.7102	0.6083	0.5000
	4	1.0000	0.9998	0.9988		0.9871	0.9712	0.9444	0.9037	0.8471	0.7734
	5	1.0000	1.0000	1.0000	0.9996	0.9987	0.9962	0.9910	0.9812	0.9643	0.9375
	6	1.0000	1.0000	1.0000	1.0000	0.9999	0.9998	0.9994	0.9984	0.9963	0.9922
	7	1.0000	1.0000		1.0000	1.0000	1.0000	1.0000	1.0000	1.0000	1.0000
8	0	0.6634	0.4305	0.2725	0.1678	0.1001	0.0576	0.0319	0.0168	0.0084	0.0039
	1	0.9428	0.8131	0.6572	0.5033	0.3671	0.2553	0.1691	0.1068	0.0632	0.0352
	2	0.9942	0.9619	0.8948	0.7969	0.6785	0.5518	0.4278	0.3154	0.2201	0.1445
	3	0.9996	0.9950	0.9786	0.9437	0.8862	0.8059	0.7064	0.5941	0.4770	0.3633
	4	1.0000	0.9996	0.9971	0.9896	0.9727	0.9420	0.8939	0.8263	0.7396	0.6367

| 표 2 | 이항분포표(계속)

n	x	p 0.05	0.10	0.15	0.20	0.25	0.30	0.35	0.40	0.45	0.50
	5	1.0000	1.0000	0.9998	0.9988	0.9958	0.9887	0.9747	0.9502	0.9115	0.8555
	6	1.0000	1.0000	1.0000	0.9999	0.9996	0.9987	0.9964	0.9915	0.9819	0.9648
	7	1.0000	1.0000	1.0000	1.0000	1.0000	0.9999	0.9998	0.9993	0.9983	0.9961
	8	1.0000	1.0000	1.0000	1.0000	1.0000	1.0000	1.0000	1.0000	1.0000	1.0000
9	0	0.6302	0.3874	0.2316	0.1342	0.0751	0.0404	0.0207	0.0101	0.0046	0.0020
	1	0.9288	0.7748	0.5995	0.4362	0.3003	0.1960	0.1211	0.0705	0.0385	0.0195
	2	0.9916	0.9470	0.8591	0.7382	0.6007	0.4628	0.3373	0.2318	0.1495	0.0898
	3	0.9994	0.9917	0.9661	0.9144	0.8343	0.7297	0.6089	0.4826	0.3614	0.2539
	4	1.0000	0.9991	0.9944	0.9804	0.9511	0.9012	0.8283	0.7334	0.6214	0.5000
	5	1.0000	0.9999	0.9994	0.9969	0.9900	0.9747	0.9464	0.9006	0.8342	0.7461
	6	1.0000	1.0000	1.0000	0.9997	0.9987	0.9957	0.9888	0.9750	0.9502	0.9102
	7	1.0000	1.0000	1.0000	1.0000	0.9999	0.9996	0.9986	0.9962	0.9909	0.9805
	8	1.0000	1.0000	1.0000	1.0000	1.0000	1.0000	0.9999	0.9997	0.9992	0.9980
	9	1.0000	1.0000	1.0000	1.0000	1.0000	1.0000	1.0000	1.0000	1.0000	1.0000
10	0	0.5987	0.3487	0.1969	0.1074	0.0563	0.0282	0.0135	0.0060	0.0025	0.0010
	1	0.9139	0.7361	0.5443	0.3758	0.2440	0.1493	0.0860	0.0464	0.0233	0.0107
	2	0.9885	0.9298	0.8202	0.6778	0.5256	0.3828	0.2616	0.1673	0.0996	0.0547
	3	0.9990	0.9872	0.9500	0.8791	0.7759	0.6496	0.5138	0.3823	0.2660	0.1719
	4	0.9999	0.9984	0.9901	0.9672	0.9219	0.8497	0.7515	0.6331	0.5044	0.3770
	5	1.0000	0.9999	0.9986	0.9936	0.9803	0.9527	0.9051	0.8338	0.7384	0.6230
	6	1.0000	1.0000	0.9999	0.9991	0.9965	0.9894	0.9740	0.9452	0.8980	0.8281
	7	1.0000	1.0000	1.0000	0.9999	0.9996	0.9984	0.9952	0.9877	0.9726	0.9453
	8	1.0000	1.0000	1.0000	1.0000	1.0000	0.9999	0.9995	0.9983	0.9955	0.9893
	9	1.0000	1.0000	1.0000	1.0000	1.0000	1.0000	1.0000	0.9999	0.9997	0.9990
	10	1.0000	1.0000	1.0000	1.0000	1.0000	1.0000	1.0000	1.0000	1.0000	1.0000
11	0	0.5688	0.3138	0.1673	0.0859	0.0422	0.0198	0.0088	0.0036	0.0014	0.0005
	1	0.8981	0.6974	0.4922	0.3221	0.1971	0.1130	0.0606	0.0302	0.0139	0.0059
	2	0.9848	0.9104	0.7788	0.6174	0.4552	0.3127	0.2001	0.1189	0.0652	0.0327
	3	0.9984	0.9815	0.9306	0.8389	0.7133	0.5696	0.4256	0.2963	0.1911	0.1133
	4	0.9999	0.9972	0.9841	0.9496	0.8854	0.7897	0.6683	0.5328	0.3971	0.2744
	5	1.0000	0.9997	0.9973	0.9883	0.9657	0.9218	0.8513	0.7535	0.6331	0.5000
	6	1.0000	1.0000	0.9997	0.9980	0.9924	0.9784	0.9499	0.9006	0.8262	0.7256
	7	1.0000	1.0000	1.0000	0.9998	0.9988	0.9957	0.9878	0.9707	0.9390	0.8867

| 표 2 | 이항분포표(계속)

$$F(x) = P(X \le x) = \sum_{k=0}^{x} \frac{n!}{k!(n-k)!} p^k (1-p)^{n-k}$$

		p									
n	*x*	0.05	0.10	0.15	0.20	0.25	0.30	0.35	0.40	0.45	0.50
	8	1.0000	1.0000	1.0000	1.0000	0.9999	0.9994	0.9980	0.9941	0.9852	0.9673
	9	1.0000	1.0000	1.0000	1.0000	1.0000	1.0000	0.9998	0.9993	0.9978	0.9941
	10	1.0000	1.0000	1.0000	1.0000	1.0000	1.0000	1.0000	1.0000	0.9998	0.9995
	11	1.0000	1.0000	1.0000	1.0000	1.0000	1.0000	1.0000	1.0000	1.0000	1.0000
12	0	0.5404	0.2824	0.1422	0.0687	0.0317	0.0138	0.0057	0.0022	0.0008	0.0002
	1	0.8816	0.6590	0.4435	0.2749	0.1584	0.0850	0.0424	0.0196	0.0083	0.0032
	2	0.9804	0.8891	0.7358	0.5583	0.3907	0.2528	0.1513	0.0834	0.0421	0.0193
	3	0.9978	0.9744	0.9078	0.7946	0.6488	0.4925	0.3467	0.2253	0.1345	0.0730
	4	0.9998	0.9957	0.9761	0.9274	0.8424	0.7237	0.5833	0.4382	0.3044	0.1938
	5	1.0000	0.9995	0.9954	0.9806	0.9456	0.8822	0.7873	0.6652	0.5269	0.3872
	6	1.0000	0.9999	0.9993	0.9961	0.9857	0.9614	0.9154	0.8418	0.7393	0.6128
	7	1.0000	1.0000	0.9999	0.9994	0.9972	0.9905	0.9745	0.9427	0.8883	0.8062
	8	1.0000	1.0000	1.0000	0.9999	0.9996	0.9983	0.9944	0.9847	0.9644	0.9270
	9	1.0000	1.0000	1.0000	1.0000	1.0000	0.9998	0.9992	0.9972	0.9921	0.9807
	10	1.0000	1.0000	1.0000	1.0000	1.0000	1.0000	0.9999	0.9997	0.9989	0.9968
	11	1.0000	1.0000	1.0000	1.0000	1.0000	1.0000	1.0000	1.0000	0.9999	0.9998
	12	1.0000	1.0000	1.0000	1.0000	1.0000	1.0000	1.0000	1.0000	1.0000	1.0000
13	0	0.5133	0.2542	0.1209	0.0550	0.0238	0.0097	0.0037	0.0013	0.0004	0.0001
	1	0.8646	0.6213	0.3983	0.2336	0.1267	0.0637	0.0296	0.0126	0.0049	0.0017
	2	0.9755	0.8661	0.6920	0.5017	0.3326	0.2025	0.1132	0.0579	0.0269	0.0112
	3	0.9969	0.9658	0.8820	0.7473	0.5943	0.4206	0.2783	0.1686	0.0929	0.0461
	4	0.9997	0.9935	0.9658	0.9009	0.7940	0.6543	0.5005	0.3530	0.2279	0.1334
	5	1.0000	0.9991	0.9924	0.9700	0.9198	0.8346	0.7159	0.5744	0.4268	0.2905
	6	1.0000	0.9999	0.9987	0.9930	0.9757	0.9376	0.8705	0.7712	0.6437	0.5000
	7	1.0000	1.0000	0.9998	0.9988	0.9944	0.9818	0.9538	0.9022	0.8212	0.7095
	8	1.0000	1.0000	1.0000	0.9998	0.9990	0.9960	0.9874	0.9679	0.9302	0.8666

| 표 2 | 이항분포표(계속)

n	x										
	9	1.0000	1.0000	1.0000	1.0000	0.9999	0.9993	0.9975	0.9922	0.9797	0.9539
	10	1.0000	1.0000	1.0000	1.0000	1.0000	0.9999	0.9997	0.9987	0.9959	0.9888
	11	1.0000	1.0000	1.0000	1.0000	1.0000	1.0000	1.0000	0.9999	0.9995	0.9983
	12	1.0000	1.0000	1.0000	1.0000	1.0000	1.0000	1.0000	1.0000	1.0000	0.9999
	13	1.0000	1.0000	1.0000	1.0000	1.0000	1.0000	1.0000	1.0000	1.0000	1.0000
14	0	0.4877	0.2288	0.1028	0.0440	0.0178	0.0068	0.0024	0.0008	0.0002	0.0001
	1	0.8470	0.5846	0.3567	0.1979	0.1010	0.0475	0.0205	0.0081	0.0029	0.0009
	2	0.9699	0.8416	0.6479	0.4481	0.2811	0.1608	0.0839	0.0398	0.0170	0.0065
	3	0.9958	0.9559	0.8535	0.6982	0.5213	0.3552	0.2205	0.1243	0.0632	0.0287
	4	0.9996	0.9908	0.9533	0.8702	0.7415	0.5842	0.4227	0.2793	0.1672	0.0898
	5	1.0000	0.9985	0.9885	0.9561	0.8883	0.7805	0.6405	0.4859	0.3373	0.2120
	6	1.0000	0.9998	0.9978	0.9884	0.9617	0.9067	0.8164	0.6925	0.5461	0.3953
	7	1.0000	1.0000	0.9997	0.9976	0.9897	0.9685	0.9247	0.8499	0.7414	0.6047
	8	1.0000	1.0000	1.0000	0.9996	0.9978	0.9917	0.9757	0.9417	0.8811	0.7880
	9	1.0000	1.0000	1.0000	1.0000	0.9997	0.9983	0.9940	0.9825	0.9574	0.9102
	10	1.0000	1.0000	1.0000	1.0000	1.0000	0.9998	0.9989	0.9961	0.9886	0.9713
	11	1.0000	1.0000	1.0000	1.0000	1.0000	1.0000	0.9999	0.9994	0.9978	0.9935
	12	1.0000	1.0000	1.0000	1.0000	1.0000	1.0000	1.0000	0.9999	0.9997	0.9991
	13	1.0000	1.0000	1.0000	1.0000	1.0000	1.0000	1.0000	1.0000	1.0000	0.9999
	14	1.0000	1.0000	1.0000	1.0000	1.0000	1.0000	1.0000	1.0000	1.0000	1.0000
15	0	0.4633	0.2059	0.0874	0.0352	0.0134	0.0047	0.0016	0.0005	0.0001	0.0000
	1	0.8290	0.5490	0.3186	0.1671	0.0802	0.0353	0.0142	0.0052	0.0017	0.0005
	2	0.9638	0.8159	0.6042	0.3980	0.2361	0.1268	0.0617	0.0271	0.0107	0.0037
	3	0.9945	0.9444	0.8227	0.6482	0.4613	0.2969	0.1727	0.0905	0.0424	0.0176
	4	0.9994	0.9873	0.9383	0.8358	0.6865	0.5155	0.3519	0.2173	0.1204	0.0592
	5	0.9999	0.9978	0.9832	0.9389	0.8516	0.7216	0.5643	0.4032	0.2608	0.1509
	6	1.0000	0.9997	0.9964	0.9819	0.9434	0.8689	0.7548	0.6098	0.4522	0.3036
	7	1.0000	1.0000	0.9994	0.9958	0.9827	0.9500	0.8868	0.7869	0.6535	0.5000
	8	1.0000	1.0000	0.9999	0.9992	0.9958	0.9848	0.9578	0.9050	0.8182	0.6964
	9	1.0000	1.0000	1.0000	0.9999	0.9992	0.9963	0.9876	0.9662	0.9231	0.8491
	10	1.0000	1.0000	1.0000	1.0000	0.9999	0.9993	0.9972	0.9907	0.9745	0.9408
	11	1.0000	1.0000	1.0000	1.0000	1.0000	0.9999	0.9995	0.9981	0.9937	0.9824
	12	1.0000	1.0000	1.0000	1.0000	1.0000	1.0000	0.9999	0.9987	0.9989	0.9963
	13	1.0000	1.0000	1.0000	1.0000	1.0000	1.0000	1.0000	1.0000	0.9999	0.9995
	14	1.0000	1.0000	1.0000	1.0000	1.0000	1.0000	1.0000	1.0000	1.0000	1.0000
	15	1.0000	1.0000	1.0000	1.0000	1.0000	1.0000	1.0000	1.0000	1.0000	1.0000

| 표 2 | 이항분포표(계속)

$$F(x) = P(X \le x) = \sum_{k=0}^{x} \frac{n!}{k!(n-k)!} p^k (1-p)^{n-k}$$

n	x	p									
		0.05	0.10	0.15	0.20	0.25	0.30	0.35	0.40	0.45	0.50
16	0	0.4401	0.1853	0.0743	0.0281	0.0100	0.0033	0.0010	0.0003	0.0001	0.0000
	1	0.8108	0.5147	0.2839	0.1407	0.0635	0.0261	0.0098	0.0033	0.0010	0.0003
	2	0.9571	0.7892	0.5614	0.3518	0.1971	0.0994	0.0451	0.0183	0.0066	0.0021
	3	0.9930	0.9316	0.7899	0.5981	0.4050	0.2459	0.1339	0.0651	0.0281	0.0106
	4	0.9991	0.9830	0.9209	0.7982	0.6302	0.4499	0.2892	0.1666	0.0853	0.0384
	5	0.9999	0.9967	0.9765	0.9183	0.8103	0.6598	0.4900	0.3288	0.1976	0.1051
	6	1.0000	0.9995	0.9944	0.9733	0.9204	0.8247	0.6881	0.5272	0.3660	0.2272
	7	1.0000	0.9999	0.9989	0.9930	0.9729	0.9256	0.8406	0.7161	0.5629	0.4018
	8	1.0000	1.0000	0.9998	0.9985	0.9925	0.9743	0.9329	0.8577	0.7441	0.5982
	9	1.0000	1.0000	1.0000	0.9998	0.9984	0.9929	0.9771	0.9417	0.8759	0.7728
	10	1.0000	1.0000	1.0000	1.0000	0.9997	0.9984	0.9938	0.9809	0.9514	0.8949
	11	1.0000	1.0000	1.0000	1.0000	1.0000	0.9997	0.9987	0.9951	0.9851	0.9616
	12	1.0000	1.0000	1.0000	1.0000	1.0000	1.0000	0.9998	0.9991	0.9965	0.9894
	13	1.0000	1.0000	1.0000	1.0000	1.0000	1.0000	1.0000	0.9999	0.9994	0.9979
	14	1.0000	1.0000	1.0000	1.0000	1.0000	1.0000	1.0000	1.0000	0.9999	0.9997
	15	1.0000	1.0000	1.0000	1.0000	1.0000	1.0000	1.0000	1.0000	1.0000	1.0000
	16	1.0000	1.0000	1.0000	1.0000	1.0000	1.0000	1.0000	1.0000	1.0000	1.0000
20	0	0.3585	0.1216	0.0388	0.0115	0.0032	0.0008	0.0002	0.0000	0.0000	0.0000
	1	0.7358	0.3917	0.1756	0.0692	0.0243	0.0076	0.0021	0.0005	0.0001	0.0000
	2	0.9245	0.6769	0.4049	0.2061	0.0913	0.0355	0.0121	0.0036	0.0009	0.0002
	3	0.9841	0.8670	0.6477	0.4114	0.2252	0.1071	0.0444	0.0160	0.0049	0.0013
	4	0.9974	0.9568	0.8298	0.6296	0.4148	0.2375	0.1182	0.0510	0.0189	0.0059
	5	0.9997	0.9887	0.9327	0.8042	0.6172	0.4164	0.2454	0.1256	0.0553	0.0207
	6	1.0000	0.9976	0.9781	C.9133	0.7858	0.6080	0.4166	0.2500	0.1299	0.0577
	7	1.0000	0.9996	0.9941	0.9679	0.8982	0.7723	0.6010	0.4159	0.2520	0.1316
	8	1.0000	0.9999	0.9987	0.9900	0.9591	0.8867	0.7624	0.5956	0.4143	0.2517
	9	1.0000	1.0000	0.9998	0.9974	0.9861	0.9520	0.8782	0.7553	0.5914	0.4119

| 표 2 | 이항분포표(계속)

n	x										
	10	1.0000	1.0000	1.0000	0.9994	0.9961	0.9829	0.9468	0.8725	0.7507	0.5881
	11	1.0000	1.0000	1.0000	0.9999	0.9991	0.9949	0.9804	0.9435	0.8692	0.7483
	12	1.0000	1.0000	1.0000	1.0000	0.9998	0.9987	0.9940	0.9790	0.9420	0.8684
	13	1.0000	1.0000	1.0000	1.0000	1.0000	0.9997	0.9985	0.9935	0.9786	0.9423
	14	1.0000	1.0000	1.0000	1.0000	1.0000	1.0000	0.9997	0.9984	0.9936	0.9793
	15	1.0000	1.0000	1.0000	1.0000	1.0000	1.0000	1.0000	0.9997	0.9985	0.9941
	16	1.0000	1.0000	1.0000	1.0000	1.0000	1.0000	1.0000	1.0000	0.9997	0.9987
	17	1.0000	1.0000	1.0000	1.0000	1.0000	1.0000	1.0000	1.0000	1.0000	0.9998
	18	1.0000	1.0000	1.0000	1.0000	1.0000	1.0000	1.0000	1.0000	1.0000	1.0000
	19	1.0000	1.0000	1.0000	1.0000	1.0000	1.0000	1.0000	1.0000	1.0000	1.0000
	20	1.0000	1.0000	1.0000	1.0000	1.0000	1.0000	1.0000	1.0000	1.0000	1.0000
25	0	0.2774	0.0718	0.0172	0.0038	0.0008	0.0001	0.0000	0.0000	0.0000	0.0000
	1	0.6424	0.2712	0.0931	0.0274	0.0070	0.0016	0.0003	0.0001	0.0000	0.0000
	2	0.8729	0.5371	0.2537	0.0982	0.0321	0.0090	0.0021	0.0004	0.0001	0.0000
	3	0.9659	0.7636	0.4711	0.2340	0.0962	0.0332	0.0097	0.0024	0.0005	0.0001
	4	0.9928	0.9020	0.6821	0.4207	0.2137	0.0905	0.0320	0.0095	0.0023	0.0005
	5	0.9988	0.9666	0.8385	0.6167	0.3783	0.1935	0.0826	0.0294	0.0086	0.0020
	6	0.9998	0.9905	0.9305	0.7800	0.5611	0.3407	0.1734	0.0736	0.0258	0.0073
	7	1.0000	0.9977	0.9745	0.8909	0.7265	0.5118	0.3061	0.1536	0.0639	0.0216
	8	1.0000	0.9995	0.9920	0.9532	0.8506	0.6769	0.4668	0.2735	0.1340	0.0539
	9	1.0000	0.9999	0.9979	0.9827	0.9287	0.8106	0.6303	0.4246	0.2424	0.1148
	10	1.0000	1.0000	0.9995	0.9944	0.9703	0.9022	0.7712	0.5858	0.3843	0.2122
	11	1.0000	1.0000	0.9999	0.9985	0.9893	0.9558	0.8746	0.7323	0.5426	0.3450
	12	1.0000	1.0000	1.0000	0.9996	0.9966	0.9825	0.9396	0.8462	0.6937	0.5000
	13	1.0000	1.0000	1.0000	0.9999	0.9991	0.9940	0.9745	0.9222	0.8173	0.6550
	14	1.0000	1.0000	1.0000	1.0000	0.9998	0.9982	0.9907	0.9656	0.9040	0.7878
	15	1.0000	1.0000	1.0000	1.0000	1.0000	0.9995	0.9971	0.9868	0.9560	0.8852
	16	1.0000	1.0000	1.0000	1.0000	1.0000	0.9999	0.9992	0.9957	0.9826	0.9461
	17	1.0000	1.0000	1.0000	1.0000	1.0000	1.0000	0.9998	0.9988	0.9942	0.9784
	18	1.0000	1.0000	1.0000	1.0000	1.0000	1.0000	1.0000	0.9997	0.9984	0.9927
	19	1.0000	1.0000	1.0000	1.0000	1.0000	1.0000	1.0000	0.9999	0.9996	0.9980
	20	1.0000	1.0000	1.0000	1.0000	1.0000	1.0000	1.0000	1.0000	0.9999	0.9995
	21	1.0000	1.0000	1.0000	1.0000	1.0000	1.0000	1.0000	1.0000	1.0000	0.9999
	22	1.0000	1.0000	1.0000	1.0000	1.0000	1.0000	1.0000	1.0000	1.0000	1.0000
	23	1.0000	1.0000	1.0000	1.0000	1.0000	1.0000	1.0000	1.0000	1.0000	1.0000
	24	1.0000	1.0000	1.0000	1.0000	1.0000	1.0000	1.0000	1.0000	1.0000	1.0000
	25	1.0000	1.0000	1.0000	1.0000	1.0000	1.0000	1.0000	1.0000	1.0000	1.0000

| 표 3 | 푸아송 분포표

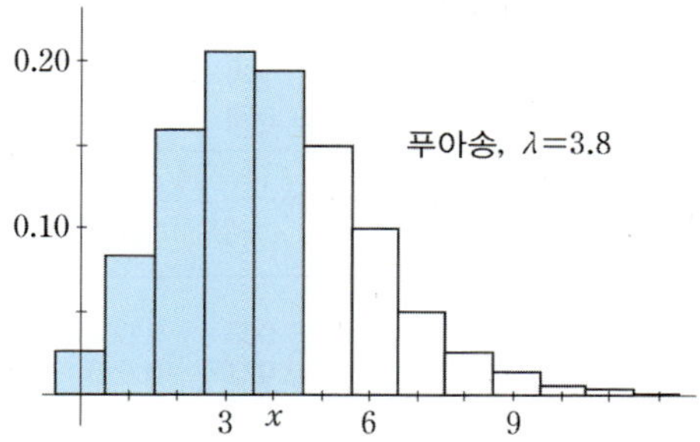

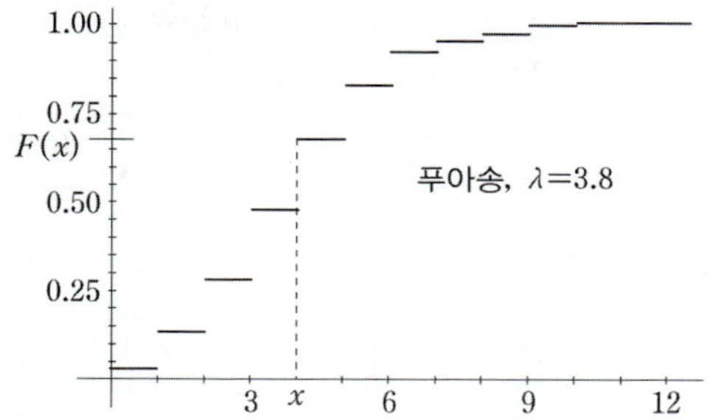

$$F(x) = P(X \leq x) = \sum_{k=0}^{x} \frac{\lambda^k e^{-\lambda}}{k!}$$

$\lambda = E(X)$

x	0.1	0.2	0.3	0.4	0.5	0.6	0.7	0.8	0.9	1.0
0	0.905	0.819	0.741	0.670	0.607	0.549	0.497	0.449	0.407	0.368
1	0.995	0.982	0.963	0.938	0.910	0.878	0.844	0.809	0.772	0.736
2	1.000	0.999	0.996	0.992	0.986	0.977	0.966	0.953	0.937	0.920
3	1.000	1.000	1.000	0.999	0.998	0.997	0.994	0.991	0.987	0.981
4	1.000	1.000	1.000	1.000	1.000	1.000	0.999	0.999	0.998	0.996
5	1.000	1.000	1.000	1.000	1.000	1.000	1.000	1.000	1.000	0.999
6	1.000	1.000	1.000	1.000	1.000	1.000	1.000	1.000	1.000	1.000

x	1.1	1.2	1.3	1.4	1.5	1.6	1.7	1.8	1.9	2.0
0	0.333	0.301	0.273	0.247	0.223	0.202	0.183	0.165	0.150	0.135
1	0.699	0.663	0.627	0.592	0.558	0.525	0.493	0.463	0.434	0.406
2	0.900	0.879	0.857	0.833	0.809	0.783	0.757	0.731	0.704	0.677
3	0.974	0.966	0.957	0.946	0.934	0.921	0.907	0.891	0.875	0.857
4	0.995	0.992	0.989	0.986	0.981	0.976	0.970	0.964	0.956	0.947
5	0.999	0.998	0.998	0.997	0.996	0.994	0.992	0.990	0.987	0.983
6	1.000	1.000	1.000	0.999	0.999	0.999	0.998	0.997	0.997	0.995
7	1.000	1.000	1.000	1.000	1.000	1.000	1.000	0.999	0.999	0.999
8	1.000	1.000	1.000	1.000	1.000	1.000	1.000	1.000	1.000	1.000

x	2.2	2.4	2.6	2.8	3.0	3.2	3.4	3.6	3.8	4.0
0	0.111	0.091	0.074	0.061	0.050	0.041	0.033	0.027	0.022	0.018
1	0.355	0.308	0.267	0.231	0.199	0.171	0.147	0.126	0.107	0.092
2	0.623	0.570	0.518	0.469	0.423	0.380	0.340	0.303	0.269	0.238
3	0.819	0.779	0.736	0.692	0.647	0.603	0.558	0.515	0.473	0.433
4	0.928	0.904	0.877	0.848	0.815	0.781	0.744	0.706	0.668	0.629
5	0.975	0.964	0.951	0.935	0.916	0.895	0.871	0.844	0.816	0.785
6	0.993	0.988	0.983	0.976	0.966	0.955	0.942	0.927	0.909	0.889
7	0.998	0.997	0.995	0.992	0.988	0.983	0.977	0.969	0.960	0.949
8	1.000	0.999	0.999	0.998	0.996	0.994	0.992	0.988	0.984	0.979
9	1.000	1.000	1.000	0.999	0.999	0.998	0.997	0.996	0.994	0.992

| 표 3 | 푸아송 분포표(계속)

x										
10	1.000	1.000	1.000	1.000	1.000	1.000	0.999	0.999	0.998	0.997
11	1.000	1.000	1.000	1.000	1.000	1.000	1.000	1.000	0.999	0.999
12	1.000	1.000	1.000	1.000	1.000	1.000	1.000	1.000	1.000	1.000

x	4.2	4.4	4.6	4.8	5.0	5.2	5.4	5.6	5.8	6.0
0	0.015	0.012	0.010	0.008	0.007	0.006	0.005	0.004	0.003	0.002
1	0.078	0.066	0.056	0.048	0.040	0.034	0.029	0.024	0.021	0.017
2	0.210	0.185	0.163	0.143	0.125	0.109	0.095	0.082	0.072	0.062
3	0.395	0.359	0.326	0.294	0.265	0.238	0.213	0.191	0.170	0.151
4	0.590	0.551	0.513	0.476	0.440	0.406	0.373	0.342	0.313	0.285
5	0.753	0.720	0.686	0.651	0.616	0.581	0.546	0.512	0.478	0.446
6	0.867	0.844	0.818	0.791	0.762	0.732	0.702	0.670	0.638	0.606
7	0.936	0.921	0.905	0.887	0.867	0.845	0.822	0.797	0.771	0.744
8	0.972	0.964	0.955	0.944	0.932	0.918	0.903	0.886	0.867	0.847
9	0.989	0.985	0.980	0.975	0.968	0.960	0.951	0.941	0.929	0.916
10	0.996	0.994	0.992	0.990	0.986	0.982	0.977	0.972	0.965	0.957
11	0.999	0.998	0.997	0.996	0.995	0.993	0.990	0.988	0.984	0.980
12	1.000	0.999	0.999	0.999	0.998	0.997	0.996	0.995	0.993	0.991
13	1.000	1.000	1.000	1.000	0.999	0.999	0.999	0.998	0.997	0.996
14	1.000	1.000	1.000	1.000	1.000	1.000	0.999	0.999	0.999	0.999
15	1.000	1.000	1.000	1.000	1.000	1.000	1.000	1.000	1.000	0.999
16	1.000	1.000	1.000	1.000	1.000	1.000	1.000	1.000	1.000	1.000

x	6.5	7.0	7.5	8.0	8.5	9.0	9.5	10.0	10.5	11.0
0	0.002	0.001	0.001	0.000	0.000	0.000	0.000	0.000	0.000	0.000
1	0.011	0.007	0.005	0.003	0.002	0.001	0.001	0.000	0.000	0.000
2	0.043	0.030	0.020	0.014	0.009	0.006	0.004	0.003	0.002	0.001
3	0.112	0.082	0.059	0.042	0.030	0.021	0.015	0.010	0.007	0.005
4	0.224	0.173	0.132	0.100	0.074	0.055	0.040	0.029	0.021	0.015
5	0.369	0.301	0.241	0.191	0.150	0.116	0.089	0.067	0.050	0.038
6	0.527	0.450	0.378	0.313	0.256	0.207	0.165	0.130	0.102	0.079
7	0.673	0.599	0.525	0.453	0.386	0.324	0.269	0.220	0.179	0.143
8	0.792	0.729	0.662	0.593	0.523	0.456	0.392	0.333	0.279	0.232
9	0.877	0.830	0.776	0.717	0.653	0.587	0.522	0.458	0.397	0.341
10	0.933	0.901	0.862	0.816	0.763	0.706	0.645	0.583	0.521	0.460
11	0.966	0.947	0.921	0.888	0.849	0.803	0.752	0.697	0.639	0.579
12	0.984	0.973	0.957	0.936	0.909	0.876	0.836	0.792	0.742	0.689
13	0.993	0.987	0.978	0.966	0.949	0.926	0.898	0.864	0.825	0.781
14	0.997	0.994	0.990	0.983	0.973	0.959	0.940	0.917	0.888	0.854
15	0.999	0.998	0.995	0.992	0.986	0.978	0.967	0.951	0.932	0.907
16	1.000	0.999	0.998	0.996	0.993	0.989	0.982	0.973	0.960	0.944
17	1.000	1.000	0.999	0.998	0.997	0.995	0.991	0.986	0.978	0.968
18	1.000	1.000	1.000	0.999	0.999	0.998	0.996	0.993	0.988	0.982
19	1.000	1.000	1.000	1.000	0.999	0.999	0.998	0.997	0.994	0.991
20	1.000	1.000	1.000	1.000	1.000	1.000	0.999	0.998	0.997	0.995
21	1.000	1.000	1.000	1.000	1.000	1.000	1.000	0.999	0.999	0.998
22	1.000	1.000	1.000	1.000	1.000	1.000	1.000	1.000	0.999	0.999
23	1.000	1.000	1.000	1.000	1.000	1.000	1.000	1.000	1.000	1.000

| 표 3 | 푸아송 분포표(계속)

x	11.5	12.0	12.5	13.0	13.5	14.0	14.5	15.0	15.5	16.0
0	0.000	0.000	0.000	0.000	0.000	0.000	0.000	0.000	0.000	0.000
1	0.000	0.000	0.000	0.000	0.000	0.000	0.000	0.000	0.000	0.000
2	0.001	0.001	0.000	0.000	0.000	0.000	0.000	0.000	0.000	0.000
3	0.003	0.002	0.002	0.001	0.001	0.000	0.000	0.000	0.000	0.000
4	0.011	0.008	0.005	0.004	0.003	0.002	0.001	0.001	0.001	0.000
5	0.028	0.020	0.015	0.011	0.008	0.006	0.004	0.003	0.002	0.001
6	0.060	0.046	0.035	0.026	0.019	0.014	0.010	0.008	0.006	0.004
7	0.114	0.090	0.070	0.054	0.041	0.032	0.024	0.018	0.013	0.010
8	0.191	0.155	0.125	0.100	0.079	0.062	0.048	0.037	0.029	0.022
9	0.289	0.242	0.201	0.166	0.135	0.109	0.088	0.070	0.055	0.043
10	0.402	0.347	0.297	0.252	0.211	0.176	0.145	0.118	0.096	0.077
11	0.520	0.462	0.406	0.353	0.304	0.260	0.220	0.185	0.154	0.127
12	0.633	0.576	0.519	0.463	0.409	0.358	0.311	0.268	0.228	0.193
13	0.733	0.682	0.628	0.573	0.518	0.464	0.413	0.363	0.317	0.275
14	0.815	0.772	0.725	0.675	0.623	0.570	0.518	0.466	0.415	0.368
15	0.878	0.844	0.806	0.764	0.718	0.669	0.619	0.568	0.517	0.467
16	0.924	0.899	0.869	0.835	0.798	0.756	0.711	0.664	0.615	0.566
17	0.954	0.937	0.916	0.890	0.861	0.827	0.790	0.749	0.705	0.659
18	0.974	0.963	0.948	0.930	0.908	0.883	0.853	0.819	0.782	0.742
19	0.986	0.979	0.969	0.957	0.942	0.923	0.901	0.875	0.846	0.812
20	0.992	0.988	0.983	0.975	0.965	0.952	0.936	0.917	0.894	0.868
21	0.996	0.994	0.991	0.986	0.980	0.971	0.960	0.947	0.930	0.911
22	0.998	0.997	0.995	0.992	0.989	0.983	0.976	0.967	0.956	0.942
23	0.999	0.999	0.998	0.996	0.994	0.991	0.986	0.981	0.973	0.963
24	1.000	0.999	0.999	0.998	0.997	0.995	0.992	0.989	0.984	0.978
25	1.000	1.000	0.999	0.999	0.998	0.997	0.996	0.994	0.991	0.987
26	1.000	1.000	1.000	1.000	0.999	0.999	0.998	0.997	0.995	0.993
27	1.000	1.000	1.000	1.000	1.000	0.999	0.999	0.998	0.997	0.996
28	1.000	1.000	1.000	1.000	1.000	1.000	0.999	0.999	0.999	0.998
29	1.000	1.000	1.000	1.000	1.000	1.000	1.000	1.000	0.999	0.999
30	1.000	1.000	1.000	1.000	1.000	1.000	1.000	1.000	1.000	0.999
31	1.000	1.000	1.000	1.000	1.000	1.000	1.000	1.000	1.000	1.000
32	1.000	1.000	1.000	1.000	1.000	1.000	1.000	1.000	1.000	1.000
33	1.000	1.000	1.000	1.000	1.000	1.000	1.000	1.000	1.000	1.000
34	1.000	1.000	1.000	1.000	1.000	1.000	1.000	1.000	1.000	1.000
35	1.000	1.000	1.000	1.000	1.000	1.000	1.000	1.000	1.000	1.000

| 표 4 | χ^2 분포표

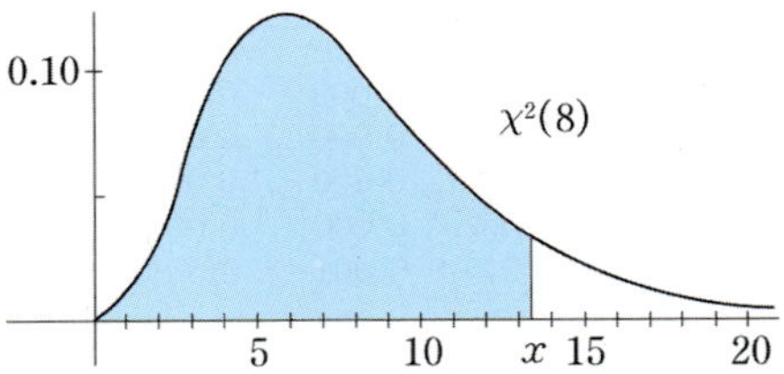

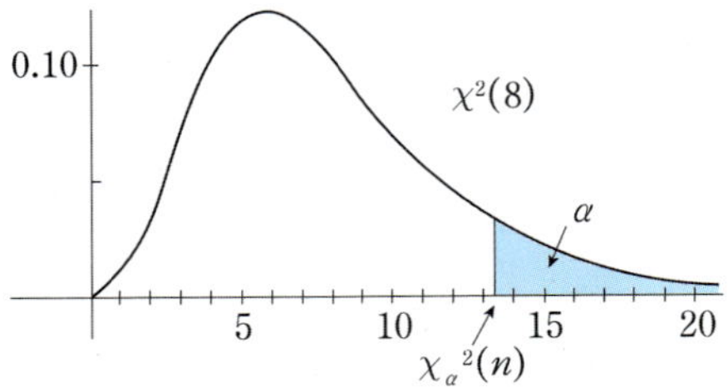

$$P(X \le x) = \int_0^x \frac{1}{\Gamma(n/2)2^{n/2}} w^{n/2-1} e^{-w/2}\, dw$$

	$P(X \le x)$							
	0.010	0.025	0.050	0.100	0.900	0.950	0.975	0.990
n	$\chi^2_{0.99}(r)$	$\chi^2_{0.975}(r)$	$\chi^2_{0.95}(r)$	$\chi^2_{0.90}(r)$	$\chi^2_{0.10}(r)$	$\chi^2_{0.05}(r)$	$\chi^2_{0.025}(r)$	$\chi^2_{0.01}(r)$
1	0.000	0.001	0.004	0.016	2.706	3.841	5.024	6.635
2	0.020	0.051	0.103	0.211	4.605	5.991	7.378	9.210
3	0.115	0.216	0.352	0.584	6.251	7.815	9.348	11.34
4	0.297	0.484	0.711	1.064	7.779	9.488	11.14	13.28
5	0.554	0.831	1.145	1.610	9.236	11.07	12.83	15.09
6	0.872	1.237	1.635	2.204	10.64	12.59	14.45	16.81
7	1.239	1.690	2.167	2.833	12.02	14.07	16.01	18.48
8	1.646	2.180	2.733	3.490	13.36	15.51	17.54	20.09
9	2.088	2.700	3.325	4.168	14.68	16.92	19.02	21.67
10	2.558	3.247	3.940	4.865	15.99	18.31	20.48	23.21
11	3.053	3.816	4.575	5.578	17.28	19.68	21.92	24.72
12	3.571	4.404	5.226	6.304	18.55	21.03	23.34	26.22
13	4.107	5.009	5.892	7.042	19.81	22.36	24.74	27.69
14	4.660	5.629	6.571	7.790	21.06	23.68	26.12	29.14
15	5.229	6.262	7.261	8.547	22.31	25.00	27.49	30.58
16	5.812	6.908	7.962	9.312	23.54	26.30	28.84	32.00
17	6.408	7.564	8.672	10.08	24.77	27.59	30.19	33.41
18	7.015	8.231	9.390	10.86	25.99	28.87	31.53	34.80
19	7.633	8.907	10.12	11.65	27.20	30.14	32.85	36.19
20	8.260	9.591	10.85	12.44	28.41	31.41	34.17	37.57
21	8.897	10.28	11.59	13.24	29.62	32.67	35.48	38.93
22	9.542	10.98	12.34	14.04	30.81	33.92	36.78	40.29
23	10.20	11.69	13.09	14.85	32.01	35.17	38.08	41.64
24	10.86	12.40	13.85	15.66	33.20	36.42	39.36	42.98
25	11.52	13.12	14.61	16.47	34.38	37.65	40.65	44.31
26	12.20	13.84	15.38	17.29	35.56	38.88	41.92	45.64
27	12.88	14.57	16.15	18.11	36.74	40.11	43.19	46.96
28	13.56	15.31	16.93	18.94	37.92	41.34	44.46	48.28
29	14.26	16.05	17.71	19.77	39.09	42.56	45.72	49.59
30	14.95	16.79	18.49	20.60	40.26	43.77	46.98	50.89
40	22.16	24.43	26.51	29.05	51.80	55.76	59.34	63.69
50	29.71	32.36	34.76	37.69	63.17	67.50	71.42	76.15
60	37.48	40.48	43.19	46.46	74.40	79.08	83.30	88.38
70	45.44	48.76	51.74	55.33	85.53	90.53	95.02	100.4
80	53.34	57.15	60.39	64.28	96.58	101.9	106.6	112.3

| 표 5 | 정규분포표 I

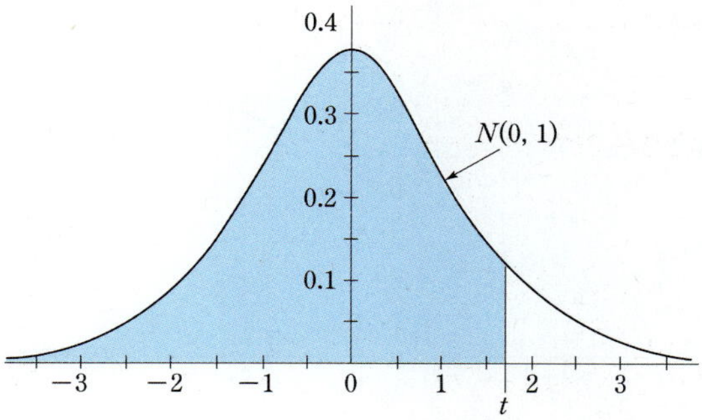

$$P(X \le z) = \Phi(z) = \int_{-\infty}^{z} \frac{1}{\sqrt{2\pi}} e^{-w^2/2} dw$$

$$[\Phi(-z) = 1 - \Phi(z)]$$

z	0.00	0.01	0.02	0.03	0.04	0.05	0.06	0.07	0.08	0.09
0.0	0.5000	0.5040	0.5080	0.5120	0.5160	0.5199	0.5239	0.5279	0.5319	0.5359
0.1	0.5398	0.5438	0.5478	0.5517	0.5557	0.5596	0.5636	0.5675	0.5714	0.5753
0.2	0.5793	0.5832	0.5871	0.5910	0.5948	0.5987	0.6026	0.6064	0.6103	0.6141
0.3	0.6179	0.6217	0.6255	0.6293	0.6331	0.6368	0.6406	0.6443	0.6480	0.6517
0.4	0.6554	0.6591	0.6628	0.6664	0.6700	0.6736	0.6772	0.6808	0.6844	0.6879
0.5	0.6915	0.6950	0.6985	0.7019	0.7054	0.7088	0.7123	0.7157	0.7190	0.7224
0.6	0.7257	0.7291	0.7324	0.7357	0.7389	0.7422	0.7454	0.7486	0.7517	0.7549
0.7	0.7580	0.7611	0.7642	0.7673	0.7703	0.7734	0.7764	0.7794	0.7823	0.7852
0.8	0.7881	0.7910	0.7939	0.7967	0.7995	0.8023	0.8051	0.8078	0.8106	0.8133
0.9	0.8159	0.8186	0.8212	0.8238	0.8264	0.8289	0.8315	0.8340	0.8365	0.8389
1.0	0.8413	0.8438	0.8461	0.8485	0.8508	0.8531	0.8554	0.8577	0.8599	0.8621
1.1	0.8643	0.8665	0.8686	0.8708	0.8729	0.8749	0.8770	0.8790	0.8810	0.8830
1.2	0.8849	0.8869	0.8888	0.8907	0.8925	0.8944	0.8962	0.8980	0.8997	0.9015
1.3	0.9032	0.9049	0.9066	0.9082	0.9099	0.9115	0.9131	0.9147	0.9162	0.9177
1.4	0.9192	0.9207	0.9222	0.9236	0.9251	0.9265	0.9279	0.9292	0.9306	0.9319
1.5	0.9332	0.9345	0.9357	0.9370	0.9382	0.9394	0.9406	0.9418	0.9429	0.9441
1.6	0.9452	0.9463	0.9474	0.9484	0.9495	0.9505	0.9515	0.9525	0.9535	0.9545
1.7	0.9554	0.9564	0.9573	0.9582	0.9591	0.9599	0.9608	0.9616	0.9625	0.9633
1.8	0.9641	0.9649	0.9656	0.9664	0.9671	0.9678	0.9686	0.9693	0.9699	0.9706
1.9	0.9713	0.9719	0.9726	0.9732	0.9738	0.9744	0.9750	0.9756	0.9761	0.9767
2.0	0.9772	0.9778	0.9783	0.9788	0.9793	0.9798	0.9803	0.9808	0.9812	0.9817
2.1	0.9821	0.9826	0.9830	0.9834	0.9838	0.9842	0.9846	0.9850	0.9854	0.9857
2.2	0.9861	0.9864	0.9868	0.9871	0.9875	0.9878	0.9881	0.9884	0.9887	0.9890
2.3	0.9893	0.9896	0.9898	0.9901	0.9904	0.9906	0.9909	0.9911	0.9913	0.9916
2.4	0.9918	0.9920	0.9922	0.9925	0.9927	0.9929	0.9931	0.9932	0.9934	0.9936
2.5	0.9938	0.9940	0.9941	0.9943	0.9945	0.9946	0.9948	0.9949	0.9951	0.9952
2.6	0.9953	0.9955	0.9956	0.9957	0.9959	0.9960	0.9961	0.9962	0.9963	0.9964
2.7	0.9965	0.9966	0.9967	0.9968	0.9969	0.9970	0.9971	0.9972	0.9973	0.9974
2.8	0.9974	0.9975	0.9976	0.9977	0.9977	0.9978	0.9979	0.9979	0.9980	0.9981
2.9	0.9981	0.9982	0.9982	0.9983	0.9984	0.9984	0.9985	0.9985	0.9986	0.9986
3.0	0.9987	0.9987	0.9987	0.9988	0.9988	0.9989	0.9989	0.9989	0.9990	0.9990

α	0.400	0.300	0.200	0.100	0.050	0.025	0.010	0.005	0.001
z_α	0.253	0.524	0.842	1.282	1.645	1.960	2.326	2.576	3.090
$z_{\alpha/2}$	0.842	1.036	1.282	1.645	1.960	2.240	2.576	2.807	3.291

| 표 5 | 정규분포표 II

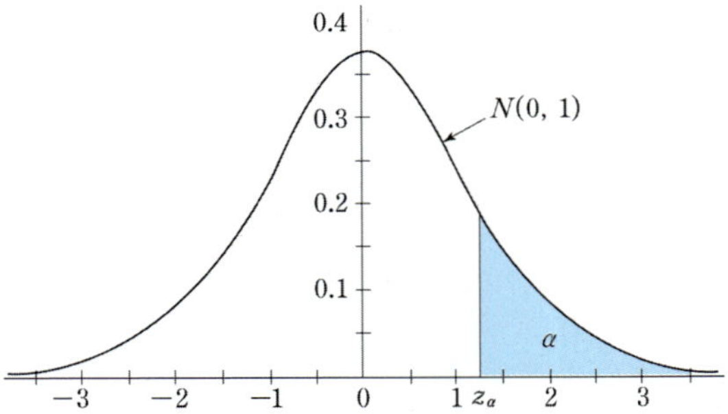

$P(Z > z_\alpha) = \alpha$

$P(Z > z) = 1 - \Phi(z) = \Phi(-z)$

z_α	0.00	0.01	0.02	0.03	0.04	0.05	0.06	0.07	0.08	0.09
0.0	0.5000	0.4960	0.4920	0.4880	0.4840	0.4801	0.4761	0.4721	0.4681	0.4641
0.1	0.4602	0.4562	0.4522	0.4483	0.4443	0.4404	0.4364	0.4325	0.4286	0.4247
0.2	0.4207	0.4168	0.4129	0.4090	0.4052	0.4013	0.3974	0.3936	0.3897	0.3859
0.3	0.3821	0.3783	0.3745	0.3707	0.3669	0.3632	0.3594	0.3557	0.3520	0.3483
0.4	0.3446	0.3409	0.3372	0.3336	0.3300	0.3264	0.3228	0.3192	0.3156	0.3121
0.5	0.3085	0.3050	0.3015	0.2981	0.2946	0.2912	0.2877	0.2843	0.2810	0.2776
0.6	0.2743	0.2709	0.2676	0.2643	0.2611	0.2578	0.2546	0.2514	0.2483	0.2451
0.7	0.2420	0.2389	0.2358	0.2327	0.2296	0.2266	0.2236	0.2206	0.2177	0.2148
0.8	0.2119	0.2090	0.2061	0.2033	0.2005	0.1977	0.1949	0.1922	0.1894	0.1867
0.9	0.1841	0.1814	0.1788	0.1762	0.1736	0.1711	0.1685	0.1660	0.1635	0.1611
1.0	0.1587	0.1562	0.1539	0.1515	0.1492	0.1469	0.1446	0.1423	0.1401	0.1379
1.1	0.1357	0.1335	0.1314	0.1292	0.1271	0.1251	0.1230	0.1210	0.1190	0.1170
1.2	0.1151	0.1131	0.1112	0.1093	0.1075	0.1056	0.1038	0.1020	0.1003	0.0985
1.3	0.0968	0.0951	0.0934	0.0918	0.0901	0.0885	0.0869	0.0853	0.0838	0.0823
1.4	0.0808	0.0793	0.0778	0.0764	0.0749	0.0735	0.0721	0.0708	0.0694	0.0681
1.5	0.0668	0.0655	0.0643	0.0630	0.0618	0.0606	0.0594	0.0582	0.0571	0.0559
1.6	0.0548	0.0537	0.0526	0.0516	0.0505	0.0495	0.0485	0.0475	0.0465	0.0455
1.7	0.0446	0.0436	0.0427	0.0418	0.0409	0.0401	0.0392	0.0384	0.0375	0.0367
1.8	0.0359	0.0351	0.0344	0.0336	0.0329	0.0322	0.0314	0.0307	0.0301	0.0294
1.9	0.0287	0.0281	0.0274	0.0268	0.0262	0.0256	0.0250	0.0244	0.0239	0.0233
2.0	0.0228	0.0222	0.0217	0.0212	0.0207	0.0202	0.0197	0.0192	0.0188	0.0183
2.1	0.0179	0.0174	0.0170	0.0166	0.0162	0.0158	0.0154	0.0150	0.0146	0.0143
2.2	0.0139	0.0136	0.0132	0.0129	0.0125	0.0122	0.0119	0.0116	0.0113	0.0110
2.3	0.0107	0.0104	0.0102	0.0099	0.0096	0.0094	0.0091	0.0089	0.0087	0.0084
2.4	0.0082	0.0080	0.0078	0.0075	0.0073	0.0071	0.0069	0.0068	0.0066	0.0064
2.5	0.0062	0.0060	0.0059	0.0057	0.0055	0.0054	0.0052	0.0051	0.0049	0.0048
2.6	0.0047	0.0045	0.0044	0.0043	0.0041	0.0040	0.0039	0.0038	0.0037	0.0036
2.7	0.0035	0.0034	0.0033	0.0032	0.0031	0.0030	0.0029	0.0028	0.0027	0.0026
2.8	0.0026	0.0025	0.0024	0.0023	0.0023	0.0022	0.0021	0.0021	0.0020	0.0019
2.9	0.0019	0.0018	0.0018	0.0017	0.0016	0.0016	0.0015	0.0015	0.0014	0.0014
3.0	0.0013	0.0013	0.0013	0.0012	0.0012	0.0011	0.0011	0.0011	0.0010	0.0010
3.1	0.0010	0.0009	0.0009	0.0009	0.0008	0.0008	0.0008	0.0008	0.0007	0.0007
3.2	0.0007	0.0007	0.0006	0.0006	0.0006	0.0006	0.0006	0.0005	0.0005	0.0005
3.3	0.0005	0.0005	0.0005	0.0004	0.0004	0.0004	0.0004	0.0004	0.0004	0.0003
3.4	0.0003	0.0003	0.0003	0.0003	0.0003	0.0003	0.0003	0.0003	0.0003	0.0002

| 표 6 | t 분포표

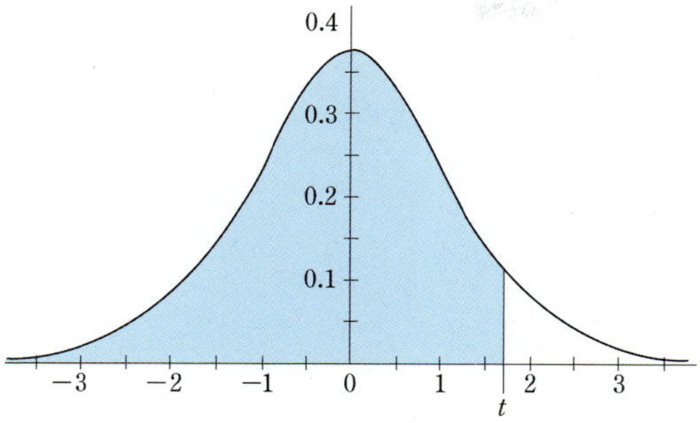

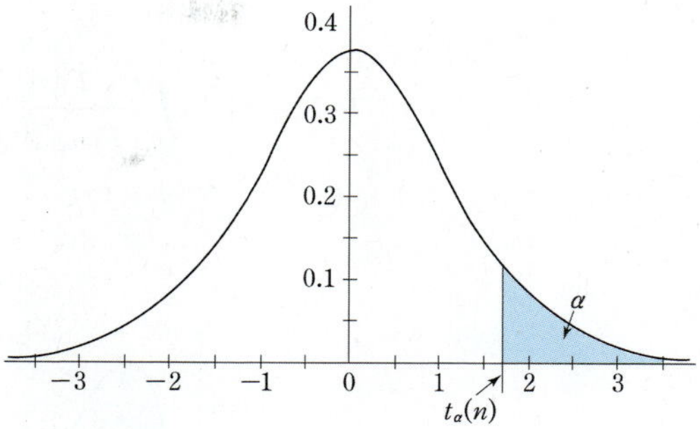

$$P(T \le t) = \int_{-\infty}^{t} \frac{\Gamma[(n+1)/2]}{\sqrt{\pi n}\,\Gamma(n/2)(1+w^2/n)^{(n+1)/2}}\,dw$$

$$[P(T \le -t) = 1 - P(T \le t)]$$

	$P(T \le t)$						
	0.60	0.75	0.90	0.95	0.975	0.99	0.995
n	$t_{0.40}(r)$	$t_{0.25}(r)$	$t_{0.10}(r)$	$t_{0.05}(r)$	$t_{0.025}(r)$	$t_{0.01}(r)$	$t_{0.005}(r)$
1	0.325	1.000	3.078	6.314	12.706	31.821	63.657
2	0.289	0.816	1.886	2.920	4.303	6.965	9.925
3	0.277	0.765	1.638	2.353	3.182	4.541	5.841
4	0.271	0.741	1.533	2.132	2.776	3.747	4.604
5	0.267	0.727	1.476	2.015	2.571	3.365	4.032
6	0.265	0.718	1.440	1.943	2.447	3.143	3.707
7	0.263	0.711	1.415	1.895	2.365	2.998	3.499
8	0.262	0.706	1.397	1.860	2.306	2.896	3.355
9	0.261	0.703	1.383	1.833	2.262	2.821	3.250
10	0.260	0.700	1.372	1.812	2.228	2.764	3.169
11	0.260	0.697	1.363	1.796	2.201	2.718	3.106
12	0.259	0.695	1.356	1.782	2.179	2.681	3.055
13	0.259	0.694	1.350	1.771	2.160	2.650	3.012
14	0.258	0.692	1.345	1.761	2.145	2.624	2.997
15	0.258	0.691	1.341	1.753	2.131	2.602	2.947
16	0.258	0.690	1.337	1.746	2.120	2.583	2.921
17	0.257	0.689	1.333	1.740	2.110	2.567	2.898
18	0.257	0.688	1.330	1.734	2.101	2.552	2.878
19	0.257	0.688	1.328	1.729	2.093	2.539	2.861
20	0.257	0.687	1.325	1.725	2.086	2.528	2.845
21	0.257	0.686	1.323	1.721	2.080	2.518	2.831
22	0.256	0.686	1.321	1.717	2.074	2.508	2.819
23	0.256	0.685	1.319	1.714	2.069	2.500	2.807
24	0.256	0.685	1.318	1.711	2.064	2.492	2.797
25	0.256	0.684	1.316	1.708	2.060	2.485	2.787
26	0.256	0.684	1.315	1.706	2.056	2.479	2.779
27	0.256	0.684	1.314	1.703	2.052	2.473	2.771
28	0.256	0.683	1.313	1.701	2.048	2.467	2.763
29	0.256	0.683	1.311	1.699	2.045	2.462	2.756
30	0.256	0.683	1.310	1.697	2.042	2.457	2.750
∞	0.253	0.674	1.282	1.645	1.960	2.326	2.576

| 표 7 | F 분포표

$$P(F \leq f) = \int_0^f \frac{\Gamma[(n_1+n_2)/2](n_1/n_2)^{n_1/2} w^{n_1/2-1}}{\Gamma(n_1/2)\Gamma(n_2/2)(1+n_1 w/n_2)^{(n_1+n_2)/2}} dw$$

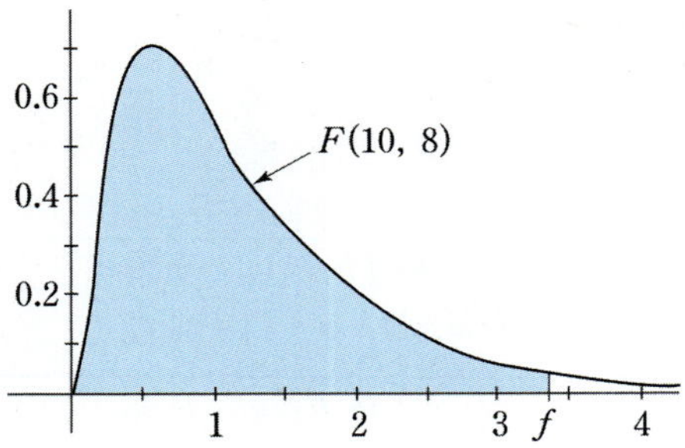

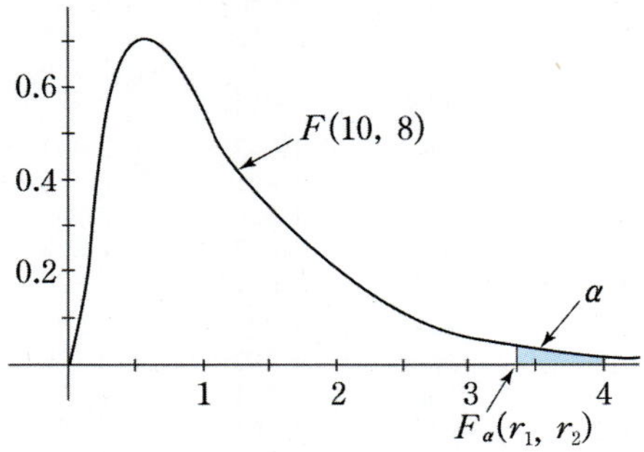

| 표 7 | F-분포표(계속)

$$P(F \le f) = \int_0^f \frac{\Gamma[(n_1+n_2)/2](n_1/n_2)^{n_1/2} w^{n_1/2-1}}{\Gamma(n_1/2)\Gamma(n_2/2)(1+n_1 w/n_2)^{(n_1+n_2)/2}} dw$$

α	$P(F \le f)$	자유도 n_2	자유도 n_1: 1	2	3	4	5	6	7	8	9	10
0.05	0.95	1	161.4	199.5	215.7	224.6	23.2	234.0	236.8	238.9	240.5	241.9
0.025	0.975		647.79	799.50	864.16	899.58	921.85	937.11	948.22	956.66	963.28	968.63
0.01	0.99		4052	4999.5	5403	5625	5764	5859	5928	5981	6022	6056
0.05	0.95	2	18.51	19.00	19.16	19.25	19.30	19.33	19.35	19.37	19.38	19.40
0.025	0.975		38.51	39.00	39.17	39.25	39.30	39.33	39.36	39.37	39.39	39.40
0.01	0.99		98.50	99.00	99.17	99.25	99.30	99.33	99.36	99.37	99.39	99.40
0.05	0.95	3	10.13	9.55	9.28	9.12	9.01	8.94	8.89	8.85	8.81	8.79
0.025	0.975		17.44	16.04	15.44	15.10	14.88	14.73	14.62	14.54	14.47	14.42
0.01	0.99		34.12	30.82	29.46	28.71	28.24	27.91	27.62	27.49	27.35	27.23
0.05	0.95	4	7.71	6.94	6.59	6.39	6.26	6.16	6.09	6.04	6.00	5.96
0.025	0.975		12.22	10.65	9.98	9.60	9.36	9.20	9.07	8.98	8.90	8.84
0.01	0.99		21.20	18.00	16.69	15.98	15.52	15.21	14.98	14.80	14.66	14.55
0.05	0.95	5	6.61	5.79	5.41	5.19	5.05	4.95	4.88	4.82	4.77	4.74
0.025	0.975		10.01	8.43	7.76	7.39	7.15	6.98	6.85	6.76	6.68	6.62
0.01	0.99		16.26	13.27	12.06	11.39	10.97	10.67	10.46	10.29	10.16	10.05
0.05	0.95	6	5.99	5.14	4.76	4.53	4.39	4.28	4.21	4.15	4.10	4.06
0.025	0.975		8.81	7.26	6.60	6.23	5.99	5.82	5.70	5.60	5.52	5.46
0.01	0.99		13.75	10.92	9.78	9.15	8.75	8.47	8.26	8.10	7.98	7.87
0.05	0.95	7	5.59	4.74	4.35	4.12	3.97	3.87	3.79	3.73	3.68	3.64
0.025	0.975		8.07	6.54	5.89	5.52	5.29	5.12	4.99	4.90	4.82	4.76
0.01	0.99		12.25	9.55	8.45	7.85	7.46	7.19	6.99	6.84	6.72	6.62
0.05	0.95	8	5.32	4.46	4.07	3.84	3.69	3.58	3.50	3.44	3.39	3.35
0.025	0.975		7.57	6.06	5.42	5.05	4.82	4.65	4.53	4.43	4.36	4.30
0.01	0.99		11.26	8.65	7.59	7.01	6.61	6.37	6.18	6.03	5.91	5.81
0.05	0.95	9	5.21	4.26	3.86	3.63	3.48	3.37	3.29	3.23	3.18	3.14
0.025	0.975		7.21	5.71	5.08	4.72	4.48	4.32	4.20	4.10	4.03	3.96
0.01	0.99		10.56	8.02	6.99	6.42	6.06	5.80	5.61	5.47	5.35	5.26
0.05	0.95	10	4.96	4.10	3.71	3.48	3.33	3.22	3.14	3.07	3.02	2.98
0.025	0.975		6.94	5.46	4.83	4.47	4.24	4.07	3.95	3.85	3.78	3.72
0.01	0.99		10.04	7.56	6.55	5.99	5.64	5.39	5.20	5.06	4.94	4.85

|표 7| F-분포표(계속)

α	$P(F \le f)$	자유도 n_2	자유도 n_1 = 1	2	3	4	5	6	7	8	9	10
0.05	0.95	12	4.75	3.89	3.49	3.26	3.11	3.00	2.91	2.85	2.80	2.75
0.025	0.975		6.55	5.10	4.47	4.12	3.89	3.73	3.61	3.51	3.44	3.37
0.01	0.99		9.33	6.93	5.95	5.41	5.06	4.82	4.64	4.50	4.39	4.30
0.05	0.95	15	4.54	3.68	3.29	3.06	2.90	2.79	2.71	2.64	2.59	2.54
0.025	0.975		6.20	4.77	4.15	3.80	3.58	3.41	3.29	3.20	3.12	3.06
0.01	0.99		8.68	6.36	5.42	4.89	4.56	3.42	4.14	4.00	3.89	3.80
0.05	0.95	20	4.35	3.49	3.10	2.87	2.71	2.90	2.51	2.45	2.39	2.35
0.025	0.975		5.87	4.46	3.86	3.51	3.29	3.13	3.01	2.91	2.84	2.77
0.01	0.99		8.10	5.85	4.94	4.43	4.10	3.87	3.70	3.56	3.46	3.37
0.05	0.95	24	4.26	3.40	3.01	2.78	2.62	2.51	2.42	2.36	2.30	2.25
0.025	0.975		5.72	4.32	3.72	3.38	3.15	2.99	2.87	2.78	2.70	2.64
0.01	0.99		7.82	5.61	4.72	4.22	3.90	3.67	3.50	3.36	3.26	3.17
0.05	0.95	30	4.17	3.32	2.92	2.69	2.53	2.42	2.33	2.27	2.21	2.16
0.025	0.975		5.57	4.18	3.59	3.25	3.03	2.87	2.75	2.65	2.57	2.51
0.01	0.99		7.56	5.39	4.51	4.02	3.70	3.47	3.30	3.17	3.07	2.98
0.05	0.95	40	4.08	3.23	2.84	2.61	2.45	2.34	2.25	2.18	2.12	2.08
0.025	0.975		5.42	4.05	3.46	3.13	2.90	2.74	2.62	2.53	2.45	2.39
0.01	0.99		7.31	5.18	4.31	3.83	3.51	3.29	3.12	2.99	2.89	2.80
0.05	0.95	60	4.00	3.15	2.76	2.53	2.37	2.25	2.17	2.10	2.04	1.99
0.025	0.975		5.29	3.93	3.34	3.01	2.79	2.63	2.51	2.41	2.33	2.27
0.01	0.99		7.08	4.98	4.13	3.65	3.34	3.12	2.95	2.82	2.72	2.63
0.05	0.95	120	3.92	3.07	2.68	2.45	2.29	2.17	2.09	2.02	1.96	1.91
0.025	0.975		5.15	3.80	3.23	2.89	2.67	2.52	2.39	2.30	2.22	2.16
0.01	0.99		6.85	4.79	3.95	3.48	3.17	2.96	2.79	2.66	2.56	2.47
0.05	0.95	∞	3.84	3.00	2.60	2.37	2.21	2.10	2.01	1.94	1.88	1.83
0.025	0.975		5.02	3.69	3.12	2.79	2.57	2.41	2.29	2.19	2.11	2.05
0.01	0.99		6.63	4.61	3.78	3.32	3.02	2.80	2.64	2.51	2.41	2.32

| 표 7 | F-분포표(계속)

α	$P(F \le f)$	자유도 n_2	자유도 n_1								
			12	15	20	24	30	40	60	120	∞
0.05	0.95	1	243.9	245.9	248.0	249.1	250.1	251.1	252.2	253.3	254.3
0.025	0.975		976.71	984.87	993.10	997.25	1001.4	1005.6	1009.8	1014.0	1018.3
0.01	0.99		6106	6157	6209	6235	6261	6287	6313	6339	6366
0.05	0.95	2	19.41	19.43	19.46	19.45	19.46	19.47	19.48	19.49	19.50
0.025	0.975		39.42	39.43	39.45	39.46	39.47	39.47	39.48	39.49	39.50
0.01	0.99		99.42	99.43	99.45	99.46	99.47	99.47	99.48	99.49	99.50
0.05	0.95	3	8.74	8.70	8.06	8.64	8.62	8.59	8.57	8.55	8.53
0.025	0.975		14.34	14.25	14.17	14.12	14.08	14.04	13.99	13.95	13.90
0.01	0.99		27.05	26.87	26.69	26.60	26.50	26.41	26.32	26.22	26.13
0.05	0.95	4	5.91	5.86	5.80	5.77	5.75	5.72	5.69	5.66	5.63
0.025	0.975		8.75	8.66	8.56	8.51	8.46	8.41	8.36	8.31	8.26
0.01	0.99		14.37	14.20	14.02	13.93	13.84	13.75	13.65	13.56	13.46
0.05	0.95	5	4.68	4.62	4.56	4.53	4.50	4.46	4.43	4.40	4.36
0.025	0.975		6.52	6.43	6.33	6.28	6.23	6.18	6.12	6.07	6.02
0.01	0.99		9.89	9.72	9.55	9.47	9.38	9.29	9.20	9.11	9.02
0.05	0.95	6	4.00	3.94	3.87	3.84	3.81	3.77	3.74	3.70	3.67
0.025	0.975		5.37	5.27	5.17	5.12	5.07	5.01	4.96	4.90	4.85
0.01	0.99		7.72	7.56	7.40	7.31	7.23	7.14	7.06	6.97	6.88
0.05	0.95	7	3.57	3.51	3.41	3.41	3.38	3.34	3.30	3.27	3.23
0.025	0.975		4.67	4.57	4.47	4.42	4.36	4.31	4.25	4.20	4.14
0.01	0.99		6.47	6.31	6.16	6.07	5.99	5.91	5.82	5.74	5.65
0.05	0.95	8	3.28	3.22	3.15	3.12	3.08	3.04	3.01	2.97	2.93
0.025	0.975		4.20	4.10	4.00	3.95	3.89	3.84	3.78	3.73	3.67
0.01	0.99		5.67	5.52	5.36	5.28	5.20	5.12	5.03	4.95	4.86
0.05	0.95	9	3.07	3.01	2.94	2.90	2.86	2.83	2.79	2.75	2.71
0.025	0.975		3.87	3.77	3.67	3.61	3.56	3.51	3.45	3.39	3.33
0.01	0.99		5.11	4.96	4.81	4.73	4.65	4.57	4.48	4.40	4.31

|표 7| F-분포표(계속)

α	$P(F \le f)$	자유도 n_2	자유도 n_1 12	15	20	24	30	40	60	120	∞
0.05	0.95	10	2.91	2.85	2.77	2.74	2.70	2.66	2.62	2.58	2.54
0.025	0.975		3.62	3.52	3.42	3.37	3.31	3.26	3.20	3.14	3.08
0.01	0.99		4.71	4.56	4.41	4.33	4.25	4.17	4.08	4.00	3.91
0.05	0.95	12	2.69	2.62	2.54	2.51	2.47	2.43	2.38	2.34	2.30
0.025	0.975		3.28	3.18	3.07	3.02	2.96	2.91	2.85	2.79	2.72
0.01	0.99		4.16	4.01	3.86	3.78	3.70	3.62	3.54	3.45	3.36
0.05	0.95	15	2.48	2.40	2.33	2.29	2.25	2.20	2.16	2.11	2.07
0.025	0.975		2.96	2.86	2.76	2.70	2.64	2.59	2.52	2.46	2.40
0.01	0.99		3.67	3.52	3.37	3.29	3.21	3.13	3.05	2.96	2.87
0.05	0.95	20	2.28	2.20	2.12	2.07	2.04	1.99	1.95	1.90	1.84
0.025	0.975		2.68	2.57	2.46	2.41	2.35	2.29	2.22	2.16	2.09
0.01	0.99		3.23	3.09	2.94	2.86	2.78	2.69	2.61	2.52	2.42
0.05	0.95	24	2.18	2.11	2.03	1.98	1.94	1.89	1.84	1.79	1.73
0.025	0.975		2.54	2.44	2.33	2.27	2.21	2.15	2.08	2.01	1.94
0.01	0.99		3.03	2.89	2.74	2.66	2.58	2.49	2.40	2.31	2.21
0.05	0.95	30	2.09	2.01	1.93	1.89	1.84	1.79	1.74	1.68	1.62
0.025	0.975		2.41	2.31	2.20	2.14	2.07	2.01	1.94	1.87	1.79
0.01	0.99		2.84	2.70	2.55	2.47	2.39	2.30	2.21	2.11	2.01
0.05	0.95	40	2.00	1.92	1.84	1.79	1.74	1.69	1.64	1.58	1.51
0.025	0.975		2.29	2.18	2.07	2.01	1.94	1.88	1.80	1.72	1.64
0.01	0.99		2.66	2.52	2.37	2.29	2.20	2.11	2.02	1.92	1.80
0.05	0.95	60	1.92	1.84	1.75	1.70	1.63	1.59	1.53	1.47	1.39
0.025	0.975		2.17	2.06	1.94	1.88	1.82	1.74	1.67	1.58	1.48
0.01	0.99		2.50	2.35	2.20	2.12	2.03	1.94	1.84	1.73	1.60
0.05	0.95	120	1.83	1.75	1.66	1.61	1.55	1.50	1.43	1.35	1.25
0.025	0.975		2.05	1.95	1.82	1.76	1.69	1.61	1.53	1.43	1.31
0.01	0.99		2.34	2.19	2.03	1.95	1.86	1.76	1.66	1.53	1.38
0.05	0.95	∞	1.75	1.67	1.57	1.52	1.46	1.39	1.32	1.22	1.00
0.025	0.975		1.94	1.83	1.71	1.64	1.57	1.48	1.39	1.27	1.00
0.01	0.99		2.18	2.04	1.88	1.79	1.70	1.59	1.47	1.32	1.00

| 표 8 | 상관계수 R의 확률분포

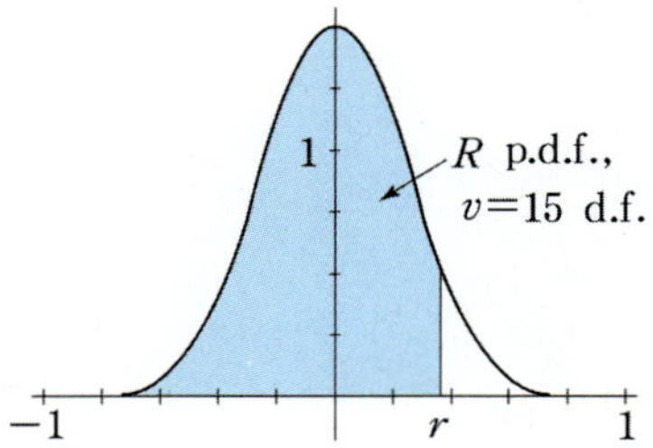

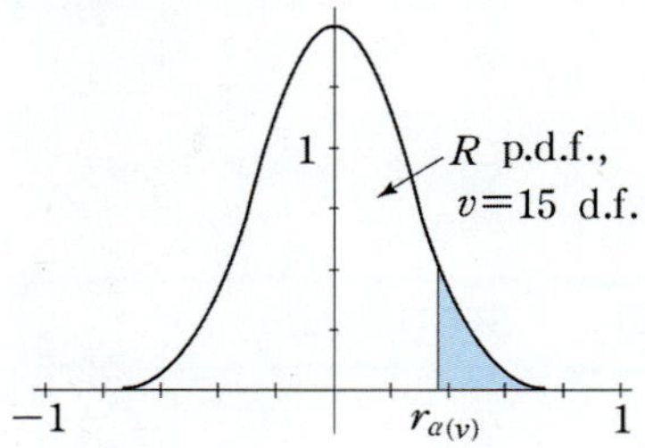

$$P(R \leq r) = \int_{-1}^{r} \frac{\Gamma[(n-1)/2]}{\Gamma(1/2)\Gamma[(n-2)/2]}(1-w^2)^{(n-4)/2}dw$$

$v=n-2$ degrees of freedom	$P(R \leq r)$			
	0.95	0.975	0.99	0.995
	$r_{0.05}(v)$	$r_{0.025}(v)$	$r_{0.01}(v)$	$r_{0.005}(v)$
1	0.9877	0.9969	0.9995	0.9999
2	0.9000	0.9500	0.9800	0.9900
3	0.8053	0.8783	0.9343	0.9587
4	0.7292	0.8113	0.8822	0.9172
5	0.6694	0.7544	0.8329	0.8745
6	0.6215	0.7067	0.7887	0.8343
7	0.5822	0.6664	0.7497	0.7977
8	0.5493	0.6319	0.7154	0.7646
9	0.5214	0.6020	0.6850	0.7348
10	0.4972	0.5759	0.6581	0.7079
11	0.4761	0.5529	0.6338	0.6835
12	0.4575	0.5323	0.6120	0.6613
13	0.4408	0.5139	0.5922	0.6411
14	0.4258	0.4973	0.5742	0.6226
15	0.4123	0.4821	0.5577	0.6054
16	0.4000	0.4683	0.5425	0.5897
17	0.3887	0.4555	0.5285	0.5750
18	0.3783	0.4437	0.5154	0.5614
19	0.3687	0.4328	0.5033	0.5487
20	0.3597	0.4226	0.4920	0.5367
25	0.3232	0.3808	0.4450	0.4869
30	0.2959	0.3494	0.4092	0.4487
35	0.2746	0.3246	0.3809	0.4182
40	0.2572	0.3044	0.3578	0.3931
45	0.2428	0.2875	0.3383	0.3721
50	0.2306	0.2732	0.3218	0.3541
60	0.2108	0.2500	0.2948	0.3248
70	0.1954	0.2318	0.2736	0.3017
80	0.1829	0.2172	0.2565	0.2829
90	0.1725	0.2049	0.2422	0.2673
100	0.1638	0.1946	0.2300	0.2540

연습문제 정답

CHAPTER 00 SECTION 01

01~02 생략

03 (1) $A^c=\left\{x : 0<x<\frac{5}{8}\right\}$

(2) $A^c=\{(x, y) : |x|+|y| \le 2,\ x^2+y^2>2\}$

04 R1, B1을 각각 1이 적힌 빨간 공과 1인 적힌 파란 공으로 표시하면

(1) $\{B2, B4\}$

(2) $\{B5, B6, B7, B8, B9, B10\}$

(3) $\{B1, B2, \cdots B10, R1, R2, R3, R4, R6, R8, R10\}$

(4) $\{R2, R4, B2, B4, B6, B8, B10\}$

(5) $\{R5, R7, R9\}$

05 (1) $\{x : 0<x<3\}$

(2) $\varnothing$

(3) $\{(x, y) : x^2+y^2=0\}$

CHAPTER 00 SECTION 02

01 (1) $\frac{3 \cdot 5^2 \cdot 10^1}{15^3}$ (2) $\frac{\binom{5}{2}\binom{10}{1}}{\binom{15}{3}}$

02 (1) $\frac{\binom{10}{3}}{2^{10}}$ (2) $\frac{176}{2^{10}}$

03 0.1055

04 (1) 36 (2) 17

05 870

06 720

07 7200

08 $\frac{12!}{2^6 \cdot 6^{12}}$

09 $\frac{12!}{2!3!2!}$

10 30

11 $\frac{13!39!(13!)^4}{6!4!2!1!7!9!11!12!52!}$

12 270

13 40, 116

14 560

15~16 생략

CHAPTER 00 SECTION 03

01 $-\frac{29}{6}$

02 $\frac{\pi}{4}ab(a^2+b^2)$

03 $\frac{e-e^{-1}}{3}$

04 $\frac{15}{8}\sqrt{\pi}$

05 생략

CHAPTER 01 SECTION 02

01 0.3

02 2/5

03 (1) 1/2 (2) 1/6 (3) 3/8

04 42/64

05 $1-\binom{999990}{3}\Big/\binom{1000000}{3}$, $3(10)^{-6}$

06 $\frac{1}{2!}-\frac{1}{3!}+\cdots+(-1)^n\frac{1}{n!}$

07 (1) e^{-4}, $1-e^{-4}$, 1

(2) $e^{-(2-\frac{1}{n})}-e^{-3}$, $e^{-2}-e^{-3}$

08 생략

09 0, 1

10 생략

11 (1) $1-\frac{\pi}{4}$ (2) 3/4 (3) 2/3 (4) 0

12 1/4

13 7/36, 29/36

CHAPTER 01 SECTION 03

01 0

02 $P(A)$

03 6/11

04 2/15

05 1/3

06 (1) 3/8 (2) $\frac{\binom{5}{2}\binom{10}{2}}{\binom{15}{4}}$

07 5/28

08 (1) 9/50 (2) 2/25 (3) 41/4950

(4) 1/99

09 2/5

10 0.088

11 18/59

12 생략

CHAPTER 01 SECTION 04

01 $\left(\frac{1}{2}\right)^n$, 1

02 생략

03 독립이다

04 (1) 독립이다

(2) 독립이다

05 0.9976

06 생략

07 (1) 0.92 (2) 20/23

08 1/7

09 $10(0.01)(0.99)^9$

10 $n>\frac{\log 0.2}{\log(0.99)}$

11 1/12

12 $[(0.8)^{10}+(0.7)^{10}]-[(0.2)^{10}+(0.3)^{10}]$

13 $1-P(A)$

CHAPTER 02 SECTION 01

01 5/16

02 $f(x)=\frac{1}{15}\binom{3}{x}\binom{3}{2-x}$

03 1/15

04 $f(x)=\begin{cases}\frac{\binom{7}{x}\binom{3}{5-x}}{\binom{10}{5}}, & x=2,3,4,5\\ 0, & \text{기타}\end{cases}$

05 $c=\frac{1}{2}$

06 1/5, 1/5, 1/5

07 $\frac{6}{\pi^2}$

08 생략

09 $f(x)=\frac{2x-1}{36}$, $x=1,2,3,4,5,6$

CHAPTER 02 SECTION 02

01 11/20, 0, 3

02 1

03 (1) 1/2 (2) 13/27 (3) 2/27

04 (1) $t=2$

(2) $t=\sqrt{8}$

05 $f(x)=\begin{cases} \dfrac{1}{10}, & -2 \le x \le 8 \\ 0, & \text{기타} \end{cases}$, 7/10

06~07 생략

CHAPTER 02 SECTION 03

01 생략

02 $f(x)=\begin{cases} \dfrac{1}{(1+x)^2}, & x>0 \\ 0, & \text{기타} \end{cases}$

03 1/6

04 (1) 1/4 (2) 0 (3) 1/4 (4) 0

05 $G(y)=y^2(0<y<1)$, $g(y)=2y(0<y<1)$

06 $G(y)=\begin{cases} 0, & y<1 \\ 1/6, & 1 \le y < 4 \\ 3/6, & 4 \le y < 9 \\ 1, & y>9 \end{cases}$

07 (1) 0 (2) 1 (3) 0 (4) 1 (5) $1-e^{-1}$
(6) $1-e^{-1}$ (7) 0 (8) e^{-2} (9) e^{-2}
(10) $e^{-2}-e^{-3}$ (11) $e^{-2}-e^{-3}$
(12) $e^{-2}-e^{-3}$

CHAPTER 02 SECTION 04

01 0.5, 0.2

02 (1) 1/40 (2) 1/20 (3) 7/40 (4) 7/10

03 (1) 5/4 (2) 79/256 (3) 13/16 (4) 0

04 (1) 0.55 (2) 0.8

05 생략

06 (1) 1/6 (2) 1/12

07 (1) $f(x, y)=\begin{cases} 1, & 0<x<1, \quad 0<y<1 \\ 0, & \text{기타} \end{cases}$

(2) $g(z)=\begin{cases} z, & 0<z<1 \\ 2-z, & 1 \le z < 2 \\ 0, & \text{기타} \end{cases}$

08 $f(x, y)=1, 0<x, y<1$, $P(X^2<Y)=2/3$

CHAPTER 02 SECTION 05

01 독립이 아님

02 (1) $f_1(x)=\dfrac{1}{4}(x=1, 2, 3, 4)$,

$f_2(y)=\dfrac{1}{4}(x=1, 2, 3, 4)$

(2) 독립

03 (1) $f_1(x)=\begin{cases} \dfrac{1}{2}, & 0 \le x \le 2 \\ 0, & \text{기타} \end{cases}$

$f_2(y)=\begin{cases} 3y^2, & 0 \le y \le 1 \\ 0, & \text{기타} \end{cases}$

(2) 독립

(3) 독립

04 (1) $f(x, y)=\begin{cases} p_x p_y, & x=0,1,2,3,\ y=0,1,2,3 \\ 0, & \text{기타} \end{cases}$

(2) 0.3 (3) 0.35

05 독립

06 (1) $f_1(x)=\begin{cases} \dfrac{1}{2}, & 0 \le x \le 2 \\ 0, & \text{기타} \end{cases}$

$f_2(y)=\begin{cases} \dfrac{1}{3}, & 1 \le y \le 4 \\ 0, & \text{기타} \end{cases}$

(2) 독립

07 11/36

08 7/8

CHAPTER 02 SECTION 06

01 (1) 생략 (2) 3/4, 1/2

(3) $F_{X|Y}(x|0)=\begin{cases} \dfrac{1}{4}, & 1 \le x < 2 \\ \dfrac{3}{4}, & 2 \le x < 3 \\ 1, & x \ge 3 \end{cases}$

02 (1) $g_1(x|y)=\begin{cases} \dfrac{1}{y}, & 0<x \le y<1 \\ 0, & \text{기타} \end{cases}$

(2) 2/3

03 $g_1(y|x)=\begin{cases}1, & x<y<x+1, 0<x<1\\ 0, & \text{기타}\end{cases}$

$g_2(x|y)=\begin{cases}\dfrac{1}{y} & ,0<x<y<1\\ \dfrac{1}{2-y} & ,0<y-1<x<1\\ 0 & ,\text{기타}\end{cases}$

04 (1) $c=1$, $f_1(x)=\begin{cases}\dfrac{x}{2}, & 0<x<2\\ 0, & \text{기타}\end{cases}$

$f_2(y)=\begin{cases}2(2-y), & 0<y<1\\ 0 & ,\text{기타}\end{cases}$

(2) 0.6

05 (1) 생략 (2) $\dfrac{1}{e}$

06 (1) $g_2(y|x)=\begin{cases}\dfrac{4-2x-y}{2(2-x)^2}, & 0<y<4-2x\\ 0 & ,\text{기타}\end{cases}$

(2) 1/9

07 (1) $f_1(x)=\begin{cases}\dfrac{1}{2}x(2+3x), & 0<x<1\\ 0 & ,\text{기타}\end{cases}$

(2) 8/11

CHAPTER 02 SECTION 07

01 $g(y)=\begin{cases}\left(\dfrac{1}{2}\right)^{\sqrt[3]{y}}, & y=1,8,27,\cdots\\ 0 & ,\text{기타}\end{cases}$

02 $G(y)=1-(1-y)^{\frac{1}{2}}$,

$0<y<1$, $g(y)=\begin{cases}\dfrac{1}{2(1-y)^{\frac{1}{2}}}, & 0<y<1\\ 0 & ,\text{기타}\end{cases}$

03 (1) $g(y)=\begin{cases}\dfrac{1}{2}y^{-\frac{1}{2}}, & 0<y<1\\ 0 & ,\text{기타}\end{cases}$

(2) $g(y)=\begin{cases}\dfrac{1}{3}|y|^{-\frac{2}{3}}, & -1<y<0\\ 0 & ,\text{기타}\end{cases}$

(3) $g(y)=\begin{cases}2y, & 0<y<1\\ 0, & \text{기타}\end{cases}$

04 생략

05 $g(y)=\begin{cases}\dfrac{2(y+1)}{25}, & -1<y<4\\ 0 & ,\text{기타}\end{cases}$

06 $g(y)=\begin{cases}\dfrac{1}{4\sqrt{y}}, & 0<y<1\\ \dfrac{1}{8\sqrt{y}}, & 1<y<9\\ 0, & \text{기타}\end{cases}$

07 $g(y)=\begin{cases}\dfrac{2}{\pi}\dfrac{gv^{-2}}{\sqrt{1-g^2v-4y^2}}, & 0<y<\dfrac{v^2}{g}\\ 0 & ,\text{기타}\end{cases}$

08 $Y=2X^{\frac{1}{3}}$

CHAPTER 02 SECTION 08

01 생략

02 $g(y)=\dfrac{1}{2}e^{-|y|}$, $-\infty<y<\infty$

03~04 생략

05 $g(y)=\begin{cases}\dfrac{2}{3}y^3 & ,\ 0<y<1\\ -\dfrac{2}{3}y^3+4y-\dfrac{8}{3}, & 1\le y<2\end{cases}$

06 $g_1(y_1)=\begin{cases}\dfrac{1}{2}e^{-\frac{y_1}{2}}, & 0<y_1<\infty\\ 0 & ,\text{기타}\end{cases}$

07 $g(y)=\begin{cases}y & ,\ 0\le y\le 1\\ 2-y, & 1<y<2\\ 0 & ,\text{기타}\end{cases}$

08 $g(y_1, y_2)=\begin{cases}2\dfrac{y_2}{y_1}, & (y_1, y_2)\in T\\ 0, & \text{기타}\end{cases}$

09 $g(y)=\begin{cases}\dfrac{1}{3}(y+1) & ,\ 0<y\le 1\\ \dfrac{1}{3y^3}(y+1), & y>1\\ 0 & ,\text{기타}\end{cases}$

CHAPTER 02 SECTION 09

01 생략

02 $1-(1-e^{-3})^4$

03 $(0.8)^n-(0.7)^n$

04 $f(z)=\begin{cases}\frac{n(n-1)}{8}\left(\frac{z}{8}\right)^{n-2}\left(1-\frac{z}{8}\right), & 0<z<8\\ 0, & \text{기타}\end{cases}$

05 $g_3(y_3)=\frac{(5!)}{(2!)(2!)}e^{-3y_3}(1-e^{-y_3})^2,$

$0<y_3<\infty$

06 5/16

07 생략

08 $c(\theta)=\theta+0.6653$

CHAPTER 03 SECTION 01

01 18.92

02 4.867

03 7/3

04 생략

05 3/4

06 생략

07 $\frac{1}{n+1}$과 $\frac{n}{n+1}$

08 1/9

09 생략

10 $f(x)=\begin{cases}1, & x=a\\ 0, & \text{기타}\end{cases}$

CHAPTER 03 SECTION 02

01 5/2

02 $\frac{nA}{A+B}$

03 1/2

04 $n\int_a^b f(x)dx$

05 $n(2p-1)$

06 $2k$

07 $b=E(X)$

08~09 생략

CHAPTER 03 SECTION 03

01 35/6

02 $Var(X)=\frac{\pi^2}{12}$, $Var(Y)=\frac{\pi^2}{4}-2$

03 2

04 생략

05 6, 39

CHAPTER 03 SECTION 04

01 $E(X)=3$, $E[(X-3)^k]=0$ (k:홀수)

02 15/7

03 0

04 생략

05 평균$=1/2$, 분산$=3/4$

06 $E(Y)=c\mu$, $Var(Y)=c(\sigma^2+\mu^2)$

07 $f(0)=\frac{4}{6}$, $f(1)=\frac{1}{6}$, $f(-1)=\frac{1}{6}$

08 $\frac{1}{(1-t)^2}$, $t<1$

09 $M_X(t)=0.2+0.8e^t$, $f(0)=0.2$, $f(1)=0.8$

10 $\psi_X(t)=(pe^t+q)^n$,

$E(X)=np$, $Var(X)=npq$

CHAPTER 03 SECTION 05

01 (1) $m=1$ (2) $m=\ln 2$ (3) $m=0$

02 $x=2$

03 (1) $\frac{1}{2}(\mu_f+\mu_g)$ (2) $1\le m\le 2$

04 0.67

05 생략

CHAPTER 03 SECTION 06

01 $E(X|Y=y)=\frac{y}{2},\ 0<y<1,$

$Var(Y|X=x)=\frac{y^2}{12},\ 0<y<1$

02 생략

03 $aE(X^2)+bE(X)$

04 $1-\frac{1}{2^n}$

05 생략

06 $E(Y|X=x)=\frac{3x+10}{2(x+3)},$

$Var(Y|X=x)=\frac{x^2+6x+8}{4(x+3)^2}$

07 $\frac{4}{9}y_3^2,\ 0<y_3<1$

CHAPTER 03 SECTION 07

01~04 생략

05 51

06 $n+\frac{n(n-1)}{4}$

07 생략

08 $\rho=\sqrt{\frac{100}{101}}$

09 불가능하다.

CHAPTER 03 SECTION 08

01~02 생략

03 $21/25$

04~06 생략

07 25

08 (1) $n=84$ (2) $n=15$

CHAPTER 04 SECTION 01

01 0.3823

02 k/n

03 $n=4$

04 생략

05 0.99999997

06 $\frac{7625}{3}$

07 $\sum_{i=k}^{n}\binom{n}{i}p^i(1-p)^{n-i}$, 여기서 $p=\int_a^b f(x)dx$

CHAPTER 04 SECTION 02

01 0.8338

02 A+B가 홀수일 때 $n=(\mathrm{A}+\mathrm{B}+1)/2$ 또는
$n=(\mathrm{A}+\mathrm{B}-1)/2$, A+B가 짝수일 때
$n=(\mathrm{A}+\mathrm{B})/2$

03 $0.00139,\ 0.0015$

04 생략

05 $H(n_1, n_2, k_1)$

CHAPTER 04 SECTION 03

01 $\sum_{y=20}^{\infty}\frac{e^{-30}30^x}{x!}=0.978$

02 0.4126

03 $\sum_{i=m}^{n}\binom{n}{i}\left(\sum_{x=k}^{\infty}\frac{e^{-\lambda}\lambda^x}{x!}\right)^i\left(\sum_{x=0}^{k-1}\frac{e^{-\lambda}\lambda^{\lambda}}{x!}\right)^{n-i}$

04 $e^{-2.8}\fallingdotseq 0.06$

05~06 생략

07 $E(X)=4,\ P(X=3)=0.195$

08 0.084

CHAPTER 04 SECTION 04

01 0.20736
02 $E(X)=50,\ P(X>25)=0.902$
03~05 생략
06 $(1-p)^{k-1}$

CHAPTER 04 SECTION 05

01 $\dfrac{2424}{6^5}$
02 0.0501
03~04 생략

CHAPTER 04 SECTION 06

01 $E(X)=5,\ Var(X)=25/3$
02 $1/6$
03 $F(x)=\dfrac{x-a}{b-a},\ a\le x\le b$
04 $f(x,y)=2$
05 $1/24$

CHAPTER 04 SECTION 07

01~02 생략
03 $C(0,1)$

CHAPTER 04 SECTION 08

01 $e^{-0.5}$
02 $\dfrac{5^5e^{-5}}{5!}\cong 0.175$
03 $\Gamma(4,3)$
04 $1-e^{-5/2}$
05 $\Gamma(n,\dfrac{\theta}{n})$
06~09 생략

CHAPTER 04 SECTION 09

01 0.81
02 $B(\alpha+s,\beta+t)$
03~05 생략

CHAPTER 04 SECTION 10

01 0.0732
02 0.0853
03 $n=35$
04 0.023
05 $k=11$
06 569.35kg
07 을, 갑, 병
08 $N(20,20/9)$
09 $B(\mu,1)$
10 $E(Y)=\exp(\mu+\sigma^2/2)$,
$Var(Y)=(e^{\sigma^2}-1)\exp(\sigma^2+2\mu)$
11~12 생략

CHAPTER 04 SECTION 11

01 0.8185
02 (a) 0.293 (b) 0.1562 (c) 0.7967
03 생략
04 $\rho=4/5$
05~09 생략

CHAPTER 05 SECTION 01

01~10 생략
11 $M_X(t)=1$
12 (a) $M_X(t)=\exp[-\sqrt{n}t+n(e^{t/\sqrt{n}}-1)]$
(b) $N(0, 1)$
13~15 생략

CHAPTER 05 SECTION 02

01 0.8472
02 268
03 0.866
04 0.1587
05 0.65
06 0.9348
07 0.3985
08 0.0228
09 0.9938
10 (a) 0.36
(b) 0.7888

CHAPTER 06 SECTION 01

01 0.5423
02 1.316
03 평균=0.5, 분산=0.03
04 (a) 0.6304
(b) 0.2643
05 (a) $N(-1, 1)$ (b) $N(1, 1)$ (c) 0.1587
06 1083
07 0.0040
08 생략

CHAPTER 06 SECTION 02

01 생략
02 7.52
03 0.7794
04 약 5일
05 0.1
06 $\chi^2(2n)$
07 $\chi^2(4)$
08~09 생략

CHAPTER 06 SECTION 03

01 생략
02 0.925
03 0.05
04 1.761
05 $\frac{\sqrt{3}}{2}$
06 $\frac{2}{12^2}\times 0.90\frac{\sqrt{3\pi}\,\Gamma\left(\frac{3}{2}\right)}{\Gamma(2)}$
07 $\sqrt{\frac{n}{n+1}}$

CHAPTER 06 SECTION 04

01~02 생략
03 0.05
04 생략
05 0.98
06 생략

CHAPTER 07 SECTION 01

01 $\widehat{\mu_1}$와 $\widehat{\mu_2}$는 불편추정량이고 $\widehat{\mu_3}$는 편의추정량이다.

02 $\hat{\mu}=\overline{X}=2.724,\ \widehat{\sigma^2}=s^2=0.0054$

03 (1) $a_1+a_2=1$

(2) $a_1=a_2=1/2$일 때, $\hat{\mu}$가 최소분산을 갖는다.

04 $a=\frac{4}{5},\ b=\frac{1}{5}$

05 생략

06~07 생략

08 $Var(\hat{\theta})=0$

09 $\frac{4}{3}Y_3$

10~12 생략

13 (1) $\hat{\lambda}=\frac{1}{10}(X_1+X_2+\cdots+X_{10})$

(2) $\hat{\lambda}=21.8$ (3) 30분당 평균 10.9회

14 (1) 생략 (2) 0.51

15 (1) $\hat{\mu}=9.7$ (2) $\widehat{\sigma^2}=3.57$ (3) $\hat{b}=19.4$

(4) $\hat{\sigma}=1.9$

CHAPTER 07 SECTION 02

01 $\hat{\theta}=m_1-1=\overline{X}-1$

02 (1) $\hat{\theta}=\frac{1}{\overline{X}-1}$ (2) $\hat{\theta}=\frac{2}{\overline{X}}$

(3) $\hat{\theta}=m_1=\overline{X}$ (4) $\hat{\theta}=\overline{X}-1$

03 $\hat{\alpha}=\frac{\overline{X}}{\hat{\beta}},\quad \hat{\beta}=\frac{[(n-1)/n]S^2}{\overline{X}}$

04 $\widehat{\sigma^2}=\hat{\lambda}=m_2-m_1^2=\frac{1}{n}\sum_{i=1}^{n}X_i^2-\overline{X}^2$

$=\frac{1}{n}\sum_{i=1}^{n}(X_i-\overline{X})^2$

05 $\hat{\lambda}=\overline{X}$

06 (1) $\hat{\theta}=\frac{1}{\overline{X}}$ (2) $\hat{\theta}=\overline{X}$

(3) $\hat{\theta}=-\frac{n}{\ln\prod_{i=1}^{n}x_i}\ (=\theta_0)$

07 (1) $1-\frac{1}{\overline{X}}$ (2) $\overline{X}$ (3) $2^{\frac{n}{\ln\prod_{i=1}^{n}x_i}}$

08 생략

09 (1) $\hat{\theta}=\widetilde{X}$ (2) $\hat{\theta}=X_{(1)}$

10 $\hat{\theta}=\frac{U}{r}$

11 (1) $\hat{\theta}=-\frac{1}{n}\sum_{i=1}^{n}\ln x_i$, (2) $\hat{\theta}=-\frac{1}{n}\sum_{i=1}^{n}\ln x_i$

12 (1) $\hat{\theta}_1=\overline{X}-x_{(1)},\quad \hat{\theta}_2=X_{(1)}$

(2) $\widehat{x_\alpha}=-(\overline{X}-x_{(1)})\ln(1-\alpha)+x_{(1)}$

(3) $\hat{m}=(1+\ln(0.5))x_{(1)}-\overline{X}$

13 $\hat{\theta}_1=x_{(1)},\ \hat{\theta}_2=x_{(n)}$

14 $\hat{p}_i=\frac{x_i}{n},\ i=1,2,\cdots,k$

CHAPTER 07 SECTION 03

01 (1) (96.216, 97.784)

(2) (96.149, 97.851)

02 (1) (124.8832, 129.1168)

(2) (125.9416, 128.0584)

03 (11.9648, 12.4352)

04 (1) (207.52, 225.06)

(2) (206.214, 226.366)

05 (71.124, 94.676)

06 (1) (0.2902, 0.3098)

(2) (0.2881, 0.3119)

07 (168.88, 175.20)

08 (1) (1.9693, 2.3573)

(2) 2.0021

09 (331.087, 337.173)

10 (0.8163, 0.8317)
11 (24.511, 25.489)
12 (2104467, 2126533)
13 (60.9629, 71.6371)
14 (1.6927, 2.3073)
15 (−2.6364, 30.6364)
16 (1.4549, 9.4549)
17 (−0.6086, 2.6086)
18 (16.4078, 27.9922)
19 (2.5475, 3.4525)
20 (−16.049, −15.751)
21 (1) 여자의 평균생존연령에 대한 90% 신뢰구간 : (52.95, 63.85)
남자의 평균생존연령에 대한 90% 신뢰구간 : (47.91, 65.89)
(2) $s_p = \sqrt{164.5541} = 12.83$
(3) (−8.45, 11.45)
22 (5.058, 18.742)
23 (9965.62, 10034.38)
24 (−6.4727, 3.2727)

CHAPTER 07 SECTION 04

01 (0.0103, 0.0347)
02 (0.2384, 0.2756)
03 (0.2466, 0.2954)
04 (0.2428, 0.2772)
05 (0.7216, 0.8784)
06 (0.7216, 0.8784)
07 (0.6101, 0.7399)
08 (0.3227, 0.4829)
09 (0.0347, 0.1573)
10 (−0.1769, −0.0331)
11 (1) (0.42, 0.78)
(2) (0.1985, 0.6015)
(3) (−0.095, 0.389)
12 (1) $\hat{p} = \frac{195}{200} = 0.975$
(2) S.E.$(\hat{p}) = 0.011$
(3) (0.9534, 0.9966)
13 (1) $\widehat{p_2} - \widehat{p_1} = 0.133$ (2) (0.0703, 0.1957)
14 (0.0347, 0.1573)
15 (−0.2868, −0.0812)
16 $n_1 = n_2 = 900$인 경우;
A당 : (0.2993, 0.3607)
B당 : (0.2701, 0.3299)
$n_1 = n_2 = 5000$인 경우;
A당 : (0.317, 0.343)
B당 : (0.2873, 0.3127)
A당에 대한 신임이 더 두텁다.
17 (0.1784, 0.3156)
18 (−0.005, 0.1548)
19 (−0.1952, 0.4136)
20 (−0.0302, 0.2502)

CHAPTER 07 SECTION 05

01 (2.3135, 8.5297)
02 (1.561, 4.955)
03 (5.154, 11.625)
04 (0.755, 1.618)
05 (43.2938, 248.4292)
06 (0.4344, 2.2072)
07 (0.853, 3.146)
08 (1.6630, 3.5821)
09 (0.0256, 0.0302)
10 (0.1559, 2.4096)
11 신뢰구간의 폭은 좁아진다.
12 (0.758, 6.812)
13 (0.7393, 7.4762)
14 (0.4120, 1.6222)
15 (0.1852, 1.22)
16 (0.4837, 3.1866)

17 (0.2049, 2.567)

18 (0.758, 6.812)

CHAPTER 07 SECTION 06

01 96

02 62

03 153

04 114

05 47

06 423

07 (1) (52.30, 54.54)

(2) 8

08 (1) (1.010, 1.096)

(2) (0.0015, 0.0110)

(3) 16

09 2,401

10 (1) 1,623

(2) 1,849

11 (1) 2,090

(2) 2,401

12 11,591

CHAPTER 08 SECTION 01

01 생략

02 담당교수의 주장을 기각할 수 있다.

03 0.0228

04 (1) $\overline{X} \geq 11.316$

(2) $\beta = 0.654$

(3) 0.05

(4) $\beta = 0.9752$

(5) (1)에서 구한 기각역이 더 유용하다.

(6) 137

(7) 유의수준 $\alpha_2 = 0.01$에서 귀무가설은 타당성이 있으나, 유의수준 $\alpha_1 = 0.05$에서 귀무가설을 기각한다.

05 (1) $R = \left\{ (x_1, x_2, \cdots, x_n) \;\middle|\; \frac{|\overline{X} - 5|}{0.2/\sqrt{n}} \geq 1.96 \right\}$

(2) H_0을 기각할 수 없다.

(3) 0.0359

06 $H_0 : \mu = 30$을 기각할 수 없다.

CHAPTER 08 SECTION 02

01 공정의 변화에 따라 제품의 치수가 60.2㎜보다 커졌다고 할 수 있다.

02 $H_0 : \mu = 7.88$은 타당하다.

03 $\alpha = 0.05$에 대하여 귀무가설을 기각한다. $\alpha = 0.01$에 대하여 귀무가설을 기각할 수 없다.

04 베어링의 평균 직경이 60㎜라는 제조회사의 주장은 타당성이 없다.

05 진공관의 수명이 2550시간 이상 된다고 할 수 없다.

06 $\alpha = 0.05$에 대하여 귀무가설을 기각한다. $\alpha = 0.01$에 대하여 귀무가설을 기각할 수 없다.

07 두 회사 제품의 평균 인장강도는 차이가 있다고 할 수 있다.

08 두 약품에 의한 평균 수확량에는 차이가 있다고 할 수 있다.

09 두 회사에서 생산된 자동차 A와 B의 연비 평균은 차이가 있다고 할 수 있다.

10 두 회사의 대졸 평균 초임이 동일하다는 주장은 타당성이 없다.

11 두 회사의 평균 초임이 동일하다.

12 복용 전후의 혈압에 차이가 있다고 할 수 없다.

13 새로운 다이어트 프로그램은 효과가 없다고 할 수 있다.

14 동아리에 참여하여 성적이 향상되었다고 할 수 없다.

CHAPTER 08 SECTION 03

01 유의수준 0.05에서 주장이 타당하지만, 유의수준 0.1에서 타당성이 없다.

02 (1) 특정한 원인에 의한 비율이 70%라고 할 수 있다.
(2) 귀무가설 H_0을 기각할 수 없다.
(3) 귀무가설 H_0을 기각할 수 없다.

03 한국금연운동협의회의 주장이 타당성을 갖는다.

04 귀무가설 $H_0 : p = 0.524$를 기각하지 않는다.

05 국민의 절반이 지지한다고 할 타당한 근거가 없다.

06 국민의 절반이 이 정책을 지지한다고 할 수 있다.

07 성인 여자의 스트레스에 시달리는 비율은 성인 남자보다 5% 정도 더 많다고 할 수 있다.

08 두 모비율이 같다는 주장이 타당하다.

09 두 도시 간에 어떤 정당에 대한 지지도에 차이가 없다고 할 수 있다.

10 두 공장에서 생산된 컴퓨터의 기준 미달률에 차이가 없다고 할 수 있다.

11 두 공정에 의한 결함률은 동일하다고 할 수 있다.

12 예방 효과가 있다고 할 수 있다.

13 남자의 지지율이 여자의 지지율보다 높다고 할 수 있다.

14 대도시의 찬성률이 중소도시의 찬성률보다 높다고 할 수 있다.

15 두 계층 사이의 선호도에 차이가 없다고 할 수 있다.

16 교육을 받으면 근로자의 효율이 0.5% 정도 향상된다는 주장은 타당성이 있다.

CHAPTER 08 SECTION 04

01 (1) $H_0 : \sigma^2 > 0.5$, $H_1 : \sigma^2 \le 0.5$
(2) $V \ge 25$ (3) $v_0 = 30 \cdot (0.9) = 27$
(4) $H_0 : \sigma^2 > 0.5$를 기각한다.

02 모분산이 55라고 할 수 있다.

03 모분산이 150보다 작다고 할 수 있다.

04 배터리 수명의 표준편차는 0.9년이라고 할 수 있다.

05 연비의 표준편차가 0.8km/ℓ 이상이라는 주장을 기각한다.

06 모분산이 36이라고 할 수 있다.

07 이 기계는 관리대상이 되지 않는다.

08 (1) $\overline{X} = 946.11$, $S^2 = 157.234$
(2) $\sigma = 11.2$를 기각할 수 없다.

09 (1) 귀무가설 H_0을 기각한다.
(2) 귀무가설 H_0을 기각한다.

10 이 회사에서 제조되는 음료수의 순수 용량은 분산이 0.42리터 이하라고 할 수 없다.

11 귀무가설 $H_0 : \sigma_1^2 = \sigma_2^2$을 기각할 수 없다.

12 (1) 두 비료에 의한 쌀 수확량의 분산은 거의 같다고 할 수 있다.
(2) 두 종류의 비료에 의한 쌀 수확량에는 차이가 없다.

13 기기 A가 기기 B보다 정밀도가 높다고 할 수 없다.

14 귀무가설 $H_0 : \sigma_1^2 = \sigma_2^2$을 기각할 수 없다.

15 두 회사에서 생산되는 유제품이 균등하지 않다고 할 수 있다.

16 남아와 여아의 폐활량에 대한 분산이 동일하다고 할 수 있다.

CHAPTER 08 SECTION 05

01 교통사고 건수는 요일별로 동일하다고 할 수 없다.

02 최근에 청소년들이 고민하는 문제의 비율은 2008년도와 차이가 있다고 할 수 있다.

03 (1) 귀무가설 $H_0 : p_1 = 0.25,\quad p_2 = 0.25,$ $p_3 = 0.50$을 기각한다.

(2) 귀무가설 $H_0 : p_1 = 0.25,\ p_2 = 0.375,$ $p_3 = 0.375$를 기각할 수 없다.

04 귀무가설 $H_0 : p_1 = p_2 = p_3 = p_4 = 0.25$을 기각할 수 없다.

05 귀무가설 $H_0 : p_1 = 0.4135,\ p_2 = 0.4359,$ $p_3 = 0.1377,\ p_4 = 0.0129$을 기각할 수 없다.

06 귀무가설 $H_0 : X \sim P(3)$을 기각한다.

07 귀무가설 $H_0 : p_1 = 0.85,\ p_2 = 0.90,$ $p_3 = 0.80,\ p_1 = 0.75$를 기각할 수 없다.

08 (1) 귀무가설 $H_0 : p_1 = 0.25,$ $p_2 = 0.50,\ p_3 = 0.5$를 기각할 수 없다.

(2) 귀무가설 $H_0 : p_1 = p_2 = p_3 = 0.5$를 기각한다.

09 귀무가설 $H_0 : p_{i1} = p_{i2} = p_{i3} = p_i$를 기각할 수 없다.

10 두 그룹의 확률분포가 동일하고 따라서 두 교수법의 효과는 동일하다.

11 생산자들이 느끼는 완제품에 대한 만족도에 차이가 있다.

CHAPTER 08 SECTION 06

01 경제 사정과 쇼핑장소의 선택은 독립이라고 할 수 없다.

02 혈액형과 눈의 색상은 독립이라고 할 수 없다.

03 정치적 성향과 나이는 독립이라고 할 수 없다.

04 주식의 가격과 업종은 독립이라고 할 수 있다.

05 분기에 따른 차종의 판매실적은 독립이라고 할 수 없다.

06 소득수준과 체격조건은 독립이라고 할 수 없다.

CHAPTER 08 SECTION 07

01 연령층별로 흡연율에 차이가 있다.

02 모니터의 크기에 대한 소비자들의 성향에 차이가 있다.

03 요일에 따른 지각횟수에 차이가 없다.

04 근무형태에 따른 불량률이 동일하다.

05 공장에 따라 제품의 불량률이 다르다고 할 수 없다.

06 광역시별로 초등학교에서 영어교육을 실시하는 것에 찬성하는 비율이 동일하지 않다.

CHAPTER 09 SECTION 01

01 생략

02

$$f(x, y) = \begin{cases} \dfrac{1 + xy(x^2 - y^2)}{4}, & -1 \le x \le 1,\ -1 \le y \le 1 \\ 0, & \text{다른 곳에서} \end{cases}$$

일 때, X와 Y는 독립이 아니지만 공분산이 0이다. 따라서 상관계수가 0이다.

03 0.701

04 0.1879

CHAPTER 09 SECTION 02

01 $(-0.911,\ -0.751)$
02 귀무가설 $H_0 : \rho = 0$을 기각할 수 없다.
03 (1) 0.86
(2) 물소비량과 세탁량 사이에는 상관관계가 있다고 할 수 있다.
(3) 귀무가설 $H_0 : \rho = 0$을 기각한다.
04 초등학생들의 키와 몸무게에 대한 상관관계가 없다고 할 수 있다.
05 귀무가설 $H_0 : \rho = 0.8$을 기각할 수 없다.
06 귀무가설 $H_0 : \rho = 0$을 기각한다.
07 귀무가설 $H_0 : \rho = 0$을 기각할 수 없다.
08 (1) 귀무가설 $H_0 : \rho = 0$을 기각할 수 없다.
(2) 귀무가설 $H_0 : \rho = 0$을 기각할 수 없다.
09 귀무가설 $H_0 : \rho_1 = \rho_2$을 기각할 수 없다.
10 (1) 귀무가설 $H_0 : \rho = 0$을 기각할 수 없다.
(2) $(-0.2604,\ 0.7792)$

CHAPTER 09 SECTION 03

01 (1) 0.868
(2) 귀무가설 $H_0 : \rho_0 > 0$을 기각하지 않는다.
(3) $\hat{y} = 0.8 + 1.4x$
(4) 14.8 (5) 2.133 (6) 0.7538
02 0.953
03 (1) $\hat{y} = 6 - 0.5x$ (2) 2.5 (3) 0 (4) 1
04 (1) 0.7186
(2) $\hat{y} = 0.2904 + 0.774x$
(3) 0.8705
(4) 0.5164
05 (1) 0.895
(2) $\hat{y} = 0.4094 + 0.49883x$
(3) 0.0298
(4) 0.801
06 $\hat{y} = 7.8 + 0.555x$
07 62.8
08 (1) $\hat{y} = 4.72 + 1.48x$ (2) 152.72
(3) 0.985, 회귀직선이 전체자료에 대한 산포의 98.5%를 설명해준다.
09 (1) $\hat{y} = 2.002 + 0.3866x$ (2) 4.9015
(3) 0.892, 회귀직선이 전체자료에 대한 산포의 89.2%를 설명해준다.
10 (1) $\hat{\beta} = 1.04,\ \hat{\alpha} = 2.016$
(2) $\hat{y} = 2.016 + 1.04x$
(3) 0.722, 회귀직선이 전체자료에 대한 산포의 72.2%를 설명해준다.

CHAPTER 09 SECTION 04

01 2.5
02 (1) β에 대한 95% 신뢰구간 : $(43.33,\ 43.87)$
α에 대한 95% 신뢰구간 : $(-1.42,\ 27.46)$
(2) $(1756.63,\ 1757.41)$
(3) $(1750.65,\ 1763.39)$
03 (1) α에 대한 95% 신뢰구간 : $(-5.495,\ 7.095)$
β에 대한 95% 신뢰구간 : $(-0.498,\ 3.298)$
(2) $(2.905,\ 15.495)$
(3) 귀무가설 $H_0 : \alpha = 0$을 기각할 수 없다.
(4) 귀무가설 $H_0 : \beta = 0$을 기각할 수 없다.
04 (1) $(0.105,\ 1.443)$
(2) 귀무가설 $H_0 :\ \beta = 0$을 기각한다.
05 (1) $(0.2644,\ 0.5088)$
(2) $(3.979,\ 5.824)$
(3) 귀무가설 $H_0 : \alpha = 1.5$를 기각할 수 없다.
06 (1) $(0.309,\ 0.449)$
(2) $(1.56,\ 3.14)$

(3) (3.619, 4.715)

(4) 귀무가설 H_0 : $\hat{y}=5$을 기각한다.

07 (1) 귀무가설 $H_0 : \beta = 0$을 기각한다.

(2) α에 대한 95% 신뢰구간 :
(−8.158, 6.026)
β에 대한 95% 신뢰구간 :
(1.603, 3.877)

(3) 귀무가설 $H_0 : \alpha = 0$을 기각할 수 없다.

(4) (11.546, 21.942)

(5) (17.396, 35.272)

(6) 귀무가설 H_0 : $\hat{y}=30$을 기각할 수 없다.

08 1

09 62.8

참고문헌

1. 김수택, 수리통계학 I, II, 자유아카데미(1997)
2. 전명식, 수리통계학, 자유아카데미(1996)
3. 최지훈, 김영돈, 수리통계학, 동명사(1983)
4. Lee J. Bain, Max Engelhardt, Introduction to Probability and Mathematical Statistics, PWS－KENT Publishing Company(1989)
5. M.H.Degroot, Probability and Statistics, Addison－Wesley(1987)
6. R.V. Hogg and A.T. Craig, Introduction to Mathematical Statistics. Prentice Hall Inc.(1978)
7. R.V. Hogg and E.A. Tanis, Probability and Statistical InferenceMacmillan Publishing Co.(1993)
8. V.K. Rohatgi, An Introduction to Probability Theory and Mathematical Statistics, John Wiley & Sons(1976)
9. http://dongascience.donga.com/news.php?idx=14553

찾아보기

ㅈ

ㅊ

기타

저자와의
협의하에
인지를
생략합니다.

최신 **수리통계학** 제2판

지은이 안승철 · 이재원 · 최원

펴낸이 조경희
펴낸곳 경문사
펴낸날 2011년 3월 1일 1판 1쇄
2021년 9월 1일 2판 1쇄
등 록 1979년 11월 9일 제1979-000023호
주 소 04057, 서울특별시 마포구 와우산로 174
전 화 (02)332-2004 팩스 (02)336-5193
이메일 kyungmoon@kyungmoon.com

값 35,000원

ISBN 979-11-6073-467-6

★ 경문사의 다양한 도서와 콘텐츠를 만나보세요!

홈페이지	www.kyungmoon.com	페이스북	facebook.com/kyungmoonsa
포스트	post.naver.com/kyungmoonbooks	블로그	blog.naver.com/kyungmoonbooks
북이오	buk.io/@pa9309	유튜브	https://www.youtube.com/channel/UClDC8x4xvA8eZlrVaD7QGoQ

경문사 출간 도서 중 수정판에 대한 **정오표**는 **홈페이지 자료실**에 있습니다.